冲突分析图模型：
竞争与合作中的战略交互

Conflict Resolution Using the Graph Model:
Strategic Interactions in Competition and Cooperation

徐海燕（Haiyan Xu）

〔加〕基思·威廉·海珀（Keith W. Hipel）　著

〔加〕唐纳德·马克·基尔戈（D.Marc Kilgour）

〔加〕方黎平（Liping Fang）

徐海燕　肖　义　于　晶　译

赵士南　朱子明

科学出版社

北　京

内 容 简 介

本书囊括了冲突分析图模型三十多年的理论研究成果和前沿方法，是中外学者长期合作完成的冲突分析领域的国际权威著作。主要内容包括冲突分析实践，决策方法综述，冲突分析图模型的基本内涵，简单偏好、未知偏好、强度偏好和混合偏好下图模型的稳定性，结盟稳定性，冲突演变分析及冲突分析决策支持系统。本书是目前冲突分析图模型研究领域内容最全面、体系最完整和最详尽的书籍，本书首次介绍了图模型的矩阵表示形式和冲突分析决策支持系统，并系统探讨了冲突分析的三种系统研究视角。

本书主要适合管理科学与工程、工业工程、系统工程等专业的高年级本科生、研究生及科研工作者，也可以为战略咨询和决策分析机构提供决策参考。

图书在版编目（CIP）数据

冲突分析图模型: 竞争与合作中的战略交互/徐海燕等著译. —北京: 科学出版社, 2023.10

书名原文: Conflict Resolution Using the Graph Model: Strategic Interactions in Competition and Cooperation

ISBN 978-7-03-071737-5

I.①冲… II.①徐… III.①决策支持系统-研究 IV.①TP399

中国版本图书馆 CIP 数据核字 (2022) 第 036392 号

责任编辑：王丹妮 / 责任校对：贾娜娜
责任印制：赵 博 / 封面设计：无极书装

科学出版社 出版
北京东黄城根北街 16 号
邮政编码：100717
http://www.sciencep.com
北京富资园科技发展有限公司印刷
科学出版社发行 各地新华书店经销
*
2023 年 10 月第 一 版 开本：720×1000 B5
2024 年 8 月第二次印刷 印张：24
字数：482 000
定价：268.00 元
（如有印装质量问题，我社负责调换）

原著作者简介

1. 徐海燕教授

徐海燕，南京航空航天大学经济与管理学院教授、博士研究生导师，主要研究方向是冲突分析、管理决策等，是中国冲突分析领域极具影响力的知名学者；江苏省师德模范、江苏省对外交流社科专家；获国家级教学成果奖二等奖、国防科学技术进步奖一等奖、江苏省教学成果奖一等奖、江苏省哲学社会科学优秀成果奖一等奖。

2. Keith W. Hipel（基思·威廉·海珀）院士

基思·威廉·海珀，中国科学院外籍院士、加拿大工程院及皇家科学院院士、美国国家工程院外籍院士、加拿大皇家科学院前院长、加拿大滑铁卢大学系统设计工程系资深教授，主要研究方向是冲突分析、随机时间序列分析、多准则决策等；获水文工程领域国际重要奖项"周文德奖"、系统工程领域国际最高奖项"诺伯特·维纳奖"、加拿大国家最高科技奖项"基拉姆奖"等 64 项国际重要嘉奖；获"中国政府友谊奖""江苏友谊奖""江苏省荣誉居民"称号。

3. D. Marc Kilgour（唐纳德·马克·基尔戈）教授

唐纳德·马克·基尔戈，加拿大劳瑞尔大学数学系著名教授，2014~2017 年担任美国运筹学和管理学研究协会旗下群决策与协商协会主席；其主要研究方向是群体决策中的数学建模和分析、冲突分析等；在 *Management Science*、*Operations Research* 等著名期刊上发表多篇论文。

4. Liping Fang（方黎平）院士

方黎平，加拿大工程院院士，加拿大工程研究院会士，加拿大机械工程学会会士，加拿大多伦多都会大学工程与建筑学院副院长、工业工程系教授；其主要研究方向是工业工程、冲突分析等；曾获 IEEE（Institute of Electrical and Electronics Engineers，电气与电子工程师协会）2012 年和 2015 年"杰出贡献奖"、2015 年"最佳副主编"等诸多荣誉。

译 者 前 言

本书的原著 *Conflict Resolution Using the Graph Model: Strategic Interactions in Competition and Cooperation* 由斯普林格出版社于 2018 年出版，是中外学者长期合作完成的冲突分析领域国际权威著作。自发行以来，原著在斯普林格官方网站的总访问次数超过 1.4 万次、eBook 总下载次数 9000 余次，谷歌学术引用次数累计 92 次，并于 2020 年荣获江苏省政府颁发的第十六届哲学社会科学优秀成果奖一等奖，受到了国内外学者的广泛关注和好评。应广大中国读者需要，将原著翻译成中文。

本书系统介绍了一种科学有效的冲突分析理论方法——冲突分析图模型（graph model for conflict resolution，GMCR），为分析和解决各类热点与难点冲突问题提供重要的战略分析工具及决策支撑。本书是冲突分析研究领域的经典权威著作，是对冲突分析理论的过去、现在及未来最系统、最权威的概括和升华，具有重要的里程碑意义。本书的主要特色如下。

（1）内容结构完整、理论方法全面。本书涵盖了 GMCR 理论近 30 年来的理论发展与实践研究成果，系统全面地介绍了简单偏好、未知偏好、强度偏好、混合偏好、决策者结盟、冲突演变分析、决策支持系统（decision support systems，DSS）等内容，特别增加了 GMCR 的矩阵表示方法，以便于相关 DSS 的设计与开发。本书知识结构完整、理论方法全面，是冲突分析研究领域的重要参考著作。

（2）理论与应用并重、案例素材丰富。本书兼顾理论方法研究和案例应用分析，提供了大量丰富的冲突案例素材，包括埃尔迈拉冲突、吉斯本湖水资源出口争端、环境可持续发展博弈等诸多实际应用案例。在每章的理论知识介绍之后，增设了详细的案例分析和习题练习，以提高读者对理论知识的熟练运用水平，本书可以用作本科生和研究生教材。

（3）理论前瞻性强、读者受众多。本书不仅系统全面地概述了 GMCR 的现有理论成果和体系方法，还对图模型理论的未来和前沿发展进行了高度的总结与展望，为学者提供了重要的思想借鉴和理论指引。此外，本书兼顾不同读者的需求，适合高校和科研院所的本科生、研究生、教师及企业、社会组织和政府等相关决策咨询机构，是一部理论具有前瞻性、普适性较强的战略分析决策参考用书。

本书围绕冲突建模、稳定性分析、稳定后分析和 DSS 展开概述，主要内容包括四个部分：①冲突分析决策理论基础，包括冲突分析实践（第 1 章）、决策方法综述（第 2 章）和 GMCR 的基本内涵（第 3 章）。②冲突建模和稳定性分析的逻辑定义和矩阵表示部分，包括稳定性定义：简单偏好（第 4 章）、稳定性定义：未知偏好（第 5 章）、稳定性定义：强度偏好（第 6 章）及稳定性定义：混合偏好（第 7 章）。③稳定后分析部分，包括结盟稳定性（第 8 章）和稳定后分析：冲突演变（第 9 章）。④冲突分析 DSS（第 10 章）。

　　本书的翻译工作主要由南京航空航天大学徐海燕教授、天津大学肖义副教授、南京理工大学于晶副教授、江苏科技大学赵士南博士和广州商学院朱子明副教授共同完成。具体分工如下：肖义副教授负责本书的前言和第 1 和第 2 章的翻译工作；赵士南博士负责第 3 和第 4 章的翻译和全书的整合工作；于晶副教授负责第 5~7 章的翻译工作；朱子明副教授负责第 8 和第 9 章的翻译工作；徐海燕教授负责第 10 章以及本书翻译工作的统筹、安排和校稿事宜。

　　如若书中存在翻译不当或者不足之处，敬请广大读者批评指正。

　　感谢各位译者的辛勤付出和国家自然科学基金项目 (71971115，72001096) 和南京航空航天大学国际合作处的经费资助，以及科学出版社在本书出版过程中给予的倾力支持和帮助。

徐海燕

2023 年 2 月

前　　言

　　本书呈现了 GMCR 领域最新的理论成果和实践进展，用以对任何领域发生的现实冲突问题进行战略决策分析。人类生来就是具有竞争性的，会和其他人以行动与反制的方式进行动态交互，在这个交互过程中追求自己的目标或价值，而 GMCR 理论可以帮助决策者了解其在冲突中、在受到各种社会约束的前提下能够取得的最好结果。例如，在气候变化协议的谈判中，每个国家都可能会采取自私的行为，尽可能少地减少温室气体排放，以实现短期内的利益最大化。但是，有些国家也许会试着通过和其他国家合作，达成公平的协议，采取强有力措施显著地减少温室气体排放，从而避免各种极端气候灾害，实现长期的更优结果。本书中介绍的各种 GMCR 方法既可以用来分析每个参与者都很自私的高度竞争性冲突问题，也可以用来处理具有很高程度合作性的冲突问题。

　　您，我们尊敬的读者，可能想要知道本书中的内容能否帮助你更好地理解和解决你所在领域的难题，小到家庭内部矛盾，大到企业间或国家间的国际贸易冲突等。如果你是研究多主体决策的学者，并希望对基础的 GMCR 方法进行扩展和完善，或者希望将 GMCR 中的最新成果应用到诸如土地开发和规划等的相关方满意度之类的复杂冲突中，那本书对你会非常有价值。如果你是教运筹学、系统工程或与冲突相关的课程的教师，你可以将本书作为高年级本科生或研究生课程的教材，或者作为课程的重要阅读文献。如果你是指导博士、硕士研究生进行冲突相关研究的导师，这本书也会吸引你的目光。如果你是学习冲突分析的学生，希望了解各个国家或地区是如何吸取历史教训避免重蹈覆辙的，如经济上的大萧条或者军事上的毁灭性战争，那么本书包含的各种冲突分析方法将是你必学的工具。博士研究生可以通过将现有 GMCR 方法应用到不同领域的冲突案例，如能源发展、环境工程、水资源、法律研究等，找到现有方法的不足，然后对其进行扩展和完善。如果你是一名相关行业的从业者或专业人士，如咨询工程师、市政规划者、政治顾问、管理者、律师、政策分析师、军队系统工程师等，那么本书将极大地帮助你解决你所面临的挑战性实践问题。例如，随着气候变化加剧以及地区冲突爆发，大规模人口迁徙问题多发，就像最近不断涌向欧洲的难民危机，相关国防部门中运筹学研究团队的军事分析师就可以利用本书中的方法解决大规模人口迁徙引发的严重安全问题。如果你是计算机工程师或科学家，你也可以参考本书提出的冲突分析 DSS 的基本设计思路，新开发一款基于 GMCR 的 DSS，供学者、教师、导师、学生和相关从业者使用。

为了让读者信服 GMCR 方法可以用来解决各种棘手的现实冲突，本书使用了大量的案例来演示如何将本书中介绍的不同想法应用到实践中。这些应用充分证明了"好理论即好应用"，反之亦反。因此，本书第 1 章中以发生在加拿大安大略省埃尔迈拉小镇的一起非常具有争议性的地下水污染事件为例，解释如何使用 GMCR 对这起冲突事件进行建模和分析，来更好地理解这起冲突及相关的战略结论。在后面的章节中，这起冲突案例也多次被用来演示如何在 GMCR 中设计和应用不同的概念。

GMCR 的基本理论框架和有关扩展是为了有效解决现实冲突而特意设计的，因此 GMCR 的底层原理被设计成能体现现实冲突的关键特征，从而为后续理论框架的提出和扩展奠定坚实的基础。举例来说，决策者在冲突中通常采用移动–反制这样的棋手思维来思考，当一个决策者在考虑是否要采取行动从当前状态移动到另一个对他更优的状态时，他会想知道这一移动是否会遭到对手的反制。例如，当一家汽车厂家想要通过降价促销来获得更大的市场份额时，对手厂家是否也会跟着降价，最后导致该厂家利益受损？如果会，那该厂家最合理的选择就是不降价。GMCR 中用数学定义了多种解概念或称作稳定性定义，来描绘人们在冲突中的不同行为。而且，GMCR 还采用图论来表示每个决策者控制的可能移动，图中各点表示可能发生的情形或状态，连接两点的有向弧表示决策者一步之内的移动。GMCR 的另一个关键特征是只需要相对偏好信息，这意味着你只需要知道决策者在两个状态之间更偏好其中哪一个，或者对两个状态同等偏好。例如，当有人问你是更喜欢喝茶还是咖啡，你只需要说你更喜欢喝咖啡，或者两者都喜欢，但你不可能会给出一个像是咖啡对我的效用值是 6.912，而茶对我的效用值是 2.591 这样的定量化回答。相对偏好信息在实践中更容易获得，也更符合人们的思考习惯，而这也是 GMCR 的一个关键设计特征。

上述以移动–反制的思维以及相对偏好来考虑冲突的方式被称为博弈的逻辑表达。每个决策者都试图在冲突中获得对自己更优的结果，通过移动–反制的方式来解释可能发生的结果，人们可以很直观地理解冲突的演变和解决过程。假如给定一种行为模式，一个决策者从某一初始状态的所有可能单边改进都会被对手反制，那么这个初始状态对于这个决策者来说就是稳定的。如果任何一个决策者都没有意愿从一个状态移走，那么这个状态就称作冲突的均衡解或可能的解决方案。对于一个具体的冲突，通过逻辑解释会发生什么事情是很直观而且吸引人的。但是，图论中存储的状态转移和偏好信息也可以存储在矩阵中，更便于计算。实际上，GMCR 建模和分析过程中的逻辑表达都可以转换成相应的矩阵表达，也称作代数形式。在设计计算稳定性的分析引擎时，从所需要的运算次数来看，相较于对应的逻辑表达，矩阵表达的运算效率要高得多，而且矩阵表达也使得在理论上对 GMCR 方法进行扩展会更容易。因此，本书中介绍的所有进展既有逻辑表达也有矩阵表达，这也是本书的一大特色。

为了更好地体现 GMCR 独特的固有的特点，本书第 2 章讨论了 GMCR 和其他博弈论方法的关联与不同之处，还详细解释了 GMCR 与运筹学、系统工程等领域的正式决策方法的关系。当把像 GMCR 这样的决策方法编程开发成一个 DSS 时，它就能更方便快捷地应用到实践中，这时它也可以被称为实用型决策技术。人们可以在实践中使用一套决策技术工具来解决像城市扩张这样的复杂问题，而 GMCR 可以用来从战略层面上分析其中的争议部分。

在现实中，社会系统及物理系统中的所有事务都是互相关联的。例如，化石燃料在世界各国的工业、交通和电力部门的广泛使用造成了大量二氧化碳的排放，而这种温室气体也是造成全球平均气温急剧上升的主要原因之一。进而改变了地球的气候系统，导致极端气候频现、海冰面积和厚度缩减、冰川融化、海平面上升及海洋酸度增加等现象。这些自然系统的气候变化引发的负面后果会对社会系统造成负面影响，如农业、工业、宏观经济，以及所有相关的人。因此，从体系的视角来考虑问题就显得很直观以及很有必要了。这时，GMCR 就可以用来分析受到影响的各方之间的各种冲突，其中可以预见的是，随着气候的不断恶化，有些甚至是不可逆的，其引发的冲突只会越来越多，也越来越激烈。

为了负责任地解决气候变化相关的问题、埃尔迈拉冲突及社会面临的其他各种复杂难题，我们需要一套综合化适应性的管理和治理方法，并且在政策制定和决策过程中采取参与式的方式将相关方的利益与价值考虑进来。这样，解决方案就更容易符合可持续性、公平性和稳健性等系统目标。GMCR 方法中考虑到了相关方的价值观，因此也可以用来分析这类型的冲突问题。

在介绍完决策方法的综述和 GMCR 在其中的关键作用之后，本书第 3 章定义了多种冲突模型。在第 3 章中介绍的策略形式是一种很强大的方法，它可以追踪冲突中各决策者可用的策略或行动，以及记录下可能发生的可行状态或情形。第 3 章介绍了基于这些状态的 GMCR 的逻辑表达和矩阵表达。决策者对于这些可行状态的相对偏好信息是冲突模型的一个关键输入信息，因为它们反映了决策者的底层价值体系。

定义完一个冲突模型中的决策者、状态、状态转移，以及相对偏好信息之后，下一步是运用移动-反制的方式对各状态进行稳定性分析。根据不同的行为特征，本书定义了四种不同的稳定性定义：纳什稳定、一般超理性稳定、对称超理性稳定及序贯稳定。根据偏好结构的不同，GMCR 的这些稳定性定义的逻辑表达和矩阵表达也可以逐个定义。本书第 4～7 章分别介绍了不同偏好结构下的稳定性定义。

第 4 章：简单偏好，其中决策者对于两个状态之间的偏好情形包括更偏好、同等偏好、更不偏好三种。

第 5 章: 未知偏好，其中决策者对于某些状态间的偏好信息是未知的。这在实践中是经常发生的，而 GMCR 巧妙地定义了这种偏好的"不确定性"。本书第 10 章还提到 GMCR 中的偏好不确定性可以通过模糊、灰色、概率等方式来表示。

第 6 章: 强度偏好，在某些情形中，决策者可能会极其偏好某个状态。例如，环保人士会极其希望工厂不要排放未经处理的废水污染周围环境。在强度偏好中，强度可以有任意种层级。

第 7 章: 混合偏好，将未知和强度偏好或者简单偏好相结合。

除了确定决策者各自单独行动可以获得的最大收益外，我们还可以分析决策者是否能够通过与他人合作实现更好的结果。本书第 8 章介绍了结盟稳定性，其中对上述四种不同的偏好结构下的结盟稳定性的逻辑表达和矩阵表达都分别进行了介绍。第 9 章对稳定后分析进行了详细介绍，其中的冲突演变作为稳定后分析的一个重要组成部分，讨论了从某个特定初始状态到某个最终状态的过程，并给出了相应的逻辑表达和矩阵表达。在实践中，人们希望了解某个双赢的结果是否能通过决策者各自的单边移动而最终实现。

本书第 10 章介绍了基于 GMCR 的新 DSS 的通用设计，通过底层的矩阵表达可以很好地处理现有的和未来的扩展。这些未来机遇包括基于系统视角的 GMCR 研究，其中逆向 GMCR 和行为 GMCR 都非常值得进一步研究。逆向 GMCR 是指确定实现某个期望状态所需的偏好信息，行为 GMCR 是在给定输入和输出信息的前提下，确定决策者所展现的行为特征。

总之，我们相信你会享受阅读本书，享受这段令人激动的阅读之旅，但是更重要的是，未来还会有更多新发现，包括扩展 GMCR 功能的新型实用方法，现在需要解决的各种紧迫的冲突，以及未来可能发生的各种冲突。毕竟，我们的地球正变得越来越小，所有人的关联正越来越紧密。

我们衷心地祝愿您——我们热爱的读者，充分享受这段令人激动的阅读之旅。旅途愉快!

徐海燕，Keith W. Hipel, D. Marc Kilgour, Liping Fang

目　　录

第 1 章　冲突分析实践 ·· 1

1.1　冲突的普遍性 ··· 1

1.2　冲突分析过程 ··· 4

1.3　本书之旅 ··· 23

1.4　习题 ··· 26

参考文献 ··· 27

第 2 章　决策方法综述 ·· 32

2.1　概述 ··· 32

2.2　博弈论方法的种类 ··· 32

2.3　正规决策方法 ··· 36

2.4　责任治理中的冲突分析 ··· 43

2.5　本章重点 ··· 49

2.6　习题 ··· 49

参考文献 ··· 50

第 3 章　GMCR 的基本内涵 ·· 57

3.1　冲突的标准形式和策略形式 ··· 57

3.2　冲突的图模型表示 ··· 64

3.3　图模型的矩阵表达 ··· 71

3.4　本章重点 ··· 82

3.5　习题 ··· 83

参考文献 ··· 85

第 4 章　稳定性定义：简单偏好 ·· 87

4.1　简单偏好 ··· 88

4.2　稳定性的逻辑定义 ··· 90

4.3　稳定性的矩阵定义 ··· 99

4.4　计算的复杂性 ··· 119

4.5　案例：埃尔迈拉冲突 ··· 121

4.6　本章重点 ··· 126

4.7　习题 ··· 126

参考文献 ·· 130

第 5 章　稳定性定义：未知偏好 ································· 132
　5.1　未知偏好和可达集合 ································· 132
　5.2　未知偏好下稳定性定义的逻辑表达 ················· 134
　5.3　未知偏好下稳定性定义的矩阵表达 ················· 146
　5.4　应用：吉斯本湖冲突 ··························· 163
　5.5　本章重点 ····································· 168
　5.6　习题 ······································· 169
　参考文献 ··· 172

第 6 章　稳定性定义：强度偏好 ································· 175
　6.1　多级强度偏好 ································· 175
　6.2　决策者的可达集合 ····························· 179
　6.3　三种类型偏好的稳定性逻辑表达 ··················· 181
　6.4　多级强度偏好下稳定性的逻辑表达 ················· 186
　6.5　三级偏好下稳定性定义的矩阵表达 ················· 202
　6.6　应用：驻军转移单位冲突 ······················· 213
　6.7　本章重点 ····································· 217
　6.8　习题 ······································· 218
　参考文献 ··· 219

第 7 章　稳定性定义：混合偏好 ································· 221
　7.1　混合偏好和可达集合 ··························· 221
　7.2　混合偏好下稳定性定义的逻辑表达 ················· 223
　7.3　混合偏好下的一些重要矩阵 ······················ 234
　7.4　混合偏好下稳定性的矩阵表达 ····················· 238
　7.5　应用 ··· 242
　7.6　本章重点 ····································· 246
　7.7　习题 ··· 246
　参考文献 ··· 247

第 8 章　结盟稳定性 ··· 249
　8.1　结盟移动定义 ································· 249
　8.2　简单偏好下结盟稳定的逻辑表达 ··················· 251
　8.3　不确定偏好下结盟稳定的逻辑表达 ················· 253
　8.4　三级偏好下结盟稳定的逻辑表达 ··················· 255
　8.5　混合偏好下结盟稳定的逻辑表达 ··················· 258
　8.6　简单偏好下结盟均衡的矩阵表达 ··················· 261

8.7　不确定偏好下结盟稳定的矩阵表达 ································· 266

8.8　三级偏好下结盟稳定的矩阵表达 ··································· 276

8.9　混合偏好下结盟稳定的矩阵表达 ··································· 283

8.10　应用：简单偏好下吉斯本湖冲突的结盟分析 ················· 295

8.11　本章重点 ··· 300

8.12　习题 ··· 300

参考文献 ··· 302

第 9 章　稳定后分析：冲突演变 ··· 303

9.1　冲突演变的逻辑表达 ··· 303

9.2　基于邻接矩阵的冲突演变的矩阵表达 ······················· 312

9.3　基于边连矩阵的冲突演变的矩阵表达 ······················· 319

9.4　本章重点 ··· 344

9.5　习题 ··· 345

参考文献 ··· 346

第 10 章　冲突分析 DSS ··· 348

10.1　DSS ··· 349

10.2　图模型 DSS 的通用设计 ··· 351

10.3　图模型方法当前的研究进展及未来的发展 ················· 359

10.4　习题 ··· 363

参考文献 ··· 364

第 1 章　冲突分析实践

1.1　冲突的普遍性

在现代社会中,冲突几乎无处不在。为了更好地解决各种棘手的冲突问题,本书介绍了一种系统全面的冲突分析理论方法——GMCR。因此,本书对于需要应对各种社会冲突的人有重要的参考价值。

本章的主要目的是强调解决社会冲突的重要性以及 GMCR 在研究复杂冲突问题时所具有的先天优势和成熟完备的理论方法体系。因此,这套成熟的理论方法将有助于任何存在冲突的领域的从业者、教师、学者、导师和学生。为了验证 GMCR 理论方法能够方便地对现实中的冲突问题进行建模和分析,1.2 节以加拿大安大略省埃尔迈拉小镇的地下水污染冲突为例,详细介绍了 GMCR 方法的冲突建模和稳定性分析流程。

在 1.3 节中,为了方便读者快速导航到相应的内容,用流程图和表格的形式详细描述了本书各章节的具体内容。此外,本书各章节介绍了多个从简单到极度复杂的实际案例以展示如何将 GMCR 方法应用在实践中。尽管一些简单的冲突分析可以通过手写的方式进行建模与计算,但为了分析更复杂的冲突,10.2 节介绍了一系列 GMCR 的 DSS 以供从业者、教师、学者、导师和学生使用。

1.1.1　社会面临的紧迫冲突

当人与人交互时,冲突不可避免。例如,家庭成员对于在哪家餐馆吃晚饭可能有不同的选择;员工和雇主对于来年的工资涨幅会有不同的想法。冲突不仅发生在个体之间,也可能发生在各个组织之间。在高度竞争的商业社会,公司为了增加在某个国家或者全球的市场份额会积极采取产品推广策略。例如,通用、丰田、大众、本田、宝马、雷诺等众多汽车厂商都在极力扩大它们的全球销售份额;针锋相对的政党为了吸引更多支持者而提出各种基础设施建设计划或减税计划;在国际层面,为有效缓解气候变化,各国正在积极协商以寻求减少温室气体排放的有效措施;环保主义者、政府部门、市民与某个化工厂在处理排放化学物质而导致地下蓄水层受到污染的"棕地"时可能会产生矛盾纠纷;城市的高度工业化和私家车的急剧增加带来了严重的空气污染问题,进而引发了市民与政府、企业之间的冲突,还有一些持续发生且危害极大的地缘政治冲突问题。的确,冲突似乎是人类行为以及人类所创建的私人和公共组织的固有特征。

冲突无处不在，小到个人之间的争执，大到国际军事行为。在贸易、法律、工程、医疗等各个领域中几乎都存在冲突问题，亟须正规有效的冲突分析理论方法来辅助决策者 (decison maker, DM) 制订合理的冲突解决方案。正如 Hipel 等 (2011) 所讲，"社会"冲突都具有一些内在的关键特征，包括如下几点。

 （1） 存在两个或多个决策者，如冲突中的个人、组织或国家。

 （2） 每个决策者拥有不同的策略或行动方案。

 （3） 每个决策者具备独立的价值观，包含多个维度或目标，而且多数与其他决策者的价值观相悖。

 （4） 刻画或者反映某个决策者价值观的相对偏好。

 （5） 是由特定的决策者控制的单边移动和反击行动。

 （6） 当冲突从一个初始状态演化到某个中间状态或最终结果时，决策者之间可能在任何时间，以任何次序进行动态的战略交互与反制博弈。

 （7） 冲突中各利益主体的决策行为方式多种多样。例如，有远见的决策者在做决定前能预料到未来多步可能的移动与反制行为，这与国际象棋棋手在决定走下一步棋的时候所思考的情形类似。

 （8） 冲突中的利益主体可能独立行动，也可能为了获取更多的利益而与他人开展合作，形成利益结盟。

 （9） 未知的相对偏好信息和众多的利益主体可能导致冲突具有高度不确定性。

 （10） 涉及决策者的态度、情绪、误解等心理因素。

在设计类似大楼或水库等大型建筑时，必须考虑到当地的土壤特性、地震频率等地质结构，以及温度、风速、降水等气候条件。类似地，在构思系统研究社会冲突的模型时，也必须考虑到前文讲的多个关键特征。GMCR 理论方法 (Fang et al., 1993; Kilgour et al., 1987) 及其众多拓展研究就是为了应对实际冲突的这些特征而设计的。

1.1.2　本书目标

本书主要目标是以高度丰富及用户友好的方式呈现 GMCR 理论研究，并辅以实际案例，从而让读者可以方便快捷地使用本书的方法来研究其感兴趣的冲突。就像设计建筑物，除了考虑物理环境外，一栋建筑还应该具备其他功能，如底层可以用作零售店，而高层可以作为各种机构的写字楼。类似地，在构建冲突模型时不仅需要考虑冲突本身的特征，还需要提供各种期望用途。具体来说，GMCR 的基本设计包含了以下能力 (Hipel et al., 2011)。

 （1） 可以将复杂乃至混乱的冲突信息整理成条理清晰的模型结构，聚焦于问题本质并将其体现在一个简单但启发式的框架中。

 （2） 可以应对信息稀缺或者信息泛滥等情形。

（3）　可以通过系统思维强化对冲突的理解。

（4）　可以通过结构化的"图模型语言"促进利益相关方的有益沟通。

（5）　可以预测选择的战略影响，从而做出当前社会与战略条件下的最好决定，可以有效减少错误决定导致的严重负面甚至不可挽回的影响。

（6）　可以揭示冲突的其他特征的战略意义，如结盟、不确定性偏好与心理因素等。

（7）　可以基于合理的建模与分析做出明智的决定，从而达到双赢。

1.1.3　读者

在人类活动的各个领域都存在冲突问题。因此，本书关于冲突分析的内容将有益于以下众多学科的相关人员。

（1）　农学。

（2）　养殖学。

（3）　商科。

（4）　气候学。

（5）　经济学。

（6）　工程学。

（7）　环境科学与工程。

（8）　食品系统。

（9）　法律。

（10）　物流与供应链管理。

（11）　军事学。

（12）　政治学。

（13）　服务业。

（14）　社会学。

（15）　贸易。

在以上众多学科中，本书对于以下人员将非常有帮助。

（1）　从业者。

（2）　教师。

（3）　学者。

（4）　导师。

（5）　学生。

清晰的概念解释、详细的案例分析和功能强大的 DSS，都使得本书对前文提及的用户极具参考价值。例如，工程界或者国际商务的咨询顾问可以使用 GMCR 方法分析客户的挑战性问题从而为客户提供明智的战略建议；本书对于学者也非常有用，因为本书包含了 GMCR 理论的最新进展；本书每章的结尾都附有相应的习题和案例分析，是冲突分析课程的首选教材。总之，本书囊括了分析和解决冲突问题的最新前沿理论与实践应用方法，是一本不可多得的冲突分析领域的重要参考资料。

1.2   冲突分析过程

1.2.1   核心理念

当一个人面临某个必须要解决的冲突时，他就务必要决定下一步怎么做。为了做决定，他自然会提取冲突的关键特征并将冲突问题简化到一个更容易理解的程度。对现状的充分理解意味着他可以预料到不同选择可能导致的相应后果，这种"假定"的分析思维有助于他做出对自身和其他参与者都更可靠的有利决定。

冲突模型建立的目的是模拟人在冲突中的思维方式从而帮助人做出更明智的抉择。因此，模型的数学设计和功能必须反映出冲突问题的关键要素，如在 1.1.1 节中列举的一系列实际冲突的关键内在特征。然后在 1.1.2 节介绍了一系列专门嵌入 GMCR 数学设计中的功能，从而使得该方法更逼真、有意义、可操作及更丰富。实际上，GMCR 专门映射人类在实际冲突中如何认知冲突及反应的过程。而且，这也意味着 GMCR 有助于提高决策者对冲突的认知与理解，从而为在考虑到其他人的反应的前提下更理智地做出最好的决定以提供决策支持。GMCR 也可以作为一个能系统记录当前现状的"记账本"，提供可能因为压力、兴奋或粗心而被忽视的有意义的解决方案。

那么，一个冲突模型中必须包含哪些部分呢？首先，很明显冲突中至少要有两个参与者或者决策者。其次，每个决策者都有一些可供选择的策略或者行动。最后，每个人的行为都受到其价值观的影响，所以每个决策者对可能发生的情景或者状态都会有其特定偏好，正是这些不同的价值观或者偏好不断推动着冲突的演化。

在冲突中，决策者或者对冲突感兴趣的第三方会基于自己的价值观或偏好来采取行动。在做决定前，他可能会像国际象棋棋手那样思考其他人对其某一行动可能会有什么反应。如果他可以单独通过改变他自己的选择达到比当前更好的某个状态，他当然会倾向这么做。然而，假如有一个或者多个其他决策者可以通过他们独自的行动来阻止他的单边改良，从而使得其所处的冲突状态反而更差了，那他理性的选择就是保持冲突现状，或选择不动。也就是说，当前状态对其是稳定的。这种"假定"思维即冲突分析中的稳定性分析。如果某个状态在某个行为类型下对所有决策者都是稳定的，那么这个状态就称为一个解决方案或者均衡解。稳定性分析的目的包括推测哪些冲突状态最可能发生以及决策者能否通过结盟来进一步改善双方关系。通过 GMCR 等方法对冲突进行研究的另一个重要优势就是可以进行稳定后分析，包括研究冲突是如何从当前状态逐步演化到某个最终均衡解的，或者通过不同类型的敏感性分析获得更深入的战略见解。例如，某个关键决策者偏好的轻微改变是否能够得到一个更好的、对所有人都有益的结果？

　　图 1.1 以流程图的方式描述了 GMCR 的主要步骤。如图 1.1 所示，建模阶段之后为稳定性分析和稳定后分析阶段。1.2.2~1.2.4 节内容以及本书后续章节将详细介绍这些步骤的相关理论与实践。此外，1.2.5 节介绍了如何将 GMCR 应用在实践中。为了让本节的解释更清楚和更有说服力，下面对一个真实的地下水污染冲突事件进行案例分析。

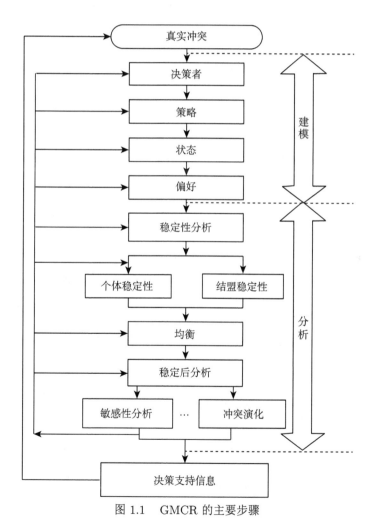

图 1.1　GMCR 的主要步骤

1.2.2 建模

1. 地下水污染冲突

棕地是一类非常严重的污染问题，在很多工业化国家都引起了强烈的冲突。棕地是指被之前或当前的工业活动污染的一片土地，而且通常污染到了作为水源的地下蓄水层 (USEPA, 1997)。因此，棕地对人类健康和其他生物的生存构成了严重的威胁。与棕地相对应的是绿地，即没有被污染的有茂盛的绿色植被生长的土地。棕地复原、销售及重建等属于冲突高发区域，因为棕地通常都位于工业化国家的城市中心或近郊，棕地重建项目涉及社会、经济、环境等多方面的考量 (De Sousa, 2003; Greenberg and Lewis, 2000; McCarthy, 2002)，与之相关的冲突通常具有高度争议性，尽管好的政策可以降低其发生的频率和减轻严重性 (Bernath Walker et al., 2010; Hipel and Bernath Walker, 2012)。此外，农业活动中大规模地使用化肥和杀虫剂或高强度耕作也可能严重污染土地与水资源，从而引发冲突。

以加拿大一个真实的地下蓄水层污染冲突作为案例，在这起备受关注的争议刚发生时，本书的三位加拿大籍作者与一位熟知这起争议的历史和演化专家进行了深度交流会谈，并根据其提供的案例信息进行了冲突建模与分析。实际上，调查小组根据研究结果近乎准确地预测了实际发生的情形，并为为何以及如何解决这起冲突提供了珍贵的战略见解。1.2.5 节描述了 GMCR 方法的应用范围及应用方式。地下水污染冲突分析中的流程和一个咨询顾问使用该决策方法的过程非常类似。此外，这类地下水污染事件也是很多国家众多环境问题中的一个代表，这起事件的分析思路对如何解决各种环境问题也具有显著的启发意义。最后，该案例也证明了通过结盟合作能够达到一个比各自单独行动更好的结果。

加拿大的工业中心位于安大略省南部，被五大湖区的休伦湖、伊利湖与安大略湖包围。滑铁卢地区位于多伦多市西部大约 100 千米，拥有肥沃的农田和大量工业。埃尔迈拉位于滑铁卢市北部 15 千米，是一个拥有大约 7500 人的农业小镇，也是加拿大著名的高科技中心之一。埃尔迈拉也有少量的工业，但其最著名的还是每年冬季即将结束时举办的枫糖节。由于其距离各大湖都差不多是 100 千米，这里也是滑铁卢地区大部分社区 (包括埃尔迈拉和滑铁卢市) 的饮用水源头。1989 年，安大略省环保局 (Ontario Ministry of the Environment, MoE) 在一次化学测试中发现蓄水层被一种叫作亚硝基二甲胺 (N-nitrosodimethylamine, NDMA) 的致癌物质污染了。当埃尔迈拉的居民得知他们的饮用水有毒时，都震惊愤怒了。不出意外，这一重大安全事件也引起加拿大全国乃至全世界长时间的重点关注。

NDMA 是一种工业副产品，尤尼罗尔化学有限责任公司 (Uniroyal Chemical Ltd., UR) 被怀疑是导致此次地下水污染的源头。根据安大略省的环境法规，

MoE 颁布了一份控制指令，要求 UR 不惜重金净化蓄水层、移除埋在地下的存在化学物质泄漏的金属桶，以及保证将来的排污达到指定标准。在环境法规允许范围内，UR 可以提起上诉。

由于滑铁卢地区及伍尔维奇镇在污染事件中立场一致，它们被视为一个统一的决策单元，称为当地政府 (local government, LG)。实际上，LG 花费大量经费，用于支付为明确自己在冲突消解中应承担的职责而产生的法务费用，以及工程研究所需的开销。毫无疑问，代表 LG 的官员希望保护当地居民不受污染水源的影响，并和负责解决安大略省环境问题的 MoE 统一战线。为了确认地下水的污染范围，必须采用昂贵的钻孔技术进行采样测试。

1991 年夏天，UR 对控制指令提起上诉，冲突问题仍在持续，作者对当时的冲突形势进行了系统建模分析，以感兴趣的一方或者顾问处理冲突的方式展开研究。Murray Height 博士是一位当时居住在埃尔迈拉的环境学家，作为领域专家提供了相关信息以校正冲突分析模型。1991 年 7 月，领域专家与三位技术专家进行了两次持续两小时的会面。由于这类冲突的重要性，而且研究结果准确预测了后来实际发生的情形，本书的三位作者以此案例分析为基础，共同发表了一份会议文章 (Hipel et al., 1993)。此后，这一案例经常被用来验证 GMCR 方法最新理论方法的有效性。

2. 决策者与策略

如图 1.1 上半部分所示，冲突分析首先要确定的是参与冲突的关键决策者以及他们各自可能的行动方案或策略。在领域专家对 1991 年夏天埃尔迈拉冲突过去和现在发生的情况进行概述之后，三位技术专家首先询问了哪些人或组织在这次事件中拥有实际的决策权。领域专家说 MoE 肯定是冲突的参与者之一，因为这是一起重大的环境问题。此外，UR 很明显是污染最主要的嫌疑者，尽管当地还有一些其他的小化工厂。领域专家从一开始就认为应该把上一级的滑铁卢地区政府与下一级的伍尔维奇镇政府当作同一个决策者，称为 LG，因为他们都致力于解决该冲突问题以保护当地居民的健康。专家们也讨论了是否应该把当地的环保组织也当作一个决策者。然而，由于它们并没有直接影响以上三者谈判的能力，领域专家认为把它们列为一个决策者并不合适。当然，还有一些其他试图影响谈判的利益相关者，但是他们都没有真正能对谈判造成影响的具体行动。因此，为使得研究尽可能准确简练，他们都未被列入最后的决策者中。表 1.1 左边列出了1991 年夏天埃尔迈拉冲突中的三个关键决策者。

关于决策者的一些评论：决策者在文献中也有很多其他同义的称呼，包括玩家、演员、当事者或参与者。GMCR 使用决策者这一称呼的好处是直接反映了只有拥有真正决策权的个人或组织才会被列为决策者。另外，某个决策者可能指某个人，也可能指某个组织或者国家。在实践中，笔者发现 GMCR 可以很好地应对各种类型决策者的组合。

表 1.1   埃尔迈拉冲突中的决策者及其策略

决策者	策略名称	策略解释
MoE	修改	修改初始的控制指令
UR	拖延	通过"拖拖拉拉"延长谈判过程
	接受	接受当前的控制指令
	放弃	放弃并关闭位于埃尔迈拉的工厂
LG	坚持	坚持要求执行初始的控制指令

在确定 GMCR 中的决策者之后，技术专家询问了在埃尔迈拉冲突中每个决策者的具体策略、行动和权力。确定最后的策略列表大约花费了一个半小时，表 1.1 中间列是各个决策者对应的策略名称，最右列为每个策略的具体含义解释。其中，MoE 只有一个策略，即修改初始的控制指令，UR 有三个策略，而 LG 也只有一个策略，即坚持要求执行初始的控制指令。

决策者可以选择也可以不选择某个策略。表 1.2 列出了移除不可行状态或情景之后的所有可行状态。表 1.2 中，每一列代表一个状态，为了解释方便，每一个状态或列都用一个状态编号来表示，并写在最后一行。为了解每一列的具体含义，以最左边的状态 s_1 为例，如果某个策略对应位置为 Y 则表示该策略被采纳了，若为 N 则表示该策略没有被选择。因此，对于状态 s_1 而言，MoE 的策略 1 为 N 表示 MoE 选择不修改控制指令；UR 的策略 2 为 Y 而策略 3 和策略 4 为 N，意味着 UR 选择拖延谈判；LG 的策略 5 为 N 表明 LG 没有坚持要求执行初始的控制指令。这个情景实际上也是 1991 年 7 月埃尔迈拉冲突的状态。

表 1.2   埃尔迈拉冲突中的可行状态

MoE								
修改	N	Y	N	Y	N	Y	N	Y	—
UR								
拖延	Y	Y	N	N	Y	Y	N	N	—
接受	N	N	Y	Y	N	N	Y	Y	—
放弃	N	N	N	N	N	N	N	N	Y
LG								
坚持	N	N	N	N	Y	Y	Y	Y	—
状态编号	s_1	s_2	s_3	s_4	s_5	s_6	s_7	s_8	s_9

由于每个策略都可以被采纳或不被采纳，所以从数学逻辑上来看，总共应有 $2^5 = 32$ 个状态。然而，在现实中不可能发生的状态需要被移除掉。因此，三位技术专家询问领域专家有没有一些策略选择组合是不可能发生的，如那些互相排斥的。领域专家认为 UR 的三个策略 (拖延、接受、放弃) 之间是相互排斥的，且必

须从中选择一个策略。最后，假如 UR 决定放弃其在埃尔迈拉的工厂，那不管其他策略如何选择，这起事件都将结束，因此状态 s_9 中的符号（"$-$"）既可以是 Y 也可以是 N。状态 s_9 是一种状态组合，四个符号意味着这一状态实际上包含了 $2^4 = 16$ 个状态，但这 16 个状态本质上都一样，所以被看作同一个状态。

关于策略的一些评论：实践中，通常可以很迅速地提炼出一个冲突的决策者及其策略，而且也可以容易地识别出不可行状态。记住，用户（在这个案例中为领域专家）并不需要手写下最终的可行状态，因为这个过程可以很容易地通过计算机程序完成。这些计算机程序也叫作 DSS，具体可参考 2.3.3 节以及第 10 章内容。埃尔迈拉冲突的状态规模从 32 个大幅缩减到了 9 个，大多数案例的规模都可以大幅缩减。理论上，GMCR 可以处理任意有限个决策者与策略的情形，而且通过 DSS 可以很便捷地处理有大量可行状态的情形。领域专家只需要提供决策者、策略、不可行的情景及可行状态的相对偏好信息即可。这种便捷的冲突表示方法被称为策略形式，由 Howard (1971) 首次提出。

3. 相对偏好

在自然界，物理规律描述了物体如何在时空中移动以及交互。在社会学中，价值观与偏好支配着人类的各种行为及促使人们采取行动。同一事情中人的不同价值观与偏好导致了冲突的发生，才有了为了谋取更有利地位采取的相应行动与反制。相应地，GMCR 建模最关键的一个部分就是每个决策者对可行状态的偏好。

在某个社交场合，一位朋友问你是要一杯咖啡还是茶，你可能回复说你更喜欢喝咖啡或者说都可以。当你只需要说更喜欢或更不喜欢咖啡或者说两者都可以时，这称为相对偏好信息。假如你回答说咖啡的价值是 9.623，茶的价值是 2.529，你朋友很可能会说你太奇怪了。在很多社会冲突中，基于基数的偏好信息都是非常难以获取的。

GMCR 的一个重要内在特性就是只需要每个决策者对于可行状态的相对偏好信息。如表 1.2 所示，埃尔迈拉冲突只有 9 个可行状态，因此通过简单的状态次序调整，决策者很容易对 9 个状态从优到劣进行偏好排序。这也是埃尔迈拉冲突中技术专家在咨询领域专家后所做的决定，在第一次会面的第二个小时中，专家们一起确定了每个决策者的状态排序。表 1.3 列出了 MoE 的可行状态排序，最左边为最优，最右边为最差。值得注意的是，策略 4(放弃) 未被采纳的 8 个状态都排在状态 9(公司放弃工厂) 之前，因为作为安大略省的政府部门，MoE 并不希望看到因为关闭工厂导致工人失业。然后，UR 选择接受当前控制指令 (策略 3 被采纳) 的 4 个状态都比不接受 (策略 3 未被采纳) 的 4 个状态都更优先。正如这两个例子所展示的，偏好声明的方式反映了一个决策者很自然的思考过程。表 1.4 列出了 MoE 的偏好声明，声明的重要程度从上到下依次递减。假定偏好具有可

传递性 (参考下文关于相对偏好的一些评论)，这些偏好声明可以通过算法转换成表 1.3 所示的状态偏好排序。通过比较这些层次偏好声明与表 1.3 中的状态偏好排序，你会发现这方法非常好用。由于这些声明都是基于策略的，这个过程也称为策略优先权排序法 (Fang et al., 2003; Hipel et al., 1997)，这是在 Fraser 和 Hipel (1988) 首先提出的偏好树的方法上进行的重要改进。如 10.1.2 节所述，三个现有的 DSS 中都有采用策略优先权排序法。

表 1.3   埃尔迈拉冲突中 MoE 的状态偏好排序

MoE								
修改	N	N	Y	Y	N	N	Y	Y	—
UR								
拖延	N	N	N	N	Y	Y	Y	Y	—
接受	Y	Y	Y	Y	N	N	N	N	—
放弃	N	N	N	N	N	N	N	N	Y
LG								
坚持	Y	N	N	Y	Y	N	N	Y	—
MoE 的偏好	s_7	s_3	s_4	s_8	s_5	s_1	s_2	s_6	s_9

表 1.4   埃尔迈拉冲突中 MoE 的策略优先权排序

偏好声明
第一，MoE 最希望 UR 不要放弃在埃尔迈拉的工厂，因此不希望看到 UR 选择 "放弃" 策略
第二，MoE 希望 UR 接受当前的控制指令，即选择 "接受" 策略
第三，MoE 希望 UR 不采取拖延策略，即不选择 "拖延" 策略
第四，MoE 并不希望修改当前的控制指令，即不选择 "修改" 策略
第五，MoE 希望且仅当它不修改控制指令时 (不选择 "修改" 策略)，LG 坚持要求执行初始的控制指令 (选择 "坚持" 策略)

除了表 1.3 中 MoE 的状态偏好排序，领域专家与技术专家还对 UR 和 LG 的偏好分别进行了排序。表 1.5 列出了埃尔迈拉冲突中三个决策者对 9 个状态的排序，最左边为最优，最右边为最差。表 1.3 中 MoE 的状态排序与表 1.5 中的状态排序是一致的，只是表 1.3 中用的是策略形式，而表 1.5 中只用了状态编号。表 1.5 以及其他内容中的状态编号在实际中代表的含义可以参考表 1.2 和表 1.3 中的策略形式。

表 1.5   埃尔迈拉冲突中三个决策者的状态排序

决策者	最优到最差的状态排序								
MoE	s_7	s_3	s_4	s_8	s_5	s_1	s_2	s_6	s_9
UR	s_1	s_4	s_8	s_5	s_9	s_3	s_7	s_2	s_6
LG	s_7	s_3	s_5	s_1	s_8	s_6	s_4	s_2	s_9

关于相对偏好的一些评论：GMCR 方法可以处理现实中可能存在的各种偏好

类型。为此，GMCR 的底层设计基于一种简单的偏好类型，并建立了牢固的理论基础。最简单的一种偏好类型来源于两个物品或想法间的比较，如朋友问你喜欢喝咖啡还是茶，你回复你喜欢咖啡。当偏好信息不是用效用值等基数数字表示的，那就称为相对偏好或者定性偏好。简单相对偏好就像咖啡和茶之间可以是更喜欢、无差别或更不喜欢的类型。尽管也可以深入挖掘价值观对偏好的影响，但这通常都不必要，因为相对偏好信息一般比较容易获得，如你喜欢咖啡多于茶，但你自己也很难解释你的价值观是如何影响你的偏好的。不过，多准则决策分析 (multi-criteria decision-making, MCDA) 也可以用来比较 GMCR 中的状态 (Ke et al., 2012a, 2012b; Silva et al., 2017a, 2017b)。

接下来考虑三种物品、想法或状态之间的偏好比较，如你的朋友或招待你的人问你要喝三种饮料中的哪一种。假定你必须从咖啡、茶和可乐中选择一种，你可能对咖啡的偏好程度高于茶，因为咖啡更香，对茶的偏好程度高于可乐，因为茶更健康。如果你对咖啡的偏好程度高于可乐，因为咖啡是热的可乐是凉的，那你的偏好就是可传递的，如图 1.2 (a) 所示；如果你喜欢可乐多过咖啡，因为可乐是冷饮，那你的偏好就是不可传递的，如图 1.2 (b) 所示。在实际中，可传递和不可传递偏好都可能存在，GMCR 对这两种情形都可以处理。

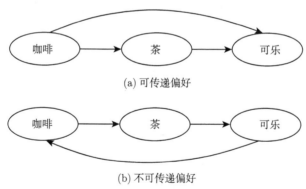

(a) 可传递偏好

(b) 不可传递偏好

图 1.2　可传递和不可传递偏好的例子

表 1.3 和表 1.5 中的状态排序都满足可传递性。因此，按照偏好对状态或物体进行排序时（允许等价的偏好），该排序结果自然是可传递的。基于基数对状态或物品进行排序时，数字大的表示偏好程度更高，因此基数也满足可传递性。所以 CMCR 可以处理可传递的偏好信息，即使偏好是用基数表示的。

有时，相对偏好比简单偏好可能包含更多信息，偏好实际上具有强度之分。例如，你可能对茶的偏好要强烈优于对咖啡的偏好，因为茶更健康；一个环保机构可能非常希望公司清理其在工业生产过程中所产出的污染物。同样，GMCR 也可以处理这种类型的偏好信息，具体内容可参考本书第 6 章。

由于决策者的偏好信息通常是冲突建模时最难获得的信息，不确定性偏好也是冲突分析中的一个重要专题。有多种正式的方法可以对不确定性偏好进行建模。有时，某个决策者的部分偏好信息可能就是"未知"的，具体可参考本书第 5 章。如 10.3.1 节所述，不确定性偏好也可以通过模糊集、灰数或概率等方法进行建模。最后，不同类型的偏好信息可以组合在一起形成所谓的混合偏好，本书第 7 章展示了同时考虑偏好强度和未知偏好时如何运用 GMCR 进行建模与分析。

需要强调的一点是，决策者的偏好不仅仅取决于决策者自己的行为，也取决于其他决策者的选择。例如，表 1.4 中，MoE 的前三个偏好声明都是关于 UR 的选择而不是它自己的。此外，基于各个决策者对冲突实际情形的评估方式来确定各自的偏好信息，可以更好地兼顾冲突中所有决策者的价值观、偏好与顾虑。

1.2.3　稳定性分析

在冲突中，人们的战略思维方式类似于国际象棋棋手，在走每一步之前都会思考这一步之后可能的走子与反制。假如棋手认为这一步可能导致自己失势输掉比赛，他就会考虑其他的走子以及那之后的形势。

在冲突分析中，稳定性分析过程类似于下国际象棋。在了解了决策者及其策略、可行状态与各自的相对偏好信息后，偏好信息促使当局者向更优或者改良状态进行转移，而其竞争对手可能会进一步采取反击行动。当冲突位于某个特定状态时，当局者面临的决策问题是选择单方面移动到某个更有利的状态还是选择留在原处。例如，当某个决策者可以独自改进时，其他决策者可以采取行动使这个决策者落到一个更差的状态，此时他最理性的选择就是留在原处。如果是这种情况，则该状态是这个决策者在某种特定行为下的稳定解。假如这个状态对于所有决策者都是稳定的，那这就是一个可能的解决方案或者均衡解。

1.1.1 节列出了真实冲突的特征及冲突中的动态行为，1.1.2 节描述了如何设计 GMCR 以应对这些特性。由于不同人在冲突中可能有不同的行为，GMCR 中定义了一系列用以描述不同行为的解概念。某一特定的解概念，也叫稳定性定义，是基于集合论、逻辑与图论的数学定义，界定了如何通过行动与反制达到一个稳定状态。如本书第 4~7 章所示，这些不同偏好情形下解概念的逻辑定义也可以写成矩阵的形式。

表 1.6 列出了本书中第 4~8 章用到的主要的解概念，而在 10.3.1 节中给出了一些其他的解概念。表 1.6 中最左列是这些解概念的技术名称、缩写与原始文献。这些不同偏好结构下解概念的数学定义的逻辑形式和矩阵形式可参考本书第 4~7 章。表 1.6 中右边四列提供了这些解概念在不同标准下的不同定性特征，如前瞻能力、偏好知识、劣化与战略风险。具体而言，前瞻能力反映了某个决策者在确定某个状态的稳定性时能设想的行动与反制的步数。偏好知识是指进行稳定

性分析时需要的偏好信息，如在计算表 1.6 中前三个解概念时只需要知道当前决策者自己的偏好，而不需要其他决策者的偏好信息。劣化反映了某个决策者为了阻止对手的单边改良而使自己移动到一个更差状态的容忍能力。由于对手的反制导致当前决策者落入更差状态的风险足够使某个状态变得稳定，即使反制行为对对手不一定有利。另外，在序列稳定下对手只有在反制行为也是单边改良时才会采取行动。表 1.6 中最右列指决策者对战略风险的态度。

表 1.6　冲突中描述人类行为的稳定性概念

稳定性概念	稳定性描述	前瞻能力	偏好知识	劣化	战略风险
纳什稳定 (Nash stability, Nash) (Nash, 1950, 1951)	当前决策者无法单方面移动到一个更优状态	低	自身	从不	忽略风险
一般超理性 (general metarationality, GMR) 稳定 (Howard, 1971)	当前决策者的所有单边改良都会被对手的单边移动制裁	中等	自身	对手	避免风险：保守
对称超理性 (symmetric metarationality, SMR) 稳定 (Howard, 1971)	当前决策者的所有单边改良都会被对手的单边移动制裁，并且无法采取进一步行动达到更优状态	中等	自身	对手	避免风险：保守
序列稳定 (sequential stability, SEQ) (Fraser and Hipel, 1979, 1984)	当前决策者的所有单边改良都会被对手的单边改良制裁	中等	所有	从不	接受一定风险：满意

资料来源：Hipel 等 (1997)

当对某个冲突进行稳定性分析时，需要从每一个决策者的视角对每一个状态在表 1.6 中每一种解概念下进行分析。在简单偏好情形下，表 4.8 列出了埃尔迈拉冲突的稳定性分析结果，以及手动计算稳定性的例子。

目前为止的稳定性分析都假定决策者是单独行动的，这可以了解到一个决策者通过非合作的方式能够获得的最好结果。下一步要分析是否可以通过结盟合作的方式达到更好的结果。为此，可以通过运用第 8 章提出的不同偏好结构情况下的结盟稳定性概念进行分析。

如 1.2.2 节所说，本书三位加拿大籍作者作为技术专家和非常熟悉当地争议情况的领域专家，一起使用 GMCR 方法对埃尔迈拉冲突进行了建模和分析。1991 年夏天至初秋，UR 正对 MoE 颁发的要求其清理污水的控制指令进行上诉，LG 坚持要求执行初始的控制指令。三位技术专家和领域专家进行了两次会面，全面分析了这一冲突。在第一次为时两个小时的会面中，专家们确定了冲突中的决策者及其策略 (表 1.1)、可行状态 (表 1.2)、每个决策者的相对偏好 (表 1.3 和表 1.5)。第一次会面后，三位技术专家对建立的冲突模型进行了严谨的稳定性分析。两周后，技术专家和领域专家进行了第二次为时两个小时的会面。在会面中，技术专家向领域专家展示了分析的重要战略结果，并根据领域专家的反馈对模型进行了调整。

表 1.7 展示了稳定性分析获得的战略见解综述。最左边的状态 s_1 为 1991 年 7 月时的现状，其中 MoE 未选择修改控制指令 ("修改"策略的选择为 N)，UR 选择了拖延谈判过程 (它所控制的策略"拖延"的选择为 Y)，LG 也并未强烈要求执行初始的控制指令 (策略 5"坚持"的选择为 N)。LG 通过改变其策略选择可以使得冲突从状态 s_1 变成状态 s_5，这称为 LG 的单边移动 (unilateral mouement, UM)，因为只有 LG 改变了其策略选择而其他决策者的策略选择都没有改变。此外，从表 1.5 中 LG 的状态排序可以看出，状态 s_5 比状态 s_1 更靠左边，所以状态 s_5 优于状态 s_1。正因为状态 s_5 优于状态 s_1，这一移动也称为 LG 的单边改良 (unilateral improvement, UI)。实际上，由于每个决策者的一步内 UM 都用有向图 (directed graph) 系统化来表示，这一方法也叫作 GMCR。每个决策者的有向图可以单独表示，也可以组合在一起形成一个集成有向图。图 1.3 展示了埃尔迈拉冲突的三个决策者的集成有向图，该图在后面的 3.2.3 节 (图 3.7) 和 4.5 节 (图 4.8) 也会被用到。图中，每个点表示表 1.2 和表 1.3 的 9 个可行状态中的其中一个，每条连接两个状态的弧表示该决策者的一步内移动。例如，图左边有条连接状态 s_1 和状态 s_5 的弧，并且弧上标注了 LG，这条弧就表示了表 1.7 中这两个状态间的转移。图中弧线的双向箭头表示这一移动可以从任一方向开始。在表 1.7 中，只有从状态 s_1 到状态 s_5 的移动表示在演化中。如图 1.3 所示，单方向的移动意味着这一移动是不可逆的，用单箭头表示。UR 控制的从状态 s_1 到状态 s_9 的移动只有单箭头指向状态 s_9，表示关闭埃尔迈拉的工厂本质上是不可逆的。在图 1.3 中集成有向图下方列出了三个决策者的状态排序，其中 $s_k \succ_i s_e$ 表示对于决策者 i 来说，状态 s_k 优于状态 s_e。完整的 GMCR 模型包括了可行状态集，每个决策者一步内的移动，以及每个决策者的相对偏好。记住，给定决策者及其策略，相应的状态集和每个决策者的一步内移动可以通过 DSS 来获得，而不需要领域专家来给出。

表 1.7　埃尔迈拉冲突演化过程：从现状到非合作均衡再到合作均衡

决策者	现状		非合作均衡		合作均衡
MoE					
修改	N		N	$\longrightarrow$	Y
UR					
拖延	Y		Y	$\longrightarrow$	N
接受	N		N	$\longrightarrow$	Y
放弃	N		N		N
LG					
坚持	N	$\longrightarrow$	Y		Y
状态	s_1		s_5		s_8

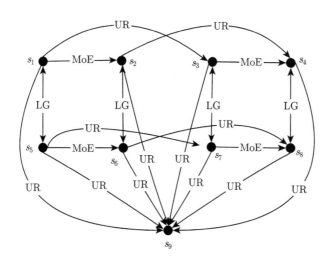

MoE: $s_7 \succ_1 s_3 \succ_1 s_4 \succ_1 s_8 \succ_1 s_5 \succ_1 s_1 \succ_1 s_2 \succ_1 s_6 \succ_1 s_9$

UR: $s_1 \succ_2 s_4 \succ_2 s_8 \succ_2 s_5 \succ_2 s_3 \succ_2 s_7 \succ_2 s_2 \succ_2 s_6$

LG: $s_7 \succ_3 s_3 \succ_3 s_5 \succ_3 s_1 \succ_3 s_6 \succ_3 s_4 \succ_3 s_2 \succ_3 s_9$

图 1.3　埃尔迈拉冲突集成图

在第二次会面中，三位技术专家根据表 1.7 中结果告诉领域专家：LG 可以通过单独改变其策略选择 (单边改良) 使得冲突从状态 s_1 变成状态 s_5。当冲突来到状态 s_5 时，从这个状态移走对任何决策者都是不利的。因此，如 4.5 节中所解释的，这一状态对三个决策者都是稳定的，所以也是一个非合作均衡解。冲突会一直保持在状态 s_5，除非有人选择结盟合作。然而，如图 1.3 和表 1.5 所示，MoE 和 UR 都偏好状态 s_8 多于状态 s_5，所以，如果它们合作并一起行动时，它们就会有一个从状态 s_8 到状态 s_5 的联合单边改良，如表 1.7 中右半部分所示。具体来说，MoE 通过改变其策略选择了修改控制指令，同时，UR 选择停止拖延策略而选择接受修改的控制指令。如表 1.7 右上部分所示，MoE 的策略 1 从状态 s_5 中的未选择（"N"）变成状态 s_8 中的选择（"Y"），UR 的策略 2（"拖延"）从采纳（"Y"）变成不采纳（"N"），策略 3（"接受"）从不采纳（"N"）变成采纳（"Y"）。

1991 年夏天的埃尔迈拉冲突被当作一个当时正在进行中的冲突，其建模和分析结果准确反映了后来实际发生的情形。1991 年 10 月 7 日，MoE 和 UR 突然联合声明它们达成了一项协议，MoE 修改了控制指令，UR 接受了修改后的控制指令。明显地，双方都意识到结盟一起采取行动对双方都是有利的，如表 1.7 中从状态 s_5 到状态 s_8 的联合单边改良。这一戏剧性的联合声明大大出乎 LG 的意料，LG 对此十分愤怒，因为 LG 为了谈判及鉴定饮水源中的致癌物质花费了大量的时间、精力和资金。

关于埃尔迈拉冲突的一些评论：为给埃尔迈拉小镇提供未受污染的饮用水，修建了一条从滑铁卢市到埃尔迈拉小镇的长达 15 千米的管道。尽管只有在 UR 化工厂附近的水井被污染了，但政府还是关闭了镇上所有的水井。截至目前，埃尔迈拉小镇的所有水源都还是来自滑铁卢市。为防止污染扩散及治理污水，地下水都被抽到地上并使用紫外线照射后再排放到附近的小河中。除了清理被污染的蓄水层外，所有的 NDMA 废水都按要求处理后才能排放。

在 2012 年初，MoE 委派一家叫 Chemtura 的私人公司负责通过以下方式清理水源。

（1）　在 UR 化工厂所在地建立一套浅蓄水层隔离治理系统用以防止污水流入附近小河。

（2）　在 UR 化工厂边界建立一套市政蓄水层边界隔离治理系统用以防止被污染最严重的废水离开化工厂范围。

（3）　建立一套包括四处监控水井的外围隔离治理系统用以防止水流的进一步流动，其中一处监控水井位于小镇南端之前的取水井处。

这类污水持续治理操作已经运行了超过 25 年而且可能再持续几十年，甚至几个世纪。实际上，截至 2017 年，埃尔迈拉冲突一直在扩散，因为居民和环保人士一直担心化工厂的污染物沉淀在溪流的河床而随水流扩散到其他地方。Philpot 等 (2017) 使用 GMCR 理论对这一问题进行了研究。

埃尔迈拉冲突证明了在一家化工厂投入运营初始就对废水污水进行合适处理的重要性，而不是把污水储存在不安全的设备中等待后续处理或者把污水直接排放到环境中。一旦污染物渗透到蓄水层，它可能存在上千年并一直往外扩散。正如 1.2.2 节开始时指出的，棕地，即被工农业活动污染的土地，将在很长一段时间内在全球各地引发大量争议。因此，发展中国家理应避免重蹈欧洲和北美一些工业化国家的覆辙，以为可以用工业化的利润进行清理，然后就以发展经济的名义肆意污染土地。这一行为是极不明智的，不仅要花费巨大资金来控制污染物以应对影响人类健康的巨大威胁，而且很可能无法完全清除。另一个问题是如何处理新兴起的化学制品的相关问题：新合成化学制品对人类健康与环境的影响仍是未知的。可靠的科学实践及有效的冲突解决流程起着非常重要的作用。1.2.5 节和 2.4 节描述了运用 GMCR 分析其他类型的重大冲突。

1.2.4　稳定后分析

埃尔迈拉冲突证明了可以通过个体稳定和结盟稳定分析获得重要的战略见解，用以帮助更好地理解冲突形势和应该采取什么行动解决冲突。除了以上列举的方法外，还有一些其他的 GMCR 理论的拓展研究，这些拓展的方法构成了稳定后分析。通常来说，被研究的冲突的特点决定了应该进行哪些稳定后分析。本节介绍了两类稳定后分析：冲突演化和敏感性分析。10.3 节讨论了正在和即将进行的扩展研究，其中很多可以归类到稳定后分析。

1. 冲突演化

如 1.2.3 节所描述的，在稳定性分析中，要对每一个状态从每一个决策者视角在一系列描述冲突中的人类行为特征的解概念 (表 1.6) 进行分析。既可以对单独的竞争性行为进行分析，也可以对结盟的合作性行为进行分析。各种可能的结盟形式都需要考虑到，因为分析者想要看看能否通过结盟合作达到一个至少对结盟成员共赢的结果，正如 1.2.3 节中地下水污染冲突所演示的。

在很多冲突情形中，冲突分析者希望了解从某个初始状态 (通常指现状) 出发，某个非合作或合作的解决方案能否达成。因此，寻找到达某个特定状态的可能路径也叫作现状分析。因为现状分析的实用性和重要性，本书第 9 章重点介绍了这一方法。

为了解释地下水污染冲突事件的始末，1.2.3 节介绍了如表 1.7 所示的埃尔迈拉冲突演化过程，作为整体稳定性分析的一部分。这实际上是一个说明冲突如何从初始状态到最终解决方案演化的很好的例子。如 1.2.3 节解释的，LG 通过改变其策略坚持要求执行初始的控制指令使得冲突从状态 s_1 演化到状态 s_5，这是一个非合作的均衡解。然后，MoE 和 UR 通过合作共同使得冲突从状态 s_5 演化到状态 s_8，形成一个最终的合作均衡解。对于 MoE 和 UR 双方来说，状态 s_8 都优于状态 s_5，这一协调移动被称为联合单边改良。

2. 敏感性分析

在敏感性分析中，分析者希望了解一些模型参数的变化对稳定性分析结果会产生哪些重要的影响。如前文所讲，被研究的冲突的特点和属性决定了应该进行什么样的敏感性分析。可能的敏感性分析类型包括如下几点。

（1）偏好改变。

（2）不确定偏好。

（3）策略改变或增加。

（4）获得满意结果的额外策略。

（5）增加决策者。

（6）其他类型的人类行为 (解概念)。

（7）误解 (也叫作超博弈)。

（8）讨价还价与谈判中的其他模式。

以偏好改变作为一个敏感性分析的例子。在某个冲突中，最终的解决方案可能很大程度上依赖于某个关键决策者的偏好，这时，分析者可以通过改变这个关键决策者的部分偏好信息，如污染事件中工厂的偏好，来了解能否获得更好的结果。如果均衡解并不会随着偏好信息的改变而改变，那么结论可以说是稳健的。当偏好信息是包含了不确定 (参考第 5 章的未知偏好)、强度 (参考第 6 章的强度偏好)，或者前两者的组合情况 (参考第 7 章的混合偏好)，分析者也可以通过敏感性分析研究战略见解的变化情况。

1.2.5　应用方法

1.2.2 节展示的埃尔迈拉冲突是一起发生在加拿大安大略省南部的严重环境冲突事件。这一冲突案例被用于解释如何使用高度灵活的 GMCR 方法对真实冲突情形进行正式的建模、分析及各种稳定性分析，具体过程可参考 1.2.2 ～ 1.2.4 节。此外，这一案例也被本书后续章节用作例证。

在埃尔迈拉冲突还在持续进行的时候，我们使用 GMCR 方法对其进行了建模分析，这是一个介绍如何分析当前冲突问题的经典案例。除了正在发生的冲突外，GMCR 方法也可以对历史或假定的冲突问题进行研究，理由如下：

（1）当前的冲突。

——需要做明智而有依据的决定。

（2）历史的冲突。

——了解帕累托劣解为什么会发生。

——通过学习历史，避免将来发生类似的错误。

（3）假设的冲突。

——研究一般冲突的战略交互。

——测试新的解概念以及其他理论方法。

举例来说，一位历史学家希望了解为什么明明通过竞争者之间的有效沟通可以有一个更好的结局，结果却产生了一个帕累托劣解。如果存在另一个状态点，对所有决策者来说都不劣于初始状态且能使至少一个决策者受益，则可以称初始状态为帕累托劣解。有时决策者之间通过有效或合理的沟通可以达到一个满意的帕累托非劣解。正如谚语所说，"温故而知新""以人为镜，可以明得失"。

通常，一个简单的冲突也可以反映出一般性冲突的关键特征。例如，囚徒困境是一类很有代表性的冲突，其中囚徒要决定是根据个人的短期利益而单独行动还是为了长期利益而选择合作。Hipel (2001) 首次提出了一个环境冲突中的囚徒困境问题：可持续发展博弈，其中环境机构和开发商就某一项目对环境的影响产生争议。这个一般性冲突的例子在本书 3.1 节中用作例证解释一些基本概念。有时使用 2×2 博弈形式进行分析很有意义，在 3.1 节将会详细介绍。最后，假设案例及小型的真实案例有利于检验和完善本书第 3～9 章最新的 GMCR 理论成果和 10.3 节中前沿方法的有效性。

　　验证一个决策方法是否有效的最有力的方式就是将其应用于实际问题中，并考虑简单到极度复杂的各种情形。埃尔迈拉冲突是应用 GMCR 方法来分析现实冲突问题的经典案例，为制订冲突解决方案提供了重要的战略支持信息。表 1.8 列举了一系列应用 GMCR 研究真实冲突的领域。表 1.9 列举了本书中用来解释很多关键概念的应用，并演示了如何将这些概念应用到实际中。实际上，由于 GMCR 在基本设计上真实地捕捉了冲突的关键特征，GMCR 理论方法独立于具体的研究领域或学科，可以用来研究几乎任何类型的"社会"冲突。很明显，GMCR 理论方法是一种很好的研究冲突的"系统"方法，如 2.3.2 节中具体解释的。

表 1.8　应用领域

领域	解释	文献
水产养殖	海洋、湖泊、河流与小池塘的鱼类养殖引发的争议，因为担忧会传播疾病和造成污染	Noakes 等 (2003,2005); Hamouda 等 (2004,2005)
棕地	由以前或现在的工业活动造成的土地和蓄水层污染，广泛存在于工业化国家和发展中国家中。在埃尔迈拉冲突中 (可参考 1.2.2 节 ~ 1.2.4 节和 4.5 节)，一家化工厂的废水排放导致了一起严重的污染事件，因为当地蓄水层被一种致癌物质污染了	Hu 等 (2009); Bernath Walker 等 (2010); Hipel 等 (2010); Yousefi 等 (2010a, 2011); Hipel 和 Bernath Walker (2012); Philpot 等 (2017)
施工管理	施工中，项目所有者、施工公司与工人之间就延期、粗制滥造、预算外支出、罢工或其他原因产生冲突。建筑、运营与基础设施的公私合作关系容易引发争议	Kassab 等 (2006, 2010,2011); Yousefi 等 (2010b,2010c)
能源	多种原因会引发能源冲突，如温室气体排放等环境问题、压裂导致的地下水污染、核电站辐射泄漏风险等。跨越多个政治行政区间的电力传输线路或输油管道可能引发严重的冲突	Armin 等 (2012); Matbouli 等 (2015); Xiao 等 (2015); Garcia 等 (2016); O'Brien 和 Hipel (2016)
原住民 (土著居民)	在很多国家的水电建设、资源分配或捕鱼权等问题中，原住民权利被滥用或被忽视会引发争议。在加拿大，土著居民也被叫作原住民	Ma 等 (2005); Obeidi 等 (2006)
军事与和平支持	von Clausewitz 说过，战争是政治的延续。谈判可以避免战争，如苏联和美国在 1962 年古巴危机中避免了全面核战争。通过第三方协调避免了中东地区水资源战争。阿塞拜疆与亚美尼亚就纳戈尔诺-卡拉巴赫飞地控制权爆发小规模冲突。地区和平支持，如波斯尼亚试图阻止不同文化族群间的争执	Fraser 等 (1990); Kilgour 等 (1998); Hipel (2011); Hipel 等 (2014)
软木木材 (国际贸易)	从加拿大出口软木木材到美国，美国木材公司称木材价格受到补贴，这是一个正在进行中的国际贸易争端案例	Hipel (1990, 2001b)
可持续发展	面对诸如全球各地工业化、农业化等各种社会发展活动，发展与维护稳定环境间的冲突	Levy 等 (1995); Hipel 和 Obeidi (2005); Ghanbarpour 和 Hipel (2009)
水资源出口与转移	从加拿大大量出口水资源引发加拿大国内激烈的冲突	Obeidi 等 (2002); Hipel 和 Obeidi (2005); Obeidi 和 Hipel (2005)

续表

领域	解释	文献
水资源管理	不同行政管辖区内外不同用户间水资源利用，管理与控制引发严重冲突。由于水资源对社会如此重要，水资源管理领域的研究是高度发达的 (Hipel et al., 2008, 参考 2.4.2 节)。Wolf (2002) 声称水资源更应该是合作与和平的机制而不是战争	Hipel 等 (1999,2001a,2015, 2016); Gopalakrishnan 等 (2005); Nandalal 和 Hipel (2007); Ma 等 (2011,2013); Madani 和 Hipel (2011); Chu 等 (2015); Philpot 等 (2016); Garcia 等 (2017)

表 1.9　　本书各章节用到的案例描述

案例	描述	位置
可持续发展冲突	开发者与环保人士间的一般性冲突，环保人士希望开发者采取措施减少环境伤害	3.1 节、4.2 节、5.2 节、5.3 节、6.3 节和 6.5 节
埃尔迈拉冲突	一家化工厂、MoE 与 LG 之间关于清洁被污染的蓄水层的谈判。位于加拿大安大略省南部埃尔迈拉小镇的地下水饮水源被化工厂污染	1.2 节、4.5 节、9.2 节和 9.3 节
吉斯本湖水资源出口争端	一家公司、政府与环保人士之间关于从加拿大纽芬兰与拉布拉多省的吉斯本湖大量出口水资源方面的纠纷	5.4 节、7.5 节、8.10 节和 9.3 节
加里森转移单元争议	大型灌溉项目支持者、加拿大政府与国际联合委员会 (International Joint Commission, IJC) 之间关于项目建设的争议。美国北达科他州建设一项大型灌溉项目，但有可能污染位于下游的加拿大水源。加拿大政府代表水源被污染的加拿大居民，IJC 为根据美加两国《1909 边境水资源条约》成立的中立机构，旨在解决美加交界处的水资源方面的冲突	6.6 节和 9.3 节

正如 1.1.1 节及 2.3 节和 2.4 节所强调的，有大量重要的冲突问题亟待解决，获得有意义的战略见解以做出明智的决定。例如，如今全球范围内面临的一个最大威胁是气候变化问题及相应的如何公平有效地确定消减温室气体排放量，具体可参考 2.4 节。在著作《未来：全球变化的六大驱动力》中，Gore (2013) 描述了全球范围内六个兴起的革命性改变，所有方面都涉及激烈的冲突。的确，在一个人满为患充斥着大量争执的世界，冲突不可避免，急需像 GMCR 一样的务实的冲突解决方法。

Hipel 等 (2001b) 描述了 GMCR 方法应用的三大类情形。

（1）作为冲突中的决策者或其代理人的分析与模拟工具。为了获得更有利的局势，分析一个决策者采取行动后可能的移动与反制，评估特定行为的可能后果。随着冲突逐渐明朗，随时可以进行准备与评估。

（2）作为仲裁中的沟通与分析工具。仲裁者可以运用 GMCR 评估决策者不同偏好情形下的可能结果，并且无须决策者正确描述他们的偏好。可以确定某一策略对所有决策者是不是有利的、不利的，还是无关的。

（3）作为第三方分析师的分析工具。根据观察到的结果及冲突演化过程，分

析师可以预测决策者的偏好信息。可以研究模型结构如何影响决策者的
行为，以及未来如何改进冲突模型等。

在第一类情形中，咨询顾问可以建议某公司应该如何与其竞争对手进行交互
以获得更大的市场份额。在公司宴会上，公司副总可以运用 GMCR 进行"角色
扮演"，其中每位副总代表一个具体的公司，设身处地地站在对手的角度行动，这
样可以更好地理解本公司的任何行动可能产生的后果。

在第二类情形中，仲裁者可以运用 GMCR 协助工人与管理者达成一份新的
合同。在协商过程中，仲裁者可以利用 GMCR 评估双方偏好信息的微小让步能
否带来对双方都有利的协议。仲裁者可以在面对面协商过程中或者在幕后沟通过
程中利用这些有价值的见解促进最终协议的达成。

在第三类情形中，有关的第三方可能想要了解如何才能解决冲突。例如，中
国并不是中东地区冲突的直接参与者，但还是会希望了解该地区接下来的形势发
展，因为这会影响到中国与该地区国家的可能贸易机会。加拿大也并不是南海问
题的直接参与方，但还是想掌握该问题可能造成的安全和经济后果。

在 1.2.2 节 ~ 1.2.4 节介绍的埃尔迈拉冲突中，本书的三位加拿大籍作者作
为技术专家根据领域专家提供的背景信息对争议进行了分析。由于领域专家是当
地的一位业主与环保人士，且是与该冲突有利害关系的第三方，并没有直接参与
谈判过程，所以这个冲突属于上述的第三类情形。实际上，以上三种情形都可以
被称为"顾问"，虽然顾问一般都是受雇于某机构去调查某一当前的冲突，但他们
也可以为客户分析当前的、历史的或者假设的各种冲突情形。

下面概述了一位顾问为客户进行冲突分析的大致流程，这个过程非常类似于
1.2.2 节 ~1.2.4 节介绍的埃尔迈拉冲突的正式分析过程。很明显，在实践中运用
GMCR 有着非常多的益处，具体可参考 1.2.6 节。

1. 第一次会面

上午：经过与客户的反复讨论，顾问从中获取冲突事件所涉及的决策者、策
略等相关信息。

下午：深入探讨每个决策者的偏好声明和偏好信息。

2. 分析计算

顾问根据客户提供的信息利用 GMCR-DSS 计算结果并探寻战略见解，撰写
初步研究报告。

3. 第二次会面

顾问和客户基于初步研究报告进行讨论，确定有意义的见解，探寻新的见解，
并提供决策战略建议。

4. 最终报告

顾问准备最终研究报告，并提交给客户。

1.2.6　益处

GMCR 有着坚实的数学基础，非常适合用于系统研究现实生活中的各种冲突。如 1.1.1 节指出的，实际冲突有着很多内在的关键特征，如决策者的思维方式和行为模式，当他们独自地或合作地试图做到最好时的行动与反制。1.1.2 节强调过，这些现实的重要特征都涵盖在了 GMCR 的底层设计中，提供了反映现实的一系列强大功能，如在各种冲突情形下根据不同行为模式预测可能的解决方案。当设计成一个对用户友好的 DSS (可参考 2.3.3 节) 时，从业者和学者都可以很便捷地运用 GMCR 理论方法对现实中任何领域发生的各种简单或复杂的冲突进行分析，详情可参考第 10 章。此外，将冲突分析作为整体系统思维方法中的一部分，可以更好地理解冲突分析获得的战略见解与建议，如 2.4 节中解释的。1.2.5 节和表 1.8 中列举的众多 GMCR 在不同领域的应用充分证明了 GMCR 在解决现实中各种棘手的冲突问题的强大能力。最后，GMCR 务实的底层设计也意味着可以很容易地对这一基本方法进行扩展以应对本书各章节详细介绍的各种新进展及 10.3 节中提到的其他进展。

基于以上原因，运用 GMCR 可以给用户提供诸多益处，如下所示，其中一些已经在 1.1.2 节和本书其他地方有所提及。

（1）　提供冲突的系统化结构。

（2）　可以方便地在实践中运用。

（3）　能够处理任意有限个决策者和策略的情形。

（4）　考虑多种偏好结构。

（5）　追踪决策者在状态间所有的可行移动。

（6）　可以对可逆与不可逆的移动及 3.2 节中介绍的共同移动进行建模。

（7）　描述人或组织在冲突中的行为模式。

（8）　生成状态或可能的情景。

（9）　预测折中的解决方案或者均衡解。

（10）　确定最可能的冲突解决方案。

（11）　进行广泛的稳定后分析，包括追踪冲突演化过程和敏感性分析。

（12）　指出更有用信息的用武之地。

（13）　易扩展性，如可以应对未知偏好（第 5 章）、强度偏好（第 6 章），以及包含未知和强度的混合偏好（第 7 章）等。

（14）　易用性，DSS 的开发使得 GMCR 在处理实际冲突时更加简便。

（15）　可以方便快捷地沟通。

（16）　允许条理化的记录。

（17）　提供有价值的战略见解。

（18）　为特定决策者提供最佳决策路径。

（19）　可以应对众多冲突特征或冲突情形，如本书各章节提及的。

1.3　本 书 之 旅

您——本书的读者，即将跟随我们展开一段梦幻的旅途，去探索如何运用灵活的冲突分析理论方法解决现实生活中的棘手争议问题。和很多有趣的冒险一样，这段旅途也有很多条不同的路径以供选择。图 1.4 提供了一份技术路线图，以便您根据自己的时间和兴趣对本书各章节进行个性化探索。此外，表 1.10 提供了各章节的内容简介及用于解释如何运用各章节关键概念的实际案例，关于各案例的概述可以参考表 1.9。根据以上信息，下面我们介绍几个可能的路径供您参考。

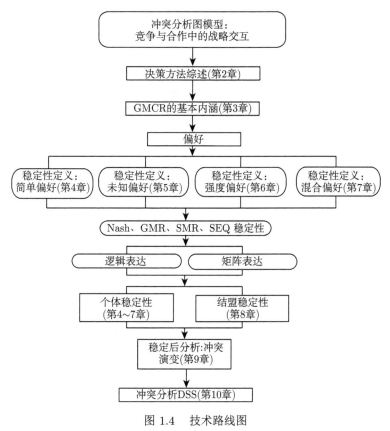

图 1.4　技术路线图

表 1.10　本书主要内容

章节	标题	内容	冲突案例
第 1 章	冲突分析实践	本书目标，演示如何运用 GMCR 分析一个真实案例	埃尔迈拉冲突
第 2 章	决策方法论综述	冲突分析与正式决策方法的综述	
第 3 章	GMCR 的基本内涵	介绍不同形式的博弈：标准形式、策略形式与图模型	1. 可持续发展冲突； 2. 埃尔迈拉冲突
第 4 章	稳定性定义：简单偏好	介绍四种基本稳定定义的逻辑表达和矩阵表达	1. 可持续发展冲突； 2. 埃尔迈拉冲突
第 5 章	稳定性定义：未知偏好	介绍四种稳定性定义在未知偏好下的逻辑表达和矩阵表达	1. 扩展型可持续发展冲突； 2. 吉斯本湖水资源源出口争端
第 6 章	稳定性定义：强度偏好	介绍多级强度的偏好，以及相应的四种稳定性定义的逻辑表达和矩阵表达	1. 三度可持续发展冲突； 2. 加里森转移单元争议
第 7 章	稳定性定义：混合偏好	介绍混合稳定性定义以及四种稳定性定义在混合偏好下的逻辑表达和矩阵表达	扩展型吉斯本争端
第 8 章	结盟稳定性	介绍四种结盟稳定定义在不同偏好结构下的逻辑表达和矩阵表达	吉斯本争端
第 9 章	稳定后分析：冲突演变	介绍任意现状到某一均衡状态在不同偏好结构下的演化路径	1. 埃尔迈拉冲突； 2. 吉斯本争端； 3. 加里森转移单元争议
第 10 章	冲突分析 DSS	介绍现有的 DSS 以及 GMCR-DSS 的统一设计规范和未来研究机会	

　　俗话说得好，"实践出真知"。也就是说，试着运用 GMCR 去解决一个感兴趣的冲突问题，就能发现对所选择的冲突进行系统化研究的各种益处，并在这些激励下最终读完这部书的大部分章节。假如想尽快对一个现有的冲突进行建模与分析，可以用如下方式：如 1.2 节中埃尔迈拉冲突所演示的，策略形式易于记录冲突过程，且能提供有效信息，该形式提供了一种和他人讨论的有意义的方式或"语言"。通过提升对冲突进展的理解，可以获得更好的战略见解用以辅助决策。不管哪种情况，如果想马上就运用 GMCR 方法，首先阅读 3.1.2 节的策略形式，其次查阅 3.2 节的图模型。如图 1.4 中间部分所示，本书提供了对四种偏好结构建模的方法，其他的偏好结构可参考 10.3 节。接下来，3.2.4 节介绍了简单偏好。第 4 章对简单偏好下的稳定性分析进行了详细解释，并介绍了纳什稳定、一般超理性稳定 (GMR)、对称超理性稳定 (SMR) 和序列稳定 (SEQ) 四种稳定性定义，其中 4.2.1 节和 4.2.3 节分别解释了在两个决策者和多个决策者 (n–DM) 情形下的四种稳定性定义，可以在案例中重点运用纳什稳定和序列稳定两种。序列稳定 (SEQ) 的概念在实践中是比较务实的，因为人一般不会做对自己有害的事情。此外，还需要关注稳定性定义的逻辑表达，因为逻辑表达用行动与反制的形式很直观地解释了人在冲突中的思维方式。通过阅读 4.5 节，能够学会如何计算埃尔迈拉冲突中各状态的稳定性。如果案例不是很复杂，可以首先用手算的方式计算，以充分地理解为何这种分析方式能够反映现实中发生的事情。如果打算分析复杂的案例（手动计算繁杂），或者想要研究多个案例或验证手算结果，可以使用现有的DSS (参考 10.1.2 节) 或者自己编写程序 (参考 10.2 节中关于 DSS 的统一设计规范及设计输入、引擎和输出系统的详细介绍)。

　　如果想要对图 1.4 所示的本书内容有一个较为全面的了解，可以从阅读 3.1.2 节的策略形式和 3.2 节的图模型开始，然后阅读第 4 章关于简单偏好的稳定性定义，并重点关注第 4 章 (简单偏好)、第 8 章 (结盟稳定)、第 9 章 (稳定后分析) 中逻辑表达的部分。

　　如图 1.4 中间部分所示，第 4~7 章分别介绍了四种不同类型的重要偏好结构，并且在第 8 章和第 9 章中也有这四种偏好结构的内容。如果认为在案例中偏好不确定性非常重要，可以参考第 5 章关于未知偏好的内容。如果案例有涉及强度偏好，可以把第 6 章的内容加入阅读计划。举例来说，环保人士会强烈希望一个规划的工业园区不要污染周边环境，第 6 章的强度偏好结构及第 8 章和第 9 章相应节的内容就反映了这种"情绪"。最后，如果需要同时处理未知和强度偏好信息，可以参考第 7 章的同时考虑这两种偏好的混合偏好结构。同时，第 8 章和第 9 章中的相关节也可以和混合偏好综合考虑。

　　逻辑表示形式考虑到了冲突中的移动和反击情况，是一种非常直观、自然的冲突表示方式。另外，图模型的矩阵表达为 GMCR 基础理论的拓展研究奠定了坚实的基础，其中 10.3 节描述了很多有趣且实用的拓展方向。俗话说得好，好理论即好实践。相应地，基于矩阵形式的 DSS 的通用设计可以让我们对任意类型的冲突进行研究，从小的到大的，从简单的到复杂的，对于需要超大计算量的大型冲突尤其如此。因此，除了逻辑表达外，也可以把 3.3 节的 GMCR 矩阵表达及后续章节的与矩阵相关的内容加入阅读计划，这有助于加深对 GMCR 理论和实践的理解。根据想研究的偏好类型，可以把第 4~7 章的部分或所有内容加入计划。

  如表 1.9 和表 1.10 右边栏所示，本书用到的解说案例都是关于环境问题的。选择这些案例是因为它们的冲突特征便于解释如何在实践中便利地运用本书的冲突分析思想。实际上，GMCR 理论方法是一种真正通用的冲突分析系统方法 (参考 2.3.2 节和 2.4.1 节)，独立于具体的应用领域。表 1.8 中列举了成功运用 GMCR 的众多领域，涵盖了从和平的国际贸易到暴力的军事对抗等。因此，图 1.4 的路线图可以运用到您感兴趣的任意领域。如 1.1.3 节所述，本书的内容对于任何可能发生冲突的领域的从业者、学者、教师和学生都具有重要参考价值。因为当两个或多个人聚在一起产生交互时，由于价值观的不同，可能会发生冲突问题。此外，动物和植物之间也会发生冲突，因为它们都在竞争资源。

  本书是专门为从业者和学者设计使用的。本书作者及其同事与学生在过去几十年间一直致力于开发一套可靠的理论方法来处理现实生活中的冲突问题。每章最后都有习题，可以运用相应章节里的方法或思路进行习题练习。如果您是大公司的运筹学 (operations research, OR) 或系统工程 (systems engineering, SE) 小组的咨询顾问，或者您有自己的律师或工程咨询公司，也可以使用本书内容来解决冲突问题。如 2.4 节所述，也可以从体系化、综合化和适应性的视角，运用这些强大的方法解决各种难题。一般来讲，GMCR 理论方法还可以和其他博弈方法 (2.1 节)、运筹学方法 (2.3.1 节)、系统工程方法 (2.3.1 节) 综合起来使用。由于有了灵活的 DSS (2.3.3 节和第 10 章)，GMCR 理论方法可以很便利地用来解决各类冲突问题。

1.4 习 题

  1. 作为一名负责任的市民，简要描述一项国家面临的巨大挑战，并列出重要的利益相关者或决策者。你认为这个问题应该如何解决？

  2. 国际范围内，哪个全球性的问题是你最关注的？简单描述这个问题，讨论问题背后的冲突，列出重要的决策者，并给出该问题公平合理的解决方法。

  3. 根据你应对冲突的经验，从你自己的视角解释为什么使用正式方法研究冲突对你是有益的。

  4. 特定类型冲突可以促进社会发展而某些冲突却对社会有害，讨论你对此的看法。

5. 在你的研究、工作或感兴趣的领域，列举一些常见的冲突。你觉得这些冲突可以怎么解决？

6. 当你涉及一项冲突时，了解与你交互的其他人的偏好或价值观是非常重要的，为什么？

7. 当研究一项冲突时，按照国际象棋棋手那样思考可能的移动与反制是非常重要的，为什么？描述一项你之前遇到过的冲突，考虑各种决定的可能后果的思维方式如何引导你像国际象棋棋手一样去思考。

8. 1.2.2 节指出，社会冲突中通常只能获得各方的相对偏好信息，你是否同意这种说法？描述一种你认为可以获得基数 (如效用值或价格) 偏好信息的情况。

9. 在网络或报纸上找一个你感兴趣的争议问题，运用 1.2.5 节的策略形式，列出决策者、每个决策者的策略，以及可行的状态集。使用表 1.4 中的偏好声明形式，写下每个决策者的相对偏好。

10. 如 1.2.5 节中解释的，你可以使用像 GMCR 这样的冲突分析方法去分析当前的、历史的或者一般性冲突，其中一个最著名的一般性冲突叫作囚徒困境。解释这个一般性冲突的基本概念以及为什么它这么重要。

11. 1.2.5 节中解释了可以运用 GMCR 的三种一般情形。对每一种情形列举一个现实生活中的具体例子。

12. 表 1.8 列举了一系列成功运用 GMCR 解决现实生活中具体冲突的案例。选择阅读你感兴趣的一篇文献，简要描述文献中的冲突及用 GMCR 解决这个冲突获得的战略见解。

参 考 文 献

Armin M., Hipel K. W., and De M. 2012. The Ontario nuclear power dispute: a strategic analysis[J]. Environmental Systems Research, 1(11):1–16.

Bernath Walker S., Boutilier T., and Hipel K. W. 2010. Systems management study of a private brownfield renovation[J]. Journal of Urban Planning and Development, 136(3):249–260.

Chu Y., Hipel K. W., Fang L., and Wang H. 2015. Systems methodology for resolving water conflicts: the Zhanghe River water conflict in China[J]. International Journal of Water Resources Development, 31(1):106–119.

De Sousa C. A. 2003. Turning brownfields into green space in the city of Toronto[J]. Landscape and Urban Planning, 62(4):181–198.

Fang L., Hipel K. W., and Kilgour D. M. 1993. Interactive Decision Making: The Graph Model for Conflict Resolution[M]. New York: Wiley.

Fang L., Hipel K. W., Kilgour D. M., and Peng X. 2003. A decision support system for interactive decision making, part 1: model formulation[J]. IEEE Transactions on Systems, Man and Cybernetics Part C: Applications and Reviews, 33(1):42–55.

Fraser N. M. and Hipel K. W. 1979. Solving complex conflicts[J]. IEEE Transactions on Systems, Man, and Cybernetics, 9(12):805–816.

Fraser N. M. and Hipel K. W. 1984. Conflict Analysis: Models and Resolutions[M]. New York: North-Holland.

Fraser N. M. and Hipel K. W. 1988. Decision support systems for conflict analysis[C]. Proceedings of the IMACS/IFOR First International Colloquium on Managerial Decision Support Systems and Knowledge-Based Systems, 1:13–21.

Fraser N. M., Hipel K. W., Jaworsky J., and Zuljan R. 1990. A conflict analysis of the Armenian Azerbaijani dispute[J]. The Journal of Conflict Resolution, 34(4):652–677.

Garcia A., Obeidi A., and Hipel K. W. 2016. Two methodological perspectives on the energy east pipeline conflict[J]. Energy Policy, 91:397–409.

Garcia A., Hipel K. W., and Obeidi A. 2017. Water pricing conflict in British Columbia[J]. Hydrological Research Letters, 11(4):194–200.

Ghanbarpour M. R. and Hipel K. W. 2009. Sustainable development conflict over freeway construction[J]. Environment, Development and Sustainability, 11(2):241–253.

Gopalakrishnan C., Levy J., Li K. W., and Hipel K. W. 2005. Water allocation among multiple stakeholders: conflict analysis of the Waiahole Water Project, Hawaii[J]. Water Resources Development, 21(2):283–295.

Gore A. 2013. The Future: Six Drivers of Global Change[M]. New York: Random House.

Greenberg M. and Lewis M. J. 2000. Brownfields redevelopment, preferences and public involvement: a case study of an ethnically mixed neighbourhood[J]. Urban Studies, 37(13):2501–2514.

Hamouda L., Hipel K. W., and Kilgour D. M. 2004. Shellfish conflict in Baynes Sound: a strategic perspective[J]. Environmental Management, 34(4):474–486.

Hamouda L., Hipel K. W., Kilgour D. M., Noakes D. J., Fang L., and McDaniels T. 2005. The salmon aquaculture conflict in British Columbia: a graph model analysis[J]. Ocean and Coastal Management, 48(7/8):571–587.

Hipel K. W. 2001. Conflict Resolution[M]. Oxford: Eolss.

Hipel K. W. 2011. A systems engineering approach to conflict resolution in command and control[J]. The International C2 Journal, 5(1):1–56.

Hipel K. W. and Bernath Walker S. 2012. Brownfield Redevelopment[M]. Barrington: Berkshire Publishing.

Hipel K. W., Fang L., Cullmann J., and Bristow M. 2015. Conflict Resolution in Water Resources and Environmental Management[M]. Heidelberg: Springer.

Hipel K. W., Fang L., and Kilgour D. M. 1990. A formal analysis of the Canada-U.S. softwood lumber dispute[J]. European Journal of Operational Research, 46(2):235–246.

Hipel K. W., Fang L., Kilgour D. M., and Haight M. 1993. Environmental conflict resolution using the graph model[C]. Proceedings of the 1993 IEEE International Conference on Systems, Man, and Cybernetics, 1:153–158.

Hipel K. W., Hegazy T., and Yousefi S. 2010. Combined strategic and tactical negotiation methodology for resolving complex brownfield conflicts[J]. Pesquisa Operacional, 30(2):281–304.

Hipel K. W., Kilgour D. M., and Fang L. 2011. The Graph Model for Conflict Resolution[M]. New York: Wiley.

Hipel K. W., Kilgour D. M., Fang L., and Peng J. 2001a. Applying the decision support system GMCR II to negotiation over water[C]. Negotiation over Water, 1:50–70.

Hipel K. W., Kilgour D. M., Fang L., and Peng X. 1997. The decision dupport dystem GMCR in environmental conflict management[J]. Applied Mathematics and Computation, 83(2/3):117–152.

Hipel K. W., Kilgour D. M., Fang L., and Peng X. 1999. The decision support system GMCR II in negotiations over groundwater contamination[C]. Proceedings of the 1999 IEEE International Conference on Systems, Man, and Cybernetics, 5:942–948.

Hipel K. W., Kilgour D. M., Fang L., and Peng X. 2001b. Strategic decision support for the services industry[J]. IEEE Transactions on Engineering Management, 48(3):358–369.

Hipel K. W., Kilgour D. M., and Kinsara R. A. 2014. Strategic investigations of water conflicts in the Middle East[J]. Group Decision and Negotiation, 23(3):355–376.

Hipel K. W. and Obeidi A. 2005. Trade versus the environment: strategic settlement from a systems engineering perspective[J]. Systems Engineering, 8(3):211–233.

Hipel K. W., Obeidi A., Fang L., and Kilgour D. M. 2008. Adaptive systems thinking in integrated water resources management with insights into conflicts over water exports[J]. INFOR, 46(1):51–69.

Hipel K. W., Sakamoto M., and Hagihara Y. 2016. Coping with Regional Vulberability: Preventing and Mitigating Damages from Environmental Disasters[M]. Tokyo: Springer.

Howard N. 1971. Paradoxes of Rationality: Theory of Metagames and Political Behavior[M]. Cambridge: MIT Press.

Hu K., Hipel K. W., and Fang L. 2009. A conflict model for the international hazardous waste disposal dispute[J]. Journal of Hazardous Materials, 172(1):138–146.

Kassab M., Hegazy T., and Hipel K. W. 2010. Computerized decision support system for construction conflict resolution under uncertainty[J]. Journal of Construction Engineering and Management, 136(12):1249–1257.

Kassab M., Hipel K. W., and Hegazy T. 2006. Conflict resolution in construction disputes using the graph model[J]. Journal of Construction Engineering and Management, 132(10):1043–1052.

Kassab M., Hipel K. W., and Hegazy T. 2011. Multi-criteria decision analysis for infrastructure privatization using conflict resolution[J]. Structure and Infrastructure Engineering-Maintenance, Management and Life-Cycle Design and Performance, 11(9):661–671.

Ke Y., Fu B., De M., and Hipel K. W. 2012a. A hierarchical multiple criteria model for eliciting relative preferences in conflict situations[J]. Journal of Systems Science and Systems Engineering, 21(1):56–76.

Ke Y., Li K. W., and Hipel K. W. 2012b. An integrated multiple criteria preference ranking approach to the Canadian west coast port congestion problem[J]. Expert Systems with

Applications, 39(10):9181–9190.

Kilgour D. M., Fang L., Last D., Hipel K. W., and Peng X. 1998. Peace Support, GMCR II, and Bosnia[M]. Clementsport: Canadian Peacekeeping Press.

Kilgour D. M., Hipel K. W., and Fang L. 1987. The graph model for conflicts[J]. Automatica, 23:41–55.

Levy J. K., Hipel K. W., and Kilgour D. M. 1995. Holistic approach to sustainable development: the graph model for conflict resolution[J]. Information and Systems Engineering, 1:159–177.

Ma J., Hipel K. W., and De M. 2005. Strategic analysis of the James Bay hydroelectric dispute in Canada[J]. Canadian Journal of Civil Engineering, 32:868–880.

Ma J., Hipel K. W., and De M. 2011. Devils Lake emergency outlet diversion conflict[J]. Journal of Environmental Management, 92(2):437–447.

Ma J., Hipel K. W., and McLachlan S. M. 2013. Cross-border conflict resolution: sediment contamination dispute in Lake Roosevelt[J]. Canadian Water Resources Journal, 38(1):73–82.

Madani K. and Hipel K. W. 2011. Non-cooperative stability definitions for strategic analysis of generic water resources conflicts[J]. Water Resources Management, 25(8):1949–1977.

Matbouli Y., Hipel K. W., and Kilgour D. M. 2015. Strategic analysis of the great Canadian hydroelectric power conflict[J]. Energy Strategy Reviews, 4:43–51.

McCarthy L. 2002. The brownfield dual land-use policy challenge: reducing barriers to private redevelopment while connecting reuse to broader community goals[J]. Land Use Policy, 19(4):287–296.

Nandalal K. W. D. and Hipel K. W. 2007. Strategic decision support for resolving conflict over water sharing among countries along the Syr Darya River in the Aral Sea Basin[J]. Journal of Water Resources Planning and Management, 133(4):289–299.

Nash J. F. 1950. Equilibrium points in n-person games[J]. Proceedings of the National Academy of Sciences of the United States of America, 36(1):48–49.

Nash J. F. 1951. Noncooperative games[J]. Annals of Mathematics, 54(2):286–295.

Noakes D. J., Fang L., Hipel K. W., and Kilgour D. M. 2003. An examination of the salmon aquaculture conflict in British Columbia using the graph model for conflict resolution[J]. Fisheries Management and Ecology, 10:123–137.

Noakes D. J., Fang L., Hipel K. W., and Kilgour D. M. 2005. The Pacific Salmon Treaty: a century of debate and an uncertain future[J]. Group Decision and Negotiation, 14(6):501–522.

Obeidi A. and Hipel K. W. 2005. Strategic and dilemma analyses of a water export conflict[J]. INFOR, 43(3):247–270.

Obeidi A., Hipel K. W., and Kilgour D. M. 2002. Canadian bulk water exports: analyzing the sun belt conflict using the graph model for conflict resolution[J]. Knowledge, Technology, and Policy, 14(4):145–163.

Obeidi A., Hipel K. W., and Kilgour D. M. 2006. Turbulence in Miramichi Bay: the burnt church conflict over native fishing rights[J]. Journal of the American Water Resources Association, 42(12):1629–1645.

O'Brien N. L. and Hipel K. W. 2016. Strategic analysis of the New Brunswick, Canada fracking controversy[J]. Energy Economics, 55:69–78.

Philpot S., Hipel K. W., and Johnson P. A. 2016. Strategic analysis of a water rights conflict in the south western United States[J]. Journal of Environmental Management, 180: 247–256.

Philpot S. L., Johnson P. A., and Hipel K. W. 2017. Analysis of a brownfield management conflict in Canada[J]. Hydrological Research Letters, 11(3):141–148.

Silva M. M., Hipel K. W., Kilgour D. M., and Costa A. P. C. S. 2017a. Urban planning in Recife, Brazil: evidence from a conflict analysis on the new Recife project[J]. Journal of Urban Planning and Development, 143(3): 1–11.

Silva M. M., Kilgour D. M., Hipel K. W., and Costa A. P. C. S. 2017b. Probabilistic composition of preferences in the graph model with application to the new Recife project[J]. Journal of Legal Affairs and Dispute Resolution in Engineering and Construction, 9(3): 1–13.

USEPA. 1997. Brownfields economic redevelopment initiative[R]. Technical report, Solid Waste and Emergency Response, United States Environmental Protection Agency, Washington, DC.

Wolf A. T. 2002. Conflict Prevention and Resolution in Water Systems[M]. Cheltenham: Edward Elgar.

Xiao Y., Hipel K. W., and Fang L. 2015. Strategic investigation of the Jackpine mine expansion dispute in the Alberta oil sands[J]. International Journal of Decision Support System Technology, 7(1):50–62.

Yousefi S., Hipel K. W., and Hegazy T. 2010a. Considering attitudes in strategic negotiation over brownfield disputes[J]. Journal of Legal Affairs and Dispute Resolution in Engineering and Construction, 2(4):240–247.

Yousefi S., Hipel K. W., and Hegazy T. 2010b. Attitude-based strategic negotiation for conflict management in construction projects[J]. Project Management Journal, 41(4):99–107.

Yousefi S., Hipel K. W., and Hegazy T. 2010c. Attitude-based negotiation methodology for the management of construction disputes[J]. Journal of Management in Engineering, 26:114–122.

Yousefi S., Hipel K. W., and Hegazy T. 2011. Optimum compromise among environmental dispute issues using attitude-based negotiation[J]. Canadian Journal of Civil Engineering, 38(2):184–190.

第 2 章 决策方法综述

2.1 概　述

本章的目的是对冲突分析领域及相应的博弈论方法进行综述，使读者能更好地理解并使用 GMCR 对现实社会中真实发生的冲突进行分析的内在价值。1.2 节讨论了正式冲突分析中的一些核心概念，本书后续章节中详细描述了如何定义这些概念以及将其可操作化，并辅以真实案例进行讲解。

在 2.2 节中，概述了一系列博弈论方法的演化与发展，以凸显 GMCR 在合理和灵活地对社会冲突进行建模与分析方面的重要核心作用。深入地对博弈论方法进行归类能够让读者清晰地理解在不同情境下可以使用哪些方法，尤其是 GMCR 在分析工程、法律、军事等诸多不同领域社会冲突中的关键作用。

自 19 世纪 30 年代后期以来，研究者提出的各种各样的正式决策方法大致可归类为两大重要领域：运筹学与系统工程。2.3.1 节和 2.3.2 节分别对这两大领域决策方法的历史与发展进行了概述。为使决策方法更方便地应用于实际问题中，还需要开发由一组界面友好的程序和相应数据库构成的 DSS，2.3.3 节简单描述了 DSS 的相关进展，相应的详细描述可参考本书第 10 章。

在 2.4.1 节中，由于决策者或主体在系统内和系统间存在竞争、合作等行为，SoS (system of systems) 方法对现实的解释能力为利用 GMCR 等信息决策工具提供了坚实的基础。正如 2.4.2 节里讨论的，通过使用综合的适应性的管理概念，一系列关键的系统价值如稳健性、可持续性、公平性都能被满足，从而实现责任治理。

2.2 博弈论方法的种类

由于冲突的普遍性，学者和从业者开发了各种各样的冲突分析方法来研究不同类型的冲突情境。实际上，为了对冲突分析方法进行综述，有必要对冲突分析和博弈论方法进行深入分析并归类，在 2.2.2 节中进行了详细说明。通过了解某个具体冲突的关键特征，读者可以选择具有建模与分析结构能力的某个适宜的博弈论方法或者一组方法对其进行分析。

2.2.1 博弈论方法的演化

如 1.1 节所述，冲突是难以避免的，因为人类生来就要和各种人、组织或国家打交道。例如，在人类文明早期，美索不达米亚、中国、印度都有战争的记录。

哪怕到了当代，中东地区的战火也已经持续了数十年。汽车、电子、信息科技等诸多行业的国际公司为了获取更大的市场份额而互相竞争。即使是打扫房间这些琐事，人们都可能因为如何合理分工而产生争执。

正因为冲突如此普遍，吸引了众多领域的专家学者的关注。由于冲突都涉及人的因素，社会学、法律和经济学等社会科学领域的学者最先对冲突现象进行了解释和分析。直到近代，学者开始尝试用正规的数学模型对冲突进行研究。这种用正规数学模型分析冲突问题的方式通常被统称为博弈论。早期的博弈论研究可以追溯到 1654 年的法国数学家 Pierre de Fermat 和 Blaise Pascal。他们研究了一种室内游戏，为概率论的提出打下了基础。然而，真正将博弈论带入现代的还是 von Neumann (1928)，尤其是 von Neumann 和 Morgenstern (1944, 1953) 所做的突破性工作，博弈论才正式成为一个用数学模型探索冲突问题的独立研究领域。此外，由于冲突存在于人类活动的方方面面，各行各业的专家都对博弈论贡献良多。如 2.3 节所述，运筹学和系统工程领域的数学家、科学家与工程师们设计了多种包括博弈论方法在内的正规决策方法。运筹学是由英国军方在第二次世界大战前夕提出来的，系统工程不久也被广泛倡导。第二次世界大战结束以后，博弈论得到了更快的发展。实际上，要对博弈论在不同领域的发展进行完整追踪并对其综述是一件很有挑战的事。

2.2.2　正规博弈论方法归类

为了让学者和从业者更明智地选择最合适的博弈论方法分析不同类型的冲突问题，进而研究如何改进和扩展既有博弈论模型甚至提出新方法，就必须先对博弈论方法进行深入分析并归类。通常来说，归类需要一系列适用的准则，如偏好信息类型、决策者数量、选择或策略数量、冲突规模、人类行为类型、可用信息类型、不确定性类型，以及从完全非合作逐步到完全合作 (Fang et al., 1993；书中 1.4 节) 的各个合作层级等。通过明确所使用的准则及所研究冲突问题的关键特征，可以选择出合适的博弈论方法工具，这一工具既有分析问题的理论能力，又能抓住冲突本身的关键特征。换句话说，读者可以通过对准则和问题特征的一一比对选择出合适的工具，还可以发现既有研究中的缺陷，并在对特定问题特征没有可用的既有方法时提出新方法。

Hipel 和 Fang (2005) 提议按照偏好类型对正规博弈论方法进行归类。图 2.1 展示了一种依据相对偏好和基数偏好对博弈论归类的系谱图。如 1.2.2 节所讲的，当一个人问朋友喜欢喝咖啡还是茶，朋友通常回答咖啡。如果咖啡和茶都喜欢，朋友会说都可以。这就是典型的相对偏好，是通过定性的方式来描述的。另外，当使用实数来表示的效用值或者用货币来表示的收益值来描述偏好时，这就是基数偏好。通常情况下，一个人不会说咖啡对我有 6.2 个效用值而茶只有 2.8 个效用值，

只会简单地说更喜欢咖啡。然而，当一个公司生产的两种产品的利润分别是 100
美元和 35 美元时，使用基数来表示公司的生产偏好可能是更有意义的。图 2.1 中
左半边的定性模型只需要相对偏好信息，这些方法和右半边的定量模型都属于正
规的数学博弈论模型。实际上，如本书后续章节解释的那样，构建定性模型的各
种数学概念都来自集合论、逻辑学、图论和矩阵代数等数学方法。

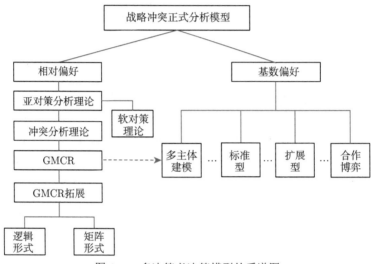

图 2.1　多决策者决策模型的系谱图

　　图 2.1 的左半边属于定性方法，特别适合对环境冲突、国家贸易争端等现实社
会冲突进行建模和分析。亚对策分析理论最早是由 Howard (1971) 开创性提出的。
Fraser 和 Hipel(1979,1984) 在此基础上进行扩展，提出了冲突分析理论。Kilgour
等 (1987)、Fang 等 (1993) 极大地扩展了冲突分析理论，并提出了 GMCR。左边
最底部显示 GMCR 还被进一步扩展成矩阵形式，这一形式也在本书中得到充分
体现。此外，GMCR 还在很多其他方面得到了扩展，这些在第 4~9 章及 10.3 节
中有所展示。还有许多关于 GMCR 的总结性文章，这些文章概括了 GMCR 的强
大功能和未来可扩展的机遇 (Hipel et al., 2003; Kilgour and Hipel,2005,2010)。起
初，逻辑形式是用行为与反制来解释如何计算稳定性的，而矩阵形式则更便于设计
GMCR 的 DSS 的计算引擎。另外，亚对策分析理论后来还由 Howard 等 (1992)、
Howard(1999)、Bryant(2003, 2015) 进一步扩展成软对策理论 (drama theory)，使
用戏剧的比喻方式定性描述冲突的动态发展。

　　von Neumann 和 Morgenstern(1944, 1953) 合作的专著 *Theory of Games and
Economic Behavior*，主要描述了使用基数偏好的定量博弈论模型，后来，这一模
型被称为经典博弈论。其中三种典型的博弈模型如下：标准型、扩展型、合作博

弈, 如图 2.1 中右半边所展示的。经典标准型博弈中假定两个或多个决策者只交互一次, 3.1 节中定义了相对偏好下的标准型博弈。标准型通常用一个矩阵来展示, 其中横向选手或决策者控制用行表示的策略集, 而纵向选手则控制用列表示的策略集。矩阵中的每一个单元格表示一种可能的情境或状态。扩展型博弈用树状结构来表示和追踪决策者间的多次交互过程及演化进程。

合作博弈用于研究多个决策者间如何公平地分配一个"蛋糕"或者某种资源。这类模型通常用于分析结盟构成、投票问题或者资源优化配置。例如, 合作水资源配置模型 (cooperative water allocation model, CWAM) 就是基于合作博弈、经济学、水文学而提出的一个大规模优化模型, 该模型研究如何在流域中有互相竞争关系的用户间公平地分配水资源 (Wang et al., 2003, 2007, 2008a, 2008b; Hipel et al., 2013b)。CWAM 模型采用了系统的方法, 不仅考虑了水文和环境等物理因素, 还考虑到了社会因素。另外, 还有学者将 CWAM 模型进行了拓展研究, 以应对水资源需求侧的管理, 提高水资源的利用效率 (Xiao et al., 2016)。CWAM 已经在加拿大阿尔伯塔省的南萨斯喀彻温流域 (Wang et al., 2008a, 2008b; Hipel et al., 2013b) 和咸海地区 (Wang et al., 2007) 的水资源公平分配问题中成功得到应用。

图 2.1 的中间部分还展示了另一种采用基数偏好的模型: 多主体建模。在这个方法中, 各主体的行动与交互行为都被仿真记录, 用于评估其对整个系统的影响。因此, 这一方法可以用来测试一项政策能否如预期的那样在实际中发挥作用。例如, 碳排放限额与交易的方式能否大量减少温室气体的排放。多主体建模是一种由下至上的方法, 用于评估个体决策单元 (通常也称为自主主体) 的交互行为能否让既定政策达成预定目标。Hipel 和 Fang (2005) 也指出, 许多研究多主体建模的学者经常借鉴经典博弈论里的方法来构建主体交互行为的规则或协议, 如 Rosenschein 和 Zlotkin(1994)。因此, Hipel 和 Fang (2005) 建议可以使用 GMCR 里描述决策者间可能的行动与反制的解概念来构建多主体模型以评估政策效果。Bristow 等 (2014) 率先完成了这方面的工作, 解决了像水、大气等共享资源的合理利用问题, 能有效地防止公地悲剧 (tragedy of the commons)(Hardin, 1968; Ostrom et al., 1999, 1994)。图 2.1 中间部分的虚线箭头代表 GMCR 和多主体建模方法的紧密关联。

对博弈论中的不同方法间的比较也体现在许多著作和文章中。例如, Hipel (2009a,2009b)、Kilgour 和 Eden(2010) 发表的著作里涵盖了多位不同领域专家对群决策中不同冲突分析方法的见解及其在不同领域的应用。本书中的章节聚焦于图 2.1 中左半边的定性方法, 当然右半边的定量方法也有所涉及。Hipel 和 Bernath Walker(2011) 、Hipel 等 (2016) 概括了图 2.1 中展示的冲突分析方法在环境管理方面的应用情况。

2.3 正规决策方法

如 2.2 节和图 2.1 所述，博弈论包含了多种研究冲突问题的正规数学方法，已有多种正规决策工具用于分析各种不同类型的决策问题。有人类活动的地方就需要做决策，从工程设计到国际贸易，因此诸多不同学科的学者和从业者提出了各种处理决策问题的方法，其中最著名的两个学科领域如下：运筹学和系统工程。这两个学科领域涵盖了第二次世界大战以来提出的大量不同类型的正规的、以数学为基础的决策方法。因此，2.3.1 节和 2.3.2 节分别对这两个学科领域的简要发展历史以及其中涵盖的不同方法类型进行综述。了解各种正规方法的存在是非常有必要的，因为在解决像能源利用和气候变化等方面的系统性难题时，你就可以选择多种具体方法来协助解决某个特定现实问题。此外，由于设计之初就有数学的支撑，大多数方法都已有相应的 DSS 以供使用，可以很方便地用来解决实际问题，正如 2.3.3 节和第 10 章中具体展示的，以及 2.4 节中关于治理问题的描述。

2.3.1 运筹学

运筹学是一种用科学解决实际问题的系统性方法。在定义中使用"科学"一词是因为，运筹学更加强调在实践中行之有效且能提供决策支撑的正规方法，尤其是在面对稀疏的信息和高度的不确定性的情形时 (Hipel, 1981; Kimball and Morse, 1951; Ravindran et al., 1987)。运筹学最初是由英国人为应对第二次世界大战前夕的潜在军事威胁而构思出来的。Lardner (1979) 指出，英国军队担忧如何防御来自德国军队的空中打击，因为德国射出的炸弹在很短的时间内就能打到英国本土。实际上，在 20 世纪 30 年代中期，德国的经济和军事实力在欧洲大陆都是首屈一指的，德国对邻国虎视眈眈，因为其认为第一次世界大战后于 1919 年签订的《凡尔赛和约》对其非常不公平。到 1935 年，英国人发现雷达能有效地在敌军飞机到达英国本土之前探测到它们，所以英国人在英格兰南部和东部建立了一套雷达基地系统。当英国人用法国空军基地起飞的飞机对这套雷达系统进行虚拟攻击测试时，他们发现系统无法工作，如雷达站之间通信失灵，也缺少系统性的防御策略来指挥位于英国皇家空军基地的飞机起飞迎战。因此，他们于 1938 年 7 月开始研究如何让雷达系统更具有操作性，并于 1939 年夏天用空中演习成功证明了运筹学的有效性。

运筹学首次运用就成功地挽救了英国的命运。1939 年 9 月 1 日，第二次世界大战爆发前夕，运筹学部门隶属于英国皇家空军指挥部。1940 年 5 月 10 日，温斯顿·丘吉尔取代内维尔·张伯伦成为英国首相。就在同一天，德国防卫军发动了代号为黄色方法的军事行动击溃了法国军队和英国远征军，关于这场法国战役的历史请参考 Bennett 和 Dando (1977, 1979)，以及 Fraser 和 Hipel (1984) 中 4.2 节针对德国主力部队出其不意地从法国阿登高地发动攻击这一战略意外事件进行的冲突分析。从 1940 年 7 月 10 日到 9 月 15 日，德国空军试图通过空中轰炸击败英国。多亏了运筹学，德国的计划没能成功，自身的飞机和人员还遭到了沉重打击。英国皇家空军能在法国战役中避免全军覆没，进而能在不列颠战役中获胜，运筹学科学家厥功至伟。一项小小的运筹学研究显示，按照当时的战损率，德国军队能在两周内摧毁皇家空军的全部力量，这项发现说服了丘吉尔。1940 年 1 月 15 日，他不仅停止派送更多的空军中队到法国战役中去，还命令撤回当时已经在法国的所有空军中队。

不仅仅是空军，英国其他军队同样也启用了运筹学团队来解决某些大规模军事难题。一个著名的例子就是，在诺曼底登陆战役中，由美国、英国等国家组成的盟军正在从加拿大和美国运输人员和物资到英国，但其船只在北大西洋遭到了德军潜艇的猛烈攻击，盟军则通过增加护卫舰艇的数量极大地减少了运输船只的损失。

除了运筹学团队外，英国和美国军队还分别组织了天才数学家、科学家和工程师破解德国与日本的密电通信密码。例如，位于伦敦西北方向 80 千米的布莱切利庄园是当时的英国政府密码学校，阿兰·图灵和威廉·图特等数学家在此分别破解了德军的英格玛密码与洛伦兹密码。可以说，布莱切利庄园的超级天才们将战争至少缩短了两年 (Aldrich, 2010; Briggs, 2011; Grey, 2012)。在太平洋战场，美国海军战斗智能部门的人员掌握了日本海军战争期间所有的密电通信，从而提前知晓日本海军的军事行踪 (Benson, 1997; Winton, 1993)。从破解的一条关于日军山本五十六飞行计划的密电中，美军提前掌握了日本联合舰队总司令将于 1943 年 4 月 18 日飞往所罗门群岛的布干维尔岛的信息，于是派了 P-38 飞机突击将其击落。

Fang 等 (1993) 以及很多学者都指出，运筹学既是一门艺术也是一门技术。艺术是指它是一套能解决复杂的操作性难题的通用方法，技术是指它涵盖了各种各样的数学方法，可运用到具体问题中并提供有用的结论。运筹学方法通常包括优化 (线性、非线性、整数规划等)、随机模型 (马尔可夫链、排队论、时间序列模型)，以及某些博弈论方法。与 2.2.2 节和图 2.1 中对博弈论方法的归类一样，运筹学领域也同样可以用一系列准则来进行归类。图 2.2 展示了用两个准则进行归类：决策者数量和目标数量。很多运筹学方法只有一个决策者一个目标，如一家公司运用线性优化模型对成本进行优化。MCDA (MacCrimmon,1973; Keeney and Raiffa, 1976; Saaty, 1980; Hwang and Yoon, 1981; Goicoechea et al., 1982; Vincke, 1992; Roy, 1996; Rajabi et al., 1998; Hobbs and Meier, 2000; Belton and Stewart, 2002; Chen et al., 2008, 2011; Hipel et al., 2009a; Kuang et al., 2015) 是针对从一系列可选方案中选出更优的方案而特别设计的，根据一组包括定量 (如成本) 和定性 (如审美) 的准则对这些离散的可选方案进行评估。每个可选方案在各个准则下的评估结果代表了决策者的目标达成或偏好情况。在大多数情况下，决策者需要从众多选项中选择一个方案。MCDA 方法被广泛应用于水资源 (Hipel, 1992) 和能源 (Hobbs and Meirer, 2000) 等问题中。这一类型的工具是典型的一个决策者多个目标的例子，如图 2.2 右上角单元格所示。

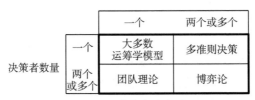

图 2.2　　决策方法归类

在图 2.2 左下角单元格中，团队理论是多个决策者单个目标的典型例子，如参与某项体育运动中的所有运动员都只有一个目标：赢。在牌类游戏中，每个玩家都只有唯一的目标：赢更多的钱。

本书的焦点是具有多个决策者且每个决策者至少有一个目标的一般决策问题，2.2.2 节介绍的博弈论方法就属于这一类，如图 2.2 右下角所示。本书阐述的 GMCR 方法是博弈论的一个子类，如图 2.1 中左半部分所示。Hipel(2009a, 2009b)、Kilgour 和 Eden (2010) 指出，在过去几十年中，学者们提出了各种各样的博弈论方法来解决不同类型的多决策者多目标决策问题 (2.2.2 节) 。实际上，这一类问题其实最需要各种新决策方法，但却是受到关注最少的。因此，本书的一个目标为极大地扩展冲突分析方法，从而为学者和从业者提供更多综合工具来有效解决各种多决策者多目标的复杂决策问题。

规范性或描述性方法通常用来对运筹学方法进行分类。规范性方法明确定义了一个决策者应该怎么做才能达到既定的目标。举例来说，2.2.2 节提到的 CWAM 就是由一系列非线性规划模型组成的，用来优化流域内不同用户间的水资源公平配置问题。由于 CWAM 中用到了合作博弈中的公平概念，这个模型就属于图 2.1 中的右半部分。描述性模型抓取一个问题中的关键特征，从而对其中的关联性及可能发生的后果进行阐述。例如，图 2.1 中左半部分的冲突分析方法就属于描述性模型，因为它们描述了冲突事件的多个可能的妥协结果，以及达到这些均衡结果所需的各决策者间的交互。但是，像 GMCR 之类的冲突分析方法也拥有规范性的部分。因为 GMCR 的研究结论可以帮助决策者更好地理解其所在的冲突，从而采取更合理的措施来应对其竞争对手以达到自己最期望的结果。当有一个冲突解决方案且存在特定的到达路径时，则可以将 GMCR 方法视为一种规范性分析方法。最后，不管是规范性还是描述性冲突分析方法，都需要通过 DSS 来实现，详见 2.3.3 节和本书第 10 章。

运筹学最初是由军队在第二次世界大战期间提出的，用来解决迫在眉睫的军事问题。在第二次世界大战后的早期几十年间，运筹学学者和从业者们聚焦于提出高度数学化及定量化的方法，这对于解决界定明确的问题很有用处，尤其是从战术层面上讲。例如，工业企业的运筹学团队经常采用数学规划模型解决资源配置当中的技术难题。然而，在战略层面上，大多数信息都是定性化的，而运用定性信息的正式决策模型还不多见。在大多数组织中，战略决策基本都涉及多个决策者，而且每个决策者都有多个目标。相应地，本书旨在扩展运筹学方法来满足这一需求。

学者和从业者们通常会从两个层面来研究决策问题：战术层面和战略层面。也有很多人强调了我们需要构建可以解决界定不明确的战略问题的决策方法。表 2.1 中列出了一系列战术和战略决策的特点，以及相应的参考文献。

表 2.1　战术和战略决策

战术决策	战略决策	参考文献
战术性	战略性	Radford (1988, 1989); Rosenhead (1989)
一般问题	棘手	Ackoff (1981)
技术性	实践性	Ravetz (1971)
驯服的	邪恶的	Rittel 和 Webber (1973)
硬系统	软系统	Checkland (1981)
占据优势	进退两难	Schon (1987)
散件	系统或体系	Hipel 等 (2009d)

运筹学是产生正规决策方法最广为人知的领域。很多运筹学问题都具有大规模性及高度复杂性。因此，在解决某个特定问题时，通常都由具有不同学科背景的学者和从业者组成一个团队，采用多种方法分工解决这个问题的不同方面。团队必须要科学合理地找到可行的解决方案。换句话说，团队务必要有效地解决各种界定明确的复杂问题以达到各种具体目标。由于运筹学在解决棘手问题上的大获成功，第二次世界大战后很多工业企业都成立了运筹学学会，很多运筹学期刊也随之诞生。例如，世界上最早的运筹学学会于 1948 年 4 月成立于英国，最初叫作运筹学俱乐部，1953 年改称运筹学学会。从 1950 年至今，该学会创办并发行 *Journal of the Operational Research Society*《运筹学杂志》。在美国，运筹学与管理科学学会 (Institute for Operations Research and the Management Sciences，INFORMS) 创办发行了很多期刊，其中最出名的是 *Operations Research*《运筹学》和 *Management Science*《管理科学》。INFORMS 学会的群决策与协商分会

(Group Decision and Negotiation Section) 也发行了期刊——*Group Decision and Negotiation*。在加拿大，加拿大运筹学学会也发行了期刊 *Information Systems and Operational Research*。

在军事学之外，运筹学最初用于解决各种水资源问题。因此，很多运筹学的发展和应用成果也被发表在水资源领域的期刊上，如 *Water Resources Research* (由美国地球物理学会发行)、*Journal of Water Resources Planning and Management* (由美国土木工程师协会发行) 及 *Canadian Water Resources Journal* (由加拿大水资源协会发行)。此外，运筹学还广泛运用于交通、城市规划、系统设计工程、系统分析 (Miser and Quade, 1985, 1988)、管理科学、整体思维 (Checkland, 1981)、工业工程和商业领域。这些学科通常被称为"系统科学"。Singh (1987) 编写的《系统与控制百科全书：理论、技术、应用》涵盖了系统科学、人工智能等领域的多种决策方法的定义和详细解释。下节将介绍一个借鉴了运筹学思想并蓬勃发展的学科领域——系统工程。

2.3.2 系统工程

系统工程最核心的思想是从整体的视角去研究一个问题。在着手解决一个具体问题（"树"）之前，务必要先看清整片"森林"。从一个具体问题展望到整个系统，在这个系统中，各个组件互相影响、互相作用，从而共同实现一个系统的主要目标，这一概念显得很自然和适宜。在日本，人们可以一边注视着庭院中错落有致的石头，一边冥想几个小时。这也是人们思考现实的方式：富有艺术性的整体思维。人类历史上最早关于物理系统的描述是文艺复兴时期莱昂纳多·达·芬奇绘制的水文循环图。

Hipel 等 (2009a) 比较过运筹学和系统工程的异同。运筹学基于简化论，试图厘清一个现象的各部件及其相互之间的关系。通常这种交互关系都很复杂，所以运筹学很难描绘出整个大局及系统突发行为等。系统行为有着精确的原因–现象的关系 (Ackoff, 1962; Keys, 1991)，因此，运筹学方法本质上是定量化的，用于从战术层面上解决界定清晰的决策问题。

相较而言，系统工程更偏定性化，更少解析化，可以用于处理非结构化的复杂问题 (Haimes, 2016; Sage, 1992; Warfield, 2006)。系统工程聚焦于以下几个方面 (Hipel et al., 2009a)。

（1）定量化和定性化的方法。

（2）战略和战术层面的决策问题。

（3）综合技术、制度方面及价值观判断。

（4）包括各部件及它们之间的交互在内的整个系统。

（5）大局观。

（6）　非结构化的复杂问题。

（7）　单个或多个决策者。

2.3.1 节提到，运筹学一词是由英国军队在 1938 年为了应对德军对英国的可能轰炸而需要一套更具有实际操作性的雷达系统而提出来的。系统工程一词最早是由贝尔实验室于 1940 年提出的，由于其在解决问题上的创造性和灵活性，一经提出便被其他组织机构（如美国航空航天局）和工业领域的诸多企业广泛采用。大量学者和从业者投身于系统工程领域的研究。系统工程领域的顶级研究成果大多发表在诸如 *IEEE Transactions on Systems, Man, and Cybernetics: Systems*、*IEEE Systems Journal* 以及由国际系统工程协会 (International Council on Systems Engineering, INCOSE) 发行的 *Systems Engineering* 等期刊上。实际上，INCOSE 会定期发布系统工程领域的最新进展。全球很多高校都设立有系统工程系，大型工业企业和国防部门也多设有系统工程研究小组。多数在系统工程和运筹学领域的职业人士对这两个领域都有所涉猎，也经常综合运用两个领域内的相关方法来解决各种棘手难题。

System Engineering 是系统工程领域的一部经典著作，作者是该领域的伟大先驱 Andrew P. Sage 教授。系统工程是一个非常活跃的领域，因此很难找到一个包罗万象的通用定义。Haimes (2016) 通过研究系统工程与多目标决策中的风险问题，创造性地提出了一套风险评估方法。Hipel 等 (2007,2009b) 对系统工程的定义如下：系统工程是一种综合性的、多学科的科学决策方法，它考虑了相关决策者的价值观以及一系列社会、环境、经济等其他重要指标，从而在一个系统或体系的设计、实现、运营和维护过程中更好地做出合理的决策，进而在系统全周期内公平、道德、可持续性地满足各种社会需求。

由于系统思维被广为接受，运用系统思维解决棘手难题的研究成果也被发表在各种学科的期刊上。其他和系统工程相关的基本系统方法还包括控制论 (Clarke et al., 1998)、复杂适应系统 (Lansing, 2009) 和混沌理论 (Thiétart and Forgues, 1995)。

Hipel 等 (2007) 从应用领域和研究方法方面探讨了系统工程的未来发展。在该论文的摘要中写道："该方法 (系统工程) 务必要不停地完善和扩展来应对 21 世纪更多变的挑战：从系统到体系，从单学科到多学科，从批量化到定制化，从静态到动态，从优化到适应化。"因此，本书 2.4.1 节和 2.4.2 节将分别介绍体系和适应性管理等重要相关概念，以及它们与冲突分析的关联性。

2.3.3　DSS

2.3.1 节和 2.3.2 节分别介绍了运筹学和系统工程领域的各种决策方法。同时，2.2.2 节和图 2.1 中还介绍了一系列博弈论方法。本书的重点是介绍 GMCR，其中包括很多功能强大且十分有用的技术方法，详见 1.3 节和本书目录。另外，该方法还将会有更多的扩展研究，这些也会在 10.3.1 节和 10.3.2 节介绍。

为了方便学者和从业者将各种数学模型应用到众多的物理或者社会问题中，还需要有 DSS。如此一来，用户可以重点关注得出的分析结论，而不需要花费大量时间对模型进行编程求解。此前，DSS 只是指一组对用户友好的程序。实际上，DSS 的目标是通过使用户、分析师或者决策者可以立刻运用已知的方法和数据来研究他感兴趣的问题，从而帮助其决策。

Hipel 等 (2008a) 强调，一个正规模型是由一组设计精巧的数学结构组成的系统。一个好的模型设计可以抓住该系统的关键特征，帮助人们更好地理解这个系统，从而做出更合理的决策。对一个真实的系统模型进行数学分析可以更有效地研究系统的相关属性及预测或模拟系统行为。在做敏感度分析的时候，通过比较改变一个或多个模型参数前后的系统变化，可以更好地理解这些参数改变带来的影响，进而得到关于系统的"假设分析"之类问题的答案。一个正规模型或者一组模型可以用于对物理、社会或者两者混合的系统进行缜密分析。

DSS 是一种易于使用的计算机软件包，能实现一种或多种数学方法的建模和分析功能，它可以让学者和从业者快速地创建、修改、完善和分析一个模型，从而辅助决策。决策支持技术其实是信息技术领域最重要的研究方向之一，包括计算机软件和硬件的研发与应用。Sage (1991) 在他标志性著作中描述了一个 DSS 的主要组成部分，包括模型库管理系统 (model-base management system，MBMS)、数据库管理系统 (database management system，DBMS)、对话生成与管理系统 (dialog generation and management system，DGMS)。鉴于 DSS 对冲突分析的重要性，本书用单独一个章节 (第 10 章) 详细介绍了如何设计一个 DSS 用于解决实际的冲突问题。其中 10.1.1 节是关于 DSS 的一般性介绍，图 10.1 描绘了 Sage (1991) 教授关于 DSS 的通用设计，而第 10 章剩下的部分聚焦于冲突分析的 DSS。

图 2.3 展示了一个简化版的基于模型的冲突分析 DSS，适用于 GMCR 或其他类似的冲突模型。其中用户需要通过交互界面 (DGMS) 输入的关键信息包括决策者 (DMs)、每个决策者的可选策略，以及每个决策者的偏好信息。GMCR 模型的一大优势是只需要从用户获得极少量的信息即可构建和校正模型，那些"烦琐"的计算工作可以利用 DSS 来完成。1.2.3 节指出，引擎是根据一系列描述冲突中人们的行为特征的稳定性概念来计算每个决策者在各状态点的稳定性。当一个状态对于所有决策者都是稳定的，那这就是一个冲突的均衡解或者可能的解决方案。引擎还可以针对决策者结成联盟的情形提供稳定性结果。稳定后分析包括冲突随时间的演化和敏感性分析，这些也可以使用引擎来分析。在 10.2.3 节有提到，GMCR 的矩阵表达可以极大提高引擎的计算效率。最后，DSS 的输出信息包

括通过计算得出的重要战略信息，如可能的解决方案和从当前状态到达解决方案的可能路径。

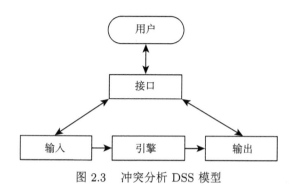

图 2.3　冲突分析 DSS 模型

　　DSS 为学者和从业者充分利用已有的研究成果提供了一个机制，也为科研人员为社会进步做出自己的贡献提供了手段。因此，本书第 10 章聚焦冲突分析 DSS 的介绍。当然，笔者也鼓励读者自己通过手算去更好地理解 GMCR 方法的具体过程，如冲突中决策者交互时的行动与反制过程。谨记，DSS 是 GMCR 不可缺少的一部分，它可以帮助更多人使用 GMCR 去分析一系列简单或复杂的冲突问题。10.1.2 节描述了 GMCR 理论已有的 DSS，10.2 节则进一步介绍了冲突分析 DSS 的一种通用设计方法。这样，其他的公司、政府机关、研究团队就可以构建适用于它们的 DSS 以解决现有 DSS 的不足。10.3 节还指出，新的 GMCR 组件可以很容易地集成到现有 DSS 中。

2.4　责任治理中的冲突分析

　　2.2 节和 2.3 节分别介绍了多种博弈论与系统科学方法，用来提供决策建议，其中大多数方法都属于运筹学和系统工程领域。同时，也有学者提出了很多其他的决策方法，如价值导向思维 (value-focused thinking)，以关注相关方的利益表达 (Fisher and Ury, 1981; Fisher et al., 1991; Keeney, 1992)。最后，工商管理、法律、政治学和社会学领域也提出了多种提升决策效率的通用流程。以上或其他决策方法可以应用于本章提到的一般治理流程中。

　　人类社会是高度关联的，某个决策者的行为可能直接影响到其他决策者，包括自然系统。人们迫切需要一个社会治理的全新系统思维方法。因此，2.4.1 节将介绍可以用于治理系统的一个体系框架，即 SoS。2.4.2 节介绍一个综合化适应性管理范式，将重要相关方的价值观念纳入考量，以实现一系列期望的系统目标，如弹性、可持续性及公平。图 2.4 展示了负责治理方法的大致流程。

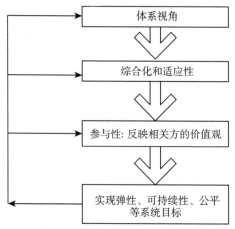

图 2.4   责任治理中的系统思维

2.4.1   SoS

一个系统中存在着多个决策者或参与方，其中每方都有各自的目标或价值观念 (Hipel and Fang, 2005)。如图 2.5 所示，这些拥有多个参与方的重要系统大致可分为四类：环境、社会、智能及综合系统。其中每个系统又是由多个系统构成的，因此每个系统也可称为一个体系。举例来说，环境体系包括了大气、地质、水文、动物、植物及生态等系统。社会体系包括农业、工业、经济、政治、治理、基础设施及市政等系统。智能体系包括机器人、机电、自动生产等系统，这些是由社会体系中的人们为了满足人类各种需求而设计、构建和维系的。综合体系是指由两个以上的其他体系组合形成的系统，如人们可以使用软件工具在 eBay 上竞拍商品，这个过程涉及社会和智能两个体系。波音 B787 梦想客机或者空中客车 A380 客机是综合体系的另一个例子，因为这些飞机既可以使用特制的智能体系实现自动飞行，也可以由人工操作实现飞行。

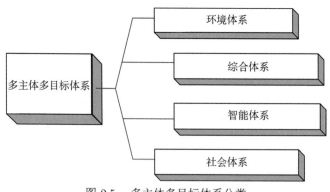

图 2.5   多主体多目标体系分类

图 2.6 展示了社会体系和环境体系之间的紧密关联 (Hipel et al., 2009b)。图中左半部分的社会体系和右半部分的环境体系都各自包含了很多系统。例如,环境体系包括大气、水、土地和生物系统,且两两之间都互相关联。图 2.6 中间部分最上面的连接两个体系的箭头表示了社会体系从环境体系中汲取资源以维持自身正常运转,如钢铁行业依赖于环境体系提供的铁矿石和能源来生产钢材。不幸的是,社会体系的一系列人类活动会制造大量副产品排放到环境体系中,如钢铁工厂会排放大量二氧化碳和其他空气污染物导致全球气候变暖及空气污染,另外还有其他污染物质被排放到附近的水系统中造成水质问题。中间两个箭头表示,人类能够对两个体系都造成影响,而自然系统对社会体系也有直接影响。人类活动造成的大量温室气体排放及土地利用的变化将导致气候变化,进而影响到像农业之类的社会体系。

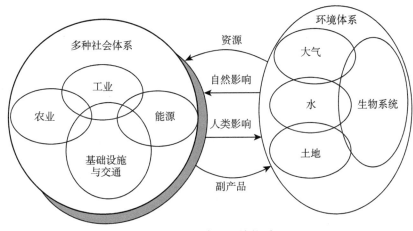

图 2.6   社会和环境体系

SoS 这一概念和系统的不同之处在于体系中的各个系统既可以独立运行也可以实现合作与交互。Sage 和 Biemer (2007) 对 SoS 的定义如下:由技术、人类和机构组成,各部分均可单独成为一个系统,也能通过协同作用实现某一独特的最终状态的一个大规模复杂系统。在 SoS 领域做出突出贡献的学者还包括 Maier (1998)、Sage 和 Cuppan (2001)、Hipel 和 Fang (2005)、Hipel 等 (2009b)、Jamshidi (2009)。基于 Maier (1998)、Sage 和 Cuppan(2001) 的前期研究,Sage 和 Biemer (2007) 指出一个体系通常具有以下特征:①各个系统可独立运行;②各个系统可单独管理;③各个系统间不同的地理位置分布;④各个系统无法单独实现,只有 SoS 才会出现的突现行为;⑤系统间持续互相操作所引发的演化发展;⑥自发组织能力;⑦适应性。根据定义,体系是一个复杂系统,其中每个单独的系统都具有自主性,因为它可以独立于体系中其他的系统而独自进化。

过去几十年间有大量对复杂系统的研究，其中包括了复杂适应系统 (Lansing, 2009)、混沌理论 (Thiétart and Forgues, 1995) 及控制论 (Wiener, 1948)。利用 SoS 架构解决一系列实际问题的研究还包括了将 GMCR 集成到 SoS 框架中 (Ge et al., 2013, 2014a, 2014b)。SoS 理论也被用来解决复杂产品的质量控制问题 (Liu and Hipel, 2012)、极端事件的风险管理问题 (Bristow et al., 2012)、全球食品安全问题 (Hipel et al., 2010) 及水资源管理问题 (Hipel et al., 2013a, 2011) 等。在对决策过程及系统的物理特征进行建模前务必要了解大量可用的工具 (Hipel et al., 2008a, 2008b)，2.1 节 ~ 2.3 节介绍了一系列针对多主体多目标问题的决策工具，本书主要阐述了冲突分析领域的进展。

为了更好地解释如何运用决策方法及物理模型，下面将以 1.2 节中介绍的地下水污染事件为例进行分析。在这起事件中，位于加拿大安大略省埃尔迈拉小镇的一家化工厂排放一种致癌物质到附近的地下蓄水层。LG 发现后聘请了一批工程专家来评估污染的严重性及污染物质的扩大范围。专家在不同的地方钻孔获取地下水样本，然后运用物理模型来计算污染物质的流动情况。此外，专家们还研究了蓄水层净化及污染控制等方法。从社会的角度来说，事件发生后，LG、企业及 MoE 之间就如何解决这个问题进行了协商。4.5 节对协商的过程进行了建模分析，试图探究这个问题可能的解决方案。截至 2014 年末，事件发生 25 年之后，埃尔迈拉地下水中的污染物质依然没有被完全清除，当地的饮用水源仍然要从位于 15 千米以南的滑铁卢市获取。现在人们仍然在不停地把水从地下抽上来经过净化处理后再排放回附近的河流中，这家工厂也承诺对污水进行处理后再排放。这起污染事件的后果显然是非常严重的，如果没有及时采取相应应对措施，情形甚至会更加恶化。

埃尔迈拉冲突也是棕地的一个例子。棕地是指被工业污染的土地，这一现象大量存在于北美、欧洲及发展中地区。据统计，美国有超过 50 万块棕地，德国有 36 万块棕地，加拿大有 3.3 万块棕地 (Hipel and Bernath Walker, 2011; NRTEE, 2003)，而很多亚洲国家的快速工业化使得棕地的数量正在极速增加。尽管棕地现象完全可以通过在工业化过程中大量使用污染控制设备得到有效控制，但是很多国家还是选择优先通过工业化获取财富，然后再考虑去治理棕地。其实从长期来看，这反而是更昂贵的，而且很多污染都是不可逆的。本书中介绍的博弈论等决策方法可以帮助人们做出更明智的决策，因为这些方法将不同决策者短期和长期的价值判断都纳入了考量。

如今，地球上的国家都在朝"共有的大气"排放大量的温室气体，即使它们都明知这一短期行为必然会导致全球温度急剧上升，造成越来越多的灾难性后果。也就是说，这些国家都是囚徒困境中的自私者，缺乏长远眼光。现在主要的不确定性是我们的气候系统是否已经过了临界点，无论我们采取什么措施都无法逆转全球变暖的趋势了。值得一提的是，已经存在很多种可以应对全球变暖的物理方法。例如，采用核能等清洁能源、提高能源效率等都是被广泛接受的解决方案，这些方法可以减少化石燃料的使用。燃煤电厂也可以经过改造使用天然气发电，从而在短期内减少至少 50% 的碳排放量，然后在中长期内用清洁能源取代燃煤发电，进而关闭燃煤电厂。如今国际社会缺乏的是解决气候问题的社会机制，如在国际、国家、省或本地等各层面达成大量缩减温室气体排放的有效协议。

在加拿大，位于安大略省的一家大型汽车部件生产商 (Magna International Inc.) 委托加拿大科学院委员会 (Council of Canadian Academies，CCA) 对能源利用和气候变化已有的证据及减少温室气体排放的应对措施进行研究。8 位跨学科专家组成的专家组在 Keith W. Hipel 和 Paul R. Portney 的领导下，经过一年的研究，于 2015 年 10 月 27 日正式发布了一份能源利用和气候变化专家报告《加拿大低碳排放能源系统的技术和政策选项》(CCA, 2015)。该报告包括三大结论。

（1） 实现低碳排放的技术都已经存在。实际上，加拿大完全可以在成本可控的前提下减少 60%～90% 的碳排放。

（2） 电力供应系统应该使用不产生温室气体的清洁能源取代燃煤燃气电厂，以实现整个行业的脱碳化。

（3） 整体经济政策要以严格减少温室气体排放为导向，但减排的具体实现方式可以有多样的选择。例如，不列颠哥伦比亚省采取了碳排放税的措施并且取得了不错的效果，而安大略省和魁北克省则选择了碳排放限额与交易的方式。

对于加拿大，联邦政府、十个省和三个地区需要协商达成一个统一的碳排放政策及相关的物理系统方案以实现大量减排。在 2015 年 12 月 12 日达成的《巴黎协定》对于缔约方并没有强制或法定减排要求，但相关缔约方仍然需要进行激烈的谈判。幸运的是，相关缔约方共同声明它们不希望看到全球气温上升超过 1.5°C，温室气体排放需要显著减少。所有这些都意味着综合性的协商工具对于达成有约束力的长远性协议具有非常重要的帮助。然而，2016 年 11 月 8 日，美国总统唐纳德·特朗普当选，这意味着美国可能会削弱或撤回其在巴黎提出的减少温室气体排放的承诺。事实上，2017 年 6 月，美国宣布退出《巴黎协定》，而最早的退出生效日期是 2020 年 11 月。本书中介绍的博弈论方法有助于存在冲突目标的相关方达成协议，以解决棘手的 SoS 难题，如气候变化问题等 (Bernath Walker and Hipel, 2017; He et al., 2017)。

2.2 节介绍的冲突分析方法、经济学工具，以及社会科学中的一些概念都可以集成到负责治理框架中，以解决诸如气候变化之类的人类面临的难题。一个治理系统包含政策、协议、法律、规定、监控、机制和管理等多个方面，其中的关键部分如图 2.4 所示，具体内容将在 2.4.2 节讨论。

2.4.2　综合化与适应性管理

水资源工程师和管理者必须要同时处理水资源管理的物理与社会层面的问题，他们是设计有效治理系统的全球领导者，他们还是除了军队以外最早采用、完善和扩展运筹学与系统工程方法解决 SoS 难题的一批人士。他们还开发了一系列 DSS 来帮助研究人员和从业人员更好地理解 SoS 难题的物理与社会部分的问题 (Hipel et al., 2008a, 2008b)。

综合化与适应性是在 SoS 框架中实现水资源有效治理的两个关键的关联概念。正如全球水伙伴 (Global Water Partnership, GWP) 和国际基础组织网络 (International Network of Basin Organizations, INBO) 在 2009 年出版的著作 *A Handbook for Integrated Water Resources Management in Basins* 中所言："综合化水资源管理方法将社会、经济和环境等因素纳入考量，有助于实现水资源管理和开发的可持续和均衡发展。该方法充分考虑了众多不同的互相竞争的用户群体、用水和滥用水的部门及环境的需求。"这一系统思维方法表明水资源管理务必要考虑到互相关联的多种因素、互相竞争的主体的价值观及环境保护的需求。此外，考虑到水资源在流域内不停流动这一客观现实，水资源管理措施务必要从流域层面去执行，并与当地、省级、国家，甚至国际层面的政策和法律法规保持一致。例如，IJC (2009) 推荐采用综合化的流域管理方法来管理美加边境的水资源。IJC 是一个独立的拥有调查权、管理权和判决权的双边主体，负责执行美加双方为解决两国边境处的水资源和环境问题而签订的《1909 边境水资源条约》。

除了综合性，水资源治理和其他方面的治理还需要有适应性，使之能够处理环境和社会体系交互产生的多种突发问题，因为这些体系都是复杂的、不确定的，以及互相关联的。由于这种不可预测性，人们无法提前了解一项政策在遇到常规及突发事件时的有效性。在被动适应管理中，人们通过监控和经验获取新信息，从而不停地完善现有的管理方法和相关决策，而在主动适应管理中，人们特意设计一系列科学假设，通过实验来决定最合适的管理策略。因此，适应性管理也通常被称为"从实践中学习"。适应性管理这一天才概念最早是由 Holling (1978) 和其他科学家在研究生态系统的弹性理论时提出来的。从那以后，Walters (1986)、Gunderson 和 Holling (2002)、Noble (2004)、NRC (2004)、AWRA(2006, 2009)、Gunderson 和 Light (2006)、Williams 和 Jackson (2007) 都在这一领域做出了突出贡献。

Hipel(2008, 2009d) 推荐将适应性管理集成到 SoS 框架中，与运筹学、系统工程及其他系统科学领域的决策工具 (参考 2.3 节)，以及社会人文学科的有关概念相结合。此外，任何政策或协议都应该反映出相关主体的价值观，以及一个冲突协商机制，引导冲突方朝着一个双赢的方向去行动。在实践中，可以采取参与式的方法让相关主体都参与共同治理的实践，以及通过 DSS 提供多种决策方法供相关主体选择。

本书运用多个不同领域的真实冲突案例来阐述如何使用不同的冲突分析方法去便捷地分析冲突，从而更好地理解冲突及获得有用的战略见解。但是，冲突分析方法通常都会与其他社会方法和物理模型结合使用，以综合性和适应性的方式集成到一个 SoS 体系框架中来实现有效治理，这点需要读者谨记。

2.5　本 章 重 点

人的命运取决于自身所做的决定。因此，人类会希望能做出最合理的决策以实现自身的目标。在和其他人交互影响情况下做决策时，务必要理解他们的价值观及他们采取的行动对自己可能造成的影响。当陷入某个冲突时，也许可以考虑通过与其他人合作，从而实现双赢。

在处理棘手的决策问题时 GMCR 能有效地帮助我们，尤其是涉及多个主体，而每个主体的价值观、目标和偏好都不一样的情形。在 2.2 节介绍的一系列博弈论方法 (参考图 2.1) 中，GMCR 能有效解决几乎任何领域内的从简单到复杂的各种现实冲突问题。实际上，GMCR 是对传统的运筹学 (参考 2.3.1 节)、系统工程 (参考 2.3.2 节) 等方法的有效补充。有了 DSS (参考 2.3.3 节和第 10 章)，GMCR 为研究各种真实世界的冲突提供了非常强有力的工具。GMCR 还可以作为一个重要的补充方法集成到 SoS (参考 2.4.1 节) 框架中，形成综合性和适应性 (参考 2.4.2 节) 的管理方法，从而实现有效治理。

2.6　习　　　题

1. 2.2.2 节和图 2.1对博弈论方法进行了综述与分类，其中在图 2.1 右半部分列出了多主体建模方法。请阅读一篇关于多主体建模方法的期刊论文或者一本书籍，然后简述该方法的基本思路及如何应用于实践。阐述该方法在政策制定和分析中的用途。

2. 图 2.1 右半部分列出了扩展型博弈论方法。请阅读一篇关于扩展型博弈的期刊论文或书籍，阐述该模型的基本思路。根据 Fang 等 (1993) 一书中第 4 章的内容，定性化描述 GMCR 与扩展型博弈模型的关联性。阐述该模型的主要缺点有哪些？

3. 图 2.1 左半部分列出了软对策理论。请阅读一篇关于软对策理论的期刊论文或一本书籍，阐述该理论的基本思路。

4. Fraser 和 Hipel (1979,1984) 提出的冲突分析方法属于图 2.1 中的左半部分。请描述 GMCR 相较于 F-H 冲突分析方法的三个重要提升之处，并提供相应参考文献。

5. 2.3.1 节提到，运筹学是由英国军队在第二次世界大战爆发前夕提出的。战争结束 50 年后，大量关于运筹学的发展和应用的机密文件被解密。请选择一篇关于运筹学在战争期间成功应用的文章进行阅读，并对你所感兴趣的内容进行阐述。

6. 第二次世界大战期间美军大西洋舰队是如何采用"软"系统方法对其船舰间，尤其航空母舰之间的通信进行加密的？(提示：搜索"code talkers"关键词)

7. 第二次世界大战期间最著名的一位密码破解者是 William Tutte 博士，他当时在伦敦北部的布莱切利公园试图破解德军密码，请描述几个关于他的著名事迹。他在第二次世界大战后帮助一所大学创建了数学院，是哪一所大学？

8. 从期刊 *IEEE Transactions on Systems, Man, and Cybernetics: Systems* 中找一篇关于 SoS 的论文，总结该论文的主要贡献，并解释 SoS 对解决文中所提问题的重要性。

9. INCOSE 是 SoS 的有力倡导者，并发行了期刊 *Systems Engineering*。从 INCOSE 出版的刊物中选择一篇关于 SoS 的论文，总结该论文的主要贡献，并解释 SoS 对解决文中所提问题的有效性。

10. 请解释为什么 GMCR 是使用 SoS 解决问题和创新决策中必不可少的一部分。

11. 请阅读一篇你感兴趣的关于 DSS 的论文，描述一个 DSS 的基本设计思路，并解释 DSS 对解决实际生活中的决策问题的重要性。

12. 2.4.2 节介绍的综合化与适应性管理中的大多数概念都来自水资源领域。请阅读关于水资源综合化与适应性管理的重要期刊、论文或书籍，并总结其主要内容，解释冲突分析方法在其中的重要作用。

参 考 文 献

Ackoff R. L. 1962. Scientific Method: Optimizing Applied Research Decisions[M]. New York: Wiley.

Ackoff R. L. 1981. The art and science of mess management[J]. Interfaces, 11(1):20–26.

Aldrich R. J. 2010. GCHQ: The Uncensored Story of Britain's Most Secret Intelligence Agency[M]. London: Harper Press.

AWRA. 2006. Special Issue on Adaptive Management of Water Resources, Water Resources IMPACT[M]. Middleburg: American Water Resources Association.

AWRA. 2009. Special Issue on Application of Adaptive Management of Water Resources, Water Resources IMPACT[M]. Middleburg: American Water Resources Association.

Belton V. and Stewart T. 2002. Multiple Criteria Decision Analysis: An Integrated Approach[M]. Norwell: Kluwer.

Bennett P. G. and Dando M. 1977. Fall Gelb and other games: a hypergame perspective of the fall of France, 1940[J]. Journal of the Conflict Research Society, 1(2):1–33.

Bennett P. G. and Dando M. 1979. Complex strategic analysis: a hypergame study of the fall of France[J]. Journal of the Operational Research Society, 30(1):23–32.

Benson R. L. 1997. A History of US Communications Intelligence During World War II: Policy and Administration[M]. Washington: National Security Agency.

Bernath Walker S. and Hipel K. W. 2017. Strategy, complexity and cooperation: the Sino-American climate regime[J]. Group Decision and Negotiation, 26(5):997–1027.

Briggs A. 2011. Secret Days: Codebeaking in Bletchley Park[M]. Barnsley: Frontline Books.

Bristow M., Fang L., and Hipel K. W. 2012. System of systems engineering and risk management of extreme events: concepts and case study[J]. Risk Analysis, 32(11):1935–1955.

Bristow M., Fang L., and Hipel K. W. 2014. From values to ordinal preferences for strategic governance[J]. IEEE Transactions on System, Man, and Cybernetics: Systems, 15(10):1364–1383.

Bryant J. 2003. The Six Dilemmas of Collaboration: Inter-organisational Relationships as Drama[M]. Chichester: Wiley.

Bryant J. 2015. Acting Strategically Using Drama Theory[M]. Boca Raton: CRC Press.

CCA. 2015. Technology and Policy Options for a Low-Emission Energy System in Canada[R]. Ottawa: Council of Canadian Academies.

Checkland P. 1981. Systems Thinking, Systems Practice[M]. Wiley: Chichester.

Chen Y., Kilgour D. M., and Hipel K. W. 2011. An extreme-distance approach to multiple criteria ranking[J]. Mathematical and Computer Modelling, 53(5):646–658.

Chen Y., Li K. W., Kilgour D. M., and Hipel K. W. 2008. A case-based distance model for multiple criteria ABC analysis[J]. Computers & Operations Research, 35(3):776–796.

Clarke F. H., Ledyaev Y. S., Stern R. J., and Wolenski P. R. 1998. Nonsmooth Analysis and Control Theory[M]. New York: Springer.

Fang L., Hipel K. W., and Kilgour D. M. 1993. Interactive Decision Making: The Graph Model for Conflict Resolution[M]. New York: Wiley.

Fisher R. and Ury W. 1981. Getting to Yes: Negotiating Agreement Without Giving In[M]. New York: Penguin Books.

Fisher R., Ury W., and Patton B. 1991. Getting to Yes: Negotiating Agreement Without Giving In[M]. 2nd ed. New York: Penguin Books.

Fraser N. M. and Hipel K. W. 1979. Solving complex conflicts[J]. IEEE Transactions on Systems, Man, and Cybernetics, 9(12):805–816.

Fraser N. M. and Hipel K. W. 1984. Conflict Analysis: Models and Resolutions[M]. New York: North-Holland.

Ge B., Hipel K. W., Fang L., Yang K., and Chen Y. 2014a. An interactive portfolio decision analysis approach for system-of-systems architecting using the graph model for conflict resolution[J]. IEEE Transactions on Systems, Man, and Cybernetics: Systems, 44(10):1328–1346.

Ge B., Hipel K. W., Yang K., and Chen Y. 2013. A data-centric capability-focused approach for system-of-systems architecture modeling and analysis[J]. Systems Engineering, 16(3):363–377.

Ge B., Hipel K. W., Yang K., and Chen Y. 2014b. A novel executable modeling approach for system-of-system architecture[J]. IEEE Systems Journal, 8(1):4–13.

Goicoechea A., Hansen D., and Duckstein L. 1982. Multiobjective Decision Analysis with Engineering and Business Applications[M]. New York: Wiley.

Grey C. 2012. Decoding Organization: Bletchley Park, Codebreaking and Organization Studies[M]. Cambridge: Cambridge University Press.

Gunderson L. and Light S. S. 2006. Adaptive management and adaptive governance in the Everglades ecosystem[J]. Policy Sciences, 39(4):323–334.

Gunderson L. H. and Holling C. S. 2002. Panarchy: Understanding Transformations in Human and Natural Systems[M]. Washington: Island Press.

Haimes Y. Y. 2016. Risk Modeling, Assessment, and Management[M]. 3rd ed. New York: Wiley.

Hardin G. 1968. The tragedy of the commons[J]. Science, 162:1243–1248.

He S., Kilgour D. M., and Hipel K. W. 2017. A general hierarchical graph model for conflict resolution with application to greenhouse gas emission disputes between USA and China[J]. European Journal of Operational Research, 257(3):919–932.

Hipel K. W. 1981. Operational research techniques in river basin management[J]. Canadian Water Resources Journal, 6(4):205–226.

Hipel K. W. 1992. Multiple Objective Decision Making in Water Resources[M]. Bethesda: American Water Resources Association.

Hipel K. W. 2009a. Conflict Resolution: Volume 1[M]. Oxford: Eolss Publishers.

Hipel K. W. 2009b. Conflict Resolution: Volume 2[M]. Oxford: Eolss Publishers.

Hipel K. W. and Bernath Walker S. 2011. Conflict analysis in environmental management[J]. Environmetrics, 22(3):279–293.

Hipel K. W. and Fang L. 2005. Multiple Participant Decision Making in Societal and Technological Systems[M]. Amsterdam: Elsevier.

Hipel K. W., Fang L., and Kilgour D. M. 2008a. Decision support systems in water resources and environmental management[J]. Journal of Hydrologic Engineering, 13(9):761–770.

Hipel K. W., Fang L., Ouarda T. B. M. J., and Bristow M. 2013a. An introduction to the special issue on tackling challenging water resources problems in Canada: a systems approach[J]. Canadian Water Resources Journal, 38(1):3–11.

Hipel K. W., Fang L., and Wang L. 2013b. Fair water resources allocation with application to the south Saskatchewan river basin[J]. Canadian Water Resources Journal, 38(1):47–60.

Hipel K. W., Fang L., and Xiao Y. 2016. Conflict Resolution[M]. New York: McGraw-Hill.

Hipel K. W., Jamshidi M. M., Tien J. M., and White III C. 2007. The future of systems, man and cybernetics: application domains and research methods[J]. IEEE Transactions on Systems, Man, and Cybernetics Part C: Applications and Reviews, 37(5):726–743.

Hipel K. W., Kilgour D. M., and Fang L. 2011. Systems methodologies in vitae systems of systems[J]. Journal of Natural Disaster Science, 32(2):63–77.

Hipel K. W., Kilgour D. M., Fang L., and Li W. 2003. Resolution of Water Conflicts Between Canada and the United States[M]. Paris: United Nations Educational, Science and Cultural Organization (UNESCO).

Hipel K. W., Kilgour D. M., Rajabi S., and Chen Y. 2009a. Operations Research and Refinement of Courses of Action[M]. New York: Wiley.

Hipel K. W., Obeidi A., Fang L., and Kilgour D. M. 2008b. Adaptive systems thinking in integrated water resources management with insights into conflicts over water exports[J]. INFOR, 46(1):51–69.

Hipel K. W., Obeidi A., Fang L., and Kilgour D. M. 2009b. Sustainable Environmental Management from a System of Systems Perspective[M]. New York: Wiley.

Hipel K. W., Radford K. J., and Fang L. 1993. Multiple participant multiple criteria decision making[J]. IEEE Transactions on Systems, Man, and Cybernetics, 23(4):1184–1189.

Hipel K. W., Fang L., and Heng M. 2010. System of systems approach to policy development for global food security[J]. Journal of Systems Science and Systems Engineering, 19(1):1–21.

Hobbs B. F. and Meier P. 2000. Energy Decisions and the Environment: A Guide to the Use of Multicriteria Methods[M]. Dordrecht: Kluwer.

Holling C. S. 1978. Adaptive Environmental Assessment and Management[M]. New York: Wiley.

Howard N. 1971. Paradoxes of Rationality: Theory of Metagames and Political Behavior[M]. Cambridge: MIT Press.

Howard N. 1999. Confrontation Analysis: How to Win Operations Other Than War[M]. Washington: Command and Control Research Program.

Howard N., Bennett P. G., Bryant J. W., and Bradley M. 1992. Manifesto for a theory of drama and irrational choice[J]. Journal of the Operational Research Society, 44:99–103.

Hwang C. and Yoon K. 1981. Multiple Attribute Decision Making: Methods and Applications[M]. Berlin: Springer.

IJC. 2009. The International Watersheds Initiative: Implementing a New Paradigm for Transboundary Basins: Third Report to Governments on the International Watersheds Initiative[M]. Ottawa: International Joint Commission.

Jamshidi M. 2009. System of Systems Engineering: Innovations for the Twenty-First Century[M]. New York: Wiley.

Keeney R. L. 1992. Value Focused Thinking: A Path to Creative Decision Making[M]. Cambridge: Harvard University Press.

Keeney R. L. and Raiffa H. 1976. Decision Analysis with Multiple Conflicting Objectives[M]. New York: Wiley.

Keys P. 1991. Operational Research and Systems[M]. New York: Springer.

Kilgour D. M. and Eden C. 2010. Handbook of Group Decision and Negotiation[M]. Dordrecht: Springer.

Kilgour D. M. and Hipel K. W. 2005. The graph model for conflict resolution: past, present, and future[J]. Group Decision and Negotiation, 14(6):441–460.

Kilgour D. M. and Hipel K. W. 2010. Handbook of Group Decision and Negotiation[M].

Dordrecht: Springer.

Kilgour D. M., Hipel K. W., and Fang L. 1987. The graph model for conflicts[J]. Automatica, 23:41–55.

Kimball G. E. and Morse P. M. 1951. Methods of Operations Research[M]. New York: Wiley.

Kuang H., Kilgour D. M., and Hipel K. W. 2015. Grey-based PROMETHEE II with application to evaluation of source water protection strategies[J]. Information Sciences, 294:376–389.

Lansing J. S. 2009. Complex adaptive systems[J]. Annual Review of Anthropology, 32(4):183–204.

Lardner H. 1979. The Origins of Cooperational research[C]. Proceedings of the Eighth IFORS International Conference on Operational Research, 1:3–12.

Liu Y. and Hipel K. W. 2012. A hierarchical decision model to select quality control strategies for a complex product[J]. IEEE Transactions on Systems, Man, and Cybernetics Part A: Systems and Humans, 42(4):814–826.

MacCrimmon K. R. 1973. Multiple Criteria Decision Making[M]. Columbia: University of South Carolina Press.

Maier M. W. 1998. Architecting principles for systems of systems[J]. Systems Engineering, 1(4):267–284.

Miser H. J. and Quade E. S. 1985. Handbook of Systems Analysis: Overview of Uses, Procedures, Applications, and Practice[M]. New York: North-Holland.

Miser H. J. and Quade E. S. 1988. Handbook of Systems Analysis: Craft Issues and Procedural Choices[M]. New York: North-Holland.

Noble B. 2004. Applying Adaptive Environmental Management[M]. Oxford: Oxford University Press.

NRC. 2004. Adaptive Management for Water Resources Project Planning[M]. Washington: The National Academies Press.

NRTEE. 2003. Cleaning Up the Past, Building the Future: A National Brownfield Redevelopment Strategy for Canada[M]. Renouf Publishing: Ottawa.

Ostrom E., Burger J., Field C. B., Norgaard R. B., and Policansky D. 1999. Revisiting the commons: local lessons, global challenges[J]. Science, 284(5412):278–282.

Ostrom E., Gardner R., and Walker J. 1994. Rules, Games, and Common-Pool Resources[M]. Michigan: University of Michigan Press.

Radford K. J. 1988. Strategic and Tactical Decisions[M]. New York: Springer.

Radford K. J. 1989. Individual and Small Group Decisions[M]. New York: Springer.

Rajabi S., Kilgour D. M., and Hipel K. W. 1998. Modeling action-interdependence in multiple criteria decision making[J]. European Journal of Operational Research, 110(3):490–508.

Ravetz J. R. 1971. Scientific Knowledge and Its Social Problems[M]. Oxford: Oxford University Press.

Ravindran A., Capelo J. J. S., and Bonome D. T. P. 1987. Operations Research: Principles and Practice[M]. New York: Wiley.

Rittel H. W. and Webber M. M. 1973. Dilemmas in a general theory of planning[J]. Policy Sciences, 4(2):155–169.

Rosenhead J. 1989. Rational Analysis for a Problematic World: Structuring Methods for Complexity, Uncertainty and Conflict[M]. Chichester: Wiley.

Rosenschein J. S. and Zlotkin G. 1994. Rules of Encounter: Designing Conventions for Automated Negotiation among Computers[M]. Cambridge: MIT Press.

Roy B. 1996. Multicriteria Methodology for Decision Aiding[M]. Dordrecht: Kluwer.

Saaty T. L. 1980. The Analytic Hierarchy Process[M]. New York: McGraw-Hill.

Sage A. P. 1991. Decision Support Systems Engineering[M]. New York: Wiley.

Sage A. P. 1992. Systems Engineering[M]. New York: Wiley.

Sage A. P. and Biemer S. M. 2007. Processes for system family architecting, design, and integration[J]. IEEE Systems Journal, 1(1):5–16.

Sage A. P. and Cuppan C. D. 2001. On the systems engineering and management of systems of systems and federations of systems[J]. Information, Knowledge, Systems Management, 2(4):325–345.

Schon D. A. 1987. Educating the Reflective Practitioner: Toward a New Design for Teaching and Learning in the Professions[M]. San Francisco: Jossey-Bass.

Singh M. G. 1987. Systems and Control Encyclopedia: Theory, Technology, Applications[M]. Oxford: Pergamon Press.

Thiétart R. A. and Forgues B. 1995. Chaos theory and organization[J]. Organization Science, 6(1):19–31.

Vincke P. 1992. Multicriteria Decision-Aid[M]. New York: Wiley.

von Neumann J. 1928. Die zerlegung eines intervalles in abzählbar viele kongruente teilmengen[J]. Fundamenta Mathematicae, 1(11):230–238.

von Neumann J. and Morgenstern O. 1944. Theory of Games and Economic Behavior[M]. Princeton: Princeton University Press.

von Neumann J. and Morgenstern O. 1953. Theory of Games and Economic Behavior[M]. 3rd ed. Princeton: Princeton University Press.

Walters C. 1986. Adaptive Management of Renewable Resources[M]. New York: McGraw Hill.

Wang L., Fang L., and Hipel K. W. 2003. Water resources allocation: a cooperative game theoretic approach[J]. Journal of Environmental Informatics, 2(2):11–22.

Wang L., Fang L., and Hipel K. W. 2007. Mathematical programming approaches for modeling water rights allocation[J]. Journal of Water Resources Planning and Management, 133(1):50–59.

Wang L., Fang L., and Hipel K. W. 2008a. Basin-wide cooperative water resources allocation[J]. European Journal of Operational Research, 190(3):798–817.

Wang L., Fang L., and Hipel K. W. 2008b. Integrated hydrologic-economic modeling of coalitions of stakeholders for water allocation in the South Saskatchewan River Basin[J]. Journal of Hydrologic Engineering, 13(9):781–792.

Warfield J. N. 2006. An Introduction to Systems Science[M]. Singapore: World Scientific.

Wiener N. 1948. Cybernetics or Control and Communication in the Animal and the Machine[J]. New York: Wiley.

Williams J. W. and Jackson S. T. 2007. Novel climates, no-analog communities, and eco-
logical surprises[J]. Frontiers in Ecology and the Environment, 5(9):475–482.

Winton J. 1993. Ultra in the Pacific: How Breaking Japanese Codes and Cyphers Affected
Naval Operations Against Japan 1941-45[M]. Annapolis: Naval Institute Press.

Xiao Y., Hipel K. W., and Fang L. 2016. Incorporating water demand management into
a cooperative water allocation framework[J]. Water Resources Management, 30(9):2997–
3012.

第 3 章 GMCR 的基本内涵

2.2.2 节的图 2.1 介绍了战略冲突的几种建模方法。在图 2.1 中，左侧分支是亚对策分析理论中的策略表示形式 (Howard, 1971)，右侧分支是经典博弈论的标准形式或矩阵表示形式。图 2.1 的左下角是 GMCR 方法，使用有向图来刻画冲突中决策者的状态转移情况。在 2.2.2 节中提到，图 2.1 左侧分支只需要决策者的相对偏好信息，右侧分支需要具体的数值偏好信息。

1.2.2 节和图 1.1 介绍了冲突的基本要素，包括决策者、策略、状态和偏好。本章将基于 GMCR 理论，详细介绍冲突建模的基本要素。3.1.1 节提到，博弈论中的标准形式适合规模较小（2 个或 3 个决策者）的冲突问题，本章将介绍一种适应范围广、灵活有效的冲突表示方法——策略形式（3.1.2 节），并讨论标准形式、策略形式与图模型形式之间的相互关系。此外，3.2 节将以一个小的冲突图模型为例，说明有的时候冲突问题不能使用标准形式和策略形式来表示。最后，3.3 节将介绍图模型的矩阵表示方法 (Xu et al., 2007, 2009a, 2009b, 2009c, 2010a, 2010b, 2010c, 2010d, 2011, 2013, 2014; Bernath Walker et al., 2013)。

3.1 冲突的标准形式和策略形式

3.1.1 标准形式

在博弈论中，标准形式包含博弈中的决策者、战略及其偏好信息，是一种十分有效的博弈模型表示方法。定义如下：

定义 3.1 (博弈的标准形式): 一个博弈模型 G 的标准形式可以写成一个三元组的形式，记为 $G = \langle N, \{T_i\}_{i \in N}, \{u_i\}_{i \in N} \rangle$，其中：

(1) $N = \{1, 2, \cdots, n\}$ 为决策者的非空集合。

(2) T_i 为决策者 $i \in N$ 的非空战略集合。

(3) $u_i : T_1 \times T_2 \times \cdots \times T_n \to \mathbb{R}$ 为决策者 $i \in N$ 的效用。

在定义 3.1 中，令 $t_{ik} \in T_i$ 为决策者 i 的某个战略，$m_i = |T_i|$ 表示决策者 i 的战略数量。当每个决策者都选择了自己的战略后，就形成了博弈的一个局势 $t = (t_{1a}, t_{2b}, \cdots, t_{ir}, \cdots, t_{nw})$，其中，$t_{1a} \in T_1, t_{2b} \in T_2, \cdots, t_{ir} \in T_i, \cdots, t_{nw} \in T_n$。设符号 "×" 表示笛卡儿积，则博弈的所有局势集合可以表示为 $T_1 \times T_2 \times \cdots \times T_n$，即各个决策者战略选择的所有组合情况，其中每一个元素或局势都是由于所有决

策者 $i \in N$ 从其战略集 T_i 中选择的某个战略组合形成的。在下面即将介绍的图模型中，博弈的局势也称为状态，状态集合 $S = T = T_1 \times T_2 \times \cdots \times T_n$。" u_i " 是决策者 i 的冯诺依曼-摩根斯坦效用函数 (von Neumann and Morgenstern, 1953)。每个状态都对应于一个效用值，效用值高的状态表示决策者 i 对该状态的偏好程度更高。在实际冲突中，决策者只需要获知状态之间的相对偏好情况，并不需要准确知道各个状态点的具体效用值。因此，可以使用 $s \succ_i q$ 来表示决策者 i 对状态 s 的偏好程度高于对状态 q 的偏好程度。

为了分析决策者在某个冲突状态的稳定性，依据第 4 章给出的稳定定义的不同类型，3.2 节将定义冲突中决策者单独的一步状态移动集合，即从某个初始状态出发可以一步转移到的状态集合。令状态 $s \in S$，则有 $s = (s_{1a}, s_{2b}, \cdots, s_{ir}, \cdots, s_{nw})$。在每个决策者选择了自己的战略之后，就形成了状态 s，也可以表示为 $s \in T_1 \times T_2 \times \cdots \times T_n$。

定义 3.2 (基于标准形式的单边移动): 在博弈的标准形式中，将决策者 $i \in N$ 从状态 $s \in S$ 出发可以单边转移到的状态点集合定义为

$$R_i(s) = \{q \in S : q_{il} \neq s_{il}, 且对于所有的 j \in N \setminus \{i\}, 都有 q_{jk} = s_{jk}\}$$

其中，$s_{il}, q_{il} \in T_i$，$1 \leqslant l \leqslant m_i$，$s_{jk}, q_{jk} \in T_j$，$1 \leqslant k \leqslant m_j$，$N \setminus \{i\}$ 表示决策者 i 的对手集合。

定义 3.2 表明，在保持其他决策者的战略不改变的情况下（对于任意的 $j \in N \setminus \{i\}$，都有 $q_{jk} = s_{jk}$），如果决策者 i 将自己的战略 s_{il} 变成了另一个战略 q_{il}（$q_{il} \neq s_{il}$），则决策者 i 可以从状态 s 单边移动到状态 q，即 $q \in R_i(s)$。如果决策者 i 单边移动后的状态 q 优于初始状态 s（$q \succ_i s$），则称 q 为单边改良。正如第 4 章中所提到的，为了进行稳定性分析，需要先定义决策者的单边改良集合。

定义 3.3 (基于标准形式的单边改良): 在博弈的标准形式中，将决策者 $i \in N$ 从状态 $s \in S$ 出发的单边改良集合定义为

$$R_i^+(s) = \{q \in R_i(s) : u_i(q) \succ u_i(s)\}$$

其中，$u_i(s)$ 和 $u_i(q)$ 分别为决策者 i 在状态点 s 和 q 处的效用值。

两个决策者之间的博弈模型可以用一个二维的矩阵来直观描述，如图 3.1 所示。在图 3.1 中，左侧是决策者 DM_1 的两个战略 $T_1 = \{t_{11}, t_{12}\}$，上方是决策者 DM_2 的两个战略 $T_2 = \{t_{21}, t_{22}\}$。黑色方框中的四个单元格（右上角标记 s_k，$k = 1, 2, 3, 4$）表示四个状态点，单元格中的数字 $u_1(s_k)$ 和 $u_2(s_k)$ 分别表示 DM_1 和 DM_2 在状态点 s_k 处的效用值。例如，当 DM_1 选择战略 t_{11}、DM_2 选择战略 t_{21} 时，博弈状态为 s_1，此时 DM_1 和 DM_2 的效用值分别为 $u_1(s_1)$ 和 $u_2(s_1)$。

		DM$_2$	
		t_{21}	t_{22}
DM$_1$	t_{11}	$u_1(s_1), u_2(s_1)$ $\quad s_1$	$u_1(s_2), u_2(s_2)$ $\quad s_2$
	t_{12}	$u_1(s_3), u_2(s_3)$ $\quad s_3$	$u_1(s_4), u_2(s_4)$ $\quad s_4$

$s_1=(t_{11},\ t_{21}),\ s_2=(t_{11},\ t_{22}),\ s_3=(t_{12},\ t_{21}),\ s_4=(t_{12},\ t_{22})$

图 3.1　2×2 的博弈标准式

根据定义 3.2 可知，当某个决策者在状态之间单边移动时，其他决策者的战略必须是保持不变的。以图 3.1 为例，如果 DM$_2$ 保持战略 t_{21} 不变，DM$_1$ 将其战略 t_{11} 转变为 t_{12}，则 DM$_1$ 通过单边移动使得冲突状态由 s_1 转移到了 s_3，即 $s_3 \in R_1(s_1)$。同样地，DM$_1$ 也可以将其战略 t_{12} 变 t_{11}，实现从状态 s_3 单边移动到 s_1，即 $s_1 \in R_1(s_3)$。此外，如果 DM$_1$ 对状态 s_1 的偏好要优于 s_3，即 $u_1(s_1) \succ u_1(s_3)$，则根据定义 3.3 可知，s_1 是 DM$_1$ 在状态 s_3 处的单边改良状态，即 $s_1 \in R_1^+(s_3)$。如果要分析 DM$_2$ 的单边状态转移情况，则需要 DM$_1$ 的战略保持不变。例如，如果 DM$_1$ 保持战略 t_{11} 不变，则 DM$_2$ 可以从状态 s_1 单边移动到 s_2，也可以从状态 s_2 反向移动到 s_1。也就是说，$s_2 \in R_2(s_1)$，$s_1 \in R_2(s_2)$。如果 DM$_2$ 对状态 s_1 的偏好要优于 s_2，即 $u_2(s_1) \succ u_2(s_2)$，则 $s_1 \in R_2^+(s_2)$。

案例 3.1 (基于标准形式的可持续发展博弈)： 环保部门和开发商之间在环境保护方面进行着激烈的冲突博弈。Hipel (2001) 最早提出了一个 2×2 的可持续发展博弈模型，如图 3.2 所示，其中 DM$_1$ 和 DM$_2$ 分别表示环保部门和开发商。因此，该冲突博弈的决策者集合可以表示为 $N = \{DM_1, DM_2\}$。DM$_1$ 有两个战略选择：鼓励开发商主动承担起环境保护的责任（proactive, P）或者不鼓励开发商主动承担起环境保护的责任（not proactive, NP）。因此，DM$_1$ 的战略集合可以表示为 $T_1 = \{P, NP\}$。同样地，DM$_2$ 也有两个战略选择：坚持可持续发展（sustainable development, SD）或者不坚持可持续发展（not adhere to sustainable development, NSD）。因此，DM$_2$ 的战略集合可以表示为 $T_2 = \{SD, NSD\}$。

		DM$_2$	
		SD	NSD
DM$_1$	P	10, 5 $\quad s_1$	6, 2 $\quad s_2$
	NP	8, 7 $\quad s_3$	1, 4 $\quad s_4$

$s_1=(P, SD),\ s_2=(P, NSD),\ s_3=(NP, SD),\ s_4=(NP, NSD)$

图 3.2　可持续发展博弈的标准式

在图 3.2 中，黑色方框内的四个单元格分别表示四个冲突状态（s_1，s_2，s_3，s_4）。每个状态都是由 DM_1 和 DM_2 的战略选择组合而成，如状态 $s_2 = (P, NSD)$ 表示 DM_1 选择战略 P 而 DM_2 选择战略 NSD。可持续发展冲突的状态集合可以表示为

$$T = T_1 \times T_2 = \{P, NP\} \times \{SD, NSD\} = \{(P, SD), (P, NSD), (NP, SD), (NP, NSD)\}$$

如果 $s_1 = (P, SD)$，$s_2 = (P, NSD)$，$s_3 = (NP, SD)$，$s_4 = (NP, NSD)$，则 $T = \{s_1, s_2, s_3, s_4\}$。

图 3.2 中单元格里的两个数字分别表示 DM_1 和 DM_2 在状态点的偏好或效用值，数值大的表示偏好程度更高。DM_1 在各个状态点的效用值分别为

$$u_1(s_1) = 10, u_1(s_2) = 6, u_1(s_3) = 8, u_1(s_4) = 1$$

DM_2 在各个状态点的效用值分别为

$$u_2(s_1) = 5, u_2(s_2) = 2, u_2(s_3) = 7, u_2(s_4) = 4$$

根据上述效用值，可以得到决策者的状态偏好排序结果如下：

$$DM_1 \text{ 的状态偏好排序，} s_1 \succ_1 s_3 \succ_1 s_2 \succ_1 s_4$$

$$DM_2 \text{ 的状态偏好排序，} s_3 \succ_2 s_1 \succ_2 s_4 \succ_2 s_2$$

由上述状态排序可以看出，DM_1 最偏爱的状态是 s_1（效用值为 10），即 DM_1 积极鼓励 DM_2 主动承担起环保保护责任，且 DM_2 坚持可持续发展战略。DM_2 最不喜欢的状态是 s_2（效用值为 2）。为分析 DM_1 的单边移动情况，首先需要保持 DM_2 的战略不变。假定 DM_2 在战略 SD 处保持不动，DM_1 可以将其战略 P 转变为 NP，使得冲突状态由 s_1 转移到 s_3，即 $R_1(s_1) = \{s_3\}$。同样可得，$R_1(s_3) = \{s_1\}$。如果 DM_2 在战略 NSD 处保持不动，DM_1 可以从状态 s_2 单边移动到 s_4，即 $R_1(s_2) = \{s_4\}$。DM_1 也可以从状态 s_4 单边移动到 s_2，即 $R_1(s_4) = \{s_2\}$。类似地，可以得到 DM_2 在各个状态点的单边移动集合：$R_2(s_1) = \{s_2\}$，$R_2(s_2) = \{s_1\}$，$R_2(s_3) = \{s_4\}$，$R_2(s_4) = \{s_3\}$。

进一步可以计算出 DM_1 在各个状态点的单边改良集合：

$$R_1^+(s_1) = \emptyset, R_1^+(s_2) = \emptyset, R_1^+(s_3) = \{s_1\}, R_1^+(s_4) = \{s_2\}$$

DM_2 在各个状态点的单边改良集合：

$$R_2^+(s_1) = \emptyset, R_2^+(s_2) = \{s_1\}, R_2^+(s_3) = \emptyset, R_2^+(s_4) = \{s_3\}$$

3.1.2　策略形式

在战略冲突中，决策者的策略是指其可以选择的行动或方案。令 N 为冲突决策者的集合，$n = |N|$ 为所有决策者的个数，O_i 为决策者 $i \in N$ 的策略集合，决策者 i 的策略数量为 $h_i = |O_i|$，为决策者 i 的第 j 个策略，冲突中所有策略集合可以表示为 $O = \bigcup_{i \in N} O_i$ 或者 $O = \{O_1, O_2, \cdots, O_i, \cdots, O_n\}$，而决策者的战略是其策略选择的组合，具体定义如下。

定义 3.4 (战略的策略表示): 令 $i \in N$, $o_{ij} \in O_i$，则决策者 i 的一个战略可以表示为 O_i 的映射函数 $g : O_i \to \{0, 1\}$，使得对于所有的 $j = 1, 2, \cdots, h_i$，有

$$g(o_{ij}) = \begin{cases} 1, & \text{如果决策者} i \text{选择策略} o_{ij} \\ 0, & \text{其他} \end{cases}$$

决策者的每个策略都有两种情况：被选择或者不被选择。$g(o_{ij}) = 1$ 表明决策者 i 选择策略 o_{ij}；$g(o_{ij}) = 0$ 表明决策者 i 不选择策略 o_{ij}。当每个决策者选择了自己的战略之后，就形成了冲突的一个局势或状态，具体定义如下。

定义 3.5 (状态的策略表示): 令 $O = \bigcup_{i \in N} O_i$ 为冲突中所有策略的集合，$o_{ij} \in O_i$。状态可以表示成 O 的映射函数 $f : O \to \{0, 1\}$，使得对于所有的 $i = 1, 2, \cdots, n$，有

$$f(o_{ij}) = \begin{cases} 1, & \text{如果决策者} i \text{选择策略} o_{ij} \\ 0, & \text{其他} \end{cases} \tag{3.1}$$

令 h 为冲突中所有策略的总数，则状态可以看作由 0 和 1 组成的一个 h 维的列向量。可以用一个 h 维的列向量 $f_s = [(g^s(O_1))^{\mathrm{T}}, \cdots, (g^s(O_i))^{\mathrm{T}}, \cdots, (g^s(O_n))^{\mathrm{T}}]^{\mathrm{T}}$ 来表示状态 s。其中，$g^s(O_i)$ 为一个 h_i 维的列向量，且

$$g^s(o_{ij}) = \begin{cases} 1, & \text{如果决策者} i \text{选择策略} o_{ij} \\ 0, & \text{其他} \end{cases}$$

令 O 为冲突中所有策略的集合，所有状态的集合可以表示成 $\{0, 1\}^O$，其中 0 和 1 分别表示策略不被选择和被选择。O 的幂集 2^O 是 O 的所有子集的集合，所有的元素数量为 $2^{|O|} = 2^h$。每个状态 s 都对应于一个 O 的子集，对应关系是式 (3.1)。然而，$2^{|O|} = 2^h$ 只是所有理性上存在的状态点数量。在实际冲突中，由于策略约束限制，只有部分状态是可行的。

策略形式可以用来表示由任意数量的决策者和策略构成的冲突问题，具有广泛的实际应用价值。因此，策略形式是 GMCR 理论中经常用到的冲突表示方法。

由于冲突中状态点的数量要远大于策略的数量，当使用策略形式时，只需要提供相对简单的策略信息，然后利用计算机程序自动生成冲突状态。下面对冲突模型的策略表示形式进行定义。

定义 3.6 (冲突模型的策略表示)：一个冲突博弈模型可以表示为 $G = \langle N, \{O_i\}_{i \in N}, S, \{\succ_i, \sim_i\}_{i \in N} \rangle$，其中：

(1) $N = \{1, 2, \cdots, n\}$ 表示由所有决策者组成的有限非空集合。

(2) O_i 表示由决策者 $i \in N$ 的所有策略组成的有限非空集合。

(3) $S = \{s_1, s_2, \cdots, s_m\}$ 表示由所有可行状态组成的有限非空集合。

(4) $\{\succ_i, \sim_i\}$ 表示决策者对状态的相对偏好关系，$s_k \succ_i s_t$ 表示决策者 $i \in N$ 对状态 s_k 的偏好要优于对状态 s_t 的偏好，而 $s_k \sim_i s_t$ 表示决策者 i 对状态 s_k 和 s_t 的偏好是相同的。

3.2.4 节将介绍偏好结构 $\{\succ_i, \sim_i\}$ 的数学性质。基于冲突模型的策略表示方法，可以定义决策者在状态之间的单边移动和单边改良集合。令 $h_i = |O_i|$ 为决策者 i 所有策略的个数，f_s 表示从集合 O 中的策略到状态 s 的映射。

定义 3.7 (基于策略形式的单边移动)：在策略形式的冲突模型中，将决策者 $i \in N$ 从状态 $s \in S$ 出发可以单边转移到的状态点集合定义为

$$R_i(s) = \{q \in S : 对于部分 o_{il} \in O_i, g^q(o_{il}) \neq g^s(o_{il}),$$

$$对于任意 j \in N \setminus \{i\}, g^q(o_{jk}) = g^s(o_{jk})\}$$

其中，$1 \leqslant l \leqslant h_i$, $1 \leqslant k \leqslant h_j$。

在定义 3.7 的基础上，可以定义基于策略形式的单边改良集合。

定义 3.8 (基于策略形式的单边改良)：在策略形式的冲突模型中，将决策者 $i \in N$ 从状态 $s \in S$ 出发的单边改良集合定义为

$$R_i^+(s) = \{q \in R_i(s) : q \succ_i s\}$$

案例 3.2 (基于策略形式的可持续发展博弈)：在案例 3.1 可持续发展博弈模型中，有两个决策者：$N = \{\mathrm{DM}_1, \mathrm{DM}_2\}$。$\mathrm{DM}_1$ 有一个策略：$O_1 = \{o_{11}\} = \{\mathrm{P}\}$；$\mathrm{DM}_2$ 有一个策略：$O_2 = \{o_{21}\} = \{\mathrm{SD}\}$。当每个决策者确定了自己的策略选择之后，就形成了一个冲突状态。可持续发展博弈模型的策略表示形式如表 3.1 所示。在表 3.1 中，第一列是冲突中的决策者，第二列是每个决策者的策略，"Y" 表示所在行的策略被选择，"N" 表示所在行的策略未被选择。DM_1 有两个战略：选择策略 P（Y）或者不选择策略 P（N）。同样，DM_2 也有两个战略：选择策略 SD（Y）或者不选择策略 SD（N）。由于每个策略有两种选择状态，所以 DM_1 和 DM_2 的战略组合共有四种情况：① DM_1 选择策略 P、DM_2 选择策略 SD，记为

(Y, Y)；②DM$_1$ 选择策略 P、DM$_2$ 不选择策略 SD，记为 (Y, N)；③DM$_1$ 不选择策略 P、DM$_2$ 选择策略 SD，记为 (N, Y)；④DM$_1$ 不选择策略 P、DM$_2$ 不选择策略 SD，记为 (N, N)，如表 3.1 右侧的四列所示。综上，在可持续发展博弈冲突中，共有四个状态 $S = \{s_1, s_2, s_3, s_4\}$。其中

$$s_1 = \begin{pmatrix} Y \\ Y \end{pmatrix} \text{或} s_1 = (Y\ Y)^T$$

$$s_2 = \begin{pmatrix} Y \\ N \end{pmatrix} \text{或} s_2 = (Y\ N)^T$$

$$s_3 = \begin{pmatrix} N \\ Y \end{pmatrix} \text{或} s_3 = (N\ Y)^T$$

$$s_4 = \begin{pmatrix} N \\ N \end{pmatrix} \text{或} s_4 = (N\ N)^T$$

表 3.1　可持续发展冲突的可行状态

DM$_1$: 环保局				
积极主动 (P)	Y	Y	N	N
DM$_2$: 开发商				
可持续发展 (SD)	Y	N	Y	N
状态	s_1	s_2	s_3	s_4

注: DM$_1$ 的偏好: $s_1 \succ_1 s_3 \succ_1 s_2 \succ_1 s_4$。DM$_2$ 的偏好: $s_3 \succ_2 s_1 \succ_2 s_4 \succ_2 s_2$

在上述状态排序中，决策者对各状态的偏好程度从左到右依次降低，这种从优到劣依次排列的偏好序列称为有序偏好。此外，上述偏好排序中不存在等价的偏好，称为严格有序偏好。决策者对各状态的偏好还可以表示成如下的策略形式：

$$\begin{pmatrix} Y & N & Y & N \\ Y & Y & N & N \\ s_1 & s_3 & s_2 & s_4 \end{pmatrix}, \begin{pmatrix} N & Y & N & Y \\ Y & Y & N & N \\ s_3 & s_1 & s_4 & s_2 \end{pmatrix}$$

DM$_1$ 的状态偏好排序　　DM$_2$ 的状态偏好排序

在分析 DM$_1$ 的单边移动情况时，需要固定 DM$_2$ 的战略选择。在状态 s_1 处，保持 DM$_2$ 的战略选择 Y 不变，DM$_1$ 可以通过将 Y 改变为 N，使得冲突状态从 s_1 转移到 s_3。由于 $g^{s_3}(o_{11}) \neq g^{s_1}(o_{11})$ 且 $g^{s_3}(o_{21}) = g^{s_1}(o_{21})$，所以根据定义 3.7可知，$R_1(s_3) = \{s_1\}$。当保持 DM$_2$ 的战略选择 N 不变时，DM$_1$ 可以从状态 s_2 单

边移动到 s_4（$R_1(s_2) = \{s_4\}$），也可以从状态 s_4 单边移动到 s_2（$R_1(s_4) = \{s_2\}$）。同样地，在分析 DM_2 的单边移动时，需要固定 DM_1 的战略选择。当保持 DM_1 的战略选择 $g^s(o_{11}) = Y$ 不变时，可得 $R_2(s_1) = \{s_2\}$ 和 $R_2(s_2) = \{s_1\}$。当保持 DM_1 的战略选择 $g^s(o_{11}) = N$ 不变时，可得 $R_2(s_3) = \{s_4\}$ 和 $R_2(s_4) = \{s_3\}$。

进一步，可以求出 DM_1 和 DM_2 在各个状态点的单边改良可达集合。根据 $s_1 \succ_1 s_3$ 和 $s_2 \succ_1 s_4$，可得 $R_1^+(s_1) = \emptyset$，$R_1^+(s_2) = \emptyset$，$R_1^+(s_3) = \{s_1\}$，$R_1^+(s_4) = \{s_2\}$。同样根据 $s_1 \succ_2 s_2$ 和 $s_3 \succ_2 s_4$，可得 $R_2^+(s_1) = \emptyset$，$R_2^+(s_2) = \{s_1\}$，$R_2^+(s_3) = \emptyset$，$R_2^+(s_4) = \{s_3\}$。

3.2 冲突的图模型表示

3.1.1 节的标准形式提供了一种简易的冲突博弈表示方法，特别是针对两个决策者的简单博弈。3.1.2 节的策略形式适合于简单和复杂的博弈冲突问题。根据表 3.1，在刻画一个冲突问题时，首先，需要在表格的左侧列出冲突中的决策者及其可选择的策略。其次，采用 Y-N 的标记方式，在表格的右侧列出冲突的可行状态。对于决策者和策略数量较大的冲突问题，可以使用计算机程序快速生成所有可能的冲突状态，而且能有效剔除不可行的状态点，在 3.2.2 节会进行介绍。进一步可以分析决策者对各个状态的相对偏好信息。在图模型的定义中，冲突的可行状态是已知的，如已经使用策略形式产生了。

定义 3.9 (图模型): 一个图模型可以表示为 $G = \langle N, S, \{A_i, \succeq_i, i \in N\}\rangle$，其中：

（1） N 表示由所有决策者组成的有限非空集合。

（2） S 表示由所有可行状态组成的有限非空集合。

（3） 对于决策者 i，$A_i \subseteq S \times S$ 表示决策者 i 在各个状态之间经过一步转移的弧线集合。

（4） $\succeq_i$ 表示决策者 i 对状态的相对偏好关系，在第 3.2.4 节中将会进一步介绍。

令 $G_i = (S, A_i)$ 为决策者 i 的状态转移有向图，其中，S 为由状态点组成的顶点集合，$A_i \subseteq S \times S$ 中的每一条有向弧表示决策者 i 从初始状态点经过一步移动可以到达的终点状态。对于简单的冲突模型，可以将所有决策者的状态转移有向图和其偏好信息一起整合在一个整体图模型里。

定义 3.10: 图模型 G 的整体图模型可以表示为 $IG = \langle S, \{A_i, i \in N\}\rangle$。

在定义 3.10 中，整体图模型 IG 由顶点集合 S 和有向弧线集合 $A = \{A_i : i \in N\}$ 构成，包括所有决策者单独的状态转移有向图 $\{G_i : i \in N\}$。决策者 i 的状态转移弧线可以在相应弧线上标注 "i" 或者将弧线的颜色设置 "i" 色。图模型

G 中不同决策者状态转移弧线的颜色是不同的。下面以案例 3.1 的可持续发展冲突模型为例，介绍冲突的图模型表示方法。

案例 3.3 (基于图模型的可持续发展博弈): 可持续发展博弈冲突的图模型如图 3.3 所示。

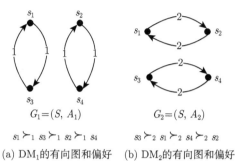

$G_1=(S, A_1)$　　$G_2=(S, A_2)$

$s_1 \succ_1 s_3 \succ_1 s_2 \succ_1 s_4$　　$s_3 \succ_2 s_1 \succ_2 s_4 \succ_2 s_2$

(a) DM$_1$的有向图和偏好　　(b) DM$_2$的有向图和偏好

图 3.3　可持续发展冲突的图模型

图 3.3(a) 是 DM$_1$ 的有向图和偏好信息，图 3.3(b) 是 DM$_2$ 的有向图和偏好信息。在图 3.3 中，弧线上的数字表示控制状态移动的决策者，每一条弧线表示决策者的一步状态转移。例如，在左侧图中，DM$_1$ 可以从状态 s_1 转移到 s_3，也可以从状态 s_3 转移到 s_1。图 3.3 中可持续发展冲突的图模型涵盖了以下基本信息。

（1）决策者集合 $N = \{1, 2\}$。

（2）状态集合 $S = \{s_1, s_2, s_3, s_4\}$。

（3）两个决策者的有向图：$G_1 = (S, A_1)$ 和 $G_2 = (S, A_2)$。其中，

$$A_1 = \{(s_1, s_3), (s_3, s_1), (s_2, s_4), (s_4, s_2)\}$$

$$A_2 = \{(s_1, s_2), (s_2, s_1), (s_3, s_4), (s_4, s_3)\}$$

（4）两个决策者的偏好信息：

$$s_1 \succ_1 s_3 \succ_1 s_2 \succ_1 s_4 \quad s_3 \succ_2 s_1 \succ_2 s_4 \succ_2 s_2$$

将 DM$_1$ 和 DM$_2$ 的有向图和偏好信息整合在一起，就形成了一个整体的图模型，如图 3.4 所示。简而言之，一个图模型包含了冲突中的决策者、可行状态（顶点）、每个决策者的状态转移情况（图模型中的弧线）和偏好信息。尽管标准形式和策略形式也可以用来表示可持续发展冲突问题（详见 3.1 节），但它们存在一些短板。具体来说，在标准形式和策略形式中，状态之间的移动会受限于它们自身独特的结构。图 3.5 里的图模型不能用标准形式或策略形式来表示。考虑一个例子，图 3.3(a) 来源于图 3.2 的标准形式和表 3.1 的策略形式。在图 3.5 (a) 中，

DM$_1$ 能从状态 s_1 转移到 s_2 和 s_4，但在图 3.3 (a) 中是不可以的，所以图 3.5 能刻画更多种状态之间的移动情况。除了允许更灵活多样的状态移动类型外，这种图模型还有其他的优势所在，在 1.2 节和 3.2.3 节中有详细介绍。

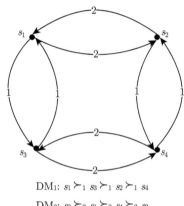

$$\text{DM}_1: s_1 \succ_1 s_3 \succ_1 s_2 \succ_1 s_4$$

$$\text{DM}_2: s_3 \succ_2 s_1 \succ_2 s_4 \succ_2 s_2$$

图 3.4   可持续发展冲突的整体图模型

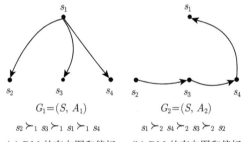

$$G_1 = (S, A_1)$$

$$s_2 \succ_1 s_3 \succ_1 s_1 \succ_1 s_4$$

$$G_2 = (S, A_2)$$

$$s_1 \succ_2 s_4 \succ_2 s_3 \succ_2 s_2$$

(a) DM$_1$的有向图和偏好   (b) DM$_2$的有向图和偏好

图 3.5   不能用标准形式或策略形式来表示的图模型

3.2.1   决策者

在战略冲突中，由于目标不一致或利益冲突，两个或多个决策者之间进行着复杂动态的博弈交互。冲突中的决策者可以是独立的个人，也可以是企业或政府机构等群体组织。例如，当家庭成员为了去哪里度假而产生冲突时，每个决策者都是个人。在汽车制造商之间的商业贸易冲突中，各公司都在为增加汽车市场份额而激烈竞争，可以将由管理者、股东、员工组成的大公司视为一个决策者。在之前的研究中，决策者也被称为局中人、行动者、利益相关者和参与者。本书中之所以使用"决策者"，是因为它可以代表在冲突中负责决策并能影响冲突局势的个人和群体。

在案例 3.1 的可持续发展冲突中，将环保部门视为一个决策者，主要是以保护当地环境和防止开发商造成潜在污染为目标的人们。由于开发商的目的是追求自身经济利益最大化，这与环保部门的目标存在冲突。冲突中的决策者集合记为 N，N 的任意子集 H 可以称为一个结盟体。如果 $|H| > 0$，则 H 不是空集，即 H 中至少存在一个决策者。如果 $|H| > 1$，则 H 中至少存在两个决策者。

3.2.2 状态

前面章节提到，状态可以通过标准形式（3.1.1 节）或策略形式（3.1.2 节）来描述。尽管图 3.5 中有些状态移动类型不能通过策略形式进行表示，但基于策略形式的冲突状态表示方法在很多实际冲突中具有非常普遍的应用前景，并便于使用图模型方法对冲突问题作进一步研究。由定义 3.5 可知，冲突中的每个策略都有两种状态（被选择或者不被选择），所以一个有 h 个策略的冲突模型理论上应该有 2^h 个可能的状态点。然而，由于很多策略限制，只有部分状态点在实际中是可行的。此外，每个状态都可以表示为一个由 Y（策略被选择）和 N（策略不被选择）组成的列向量。以 1.2.2 节中的地下水污染冲突为例。在此冲突中，UR 污染了加拿大安大略省南部埃尔迈拉小镇用来供水的地下水源，MoE 检测到埃尔迈拉小镇地下水的污染物是一种致癌物质（N-亚硝基二甲胺）。紧接着，MoE 颁布了一条法令，要求 UR 尽快处理排放的污水并将含水层的污染物清理干净。冲突中三个决策者（MoE、UR、LG）之间博弈的策略表示形式如表 3.2 所示。表 3.2 描述了埃尔迈拉冲突中的决策者和它们各自的策略情况。

表 3.2 埃尔迈拉冲突模型中的策略

MoE	修改原来颁布的法令，使得其更容易被 UR 公司接受
UR	拖延协商； 接受原来的法令； 放弃在埃尔迈拉小镇的经营权
LG	坚持安大略省环保局原来颁发的法令

埃尔迈拉冲突的可行状态如表 3.3 所示。在埃尔迈拉冲突中共有 5 个策略，理论上来说冲突的状态点数量应该为 $2^5 = 32$ 个。然而，只有表 3.3 中的 9 个状态点（s_1 到 s_9）在实际中是可行的。例如，状态 s_5 表示 MoE 没有修改原先颁布的法令，UR 选择推迟协商、不接受 MoE 下达的污染治理法令、不放弃在埃尔迈拉小镇的经营权，LG 坚持并希望 MoE 原来颁发的法令能被 UR 执行。由于 UR 的三个策略之间是互斥的，所以 UR 不能同时选择两个或三个策略，相关的状态点是不可行的，需要被剔除。此外，UR 会至少选择一个策略。如果 UR 放弃它在埃尔迈拉小镇的经营权，则不需要再考虑 MoE 和 LG 的策略选择，这类状态

通过 s_9 来描述，其中 "－" 表示可以是 Y 或 N。

表 3.3　埃尔迈拉冲突的可行状态

MoE								
修改	N	Y	N	Y	N	Y	N	Y	－
UR								
拖延	Y	Y	N	N	Y	Y	N	N	N
接受	N	N	Y	Y	N	N	Y	Y	N
放弃	N	N	N	N	N	N	N	N	Y
LG								
坚持	N	N	N	N	Y	Y	Y	Y	－
状态点	s_1	s_2	s_3	s_4	s_5	s_6	s_7	s_8	s_9

3.2.3　状态转移

图模型的一个独特优势是能系统反映冲突中的状态转移情况。状态转移描述了冲突事件从一个状态向另一个状态转变的过程。如果一个决策者改变自己的战略使得冲突的状态发生转变，则这类状态转移被称为该决策者的单边移动，单边移动的集合称为可达集合。令 $R_i(s)$ 表示决策者 i 从状态 s 出发单边移动的可达集合，包括决策者 i 从状态 s 出发经过一步移动可以到达的所有状态。因此，$R_i(s) = \{q \in S : (s, q) \in A_i\}$，其中 S 为可行状态的集合，A_i 为决策者 i 在各个状态之间转移的弧线集合。例如，在图 3.4 的可持续发展冲突中，环保部门（DM_1）和开发商（DM_2）从状态 s_1 经过一步转移可以分别达到状态 s_3 和 s_2，故 $R_1(s_1) = s_3$，$R_2(s_1) = s_2$。图模型能直观形象地刻画冲突状态的转移情况，系统反映各决策者为实现自身目的而进行动态交互的战略博弈过程。

在基于策略表示形式的冲突模型中，如果一个决策者在两个状态中的策略选择发生了变化，而其他决策者在这两个状态中的策略选择是相同的，则可以说该决策者在这两状态之间可以进行单边移动。在图模型中，决策者在各个状态之间的移动情况可以通过图模型中的有向弧线来直观反映。冲突的演化可以理解为各决策者从初始状态到达最终状态（比如均衡状态或者冲突各方可接受的妥协状态）之间多步战略交互过程，这种冲突路径演化分析将在第 9 章详细介绍。图 3.6 描述了可持续发展冲突图模型（图 3.4）中决策者从状态 s_1 到 s_3 所有可能的状态转移路径。在图模型中有一条重要的约束条件，即每个决策者不能连续移动两步。

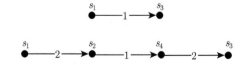

图 3.6　可持续发展冲突中状态 s_1 到 s_3 的移动路径

在图 3.2 可持续发展冲突的标准形式里，DM_1 只能改变不同行上自己的策略选择，不能改变列上对手的策略，而 DM_2 只能改变不同列上自己的策略选择，不能改变行上对手的策略。例如，DM_1 可以从状态（P，SD）转移到（NP，SD），但不能转移到（P，NSD）和（NP，NSD）。在可持续发展冲突的策略形式中，在保持其他决策者策略选择不变的情况下，当局者可以单独改变自己的策略选择，使得冲突局势从一个状态转移到另一个状态。例如，DM_1 可以从 $(Y\ Y)^T$ 单边移动到 $(N\ Y)^T$，但不能转移到 $(Y\ N)^T$ 和 $(N\ N)^T$。

埃尔迈拉冲突的整体图模型如图 3.7 所示，弧线上的字母表示控制状态转移的决策者。通过分析图 3.7 中各决策者的状态转移情况或者使用第 9 章的求解算法，可以得到 6 条从状态 s_1 到 s_8 的状态转移路径：

$$s_1 \longrightarrow s_5 \longrightarrow s_6 \longrightarrow s_8$$

$$s_1 \longrightarrow s_5 \longrightarrow s_7 \longrightarrow s_8$$

$$s_1 \longrightarrow s_3 \longrightarrow s_4 \longrightarrow s_8$$

$$s_1 \longrightarrow s_2 \longrightarrow s_4 \longrightarrow s_8$$

$$s_1 \longrightarrow s_3 \longrightarrow s_7 \longrightarrow s_8$$

$$s_1 \longrightarrow s_2 \longrightarrow s_6 \longrightarrow s_8$$

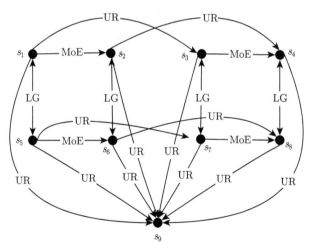

MoE: $s_7 \succ_1 s_3 \succ_1 s_4 \succ_1 s_8 \succ_1 s_5 \succ_1 s_1 \succ_1 s_2 \succ_1 s_6 \succ_1 s_9$

UR: $s_1 \succ_2 s_4 \succ_2 s_8 \succ_2 s_5 \succ_2 s_9 \succ_2 s_3 \succ_2 s_7 \succ_2 s_2 \succ_2 s_6$

LG: $s_7 \succ_3 s_3 \succ_3 s_5 \succ_3 s_1 \succ_3 s_8 \succ_3 s_6 \succ_3 s_4 \succ_3 s_2 \succ_3 s_9$

图 3.7　埃尔迈拉冲突的整体图模型

如果将图 3.5 中不同决策者的状态转移弧线涂上不同的颜色，则会形成彩色图模型 (Xu et al., 2009c, 2013) (详见 3.3.1 节内容)。

3.2.4 偏好信息

每个决策者对冲突状态都有自己的偏好，偏好信息在决策分析过程中起着至关重要的作用。数值是一种简单的偏好表示方法，如一个物品价值 5 元，另一个物品价值 10 元。然而，5 元或 10 元对穷人的价值要远比对富人的价值高得多。因此，效用理论应运而生，用来反映物品的价值或效用。具体来说，数值效用是用来定量地测量物品效用大小的度量尺度。在冲突分析中，效用值用来反映决策者对各个可行状态的偏好程度，其中，效用值高的状态表示决策者对其偏好程度高。与经典博弈方法相比，图模型理论仅仅需要决策者的相对偏好信息，不需要获取偏好的具体效用值。此外，图模型理论可以处理可传递和非可传递两种偏好类型。下文给出可传递偏好的定义。

定义 3.11：令 R 表示状态之间的偏好关系，状态 $k, s, q \in S$。如果根据 $k\,R\,s$ 和 $s\,R\,q$ 可以推出 $k\,R\,q$，则称偏好关系 R 是可传递的。

最基本的偏好类型是二元偏好关系，常用于表示两个物体或状态之间的偏好比较。最初的图模型理论用一对偏好关系 $\{\sim_i, \succ_i\}$ 表示决策者 i 对 S 中各状态的简单偏好 (Fang et al., 1993)。其中，$s \succ_i q$ 表示决策者 i 对状态 s 的偏好要优于对状态 q 的偏好，而 $s \sim_i q$ 表示决策者 i 对状态 s 和 q 的偏好是无差别的或者等同的。虽然严格偏好关系 $\succ$ 在有些情况下是不可传递的，但它在很多图模型中是可以传递的。每个决策者 $i \in N$ 的偏好满足以下三个性质。

（1）$\sim_i$ 满足自反性和对称性。$\forall s, q \in S$，$s \sim_i s$，且如果 $s \sim_i q$，则 $q \sim_i s$。

（2）$\succ_i$ 满足不对称性。$s \succ_i q$ 和 $q \succ_i s$ 不能同时成立。

（3）$\{\sim_i, \succ_i\}$ 满足完备性。

性质 (3) 表明，对于任意的 $s, t \in S$，$s \succ_i t$、$t \succ_i s$、$s \sim_i t$ 必有一个满足。$s \succeq_i q$ 等价于 $s \succ_i q$ 或者 $s \sim_i q$，并且 $s \prec_i q$ 等价于 $q \succ_i s$。

不满足定义 3.11 的偏好称为不可传递的偏好。1.2.2 节和图 1.2 介绍过决策者 i 对三种饮料的偏好情况。如果决策者 i 对咖啡的偏好优于茶（咖啡 $\succ_i$ 茶），且对茶的偏好优于可乐（茶 $\succ_i$ 可乐），可以据此推导出决策者 i 对咖啡的偏好优于可乐（咖啡 $\succ_i$ 可乐），则称该类偏好是可传递的，即咖啡 $\succ_i$ 茶，茶 $\succ_i$ 可乐，咖啡 $\succ_i$ 可乐。如果不能推导出决策者 i 对咖啡的偏好优于可乐，则称该类偏好是不可传递的，即咖啡 $\succ_i$ 茶，茶 $\succ_i$ 可乐，但可乐 $\succ_i$ 咖啡。图模型理论不但能处理可传递偏好，还能处理不可传递的偏好，适用范围更广泛。

令 S 为冲突中的可行状态集合，根据简单偏好关系 $\{\sim_i, \succ_i\}$，可以将 S 划分为以下三个子集。

（1）比状态 s 更好的状态点集合，称为决策者 i 在状态点 s 的改良偏好集合，记为 $\Phi_i^+(s) = \{q : q \succ_i s\}$。

（2）比状态 s 更差的状态点集合，称为决策者 i 在状态点 s 的劣势偏好集合，记为 $\Phi_i^-(s) = \{q : s \succ_i q\}$。

（3）跟状态 s 偏好等同的状态点集合，称为决策者 i 在状态点 s 的等价偏好集合，记为 $\Phi_i^=(s) = \{q : q \sim_i s\}$。

上述三个子集是冲突分析的重要元素。

3.2.5　有向图

无向图可以表示为 (V, E)，其中，V 为图中顶点的集合，$E \subseteq V \times V$ 为图中所有边的集合。有向图可以表示为 $G = (V, A, \psi)$(Dieste, 1997)，包括顶点集合 V、有向边（弧）集合 A 和关联函数 $\psi : A \to V \times V$。如果 $a \in A$ 满足 $\psi(a) = (u, v)$，则称 u 和 v 分别为边 a 的起点和终点。多维有向图包含多个边，存在 $a, b \in A$，使得 $a \neq b$ 和 $\psi(a) = \psi(b)$，这类边 a 和 b 称为多重弧。不存在多重边的有向图称为简单有向图 (Dieste, 1997)，如图 3.8 (a) 所示。图 3.8 (b) 是一个多重有向图，在顶点 v_1 和 v_2 之间有两条边 a 和 b，记为 $\psi(a) = \psi(b) = (v_1, v_2)$。如果存在一条边 $a \in A$，使得 $\psi(a) = (u, v)$，则称点 u 是 v 的邻接点，(u, v) 称为起点 u 和终点 v 的关联边。因此，(u, v) 是 u 的入边和 v 的出边。当绘制有向图 G 时，通常使用箭头表示边的移动方向。假设有向图中不存在回路，即对于任意边 $a \in A$，如果 $\psi(a) = (u, v)$，则 $u \neq v$。

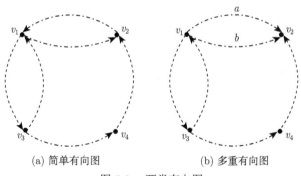

(a) 简单有向图　　　　　(b) 多重有向图

图 3.8　两类有向图

3.3　图模型的矩阵表达

矩阵是一种有力的图模型表示工具，图模型中的顶点、有向弧（边）、顶点和边之间的邻接、关联关系及顶点之间的移动路径都可以通过矩阵的形式来有效刻画 (Godsil and Royle, 2001)。矩阵具有很多代数性质，便于通过代数算法的开发和改进，解决图论中出现的各种问题。因此，为系统分析矩阵和路径之间的关系，很多学者在算法设计、路径搜索等方面进行了拓展研究 (Gondran and Minoux, 1979; Hoffman and Schiebe, 2001; Shiny and Pujari, 1998)。由于图模型由几个关联的子图构成，很容易想到使用代数图论的相关理论对其进行研究。邻接矩阵可以用来表示一些有向图。然而，如果图模型的两个状态之间存在多条由不同决策者控制的弧线或边，则邻接矩阵不能用来追踪从初始状态点出发的冲突演化过程。如果对这种多重有向图的每个边都进行标记，则可以使用关联矩阵来表示 (Godsil and Royle, 2001)。

通常我们将冲突中所有决策者的状态转移图 $\{G_i : i \in N\}$ 整合到一个由顶点集合 S 和弧线集合 $A = \cup\{A_i : i \in N\}$ 组成的整体图模型 G 中。其中，A 中与决策者 i 的状态转移有关的弧线上标记 i 或将弧线涂成颜色 i。因此，图 G 中会有由不同颜色组成的多重边。下面将会对多重彩色图中各个边的标记规则进行详细介绍。

3.3.1 代数图论的基本概念

定义 3.12：设有向图 $G = (V, A, \psi)$，顶点 $u, v, s \in V$。如果 $\psi(a) = (u, v)$、$\psi(b) = (v, s)$，则称边 $a \in A$ 和边 $b \in A$ 是连接或邻接的，边的顺序记为 ab。

定义 3.13：有向图 $G = (V, A, \psi)$ 的线有向图是一个简单的有向图，可以表示为 $L(G) = (A, \mathrm{LA})$，其中顶点集合为 A，边的集合为 $\mathrm{LA} = \{d = (a, b) \in A \times A : a$ 和 b 是连续的，顺序为 $ab\}$。

以图 3.9 为例，图 3.9(a) 是有向图，图 3.9(b) 是线有向图。

定义 3.14：设有向图 $G = (V, A, \psi)$，从 $u \in V$ 到 $s \in V$ 的一条通路或路径是由以 u 为起点和以 s 为终点的一连串顶点形成的，其中相邻的两个顶点是邻接的。

注意在本书中，一条路径中可以包括重复的顶点 (Buckley and Harary, 1990)。因此，路径的长度等于边的个数。

定义 3.15：设 M 和 Q 为 $m \times m$ 的矩阵，则它们的哈达马积也可以是一个 $m \times m$ 的矩阵，表示为 $H = M \circ Q$，其中，

$$H(s, q) = M(s, q) \cdot Q(s, q)$$

如果，

$$M = \begin{pmatrix} m_{11} & m_{12} & m_{13} & m_{14} \\ m_{21} & m_{22} & m_{23} & m_{24} \\ m_{31} & m_{32} & m_{33} & m_{34} \\ m_{41} & m_{42} & m_{43} & m_{44} \end{pmatrix}, Q = \begin{pmatrix} q_{11} & q_{12} & q_{13} & q_{14} \\ q_{21} & q_{22} & q_{23} & q_{24} \\ q_{31} & q_{32} & q_{33} & q_{34} \\ q_{41} & q_{42} & q_{43} & q_{44} \end{pmatrix}$$

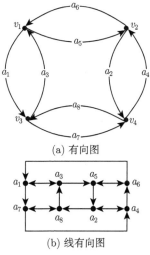

(a) 有向图

(b) 线有向图

图 3.9　有向图和线有向图

那么，

$$H = \begin{pmatrix} m_{11} \cdot q_{11} & m_{12} \cdot q_{12} & m_{13} \cdot q_{13} & m_{14} \cdot q_{14} \\ m_{21} \cdot q_{21} & m_{22} \cdot q_{22} & m_{23} \cdot q_{23} & m_{24} \cdot q_{24} \\ m_{31} \cdot q_{31} & m_{32} \cdot q_{32} & m_{33} \cdot q_{33} & m_{34} \cdot q_{34} \\ m_{41} \cdot q_{41} & m_{42} \cdot q_{42} & m_{43} \cdot q_{43} & m_{44} \cdot q_{44} \end{pmatrix}$$

令 "$\bigvee$" 为作用于两个矩阵的析取运算符（"or"）。设 H 和 G 是两个 $m \times m$ 的矩阵，则这两个矩阵的析取运算符可以定义如下。

定义 3.16：设 H 和 G 为 $m \times m$ 的矩阵，则它们的析取矩阵也是一个 $m \times m$ 的矩阵，表示为 $M = H \bigvee G$，其中，

$$M(u, v) = \begin{cases} 1, & \text{如果 } H(u, v) + G(u, v) \neq 0 \\ 0, & \text{其他} \end{cases}$$

如果，

$$H = \begin{pmatrix} 1 & 0 & 0 & 1 \\ 0 & 0 & 1 & 1 \\ 1 & 1 & 0 & 1 \\ 0 & 0 & 0 & 1 \end{pmatrix}, G = \begin{pmatrix} 1 & 0 & 0 & 0 \\ 1 & 0 & 0 & 1 \\ 1 & 0 & 0 & 1 \\ 1 & 0 & 0 & 1 \end{pmatrix}$$

那么，

$$M = H \bigvee G = \begin{pmatrix} 1 & 0 & 0 & 1 \\ 1 & 0 & 1 & 1 \\ 1 & 1 & 0 & 1 \\ 1 & 0 & 0 & 1 \end{pmatrix}$$

定义 3.17： 设 M 为一个 $m \times m$ 的矩阵，则它的符号函数可以表示为 $\text{sign}[M]$，其中：

$$\text{sign}[M(u,v)] = \begin{cases} 1, & M(u,v) > 0 \\ 0, & M(u,v) = 0 \\ -1, & M(u,v) < 0 \end{cases}$$

如果，

$$M = \begin{pmatrix} 1.8 & 0 & -9.7 & 1 \\ 0 & -11.3 & 0 & 117.9 \\ -1.4 & 12.3 & 0 & 89.5 \\ 0 & -77.9 & 0 & 96.5 \end{pmatrix}$$

那么，

$$\text{sign}(M) = \begin{pmatrix} 1 & 0 & -1 & 1 \\ 0 & -1 & 0 & 1 \\ -1 & 1 & 0 & 1 \\ 0 & -1 & 0 & 1 \end{pmatrix}$$

有向图中还有两个重要的矩阵：邻接矩阵和关联矩阵 (Godsil and Royle, 2001)。令 $m = |V|$ 和 $l = |A|$ 分别为有向图 G 中的顶点数量和边的数量。

定义 3.18： 设一个具有多重边的有向图 $G = (V, A, \psi)$，$u, v \in V$，它的邻接矩阵是一个 $m \times m$ 的矩阵，记为 J，其中，

$$J(u,v) = \begin{cases} 1, & \text{如果}(u,v) \in A \\ 0, & \text{其他} \end{cases}$$

图 3.9 中有向图的邻接矩阵可以表示为

$$J = \begin{pmatrix} 0 & 1 & 1 & 0 \\ 1 & 0 & 0 & 1 \\ 1 & 0 & 0 & 1 \\ 0 & 1 & 1 & 0 \end{pmatrix}$$

下面的定义将邻接矩阵拓展成一个边连矩阵。

定义 3.19： 设有向图 $G = (V, A, \psi)$，$a, b \in A$，G 的边连矩阵是一个 $l \times l$ 的矩阵，记为 LJ，其中，

$$\text{LJ(a, b)} = \begin{cases} 1, & \text{如果边} a \text{和} b \text{是相连的，那么顺序为} ab \\ 0, & \text{其他} \end{cases} \tag{3.2}$$

根据邻接矩阵和线有向图的定义可知，边连矩阵就是 G 的线有向图的邻接矩阵。以图 3.9 中的有向图为例，它的边连矩阵为

$$
\mathrm{LJ} = \begin{pmatrix}
0 & 0 & 1 & 0 & 0 & 0 & 1 & 0 \\
0 & 0 & 0 & 1 & 0 & 0 & 0 & 1 \\
1 & 0 & 0 & 0 & 1 & 0 & 0 & 0 \\
0 & 1 & 0 & 0 & 0 & 1 & 0 & 0 \\
0 & 1 & 0 & 0 & 0 & 1 & 0 & 0 \\
1 & 0 & 0 & 0 & 1 & 0 & 0 & 0 \\
0 & 0 & 0 & 1 & 0 & 0 & 0 & 1 \\
0 & 0 & 1 & 0 & 0 & 0 & 1 & 0
\end{pmatrix} \tag{3.3}
$$

定义 3.20：设有向图 $G = (V, A, \psi)$，$v \in V$，$a \in A$，G 的关联矩阵是一个 $m \times l$ 的矩阵，记为 B，其中，

$$
B(v, a) = \begin{cases}
-1, & \text{如果} a = (v, x), x \in V \\
1, & \text{如果} a = (x, v), x \in V \\
0, & \text{其他}
\end{cases}
$$

关联矩阵可以进一步划分为入关联矩阵 B_{in} 和出关联矩阵 B_{out}。

定义 3.21：设有向图 $G = (V, A, \psi)$，$v \in V$，$a \in A$，G 的入关联矩阵 B_{in} 和出关联矩阵 B_{out} 都是 $m \times l$ 的矩阵，其中，

$$
B_{\mathrm{in}}(v, a) = \begin{cases}
1, & \text{如果} a = (x, v), x \in V \\
0, & \text{其他}
\end{cases}
$$

$$
B_{\mathrm{out}}(v, a) = \begin{cases}
1, & \text{如果} a = (v, x), x \in V \\
0, & \text{其他}
\end{cases}
$$

显然，$B_{\mathrm{in}} = [B + abs(B)]/2$，$B_{\mathrm{out}} = [abs(B) - B]/2$，其中，$abs(B)$ 表示将 B 中的每个元素都取其绝对值。以图 3.9 (a) 中的有向图为例，其关联矩阵、入关联矩阵和出关联矩阵分别为

$$
B = \begin{pmatrix}
-1 & 0 & 1 & 0 & -1 & 1 & 0 & 0 \\
0 & -1 & 0 & 1 & 1 & -1 & 0 & 0 \\
1 & 0 & -1 & 0 & 0 & 0 & -1 & 1 \\
0 & 1 & 0 & -1 & 0 & 0 & 1 & -1
\end{pmatrix}
$$

$$B_{\mathrm{in}} = \begin{pmatrix} 0 & 0 & 1 & 0 & 0 & 1 & 0 & 0 \\ 0 & 0 & 0 & 1 & 1 & 0 & 0 & 0 \\ 1 & 0 & 0 & 0 & 0 & 0 & 0 & 1 \\ 0 & 1 & 0 & 0 & 0 & 0 & 1 & 0 \end{pmatrix}$$

$$B_{\mathrm{out}} = \begin{pmatrix} 1 & 0 & 0 & 0 & 1 & 0 & 0 & 0 \\ 0 & 1 & 0 & 0 & 0 & 1 & 0 & 0 \\ 0 & 0 & 1 & 0 & 0 & 0 & 1 & 0 \\ 0 & 0 & 0 & 1 & 0 & 0 & 0 & 1 \end{pmatrix}$$

可以发现，关联矩阵中元素的数值取决于有向图中边的控制（标记）。为了便于使用 GMCR 的矩阵表达，3.3.2 节将介绍图模型中彩色边标记的优先权准则。

定义 3.22：将多重边有向图 (V, A, ψ) 的不同类型的边涂上不同的色彩，形成彩色有向图，记为 (V, A, N, ψ, c)，其中，N 为色彩的集合，$c: A \to N$ 表示 A 到 N 的映射函数，使得边 $a \in A$ 的颜色为 $c(a) \in N$。如果 $a \neq b$，但 $\psi(a) = \psi(b)$，则 $c(a) \neq c(b)$。

令 $i \in N$。如果 $a \in A$，$\psi(a) = (u, v)$，$c(a) = i$，则边 a 可以写作 $a = d_i(u, v)$。$G = (V, A, N, \psi, c)$ 对应的线有向图 $L(G)$ 是一个简单的有向图，它的每一个顶点对应于 G 的一条边。因此，给 G 中的边涂色等价于给 $L(G)$ 的顶点分配相应的颜色。

定义 3.23：在彩色多重边有向图 (V, A, N, ψ, c) 中，一条彩色的路径是指有向图 (V, A, ψ) 中每条边都有不同颜色的通路。

如果限制边连矩阵中任意两条相连的边具有不同的颜色，则这种边连矩阵称为彩色边连矩阵。定义如下所示。

定义 3.24：在彩色多重边有向图 $G = (V, A, N, \psi, c)$ 中，它的彩色边连矩阵是一个 $l \times l$ 的矩阵，记为 LJ_c，其中，

$$\mathrm{LJ}_c(a, b) = \begin{cases} 1, & \text{如果边} a \text{和} b \text{是连接的，顺序为} ab \\ & \text{且在图模型} G \text{中颜色不同} \\ 0, & \text{其他} \end{cases} \tag{3.4}$$

根据代数图模型理论 (Godsil and Royle, 2001)，可以得到邻接矩阵和关联矩阵之间的关系，如引理 3.1 所示。

引理 3.1：在彩色多重边有向图 $G = (V, A, N, \psi, c)$ 中，它的邻接矩阵 J 可以表示为

$$J = \text{sign}[(B_{\text{out}}) \cdot (B_{\text{in}})^{\text{T}}] \tag{3.5}$$

根据定义 3.19 和定义 3.21，可以建立关联矩阵和边连矩阵之间的关系，如引理 3.2 所示。

引理 3.2：在彩色多重边有向图 $G = (V, A, N, \psi, c)$ 中，G 的入关联矩阵和出关联矩阵分别为 B_{in} 和 B_{out}，边连矩阵 LJ 可以表示为 LJ $= (B_{\text{in}})^{\text{T}} \cdot (B_{\text{out}})$。

证明：令 $M = (B_{\text{in}})^{\text{T}} \cdot (B_{\text{out}})$，$e_k^{\text{T}}$ 表示 l 维欧几里得空间第 k^{th} 个标准基向量的转置，则矩阵 M 的任意一个元素 (k, h) 可以表示为 $M(k, h) = e_k^{\text{T}} \cdot M \cdot e_h = [(B_{\text{in}}) \cdot e_k]^{\text{T}} \cdot [(B_{\text{out}}) \cdot e_h]$。令 $s, q, u \in S$，如果 $B_{\text{in}}(q, a_k) \cdot B_{\text{out}}(q, a_h) \neq 0$，$\psi(a_k) = (s, q)$，$\psi(a_h) = (q, u)$，则 $M(k, h) \neq 0$。也就是说，如果图 G 中的两条边 a_k 和 a_h 是依次相连的（图 3.10），则可以推出 $M(a_k, a_h) \neq 0$。根据定义 3.19，$M(a_k, a_h) \neq 0$ 需要满足 LJ$(a_k, a_h) \neq 0$。因为 M 和 LJ 都是 0-1 矩阵，所以 LJ $= (B_{\text{in}})^{\text{T}} \cdot (B_{\text{out}})$ 成立。

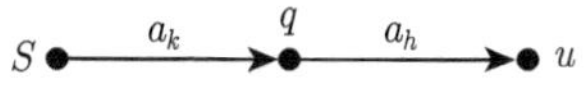

图 3.10　两条相连的边 a_k 和 a_h

3.3.2　彩色边标记的优先权准则

在彩色多重边有向图中，同一个起点和终点之间可能存在多条弧或边，每一条弧都标记不同的颜色 (Xu et al., 2009c, 2013)。为了便于研究图中的弧线集合，必须设计科学有效的弧线标记准则。将图 $G = (V, A, N, \psi, c)$ 中的顶点集 V 和色彩集 N 分别进行数字编号，即 $V = \{1, 2, \cdots, m\}$ 和 $N = \{1, 2, \cdots, n\}$。令 $A_i = \{x \in A : c(x) = i\}$ 为图 G 中颜色为 i 的弧线集合，其基数为 $c_i = |A_i|$，即颜色为 $i \in N$ 的弧线数。为了对图中的弧线进行色彩标记，设 $\varepsilon_0 = 0$ 和 $\varepsilon_i = \sum_{j=1}^{i} c_j$，$l = \varepsilon_n = \sum_{i=1}^{n} c_i$ 为弧线集 A 的基数。弧线颜色的标记规则如下：①根据决策者的颜色依次对弧线 $a_1, a_2, \ldots, a_l$ 进行标记；②对于颜色相同的弧线，根据初始点的顺序进行标记；③对于颜色和初始点都相同的弧线，根据终点的顺序进行标记。上述优先权标记规则具有以下几个特点。

（1）如果 $\varepsilon_{i-1} < k \leqslant \varepsilon_i$，则 $c(a_k) = i$，即将边 a_k 标记为颜色 i。

（2）对于 $k < h$，如果 a_k 和 a_h 的颜色都为 $i (i \in N)$，$\psi(a_k) = (v_x, v_y)$，$\psi(a_h) = (v_z, v_w)$，则 $x \leqslant z$；如果 $x = z$，则 $y < w$。

如果图模型中的所有弧线都使用优先权规则进行有序标记，则每条弧的编号和控制弧线移动的决策者将一一对应。因此，图 G 中颜色为 $i \in N$ 的弧线集合可以表示为 $A_i = \{a_{\varepsilon_{i-1}+1}, \ldots, a_{\varepsilon_i}\}$，其基数 $c_i = |A_i|$。对于 $i = 1, 2, \cdots, n$，令

E_{c_i} 为所有元素都为 1 的 $c_i \times c_i$ 的矩阵，则所有对角线元素均为 E_{c_i} 的对角矩阵 D 可以定义为

$$D = \begin{pmatrix} E_{c_1} & 0 & \cdots & 0 \\ 0 & E_{c_2} & \cdots & 0 \\ \vdots & \vdots & & \vdots \\ 0 & 0 & \cdots & E_{c_n} \end{pmatrix} \tag{3.6}$$

显然，对角矩阵 D 涵盖了图 G 中弧线的颜色标记信息，其中每一个对角元素 E_{c_i} 的维度等于颜色为 i 的弧线的数量。前面提到，$\varepsilon_i = \sum_{j=1}^{i} c_j$，其中 $1 \leqslant i \leqslant n$。如果边 $a_k \in A$，$\varepsilon_{i-1} < k \leqslant \varepsilon_i$，根据弧线的优先权标记规则，则将边 a_k 标记为颜色 i。因此，对于任意的两条边 $a_k, a_h \in A$，如果存在 $1 \leqslant i \leqslant n$ 使得 $k, h \in (\varepsilon_{i-1}, \varepsilon_i]$，则边 a_k 和 a_h 的颜色都为 i，且 $D(k, h) = 1$。如果边 a_k 和 a_h 的颜色不同，则 $D(k, h) = 0$。该矩阵描述了图中两个相邻边之间的邻接关系，但却没有考虑相邻边的色彩。下面将介绍一个转换函数，将原始的在有向图 G 中搜索彩色边的路径问题转换为在没有色彩标识的简单有向图的路径搜寻问题。根据引理 3.3，可以得到转换函数的矩阵表示。

引理 3.3： 在彩色多重边有向图 $G = (V, A, N, \psi, c)$ 中，令 E_l 为所有元素都为 1 的 $l \times l$ 的矩阵。彩色边连矩阵 LJ_c 可以表示为 $\mathrm{LJ}_c = \mathrm{LJ} \circ (E_l - D)$，其中符号 "$\circ$" 为哈达马积。

证明： 令 $\mathrm{LJ}(k, h)$ 和 $(E_l - D)(k, h)$ 分别为 LJ 和 $E_l - D$ 的第 k 行第 h 列的元素 (k, h)。若 $\mathrm{LJ}(k, h) \neq 0$ 和 $D(k, h) = 0$，则 $\mathrm{LJ}(k, h) \cdot (E_l - D)(k, h) \neq 0$。根据矩阵 LJ 和 D 的定义可知，若边 a_k 和 a_h 是依次相连的 $(a_k a_h)$，则 $\mathrm{LJ}(k, h) \neq 0$。若边 a_k 和 a_h 的颜色不同，则 $D(k, h) = 0$。显然，根据 LJ_c 的定义可知 $\mathrm{LJ}_c = \mathrm{LJ} \circ (E_l - D)$。

结合引理 3.2 和引理 3.3 可以得到一个转换函数：

$$F(B) = [(B_{\mathrm{in}})^{\mathrm{T}} \cdot B_{\mathrm{out}}] \circ (E_l - D) \tag{3.7}$$

其中，$B_{\mathrm{in}} = [B + abs(B)]/2$，$B_{\mathrm{out}} = [abs(B) - B]/2$。$F(B)$ 将搜索彩色边的路径问题转换成了在没有色彩标识的简单有向图中的路径搜寻问题。根据点和边之间的关联关系就可以唯一确定一个图模型。因此，关联矩阵被视为原始的图，便于计算机编程实现。

案例 3.4 (优先权准则和彩色边连矩阵)： 为刻画环保部门和开发商之间的博弈冲突，Hipel (2001)、Li 等 (2004) 提出了可持续发展的冲突模型。该模型中包括两个决策者：环保部门 (DM$_1$) 和开发商 (DM$_2$)。

图 3.4 给出了可持续发展冲突的图模型 $G = (S, A, c)$，其中顶点表示冲突的可行状态，弧线上的箭头表示状态之间的转移情况，弧线上的数字表示控制状态转移的决策者。根据优先权标记规则，可以对图 $G = (S, A, c)$ 中的各条边进行有序标记，并可以计算出其彩色边连矩阵。

令冲突中的决策者集合 $N = \{1, 2\}$，可行状态的集合 $S = \{s_1, s_2, s_3, s_4\}$。决策者 DM_1 和 DM_2 的弧线集合分别为 A_1 和 A_2，基数均为 4。根据优先权标记规则，可对图中各条有向边进行有序编号，如图 3.11 所示。将图进行编号后，可以得到可持续发展冲突模型的彩色标记图，如图 3.12 所示，其中实线和虚线分别表示 DM_1 和 DM_2 的状态转移。

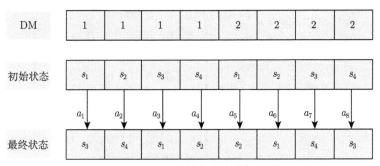

图 3.11　对图中的各条边进行编号

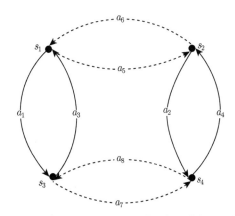

图 3.12　可持续发展冲突模型的彩色标记图

从图 3.12 可以看出，$a_1 = (s_1\ s_3)$，$c(a_1) = 1$；$a_2 = (s_2\ s_4)$，$c(a_2) = 1$；$a_3 = (s_3\ s_1)$，$c(a_3) = 1$；$a_4 = (s_4\ s_2)$，$c(a_4) = 1$；$a_5 = (s_1\ s_2)$，$c(a_5) = 2$；$a_6 = (s_2\ s_1)$，$c(a_6) = 2$；$a_7 = (s_3\ s_4)$，$c(a_7) = 2$；$a_8 = (s_4\ s_3)$，$c(a_8) = 2$。因此，$A_1 = \{a_1, a_2, a_3, a_4\}$，$A_2 = \{a_5, a_6, a_7, a_8\}$。已知边连矩阵 LJ [式 (3.3)]，根据

$$E_l - D = \begin{pmatrix} 0 & 0 & 0 & 0 & 1 & 1 & 1 & 1 \\ 0 & 0 & 0 & 0 & 1 & 1 & 1 & 1 \\ 0 & 0 & 0 & 0 & 1 & 1 & 1 & 1 \\ 0 & 0 & 0 & 0 & 1 & 1 & 1 & 1 \\ 1 & 1 & 1 & 1 & 0 & 0 & 0 & 0 \\ 1 & 1 & 1 & 1 & 0 & 0 & 0 & 0 \\ 1 & 1 & 1 & 1 & 0 & 0 & 0 & 0 \\ 1 & 1 & 1 & 1 & 0 & 0 & 0 & 0 \end{pmatrix}$$

得

$$\mathrm{LJ}_c = \mathrm{LJ} \circ (E_l - D) = \begin{pmatrix} 0 & 0 & 0 & 0 & 0 & 0 & 1 & 0 \\ 0 & 0 & 0 & 0 & 0 & 0 & 0 & 1 \\ 0 & 0 & 0 & 0 & 1 & 0 & 0 & 0 \\ 0 & 0 & 0 & 0 & 0 & 1 & 0 & 0 \\ 0 & 1 & 0 & 0 & 0 & 0 & 0 & 0 \\ 1 & 0 & 0 & 0 & 0 & 0 & 0 & 0 \\ 0 & 0 & 0 & 1 & 0 & 0 & 0 & 0 \\ 0 & 0 & 1 & 0 & 0 & 0 & 0 & 0 \end{pmatrix}$$

3.3.3 邻接矩阵和可达集合

图模型中有两个关键的矩阵：邻接矩阵和关联矩阵 (Godsil and Royle, 2001)。令 $m = |V|$ 和 $l = |A|$ 分别表示有向图 G 中顶点和边（弧线）的个数，可以对邻接矩阵进行如下定义。

定义 3.25：在图模型 $G = (S, A)$ 中，状态 $s, q \in S$，决策者 i 的邻接矩阵是一个 $m \times m$ 的矩阵，记为 J_i，其中，

$$J_i(s, q) = \begin{cases} 1, & \text{如果}(s, q) \in A_i \\ 0, & \text{其他} \end{cases}$$

令 $R_i(s)$ 为决策者 $i \in N$ 在状态 $s \in S$ 处的可达集合，包括决策者 i 从状态 s 出发经过一步可达的所有状态点，也称为决策者 i 的单边移动。如果将 $R_i(s)$ 写成 0-1 向量的形式，那么决策者 i 的邻接矩阵 J_i 和其可达集合 $R_i(s)$ 具有如下的关系：$R_i(s) = e_s^{\mathrm{T}} \cdot J_i$。其中，$e_s^{\mathrm{T}}$ 表示 m 维欧几里得空间第 s 个标准基向量的转置。

在图 3.4 的可持续发展冲突图模型中，DM_1 和 DM_2 的邻接矩阵可以分别表示为

$$J_1 = \begin{pmatrix} 0 & 0 & 1 & 0 \\ 0 & 0 & 0 & 1 \\ 1 & 0 & 0 & 0 \\ 0 & 1 & 0 & 0 \end{pmatrix}, \quad J_2 = \begin{pmatrix} 0 & 1 & 0 & 0 \\ 1 & 0 & 0 & 0 \\ 0 & 0 & 0 & 1 \\ 0 & 0 & 1 & 0 \end{pmatrix}$$

3.3.4　偏好矩阵

偏好信息是图模型的关键要素之一。为刻画状态之间不同的偏好关系，下面将介绍简单偏好下图模型的几种偏好矩阵。决策者 i 的两个 $m \times m$ 维的偏好矩阵可以定义为

$$P_i^+(s,q) = \begin{cases} 1, & \text{如果} q \succ_i s \\ 0, & \text{其他} \end{cases} \tag{3.8}$$

$$P_i^{-,=}(s,q) = \begin{cases} 1, & \text{如果} s \succ_i q \text{或}(s \sim_i q \text{ 且 } s \neq q) \\ 0, & \text{其他} \end{cases} \tag{3.9}$$

偏好矩阵 P_i^+ 用来表示状态之间的改良偏好关系，即偏好更优的情况，而 $P_i^{-,=}$ 表示状态之间的劣偏好或等价偏好关系。由于简单偏好关系具有完备性，偏好矩阵 P_i^+ 和 $P_i^{-,=}$ 之间满足如下的关系：$P_i^+ = E - I - P_i^{-,=}$。其中，$E$ 为一个所有元素都是 1 的 $m \times m$ 的矩阵，I 为一个 $m \times m$ 的单位矩阵。在可持续发展冲突模型中，两个决策者的偏好信息分别为：$s_1 \succ_1 s_3 \succ_1 s_2 \succ_1 s_4$（$\mathrm{DM}_1$）和 $s_3 \succ_2 s_1 \succ_2 s_4 \succ_2 s_2$（$\mathrm{DM}_2$）。进一步可以得到每个决策者的偏好矩阵：

$$P_1^+ = \begin{pmatrix} 0 & 0 & 0 & 0 \\ 1 & 0 & 1 & 0 \\ 1 & 0 & 0 & 0 \\ 1 & 1 & 1 & 0 \end{pmatrix}, \quad P_1^{-,=} = \begin{pmatrix} 0 & 1 & 1 & 1 \\ 0 & 0 & 0 & 1 \\ 0 & 1 & 0 & 1 \\ 0 & 0 & 0 & 0 \end{pmatrix}$$

$$P_2^+ = \begin{pmatrix} 0 & 0 & 1 & 0 \\ 1 & 0 & 1 & 1 \\ 0 & 0 & 0 & 0 \\ 1 & 0 & 1 & 0 \end{pmatrix}, \quad P_2^{-,=} = \begin{pmatrix} 0 & 1 & 0 & 1 \\ 0 & 0 & 0 & 0 \\ 1 & 1 & 0 & 1 \\ 0 & 1 & 0 & 0 \end{pmatrix}$$

3.3.5　关联矩阵和图模型

基于优先权准则的关联矩阵和偏好矩阵可以完全表示一个图模型。图 3.13 是图模型的两种表示方式，左侧是原始的图模型，右侧是对边进行有序标记后的图模型。尽管在图 3.13(b) 中各条边上没有决策者信息，但是每条边根据优先权准

则进行了有序编号，且边上的编号能唯一确定控制边移动的决策者。对于决策者 $i = 1, 2$，决策者 DM_1 和 DM_2 在图 G_i 中各条边的个数分别为 $|A_1| = 3$ 和 $|A_2| = 3$，DM_1 控制 a_1、a_2 和 a_3 三条边的移动，DM_2 控制 a_4、a_5 和 a_6 三条边的移动。

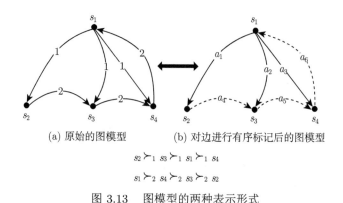

(a) 原始的图模型　　　　(b) 对边进行有序标记后的图模型

$$s_2 \succ_1 s_3 \succ_1 s_1 \succ_1 s_4$$
$$s_1 \succ_2 s_4 \succ_2 s_3 \succ_2 s_2$$

图 3.13　图模型的两种表示形式

图 3.13(b) 的关联矩阵可以表示为

$$B = \begin{pmatrix} -1 & -1 & -1 & 0 & 0 & 1 \\ 1 & 0 & 0 & -1 & 0 & 0 \\ 0 & 1 & 0 & 1 & -1 & 0 \\ 0 & 0 & 1 & 0 & 1 & -1 \end{pmatrix}$$

每个决策者的偏好矩阵可以表示为

$$P_1^+ = \begin{pmatrix} 0 & 1 & 1 & 0 \\ 0 & 0 & 0 & 0 \\ 0 & 1 & 0 & 0 \\ 1 & 1 & 1 & 0 \end{pmatrix}, \quad P_2^+ = \begin{pmatrix} 0 & 0 & 0 & 0 \\ 1 & 0 & 1 & 1 \\ 1 & 0 & 0 & 1 \\ 1 & 0 & 0 & 0 \end{pmatrix}$$

上述关联矩阵和偏好矩阵可以用来表示图 3.13 中的图模型。

3.4　本章重点

冲突具有普遍性和广泛性，渗透于现实世界的各个方面。为分析战略冲突问题，本章提出了标准式、策略式、图模型和矩阵表示四种冲突表示方法。与标准式和策略式相比，图模型方法有以下几点优势。

（1）　图模型可以处理不可逆的状态转移，而标准式和策略式不可以。

（2）　图模型可以更形象地刻画决策者在各个状态之间的转移情况。

（3）　提供了灵活的冲突分析理论框架，包括稳定性的定义、比较和分析。

（4）　更容易应用于实际冲突问题。

对于规模较小或一般的冲突问题，可以使用 3.1.1 节博弈的标准形式来分析，如图 3.2 的 2×2 的可持续发展冲突模型。在实际中，3.1.2 节的策略形式是一种更灵活有效的冲突表示方法，适应于简单及复杂的各类冲突问题，表 3.1 给出了可持续发展冲突的策略表示形式。事实上，策略形式经常用于图模型中冲突状态的生成。利用本章提出的优先权标记准则，可以将一个图模型转换为等价的各条边都有序编号的图模型，接着可以使用代数图论的相关矩阵知识对图模型进行分析，通过定义一系列矩阵来刻画图模型。在上述图模型及矩阵表达的基础上，第 4 章将介绍简单偏好情况下图模型的稳定性概念。

3.5　习　　题

1. 图 3.2 展示了可持续发展冲突的标准形式，其中每个决策者都有两个战略，所以称为 2×2 的博弈模型。这些规模小的 2×2 的博弈模型代表了现实生活中最常见的简单冲突问题，如可持续发展冲突博弈，并能有效地揭示冲突背后的战略启示。囚徒困境是一个非常经典的 2×2 的博弈模型，描述了一个决策者的两种选择困境：①实现自己的短期利益；②通过与对方合作实现更多的长远利益。该冲突问题的 2×2 标准博弈形式如图 3.14 所示，其中 DM_1 和 DM_2 分别表示囚徒困境中的两个决策者。

		DM$_2$	
		合作	不合作
DM$_1$	合作	3, 3　　s_1	1, 4　　s_2
	不合作	4, 1　　s_3	2, 2　　s_4

图 3.14　囚徒困境的标准形式

从图 3.14 可以看出，如果囚徒困境中的两个决策者选择相互合作（状态 s_1），那么他们得到的收益要比双方都不合作的情况（状态 s_4）要高。

（1）　请参考关于 2×2 博弈的相关著作或代表性论文，解释两个囚徒之间的冲突问题是什么。

（2）　从实际案例出发，分析劳动者和用人单位之间的哪类冲突问题可以使用囚徒困境来建模解释。

（3）　描述如何使用囚徒困境模型简单分析气候变化争端问题。

2. 请写出问题 1 中囚徒困境模型的策略形式，并绘制囚徒困境的图模型。

3. 在重复囚徒困境模型中，两个决策者之间进行着多次重复博弈。请查阅相关文献资料，分析在重复囚徒困境模型中决策者的最优策略选择。

4. 另一个非常经典的 2×2 博弈是懦夫博弈，其标准形式如图 3.15 所示。在一条狭窄的道路上，两个司机，记为 DM_1 和 DM_2，高速相向行驶。在这个高风险的对峙中，如果一个司机为避免两车相撞而主动选择转向，则它输了比赛，被称为懦夫。在懦夫博弈中，最糟糕的情况是状态 s_1，即双方都选择不转向。

		DM$_2$	
		不转向	转向
DM$_1$	不转向	1, 1　s_1	4, 2　s_2
	转向	2, 4　s_3	3, 3　s_4

图 3.15　懦夫博弈的标准形式

（1）　解释为什么懦夫博弈中每个决策者的偏好是合理的。

（2）　1962 年的古巴导弹危机也可以视为懦夫博弈。请查阅相关文献，简要概述古巴导弹危机是如何发生的，并写出其对应的懦夫博弈标准形式。

（3）　从现实世界中找出另一个关于懦夫博弈的冲突问题。

5. 在习题 4 中提到，古巴导弹危机可以看作一个懦夫博弈。基于策略表示方法，Fraser 和 Hipel (1984) 及 Hipel (2011) 提出了更符合实际情况的古巴导弹危机冲突模型。

（1）　写出古巴导弹危机冲突的标准形式。

（2）　写出古巴导弹危机冲突的策略形式。

（3）　绘制古巴导弹危机冲突的图模型。

6. 实际冲突中可能存在信息认知误解，这类冲突问题可以使用 10.3.1 节中的超对策（Hypergame）理论来建模分析。请查阅相关文献，定性解释什么是超对策？并解释为什么古巴导弹危机最适合用超对策模型来分析。

7. 请构建习题 1 中囚徒困境模型的矩阵或代数表达式。

8. 请构建习题 4 中懦夫博弈模型的矩阵或代数表达式。

9. 以图 3.13 为例：

（1） 使用优先权准则对图 3.13 中的图模型进行有序编号，并给出详细过程。

（2） 计算边连矩阵及彩色边连矩阵。

参 考 文 献

Bernath Walker S., Hipel K. W., and Xu H. 2013. A matrix representation of attitudes in conflicts[J]. IEEE Transactions on Systems, Man, and Cybernetics: Systems, 43(6):1328–1342.

Buckley F. and Harary F. 1990. Distance in Graphs[M]. Redwood: Addison-Wesley.

Dieste R. 1997. Graph Theory[M]. New York: Springer.

Fang L., Hipel K. W., and Kilgour D. M. 1993. Interactive Decision Making: The Graph Model for Conflict Resolution[M]. New York: Wiley.

Fraser N. M. and Hipel K. W. 1984. Conflict Analysis: Models and Resolutions[M]. New York: North-Holland.

Godsil C. and Royle G. 2001. Algebraic Graph Theory[M]. New York: Springer.

Gondran M. and Minoux M. 1979. Graphs and Algorithms[M]. New York: Wiley.

Hipel K. W. 2001. Conflict Resolution[M]. Oxford: Eolss.

Hipel K. W. 2011. A systems engineering approach to conflict resolution in command and control[J]. The International C2 Journal, 5(1):1–56.

Hoffman A. J. and Schiebe B. 2001. The edge versus path incidence matrix of series-parallel graphs and greedy packing[J]. Discrete Applied Mathematics, 113:275–284.

Howard N. 1971. Paradoxes of Rationality: Theory of Metagames and Political Behavior[M]. Cambridge: MIT Press.

Li K. W., Hipel K. W., Kilgour D. M., and Fang L. 2004. Preference uncertainty in the graph model for conflict resolution[J]. IEEE Transactions on Systems, Man, and Cybernetics Part A: Systems and Humans, 34(4):507–520.

Shiny A. K. and Pujari A. K. 1998. Computation of prime implicants using matrix and paths[J]. Journal of Logic and Computation, 8(2):135–145.

von Neumann J. and Morgenstern O. 1953. Theory of Games and Economic Behavior[M]. 3rd ed. Princeton: Princeton University Press.

Xu H., Hipel K. W., and Kilgour D. M. 2009a. Matrix representation of solution concepts in multiple decision maker graph models[J]. IEEE Transactions on Systems, Man, and Cybernetics Part A: Systems and Humans, 39(1):96–108.

Xu H., Hipel K. W., Kilgour D. M., and Chen Y. 2010a. Combining strength and uncertainty for preferences in the graph model for conflict resolution with multiple decision makers[J]. Theory and Decision,, 69(4):497–521.

Xu H., Kilgour D. M., and Hipel K. W. 2007. Matrix representation of solution concepts in graph models for two decision-makers with preference uncertainty[J]. Dynamics of Continuous, Discrete and Impulsive Systems, 14(S1):703–707.

Xu H., Kilgour D. M., and Hipel K. W. 2010b. An integrated algebraic approach to conflict resolution with three-level preference[J]. Applied Mathematics and Computation,

216(3):693–707.

Xu H., Kilgour D. M., and Hipel K. W. 2010c. Matrix representation and extension of coalition analysis in group decision support[J]. Computers and Mathematics with Applications, 60(5):1164–1176.

Xu H., Kilgour D. M., and Hipel K. W. 2011. Matrix representation of conflict resolution in multiple-decision-maker graph models with preference uncertainty[J]. Group Decision and Negotiation, 20(6):755–779.

Xu H., Kilgour D. M., Hipel K. W., and Kemkes G. 2010d. Using matrices to link conflict evolution and resolution within the graph model[J]. European Journal of Operational Research, 207:318–329.

Xu H., Kilgour D. M., Hipel K. W., and McBean E. A. 2013. Theory and application of conflict resolution with hybrid preference in colored graphs[J]. Applied Mathematical Modelling, 37(3):989–1003.

Xu H., Kilgour D. M., Hipel K. W., and McBean E. A. 2014. Theory and implementation of coalition analysis in cooperative decision making[J]. Theory and Decision, 76(2):147–171.

Xu H., Li K. W., Hipel K. W., and Kilgour D. M. 2009b. A matrix approach to status quo analysis in the graph model for conflict resolution[J]. Applied Mathematics and Computation, 212(2):470–480.

Xu H., Li K. W., Kilgour D. M., and Hipel K. W. 2009c. A matrix-based approach to searching colored paths in a weighted colored multidigraph[J]. Applied Mathematics and Computation, 215:353–366.

第 4 章 稳定性定义：简单偏好

在战略冲突中，两个或多个决策者由于目标不一致进行着复杂的动态交互博弈。第 3 章提到，很多模型方法可以用来表示战略冲突问题，如基于标准形式的冲突模型、基于策略形式的冲突模型和图模型表示方法。冲突分析的研究涉及多个学科领域 (Hipel, 2009)，包括国际关系、心理学、法学，以及数学和工程视角 (Saaty and Alexander, 1989; Howard et al., 1992; Fang et al., 1993; Bennett, 1995)。在战略冲突分析理论方法中，GMCR (Kilgour et al., 1987) 是一种操作简单且灵活有效的冲突分析理论方法。

本章主要目的是定义简单偏好情况下图模型的稳定性。4.1 节介绍了简单偏好关系。4.2 节提到，当判断决策者在某个冲突状态点的稳定性时，可以利用稳定性的逻辑定义分析该决策者在决定单边改进之后其和对手可能的交互和反击移动情况。如果该决策者发现交互移动后到达的状态点比初始状态点更差，则其会选择停留在初始状态点，即稳定状态。但是，稳定性逻辑定义的计算量很复杂，且很难通过计算机编程实现，特别是多个决策者结盟可达集合的计算。图模型中要求同一个决策者不能连续移动两次，但没有对结盟进行约束。例如，在一个由两个决策者组成的图模型中，一个决策者单边改良的反击行动一定是另一个决策者的单边移动，但在由两个以上决策者组成的图模型中，一个决策者单边改良的反击行动可能包括多个决策者一连串的移动，其中同一个决策者不能连续移动两次。由部分决策者构成的群体称为一个结盟。结盟内的成员可以通过一连串的移动来阻止某个决策者的单边改良，也可以一起移动到一个对结盟内每个成员都有利的状态点，称为结盟改良。

4.3 节介绍图模型稳定性的矩阵表达和矩阵运算。由于图模型包括几个相互关联的子图，可以使用图论中的相关成熟方法来对图模型进行分析。在图模型的路径搜索问题中，有一条重要的约束，即同一个决策者不能连续移动两次。为此，需要将图模型转换成彩色边的图，其中弧表示状态之间的单边移动，弧线的颜色表示控制状态移动的决策者。4.3 节还给出了彩色图中路径搜索的代数方法。4.4 节对图模型矩阵表达的计算复杂度进行了探讨。本章还以可持续发展冲突模型为例，阐述了图模型稳定性逻辑定义和矩阵表达的详细操作过程。在 4.5 节中，使用图模型稳定性的矩阵表达方法对埃尔迈拉冲突模型的稳定性进行计算和求解。本章的部分内容源自作者前期的研究成果 (Xu et al., 2007, 2009, 2010a, 2010b,

2011, 2014)。

4.1　简　单　偏　好

在图模型中，决策者对状态的偏好情况可以使用相对偏好的形式来表示，"$\succ$"表示优于，"$\sim$"表示等价于。这种类型的偏好称为简单偏好结构，3.2.4 节对其性质进行了介绍。具体来说，决策者 i 对状态的简单偏好可以通过一对偏好关系 $\{\succ_i, \sim_i\}$ 来表示。其中，$s \succ_i q$ 表示决策者 i 对状态 s 的偏好要优于对状态 q 的偏好，而 $s \sim_i q$ 表示决策者 i 对状态 s 和状态 q 的偏好是无差别的或者等同的。对于每个决策者 i 来说，$\succ_i$ 满足非自反性和不对称性，而 $\sim_i$ 满足自反性和对称性。此外，对于任意状态 $s, q \in S$，$s \succ_i q$、$s \sim_i q$、$q \succ_i s$ 必有一个成立。$s \succeq_i q$ 表示 $s \succ_i q$ 或者 $s \sim_i q$，$s \prec_i q$ 等价于 $q \succ_i s$。基于上述偏好信息，可以定义图模型中决策者 i 从初始状态点出发的可达状态集合，这是稳定性分析的重要信息，下面对决策者的可达集合进行介绍。

令 N 和 S 分别表示冲突中的决策者集合和状态点集合。根据简单偏好关系 $\{\succ_i, \sim_i\}$ 和各状态与初始状态 $s \in S$ 的偏好关系，可以划分为以下三个子集。

（1）比状态 s 更好的状态点集合，称为决策者 i 在状态点 s 的改良偏好集合，记为 $\Phi_i^+(s) = \{q \in S : q \succ_i s\}$。

（2）跟状态 s 偏好等同的状态点集合，称为决策者 i 在状态点 s 的等价偏好集合，记为 $\Phi_i^=(s) = \{q \in S : q \sim_i s\}$。

（3）比状态 s 更差的状态点集合，称为决策者 i 在状态点 s 的劣势偏好集合，记为 $\Phi_i^-(s) = \{q \in S : s \succ_i q\}$。

$\Phi_i^{-,=}(s) = \Phi_i^-(s) \cup \Phi_i^=(s)$ 表示比状态 s 偏好更差或者等价的状态点集合。

令 $i \in N$，$s \in S$，"$\cap$"表示交集运算。$A_i \subseteq S \times S$ 为决策者 i 在图模型中状态转移的弧线集合，每一条弧线表示决策者 i 可以从弧的起点经过一步单边转移到达弧的终点。简单偏好下决策者 i 从状态 $s \in S$ 出发的可达集合可以进行如下定义。

定义 4.1：在图模型 G 中，A_i 为决策者 i 的状态转移弧线集合，它从状态 $s \in S$ 出发的可达集合是 S 的子集，可以做如下定义。

（1）$R_i(s) = \{q \in S : (s, q) \in A_i\}$ 为决策者 i 从状态 s 出发单边移动的可达集合。

（2）$R_i^+(s) = \{q \in S : (s, q) \in A_i \ 且 \ q \succ_i s\}$ 为决策者 i 从状态 s 出发单边改良的可达集合。

（3）$R_i^=(s) = \{q \in S : (s, q) \in A_i \ 且 \ q \sim_i s\}$ 为决策者 i 从状态 s 出发的等价可达集合。

(4) $R_i^-(s) = \{q \in S : (s,q) \in A_i$ 且 $s \succ_i q\}$ 为决策者 i 从状态 s 出发单边劣势的可达集合。

上述偏好集合与可达集合之间的逻辑关系如图 4.1 所示。

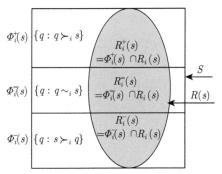

图 4.1 偏好集合与可达集合之间的逻辑关系

案例 4.1：图 4.2 是一个由两个决策者 $N = \{1,2\}$ 和四个可行状态 $S = \{s_1, s_2, s_3, s_4\}$ 组成的图模型。弧线上的数字编号表示控制弧线移动的决策者，决策者对各状态的偏好信息在图 4.2 的下方。如果选择 $s = s_1$ 为初始状态点，则可以很容易地计算出决策者 i 在状态 s 的偏好集合 [$\Phi_i^+(s)$、$\Phi_i^=(s)$、$\Phi_i^-(s)$] 和可达集合 [$R_i(s)$、$R_i^+(s)$、$R_i^=(s)$、$R_i^-(s)$]。

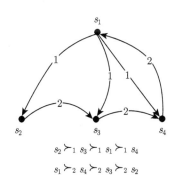

$$s_2 \succ_1 s_3 \succ_1 s_1 \succ_1 s_4$$
$$s_1 \succ_2 s_4 \succ_2 s_3 \succ_2 s_2$$

图 4.2 两个决策者组成的图模型

根据图 4.2 可知，两个决策者对状态的偏好都是可传递的，偏好信息分别为 $s_2 \succ_1 s_3 \succ_1 s_1 \succ_1 s_4$ 和 $s_1 \succ_2 s_4 \succ_2 s_3 \succ_2 s_2$。根据偏好集合的定义可得如下结论。

(1) $\Phi_1^+(s_1) = \{q : q \succ_1 s_1\} = \{s_2, s_3\}$，$\Phi_2^+(s_1) = \{q : q \succ_2 s_1\} = \varnothing$。

(2) $\Phi_1^=(s_1) = \{q : q \sim_1 s_1\} = \varnothing$，$\Phi_2^=(s_1) = \{q : q \sim_2 s_1\} = \varnothing$。

(3) $\Phi_1^-(s_1) = \{q : s_1 \succ_1 q\} = \{s_4\}$，$\Phi_2^-(s_1) = \{q : s_1 \succ_2 q\} = \{s_2, s_3, s_4\}$。

很明显，DM_1 和 DM_2 的有向弧线集合分别为 $A_1 = \{(s_1, s_2), (s_1, s_3), (s_1, s_4)\}$ 和 $A_2 = \{(s_2, s_3), (s_3, s_4), (s_4, s_1)\}$。根据定义 4.1 可知，各个决策者从状态 s_1 出发的可达集合分别如下所示。

（1）$R_1(s_1) = \{q \in S : (s_1, q) \in A_1\} = \{s_2, s_3, s_4\}$ 且 $R_2(s_1) = \{q \in S : (s_1, q) \in A_2\} = \emptyset$。

（2）$R_1^+(s_1) = \{q \in S : (s_1, q) \in A_i$ 且 $q \succ_1 s_1\} = \{s_2, s_3\}$ 且 $R_2^+(s_1) = \emptyset$。

（3）$R_1^=(s_1) = \{q \in S : (s_1, q) \in A_i$ 且 $q \sim_1 s_1\} = \emptyset$ 且 $R_2^=(s_1) = \emptyset$。

（4）$R_1^-(s_1) = \{q \in S : (s_1, q) \in A_i$ 且 $s_1 \succ_1 q\} = \{s_4\}$ 且 $R_2^-(s_1) = \emptyset$。

如图 4.1 所示，偏好集合和可达集合之间具有以下逻辑关系。

（1）$R_i^+(s) = R_i(s) \cap \Phi_i^+(s)$。

（2）$R_i^=(s) = R_i(s) \cap \Phi_i^=(s)$。

（3）$R_i^-(s) = R_i(s) \cap \Phi_i^-(s)$。

决策者 i 的有向弧线集合 A_i 与其可达集合之间具有如下关系。

（1）$A_i = \{(p, q) : q \in R_i(p)\}$ 为决策者 i 的单边移动弧线集合。

（2）如果令 $s \in S$ 为初始状态点，则 $A_i(s) = \{(s, q) \in A_i : q \in R_i(s)\}$ 为决策者 i 从初始状态 s 出发的单边移动弧线集合。

A_i 可以划分为以下几个子集。

（1）$A_i^+ = \{(p, q) \in A_i : q \succ_i p\}$ 为决策者 i 的改良偏好弧线集合。

（2）$A_i^= = \{(p, q) \in A_i : q \sim_i p\}$ 为决策者 i 的等价偏好弧线集合。

（3）$A_i^- = \{(p, q) \in A_i : p \succ_i q\}$ 为决策者 i 的劣势偏好弧线集合。

根据偏好关系的完备性可知，$A_i = A_i^+ \cup A_i^= \cup A_i^-$。令 $s \in S$，可得如下结论。

（1）$A_i^+(s) = \{(s, q) \in A_i : q \in R_i^+(s)\}$ 为决策者 i 从状态 s 出发单边移动的改良弧线集合。

（2）$A_i^=(s) = \{(s, q) \in A_i : q \in R_i^=(s)\}$ 为决策者 i 从状态 s 出发单边移动的等价弧线集合。

（3）$A_i^-(s) = \{(s, q) \in A_i : q \in R_i^-(s)\}$ 为决策者 i 从状态 s 出发单边移动的劣势弧线集合。

注意：$A_i(s)$ 是 A_i 的子集，$R_i(s)$ 是状态集合 S 的子集。

4.2 稳定性的逻辑定义

在图模型中，稳定性用来判断决策者在某个状态点是否稳定，或者分析决策者在现在的冲突状态是否有单边转移的动机。在某个特定的稳定性定义下，如果所有决策者在某一个状态点都是稳定的，则称该状态是冲突的均衡解或冲突可能的消解方案。图模型中定义了很多种稳定性类型，以刻画冲突中决策者的不同决策行为。本书主要探讨四种基本稳定性概念，即 Nash（纳什稳定）(Nash, 1950, 1951)、GMR（一般超理性稳定)(Howard, 1971)、SMR（对称超理性稳定)(Howard, 1971) 和 SEQ（序列稳定)(Fraser and Hipel, 1979)。Li 等 (2004) 将上述四种稳定性拓展到不确定偏好的情况（第 5 章）。之后，Hamouda 等 (2004, 2006) 提出了基于强度偏好的稳定性概念（第 6 章）。下面介绍简单偏好下 GMCR 四种基本稳定性（Nash、GMR、SMR 和 SEQ）的逻辑定义。首先，探讨冲突中只有两个决策者的情况。

4.2.1　两个决策者的情况

令 $N = \{i, j\}$，$s \in S$。

定义 4.2：如果决策者 i 在状态 s 处的改良可达集合 $R_i^+(s) = \emptyset$，则状态 s 是决策者 i 的 Nash 稳定解，记为 $s \in S_i^{\text{Nash}}$。

在 Nash 稳定性 (Nash, 1950, 1951) 中，决策者 i 认为对手 j 会待在其移动到的任何状态，所以决策者 i 转移后的状态就是最后的状态。如果决策者 i 在状态 s 没有机会转移到更好的冲突状态，则 i 在状态 s 是 Nash 稳定的。然而，Nash 稳定性没有考虑到对手的反击行为。

案例 4.2 (可持续发展冲突模型的 Nash 稳定解)：可持续发展冲突的标准形式、策略形式和图模型形式分别如表 3.2、表 3.1 和图 3.4 所示。在图 3.4 中，状态集合为 $S = \{s_1, s_2, s_3, s_4\}$，决策者集合为 $N = \{1, 2\}$，弧线上的字母表示控制弧线移动的决策者，箭头表示状态转移的方向，图模型的下方是两个决策者的偏好信息。

现在分析状态 s_1 对决策者 i 来说是不是 Nash 稳定的。从图 3.4 可以看出，DM_1 可以从状态 s_1 单边移动到状态 s_3。因为 $s_1 \succ_1 s_3$，所以 DM_1 从状态 s_1 到状态 s_3 的转移不是单边改良。根据定义 4.2 可知，状态 s_1 对 DM_1 来说是 Nash 稳定的。接下来，考虑 DM_2 在状态 s_1 的 Nash 稳定性。显然，DM_2 可以从状态 s_1 单边移动到状态 s_2。因为 $s_1 \succ_2 s_2$，所以 DM_2 从状态 s_1 到状态 s_2 的转移不是单边改良。因此，状态 s_1 对 DM_2 来说也是 Nash 稳定的。由于状态 s_1 对 DM_1 和 DM_2 来说都是 Nash 稳定的，故 s_1 是 Nash 均衡解。同样可以分析决策者在其他状态的 Nash 稳定性。

Nash 稳定性分析的结果如表 4.1 所示，其中，$R_i^+(s)$ 表示决策者 i 在状态 $s \in S$ 处的改良可达集合，"s" 表示状态是 Nash 稳定解，"u" 表示状态不是 Nash 稳定解，"Eq" 表示状态是 Nash 均衡解，即对每个决策者来说都是 Nash 稳定的。

表 4.1　简单偏好下可持续发展冲突的 Nash 稳定性分析

状态	$R_i^+(s)$		Nash 稳定性		均衡解
	DM_1	DM_2	DM_1	DM_2	
s_1	$\emptyset$	$\emptyset$	s	s	
s_2	$\emptyset$	$\{s_1\}$	s	u	
s_3	$\{s_1\}$	$\emptyset$	u	s	Eq
s_4	$\{s_2\}$	$\{s_3\}$	u	u	

如果不论决策者 i 从初始状态 $s \in S$ 转移到任何单边改良状态，其对手 j 总能通过反击来遏止决策者 i，则称状态 s 对决策者 i 来说是 GMR 稳定的。下面对 GMR 稳定性进行定义。

定义 4.3：如果对于决策者 i 的任意改良状态 $s_1 \in R_i^+(s)$，对手 j 至少存在一个可达状态 $s_2 \in R_j(s_1)$，使得 $s_2 \in \Phi_i^{-,=}(s)$ 或 $s \succeq_i s_2$，则状态 s 是决策者 i 的 GMR 稳定解，记为 $s \in S_i^{GMR}$。

与 Nash 稳定性相比，GMR 稳定性考虑到了对手的反击行为。如果决策者 i 从状态 s 出发可以转移到的所有改良状态都被对手 j 的反击遏制了，则状态 s 对决策者 i 来说是 GMR 稳定的。

案例 4.3 (可持续发展冲突模型的 Nash 稳定解)：根据定义 4.2 和定义 4.3 可知，如果 $R_i^+(s) = \emptyset$，则状态 s 对决策者 i 来说是 Nash 和 GMR 稳定的。因此，在可持续发展冲突模型中，状态 s_3 对 DM_2 来说是 GMR 稳定的。下面分析 DM_1 在状态 s_3 处的 GMR 稳定性。DM_1 可以从状态 s_3 单边改良移动到状态 s_1，DM_2 可以从状态 s_1 单边移动到状态 s_2。然而，DM_1 对状态 s_2 的偏好劣于对状态 s_3 的偏好，根据定义 4.3 可知，状态 s_3 对于 DM_1 来说是 GMR 稳定的。同样地，可以计算得到决策者在其他状态的 GMR 稳定性，如表 4.2 所示。在表 4.2 中，$R_i^+(s)$ 表示决策者 i 在状态 $s \in S$ 处的改良可达集合，"s" 表示状态是 GMR 稳定解，"u" 表示状态不是 GMR 稳定解，"Eq" 表示状态是 GMR 均衡解，即对每个决策者来说都是 GMR 稳定的。

表 4.2　简单偏好下可持续发展冲突的 GMR 稳定性分析

状态	$R_i^+(s)$		$R_i(s)$		GMR 稳定性		均衡解
	DM_1	DM_2	DM_1	DM_2	DM_1	DM_2	
s_1	$\emptyset$	$\emptyset$	$\{s_3\}$	$\{s_2\}$	s	s	
s_2	$\emptyset$	$\{s_1\}$	$\{s_4\}$	$\{s_1\}$	s	u	Eq
s_3	$\{s_1\}$	$\emptyset$	$\{s_1\}$	$\{s_4\}$	s	s	
s_4	$\{s_2\}$	$\{s_3\}$	$\{s_2\}$	$\{s_3\}$	u	u	

SMR 稳定性比 GMR 稳定性的限制条件更多，其是在 GMR 稳定性的基础上进一步考虑决策者 i 的移动情况进行分析，即分析决策者是否有机会摆脱对手的反击制裁。

定义 4.4：如果对于决策者 i 的任意改良状态 $s_1 \in R_i^+(s)$，对手 j 至少存在一个可达状态 $s_2 \in R_j(s_1)$ 使得 $s_2 \in \Phi_i^{-,=}(s)$ （或 $s \succeq_i s_2$），并且对于所有的 $s_3 \in R_i(s_2)$，都有 $s_3 \in \Phi_i^{-,=}(s)$ （或 $s \succeq_i s_3$），则状态 s 是决策者 i 的 SMR 稳定解，记为 $s \in S_i^{\mathrm{SMR}}$。

案例 4.4 (可持续发展冲突模型的 SMR 稳定解)：通过比较定义 4.2 ～ 定义 4.4 可以发现，如果 $R_i^+(s) = \emptyset$，则状态 s 对决策者 i 来说是 Nash、GMR 和 SMR 稳定的。因此，在可持续发展冲突模型中，状态 s_3 对 DM$_2$ 来说是 SMR 稳定的。下面分析 DM$_1$ 在状态 s_3 的 SMR 稳定性。DM$_1$ 可以从状态 s_3 单边改良移动到状态 s_1，接着 DM$_2$ 可以从状态 s_1 单边移动到状态 s_2，然后 DM$_1$ 只能从状态 s_2 单边移动到状态 s_4。然而，DM$_1$ 对状态 s_2 和 s_4 的偏好都劣于对状态 s_3 的偏好，根据定义 4.4 可知，状态 s_3 对于 DM$_1$ 来说是 SMR 稳定的。同样地，可以计算得到决策者在其他状态的 SMR 稳定性，如表 4.3 所示。

表 4.3 简单偏好下可持续发展冲突的 SMR 稳定性分析

状态	$R_i^+(s)$		$R_i(s)$		SMR 稳定性		均衡解
	DM$_1$	DM$_2$	DM$_1$	DM$_2$	DM$_1$	DM$_2$	
s_1	$\emptyset$	$\emptyset$	$\{s_3\}$	$\{s_2\}$	s	s	
s_2	$\emptyset$	$\{s_1\}$	$\{s_4\}$	$\{s_1\}$	s	u	Eq
s_3	$\{s_1\}$	$\emptyset$	$\{s_1\}$	$\{s_4\}$	s	s	
s_4	$\{s_2\}$	$\{s_3\}$	$\{s_2\}$	$\{s_3\}$	u	u	

SEQ 稳定性和 GMR 稳定性类似，但对手 j 的反击必须是单边改良或可信的，即对手的反击移动必须是对自己有利的。

定义 4.5：如果对于决策者 i 的任意改良状态 $s_1 \in R_i^+(s)$，对手 j 至少存在一个单边改良可达状态 $s_2 \in R_j^+(s_1)$，使得 $s_2 \in \Phi_i^{-,=}(s)$ （或 $s \succeq_i s_2$），则状态 s 是决策者 i 的 SEQ 稳定解，记为 $s \in S_i^{\mathrm{SEQ}}$。

案例 4.5 (可持续发展冲突模型的 SEQ 稳定解)：与 GMR 稳定性类似，如果 $R_i^+(s) = \emptyset$，则状态 s 对决策者 i 来说是 SEQ 稳定的。因此，在可持续发展冲突模型中，状态 s_3 对 DM$_2$ 来说是 SEQ 稳定的。下面分析 DM$_1$ 在状态 s_3 处的 SEQ 稳定性。DM$_1$ 可以从状态 s_3 单边改良移动到状态 s_1，但是 DM$_2$ 在状态 s_1 没有单边改良的状态，所以状态 s_3 对 DM$_1$ 来说是 GMR 和 SMR 稳定的，但不是 SEQ 稳定的。根据定义 4.5，同样可以计算出决策者在其他状态的 SEQ 稳定性，如表 4.4 所示。

表 4.4　　简单偏好下可持续发展冲突的 SEQ 稳定性分析

状态	$R_i^+(s)$		$R_i(s)$		SEQ 稳定性		均衡解
	DM$_1$	DM$_2$	DM$_1$	DM$_2$	DM$_1$	DM$_2$	
s_1	$\emptyset$	$\emptyset$	$\{s_3\}$	$\{s_2\}$	s	s	
s_2	$\emptyset$	$\{s_1\}$	$\{s_4\}$	$\{s_1\}$	s	u	Eq
s_3	$\{s_1\}$	$\emptyset$	$\{s_1\}$	$\{s_4\}$	u	s	
s_4	$\{s_2\}$	$\{s_3\}$	$\{s_2\}$	$\{s_3\}$	u	u	

4.2.2　决策者的结盟可达集合

由 N 中的决策者组成的任何非空集合 $H \subseteq N$（$H \neq \emptyset$）被称为一个结盟。令 $|H|$ 为结盟 H 的基，即结盟中所包括决策者的数量。如果 $|H| = 1$，则称 H 为单一结盟；如果 $|H| > 1$，则称 $|H|$ 为非单一结盟。在一个由 n（$n \geqslant 2$）个决策者组成的图模型中，有一个由决策者 i 的对手组成的重要结盟，记为 $N\backslash\{i\}$，符号 $\backslash$ 表示补集。为了分析决策者 $i \in N$ 在某个状态的稳定性，需要考虑所有对手 $j \in N\backslash\{i\}$ 可能的反击行动。简单偏好情况下稳定性分析的重要输入元素是结盟 $N\backslash\{i\}$ 在状态 s 的可达集合：$R_{N\backslash\{i\}}(s)$ 和 $R_{N\backslash\{i\}}^+(s)$。在一个由两个决策者组成的图模型中，决策者 i 只有一个对手 j，所以 i 的对手在状态 s 的可达集就是 j 在状态 s 的可达集合。在一个由 $n(n > 2)$ 个决策者组成的图模型中，一个决策者的对手（两个及以上）组成了一个结盟，如何求解对手的可达集合是一个挑战。下面将定义非单一结盟的有效状态转移序列。

结盟的有效状态转移序列是指结盟内成员通过单边移动形成的一串状态序列，其中一个决策者可以移动多步，但不能连续移动两次。在 GMCR 中，一个决策者的有向图可以是可传递的，也可以是不可传递的。例如，一个决策者经过一步转移可以从状态 s_1 移动到状态 s_2，再由状态 s_2 移动到状态 s_3。如果该决策者经过一步转移也可以从状态 s_1 移动到状态 s_3，则称该决策者在状态 s_1 和 s_3 之间的转移是可传递的；否则就是不可传递的。因此，同一个决策者不能连续移动两次的约束意味着 GMCR 不但可以处理可传递的状态转移，还可以处理不可传递的状态转移。令结盟 $H \subseteq N$，且满足 $|H| \geqslant 2$，初始状态为 $s \in S$。结盟 H 中的成员从状态 s 出发可以到达的所有状态的集合记为 $R_H(s) \subseteq S$。假设 $s_1 \in R_H(s)$，则 $\Omega_H(s, s_1)$ 为结盟 H 从状态 s 转移到 s_1 的最后移动的所有决策者集合。

定义 4.6：状态 $s \in S$，结盟 H 的单边可达状态集合 $R_H(s)$ 可以通过以下步骤进行求解。

（1）对于所有的 $s_1 \in S$，令 $\Omega_H(s, s_1) = \emptyset$。

（2）如果决策者 $j \in H$ 且 $s_1 \in R_j(s)$，则 $s_1 \in R_H(s)$ 且 $\Omega_H(s, s_1) =$

$\Omega_H(s, s_1) \cup \{j\}$。

(3)　如果 $s_1 \in R_H(s)$，$j \in H$，$s_2 \in R_j(s_1)$，且满足 $\Omega_H(s, s_1) \neq \{j\}$，则 $s_2 \in R_H(s)$ 且 $\Omega_H(s, s_2) = \Omega_H(s, s_2) \cup \{j\}$。

定义 4.6 主要使用了归纳法进行求解，具体过程如下：首先，使用步骤（2）可以识别出结盟 H 经过一步移动从状态 s 可以到达的所有状态，并存入 $R_H(s)$ 中；其次，重复执行步骤（3），可以得到 H 从上述每个状态 $s_1 \in R_H(s)$ 出发经过两步及多步转移可达的所有状态，并存放到 $R_H(s)$ 中，直到对于任意的状态 $s_2 \in R_H(s)$，$\Omega_H(s, s_2)$ 都保持不变。因为 $R_H(s) \subseteq S$ 和 S 都是有限的，所以上述归纳法求解经过有限步骤就可以完成。

为进一步阐述定义 4.6，如果 $s_1 \in R_H(s)$，则 $\Omega_H(s, s_1) \subseteq H$ 表示结盟 H 中从状态 s 转移到 s_1 的最后移动的所有决策者的集合；如果 $s_1 \notin R_H(s)$，则 $\Omega_H(s, s_1) = \emptyset$。假设 $\Omega_H(s, s_1)$ 只包括一个决策者，即 $j \in N$，则从状态 s_1 到状态 s_2 的转移者只能是结盟 H 中除了 j 之外的成员，否则决策者 j 就连续移动了两步。如果 $|\Omega_H(s, s_1)| \geqslant 2$，则能从状态 s_1 转移到状态 s_2 的结盟 H 中的任何成员都是可行的。

类似地，可以定义结盟的单边改良可达集合。令 $R_H^+(s) \subseteq S$ 为结盟 H 中的成员从状态 s 出发可以到达的所有改良状态的集合。假设 $s_1 \in R_H^+(s)$，则 $\Omega_H^+(s, s_1)$ 为结盟 H 从状态 s 单边改良移动到 s_1 的最后移动的决策者集合。

定义 4.7： 从状态 $s \in S$，结盟 $H \subseteq N$ 的单边改良状态集合 $R_H^+(s) \subseteq S$ 可以通过以下步骤进行求解。

(1)　对于所有的 $s_1 \in S$，令 $\Omega_H^+(s, s_1) = \emptyset$。

(2)　如果决策者 $j \in H$ 且 $s_1 \in R_j^+(s)$，则 $s_1 \in R_H^+(s)$ 且 $\Omega_H^+(s, s_1) = \Omega_H^+(s, s_1) \cup \{j\}$。

(3)　如果 $s_1 \in R_H^+(s)$，$j \in H$，$s_2 \in R_j^+(s_1)$，且满足 $\Omega_H^+(s, s_1) \neq \{j\}$，则 $s_2 \in R_H^+(s)$ 且 $\Omega_H^+(s, s_2) = \Omega_H^+(s, s_2) \cup \{j\}$。

定义 4.7 和定义 4.6 类似，但定义 4.7 中的所有状态移动都是单边改良，即状态转移者从初始状态只能移动到对其有利的改良状态。同样地，$\Omega_H^+(s, s_1)$ 中的决策者从状态 s 单边改良移动到 s_1。下面举例说明如何计算结盟 H 的可达集合。

案例 4.6 (结盟的可达集合)： 图 4.3 是一个由 4 个决策者 $N = \{1, 2, 3, 4\}$ 和 6 个可行状态 $S = \{s_1, s_2, s_3, s_4, s_5, s_6\}$ 组成的图模型，弧线上的编号表示控制弧线移动的决策者，图的下方是各个决策者的偏好信息。如果选择 $s = s_1$ 为初始状态，则根据定义 4.6 和定义 4.7 可以求出结盟 $H = N$ 在状态 s_1 处的可达集合 $R_N(s_1)$ 和改良可达集合 $R_N^+(s_1)$。

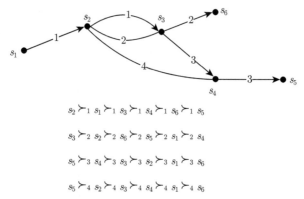

$$s_2 \succ_1 s_1 \succ_1 s_3 \succ_1 s_4 \succ_1 s_6 \succ_1 s_5$$

$$s_3 \succ_2 s_2 \succ_2 s_6 \succ_2 s_5 \succ_2 s_1 \succ_2 s_4$$

$$s_5 \succ_3 s_4 \succ_3 s_3 \succ_3 s_2 \succ_3 s_1 \succ_3 s_6$$

$$s_5 \succ_4 s_2 \succ_4 s_3 \succ_4 s_4 \succ_4 s_1 \succ_4 s_6$$

图 4.3　由 4 个决策者和 6 个状态组成的图模型

$R_N(s_1)$ **的求解过程：**

(1)　DM_1 从状态 s_1 出发可以单边移动到状态 s_2，故 $s_2 \in R_N(s_1)$。

(2)　由于 DM_1 不能连续移动两步，故 DM_1 不能继续从状态 s_2 出发单边移动到状态 s_3。

(3)　DM_2 从状态 s_2 出发可以单边移动到状态 s_3，故 $s_3 \in R_N(s_1)$。

(4)　由于 DM_2 不能连续移动两步，故 DM_2 不能继续从状态 s_3 出发单边移动到状态 s_6。

(5)　DM_3 从状态 s_3 出发可以单边移动到状态 s_4，故 $s_4 \in R_N(s_1)$。

(6)　由于 DM_3 不能连续移动两步，故 DM_3 不能继续从状态 s_4 出发单边移动到状态 s_5。

(7)　DM_4 从状态 s_4 出发可以单边移动到状态 s_2，接着 DM_1 可以从状态 s_2 单边转移到状态 s_3，DM_2 可以从状态 s_3 单边转移到状态 s_6，故 $s_6 \in R_N(s_1)$。

综上，$R_N(s_1) = \{s_2, s_3, s_4, s_6\}$。

$R_N^+(s_1)$ **的求解过程：**

根据图 4.3 下方决策者的偏好信息可知，$A_1^+ = \{(s_1, s_2)\}$，$A_2^+ = \{(s_2, s_3)\}$，$A_3^+ = \{(s_3, s_4), (s_4, s_5)\}$，$A_4^+ = \{(s_4, s_2)\}$。

(1)　DM_1 从状态 s_1 出发可以单边移动到改良状态 s_2，故 $s_2 \in R_N^+(s_1)$。

(2)　DM_2 从状态 s_2 出发可以单边移动到改良状态 s_3，故 $s_3 \in R_N^+(s_1)$。

(3)　DM_3 从状态 s_3 出发可以单边移动到改良状态 s_4，故 $s_4 \in R_N^+(s_1)$。

(4)　由于 DM_3 不能连续移动两步，故 DM_3 不能继续从状态 s_4 出发单边移动到状态 s_5。

综上，$R_N^+(s_1) = \{s_2, s_3, s_4\}$。

该部分主要介绍了简单偏好情况下图模型的四种基本稳定性（Nash、GMR、SMR 和 SEQ）的逻辑定义，下面将介绍多个决策者情况下的四种基本稳定性。

4.2.3　多个决策者的情况

在一个由 n（$n > 2$）个决策者组成的图模型中，决策者 $i \in N$ 的对手可以看作由除了 i 之外的决策者组成的结盟。为了计算决策者 i 在某个状态的稳定性，需要分析其对手 $N \setminus \{i\}$ 可能的反击移动，即可达集合 $R_{N\setminus\{i\}}(s)$ 和改良可达集合 $R_{N\setminus\{i\}}^+(s)$。在下面的定义中，令 $i \in N$，$s \in S$。

由于 Nash 稳定性不考虑对手的反击情况，所以在多个决策者情况下图模型的 Nash 稳定性定义与在两个决策者情况下的 Nash 稳定性定义是相同的。

定义 4.8：如果决策者 i 在状态 s 处的改良可达集合 $R_i^+(s) = \emptyset$，则状态 s 是决策者 i 的 Nash 稳定解，记为 $s \in S_i^{\text{Nash}}$。

在 GMR 稳定性中，决策者 i 认为当他从初始状态 s 转移到改良状态 s_1 之后，其对手 $N \setminus \{i\}$ 会从状态 s_1 出发通过一连串的有效状态转移 $[R_{N\setminus\{i\}}(s_1)]$ 进行反击，以遏制决策者 i 的单边改良移动。

定义 4.9：如果对于决策者 i 的任意改良状态 $s_1 \in R_i^+(s)$，对手 $N \setminus \{i\}$ 至少存在一个可达状态 $s_2 \in R_{N\setminus\{i\}}(s_1)$，使得 $s \succeq_i s_2$，则状态 s 是决策者 i 的 GMR 稳定解，记为 $s \in S_i^{\text{GMR}}$。

和两个决策者情况下的 SMR 稳定性一样，在多个决策者情况下的 SMR 稳定性中，决策者 i 认为自己在遭到对手的反击制裁之后（状态 s_2），仍有机会做下一步的状态转移（状态 s_3）。

定义 4.10：如果对于决策者 i 的任意改良状态 $s_1 \in R_i^+(s)$，对手 $N \setminus \{i\}$ 至少存在一个可达状态 $s_2 \in R_{N\setminus\{i\}}(s_1)$，使得 $s \succeq_i s_2$，并且对于所有的 $s_3 \in R_i(s_2)$，都有 $s \succeq_i s_3$，则状态 s 是决策者 i 的 SMR 稳定解，记为 $s \in S_i^{\text{SMR}}$。

如果对手通过单边改良移动能遏制决策者 i 在某个状态的改良移动，则该状态对决策者 i 来说是 SEQ 稳定的。

定义 4.11：如果对于决策者 i 的任意改良状态 $s_1 \in R_i^+(s)$，对手 $N \setminus \{i\}$ 至少存在一个单边改良可达状态 $s_2 \in R_{N\setminus\{i\}}^+(s_1)$，使得 $s \succeq_i s_2$，则状态 s 是决策者 i 的 SEQ 稳定解，记为 $s \in S_i^{\text{SEQ}}$。

SEQ 稳定性表明当局者 i 的所有单边改良移动都会被其对手的一连串有效单边改良移动遏制。

定义 4.8 ~ 定义 4.11 给出了简单偏好下多个决策者构成的图模型的四种基本稳定性（Nash、GMR、SMR 和 SEQ）。这些定义涵盖了两个决策者情况下四种基本稳定性定义（定义 4.2 ~ 定义 4.5）的特征，但当局者 i 的对手不再是一个单独的决策者，而是 N 的一个子集。当冲突中的决策者数量 $n = 2$ 时，决策者集

合 $N = \{i, j\}$，则当局者 i 的对手 $N \setminus \{i\}$ 从状态 s_1 出发的可达集合 $R_{N \setminus \{i\}}(s_1)$ 退化为决策者 j 从状态 s_1 出发的可达集合 $R_j(s_1)$。

4.2.4 稳定性之间的逻辑关系

Fang 等 (1989, 1993) 归纳了 Nash、GMR、SMR 和 SEQ 四种基本稳定性之间的逻辑关系，如图 4.4 所示。

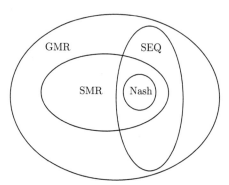

图 4.4　四种基本稳定性之间的逻辑关系

下面的定理表明两个决策者和多个决策者情况下的稳定性概念之间也存在上述的逻辑关系。

定理 4.1：令 $i \in N$，$|N| = n$，$n \geqslant 2$。四种基本稳定性之间满足如下关系：

$$S_i^{\text{Nash}} \subseteq S_i^{\text{SMR}} \subseteq S_i^{\text{GMR}} \tag{4.1}$$

$$S_i^{\text{Nash}} \subseteq S_i^{\text{SEQ}} \subseteq S_i^{\text{GMR}} \tag{4.2}$$

由于式 (4.2) 的证明过程与式 (4.1) 类似，故下面仅证明式 (4.1) 中的稳定性包含关系。

证明：如果 $s \in S_i^{\text{Nash}}$，则根据 Nash 稳定性定义可知 $R_i^+(s) = \emptyset$。由定义 4.10 可以进一步推导出 $s \in S_i^{\text{SMR}}$。因此，$S_i^{\text{Nash}} \subseteq S_i^{\text{SMR}}$。

对于任意状态 $s \in S_i^{\text{SMR}}$，如果 $R_i^+(s) = \emptyset$，则 $s \in S_i^{\text{GMR}}$；否则，根据 SMR 稳定性的定义可知，对于任意改良状态 $s_1 \in R_i^+(s)$，对手至少存在一个可达状态 $s_2 \in R_{N \setminus \{i\}}(s_1)$，使得 $s \succeq_i s_2$，并且对于所有的 $s_3 \in R_i(s_2)$，都有 $s \succeq_i s_3$。相应地，对于任意改良状态 $s_1 \in R_i^+(s)$，对手至少存在一个可达状态 $s_2 \in R_{N \setminus \{i\}}(s_1)$，使得 $s \succeq_i s_2$，即 $s \in S_i^{\text{GMR}}$。综合上述两种情况的讨论，可知 $S_i^{\text{SMR}} \subseteq S_i^{\text{GMR}}$，故 $S_i^{\text{Nash}} \subseteq S_i^{\text{SMR}} \subseteq S_i^{\text{GMR}}$ 成立。

然而，S_i^{SMR} 和 S_i^{SEQ} 之间的逻辑关系很难确定，$S_i^{\text{SMR}} \supseteq S_i^{\text{SEQ}}$ 和 $S_i^{\text{SMR}} \subseteq S_i^{\text{SEQ}}$ 都可能存在。

下面以可持续发展冲突模型为例来阐述 Nash、GMR、SMR 和 SEQ 四种基本稳定性之间的逻辑关系。四种基本稳定性的分析结果如表 4.5 所示。其中，"Eq"表示状态是均衡解，"s"表示状态是稳定的，"u"表示状态不是稳定的，"$\sqrt{}$"表示该行的状态在某种稳定性定义下是均衡解。事实上，定理 4.1 也可以用来确定某些稳定性。例如，对于 $i = 1, 2$，如果 $R_i^+(s_1) = \emptyset$，则状态 s_1 对两个决策者来说都是 Nash 稳定的。根据式 (4.1) 和式 (4.2) 可知，状态 s_1 对两个决策者来说也是 GMR、SMR 和 SEQ 稳定的。因为状态 s_2 不是 DM_2 的 GMR 稳定解，根据式 (4.1) 可知，状态 s_2 也不是 DM_2 的 SMR 稳定解。从表 4.5 可以看出，状态 s_3 对 DM_2 来说是 SMR 稳定的，但不是 SEQ 稳定的。

表 4.5　简单偏好下可持续发展冲突的稳定性分析结果

状态	Nash			GMR			SMR			SEQ		
	DM_1	DM_2	Eq	DM_1	DM_2	Eq	DM_1	DM_2	Eq	DM_1	DM_2	Eq
s_1	s	s	$\sqrt{}$	s	s	$\sqrt{}$	s	s	$\sqrt{}$	s	s	$\sqrt{}$
s_2	s	u		s	u		s	u		s	u	
s_3	u	s		s	s	$\sqrt{}$	s	s	$\sqrt{}$	u	s	
s_4	u	u		u	u		u	u		u	u	

定理 4.1 从某个单一决策者的视角分析了个体稳定性之间的逻辑关系。图模型的均衡解是指对所有决策者都稳定的状态。因此，定理 4.1 意味着均衡解之间也存在相同的逻辑关系。令 $S^{\text{Nash}} = \bigcap_{i \in N} S_i^{\text{Nash}}$、$S^{\text{GMR}} = \bigcap_{i \in N} S_i^{\text{GMR}}$、$S^{\text{SMR}} = \bigcap_{i \in N} S_i^{\text{SMR}}$ 和 $S^{\text{SEQ}} = \bigcap_{i \in N} S_i^{\text{SEQ}}$ 分别表示四种基本稳定性定义下的均衡解集合，可以得到下面的定理。

定理 4.2： 令 $i \in N$，$|N| = n$，$n \geqslant 2$。四种基本稳定性定义下的均衡解之间满足如下关系：

$$S^{\text{Nash}} \subseteq S^{\text{SMR}} \subseteq S^{\text{GMR}} \tag{4.3}$$

$$S^{\text{Nash}} \subseteq S^{\text{SEQ}} \subseteq S^{\text{GMR}} \tag{4.4}$$

4.3　稳定性的矩阵定义

根据状态转移图和偏好关系，4.2 节给出了图模型稳定性的逻辑定义。然而，在开发 DSS 的 GMCR (Fang et al., 2003a, 2003b) 时，稳定性的逻辑定义极大地增加了系统编程的难度。为刻画冲突中决策者偏好的不确定性，Li 等 (2004) 基于图模型理论提出了一种新的偏好结构——不确定偏好，并将简单偏好下的四种基本稳定性拓展到了不确定偏好，但给出的算法很难通过编程实现。为描述决策者偏好的强弱程度，Hamouda 等 (2004, 2006) 提出了强度偏好，并定义了强度偏好下的稳定性，但由于编码困难，没能将强度偏好嵌入 GMCR 系统中。为弥补稳定性逻辑定义在编程方面的短板，下面构造简单偏好下图模型稳定性的矩阵表达式，通过矩阵形式来刻画相对偏好信息及决策者的单边可达集合和单边改良可达集合。

4.3.1　偏好矩阵与可达矩阵

令 $m = |S|$ 为冲突中可行状态的数量。在图模型中，可以定义以下几个矩阵来表示状态之间的相对偏好关系。

定义 4.12：在图模型 G 中，决策者 i 的改良偏好矩阵和等价偏好矩阵都是 $m \times m$ 的矩阵，分别记为 P_i^+ 和 $P_i^=$，其中，

$$P_i^+(s,q) = \begin{cases} 1, & \text{如果 } q \succ_i s \\ 0, & \text{其他} \end{cases}$$

$$P_i^=(s,q) = \begin{cases} 1, & \text{如果 } q \sim_i s \text{ 且 } q \neq s \\ 0, & \text{其他} \end{cases}$$

改良偏好矩阵中的 $P_i^+(s,q) = 1$ 表示决策者 i 对状态 q 的偏好要优于对状态 s 的偏好，$P_i^+(s,q) = 0$ 表示决策者 i 或者对状态 q 的偏好要劣于对状态 s 的偏好，或者对状态 q 和 s 的偏好是相同的（偏好关系的完备性）。类似地，$P_i^=(s,q) = 1$ 表示决策者 i 对状态 q 和 s 的偏好是等同的，$P_i^=(s,q) = 0$ 表示决策者 i 对状态 q 的偏好要优于（或劣于）对状态 s 的偏好。进一步可以定义 $P_i^{-,=} = E - I - P_i^+$，其中 E 为一个所有元素都为 1 的 $m \times m$ 维的矩阵，I 为一个 $m \times m$ 维的单位矩阵。$P_i^{-,=}(s,q) = 1$ 表示决策者 i 对状态 q 的偏好不优于对状态 s 的偏好。

令 $i \in N$，$s \in S$，决策者 i 的可达矩阵和改良可达矩阵可以进行如下定义。

定义 4.13：在图模型 G 中，决策者 i 的可达矩阵和改良可达矩阵都是 $m \times m$ 的矩阵，分别记为 J_i 和 J_i^+，其中，

$$J_i(s,q) = \begin{cases} 1, & \text{如果}(s,q) \in A_i \\ 0, & \text{其他} \end{cases}$$

$$J_i^+(s,q) = \begin{cases} 1, & \text{如果}(s,q) \in A_i \text{且} q \succ_i s \\ 0, & \text{其他} \end{cases}$$

如果决策者 i 可以从状态 s 经过一步转移到状态 q，则 $J_i(s,q) = 1$ 或者 $(s,q) \in A_i$。如果 $J_i(s,q) = 1$ 且决策者 i 对状态 q 的偏好要优于对状态 s 的偏好，则 $J_i^+(s,q) = 1$。

决策者 i 在状态 s 的可达集合可以表示为 $R_i(s) = \{q \in S : J_i(s, q) = 1\}$，包括决策者 i 从状态 s 出发经过一步转移可以到达的所有状态。同样地，决策者 i 在状态 s 的改良可达集合可以表示为 $R_i^+(s) = \{q \in S : J_i^+(s, q) = 1\}$。很显然，与 $R_i(s)$ 相比，$R_i^+(s)$ 中的所有状态转移都是改良的。$R_i(s)$ 和 $R_i^+(s)$ 还可以写出 0-1 行向量的形式，如下所示：

$$R_i(s) = e_s^{\mathrm{T}} \cdot J_i, \quad R_i^+(s) = e_s^{\mathrm{T}} \cdot J_i^+$$

其中，e_s^{T} 表示 m 维欧几里得空间 $\mathbb{R}^S$ 中第 s 个标准基向量的转置。

根据可达矩阵 J_i、改良可达矩阵 J_i^+ 和改良偏好矩阵 P_i^+ 的定义，可以推导出

$$J_i^+ = J_i \circ P_i^+ \tag{4.5}$$

其中，符号 "$\circ$" 表示哈达马积。

下面介绍图模型稳定性的矩阵代数表达式。首先，讨论两个决策者情况下图模型稳定性概念的矩阵表达（matrix representation of solution concepts, MRSC）。与图形化或逻辑形式的表示方法相比，矩阵表达方式使得稳定性和均衡解的计算更加便捷、有效。

4.3.2　两个决策者的情况

GMCR 的矩阵表达方法简称为 MRSC 法。将 Nash、GMR、SMR 和 SEQ 四种基本稳定性转换成相应的 $m \times m$ 矩阵形式：M_i^{Nash}, M_i^{GMR}, M_i^{SMR} 和 M_i^{SEQ}（$i \in N$）。该部分主要介绍由两个决策者组成的图模型，即 $|N| = 2$。

根据定义 4.2 可知，如果决策者 i 在状态 s 不能转移到更好的冲突状态，则 i 在状态 s 是 Nash 稳定的。决策者 i 的 Nash 稳定矩阵是一个 $m \times m$ 维的矩阵，可以定义为 $M_i^{\mathrm{Nash}} = J_i^+ \cdot E$，其中 E 为一个所有元素都为 1 的 $m \times m$ 维的矩阵。矩阵 M_i^{Nash} 对角线上的元素 (s, s) 可以表示为

$$M_i^{\mathrm{Nash}}(s, s) = e_s^{\mathrm{T}} \cdot J_i^+ \cdot e \tag{4.6}$$

其中，$s \in S$；矩阵 M_i^{Nash} 所有非对角线上的元素取值均为 0；e 表示一个 m 维的所有元素均为 1 的列向量。定理 4.3 介绍了如何使用 M_i^{Nash} 来判断决策者 i 在状态点 s 处的 Nash 稳定性。

定理 4.3： 当且仅当 $M_i^{\mathrm{Nash}}(s, s) = 0$ 时，状态 $s \in S$ 对决策者 i 来说是 Nash 稳定的。

证明： 根据式 (4.6) 和 $M_i^{\mathrm{Nash}}(s, s) = 0$ 可以推出 $e_s^{\mathrm{T}} \cdot J_i^+ = 0^{\mathrm{T}}$。由改良可达矩阵的定义可得 $R_i^+(s) = \emptyset$，符合 Nash 稳定性的逻辑定义（定义 4.2）。

定理 4.3 提供了一种求解 Nash 稳定的矩阵思路，通过计算 Nash 矩阵对角线上的元素 $M_i^{\text{Nash}}(s,s)$ 来分析决策者 i 在状态 s 的 Nash 稳定性。如果 M_i^{Nash} 对角线上的第 s 个元素取值为 0，则决策者 i 在状态 s 是 Nash 稳定的；否则，状态 s 不是决策者 i 的 Nash 稳定解。Nash 稳定性的矩阵表达也适用于其他基本的稳定性定义。

案例 4.7 (可持续发展冲突 Nash 稳定性的矩阵表示)：案例 4.2 使用 Nash 稳定性的逻辑定义对可持续发展冲突模型进行了分析。根据图 3.4 中可持续发展冲突模型可知，DM_1 和 DM_2 的可达矩阵分别为

$$J_1 = \begin{pmatrix} 0 & 0 & 1 & 0 \\ 0 & 0 & 0 & 1 \\ 1 & 0 & 0 & 0 \\ 0 & 1 & 0 & 0 \end{pmatrix} \text{ 和 } J_2 = \begin{pmatrix} 0 & 1 & 0 & 0 \\ 1 & 0 & 0 & 0 \\ 0 & 0 & 0 & 1 \\ 0 & 0 & 1 & 0 \end{pmatrix} \tag{4.7}$$

根据定义 4.12，可得两个决策者的改良偏好矩阵分别为

$$P_1^+ = \begin{pmatrix} 0 & 0 & 0 & 0 \\ 1 & 0 & 1 & 0 \\ 1 & 0 & 0 & 0 \\ 1 & 1 & 1 & 0 \end{pmatrix} \text{ 和 } P_2^+ = \begin{pmatrix} 0 & 0 & 1 & 0 \\ 1 & 0 & 1 & 1 \\ 0 & 0 & 0 & 0 \\ 1 & 0 & 1 & 0 \end{pmatrix} \tag{4.8}$$

由 $J_i^+ = J_i \circ P_i^+$ $(i=1,2)$，可得两个决策者的改良可达矩阵为

$$J_1^+ = \begin{pmatrix} 0 & 0 & 0 & 0 \\ 0 & 0 & 0 & 0 \\ 1 & 0 & 0 & 0 \\ 0 & 1 & 0 & 0 \end{pmatrix} \text{ 和 } J_2^+ = \begin{pmatrix} 0 & 0 & 0 & 0 \\ 1 & 0 & 0 & 0 \\ 0 & 0 & 0 & 0 \\ 0 & 0 & 1 & 0 \end{pmatrix} \tag{4.9}$$

根据式 (4.6)，可以计算得到两个决策者的 Nash 矩阵：

$$M_1^{\text{Nash}} = \begin{pmatrix} 0 & 0 & 0 & 0 \\ 0 & 0 & 0 & 0 \\ 0 & 0 & 1 & 0 \\ 0 & 0 & 0 & 1 \end{pmatrix} \text{ 和 } M_2^{\text{Nash}} = \begin{pmatrix} 0 & 0 & 0 & 0 \\ 0 & 1 & 0 & 0 \\ 0 & 0 & 0 & 0 \\ 0 & 0 & 0 & 1 \end{pmatrix}$$

由于 $M_1^{\text{Nash}}(1,1) = M_1^{\text{Nash}}(2,2) = 0$，$M_1^{\text{Nash}}(3,3) = M_1^{\text{Nash}}(4,4) = 1$，根据定理 4.3 可知，$DM_1$ 在状态 s_1 和 s_2 是 Nash 稳定的，但在状态 s_3 和 s_4 不是 Nash 稳

定的。同样可知，$M_2^{\text{Nash}}(1,1) = M_2^{\text{Nash}}(3,3) = 0$，$M_2^{\text{Nash}}(2,2) = M_2^{\text{Nash}}(4,4) = 1$，故 DM$_2$ 在状态 s_1 和 s_3 是 Nash 稳定的，但在状态 s_2 和 s_4 不是 Nash 稳定的。这些稳定性分析结果和案例 4.2 中使用 Nash 稳定性的逻辑定义得到的结果是一致的。

如果决策者 i 从状态 $s \in S$ 出发可以转移到的所有改良状态都被对手的反击遏制了，则 i 在状态 s 是 GMR 稳定的。令决策者 i 的对手为 $j \in N$ ($j \neq i$)，决策者 i 的 $m \times m$ 维的 GMR 矩阵可以定义为

$$M_i^{\text{GMR}} = J_i^+ \cdot \{E - \text{sign} \left[J_j \cdot (P_i^{-,=})^{\text{T}} \right] \} \tag{4.10}$$

下面给出判断决策者 i 在状态 s 是不是 GMR 稳定的方法。

定理 4.4：当且仅当 $M_i^{\text{GMR}}(s,s) = 0$ 时，状态 $s \in S$ 对决策者 i 来说是 GMR 稳定的。

证明：由于

$$
\begin{aligned}
M_i^{\text{GMR}}(s,s) &= (e_s^{\text{T}} \cdot J_i^+) \cdot [(E - \text{sign} \left(J_j \cdot (P_i^{-,=})^{\text{T}} \right)) \cdot e_s] \\
&= \sum_{s_1=1}^{m} J_i^+(s, s_1) \cdot [1 - \text{sign} \left((e_{s_1}^{\text{T}} \cdot J_j) \cdot (e_s^{\text{T}} \cdot P_i^{-,=})^{\text{T}} \right)]
\end{aligned}
$$

如果 $M_i^{\text{GMR}}(s,s) = 0$ 成立，则

$$J_i^+(s, s_1) \cdot [1 - \text{sign} \left((e_{s_1}^{\text{T}} \cdot J_j) \cdot (e_s^{\text{T}} \cdot P_i^{-,=})^{\text{T}} \right)] = 0, \forall s_1 \in S \tag{4.11}$$

显然，式 (4.11) 等价于 $(e_{s_1}^{\text{T}} \cdot J_j) \cdot (e_s^{\text{T}} \cdot P_i^{-,=})^{\text{T}} \neq 0, \forall s_1 \in R_i^+(s)$。因此，对于任意 $s_1 \in R_i^+(s)$，对手 j 至少存在一个可达状态 $s_2 \in R_j(s_1)$，使得 $s \succeq_i s_2$。根据定义 4.3 可知，如果 $M_i^{\text{GMR}}(s,s) = 0$，则状态 s 是决策者 i 的 GMR 稳定解。

定理 4.4 表明，GMR 稳定性的矩阵表达方式与两个决策者情况下定义 4.3 中 GMR 稳定性的逻辑定义是等同的。为了分析决策者 i 在状态 s 的 GMR 稳定性，只需要判断 GMR 矩阵中对角线上元素 $M_i^{\text{GMR}}(s,s)$ 是否为 0。如果是，则决策者 i 在状态 s 是 GMR 稳定的；否则，决策者 i 在状态 s 不是 GMR 稳定的。决策者 i 在所有状态的 GMR 稳定性都可以通过 GMR 矩阵对角线元素进行判断。

案例 4.8 (可持续发展冲突 GMR 稳定性的矩阵表示)：案例 4.3 使用 GMR 稳定性的逻辑定义对可持续发展冲突模型进行了分析。使用公式 $P_i^{-,=} = E - I - P_i^+$，可以得到以下偏好矩阵：

$$P_1^{-,=} = \begin{pmatrix} 1 & 1 & 1 & 1 \\ 1 & 1 & 1 & 1 \\ 1 & 1 & 1 & 1 \\ 1 & 1 & 1 & 1 \end{pmatrix} - \begin{pmatrix} 1 & 0 & 0 & 0 \\ 0 & 1 & 0 & 0 \\ 0 & 0 & 1 & 0 \\ 0 & 0 & 0 & 1 \end{pmatrix} - \begin{pmatrix} 0 & 0 & 0 & 0 \\ 1 & 0 & 1 & 0 \\ 1 & 0 & 0 & 0 \\ 1 & 1 & 1 & 0 \end{pmatrix} = \begin{pmatrix} 0 & 1 & 1 & 1 \\ 0 & 0 & 0 & 1 \\ 0 & 1 & 0 & 1 \\ 0 & 0 & 0 & 0 \end{pmatrix}$$

$$\tag{4.12}$$

$$P_2^{-,=} = \begin{pmatrix} 1 & 1 & 1 & 1 \\ 1 & 1 & 1 & 1 \\ 1 & 1 & 1 & 1 \\ 1 & 1 & 1 & 1 \end{pmatrix} - \begin{pmatrix} 1 & 0 & 0 & 0 \\ 0 & 1 & 0 & 0 \\ 0 & 0 & 1 & 0 \\ 0 & 0 & 0 & 1 \end{pmatrix} - \begin{pmatrix} 0 & 0 & 1 & 0 \\ 1 & 0 & 1 & 1 \\ 0 & 0 & 0 & 0 \\ 1 & 0 & 1 & 0 \end{pmatrix} = \begin{pmatrix} 0 & 1 & 0 & 1 \\ 0 & 0 & 0 & 0 \\ 1 & 1 & 0 & 1 \\ 0 & 1 & 0 & 0 \end{pmatrix}$$

$$\tag{4.13}$$

根据式 (4.10) 可得决策者 i 的 GMR 矩阵 $M_i^{\mathrm{GMR}} = J_i^+ \cdot \{E - \mathrm{sign}[J_j \cdot (P_i^{-,=})^{\mathrm{T}}]\}$，其中 $i, j = 1, 2$，故 DM_1 和 DM_2 的 GMR 矩阵分别为

$$M_1^{\mathrm{GMR}} = \begin{pmatrix} 0 & 0 & 0 & 0 \\ 0 & 0 & 0 & 0 \\ 1 & 0 & 0 & 0 \\ 0 & 1 & 0 & 0 \end{pmatrix} \cdot \left(\begin{pmatrix} 1 & 1 & 1 & 1 \\ 1 & 1 & 1 & 1 \\ 1 & 1 & 1 & 1 \\ 1 & 1 & 1 & 1 \end{pmatrix} \right.$$

$$\left. - \mathrm{sign}\left(\begin{pmatrix} 0 & 1 & 0 & 0 \\ 1 & 0 & 0 & 0 \\ 0 & 0 & 0 & 1 \\ 0 & 0 & 1 & 0 \end{pmatrix} \cdot \begin{pmatrix} 0 & 1 & 1 & 1 \\ 0 & 0 & 0 & 1 \\ 0 & 1 & 0 & 1 \\ 0 & 0 & 0 & 0 \end{pmatrix}^{\mathrm{T}} \right) \right) = \begin{pmatrix} 0 & 0 & 0 & 0 \\ 0 & 0 & 0 & 0 \\ 0 & 1 & 0 & 1 \\ 1 & 1 & 1 & 1 \end{pmatrix}$$

$$M_2^{\mathrm{GMR}} = \begin{pmatrix} 0 & 0 & 0 & 0 \\ 1 & 0 & 0 & 0 \\ 0 & 0 & 0 & 0 \\ 0 & 0 & 1 & 0 \end{pmatrix} \cdot \left(\begin{pmatrix} 1 & 1 & 1 & 1 \\ 1 & 1 & 1 & 1 \\ 1 & 1 & 1 & 1 \\ 1 & 1 & 1 & 1 \end{pmatrix} \right.$$

$$\left. - \mathrm{sign}\left(\begin{pmatrix} 0 & 0 & 1 & 0 \\ 0 & 0 & 0 & 1 \\ 1 & 0 & 0 & 0 \\ 0 & 1 & 0 & 0 \end{pmatrix} \cdot \begin{pmatrix} 0 & 1 & 0 & 1 \\ 0 & 0 & 0 & 0 \\ 1 & 1 & 0 & 1 \\ 0 & 1 & 0 & 0 \end{pmatrix}^{\mathrm{T}} \right) \right) = \begin{pmatrix} 0 & 0 & 0 & 0 \\ 1 & 1 & 1 & 1 \\ 0 & 0 & 0 & 0 \\ 1 & 1 & 0 & 1 \end{pmatrix}$$

由于 $M_1^{\mathrm{GMR}}(1,1) = M_1^{\mathrm{GMR}}(2,2) = M_1^{\mathrm{GMR}}(3,3) = 0$，$M_1^{\mathrm{GMR}}(4,4) \neq 0$，根据定理 4.4 可知，$\mathrm{DM}_1$ 在状态 s_1、s_2 和 s_3 是 GMR 稳定的，但在状态 s_4 不是 GMR 稳

定的。同样可知，$M_2^{\mathrm{GMR}}(1,1) = M_2^{\mathrm{GMR}}(3,3) = 0$，$M_2^{\mathrm{GMR}}(2,2) = M_2^{\mathrm{GMR}}(4,4) = 1$，故 DM_2 在状态 s_1 和 s_3 是 GMR 稳定，但在状态 s_2 和 s_4 不是 GMR 稳定的。这些稳定性分析结果和案例 4.3 中使用 GMR 稳定性的逻辑定义得到的结果是一致的。

SMR 稳定性是在 GMR 稳定性的基础上进一步考虑当局者 i 的移动情况，即当局者 i 是否有机会摆脱对手的反击制裁。令决策者 i 的对手为 $j \in N$（$j \neq i$），决策者 i 的 $m \times m$ 维的 SMR 矩阵可以定义为

$$M_i^{\mathrm{SMR}} = J_i^+ \cdot [E - \mathrm{sign}(Q)]$$

其中，

$$Q = J_j \cdot \left\{ (P_i^{-,=})^{\mathrm{T}} \circ \{ E - \mathrm{sign}[J_i \cdot (P_i^+)^{\mathrm{T}}] \} \right\}$$

下面给出如何使用 M_i^{SMR} 来判断决策者 i 在状态 s 的 SMR 稳定性的方法。

定理 4.5：当且仅当 $M_i^{\mathrm{SMR}}(s,s) = 0$ 时，状态 $s \in S$ 对决策者 i 来说是 SMR 稳定的。

证明：由于

$$M_i^{\mathrm{SMR}}(s,s) = (e_s^{\mathrm{T}} \cdot J_i^+) \cdot \{ [E - \mathrm{sign}(Q)] \cdot e_s \}$$

$$= \sum_{s_1=1}^{m} J_i^+(s,s_1) \{ 1 - \mathrm{sign}[Q(s_1,s)] \}$$

其中，

$$Q(s_1,s) = \sum_{s_2=1}^{m} J_j(s_1,s_2) \cdot W$$

$$W = P_i^{-,=}(s,s_2) \cdot \left[1 - \mathrm{sign} \left\{ \sum_{s_3=1}^{m} \left[J_i(s_2,s_3) \cdot P_i^+(s,s_3) \right] \right\} \right]$$

如果 $M_i^{\mathrm{SMR}}(s,s) = 0$ 成立，则 $Q(s_1,s) \neq 0, \forall s_1 \in R_i^+(s)$。这等价于：对于任意 $s_1 \in R_i^+(s)$，至少存在 $s_2 \in R_j(s_1)$，使得

$$P_i^{-,=}(s,s_2) \neq 0 \tag{4.14}$$

$$\sum_{s_3=1}^{m} J_i(s_2,s_3) \cdot P_i^+(s,s_3) = 0 \tag{4.15}$$

显然，对于任意 $s_1 \in R_i^+(s)$，至少存在 $s_2 \in R_j(s_1)$，使得式 (4.14) 和式 (4.15) 都成立。这意味着：对于任意 $s_1 \in R_i^+(s)$，至少存在 $s_2 \in R_j(s_1)$，使得 $s \succeq_i s_2$，并且对于所有的 $s_3 \in R_i(s_2)$，都有 $s \succeq_i s_3$。

定理 4.5 表明，SMR 稳定性的矩阵表达方式与定义 4.4 中两个决策者情况下 SMR 稳定性的逻辑定义是等同的。为了分析决策者 i 在状态 s 的 SMR 稳定性，只需要判断 SMR 矩阵中对角线上元素 $M_i^{\mathrm{SMR}}(s,s)$ 是否为 0。如果是，则决策者 i 在状态 s 是 SMR 稳定的；否则，决策者 i 在状态 s 不是 SMR 稳定的。

案例 4.9 (可持续发展冲突 SMR 稳定性的矩阵表示)：案例 4.4 使用 SMR 稳定性的逻辑定义对可持续发展冲突模型进行了分析。使用式 (4.7) ~ 式 (4.13) 和决策者 i 的 SMR 矩阵公式，可以计算得到

$$M_1^{\mathrm{SMR}} = \begin{pmatrix} 0 & 0 & 0 & 0 \\ 0 & 0 & 0 & 0 \\ 0 & 1 & 0 & 1 \\ 1 & 1 & 1 & 1 \end{pmatrix} \text{ 和 } M_2^{\mathrm{SMR}} = \begin{pmatrix} 0 & 0 & 0 & 0 \\ 1 & 1 & 1 & 1 \\ 0 & 0 & 0 & 0 \\ 1 & 1 & 0 & 1 \end{pmatrix}$$

由于 $M_1^{\mathrm{SMR}}(1,1) = M_1^{\mathrm{SMR}}(2,2) = M_1^{\mathrm{SMR}}(3,3) = 0$，$M_1^{\mathrm{SMR}}(4,4) \neq 0$，根据定理 4.5 可知，$\mathrm{DM}_1$ 在状态 s_1、s_2 和 s_3 是 SMR 稳定的，但在状态 s_4 不是 SMR 稳定的。同样可知，$M_2^{\mathrm{SMR}}(1,1) = M_2^{\mathrm{SMR}}(3,3) = 0$，$M_2^{\mathrm{SMR}}(2,2) = M_2^{\mathrm{SMR}}(4,4) = 1$，故 DM_2 在状态 s_1 和 s_3 是 SMR 稳定的，但在状态 s_2 和 s_4 不是 SMR 稳定的。这些稳定性分析结果和案例 4.4 中使用 SMR 稳定性的逻辑定义得到的结果是一致的。

SEQ 稳定性和 GMR 稳定性类似，但所有对手的反击都是理性的。令决策者 i 的对手为 $j \in N$（$j \neq i$），决策者 i 的 $m \times m$ 维的 SEQ 矩阵可以定义为

$$M_i^{\mathrm{SEQ}} = J_i^+ \cdot \{E - \mathrm{sign}[J_j^+ \cdot (P_i^{-,=})^{\mathrm{T}}]\}$$

下面给出如何使用 M_i^{SEQ} 来判断决策者 i 在状态 s 的 SEQ 稳定性的方法。

定理 4.6：当且仅当 $M_i^{\mathrm{SEQ}}(s,s) = 0$ 时，状态 $s \in S$ 对决策者 i 来说是 SEQ 稳定的。

证明：由于

$$M_i^{\mathrm{SEQ}}(s,s) = (e_s^{\mathrm{T}} J_i^+) \cdot [\{E - \mathrm{sign}[J_j^+ \cdot (P_i^{-,=})^{\mathrm{T}}]\} e_s]$$

$$= \sum_{s_1=1}^{|S|} J_i^+(s, s_1) \{1 - \mathrm{sign}[(e_{s_1}^{\mathrm{T}} J_i^+) \cdot (e_s^{\mathrm{T}} P_i^{-,=})^{\mathrm{T}}]\}$$

如果 $M_i^{\mathrm{SEQ}}(s,s) = 0$ 成立，则

$$J_i^+(s,s_1)\left\{1 - \mathrm{sign}\left[(e_{s_1}^{\mathrm{T}}J_j^+)\cdot(e_s^{\mathrm{T}}P_i^{-,=})^{\mathrm{T}}\right]\right\} = 0, \forall s_1 \in S \qquad (4.16)$$

显然，式 (4.16) 等价于 $(e_{s_1}^{\mathrm{T}}J_j^+)\cdot(e_s^{\mathrm{T}}P_i^{-,=})^{\mathrm{T}} \neq 0, \forall s_1 \in R_i^+(s)$。因此，对于任意 $s_1 \in R_i^+(s)$，对手 j 至少存在一个改良可达状态 $s_2 \in R_j^+(s_1)$，使得 $s \succeq_i s_2$。

SEQ 矩阵表达式和 GMR 矩阵表达式很类似，但在 SEQ 矩阵中对手的反击都是改良的（J_j^+）。

定理 4.6 表明，SEQ 稳定性的矩阵表达方式与定义 4.5 中两个决策者情况下 SEQ 稳定性的逻辑定义是等同的。为了分析决策者 i 在状态 s 的 SEQ 稳定性，只需要判断 SEQ 矩阵中对角线上元素 $M_i^{\mathrm{SEQ}}(s,s)$ 是否为 0。如果是，则决策者 i 在状态 s 是 SEQ 稳定的；否则，决策者 i 在状态 s 不是 SEQ 稳定的。

案例 4.10 (可持续发展冲突 SEQ 稳定性的矩阵表示)：案例 4.5 使用 SEQ 稳定性的逻辑定义对可持续发展冲突模型进行了分析。使用 J_i^+[式 (4.12)]、$P_i^{-,=}$[式 (4.12)] 和决策者 i 的 SEQ 矩阵公式，可以计算得到

$$M_1^{\mathrm{SEQ}} = \begin{pmatrix} 0 & 0 & 0 & 0 \\ 0 & 0 & 0 & 0 \\ 1 & 1 & 1 & 1 \\ 1 & 1 & 1 & 1 \end{pmatrix} \text{和} \ M_2^{\mathrm{SEQ}} = \begin{pmatrix} 0 & 0 & 0 & 0 \\ 1 & 1 & 1 & 1 \\ 0 & 0 & 0 & 0 \\ 1 & 1 & 0 & 1 \end{pmatrix}$$

由于 $M_1^{\mathrm{SEQ}}(1,1) = M_1^{\mathrm{SEQ}}(2,2) = 0$，$M_1^{\mathrm{SEQ}}(3,3) = M_1^{\mathrm{SEQ}}(4,4) = 1$，根据定理 4.6 可知，$\mathrm{DM}_1$ 在状态 s_1 和 s_2 是 SEQ 稳定的，但在状态 s_3 和 s_4 不是 SEQ 稳定的。同样可知，$M_2^{\mathrm{SEQ}}(1,1) = M_2^{\mathrm{SEQ}}(3,3) = 0$，$M_2^{\mathrm{SEQ}}(2,2) = M_2^{\mathrm{SEQ}}(4,4) = 1$，故 DM_2 在状态 s_1 和 s_3 是 SEQ 稳定的，但在状态 s_2 和 s_4 不是 SEQ 稳定的。这些稳定性分析结果和案例 4.5 中使用 SEQ 稳定性的逻辑定义得到的结果是一致的。

4.3.3　结盟可达集合的矩阵表示

稳定性分析的目的是找出图模型中对所有决策者都稳定的状态，即冲突的均衡解。在 4.2.2 节中介绍过，结盟 H 的可达集合 $R_H(s)$ 和改良可达集合 $R_H^+(s)$ 是稳定性分析的必要元素，两个集合的求解是一个复杂的过程。该部分将构造 $R_H(s)$ 和 $R_H^+(s)$ 的矩阵代数表示形式：可达矩阵 M_H 和改良可达矩阵 M_H^+(Xu et al., 2010b)。

1. 图模型的几个拓展定义

将邻接矩阵和关联矩阵引入图模型 (Godsil and Royle, 2001) 中。令 $m = |S|$，$l = |A|$，$s,q \in S$。

定义 4.14： 在图模型 G 中，结盟 $H \subseteq N$（$H \neq \emptyset$）的可达邻接矩阵和改良可达邻接矩阵都是 $m \times m$ 维的矩阵，分别记为 J_H 和 J_H^+，其中，

$$J_H(s,q) = \begin{cases} 1, & \text{如果对于部分 } i \in H, d_i(s,q) \in A \\ 0, & \text{其他} \end{cases}$$

$$J_H^+(s,q) = \begin{cases} 1, & \text{如果对于部分 } i \in H, d_i(s,q) \in A^+ \\ 0, & \text{其他} \end{cases}$$

其中，$d_i(s,q)$ 表示由决策者 i 控制的弧线 (s,q)。

如果 $H = i$，则 $J_H(s,q)$ 退化为 $J_i(s,q)$，即表示决策者 i 的有向图中状态 s 和 q 之间存在邻接关系。

定义 4.15： 在图模型 G 中，令 $s \in S$，$a \in A$，可达关联矩阵 B 和改良可达关联矩阵 B^+ 都是 $m \times l$ 的矩阵，其中，

$$B(s,a) = \begin{cases} -1, & \text{如果对于部分 } i \in N \text{ 和 } x \in S, a = d_i(s,x) \in A \\ 1, & \text{如果对于部分 } i \in N \text{ 和 } x \in S, a = d_i(x,s) \in A \\ 0, & \text{其他} \end{cases}$$

$$B^+(s,a) = \begin{cases} -1, & \text{如果对于部分 } i \in N \text{ 和 } x \in S, a = d_i(s,x) \in A^+ \\ 1, & \text{如果对于部分 } i \in N \text{ 和 } x \in S, a = d_i(x,s) \in A^+ \\ 0, & \text{其他} \end{cases}$$

根据是否考虑偏好信息，关联矩阵有两种拓展形式。

根据可达关联矩阵元素的符号，可以将其进一步划分为可达入关联矩阵和可达出关联矩阵。

定义 4.16： 在图模型 G 中，令 $s \in S$，$a \in A$，可达入关联矩阵 B_{in} 和可达出关联矩阵 B_{out} 都是 $m \times l$ 的矩阵，其中，

$$B_{\text{in}}(s,a) = \begin{cases} 1, & \text{如果对于部分 } i \in N \text{ 和 } x \in S, a = d_i(x,s) \in A \\ 0, & \text{其他} \end{cases}$$

$$B_{\text{out}}(s,a) = \begin{cases} 1, & \text{如果对于部分 } i \in N \text{ 和 } x \in S, a = d_i(s,x) \in A \\ 0, & \text{其他} \end{cases}$$

显然，$B_{\text{in}} = (B + |B|)/2$，$B_{\text{out}} = (|B| - B)/2$，其中，$|B|$ 表示对 B 中的每个元素都取其绝对值。同样可以定义改良可达入关联矩阵 B_{in}^+ 和改良可达出关联矩阵 B_{out}^+。

可达邻接矩阵、改良可达邻接矩阵、可达关联矩阵和改良可达关联矩阵之间
具有如下关系。

定理 4.7：在图模型 G 中，J_H 和 J_H^+ 分别表示可达邻接矩阵和改良可达邻
接矩阵，B_{in} 和 B_{out} 分别表示可达入关联矩阵和可达出关联矩阵，B_{in}^+ 和 B_{out}^+ 分
别表示改良可达入关联矩阵和改良可达出关联矩阵，则

$$J_H = B_{\text{out}} \cdot I_H \cdot (B_{\text{in}})^{\text{T}}, \ J_H^+ = B_{\text{out}}^+ \cdot I_H \cdot (B_{\text{in}}^+)^{\text{T}}$$

其中，I_H 是一个 $l \times l$ 的对角矩阵。如果 $a_k = d_i(s,q)$ 且 $i \in H$，则 $I_H(k,k) = 1$；否则 $I_H(k,k) = 0$。注意：当且仅当弧线 a_k 由决策者 i 控制时，对角矩
阵 I_H 的第 (k,k) 个元素的取值为 1。否则，所有对角及非对角元素的取值均
为 0。

根据代数图论 (Godsil and Royle, 2001)，很容易理解定理 4.7。下面将定义
两个重要的矩阵，能将第 9 章的冲突演化和图模型的冲突消解关联起来。

定义 4.17：在图模型 G 中，结盟 H 的有效可达边连矩阵 LJ_H 和改良可达
边连矩阵 LJ_H^+ 都是 $l \times l$ 的矩阵，其中，

$$\text{LJ}_H(a,b) = \begin{cases} 1, & \text{如果边 } a \in A \text{ 和边 } b \in A \text{ 在 IG}(G) \text{ 中是相连的,} \\ & \text{且由 } H \text{ 中的不同决策者控制} \\ 0, & \text{其他} \end{cases}$$

$$\text{LJ}_H^+(a,b) = \begin{cases} 1, & \text{如果边 } a \in A^+ \text{ 和边 } b \in A^+ \text{ 在 IG}(G) \text{ 中是相连的,} \\ & \text{且由 } H \text{ 中的不同决策者控制} \\ 0, & \text{其他} \end{cases}$$

如果 $H = N$，则 LJ_N 和 LJ_N^+ 可以分别写成 LJ 和 LJ$^+$。

令 D_i 和 D_i^+ 为 $l \times l$ 的对角矩阵，其中，

$$D_i(k,k) = \begin{cases} 1, & \text{如果 } s,q \in S, \text{且 } a_k \in A, a_k = d_i(s,q) \\ 0, & \text{其他} \end{cases}$$

$$D_i^+(k,k) = \begin{cases} 1, & \text{如果 } s,q \in S, \text{且 } a_k \in A^+, a_k = d_i(s,q) \\ 0, & \text{其他} \end{cases}$$

基于定义 4.16 和定义 4.17，下面给出计算有效可达边连矩阵和改良可达边
连矩阵的定理。

定理 4.8：在图模型 G 中，令 B_{in} 和 B_{out} 分别表示可达入关联矩阵和可达出关联矩阵，B_{in}^+ 和 B_{out}^+ 分别表示改良可达入关联矩阵和改良可达出关联矩阵，则结盟 H 的有效可达边连矩阵 LJ_H 和改良可达边连矩阵 LJ_H^+ 可以分别表示为

$$\text{LJ}_H = \bigvee_{i,j \in H, i \neq j} [(B_{\text{in}} \cdot D_i)^{\text{T}} \cdot (B_{\text{out}} \cdot D_j)]$$

$$\text{LJ}_H^+ = \bigvee_{i,j \in H, i \neq j} [(B_{\text{in}}^+ \cdot D_i^+)^{\text{T}} \cdot (B_{\text{out}}^+ \cdot D_j^+)]$$

证明：令 $M = \bigvee\limits_{i,j \in H, i \neq j} [(B_{\text{in}} \cdot D_i)^{\text{T}} \cdot (B_{\text{out}} \cdot D_j)]$，则矩阵 M 的元素 (a_k, a_h) 可以表示为

$$M(a_k, a_h) = \text{sign} \left[\sum_{i,j \in H, i \neq j} \sum_{q=1}^{m} \big(B_{\text{in}}(q, a_k) \cdot D_i(k, k) \cdot B_{\text{out}}(q, a_h) \cdot D_j(h, h) \big) \right]$$

其中，$a_k, a_h \in A$；$q \in S$。

如果 $M(a_k, a_h) \neq 0$，则对于部分 $q \in S$，有 $B_{\text{in}}(q, a_k) \cdot B_{\text{out}}(q, a_h) \neq 0$，使得 $a_k = d_i(s, q)$，$a_h = d_j(q, u)$，其中 $s, u \in S$，$i, j \in H$，$i \neq j$。根据 $M(a_k, a_h) \neq 0$ 可知，边 a_k 和边 a_h 在 $\text{IG}(G)$ 中是相连的，且由 H 中的不同决策者控制（图 4.5）。基于矩阵 LJ 的定义，由 $M(a_k, a_h) \neq 0$ 可以推出 $\text{LJ}_H(a_k, a_h) \neq 0$。由于 M 和 LJ_H 都是 0-1 矩阵，则 $\text{LJ}_H = \bigvee\limits_{i,j \in H, i \neq j} [(B_{\text{in}} \cdot D_i)^{\text{T}} \cdot (B_{\text{out}} \cdot D_j)]$ 成立。$\text{LJ}_H^+ = \bigvee\limits_{i,j \in H, i \neq j} [(B_{\text{in}}^+ \cdot D_i^+)^{\text{T}} \cdot (B_{\text{out}}^+ \cdot D_j^+)]$ 的证明过程类似。

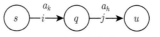

图 4.5 $\text{IG}(G)$ 中相连的边 a_k 和边 a_h

显然，当同一个弧线出现两次时，分支路径上的单边移动将终止。一般来说，如果没有产生新的弧线，则对应节点的移动将终止。因此，引理 4.1 是显而易见的。在引理 4.1 中，令 $l = |A|$，$l^+ = |A^+|$。

引理 4.1：在图模型 G 中，令 $H \subseteq N$，$R_H(s)$ 和 $R_H^+(s)$ 分别为结盟 H 在状态 s 的可达集合和改良可达集合，δ_1 和 δ_2 分别为计算 $R_H(s)$ 和 $R_H^+(s)$ 所需的迭代次数，则 $\delta_1 \leqslant l$，$\delta_2 \leqslant l^+$。

引理 4.2：在图模型 G 中，令 t 为一个非负整数，固定 $a, b \in A$。矩阵 $(\text{LJ}_H)^{\text{T}}$ 的元素 (a, b) 记为 $(\text{LJ}_H)^{\text{T}}(a, b)$，等价于结盟 H 在图模型 G 中从边 a 到边 b 经过 t 步单边转移的有效路径数量。

可以使用下面的归纳法论证引理 4.2。

证明： 当 $t = 1$ 时，引理 4.2 显然成立。$(\mathrm{LJ}_H)^1(a, b)$ 等于从边 a 到边 b 经过 1 步单边转移的有效路径数量。

假设 $t = r$ 时，结论成立。那么，当 $t = r + 1$ 时，$(\mathrm{LJ}_H)^{r+1}(a_k, a_h) = \sum_{w=1}^{l} [(\mathrm{LJ}_H)^r(a_k, a_w) \cdot \mathrm{LJ}_H(a_w, a_h)]$。根据归纳假设，$(\mathrm{LJ}_H)^r(a_k, a_w)$ 表示从边 a_k 到边 a_w 经过 r 步单边转移的有效路径数量，$\mathrm{LJ}_H(a_w, a_h)$ 表示从边 a_w 到边 a_h 经过一步单边转移的有效路径数量。因此，$(\mathrm{LJ}_H)^r(a_k, a_w) \cdot \mathrm{LJ}_H(a_w, a_h)$ 表示从边 a_k 到边 a_h 经过 $r+1$ 步单边转移的有效路径数量。所以 $\sum_{w=1}^{l} [(\mathrm{LJ}_H)^r(a_k, a_w) \cdot \mathrm{LJ}_H(a_w, a_h)]$ 是从边 a_k 到边 a_h 经过 $r+1$ 步单边转移的有效路径的总数量。

综上，$(\mathrm{LJ}_H)^{\mathrm{T}}(a, b)$ 表示结盟 H 在图模型 G 中从边 a 到边 b 经过 t 步单边转移的有效路径数量。

令 $u, s, q, v \in S$，$i, j \in H$。如果 $a = d_i(u, s)$，$b = d_j(q, v)$，则 H 从边 u 到边 v 经过 $t+1$ 步单边转移的有效路径数量至少为 $(\mathrm{LJ}_H)^{\mathrm{T}}(a, b)$。事实上，$(\mathrm{LJ}_H)^{\mathrm{T}}(a, b)$ 是从起始边 a 到终止边 b 经过 t 步单边转移的有效路径数量。同样地，$(\mathrm{LJ}_H^+)^{\mathrm{T}}(a, b)$ 表示从起始边 a 到终止边 b 经过 t 步单边改良转移的有效路径数量。例如，图 4.6(a) 是图 4.3 中从边 a_1 到边 a_4 经过 5 步单边转移的路径，其中 $a_1 = d_1(s_1, s_2)$，$a_4 = d_2(s_3, s_6)$。图 4.6(b) 是对应的从状态 s_1 到 s_6 长度为 6 的状态转移路径，起始边为 a_1，终止边为 a_4。

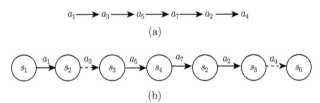

(b)

图 4.6　弧线边连接路径和状态转移路径

可达关联矩阵 B 和改良可达关联矩阵 B^+ 分别描述了决策者通过一步单边移动和单边改良移动可达的状态情况。有效可达边连矩阵 LJ 和改良可达边连矩阵 LJ^+ 则分别刻画了战略冲突中通过单边移动和单边改良移动所有的长度大于 1 的演化路径。第 9 章将对冲突演化问题进行详细介绍。

案例 4.11： 下面计算图 4.3 中图模型的有效可达边连矩阵和改良可达边连矩阵 (Xu et al., 2010b)。

根据图 4.3 可知，可达关联矩阵 B 可以表示为

$$
B = \begin{pmatrix}
-1 & 0 & 0 & 0 & 0 & 0 & 0 \\
1 & -1 & -1 & 0 & 0 & 0 & 1 \\
0 & 1 & 1 & -1 & -1 & 0 & 0 \\
0 & 0 & 0 & 0 & 1 & -1 & -1 \\
0 & 0 & 0 & 0 & 0 & 1 & 0 \\
0 & 0 & 0 & 1 & 0 & 0 & 0
\end{pmatrix}
$$

故可达入关联矩阵 B_{in} 和可达出关联矩阵 B_{out} 分别为

$$
B_{\text{in}} = \begin{pmatrix}
0 & 0 & 0 & 0 & 0 & 0 & 0 \\
1 & 0 & 0 & 0 & 0 & 0 & 1 \\
0 & 1 & 1 & 0 & 0 & 0 & 0 \\
0 & 0 & 0 & 0 & 1 & 0 & 0 \\
0 & 0 & 0 & 0 & 0 & 1 & 0 \\
0 & 0 & 0 & 1 & 0 & 0 & 0
\end{pmatrix}
$$

$$
B_{\text{out}} = \begin{pmatrix}
1 & 0 & 0 & 0 & 0 & 0 & 0 \\
0 & 1 & 1 & 0 & 0 & 0 & 0 \\
0 & 0 & 0 & 1 & 1 & 0 & 0 \\
0 & 0 & 0 & 0 & 0 & 1 & 1 \\
0 & 0 & 0 & 0 & 0 & 0 & 0 \\
0 & 0 & 0 & 0 & 0 & 0 & 0
\end{pmatrix}
$$

根据定理 4.8，有效可达边连矩阵和改良可达边连矩阵可以表示为

$$
\text{LJ} = \begin{pmatrix}
0 & 0 & 1 & 0 & 0 & 0 & 0 \\
0 & 0 & 0 & 1 & 1 & 0 & 0 \\
0 & 0 & 0 & 0 & 1 & 0 & 0 \\
0 & 0 & 0 & 0 & 0 & 0 & 0 \\
0 & 0 & 0 & 0 & 0 & 0 & 1 \\
0 & 0 & 0 & 0 & 0 & 0 & 0 \\
0 & 1 & 1 & 0 & 0 & 0 & 0
\end{pmatrix}
$$

$$LJ^+ = \begin{pmatrix} 0 & 0 & 1 & 0 & 0 & 0 & 0 \\ 0 & 0 & 0 & 0 & 0 & 0 & 0 \\ 0 & 0 & 0 & 0 & 1 & 0 & 0 \\ 0 & 0 & 0 & 0 & 0 & 0 & 0 \\ 0 & 0 & 0 & 0 & 0 & 0 & 1 \\ 0 & 0 & 0 & 0 & 0 & 0 & 0 \\ 0 & 0 & 1 & 0 & 0 & 0 & 0 \end{pmatrix}$$

通过搜索矩阵 LJ 中非零的元素，可以得到从边 a_1 到边 a_4 单边移动演化路径，如图 4.7 所示。由于在矩阵 LJ 的第七行只有两个非零元素，故在图 4.7 中边 a_7 的后面出现了两个分支：边 a_2 到边 a_3。然而，边 a_3 在前面的路径中已经出现过一次，所以上面的分支在边 a_3 处结束。同样地，下面的分支经过边 a_2 之后在边 a_5 处结束。由于边 a_4 不是单边改良移动，故有效单边改良移动路径不能到达边 a_4，即从状态 s_1 不能达到状态 s_6。

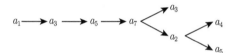

图 4.7　从边 a_1 到边 a_4 单边移动演化路径

2. 结盟可达集合的可达矩阵

定义 4.18：在图模型 G 中，结盟 H 的 t ($t = 1, 2, 3, \cdots$) 步单边移动可达矩阵和单边改良移动可达矩阵都是 $m \times m$ 维的矩阵，其中，

$$M_H^{(t)}(s, q) = \begin{cases} 1, & \text{如果 } H \text{ 从 } s \in S \text{ 转移到 } q \in S \text{ 经过了 } t \text{ 步有效单边移动} \\ 0, & \text{其他} \end{cases}$$

$$M_H^{(t,+)}(s, q) = \begin{cases} 1, & \text{如果 } H \text{ 从 } s \in S \text{ 转移到 } q \in S \text{ 经过了 } t \text{ 步有效单边改良移动} \\ 0, & \text{其他} \end{cases}$$

显然，$M_H^{(1)} = J_H$，$M_H^{(1,+)} = J_H^+$。可以使用下面的引理来构造 t 步单边移动可达矩阵和单边改良移动可达矩阵。

引理 4.3：在图模型 G 中，令 B_{in} 和 B_{out} 分别表示可达入关联矩阵和可达出关联矩阵，LJ_H 和 LJ_H^+ 分别为结盟 H 的有效可达边连矩阵和改良可达边连矩阵。当 $t \geqslant 2$ 时，H 的 t 步单边移动可达矩阵和单边改良移动可达矩阵可以分别表示为

$$M_H^{(t)} = \text{sign}[B_{\text{out}} \cdot (\text{LJ}_H)^{t-1} \cdot B_{\text{in}}^{\text{T}}] \text{ 和 } M_H^{(t,+)} = \text{sign}[B_{\text{out}}^+ \cdot (\text{LJ}_H^+)^{t-1} \cdot (B_{\text{in}}^+)^{\text{T}}]$$

证明： 根据定义 4.18 可知，如果结盟 H 经过 t 步单边移动可以从状态 u 达到状态 v，则 $M_H^{(t)}(u,v) = 1$。令 $(\text{LJ}_H)^{t-1} = Q$，$W = \text{sign}[B_{\text{out}} \cdot Q \cdot B_{\text{in}}^{\text{T}}]$，则由 $W(u,v) \neq 0$ 可以推出至少存在 $Q(a,b) \neq 0$ 使得 $a = d_i(u,s)$ 和 $b = d_j(q,v)$，其中 $a,b \in A$，$i,j \in H$，$s,q,u,v \in S$。根据引理 4.2 可知，$Q(a,b) \neq 0$ 意味着结盟 H 经过 t 步单边移动可以从状态 u 达到状态 v。因此，如果 $W(u,v) \neq 0$，则 $M_H^{(t)}(u,v) = 1$。由于 $M_H^{(t)}$ 和 W 都是 0-1 矩阵，故 $M_H^{(t)} = \text{sign}[B_{\text{out}} \cdot (\text{LJ})^{t-1} \cdot B_{\text{in}}^{\text{T}}]$。同样可以证明 $M_H^{(t,+)} = \text{sign}[B_{\text{out}}^+ \cdot (\text{LJ}_H^+)^{t-1} \cdot (B_{\text{in}}^+)^{\text{T}}]$。

定义 4.19： 在图模型 G 中，结盟 H 的单边移动可达矩阵和单边改良移动可达矩阵都是 $m \times m$ 维的矩阵，分别记为 M_H 和 M_H^+，其中，

$$M_H(s,q) = \begin{cases} 1, & \text{如果 } q \in R_H(s) \\ 0, & \text{其他} \end{cases}$$

$$M_H^+(s,q) = \begin{cases} 1, & \text{如果 } q \in R_H^+(s) \\ 0, & \text{其他} \end{cases}$$

显然，$R_H(s) = \{q : M_H(s,q) = 1\}$，$R_H^+(s) = \{q : M_H^+(s,q) = 1\}$。如果将 $R_H(s)$ 和 $R_H^+(s)$ 写成 0-1 行向量的形式，则 $R_H(s) = e_s^{\text{T}} \cdot M_H$，$R_H^+(s) = e_s^{\text{T}} \cdot M_H^+$，其中 e_s^{T} 表示 m 维欧几里得空间中第 s 个标准基向量的转置。因此，结盟 H 的可达矩阵 M_H 和改良可达矩阵 M_H^+ 可以分别用来表示 H 在状态 s 的可达集合 $R_H(s)$ 和改良可达集合 $R_H^+(s)$。根据引理 4.4，可以计算出结盟 H 的可达矩阵。

引理 4.4： 在图模型 G 中，令 $M_H^{(t)}$ 和 $M_H^{(t,+)}$ 分别表示结盟 H 的 t 步单边移动可达矩阵和单边改良移动可达矩阵，则 H 的可达矩阵和改良可达矩阵分别为

$$M_H = \bigvee_{t=1}^{l} M_H^{(t)}, \; M_H^+ = \bigvee_{t=1}^{l^+} M_H^{(t,+)}$$

证明： 令 $C = \bigvee_{t=1}^{l} M_H^{(t)}$。根据 M_H 的定义可知，$M_H(u,v) \neq 0$ 意味着结盟 H 可以经过一连串的有效单边移动从状态 u 转移到状态 v。由引理 4.1 可得 $l \geqslant \delta_1$，故 $M_H(u,v) \neq 0$ 表明至少存在 $1 \leqslant t_0 \leqslant \delta_1 \leqslant l$ 使得结盟 H 可以经过 t_0 步有效单边移动从状态 u 转移到状态 v。根据定义 4.18，可进一步得到 $M_H^{(t_0)}(u,v) = 1$。因此，由 $M_H(u,v) \neq 0$ 可以推出 $C(u,v) \neq 0$。由于 M_H 和 C 都是 0-1 矩阵，故 $M_H = \bigvee_{t=1}^{l} M_H^{(t)}$ 成立。同样可以证明 $M_H^+ = \bigvee_{t=1}^{l^+} M_H^{(t,+)}$。

引理 4.5： 在图模型 G 中，LJ_H 和 LJ_H^+ 分别表示结盟的有效可达边连矩阵和改良可达边连矩阵，则

（1）　$(\text{LJ}_H + I)^n = \sum\limits_{t=0}^{n} C_n^{\text{T}} \cdot (\text{LJ}_H)^{\text{T}}$。

（2）　$(\text{LJ}_H^+ + I)^n = \sum\limits_{t=0}^{n} C_n^{\text{T}} \cdot (\text{LJ}_H^+)^{\text{T}}$。

其中，常数 $C_n^{\text{T}} = \begin{pmatrix} n \\ t \end{pmatrix} = \dfrac{n \cdot (n-1) \cdots (n-t+1)}{t!}$，$(\text{LJ}_H)^0 = (\text{LJ}_H^+)^0 = I_H$，$I$ 为单位矩阵。

引理 4.5 在矩阵论中是很显然的。基于此，可以建立结盟 H 的可达矩阵和边连矩阵之间的逻辑关系，如定理 4.9 所示。

定理 4.9： 在图模型 G 中，令 I 为单位矩阵，LJ_H 和 LJ_H^+ 分别表示结盟 H 的有效可达边连矩阵和改良可达边连矩阵，H 的可达矩阵和改良可达矩阵可以分别表示为

$$M_H = \text{sign}[B_{\text{out}} \cdot (\text{LJ}_H + I)^{l-1} \cdot B_{\text{in}}^{\text{T}}], \quad M_H^+ = \text{sign}[B_{\text{out}}^+ \cdot (\text{LJ}_H^+ + I)^{l^+ - 1} \cdot (B_{\text{in}}^+)^{\text{T}}]$$

证明： 令 $Q = \text{sign}[B_{\text{out}} \cdot (\text{LJ}_H + I)^{l-1} \cdot B_{\text{in}}^{\text{T}}]$。根据引理 4.5 可知，$C_{l-1}^{\text{T}} > 0$，则

$$Q = \text{sign}\left[\sum_{t=0}^{l-1} C_{l-1}^{\text{T}} \cdot B_{\text{out}} \cdot (\text{LJ}_H)^{\text{T}} \cdot B_{\text{in}}^{\text{T}}\right]$$

$$= (B_{\text{out}} \cdot I_H \cdot B_{\text{in}}^{\text{T}}) \bigvee \text{sign}\left[\sum_{t=1}^{l-1} B_{\text{out}} \cdot (\text{LJ}_H)^{\text{T}} \cdot B_{\text{in}}^{\text{T}}\right]$$

根据引理 4.3 和定理 4.7 可知，

$$Q = J_H \bigvee \left(\bigvee_{t=1}^{l-1} M_H^{(t+1)}\right) = \bigvee_{t=1}^{l} M_H^{(t)}$$

由引理 4.4 可得 $M_H = \text{sign}[B_{\text{out}} \cdot (\text{LJ}_H + I)^{l-1} \cdot B_{\text{in}}^{\text{T}}]$。

同理可以证明 $M_H^+ = \text{sign}[B_{\text{out}}^+ \cdot (LA^+ + I)^{l^+ - 1} \cdot (B_{\text{in}}^+)^{\text{T}}]$。

稳定性分析的目的是得到图模型的均衡解，即在某些稳定性定义下对所有决策者都稳定的冲突状态。结盟 H 的可达集合 $R_H(s)$ 和改良可达集合 $R_H^+(s)$ 是稳定性分析的重要组成部分，这两个集合的计算是一个复杂的过程 (Fang et al., 1993)。此处提供了利用基于关联矩阵 B 的可达矩阵 M_H 和 M_H^+ 来求解 $R_H(s)$ 和 $R_H^+(s)$ 的代数方法。第 5 章的定理 5.20 将介绍另一种基于邻接矩阵 J 的代数方法。

案例 4.12：在图 4.3 中，决策者集合为 $N = \{1, 2, 3, 4\}$，可行状态集合为 $S = \{s_1, s_2, s_3, s_4, s_5, s_6\}$。根据定理 4.9，可以计算出 N 的可达矩阵为

$$M_N = \text{sign}[B_{\text{out}} \cdot (\text{LJ} + I)^{l-1} \cdot B_{\text{in}}^{\text{T}}] = \begin{pmatrix} 0 & 1 & 1 & 1 & 0 & 1 \\ 0 & 0 & 1 & 1 & 1 & 0 & 1 \\ 0 & 1 & 0 & 1 & 0 & 1 \\ 0 & 1 & 1 & 0 & 1 & 1 \\ 0 & 0 & 0 & 0 & 0 & 0 \\ 0 & 0 & 0 & 0 & 0 & 0 \end{pmatrix}$$

其中，B_{out}、B_{in} 和 LJ 在案例 4.11 中已给出。同样地，可以得到 N 的改良可达矩阵为

$$M_N^+ = \begin{pmatrix} 0 & 1 & 1 & 1 & 0 & 0 \\ 0 & 0 & 1 & 1 & 0 & 0 \\ 0 & 1 & 0 & 1 & 0 & 0 \\ 0 & 1 & 1 & 0 & 1 & 0 \\ 0 & 0 & 0 & 0 & 0 & 0 \\ 0 & 0 & 0 & 0 & 0 & 0 \end{pmatrix}$$

如果将 $s = s_1$ 作为初始状态，则 $H = N$ 在状态 s_1 的可达集合 $R_N(s_1)$ 和改良可达集合 $R_N^+(s_1)$ 可以分别通过以下公式计算：$R_H(s_1) = \{q : M_H(s_1, q) = 1\}$，$R_H^+(s_1) = \{q : M_H^+(s_1, q) = 1\}$。计算可得，$R_N(s_1) = \{s_2, s_3, s_4, s_6\}$，$R_N^+(s_1) = \{s_2, s_3, s_4\}$。

定理 4.9 提供了一种计算结盟可达集合的代数方法。下面部分将介绍多个决策者情况下图模型稳定性的矩阵表达方法。

4.3.4　多个决策者的情况

在图模型可达矩阵和偏好矩阵的基础上，可以构造 Nash、GMR、SMR 和 SEQ 四种基本稳定性逻辑定义所对应的矩阵表达式。在下面的定理中，令 $i \in N$，$|N| = n$，$|S| = m$。由于 Nash 稳定性不考虑对手的反击，所以 n 个决策者情况下图模型的 Nash 稳定性和两个决策者情况下的相同。n 个决策者情况下稳定性矩阵中所用到的符号和两个决策者的情况 (4.3.2 节) 是一样的。在 GMR 稳定性中，决策者 i 考虑到对手可能的反击，即 $N \backslash \{i\}$ 中决策者一连串的有效单边移动。列出决策者 i 的改良可达矩阵 J_i^+，并使用定理 4.9 计算对手 $H = N \backslash \{i\}$ 的单边移动可达矩阵 $M_{N \backslash \{i\}}$。决策者 i 的 $m \times m$ 维的 GMR 矩阵可以定义为

$$M_i^{\text{GMR}} = J_i^+ \cdot \left\{ E - \text{sign}\left[M_{N-i} \cdot (P_i^{-,=})^{\text{T}} \right] \right\}$$

定理 4.10：当且仅当 $M_i^{\mathrm{GMR}}(s,s) = 0$ 时，状态 $s \in S$ 对决策者 i 来说是 GMR 稳定的，记为 $s \in S_i^{\mathrm{GMR}}$。

证明：由于矩阵 M_i^{GMR} 的对角线元素

$$M_i^{\mathrm{GMR}}(s,s) = \big\langle (J_i^+)^{\mathrm{T}} e_s, \{E - \mathrm{sign}[M_{N-\{i\}} \cdot (P_i^{-,=})^{\mathrm{T}}]\} e_s \big\rangle$$

$$= \sum_{s_1=1}^{m} J_i^+(s,s_1) \big[1 - \mathrm{sign}\big(\langle (M_{N\backslash\{i\}})^{\mathrm{T}} e_{s_1}, (P_i^{-,=})^{\mathrm{T}} e_s \rangle \big) \big]$$

如果 $M_i^{\mathrm{GMR}}(s,s) = 0$ 成立，则

$$J_i^+(s,s_1) \big[1 - \mathrm{sign}\big(\langle (M_{N\backslash\{i\}})^{\mathrm{T}} e_{s_1}, (P_i^{-,=})^{\mathrm{T}} e_s \rangle \big) \big] = 0, \forall s_1 \in S$$

进一步可得

$$(e_{s_1}^{\mathrm{T}} M_{N\backslash\{i\}}) \cdot (e_s^{\mathrm{T}} P_i^{-,=})^{\mathrm{T}} \neq 0, \forall s_1 \in R_i^+(s) \tag{4.17}$$

式 (4.17) 表明：对于任意 $s_1 \in R_i^+(s)$，对手至少存在一个状态 $s_2 \in S$，使得一个 m 维的行向量 $e_{s_1}^{\mathrm{T}} \cdot M_{N\backslash\{i\}}$ 中的第 s_2 个元素值为 1 和一个 m 维的列向量 $(P_i^{-,=})^{\mathrm{T}} \cdot e_s$ 中的第 s_2 个元素值为 1。因此，如果 $M_i^{\mathrm{GMR}}(s,s) = 0$，则对于任意 $s_1 \in R_i^+(s)$，对手至少存在一个可达状态 $s_2 \in R_{N\backslash\{i\}}(s_1)$，使得 $s \succeq_i s_2$。

n 个决策者情况下图模型的 SMR 稳定性与两个决策者情况下的类似，唯一的变化是对手不再只是一个决策者。令 $G = (P_i^{-,=})^{\mathrm{T}} \circ [E - \mathrm{sign}(J_i \cdot (P_i^+)^{\mathrm{T}})]$，则决策者 i 的 $m \times m$ 维的 SMR 矩阵可以定义为

$$M_i^{\mathrm{SMR}} = J_i^+ \cdot [E - \mathrm{sign}(M_{N\backslash\{i\}} \cdot G)]$$

定理 4.11：当且仅当 $M_i^{\mathrm{SMR}}(s,s) = 0$ 时，状态 $s \in S$ 对决策者 i 来说是 SMR 稳定的，记为 $s \in S_i^{\mathrm{SMR}}$。

证明：由于矩阵 M_i^{SMR} 的对角线元素

$$M_i^{\mathrm{SMR}}(s,s) = \big\langle (J_i^+)^{\mathrm{T}} \cdot e_s, (E - \mathrm{sign}(M_{N\backslash\{i\}} \cdot W)) e_s \big\rangle$$

$$= \sum_{s_1=1}^{m} J_i^+(s,s_1) \big[1 - \mathrm{sign}\big(\langle (M_{N\backslash\{i\}})^{\mathrm{T}} \cdot e_{s_1}, G \cdot e_s \rangle \big) \big]$$

如果 $M_i^{\mathrm{SMR}}(s,s) = 0$ 成立，则

$$J_i^+(s,s_1) \big[1 - \mathrm{sign}\big(\langle (M_{N\backslash\{i\}})^{\mathrm{T}} \cdot e_{s_1}, G \cdot e_s \rangle \big) \big] = 0, \forall s_1 \in S$$

进一步可得

$$(e_{s_1}^{\mathrm{T}} \cdot M_{N\backslash\{i\}}) \cdot (G \cdot e_s) \neq 0, \forall s_1 \in R_i^+(s) \tag{4.18}$$

令 $G(s_2, s)$ 表示矩阵 G 中的元素 (s_2, s)。由于

$$(e_{s_1}^{\mathrm{T}} M_{N\setminus\{i\}}) \cdot (G \cdot e_s) = \sum_{s_2=1}^{m} M_{N\setminus\{i\}}(s_1, s_2) \cdot G(s_2, s)$$

故根据式 (4.18) 可知：对于任意 $s_1 \in R_i^+(s)$，对手至少存在一个可达状态 $s_2 \in R_{N\setminus\{i\}}(s_1)$，使得 $G(s_2, s) \neq 0$。

又因 $G(s_2, s) = P_i^{-,=}(s, s_2) \left[1 - \mathrm{sign}\left(\sum_{s_3=1}^{m} J_i(s_2, s_3) P_i^+(s, s_3) \right) \right]$，所以 $G(s_2, s) \neq 0$ 就等价于对于所有的 $s_2 \in R_{N\setminus\{i\}}(s_1)$，都有

$$P_i^{-,=}(s, s_2) \neq 0 \tag{4.19}$$

$$\sum_{s_3=1}^{m} J_i(s_2, s_3) P_i^+(s, s_3) = 0 \tag{4.20}$$

式 (4.19) 表明：$\forall s_1 \in R_i^+(s), \exists s_2 \in R_{N\setminus\{i\}}(s_1)$，使得 $s \succeq_i s_2$。式 (4.20) 表明：$\forall s_1 \in R_i^+(s), \exists s_2 \in R_{N\setminus\{i\}}(s_1)$，使得 $\forall s_3 \in R_i(s_2)$，$P_i^+(s, s_3) = 0$。由 P_i^+ 的定义可知，$P_i^+(s, s_3) = 0 \Longleftrightarrow s \succeq_i s_3$。

综上，如果 $M_i^{\mathrm{SMR}}(s, s) = 0$，则对于任意 $s_1 \in R_i^+(s)$，对手至少存在一个可达状态 $s_2 \in R_{N\setminus\{i\}}(s_1)$，使得 $s \succeq_i s_2$，并且对于所有的 $s_3 \in R_i(s_2)$，都有 $s \succeq_i s_3$。

SEQ 稳定性中对手的反击都是理性的。令 $i \in N$，根据定义 4.9 可以得到对手的改良可达矩阵 $M_{N\setminus\{i\}}^+$。决策者 i 的 $m \times m$ 维的 SEQ 矩阵可以定义为

$$M_i^{\mathrm{SEQ}} = J_i^+ \cdot \left[E - \mathrm{sign}(M_{N\setminus\{i\}}^+ \cdot (P_i^{-,=})^{\mathrm{T}}) \right]$$

定理 4.12：当且仅当 $M_i^{\mathrm{SEQ}}(s, s) = 0$ 时，状态 $s \in S$ 对决策者 i 来说是 SEQ 稳定的，记为 $s \in S_i^{\mathrm{SEQ}}$。

证明：由于矩阵 M_i^{SEQ} 的对角线元素

$$M_i^{\mathrm{SEQ}}(s, s) = \left\langle (J_i^+)^{\mathrm{T}} \cdot e_s, (E - \mathrm{sign}(M_{N\setminus\{i\}}^+ \cdot (P_i^{-,=})^{\mathrm{T}})) e_s \right\rangle$$

$$= \sum_{s_1=1}^{m} J_i^+(s, s_1) \left[1 - \mathrm{sign}(\langle (M_{N\setminus\{i\}}^+)^{\mathrm{T}} \cdot e_{s_1}, (P_i^{-,=})^{\mathrm{T}} \cdot e_s \rangle) \right]$$

如果 $M_i^{\mathrm{SEQ}} \cdot (s, s) = 0$ 成立，则 $J_i^+(s, s_1) \left[1 - \mathrm{sign}(\langle (M_{N\setminus\{i\}}^+)^{\mathrm{T}} \cdot e_{s_1}, (P_i^{-,=})^{\mathrm{T}} \cdot e_s \rangle) \right] = 0, \forall s_1 \in S$，进一步可得

$$(e_{s_1}^{\mathrm{T}} M_{N\setminus\{i\}}^+) \cdot (e_s^{\mathrm{T}} \cdot P_i^{-,=})^{\mathrm{T}} \neq 0, \forall s_1 \in R_i^+(s) \tag{4.21}$$

式 (4.21) 表明：对于任意 $s_1 \in R_i^+(s)$，对手至少存在一个状态 $s_2 \in S$，使得一个 m 维的行向量 $e_{s_1}^{\mathrm{T}} \cdot M_{N-\{i\}}^+$ 中的第 s_2 个元素值为 1 和一个 m 维的列向量 $(P_i^{-,=})^{\mathrm{T}} \cdot e_s$ 中的第 s_2 个元素值为 1。因此，如果 $M_i^{\mathrm{SEQ}}(s,s) = 0$，则对于任意 $s_1 \in R_i^+(s)$，对手至少存在一个可达状态 $s_2 \in R_{N\backslash\{i\}}^+(s_1)$，使得 $s \succeq_i s_2$。

当 $n = 2$ 时，则定理 4.10 ~ 定理 4.12 中的决策者集合 $N = \{i, j\}$，对手 $H = N \backslash \{i\}$ 从状态 s_1 出发的可达集合 $R_{N\backslash\{i\}}(s_1)$ 和改良可达集合 $R_{N\backslash\{i\}}^+(s_1)$ 分别退化为决策者 j 从状态 s_1 出发的 $R_j(s_1)$ 和 $R_j^+(s_1)$。所以定理 4.10 ~ 定理 4.12 退化为定理 4.4 ~ 定理 4.6。

4.4　计算的复杂性

本章提出的矩阵表达方法涉及计算的复杂性问题，即为解决一个计算问题所需要的算术运算次数。在该部分中，以 GMR 稳定性为例，对图模型的稳定性矩阵表达 (MRSC) 和稳定性逻辑表达的计算复杂度进行了比较。

4.4.1　两个决策者的情况

GMR 稳定性的逻辑定义表明：如果对于决策者 i 的任意改良状态 $s_1 \in R_i^+(s)$，对手 j 至少存在一个可达状态 $s_2 \in R_j(s_1)$，使得 $s \succeq_i s_2$，则状态 s 是决策者 i 的 GMR 稳定解。令 $m = |S|$。决策者 i 的 GMR 稳定性可以通过以下操作进行计算。

（1）　$R_i^+(s)$ 的计算最多需要 m 步运算或比较。

（2）　对于每个状态 $s_1 \in R_i^+(s)$，最多需要 m 步运算求出 $R_j(s_1)$。

（3）　对于 $s_2 \in R_j(s_1)$，状态 s_1 和 s_2 之间的偏好比较最多需要 $m - 1$ 步操作。

当使用 GMR 稳定性的逻辑定义来分析决策者 i 在状态 s 的稳定性时，最多需要 $m + (m-1)(m+m-1) = 2m^2 - 2m + 1$ 次运算或比较。

回忆一下决策者 i 在状态 s 的 GMR 稳定性矩阵表达式：$M_i^{\mathrm{GMR}} = J_i^+(E - \mathrm{sign}\,(J_j \cdot (P_i^{-,=})^{\mathrm{T}}))$。当且仅当 $M_i^{\mathrm{GMR}}(s,s) = 0$ 时，状态 s 对决策者 i 来说是 GMR 稳定的。

根据定理 4.4 的证明，由 $M_i^{\mathrm{GMR}}(s,s) = 0$ 可以得到

$$\sum_{s_1=1}^{m} J_i^+(s, s_1) \cdot \left(1 - \mathrm{sign}((e_{s_1}^{\mathrm{T}} \cdot J_j) \cdot (e_s^{\mathrm{T}} \cdot P_i^{-,=})^{\mathrm{T}})\right) = 0 \qquad (4.22)$$

易知式 (4.22) 需要 $2m^2$ 次乘法和加法运算。比较上述两种 GMR 稳定性分析的计算复杂度可知，两者的计算复杂度都在相同的层级 $O(m^2)$。GMR 稳定性分析的计算复杂度考虑的是最差情况。GMR 稳定性的逻辑定义实际需要的比较

次数常常小于 $2m^2 - 2m + 1$，而 GMR 稳定性矩阵表达方法使用的是两个维向量的标准乘法操作，需要算术运算的次数为 $O(m^2)$。

4.4.2　多个决策者的情况

下面仍以 GMR 稳定性为例，分析 GMR 稳定性矩阵表示方法在 n 个决策者构成的图模型中的计算复杂度。根据定理 4.10 可知，GMR 稳定性的矩阵表达式为 $M_i^{\mathrm{GMR}} = J_i^+ \cdot [E - \mathrm{sign}(M_{N \setminus \{i\}} \cdot (P_i^{-,=})^{\mathrm{T}})]$。当且仅当 $M_i^{\mathrm{GMR}}(s, s) = 0$ 时，状态 s 对决策者 i 来说是 GMR 稳定的。根据定理 4.9，可以估计可达矩阵 M_N 的计算复杂度低于 $\delta \cdot (n-1) \cdot O(m^3)$，其中 δ 表示迭代次数，$n = |N|$ 为决策者数量，m 为状态数量。令 $l = \left| \bigcup_{i \in N} A_i \right|$，根据引理 4.1 可知 $\delta \leqslant l$。因此，在 n 个决策者构成的图模型中，如果使用 GMR 矩阵表达方法分析决策者 i 在状态 s 的 GMR 稳定性时，所需要的计算复杂度低于 $l \cdot (n-1) \cdot O(m^3) + O(m^2) = l \cdot (n-1) \cdot O(m^3)$，是一种多项式时效算法。

很多学者在尝试开发更有效的矩阵运算算法。例如，在两个 $m \times m$ 维矩阵的乘法运算方面，使用标准方法需要的运算操作为 $O(m^3)$，但是使用 Strassen 算法 (Strassen, 1969) 所需要的次数仅为 $O(m^{2.807})$。Coppersmith 和 Winograd (1990) 的研究表明矩阵相乘的计算复杂度可以降到 $O(m^{2.376})$。实际上，一些学者认为 $m \times m$ 维矩阵乘法的最优算法可以将算法复杂度降到 $O(m^2)$(Cohn et al., 2005)。根据表 4.6 可知，可以使用 Strassen 或 Coppersmith-Winograd 算法来降低 MRSC 方法的计算复杂度。目前，稳定性的矩阵表示已经推广到简单偏好下存在多个决策者的图模型中。如上所述，从计算的角度来看，使用矩阵方法来求解冲突中的个体稳定性和均衡解独具特色。因此，本章提出的图模型矩阵表达方法不但具有理论价值，而且在解决复杂或大型的实际冲突问题方面具有广泛的应用前景。

表 4.6　使用 MRSC 方法进行 GMR 稳定性分析的计算复杂度

输入	输出	算法	复杂性
J_i、J_i^+、E 和 $P_i^{-,=}$	$M_i^{\mathrm{GMR}}(s, s)$	标准的矩阵乘法运算	$O(\delta \cdot n \cdot m^3)$
		Strassen 算法	$O(\delta \cdot n \cdot m^{2.807})$
		Coppersmith-Winograd 算法	$O(\delta \cdot n \cdot m^{2.376})$

本节主要介绍了 GMCR 的稳定性矩阵代数表达方法。4.5 节将以埃尔迈拉冲突为例来阐述矩阵方法在图模型稳定性分析中的有效性。

4.5 案例：埃尔迈拉冲突

为了详细说明如何分析实际冲突问题，本书多次用到埃尔迈拉冲突，在 1.2.2 节、1.2.3 节和 1.2.4 节分别介绍了该事件的冲突建模、稳定性分析和稳定后分析。该部分仍以埃尔迈拉冲突为例，以论证图模型矩阵代数表达方法的有效性。

简而言之，埃尔迈拉是一个位于加拿大安大略省西南部的农业小镇，以每年的枫糖节闻名遐迩。1989 年，MoE 在为埃尔迈拉小镇供水的地下含水层中发现了一种致癌污染物 NDMA。主要怀疑对象是当地的一家农药和橡胶生产企业——UR，因为该公司生产过程中的一种副产品就是 NDMA。为此，MoE 颁布了一条法令，要求 UR 采取污染修复措施。UR 立刻提起了申诉。LG（包括滑铁卢市和伍尔维奇镇）支持 MoE，并向个体专家顾问寻求可能解决冲突问题的政策建议 (Hipel et al. 1993；Kilgour et al., 2001)。

Hipel 等 (1993) 构建了埃尔迈拉冲突的图模型，包括 3 个决策者和 5 个策略，如下所示。

（1）MoE。该决策者有 1 个策略：修改法令，以使得 UR 容易接受。

（2）UR。该决策者有 3 个策略：① 拖延申诉的过程；② 接受 MoE 最初颁布的法令；③ 放弃它在埃尔迈拉地区的经营权。

（3）LG。该决策者有 1 个策略：坚持并支持 MoE 颁布的最初法令得以实施。

由上述分析可知，埃尔迈拉冲突共有 5 个策略，理论上共有 32 个状态，但是有些状态由于一系列原因是不可行的。剔除不可行状态之后，共有 9 个可行状态，如表 4.7 所示，其中"Y"表示所在行的策略被相应的决策者选择，"N"表示所在行的策略没有被相应的决策者选择，"–"表示可以是"Y"或"N"。

表 4.7　埃尔迈拉冲突模型的决策者、策略及可行状态

MoE								
修改	N	Y	N	Y	N	Y	N	Y	–

UR								
拖延	Y	Y	N	N	Y	Y	N	N	–
接受	N	N	Y	Y	N	N	Y	Y	–
放弃	N	N	N	N	N	N	N	N	Y

LG								
坚持	N	N	N	N	Y	Y	Y	Y	–
状态	s_1	s_2	s_3	s_4	s_5	s_6	s_7	s_8	s_9

埃尔迈拉冲突的综合图模型如图 4.8 所示，其中弧线上的标记表示控制弧线移动的决策者，图的下方是各个决策者的偏好信息。

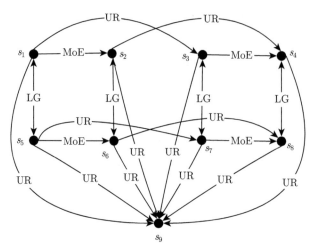

MoE: $s_7 \succ_1 s_3 \succ_1 s_4 \succ_1 s_8 \succ_1 s_5 \succ_1 s_1 \succ_1 s_2 \succ_1 s_6 \succ_1 s_9$

UR: $s_1 \succ_2 s_4 \succ_2 s_8 \succ_2 s_5 \succ_2 s_9 \succ_2 s_3 \succ_2 s_7 \succ_2 s_2 \succ_2 s_6$

LG: $s_7 \succ_3 s_3 \succ_3 s_5 \succ_3 s_1 \succ_3 s_8 \succ_3 s_6 \succ_3 s_4 \succ_3 s_2 \succ_3 s_9$

图 4.8　埃尔迈拉冲突的综合图模型

4.5.1　稳定性分析过程

1. 根据逻辑定义计算稳定状态

令 $N = \{1, 2, 3\}$ 表示决策者集合，其中 $1 = \text{MoE}$，$2 = \text{UR}$，$3 = \text{LG}$。例如，下面使用 SMR 稳定性的逻辑定义（定义 4.10）来分析 DM_3 在状态 s_1 的 SMR 稳定性，具体操作步骤如下。

（1）　DM_3 在状态 s_1 的改良可达集合为 $R_3^+(s_1) = \{s_5\}$。

（2）　结盟 $H = N \setminus \{3\}$ 在状态 s_5 的可达集合为 $R_H(s_5) = \{s_6, s_7, s_8, s_9\}$。

（3）　$s_8 \in R_H(s_5)$ 满足 $s_1 \succ_3 s_8$，$R_3(s_8) = \{s_4\}$ 满足 $s_1 \succ_3 s_4$。

（4）　根据定义 4.10 可知，DM_3 在状态 s_1 是 SMR 稳定的。

同样可以分析其他的情况。由于埃尔迈拉冲突是一个标准的简单偏好冲突模型，可以使用 DSS 的 GMCR II(Fang et al., 2003a, 2003b) 来对稳定性进行分析。埃尔迈拉冲突稳定性分析的结果如表 4.8 所示，其中"√"表示在某稳定性定义下该行的状态对该列的决策者（DM_1 或 LG，DM_2 或 UR，DM_3 或 LG）来说是稳定的，"Eq"表示对三个决策者都稳定的均衡解。

2. 根据矩阵计算稳定状态

根据 3.3.2 节中的优先权编号规则，可以得到对边进行标记后的埃尔迈拉冲突模型，如图 4.9 所示。

表 4.8　埃尔迈拉冲突的稳定性分析结果

状态	Nash				GMR				SMR				SEQ			
	MoE	UR	LG	Eq	MoE	UR	LG	Eq	MoE	UR	LG	Eq	MoE	UR	LG	Eq
s_1	✓	✓			✓	✓	✓	✓	✓	✓	✓	✓	✓	✓		
s_2	✓				✓		✓		✓		✓		✓		✓	
s_3	✓				✓		✓		✓		✓		✓		✓	
s_4	✓	✓			✓		✓		✓		✓		✓		✓	
s_5	✓	✓	✓	✓	✓	✓	✓	✓	✓	✓	✓	✓	✓	✓	✓	✓
s_6	✓		✓		✓		✓		✓		✓		✓		✓	
s_7	✓		✓		✓		✓		✓		✓		✓		✓	
s_8	✓	✓	✓	✓	✓	✓	✓	✓	✓	✓	✓	✓	✓	✓	✓	✓
s_9	✓	✓	✓	✓	✓	✓	✓	✓	✓	✓	✓	✓	✓	✓	✓	✓

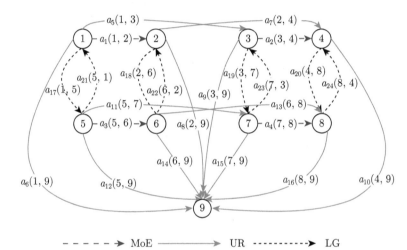

- - - - → MoE　　——→ UR　　······→ LG

图 4.9　对边进行标记后的埃尔迈拉冲突模型

使用矩阵方法计算埃尔迈拉冲突模型稳定性的具体过程如下所示。

（1）对于 $i = 1, 2, 3$，根据图 4.8 中的信息，确定决策者 i 的邻接矩阵 J_i 和偏好矩阵 P_i^+，分别如表 4.9 和表 4.10 所示。

表 4.9　埃尔迈拉冲突中各决策者的邻接矩阵

状态	J_1									J_2									J_3								
	s_1	s_2	s_3	s_4	s_5	s_6	s_7	s_8	s_9	s_1	s_2	s_3	s_4	s_5	s_6	s_7	s_8	s_9	s_1	s_2	s_3	s_4	s_5	s_6	s_7	s_8	s_9
s_1	0	1	0	0	0	0	0	0	0	0	0	1	0	0	0	0	0	1	0	0	0	0	1	0	0	0	0
s_2	0	0	0	0	0	0	0	0	0	0	0	0	1	0	0	0	0	1	0	0	0	0	0	1	0	0	0
s_3	0	0	0	1	0	0	0	0	0	0	0	0	0	0	0	0	0	1	0	0	0	0	0	0	1	0	0
s_4	0	0	0	0	0	0	0	0	0	0	0	0	0	0	0	0	0	1	0	0	0	0	0	0	0	1	0
s_5	0	0	0	0	0	1	0	0	0	0	0	0	0	0	0	1	0	1	1	0	0	0	0	0	0	0	0
s_6	0	0	0	0	0	0	0	0	0	0	0	0	0	0	0	0	1	1	0	1	0	0	0	0	0	0	0
s_7	0	0	0	0	0	0	0	1	0	0	0	0	0	0	0	0	0	1	0	0	1	0	0	0	0	0	0
s_8	0	0	0	0	0	0	0	0	0	0	0	0	0	0	0	0	0	1	0	0	0	1	0	0	0	0	0
s_9	0	0	0	0	0	0	0	0	0	0	0	0	0	0	0	0	0	0	0	0	0	0	0	0	0	0	0

表 4.10　埃尔迈拉冲突中各决策者的偏好矩阵

状态	P_1^+									P_2^+									P_3^+								
	s_1	s_2	s_3	s_4	s_5	s_6	s_7	s_8	s_9	s_1	s_2	s_3	s_4	s_5	s_6	s_7	s_8	s_9	s_1	s_2	s_3	s_4	s_5	s_6	s_7	s_8	s_9
s_1	0	0	1	1	1	0	1	1	0	0	0	0	0	0	0	0	0	0	0	0	1	0	1	0	1	0	0
s_2	1	0	1	1	1	0	1	1	0	1	0	1	1	1	0	1	1	1	1	0	1	1	1	1	1	1	0
s_3	0	0	0	0	0	0	1	0	0	1	0	0	1	1	0	0	1	1	0	0	0	0	0	0	1	0	0
s_4	0	0	1	0	0	0	1	0	0	0	0	0	0	0	0	0	0	0	1	0	1	0	1	1	1	1	0
s_5	0	0	1	1	0	0	1	1	0	1	0	0	1	0	0	0	1	0	0	0	1	0	0	0	1	0	0
s_6	1	1	1	1	1	0	1	1	0	1	1	1	1	1	0	1	1	1	1	0	1	0	1	0	1	1	0
s_7	0	0	0	0	0	0	0	0	0	1	0	1	1	1	0	0	1	1	0	0	0	0	0	0	0	0	0
s_8	0	0	1	1	0	0	1	0	0	1	0	0	1	0	0	0	0	0	1	0	1	0	1	0	1	0	0
s_9	1	1	1	1	1	1	1	1	0	1	0	0	1	1	0	0	1	0	1	1	1	1	1	1	1	1	0

（2）　对于 $i = 1, 2, 3$，使用 $J_i^+ = J_i \circ P_i^+$，计算改良邻接矩阵。

（3）　对于 $i = 1, 2, 3$，使用 $P_i^{-,=} = E - I - P_i^+$，计算偏好矩阵。

（4）　基于图 4.9 和定义 4.16，构造单边移动入关联矩阵 B_{in} 和出关联矩阵 B_{out} 及单边改良入关联矩阵 B_{in}^+ 和出关联矩阵 B_{out}^+。

（5）　根据定理 4.8 和下面的公式，确定结盟 H 的单边移动边连矩阵 LJ_H 和单边改良边连矩阵 LJ_H^+。

$$\text{LJ}_H = \bigvee_{i,j \in H, i \neq j} [(B_{\text{in}} \cdot D_i)^{\text{T}} \cdot (B_{\text{out}} \cdot D_j)]$$

$$\text{LJ}_H^+ = \bigvee_{i,j \in H, i \neq j} [(B_{\text{in}}^+ \cdot D_i^+)^{\text{T}} \cdot (B_{\text{out}}^+ \cdot D_j^+)]$$

（6）　根据定理 4.9 和下面的公式，计算可达矩阵 M_H 和改良可达矩阵 M_H^+：

$$M_H = \text{sign}[B_{\text{out}} \cdot (\text{LJ}_H + I)^{l-1} \cdot B_{\text{in}}^{\text{T}}]$$

$$M_H^+ = \text{sign}[B_{\text{out}}^+ \cdot (\text{LJ}_H^+ + I)^{l^+ -1} \cdot (B_{\text{in}}^+)^{\text{T}}]$$

如表 4.11 所示，$l = 24$，$l^+ = 10$。

（7）　使用表 4.12 中的稳定性矩阵表达式，计算稳定性矩阵，并将其对角线上的元素汇总到表 4.13 中。

（8）　基于表 4.13 和定理 4.3、定理 4.10 ～ 定理 4.12，分析埃尔迈拉冲突的稳定性。

使用矩阵方法得到的稳定性分析结果与使用稳定性逻辑定义得到的结果（表 4.8）是一致的。

表 4.11   埃尔迈拉冲突中各决策者对手的可达矩阵

状态	$M_{N\backslash\{1\}}$									$M_{N\backslash\{2\}}$									$M_{N\backslash\{3\}}$								
	s_1	s_2	s_3	s_4	s_5	s_6	s_7	s_8	s_9	s_1	s_2	s_3	s_4	s_5	s_6	s_7	s_8	s_9	s_1	s_2	s_3	s_4	s_5	s_6	s_7	s_8	s_9
s_1	0	0	1	0	1	0	1	0	1	0	1	0	0	1	1	0	0	0	0	1	1	1	0	0	0	0	1
s_2	0	0	0	1	0	1	0	1	1	0	0	0	0	0	1	0	0	0	0	0	0	1	0	0	0	0	1
s_3	0	0	0	0	0	0	1	0	1	0	0	0	1	0	0	1	1	0	0	0	0	1	0	0	0	0	1
s_4	0	0	0	0	0	0	0	1	1	0	0	0	0	0	0	0	1	0	0	0	0	0	0	0	0	0	1
s_5	1	0	1	0	0	0	1	0	1	1	1	0	0	0	1	0	0	0	0	0	0	0	0	1	1	1	1
s_6	0	1	0	1	0	0	0	1	1	1	0	0	0	0	0	0	1	1	0	0	0	0	0	0	0	1	1
s_7	0	0	1	0	0	0	0	1	1	0	0	1	1	0	0	0	1	1	0	0	0	0	0	0	0	1	1
s_8	0	0	0	1	0	0	0	0	1	0	0	0	0	0	0	0	0	1	0	0	0	0	0	0	0	0	1
s_9	0	0	0	0	0	0	0	0	0	0	0	0	0	0	0	0	0	0	0	0	0	0	0	0	0	0	0

状态	$M_{N\backslash\{1\}}^{+}$									$M_{N\backslash\{2\}}^{+}$									$M_{N\backslash\{3\}}^{+}$								
	s_1	s_2	s_3	s_4	s_5	s_6	s_7	s_8	s_9	s_1	s_2	s_3	s_4	s_5	s_6	s_7	s_8	s_9	s_1	s_2	s_3	s_4	s_5	s_6	s_7	s_8	s_9
s_1	0	0	0	0	1	0	0	0	0	0	0	0	0	0	1	0	0	0	0	0	0	0	0	0	0	0	0
s_2	0	0	0	1	0	1	0	1	1	0	0	0	0	0	1	0	0	0	0	0	0	1	0	0	0	0	1
s_3	0	0	0	0	0	0	1	0	1	0	0	0	0	0	0	1	0	0	0	0	0	0	0	0	0	0	1
s_4	0	0	0	0	0	0	0	1	0	0	0	0	0	0	0	0	1	0	0	0	0	0	0	0	0	0	0
s_5	0	0	0	0	0	0	0	0	0	0	0	0	0	0	0	0	0	0	0	0	0	0	0	0	0	0	0
s_6	0	0	0	0	0	0	0	1	1	0	0	0	0	0	0	0	0	0	0	0	0	0	0	0	0	1	1
s_7	0	0	0	0	0	0	0	0	1	0	0	0	0	0	0	0	0	0	0	0	0	0	0	0	0	0	1
s_8	0	0	0	0	0	0	0	0	0	0	0	0	0	0	0	0	0	0	0	0	0	0	0	0	0	0	0
s_9	0	0	0	0	0	0	0	0	0	0	0	0	0	0	0	0	0	0	0	0	0	0	0	0	0	0	0

表 4.12   埃尔迈拉冲突稳定性计算的矩阵公式

稳定性矩阵表达式
$M_i^{\text{Nash}} = J_i^{+} \cdot E$
$M_i^{\text{GMR}} = J_i^{+} \cdot [E - \text{sign}(M_{N\backslash\{i\}} \cdot (P_i^{-,=})^{\text{T}})]$
$M_i^{\text{SMR}} = J_i^{+} \cdot [E - \text{sign}(M_{N\backslash\{i\}} \cdot Q)];$ $Q = (P_i^{-,=})^{\text{T}} \circ [E - \text{sign}(J_i \cdot (P_i^{+})^{\text{T}})]$
$M_i^{\text{SEQ}} = J_i^{+} \cdot [E - \text{sign}(M_{N\backslash\{i\}}^{+} \cdot (P_i^{-,=})^{\text{T}})]$

表 4.13   埃尔迈拉冲突中稳定性矩阵对角线上的元素

状态	Nash			GMR			SMR			SEQ		
	MoE	UR	LG	MoE	UR	LG	MoE	UR	LG	MoE	UR	LG
s_1	0	0	1	0	0	0	0	0	0	0	0	1
s_2	0	1	1	0	1	0	0	1	0	0	1	0
s_3	0	1	1	0	1	0	0	1	0	0	1	0
s_4	0	0	1	0	0	0	0	0	0	0	0	1
s_5	0	0	0	0	0	0	0	0	0	0	0	0
s_6	0	1	0	0	1	0	0	1	0	0	1	0
s_7	0	1	0	0	1	0	0	1	0	0	1	0
s_8	0	0	0	0	0	0	0	0	0	0	0	0
s_9	0	0	0	0	0	0	0	0	0	0	0	0

4.5.2 稳定性结果分析

首先，分析可达矩阵 M_H 和改良可达矩阵 M_H^+。令 $H = N \setminus \{1\}$，根据表 4.11 可知，$e_4^{\mathrm{T}} \cdot M_H = (0,0,0,0,0,0,0,1,1)$，这表明 $R_H(s_4) = \{s_8, s_9\}$，即 DM$_1$ 的对手 $H = \{2,3\}$ 从状态 $s = s_4$ 经过一连串的单边转移可以到达状态 s_8 和 s_9。同样可得，$e_4^{\mathrm{T}} \cdot M_H^+ = (0,0,0,0,0,0,0,1,0)$，即 $R_H^+(s_4) = \{s_8\}$。这表明 DM$_1$ 的对手 $H = \{2,3\}$ 从状态 $s = s_4$ 经过一连串单边改良转移可以到达状态 s_8。如果将 $R_H(s)$ 和 $R_H^+(s)$ 都写成 0-1 向量的形式，则 $R_H(s) = e_s^{\mathrm{T}} \cdot M_H$，$R_H^+(s) = e_s^{\mathrm{T}} \cdot M_H^+$。

其次，在求出可达矩阵之后，可以使用表 4.12 中的稳定性矩阵表达式分析埃尔迈拉冲突的稳定性。例如，DM$_2$ 的 GMR 稳定性矩阵的对角向量为 $\mathrm{diag}(M_2^{\mathrm{GMR}}) = (0,1,1,0,0,1,1,0,0)^{\mathrm{T}}$，表明状态 s_1、s_4、s_5、s_8 和 s_9 是 DM$_2$ 的 GMR 稳定解。

4.6　本　章　重　点

GMCR 是一种能对冲突事件进行系统建模和稳定性分析的科学有效的冲突分析决策支持技术。本章主要介绍了两个及多个决策者情况下简单偏好图模型稳定性的逻辑定义和矩阵表达。4.2 节从逻辑视角定义了简单偏好下图模型的四种基本稳定性，但是其计算机编程相当困难。4.3 节提出了图模型稳定性的矩阵表达方法，以便于 DSS 的开发与编程实现。图模型的矩阵表达方法具有如下优势。

（1）　便于开发冲突状态稳定性分析算法。

（2）　有利于促进冲突分析理论研究的发展。

（3）　与稳定性的逻辑定义相比，计算更加便捷，且易于使用计算机来辅助计算。

（4）　构造了明确的代数表达，对新的稳定性概念具有良好的适应性。

（5）　便于 2.3.3 节和第 10 章提到的冲突分析 DSS 的开发和功能实现。

图模型稳定性的矩阵表达方法具有矩阵代数方法固有的优点，适合于不同种类的偏好结构和相关的稳定性类型。例如，它可以拓展到不确定偏好和多级强度偏好的图模型，以便于这些偏好结构下图模型稳定性的分析，详细内容请见第 5 章和第 6 章。

4.7　习　　　题

1. 在航空旅游业，为争取更高的市场份额，两家航空公司（空云、云路）竞相降低机票的售价。每家航空公司选择降价 (R) 或者不降价 (D)。该冲突的标准形式如图 4.10 所示。

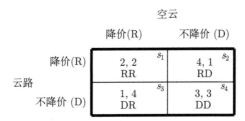

图 4.10　航空公司价格冲突模型的标准形式

试写出该冲突的以下几种形式。

（1）　策略形式。

（2）　图模型形式。

（3）　使用 Nash、GMR、SMR 和 SEQ 四种基本稳定性的逻辑定义分析每个
决策者在各个状态的稳定性，求出冲突的均衡解，并解释其具体含义。
在使用标准形式、策略形式和图模型形式进行稳定性分析时，请结合典
型的例子来详细说明。

2. 以习题 1 中的航空公司价格冲突问题为例，使用图模型稳定性的矩阵方法
分析每个决策者在各个状态的 Nash、GMR、SMR 和 SEQ 稳定性，然后求出冲
突的均衡解，并对其进行解释。

3. 第 3 章的习题 1 给出了囚徒困境博弈的标准形式，请分析每个决策者在
四个状态的 Nash 稳定性。根据 Nash 稳定是否可以预测 Nash 均衡状态？有没有
忽略很明显的均衡解？Howard (1971)、Fraser 和 Hipel(1979, 1984) 将这种现象
归结为理性的崩塌，这促使 Howard(1971) 提出了 GMR 和 SMR 稳定性，随后
Fraser 和 Hipel(1979, 1984) 又提出了 SEQ 稳定性。

4. 第 3 章的习题 4 介绍了懦夫博弈的标准形式，请分析哪些状态对两个决
策者来说是 Nash 稳定的？是否存在 Nash 均衡解？你认为哪些状态应该是均衡
解？不存在 Nash 均衡解的原因可以参考 Howard (1971)、Fraser 和 Hipel (1979,
1984) 提出的理性崩塌问题。

5. 根据 Nash、GMR、SMR 和 SEQ 四种基本稳定性的逻辑定义，分析囚徒
困境中各个决策者在每个冲突状态的稳定性。哪些状态是均衡解？使用该博弈的
标准形式解释计算过程和均衡解。习题 3 中的理性崩塌问题是如何解决的？

6. 利用本章提出的四种基本稳定性的逻辑定义，分析囚徒困境中各个决策者
在每个冲突状态的稳定性。采用策略形式展示详细的计算过程，并指出哪些状态
是均衡解及其重要性。

7. 使用 Nash、GMR、SMR 和 SEQ 四种基本稳定性的逻辑定义，分析囚徒
困境中各个决策者在每个冲突状态的稳定性。采取图模型形式展示详细的计算过
程，并评述所求均衡解的重要性。

8. Fraser 和 Hipel (1984) 提出表格形式能直观形象地分析冲突的稳定性，特别是 Nash 和 SEQ 稳定性。前面提到，在 SEQ 稳定性中，当局者的对手在反击时是理性的，即只会利用单边改良移动来反击当局者，所以其采取的反击行动不会损害自身的利益。参考 Fraser 和 Hipel (1984) 中的第二章和第三章内容，了解如何使用表格形式来刻画两个及多个决策者的冲突问题。请写出囚徒困境的表格形式，并分析该模型的 Nash 和 SEQ 稳定性。表格形式能很自然地刻画决策者状态移动及对手反击的过程。怎样采取表格形式来分析 GMR 和 SMR 稳定性？

9. 使用图模型的矩阵表达方法分析囚徒困境中各个决策者在每个状态的 Nash、GMR、SMR 和 SEQ 稳定性。

10. 使用图模型的矩阵表达方法分析第 3 章习题 4 中懦夫博弈里各个决策者在每个状态的 Nash、GMR、SMR 和 SEQ 稳定性。哪些状态是均衡解？是否克服了习题 4 中提到的理性崩塌问题？

（1） 请使用图模型稳定性的逻辑定义分析该冲突模型的稳定性。

（2） 请使用图模型稳定性的矩阵表达方法分析该冲突模型的稳定性。

11. Rafferty-Alameda 水坝位于加拿大萨斯喀彻温省南部的苏里斯河流域，用于洪水防控、休闲和 Shand 发电厂的冷却工作 (Roberts, 1990)。萨斯喀彻温省想尽快完成该项目，希望能获得联邦政府环保部门的许可。一个名为加拿大野生动物联合会的环保组织认为省政府没有遵循相关法规制度，所以立刻请愿，要求反对项目许可。联邦法院支持该环保组织，颁布了暂停许可条令，但之后一个新的联邦环保部门重新下发了该项许可。该环保组织再次请愿反对，这次联邦法院颁布了暂停许可条令，并组建了该项目的环保评审专家组。然而，在项目评审过程中，水坝的建设工作仍在继续进行，联邦政府和省政府之间甚至达成了一致，在下拨 1000 万美元用于缓解未来可能造成的环境影响的同时，将继续进行项目建设工作。正如省政府所期望的，项目建设工作全力开展，但项目环保评审专家组集体辞职抗议 (Hipel and Fraser, 1991)。

该冲突模型包括 4 个决策者：DM$_1$，联邦政府 (Federal, F)；DM$_2$，萨斯喀彻温省政府 (Saskatchewan, S)；DM$_3$，环保组织 (Groups, G)；DM$_4$，联邦环保评审专家组 (Panel, P)。每个决策者都有自己的策略。下面是 4 个决策者和他们的策略选择情况。

（1） 联邦政府（F）。该决策者有两个策略：寻求法院的法令以暂停项目或者撤销项目许可。

（2） 萨斯喀彻温省政府（S）。该决策者有一个策略：全速推进项目建设工作。

（3） 环保组织（G）。该决策者有一个策略：向法院请愿，要求暂停项目建设。

（4） 联邦环保评审专家组（P）。该决策者有一个策略：辞职抗议。

综上，该冲突有 4 个决策者和 5 个策略，共有 10 个可行状态，如表 4.14 所示。Rafferty-Alameda 水坝冲突的图模型如图 4.11 所示。

4 个决策者的偏好信息如下所示：

$$s_1 \succ_1 s_3 \succ_1 s_5 \succ_1 s_2 \succ_1 s_4 \succ_1 s_7 \succ_1 s_9 \succ_1 s_6 \succ_1 s_8 \succ_1 s_{10}$$

$$s_2 \succ_2 s_4 \succ_2 s_6 \succ_2 s_8 \succ_2 s_3 \succ_2 s_5 \succ_2 s_7 \succ_2 s_9 \succ_2 s_{10} \succ_2 s_1$$

$$s_{10} \succ_3 s_1 \succ_3 s_7 \succ_3 s_3 \succ_3 s_6 \succ_3 s_2 \succ_3 s_9 \succ_3 s_5 \succ_3 s_8 \succ_3 s_4$$

$$s_1 \succ_4 s_9 \succ_4 s_7 \succ_4 s_8 \succ_4 s_6 \succ_4 s_{10} \succ_4 s_5 \succ_4 s_3 \succ_4 s_4 \succ_4 s_2$$

表 4.14 Rafferty-Alameda 水坝冲突中的决策者、策略和可行状态

联邦政府									
法院条令		N	Y	N	Y	N	Y	N	Y	N
撤销许可		N	N	N	N	N	N	N	N	Y
省政府									
全速推进	N	Y	Y	Y	Y	Y	Y	Y	Y	—
环保组织									
上告法庭		N	N	Y	Y	N	N	Y	Y	—
专家组									
辞职抗议		N	N	N	N	Y	Y	Y	Y	—
状态	s_1	s_2	s_3	s_4	s_5	s_6	s_7	s_8	s_9	s_{10}

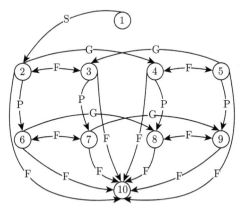

图 4.11 Rafferty-Alameda 水坝冲突的图模型

（1） 根据优先权准则，对图 4.11 的各边进行编号，并绘制出对边编号后的图模型。

（2） 使用矩阵方法计算 Rafferty-Alameda 水坝冲突的 Nash、GMR、SMR 和 SEQ 稳定性。

参 考 文 献

Bennett P. G. 1995. Modelling decision in international relations: game theory and beyond[J]. Mershon International Studies Review, 39:19–52.

Cohn H., Kleinberg R., Szegedy B., and Umans C. 2005. Group-theoretic algorithms for matrix multiplication[C]. Proceedings of the 46th Annual Symposium on Foundations of Computer Science, 1:379–388.

Coppersmith D. and Winograd S. 1990. Matrix multiplication via arithmetic programming[J]. Journal of Symbolic Computation, 9(3):251–280.

Fang L., Hipel K. W., and Kilgour D. M. 1989. Conflict models in graph form: solution concepts and their interrelationships[J]. European Journal of Operational Research, 41(1):86–100.

Fang L., Hipel K. W., and Kilgour D. M. 1993. Interactive Decision Making: The Graph Model for Conflict Resolution[M]. New York: Wiley.

Fang L., Hipel K. W., Kilgour D. M., and Peng X. 2003a. A decision support system for interactive decision making, part 1: model formulation[J]. IEEE Transactions on Systems, Man and Cybernetics Part C: Applications and Reviews, 33(1):42–55.

Fang L., Hipel K. W., Kilgour D. M., and Peng X. 2003b. A decision support system for interactive decision making, part 2: analysis and output interpretation[J]. IEEE Transactions on Systems, Man and Cybernetics Part C: Applications and Reviews, 33(1):56–66.

Fraser N. M. and Hipel K. W. 1979. Solving complex conflicts[J]. IEEE Transactions on Systems, Man, and Cybernetics, 9(12):805–816.

Fraser N. M. and Hipel K. W. 1984. Conflict Analysis: Models and Resolutions[M]. New York: North-Holland.

Godsil C. and Royle G. 2001. Algebraic Graph Theory[M]. New York: Springer.

Hamouda L., Kilgour D. M., and Hipel K. W. 2004. Strength of preference in the graph model for conflict resolution[J]. Group Decision and Negotiation, 13:449–462.

Hamouda L., Kilgour D. M., and Hipel K. W. 2006. Strength of preference in graph models for multiple decision-maker conflicts[J]. Applied Mathematics and Computation, 179(1):314–327.

Hipel K. W. 2009. Conflict Resolution: Theme Overview Paper in Conflict Resolution[M]. Oxford: EOLSS Publishers.

Hipel K. W., Fang L., Kilgour D. M., and Haight M. 1993. Environmental conflict resolution using the graph model[C]. Proceedings of the 1993 IEEE International Conference on Systems, Man, and Cybernetics, 1:153–158.

Hipel K. W. and Fraser N. M. 1991. Co-operation in conflict analysis[J]. Applied Mathematics and Computation, 43:181–206.

Howard N. 1971. Paradoxes of Rationality: Theory of Metagames and Political Behavior[M]. Cambridge: MIT Press.

Howard N., Bennett P. G., Bryant J. W., and Bradley M. 1992. Manifesto for a theory of drama and irrational choice[J]. Journal of the Operational Research Society, 44:99–103.

Kilgour D. M., Hipel K. W., and Fang L. 1987. The graph model for conflicts[J]. Automatica,

23:41–55.

Kilgour D. M., Hipel K. W., Fang L., and Peng X. 2001. Coalition analysis in group decision support[J]. Group Decision and Negotiation, 10(2):159–175.

Li K. W., Hipel K. W., Kilgour D. M., and Fang L. 2004. Preference uncertainty in the graph model for conflict resolution[J]. IEEE Transactions on Systems, Man, and Cybernetics Part A: Systems and Humans, 34(4):507–520.

Nash J. F. 1950. Equilibrium points in n-person games[J]. Proceedings of the National Academy of Sciences of the United States of America, 36(1):48–49.

Nash J. F. 1951. Noncooperative games[J]. Annals of Mathematics, 54(2):286–295.

Roberts D. 1990. Rafferty-Alameda: the tangled history of 2 dams projects[Z]. The Globe and Mail: A4.

Saaty T. L. and Alexander J. M. 1989. Conflict Resolution: The Analytic Hierarchy Approach[M]. New York: Praeger Publishers.

Strassen V. 1969. Gaussian elimination is not optimal[J]. Numerische Mathematik, 13(4):354–356.

Xu H., Hipel K. W., and Kilgour D. M. 2007. Matrix representation of conflicts with two decision makers[C]. Proceedings of IEEE International Conference on Systems, Man, and Cybernetics, 1:1764–1769.

Xu H., Hipel K. W., and Kilgour D. M. 2009. Matrix representation of solution concepts in multiple decision maker graph models[J]. IEEE Transactions on Systems, Man, and Cybernetics Part A: Systems and Humans, 39(1):96–108.

Xu H., Kilgour D. M., and Hipel K. W. 2010a. An integrated algebraic approach to conflict resolution with three-level preference[J]. Applied Mathematics and Computation, 216(3):693–707.

Xu H., Kilgour D. M., and Hipel K. W. 2011. Matrix representation of conflict resolution in multiple-decision-maker graph models with preference uncertainty[J]. Group Decision and Negotiation, 20(6):755–779.

Xu H., Kilgour D. M., Hipel K. W., and Kemkes G. 2010b. Using matrices to link conflict evolution and resolution within the graph model[J]. European Journal of Operational Research, 207:318–329.

Xu H., Kilgour D. M., Hipel K. W., and McBean E. A. 2014. Theory and implementation of coalition analysis in cooperative decision making[J]. Theory and Decision, 76(2):147–171.

第 5 章 稳定性定义：未知偏好

在任何类型的决策模型中，偏好都起着重要的作用。通常来说，在图模型中只需要相对偏好关系就可以知道特定决策者对于不同状态的偏好，即优于、无差别或者不优于。这种类型的偏好关系被称为简单偏好结构，我们在第 4 章中讨论过，并提供了简单偏好应用下的四种基本稳定性定义。然而，获取准确的偏好信息有时是比较困难的。正如 Fischer 等 (2000a, 2000b) 所指出的那样，属性或因素之间的冲突可能是简单偏好产生的原因，但也可能造成偏好的不确定性。在其他情况，可能缺乏关于争议中涉及的一个或多个决策者偏好的信息或认知。无论什么原因，偏好不确定性可能在给定的冲突模型中存在。为了将偏好不确定性纳入图模型方法中，Li 等 (2004) 提出了一种包括决策者未知偏好信息的偏好结构。本章将四种基本稳定性定义和四种基本稳定性的矩阵表达扩展到具有未知偏好的图模型中 (Xu et al., 2007a, 2007b, 2009a, 2011)。在图模型结构中考虑偏好不确定性的其他方法包括模糊方法 (Hipel et al., 2011; Bashar et al., 2012, 2014, 2015, 2016, 2018)、灰色方法 (Kuang et al., 2015; Zhao and Xu, 2017) 和概率方法 (Rego and dos Santos, 2015)。

5.1 未知偏好和可达集合

为了将不确定偏好纳入图模型中，Li 等 (2004) 提出了一种新的偏好结构，在新提出的偏好结构中，决策者的偏好由三种关系 $\{\succ_i, \sim_i, U_i\}$ 表示，其中，$s \succ_i q$ 表示状态 s 优于状态 q，$s \sim_i q$ 表示状态 s 与状态 q 无差别，sU_iq 表明决策者也许更喜欢状态 s，也许更喜欢状态 q，或者状态 s 和状态 q 无差别。在不确定偏好图模型中，决策者 i 对于状态集合 S 的偏好信息可以由三种关系 $\{\succ_i, \sim_i, U_i\}$ 表示。假定每个决策者 i 的偏好信息都有以下性质：

（1）$\succ_i$ 具有非对称性。

（2）$\sim_i$ 具有反身性和对称性。

（3）U_i 具有对称性。

（4）$\{\succ_i, \sim_i, U_i\}$ 具有强完备性。

性质 (4) 意味着，对于任何 $s, t \in S$，以下表述中只有其一是正确的：$s \succ_i t$，$t \succ_i s$，$s \sim_i t$，或 sU_it。如果对于任意关系 R 和任意状态 k、s 和 q，若 $k\,R\,s$ 和 $s\,R\,q$，那么意味着 $k\,R\,q$，则关系 R 具有可传递性。例如，$\succ$ 严格偏好在很

多图模型中都具有可传递性。在图模型中，偏好的传递性不是必要的，不论偏好是否具有传递性，所有结果仍然成立。例如，不确定偏好关系 U 经常是不可传递的。$s\,U_i\,q$ 表明状态 s 与状态 q 的偏好不确定，$q\,U_i\,k$ 表明状态 q 与状态 k 的偏好不确定，但是决策者 i 在状态 s 和状态 k 之间的偏好也许是确定的。

令 S 表示状态集合，N 表示决策者集合。基于相对于固定状态 $s\in S$ 的简单偏好，状态集合 S 可以被分成三个子集，分别是 $\varPhi_i^+(s)$、$\varPhi_i^=(s)$ 和 $\varPhi_i^-(s)$（具体可见第 4 章）。将不确定偏好纳入图模型后，状态集合 S 可以被分为四个子集，即 $\varPhi_i^+(s)$、$\varPhi_i^=(s)$、$\varPhi_i^-(s)$ 和 $\varPhi_i^U(s)$。包含不确定偏好的子集描述如下。

定义 5.1：对于一个图模型 G，包括相对于固定状态 $s\in S$ 的偏好不确定的状态集合 S 的子集是

$$\varPhi_i^U(s)=\{q:q\,U_i\,s\}$$

其中，包含决策者 i 相对于状态 s 具有不确定偏好的状态。

因此，$S=\varPhi_i^+(s)\cup\varPhi_i^=(s)\cup\varPhi_i^-(s)\cup\varPhi_i^U(s)$。4.1.1 节定义了在简单偏好下决策者 i 从状态 $s\in S$ 出发形成的可达集合，包括 $R_i(s)$、$R_i^+(s)$、$R_i^=(s)$ 和 $R_i^-(s)$。对于不确定偏好下的图模型，集合 $R_i^U(s)=\{q:q\in R_i(s)$ 和 $q\,U_i\,s\}$ 是决策者 i 从状态 s 进行单边移动形成的子集，这导致决策者 i 目标状态的偏好相对于状态 s 是不确定的。同样地，$R_i^U(s)$ 是决策者从状态 s 出发，通过单边不确定移动 (unilateral uncertain moves, UUM) 形成的可达集合。因此，在不确定偏好下的图模型中，决策者 i 从状态 s 出发的单边移动表示为

$$R_i(s)=R_i^+(s)\cup R_i^=(s)\cup R_i^-(s)\cup R_i^U(s)$$

图 5.1 描绘了在不确定偏好下的图模型中，S 的子集与决策者 i 从状态 s 出发形成的相应可达集合间的关系，其中 $\cap$ 表示交集。在不确定偏好下的图模型中，决策者 i 的定向弧 A_i 由单边改良弧 A_i^+、无差别弧 $A_i^=$、次优先弧 A_i^- 和不确定移动弧 A_i^U 组成，其中 $A_i^U=\{(p,q)\in A_i:p\,U_i\,q\}$ 叫作单边不确定移动弧集合。决策者 i 从状态 s 出发形成的不确定移动移动弧定义为 $A_i^U(s)=\{(s,q)\in A_i:q\in R_i^U(s)\}$，简单定义为

$$\varPhi_i^{-,=,U}(s)=\varPhi_i^-(s)\cup\varPhi_i^=(s)\cup\varPhi_i^U(s)$$

$$R_i^{+,U}(s)=R_i^+(s)\cup R_i^U(s)$$

$$A_i^{+,U}(s)=A_i^+(s)\cup A_i^U(s)$$

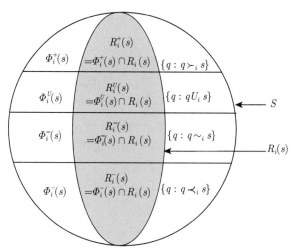

图 5.1　S 的子集和包含不确定偏好的可达集合间的关系

注意 $q \in \Phi_i^{-,=,U}(s)$ 表示决策者 i 相对于状态 s，没有更喜欢状态 q，或者决策者 i 不确定更喜欢状态 q 还是状态 s。决策者 i 的可达集合 $R_i^{+,U}(s)$ 包含了决策者 i 由初始状态 s 出发，通过一步单边移动或者单边不确定移动可以形成的所有状态集合，因此 $R_i^{+,U}(s)$ 也被称为决策者 i 从初始状态 s 出发的单边改良或不确定移动 (unilateral improvements or uncertain moves，UIUM)。从初始状态 s 出发的弧集合 $A_i^{+,U}(s)$ 包含了决策者 i 从初始状态 s 出发的单边改良 (UI) 弧和单边不确定移动 (UUM) 弧。接下来，介绍在不确定偏好下的图模型中，稳定性定义的逻辑表达。

5.2　未知偏好下稳定性定义的逻辑表达

第 4 章讨论了简单偏好下的图模型中四种基本稳定性定义，包括纳什稳定 (Nash)、一般超理性稳定 (GMR)、对称超理性稳定 (SMR) 和序列稳定 (SEQ)。Li 等 (2004) 将这四种基本稳定性定义扩展到不确定偏好下的模型中。基于扩展的偏好结构 (包括不确定性)，他们定义了 Nash、GMR、SMR 和 SEQ 稳定来获取决策者离开现状的动机和对制裁的敏感性。根据决策者是否会移动到相对于现状偏好不确定的状态，以及决策者是否会受到移动到偏好不确定状态带来的制裁，提出了四种稳定性概念的 a、b、c 和 d 扩展形式的定义。根据 Li 等 (2004)，这个定义范围的扩展是必要的，可以用来解决在面对不确定性时，风险分布的多样性。一个决策者可能是保守的或者激进的，根据对当前状态满意度的不同，选择避免或接受偏好不确定的状态。

　　与简单偏好下的图模型中所有的稳定性定义一样,这四种扩展形式的定义 (就基础图而言) 首次被逻辑性地定义。首次在不确定偏好下的两个决策者模型中介绍这四种扩展形式的稳定性定义。

5.2.1　两个决策者情况

1. a 种形式下的稳定性逻辑表达

　　在 a 种形式下的稳定性定义中,决策者 i 有动机转移到比初始状态（现状）偏好不确定的状态,但是在考量对手可能的制裁时,不会考虑不确定偏好状态 (Li et al., 2004)。基于 Li 等 (2004) 的研究结论,在下面的定义中令决策者集合 $N = \{i, j\}$, $i \in N$, 状态集合 $s \in S$。

　　当且仅当决策者 i 对于现状没有单边改良或不确定移动时,决策者 i 在状态 s 下是 Nash_a 种形式下的稳定 (或者简单说 Nash_a)。其正式定义如下。

　　定义 5.2: 当且仅当 $R_i^{+,U}(s) = \emptyset$ 成立时, 状态 s 对于决策者 i 来说是 Nash_a 稳定的, 记为 $s \in S_i^{\text{Nash}_a}$。

　　定义 5.2 意味着在两个决策者和多个决策者模型中, Nash_a 稳定性是相同的,因为 Nash_a 稳定性不考虑对手的反击。在多个决策者模型中没有给出 Nash_a 稳定性定义。

　　当且仅当无论何时,决策者 i 从初始状态 s 出发做任何单边改良或不确定移动时, i 的对手可以相应地移动制裁 i (伤害 i),那么决策者 i 在状态 s 下是 GMR_a 稳定的。

　　定义 5.3: 当且仅当对任意一个 $s_1 \in R_i^{+,U}(s)$, 都至少存在一个 $s_2 \in \mathbb{R}_j(s_1)$ 使得 $s_2 \in \Phi_i^{-,=}(s)$(或 $s \succeq_i s_2$) 成立时, 状态 s 对于决策者 i 来说是 GMR_a 稳定的, 记为 $s \in S_i^{\text{GMR}_a}$。

　　SMR_a 稳定与 GMR_a 稳定相似,但是决策者 i 不仅考虑对手的回应,还会考虑在遭到对手反击之后是否有机会再次行动。

　　定义 5.4: 当且仅当对于任意一个 $s_1 \in R_i^{+,U}(s)$, 都至少存在一个 $s_2 \in R_j(s_1)$, 使得 $s_2 \in \Phi_i^{-,=}(s)$(或 $s \succeq_i s_2$) 成立, 且所有的 $s_3 \in R_i(s_2)$ 都满足 $s_3 \in \Phi_i^{-,=}(s)$(或 $s \succeq_i s_3$) 时, 状态 s 对于决策者 i 是 SMR_a 稳定的, 记为 $s \in S_i^{\text{SMR}_a}$。

　　SEQ_a 稳定表示决策者 i 的任何单边改良或不确定移动都会受到对手单边改良或不确定移动的制裁。

　　定义 5.5: 当且仅当对于任意一个 $s_1 \in R_i^{+,U}(s)$, 都存在至少一个 $s_2 \in R_j^{+,U}(s_1)$ 使得 $s_2 \in \Phi_i^{-,=}(s)$(或 $s \succeq_i s_2$) 成立时, 状态 s 对于决策者 i 来说是 SEQ_a 稳定的, 记为 $s \in S_i^{\text{SEQ}_a}$。

　　案例 5.1 (扩展可持续发展冲突模型下 a 种形式下的稳定性): 在第 3 章, Li 等 (2004) 扩展了可持续发展冲突模型, 将不确定偏好纳入图模型中。这个冲突存在于两个决策者中:环保部门 (DM₁: E) 和开发商 (DM₂: D);总共有 4 个选择：DM_1 在监管开发商的活动及其行为对环境的影响时有两个选择，选择积极主动 (标记为 P) 和选择被动 (标记为 R)，DM_2 在对待环境问题时有两种选择，选择可持续发展 (标记为 S) 和选择不可持续发展 (标记为 U)。这些选择混合后形成四种可行状态：s_1: PS、s_2: PU、s_3: RS 和 s_4: RU。表 5.1 列出了这四种可行状态，其中 "Y" 表示决策者选择了该状态，"N" 代表决策者未选择该状态。通过不确定偏好下的扩展可持续发展冲突模型，说明如何运用定义 5.2 ~ 定义 5.5 来确定 a 种形式下的稳定性。

表 5.1　扩展可持续发展冲突模型中决策者的选择和可行状态

E: 环保机构	积极主动 (标记为 P)	Y	Y	N	N
	被动 (标记为 R)	N	N	Y	Y
D: 开发商	可持续发展 (标记为 S)	Y	N	Y	N
	不可持续发展 (标记为 U)	N	Y	N	Y
	状态	s_1	s_2	s_3	s_4

　　扩展可持续发展冲突的图模型如图 5.2 所示，其中决策者的偏好信息在两个有向图 G_1 和 G_2 下方。考虑状态 s_1 对 DM_1 的 $Nash_a$ 稳定。图 5.2 中，DM_1 有一个从 s_1 到 s_3 的单边移动。然而，基于偏好信息得知 $s_1 \succ_1 s_3$，因此 DM_1 从 s_1 到 s_3 的移动不是单边改良或不确定移动。所以，根据定义 5.2，状态 s_1 对 DM_1 是 $Nash_a$ 稳定的。接下来，考虑状态 s_1 对 DM_2 的 $Nash_a$ 稳定。很明显，决策者 DM_2 有从 s_1 到 s_2 的单边移动。因为 $s_1 U_2 s_2$，DM_2 从 s_1 到 s_2 的移动不是单边改良 (UI) 而是单边不确定移动 (UUM)。因此，状态 s_1 对 DM_2 不是 $Nash_a$ 稳定的。同理，其他 3 个状态可以认为是 $Nash_a$ 稳定的。

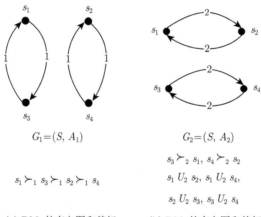

$$G_1=(S, A_1)$$

$$s_1 \succ_1 s_3 \succ_1 s_2 \succ_1 s_4$$

$$G_2=(S, A_2)$$

$$s_3 \succ_2 s_1, s_4 \succ_2 s_2$$

$$s_1 U_2 s_2, s_1 U_2 s_4,$$

$$s_2 U_2 s_3, s_3 U_2 s_4$$

(a) DM_1 的有向图和偏好　　　(b) DM_2 的有向图和偏好

图 5.2　扩展可持续发展冲突的图模型

通过定义 5.2 和定义 5.3 可以看出，如果 $R_i^{+,U}(s) = \emptyset$，那么状态 s 对决策者 i 是 Nash_a 稳定和 GMR_a 稳定的。例如，s_1 对 DM_1 是 GMR_a 稳定的。可以估计状态 s_3 对决策者 DM_1 是否满足 GMR_a 稳定。DM_1 有从 s_3 到 s_1 的单边改良，DM_2 有从 s_1 到 s_2 的单边移动。然而，对于 DM_1，s_3 优于 s_2，因此，根据定义 5.3，s_3 对 DM_1 是 GMR_a 稳定的。这两个决策者的其他三个状态的稳定性可以用类似的方法确定。

通过对比定义 5.2 ~ 定义 5.4，可以看出如果 $R_i^{+,U}(s) = \emptyset$，那么状态 s 对决策者 i 是 Nash_a 稳定、GMR_a 稳定和 SMR_a 稳定的。例如，s_1 对 DM_1 是 SMR_a 稳定的。接下来，根据定义 5.4 来分析 DM_1 在状态 s_3 的 SMR_a 稳定性。DM_1 有从 s_3 到 s_1 的单边改良，DM_2 有从 s_1 到 s_2 的单边移动，DM_1 只有一个从 s_2 到 s_4 的单边移动。因为对于 DM_1，s_3 优于 s_2 和 s_4，因此 s_3 对 DM_1 是 SMR_a 稳定的。运用定义 5.4，其他状态是不是 SMR_a 稳定可以确定。类似于 GMR_a 稳定，如果 $R_i^{+,U}(s) = \emptyset$，那么 s_1 对决策者 i 是 SEQ_a 稳定的。因此，DM_1 在 s_1 下满足 SEQ_a 稳定。分析 DM_1 在状态 s_3 的 SEQ_a 稳定性。DM_1 有从 s_3 到 s_1 的单边改良。尽管 DM_2 没有从 s_1 出发的单边改良，但是 DM_2 可以通过单边不确定移动从 s_1 移动到 s_2。然而，对于 DM_1 来说 s_3 优于 s_2，因此，DM_1 在状态 s_3 是 SEQ_a 稳定的。

表 5.2 列出了不确定偏好下扩展可持续发展冲突模型 a 种形式的稳定性结果，其中 "1" 和 "2" 分别表示决策者 DM_1 和决策者 DM_2。"$\sqrt{}$" 表示某些概念的稳定状态，"Eq" 表示某种定义下的均衡。从以上讨论中可以得出，在不确定偏好下扩展可持续发展冲突模型中，s_1 和 s_2 是 Nash_a、GMR_a、SMR_a 和 SEQ_a 稳定的。此外，s_3 是 GMR_a、SMR_a 和 SEQ_a 稳定的。

表 5.2　不确定偏好下扩展可持续发展冲突模型 a 种形式的稳定性分析

状态	Nash_a			GMR_a			SMR_a			SEQ_a		
	1	2	Eq	1	2	Eq	1	2	Eq	1	2	Eq
s_1	$\sqrt{}$			$\sqrt{}$			$\sqrt{}$			$\sqrt{}$		
s_2	$\sqrt{}$			$\sqrt{}$			$\sqrt{}$			$\sqrt{}$		
s_3				$\sqrt{}$			$\sqrt{}$			$\sqrt{}$		
s_4												

2. b 种形式下的稳定性逻辑表达

在 b 种形式下的稳定性中，决策者 i 在考虑离开初始状态或评估对手制裁的过程时，都会排除不确定偏好 (Li et al., 2004)。但是，这些定义不同于仅包括简单偏好下的定义 (第 4 章表达的内容)，因为目前的定义用来分析存在不确定偏好的冲突模型。

定义 5.6：当且仅当 $R_i^+(s) = \emptyset$ 成立时，状态 s 对于决策者 i 来说是 Nash$_b$ 稳定的，记为 $s \in S_i^{\mathrm{Nash}_b}$。

定义 5.7：当且仅当对于任意一个 $s_1 \in R_i^+(s)$，都至少存在一个 $s_2 \in R_j(s_1)$ 使得 $s_2 \in \Phi_i^{-,=}(s)$（或 $s \succeq_i s_2$）成立时，状态 s 对于决策者 i 来说是 GMR$_b$ 稳定的，记为 $s \in S_i^{\mathrm{GMR}_b}$。

定义 5.8：当且仅当对于任意一个 $s_1 \in R_i^+(s)$，都至少存在一个 $s_2 \in R_j(s_1)$ 使得 $s_2 \in \Phi_i^{-,=}(s)$（或 $s \succeq_i s_2$）成立，且任意一个 $s_3 \in R_i(s_2)$ 都满足 $s_3 \in \Phi_i^{-,=}(s)$（或 $s \succeq_i s_3$）时，状态 s 对于决策者 i 来说是 SMR$_b$ 稳定的，记为 $s \in S_i^{\mathrm{SMR}_b}$。

定义 5.9：当且仅当对于任意一个 $s_1 \in R_i^+(s)$，都至少存在一个 $s_2 \in R_j^{+,U}(s_1)$，使得 $s_2 \in \Phi_i^{-,=}(s)$（或 $s \succeq_i s_2$）成立时，状态 s 对于决策者 i 来说是 SEQ$_b$ 稳定的，记为 $s \in S_i^{\mathrm{SEQ}_b}$。

对比 a 种形式下的稳定性与 b 种形式下的稳定性，决策者从初始状态移动的态度是不同的，因为 a 种形式下允许不确定偏好，但是 b 种形式下不允许。此外，排除不确定偏好，决策者对待制裁的态度是一致的。

3. c 种形式下的稳定性逻辑表达

对于 c 种形式下的稳定性扩展定义，决策者 i 在考虑离开现状或评估对手的制裁时，都会考虑不确定偏好。

定义 5.10：当且仅当 $R_i^{+,U}(s) = \emptyset$ 成立时，状态 s 对于决策者 i 来说是 Nash$_c$ 稳定的，记为 $s \in S_i^{\mathrm{Nash}_c}$。

定义 5.11：当且仅当对于任意一个 $s_1 \in R_i^{+,U}(s)$，都至少存在一个 $s_2 \in R_j(s_1)$，使得 $s_2 \in \Phi_i^{-,=,U}(s)$（或 $s \succeq_i s_2$ 或 $s\, U_i\, s_2$）成立时，状态 s 对于决策者 i 来说是 GMR$_c$ 稳定的，记为 $s \in S_i^{\mathrm{GMR}_c}$。

定义 5.12：当且仅当对于任意一个 $s_1 \in R_i^{+,U}(s)$，都至少存在一个 $s_2 \in R_j(s_1)$，使得 $s_2 \in \Phi_i^{-,=,U}(s)$（或 $s \succeq_i s_2$ 或 $s\, U_i\, s_2$），且所有的 $s_3 \in R_i(s_2)$ 都满足 $s_3 \in \Phi_i^{-,=,U}(s)$（或 $s \succeq_i s_3$ 或 $s\, U_i\, s_3$）时，状态 s 对于决策者 i 来说是 SMR$_c$ 稳定的，记为 $s \in S_i^{\mathrm{SMR}_c}$。

定义 5.13：当且仅当对于任意一个 $s_1 \in R_i^{+,U}(s)$，都至少存在一个 $s_2 \in R_j^{+,U}(s_1)$，使得 $s_2 \in \Phi_i^{-,=,U}(s)$（或 $s \succeq_i s_2$ 或 $s\, U_i\, s_2$）成立时，状态 s 对于决策者 i 来说是 SEQ$_c$ 稳定，记为 $s \in S_i^{\mathrm{SEQ}_c}$。

4. d 种形式下的稳定性逻辑表达

对于 d 种形式下的稳定性，决策者 i 只会从现状转移到偏好更优的改良状态，但在评估对手的反击制裁时不考虑不确定偏好。

定义 5.14：当且仅当 $R_i^+(s) = \emptyset$ 成立时，状态 s 对于决策者 i 来说是 Nash_d 稳定的，记为 $s \in S_i^{\mathrm{Nash}_d}$。

定义 5.15：当且仅当对于任意一个 $s_1 \in R_i^{+,U}(s)$，都至少存在一个 $s_2 \in R_j(s_1)$，使得 $s_2 \in \Phi_i^{-,=,U}(s)$（或 $s \succeq_i s_2$ 或 $s\, U_i\, s_2$）成立时，状态 s 对于决策者 i 来说是 GMR_d 稳定的，记为 $s \in S_i^{\mathrm{GMR}_d}$。

定义 5.16：当且仅当对于任意一个 $s_1 \in R_i^+(s)$，都至少存在一个 $s_2 \in R_j(s_1)$，使得 $s_2 \in \Phi_i^{-,=,U}(s)$（或 $s \succeq_i s_2$ 或 $s\, U_i\, s_2$），且任意一个 $s_3 \in R_i(s_2)$ 都满足 $s_3 \in \Phi_i^{-,=,U}(s)$（或 $s \succeq_i s_3$ 或 $s\, U_i\, s_3$）时，状态 s 对于决策者 i 来说是 SMR_d 稳定的，记为 $s \in S_i^{\mathrm{SMR}_d}$。

定义 5.17：当且仅当对于任意一个 $s_1 \in R_i^+(s)$，都至少存在一个 $s_2 \in R_j^{+,U}(s_1)$，使得 $s_2 \in \Phi_i^{-,=,U}(s)$（或 $s \succeq_i s_2$ 或 $s\, U_i\, s_2$）成立时，状态 s 对于决策者 i 来说是 SEQ_d 稳定的，记为 $s \in S_i^{\mathrm{SEQ}_d}$。

接下来将会使用上面的稳定性定义分析不确定偏好下扩展可持续发展冲突模型的稳定性。

案例 5.2（不确定偏好下扩展可持续发展冲突模型的稳定性）：案例 5.1 描述了不确定偏好下的扩展可持续发展冲突模型。这个冲突的图模型如表 5.2 所示，其中状态集合 $S = \{s_1, s_2, s_3, s_4\}$，决策者集合 $N = \{1,2\}$。案例 5.1 讨论了 a 种形式下的稳定性。在这个案例中，将评估这四个状态是否是 b、c 和 d 形式下的稳定。因此，接下来分析以下稳定性：对于 DM_2，s_1 的 Nash_b 稳定，s_2 的 GMR_c 稳定和 SEQ_c 稳定；对于 DM_1，s_3 的 SMR_d 稳定。余下的分析作为练习。因为 $R_2(s_1) = \{s_2\}$ 和 $s_1\, U_2\, s_2$，所以 $R_2^+(s_1) = \emptyset$。因此，对于 DM_2 来说，s_1 是 Nash_b 稳定、GMR_b 稳定、SMR_b 稳定和 SEQ_b 稳定的。可以评判 DM_2 在状态 s_2 下是 GMR_c 稳定的，还是 SEQ_c 稳定的。因为 $R_2(s_2) = \{s_1\}$ 并且 $s_1\, U_2\, s_2$，所以 $R_2^{+,U}(s_2) = \{s_1\}$。因为 $R_1(s_1) = \{s_3\}$ 和 $s_3\, U_2\, s_2$，所以根据定义 5.11，DM_2 在状态 s_2 下是 GMR_c 稳定的。同理，因为 $s_1 \in R_2^{+,U}(s_2)$，$R_1^{+,U}(s_1) = \emptyset$，因此根据定义 5.13，$\mathrm{DM}_2$ 在状态 s_2 下是 SEQ_c 稳定的。最后，确定 DM_1 在状态 s_3 下是不是 SMR_d 稳定的。很明显，从图 5.2 中可知，$R_1^+(s_3) = \{s_1\}$，$R_2(s_1) = \{s_2\}$ 和 $R_1(s_2) = \{s_4\}$。因为 $s_3 \succ_1 s_2$ 和 $s_3 \succ_1 s_4$，基于定义 5.16，DM_1 在状态 s_3 下是 SMR_d 稳定的。

表 5.3 列出了不确定偏好下扩展可持续发展冲突模型的稳定性结果，其中 "1" 和 "2" 分别表示 DM_1 和 DM_2，"$\sqrt{}$" 表示某些概念的稳定状态，"Eq" 表示某种定义下的均衡。

表 5.3 提供了两决策者的可持续发展冲突模型的稳定性结果。很明显，在扩展可持续发展冲突模型中，状态 s_1 和状态 s_2 满足在 b 和 d 种形式下的四种稳定性下的均衡，这意味着它们也许是这个冲突的潜在解决方法。

表 5.3　不确定偏好下扩展可持续发展冲突模型的稳定性结果

状态		Nash			GMR			SMR			SEQ		
		1	2	Eq	1	2	Eq	1	2	Eq	1	2	Eq
a	s_1	✓			✓			✓			✓		
	s_2	✓			✓			✓			✓		
	s_3				✓			✓			✓		
	s_4												
b	s_1	✓	✓	✓	✓	✓	✓	✓	✓	✓	✓	✓	✓
	s_2	✓	✓	✓	✓	✓	✓	✓	✓	✓	✓	✓	✓
	s_3		✓		✓	✓	✓	✓	✓	✓	✓	✓	✓
	s_4		✓						✓				
c	s_1	✓			✓			✓			✓		
	s_2	✓			✓						✓		
	s_3						✓						✓
	s_4				✓			✓			✓		
d	s_1	✓			✓			✓			✓		
	s_2	✓			✓			✓			✓		
	s_3												
	s_4		✓			✓			✓			✓	

5.2.2　一个结盟的可达集合

为了评估决策者 $i \in N$ 在某个状态的稳定性，有必要研究其他所有决策者 $j \in N\backslash\{i\}$ 可能的回应，可能包括连续回应。为了将图模型稳定性定义推广到不确定偏好下多个决策者模型中，必须扩展简单偏好下合法序列移动的定义，以考虑偏好不确定性。为了达到这个目的，必须界定结盟单边改良或不确定移动 (UIUM) 的合法序列。一个结盟是决策者的非空子集，也就是 $H \subseteq N$ 且 $H \neq \emptyset$。UIUM 的合法序列是一个结盟被允许的单边改良或不确定移动的序列，通常限制结盟内的成员移动可以超过一次，但不能连续移动两次。令结盟 $H \subseteq N$ 满足 $|H| \geqslant 2$，现状 $s \in S$。令 $R_H^{+,U}(s) \subseteq S$(正式定义如下) 表示一些或所有决策者由初始状态 s 出发可以通过单边改良或不确定移动的合法序列到达的状态集合。如果 $s_1 \in R_H^{+,U}(s)$，那么 $\Omega_H^{+,U}(s,s_1)$(正式定义如下) 表示从状态 s 到状态 s_1 通过单边改良或不确定移动的合法序列到达最后移动的决策者的集合。$R_H^{+,U}(s) \subseteq S$ 和 $s_1 \in R_H^{+,U}(s)$ 的 $\Omega_H^{+,U}(s,s_1) \subseteq H$ 的正式定义如下所示。

定义 5.18：H 的一个单边改良或不确定移动是 $R_H^{+,U}(s) \subseteq S$ 的一个元素，归纳定义如下。

(1)　对所有的 $s_1 \in S$，假设 $\Omega_H^{+,U}(s,s_1) = \emptyset$。

(2)　如果 $j \in H$ 且 $s_1 \in R_j^{+,U}(s)$，则 $s_1 \in R_H^{+,U}(s)$ 且 $\Omega_H^{+,U}(s,s_1) = \Omega_H^{+,U}(s,s_1) \cup \{j\}$。

(3)　如果 $s_1 \in R_H^{+,U}(s)$，$j \in H$，$s_2 \in R_j^{+,U}(s_1)$，且 $\Omega_H^{+,U}(s,s_1) \neq \{j\}$，则 $s_2 \in R_H^{+,U}(s)$，且 $\Omega_H^{+,U}(s,s_2) = \Omega_H^{+,U}(s,s_2) \cup \{j\}$。

注意，如果 $s_1 \in R_H^{+,U}(s)$，那么 $\Omega_H^{+,U}(s, s_1) \subseteq H$ 是从状态 s 到状态 s_1 通过单边改良或单边移动的合法序列到达的最后移动的决策者集合；如果 $s_1 \notin R_H^{+,U}(s)$，则令 $\Omega_H^{+,U}(s, s_1) = \emptyset$。假设 $\Omega_H^{+,U}(s, s_1)$ 仅仅包含一个决策者，$j \in N$。然后，从状态 s_1 到下一个状态 s_2 的任何移动，一定是 H 集合中除了 j 之外的决策者；否则决策者 j 将会连续移动两次。另外，如果 $|\Omega_H^{+,U}(s, s_1)| \geqslant 2$，从状态 s_1 到状态 s_2 有一个单边改良或不确定移动的 H 的任何一员也许会行动。

案例 5.3 (通过单边改良或单边移动构建一个结盟的可达集合)：图 5.3(a) 显示了图模型中的状态集合 $S = \{s_1, s_2, s_3, s_4, s_5, s_6, s_7, s_8\}$ 和决策者集合 $N = \{1, 2, 3\}$(Xu et al., 2009b)。弧上的标签表示控制的决策者。如果决策者 i 的初始弧用颜色 i 表示，那么，根据第 3 章中介绍的优先权准则，图 5.3(a) 可以转换为一个带边缘标记的有向图 5.3(b)(剩下的标签过程作为练习)。表 5.4 提供了偏好信息。如果 $s = s_1$ 是现状，那么 $H = N \setminus \{1\}$ 从状态 s 出发通过单边改良或单边移动到达的可达集合 $R_H^{+,U}(s_1)$，可以通过从 s_1 出发的单边改良或单边移动，被决策者 2 或 3 控制的所有彩色路径搜索而获得，见图 5.4。如何确定所有彩色路径将在第 9 章详细介绍。

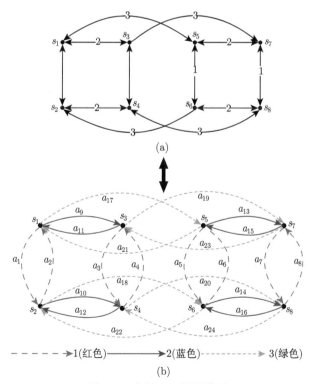

(a)

(b)

$- - - - \rightarrow 1(红色) \longrightarrow 2(蓝色) - - - - - \rightarrow 3(绿色)$

图 5.3　案例 5.3 的图模型

表 5.4　图 5.3 显示的图模型的偏好信息

颜色	决策者	部分偏好信息
红色	1	$s_2 \succ s_6 \succ s_4 \succ s_8 \succ s_1 \succ s_5 \succ s_3 \succ s_7$
蓝色	2	$s_3 \succ s_7, s_4 \succ s_8, s_1 \succ s_5, s_2 \succ s_6$, only
绿色	3	$s_3 \succ s_4 \succ s_7 \succ s_8 \succ s_5 \succ s_6 \succ s_1 \succ s_2$

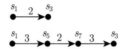

图 5.4　结盟 $N \setminus \{1\}$ 从状态 s_1 出发的彩色路径

根据定义 5.18 构建 $R_H^{+,U}(s_1)$ 可达集合，如下所示。

(1)　确定 $R_2^{+,U}(s_1) = \{s_3\}$ 和 $R_3^{+,U}(s_1) = \{s_5\}$。

(2)　获取 $\Omega_H^{+,U}(s_1, s_3) = \{2\}$ 和 $\Omega_H^{+,U}(s_1, s_5) = \{3\}$。

(3)　估计 $R_2^{+,U}(s_5) = \{s_7\}$ 和 $R_3^{+,U}(s_7) = \{s_3\}$。

(4)　构建 $R_H^{+,U}(s_1) = \{s_3, s_5, s_7\}$。

状态集合 $R_H^{+,U}(s_1) = \{s_3, s_5, s_7\}$ 意味着 DM$_2$ 和 DM$_3$ 可以通过合法的单边改良或单边移动从状态 s_1 到达状态 s_3、s_5 和 s_7。

5.2.3　多个决策者情况

在一个多个决策者模型中，$n > 2$，一个决策者的反对者可以是两个或者多个决策者的结盟。Li 等 (2004) 给出了不确定偏好下的多个决策者图模型中的 Nash、GMR、SMR 和 SEQ 稳定的定义。他们保留了两个决策者情况中稳定性定义的大多数特征，除了决策者 i 的对手不再是一个单一的对手 j，而是一个集合 N 外，$N - \{i\}$。因此，两个决策者情况下不确定偏好解决方案概念的逻辑表示可以很容易地推广到多个决策者情况中。

1. a 种形式下的稳定性逻辑表达

将两个决策者情况 a 种形式下的定义扩展到多个决策者情况中。在下面的定义中，令 $i \in N$，$|N| = n$。

定义 5.19： 当且仅当 $R_i^{+,U}(s) = \emptyset$ 成立时，状态 s 对于决策者 i 来说是 Nash$_a$ 稳定的，记为 $s \in S_i^{\text{Nash}_a}$。

定义 5.20： 当且仅当对任意一个 $s_1 \in R_i^{+,U}(s)$，都至少存在一个 $s_2 \in R_{N \setminus \{i\}}(s_1)$ 使得 $s \succeq_i s_2$ 成立时，状态 s 对于决策者 i 来说是 GMR$_a$ 稳定的，记为 $s \in S_i^{\text{GMR}_a}$。

定义 5.21： 当且仅当对任意一个 $s_1 \in R_i^{+,U}(s)$，都至少存在一个 $s_2 \in R_{N \setminus \{i\}}(s_1)$，使得 $s \succeq_i s_2$，且任意一个 $s_3 \in R_i(s_2)$ 满足 $s \succeq_i s_3$ 时，状态 s 对于决策者 i 来说是 SMR$_a$ 稳定的，记为 $s \in S_i^{\text{SMR}_a}$。

定义 5.22：当且仅当对任意一个 $s_1 \in R_i^{+,U}(s)$，都至少存在一个 $s_2 \in R_{N\setminus\{i\}}^{+,U}(s_1)$，使 $s \succeq_i s_2$ 成立时，状态 s 对于决策者 i 来说是 SEQ_a 稳定的，记为 $s \in S_i^{\text{SEQ}_a}$。

2. b 种形式下的稳定性逻辑表达

对于 b 种形式下的稳定性，决策者 i 将现状只会转移到更优的状态，并且仅会被比现状偏好更差或偏好无差别的状态制裁。

定义 5.23：当且仅当 $R_i^+(s) = \varnothing$ 成立时，状态 s 对于决策者 i 来说是 Nash_b 稳定的，记为 $s \in S_i^{\text{Nash}_b}$。

定义 5.24：当且仅当对任意一个 $s_1 \in R_i^+(s)$，都至少存在一个 $s_2 \in R_{N\setminus\{i\}}(s_1)$，使 $s \succeq_i s_2$ 成立时，状态 s 对于决策者 i 来说是 GMR_b 稳定的，记为 $s \in S_i^{\text{GMR}_b}$。

定义 5.25：当且仅当对任意一个 $s_1 \in R_i^+(s)$，都至少存在一个 $s_2 \in R_{N\setminus\{i\}}(s_1)$，使得 $s \succeq_i s_2$，且所有的 $s_3 \in R_i(s_2)$ 满足 $s \succeq_i s_3$ 时，状态 s 对于决策者 i 来说是 SMR_b 稳定的，记为 $s \in S_i^{\text{SMR}_b}$。

定义 5.26：当且仅当对任意一个 $s_1 \in R_i^+(s)$，都至少存在一个 $s_2 \in R_{N\setminus\{i\}}^{+,U}(s_1)$，使得 $s \succeq_i s_2$ 成立时，状态 s 对于决策者 i 来说是 SEQ_b 稳定的，记为 $s \in S_i^{\text{SEQ}_b}$。

3. c 种形式下的稳定性逻辑表达

对于 c 种形式下的稳定性，决策者 i 将会移动到相对于现状更优的状态和偏好不确定的状态，但在考量对手的反击制裁时，决策者 i 不想在任何偏好不优于状态 s 或者与状态 s 偏好无差别的状态上停止移动，这些状态相对于 s 来说偏好不确定。

定义 5.27：当且仅当 $R_i^{+,U}(s) = \varnothing$ 成立时，状态 s 对于决策者 i 来说是 Nash_c 稳定的，记为 $s \in S_i^{\text{Nash}_c}$。

定义 5.28：当且仅当对任意一个 $s_1 \in R_i^{+,U}(s)$，都至少存在一个 $s_2 \in R_{N\setminus\{i\}}(s_1)$，使得 $s \succeq_i s_2$ 或 $s\, U_i\, s_2$ 成立时，状态 s 对于决策者 i 来说是 GMR_c 稳定的，记为 $s \in S_i^{\text{GMR}_c}$。

定义 5.29：当且仅当对任意一个 $s_1 \in R_i^{+,U}(s)$，都至少存在一个 $s_2 \in R_{N\setminus\{i\}}(s_1)$，使得 $s \succeq_i s_2$ 或 $s\, U_i\, s_2$，且所有的 $s_3 \in R_i(s_2)$ 满足 $s \succeq_i s_3$ 或 $s\, U_i\, s_3$ 时，状态 s 对于决策者 i 来说是 SMR_c 稳定的，记为 $s \in S_i^{\text{SMR}_c}$。

定义 5.30：当且仅当对任意一个 $s_1 \in R_i^{+,U}(s)$，都至少存在一个 $s_2 \in R_{N\setminus\{i\}}^{+,U}(s_1)$，使得 $s \succeq_i s_2$ 或 $s\, U_i\, s_2$ 成立时，状态 s 对于决策者 i 来说是 SEQ_c 稳定的，记为 $s \in S_i^{\text{SEQ}_c}$。

4. d 种形式下的稳定性逻辑表达

对于 d 种形式下的稳定性，决策者 i 不愿意移动到一个相对于现状来说偏好不确定的状态，但在考量对手反击时会被比现状偏好不确定的状态威慑。

定义 5.31：当且仅当 $R_i^+(s) = \emptyset$ 成立时，状态 s 对于决策者 i 来说是 Nash_d 稳定的，记为 $s \in S_i^{\text{Nash}_d}$。

定义 5.32：当且仅当对任意一个 $s_1 \in R_i^+(s)$，都至少存在一个 $s_2 \in R_{N \setminus \{i\}}(s_1)$，使得 $s \succeq_i s_2$ 或 $s \, U_i \, s_2$ 成立时，状态 s 对于决策者 i 来说是 GMR_d 稳定的，记为 $s \in S_i^{\text{GMR}_d}$。

定义 5.33：当且仅当对任意一个 $s_1 \in R_i^+(s)$，都至少存在一个 $s_2 \in R_{N \setminus \{i\}}(s_1)$，使得 $s \succeq_i s_2$ 或 $s \, U_i \, s_2$，且所有的 $s_3 \in R_i(s_2)$ 满足 $s \succeq_i s_3$ 或 $s \, U_i \, s_3$ 时，状态 s 对于决策者 i 来说是 SMR_d 稳定的，记为 $s \in S_i^{\text{SMR}_d}$。

定义 5.34：当且仅当对任意一个 $s_1 \in R_i^+(s)$ 都至少存在一个 $s_2 \in R_{N \setminus \{i\}}^{+,U}(s_1)$ 使 $s \succeq_i s_2$ 或 $s \, U_i \, s_2$ 成立时，状态 s 对于决策者 i 来说是 SEQ_d 稳定的，记为 $s \in S_i^{\text{SEQ}_d}$。

当 $n = 2$ 时，由定义 5.19 ~ 定义 5.34 可知，决策者集合变为 $\{i, j\}$。例如，从状态 s_1 出发，通过单边改良或单边移动的合法序列构成的 $N \setminus \{i\}$ 的可达集合 $R_{N \setminus \{i\}}^{+,U}(s_1)$ 会简化为决策者 j 从状态 s_1 出发通过一步单边改良或单边移动形成的可达集合 $R_j^{+,U}(s_1)$。

从以上关于 a、b、c 和 d 种形式下解的概念，可以看出 a 种形式表示最激进决策者的稳定性。决策者在决定是否从现状移动时是激进的，因此愿意接受由移动到不确定偏好状态带来的风险。此外，当评估可能性移动时，决策者只被不优于现状的状态和相对于现状具有不确定偏好状态的制裁威慑。对于 b 种形式下的定义，偏好的不确定性并没有被决策者考虑。对于 c 种形式下的定义，决策者对于与不确定偏好状态相关的风险持有混合态度。具体而言，决策者决定是否从现状移动时是激进的，但是当评估可能的移动时是保守的，会被不优于现状或相对于现状具有不确定偏好状态的制裁威慑。d 种形式下的定义代表了最保守的决策者，这些决策者只会移动到比现状更优的状态，但是会被导致不确定偏好状态的反击威慑 (Li et al., 2004)。

5.2.4 不确定偏好下图模型中稳定性之间的关系

Fang 等 (1993) 确定了简单偏好结构中 Nash、GMR、SMR 和 SEQ 稳定性之间的关系。基于以上研究，Li 等 (2004) 构建了不确定偏好结构中的稳定性关系（图 5.5）。

令 l 代表 a、b、c 和 d 四种扩展形式定义的其中之一，即 $l = a, b, c, d$。在下面的定理中，符号 GS 代表一种图模型的稳定性，GMR、SMR 或者 SEQ 稳定。GS_l 是 l 形式下的稳定性概念。$s \in S_i^{\text{GS}_l}$ 表示根据 l 形式下的 GS 稳定性，状态 $s \in S$ 对决策者 i 来说是稳定的。不确定偏好下图模型中 l 形式下的 Nash、GMR、SMR、SEQ 四种稳定性之间的关系在下面给出。

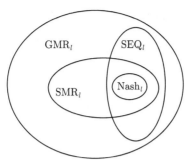

图 5.5　四种稳定性之间的关系 l

定理 5.1：令 $l = a$、b、c、d 并且 $i \in N$。l 形式下四种稳定性之间的关系为

$$S_i^{\text{Nash}_l} \subseteq S_i^{\text{SMR}_l} \subseteq S_i^{\text{GMR}_l}$$

$$S_i^{\text{Nash}_l} \subseteq S_i^{\text{SEQ}_l} \subseteq S_i^{\text{GMR}_l}$$

由定义 5.19 ~ 定义 5.34，我们可以很容易证明定理 5.1 是可行的。注意 $S_i^{\text{SMR}_l}$ 和 $S_i^{\text{SEQ}_l}$ 之间没有必要的包含关系，也就是说，$S_i^{\text{SMR}_l} \supseteq S_i^{\text{SEQ}_l}$ 或 $S_i^{\text{SMR}_l} \subseteq S_i^{\text{SEQ}_l}$ 可能成立，也可能不成立。l 形式下四种稳定性之间的上述包含关系如图 5.5 所示。

定理 5.2：对于决策者 i，a、b、c 和 d 形式下的 Nash 稳定性之间的关系为

$$S_i^{\text{Nash}_a} = S_i^{\text{Nash}_c}$$

$$S_i^{\text{Nash}_b} = S_i^{\text{Nash}_d}$$

$$S_i^{\text{Nash}_a} \subseteq S_i^{\text{Nash}_b}$$

根据以上关于 Nash 稳定性的定义，这个结果很容易得到。

定理 5.3：令 $i \in N$。a、b、c 和 d 形式下的 GS 稳定性间的关系为

$$S_i^{\text{GS}_a} \subseteq S_i^{\text{GS}_b} \subseteq S_i^{\text{GS}_d}, \ S_i^{\text{GS}_a} \subseteq S_i^{\text{GS}_c} \subseteq S_i^{\text{GS}_d}$$

证明：证明 $S_i^{\text{SMR}_a} \subseteq S_i^{\text{SMR}_c} \subseteq S_i^{\text{SMR}_d}$ 的包含关系。如果状态 $s \in S_i^{\text{SMR}_a}$，意味着如果 $s_1 \in R_i^{+,U}(s)$，那么至少存在一个 $s_2 \in R_{N \setminus \{i\}}(s_1)$ 使 $s_2 \in \Phi_i^{-,=}(s)$ 成立，同时对任意一个 $s_3 \in R_i(s_2)$ 都有 $s_3 \in \Phi_i^{-,=}(s)$ 成立。因为 $\Phi_i^{-,=}(s) \subseteq \Phi_i^{-,=,U}(s)$，那么 $s_2 \in \Phi_i^{-,=,U}(s)$，同时对任意一个 $s_3 \in R_i(s_2)$ 都有 $s_3 \in \Phi_i^{-,=,U}(s)$。因此，如果状态 $s \in S_i^{\text{SMR}_a}$，那么状态 $s \in S_i^{\text{SMR}_c}$。

如果状态 $s \in S_i^{\text{SMR}_c}$，意味着如果 $s_1 \in R_i^{+,U}(s)$，那么至少存在一个 $s_2 \in R_{N \setminus \{i\}}(s_1)$，使得 $s_2 \in \Phi_i^{-,=,U}(s)$ 成立，同时对任意一个 $s_3 \in R_i(s_2)$ 都有 $s_3 \in \Phi_i^{-,=,U}(s)$ 成立。因为 $R_i^+(s) \subseteq R_i^{+,U}(s)$，那么 $s \in S_i^{\text{SMR}_c}$，这代表如果 $s_1 \in R_i^+(s)$，

那么至少存在一个 $s_2 \in R_{N \setminus \{i\}}(s_1)$，使得 $s_2 \in \Phi_i^{-,=,U}(s)$ 成立，同时对任意一个 $s_3 \in R_i(s_2)$ 都有 $s_3 \in \Phi_i^{-,=,U}(s)$。因此，$S_i^{\mathrm{SMR}_c} \subseteq S_i^{\mathrm{SMR}_d}$。

包含关系 $S_i^{\mathrm{SMR}_a} \subseteq S_i^{\mathrm{SMR}_c} \subseteq S_i^{\mathrm{SMR}_d}$ 得证。其他关于 GMR 和 SEQ 的包含关系可以用类似的方法进行证明。所以

$$S_i^{\mathrm{GS}_a} \subseteq S_i^{\mathrm{GS}_c} \subseteq S_i^{\mathrm{GS}_d}$$

类似地，可以证明如下的包含关系：

$$S_i^{\mathrm{GS}_a} \subseteq S_i^{\mathrm{GS}_b} \subseteq S_i^{\mathrm{GS}_d}$$

以上关于 a、b、c 和 d 形式下的稳定性之间的关系如图 5.6 所示。

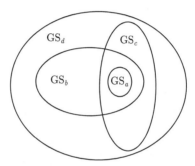

图 5.6　a、b、c 和 d 形式下的稳定性之间的关系

5.3　未知偏好下稳定性定义的矩阵表达

4.3 节介绍的 MRSC 延伸到不确定偏好下的冲突中。下面，使用显式矩阵计算，将定义四个基本图模型稳定性的过程应用于具有偏好不确定性的图模型中。矩阵表达扩展到定义一个决策者的可达集合，或者从一个状态出发的单边改良或不确定移动的结盟。这些矩阵表达用于建立显性代数形式的冲突模型，有助于在不确定偏好下的两个决策者和多个决策者模型中进行稳定性计算。

5.3.1　不确定偏好矩阵

4.3.1 节定义了决策者 i 的改良偏好矩阵 P_i^+ 和等价偏好矩阵 $P_i^=$。

定义 5.35：对于一个图模型 G，决策者 i 的不确定偏好矩阵是一个 $m \times m$ 维的矩阵 P_i^U，其中，(s, q) 元素值为

$$P_i^U(s, q) = \begin{cases} 1, & \text{如果 } s \, U_i \, q \\ 0, & \text{其他} \end{cases}$$

定义矩阵 $P_i^{-,=}$、$P_i^{+,U}$ 和 $P_i^{-,=,U}$ 分别为 $P_i^{-,=} = P_i^- \bigvee P_i^=$，$P_i^{+,U}(s,q) = E - I - P_i^{-,=}$，$P_i^{-,=,U}(s,q) = E - I - P_i^+$。

下面将邻接矩阵扩展到不确定偏好下的图模型中。

定义 5.36：对于图模型 G，决策者 i 的单边不确定移动 (UUM) 的邻接矩阵是一个 $m \times m$ 维的矩阵 J_i^U，其中，元素 (s,q) 的值为

$$J_i^U(s,q) = \begin{cases} 1, & 如果(s,q) \in A_i \text{ 且} q \ U_i \ s \\ 0, & 其他 \end{cases}$$

当且仅当决策者 i 可以通过单边不确定移动 (一步移动) 从状态 s 出发移动到状态 q 时，$J_i^U(s,q) = 1$。简便定义为

$$J_i^{+,U}(s) = J_i^+ \bigvee J_i^U$$

以下的单边移动 (UM) 邻接矩阵、单边改良 (UI) 邻接矩阵、单边改良或不确定移动 (UIUM) 邻接矩阵和不确定偏好矩阵，都满足下面的关系：

$$J_i^+ = J_i \circ P_i^+, J_i^{+,U} = J_i \circ P_i^{+,U}$$

可以很明显地观察出，由于逻辑表达的性质，基于逻辑表达定义去识别稳定状态的过程很难编码。为了克服这个限制，5.3.2 节用矩阵来更清晰地表示出两个决策者不确定偏好下图模型中的四个稳定性定义。

5.3.2　两个决策者的情况

在两个决策者冲突模型中，不确定偏好下的 Nash、GMR、SMR 和 SEQ 四个稳定性定义的扩展形式的矩阵表达如下所示。不确定偏好下图模型稳定性概念的矩阵表达 (matrix representation of solution concepts with preference uncertainly, MRSCU) 包含一系列 $m \times m$ 维的稳定性矩阵，即 $M_i^{\text{Nash}_l}$、$M_i^{\text{GMR}_l}$ 和 $M_i^{\text{SMR}_l}$，其中，$m = |s|$，$l \in \{a,b,c,d\}$。这些稳定性矩阵可用于判别获得决策者 $i \in N$ ($|N| = 2$) 在某些状态的 Nash_l、GMR_l、SMR_l 和 SEQ_l 稳定性。注意：在上述稳定性矩阵中，决策者的偏好可能存在一定的不确定性。

1. a 种形式下的稳定性矩阵表达

定义决策者 i 的 $m \times m$ 维的 Nash_a 稳定性矩阵为

$$M_i^{\text{Nash}_a} = J_i^{+,U} \cdot E$$

以下定理运用 MRSCU 矩阵表达方法来评估状态 s 对一个决策者来说是不是 Nash_a 稳定的。

定理 5.4：当且仅当满足 $M_i^{\text{Nash}_a}(s,s) = 0$ 时，状态 $s \in S$ 对于决策者 i 来说是 Nash_a 稳定的。

证明：很明显，如果 $e_s^{\text{T}} \cdot J_i^{+,U} = \overrightarrow{0}^{\text{T}}$，那么 $R_i^{+,U}(s) = \emptyset$。$e_s^{\text{T}} \cdot J_i^{+,U} = \overrightarrow{0}^{\text{T}}$，相当于 $M_i^{\text{Nash}_a}(s,s) = 0$。

定义决策者 i 的 $m \times m$ 维的 GMR_a 稳定性矩阵为

$$M_i^{\text{GMR}_a} = J_i^{+,U} \cdot \{E - \text{sign}\,[J_j \cdot (P_i^{-,=})^{\text{T}}]\}$$

以下定理提供了矩阵方法来计算决策者 i 的 GMR_a 稳定性。

定理 5.5：状态 $s \in S$ 对于决策者 i 来说是 GMR_a 稳定的，当且仅当

$$M_i^{\text{GMR}_a}(s,s) = 0 \tag{5.1}$$

证明：式 (5.1) 等同于

$$(e_s^{\text{T}} J_i^{+,U}) \cdot \{\{E - \text{sign}[J_j \cdot (P_i^{-,=})^{\text{T}}]\}e_s\} = 0$$

因为

$$(e_s^{\text{T}} J_i^{+,U}) \cdot \{\{E - \text{sign}[J_j \cdot (P_i^{-,=})^{\text{T}}]\}e_s\}$$

$$= \sum_{s_1=1}^{m} J_i^{+,U}(s,s_1)\{1 - \text{sign}[(e_{s_1}^{\text{T}} J_j) \cdot (e_s^{\text{T}} P_i^{-,=})^{\text{T}}]\}$$

式 (5.1) 成立，如果

$$J_i^{+,U}(s,s_1)\{1 - \text{sign}[(e_{s_1}^{\text{T}} J_j) \cdot (e_s^{\text{T}} P_i^{-,=})^{\text{T}}]\} = 0, \forall s_1 \in S \tag{5.2}$$

很明显，式 (5.2) 等同于

$$(e_{s_1}^{\text{T}} J_j) \cdot (e_s^{\text{T}} P_i^{-,=})^{\text{T}} \neq 0, \forall s_1 \in R_i^{+,U}(s)$$

这意味着，对任意一个 $s_1 \in R_i^{+,U}(s)$，至少存在一个 $s_2 \in R_j(s_1)$，使得 $s \succeq_i s_2$ 成立。

定义 $m \times m$ 维的 SMR_a 稳定性矩阵为

$$M_i^{\text{SMR}_a} = J_i^{+,U} \cdot [E - \text{sign}(Q)]$$

其中，

$$Q = J_j \cdot \left\{ (P_i^{-,=})^{\text{T}} \circ \{E - \text{sign}[J_i \cdot (P_i^{+,U})^{\text{T}}]\}\right\}, \text{ 对于任意 } j \neq i$$

定理 5.6：状态 s 对于决策者 i 来说是 SMR_a 稳定的，当且仅当

$$M_i^{\mathrm{SMR}_a}(s,s) = 0 \tag{5.3}$$

证明：因为

$$M_i^{\mathrm{SMR}_a}(s,s) = (e_s^{\mathrm{T}} J_i^{+,U}) \cdot \{[E - \mathrm{sign}(Q)]e_s\}$$

$$= \sum_{s_1=1}^{m} J_i^{+,U}(s,s_1)\{1 - \mathrm{sign}[Q(s_1,s)]\}$$

其中，

$$Q(s_1,s) = \sum_{s_2=1}^{m} J_j(s_1,s_2) \cdot W$$

$$W = P_i^{-,=}(s,s_2)\left\{1 - \mathrm{sign}\left\{\sum_{s_3=1}^{m}[J_i(s_2,s_3)P_i^{+,U}(s,s_3)]\right\}\right\}$$

如果 $Q(s_1,s) \neq 0$，$\forall s_1 \in R_i^{+,U}(s)$，式 (5.3) 成立等同于 $\forall s_1 \in R_i^{+,U}(s)$，$\exists s_2 \in R_j(s_1)$，那么

$$P_i^{-,=}(s,s_2) \neq 0 \tag{5.4}$$

$$\sum_{s_3=1}^{m}\left[J_i(s_2,s_3)P_i^{+,U}(s,s_3)\right] = 0 \tag{5.5}$$

很明显，$\forall s_1 \in R_i^{+,U}(s)$，$\exists s_2 \in R_j(s_1)$，那么式 (5.4) 和式 (5.5) 成立，对于任意一个 $s_1 \in R_i^{+,U}(s)$，至少存在 $s_2 \in R_j(s_1)$ 使得 $s \succeq_i s_2$，且所有的 $s_3 \in R_i(s_2)$ 满足 $s \succeq_i s_3$ 成立。

定义 $m \times m$ 维的 SEQ_a 稳定性矩阵为

$$M_i^{\mathrm{SEQ}_a} = J_i^{+,U} \cdot \left\{E - \mathrm{sign}\left[J_j^{+,U} \cdot (P_i^{-,=})^{\mathrm{T}}\right]\right\}$$

定理 5.7：状态 $s \in S$ 对于决策者 i 来说是 SEQ_a 稳定的，当且仅当

$$M_i^{\mathrm{SEQ}_a}(s,s) = 0 \tag{5.6}$$

证明：式 (5.6) 等同于

$$(e_s^{\mathrm{T}} J_i^{+,U}) \cdot \left\{\left\{E - \mathrm{sign}\left[J_j^{+,U} \cdot (P_i^{-,=})^{\mathrm{T}}\right]\right\}e_s\right\} = 0$$

因为

$$(e_s^{\mathrm{T}} J_i^{+,U}) \cdot \left\{ \left\{ E - \mathrm{sign}\left[J_j^{+,U} \cdot (P_i^{-,=})^{\mathrm{T}} \right] \right\} e_s \right\}$$

$$= \sum_{s_1=1}^{m} J_i^{+,U}(s,s_1) \left\{ 1 - \mathrm{sign}\left[(e_{s_1}^{\mathrm{T}} J_j^{+,U}) \cdot (e_s^{\mathrm{T}} P_i^{-,=})^{\mathrm{T}} \right] \right\}$$

式 (5.6) 成立，当且仅当

$$J_i^{+,U}(s,s_1) \left\{ 1 - \mathrm{sign}\left[(e_{s_1}^{\mathrm{T}} J_j^{+,U}) \cdot (e_s^{\mathrm{T}} P_i^{-,=})^{\mathrm{T}} \right] \right\} = 0, \forall s_1 \in S \qquad (5.7)$$

很明显，式 (5.7) 等同于

$$(e_{s_1}^{\mathrm{T}} J_j^{+,U}) \cdot (e_s^{\mathrm{T}} P_i^{-,=})^{\mathrm{T}} \neq 0, \forall s_1 \in R_i^{+,U}(s)$$

这意味着对于任意一个 $s_1 \in R_i^{+,U}(s)$，至少存在一个 $s_2 \in R_j^{+,U}(s_1)$，使得 $s \succeq_i s_2$ 成立。

2. b 种形式下的稳定性矩阵表达

对于不确定情况下的 b 种形式下的定义，决策者 i 在考虑离开一个状态或者评估制裁时都会排除不确定偏好。

定义 $m \times m$ 维的 Nash$_b$ 稳定性矩阵为

$$M_i^{\mathrm{Nash}_b} = J_i^+ \cdot E$$

定理 5.8：当且仅当满足 $M_i^{\mathrm{Nash}_b}(s,s) = 0$ 时，状态 $s \in S$ 对于决策者 i 来说是 Nash$_b$ 稳定的。

定义决策者 i 的 $m \times m$ 维的 GMR$_b$ 稳定性矩阵为

$$M_i^{\mathrm{GMR}_b} = J_i^+ \cdot \left\{ E - \mathrm{sign}\left[J_j \cdot (P_i^{-,=})^{\mathrm{T}} \right] \right\}$$

定理 5.9：当且仅当满足 $M_i^{\mathrm{GMR}_b}(s,s) = 0$ 时，状态 $s \in S$ 对于决策者 i 来说是 GMR$_b$ 稳定的。

定义决策者 i 的 $m \times m$ 维的 SMR$_b$ 稳定性矩阵为

$$M_i^{\mathrm{SMR}_b} = J_i^+ \cdot [E - \mathrm{sign}(Q)]$$

其中，

$$Q = J_j \cdot \left\{ (P_i^{-,=})^{\mathrm{T}} \circ \left\{ E - \mathrm{sign}\left[J_i \cdot (P_i^{+,U})^{\mathrm{T}} \right] \right\} \right\}, j \neq i$$

定理 5.10：当且仅当满足 $M_i^{\mathrm{SMR}_b}(s,s) = 0$ 时，状态 $s \in S$ 对于决策者 i 来说是 SMR$_b$ 稳定的。

定义决策者 i 的 $m \times m$ 维的 SEQ_b 稳定性矩阵为

$$M_i^{\text{SEQ}_b} = J_i^+ \cdot \left\{ E - \text{sign}\left[J_j^{+,U} \cdot (P_i^{-,=})^{\text{T}} \right] \right\}$$

定理 5.11：当且仅当满足 $M_i^{\text{SEQ}_b}(s,s) = 0$ 时，状态 $s \in S$ 对于决策者 i 来说是 SEQ_b 稳定的。

定理 5.8 ~ 定理 5.11 的证明过程类似于第 5 章中定理的证明过程，因此它们留作练习。对于 c 种形式的扩展定义，决策者 i 有一个移动到相对于现状具有不确定偏好状态的动机，并且决策者 i 在考量对手的反击制裁时会考虑移动到不确定偏好状态。

3. c 种形式下的稳定性矩阵表达

定义决策者 i 的 $m \times m$ 维的 Nash_a 稳定性矩阵为

$$M_i^{\text{Nash}_c} = J_i^{+,U} \cdot E$$

定理 5.12：当且仅当满足 $M_i^{\text{Nash}_c}(s,s) = 0$ 时，状态 $s \in S$ 对于决策者 i 来说是 Nash_c 稳定的。

定义决策者 i 的 $m \times m$ 维的 GMR_c 稳定性矩阵为

$$M_i^{\text{GMR}_c} = J_i^{+,U} \cdot \left[E - \text{sign}\left(J_j \cdot (P_i^{-,=,U})^{\text{T}} \right) \right]$$

定理 5.13：当且仅当满足 $M_i^{\text{GMR}_c}(s,s) = 0$ 时，状态 $s \in S$ 对于决策者 i 来说是 GMR_c 稳定的。

定义决策者 i 的 $m \times m$ 维的 SMR_c 稳定性矩阵为

$$M_i^{\text{SMR}_c} = J_i^{+,U} \cdot [E - \text{sign}(Q)]$$

其中，

$$Q = J_j \cdot \left\{ (P_i^{-,=,U})^{\text{T}} \circ \left\{ E - \text{sign}\left[J_i \cdot (P_i^+)^{\text{T}} \right] \right\} \right\}, \ j \neq i$$

定理 5.14：当且仅当满足 $M_i^{\text{SMR}_c}(s,s) = 0$ 时，状态 $s \in S$ 对于决策者 i 来说是 SMR_c 稳定的。

定义决策者 i 的 $m \times m$ 维的 SEQ_c 稳定性矩阵为

$$M_i^{\text{SEQ}_c} = J_i^{+,U} \cdot \left\{ E - \text{sign}\left[J_j^{+,U} \cdot (P_i^{-,=,U})^{\text{T}} \right] \right\}$$

定理 5.15：当且仅当满足 $M_i^{\text{SEQ}_c}(s,s) = 0$ 时，状态 $s \in S$ 对于决策者 i 来说是 SEQ_c 稳定的。

4. d 种形式下的稳定性矩阵表达

对于 d 形式的定义，决策者 i 考虑离开一个状态时排除不确定偏好，但是会畏惧因对手的反击移动到不确定偏好的状态。

定义决策者 i 的 $m \times m$ 维的 Nash_d 稳定性矩阵为

$$M_i^{\mathrm{Nash}_d} = J_i^+ \cdot E$$

定理 5.16： 当且仅当满足 $M_i^{\mathrm{Nash}_d}(s,s) = 0$ 时，状态 $s \in S$ 对于决策者 i 来说是 Nash_d 稳定的。

定义决策者 i 的 $m \times m$ 维的 GMR_d 稳定性矩阵为

$$M_i^{\mathrm{GMR}_d} = J_i^+ \cdot \left\{ E - \mathrm{sign}\left[J_j \cdot (P_i^{-,=,U})^{\mathrm{T}} \right] \right\}$$

定理 5.17： 当且仅当满足 $M_i^{\mathrm{GMR}_d}(s,s) = 0$ 时，状态 $s \in S$ 对于决策者 i 来说是 GMR_d 稳定的。

定义决策者 i 的 $m \times m$ 维的 SMR_d 稳定性矩阵为

$$M_i^{\mathrm{SMR}_d} = J_i^+ \cdot [E - \mathrm{sign}(Q)]$$

其中，

$$Q = J_j \cdot \left\{ (P_i^{-,=,U})^{\mathrm{T}} \circ \left\{ E - \mathrm{sign}\left[J_i \cdot (P_i^+)^{\mathrm{T}} \right] \right\} \right\}, \quad j \neq i$$

定理 5.18： 当且仅当满足 $M_i^{\mathrm{SMR}_d}(s,s) = 0$ 时，状态 $s \in S$ 对于决策者 i 来说是 SMR_d 稳定的。

定义决策者 i 的 $m \times m$ 维的 SEQ_d 稳定性矩阵为

$$M_i^{\mathrm{SEQ}_d} = J_i^+ \cdot \left\{ E - \mathrm{sign}\left[J_j^{+,U} \cdot (P_i^{-,=,U})^{\mathrm{T}} \right] \right\}$$

定理 5.19： 当且仅当满足 $M_i^{\mathrm{SEQ}_d}(s,s) = 0$ 时，状态 $s \in S$ 对于决策者 i 来说是 SEQ_d 稳定的。

案例 5.4 (不确定偏好下扩展可持续发展冲突模型的矩阵表示)： 案例 5.1 和案例 5.2 描述了不确定偏好下扩展可持续发展冲突模型。表 5.2 用状态集合 $S = \{s_1, s_2, s_3, s_4\}$ 和决策者集合 $N = \{1, 2\}$ 描述了冲突图模型。在这个案例中，将运用提出的矩阵方法评估四个状态是不是 a、b、c 和 d 形式下的稳定。表 5.5 总结了稳定性矩阵。

表 5.5　　不确定偏好下两个决策者冲突的稳定性矩阵

偏好	定义	稳定性矩阵
包含不确定性	a	$M_i^{\text{Nash}a} = J_i^{+,U} \cdot E$
		$M_i^{\text{GMR}a} = J_i^{+,U} \cdot [E - \text{sign}(J_j \cdot (P_i^{-,=})^{\text{T}})]$
		$M_i^{\text{SMR}a} = J_i^{+,U} \cdot [E - \text{sign}(J_j \cdot V)]$，其中， $V = (P_i^{-,=})^{\text{T}} \circ [E - \text{sign}(J_i \cdot (P_i^{+,U})^{\text{T}})]$
		$M_i^{\text{SEQ}a} = J_i^{+,U} \cdot [E - \text{sign}(J_j^{+,U} \cdot (P_i^{-,=})^{\text{T}})]$
	b	$M_i^{\text{Nash}b} = J_i^{+} \cdot E$
		$M_i^{\text{GMR}b} = J_i^{+} \cdot [E - \text{sign}(J_j \cdot (P_i^{-,=})^{\text{T}})]$
		$M_i^{\text{SMR}b} = J_i^{+} \cdot [E - \text{sign}(J_j \cdot V)]$，其中， $V = (P_i^{-,=})^{\text{T}} \circ [E - \text{sign}(J_i \cdot (P_i^{+,U})^{\text{T}})]$
		$M_i^{\text{SEQ}b} = J_i^{+} \cdot [E - \text{sign}(J_j^{+,U} \cdot (P_i^{-,=})^{\text{T}})]$
	c	$M_i^{\text{Nash}c} = J_i^{+,U} \cdot E$
		$M_i^{\text{GMR}c} = J_i^{+,U} \cdot [E - \text{sign}(J_j \cdot (P_i^{-,=,U})^{\text{T}})]$
		$M_i^{\text{SMR}c} = J_i^{+,U} \cdot [E - \text{sign}(J_j \cdot V)]$，其中， $V = (P_i^{-,=,U})^{\text{T}} \circ [E - \text{sign}(J_i \cdot (P_i^{+})^{\text{T}})]$
		$M_i^{\text{SEQ}c} = J_i^{+,U} \cdot [E - \text{sign}(J_j^{+,U} \cdot (P_i^{-,=,U})^{\text{T}})]$
	d	$M_i^{\text{Nash}d} = J_i^{+} \cdot E$
		$M_i^{\text{GMR}d} = J_i^{+} \cdot [E - \text{sign}(J_j \cdot (P_i^{-,=,U})^{\text{T}})]$
		$M_i^{\text{SMR}d} = J_i^{+} \cdot [E - \text{sign}(J_j \cdot V)]$，其中， $V = (P_i^{-,=,U})^{\text{T}} \circ [E - \text{sign}(J_i \cdot (P_i^{+})^{\text{T}})]$
		$M_i^{\text{SEQ}d} = J_i^{+} \cdot [E - \text{sign}(J_j^{+,U} \cdot (P_i^{-,=,U})^{\text{T}})]$

使用矩阵方法计算不确定偏好下扩展可持续发展冲突模型稳定性的过程如下所示。

（1）根据图 5.2，可以得到 DM_1 和 DM_2 的单边移动邻接矩阵，分别为

$$
J_1 = \begin{pmatrix} 0 & 0 & 1 & 0 \\ 0 & 0 & 0 & 1 \\ 1 & 0 & 0 & 0 \\ 0 & 1 & 0 & 0 \end{pmatrix}, \quad J_2 = \begin{pmatrix} 0 & 1 & 0 & 0 \\ 1 & 0 & 0 & 0 \\ 0 & 0 & 0 & 1 \\ 0 & 0 & 1 & 0 \end{pmatrix}
$$

（2）通过图 5.2 中提供的偏好信息，DM_1 和 DM_2 的偏好矩阵分别为

$$
P_1^{+} = \begin{pmatrix} 0 & 0 & 0 & 0 \\ 1 & 0 & 1 & 0 \\ 1 & 0 & 0 & 0 \\ 1 & 1 & 1 & 0 \end{pmatrix}, \quad P_1^{-} = \begin{pmatrix} 0 & 1 & 1 & 1 \\ 0 & 0 & 0 & 1 \\ 0 & 1 & 0 & 1 \\ 0 & 0 & 0 & 0 \end{pmatrix}, \quad P_1^{U} = \begin{pmatrix} 0 & 0 & 0 & 0 \\ 0 & 0 & 0 & 0 \\ 0 & 0 & 0 & 0 \\ 0 & 0 & 0 & 0 \end{pmatrix}
$$

$$
P_2^{+} = \begin{pmatrix} 0 & 0 & 1 & 0 \\ 0 & 0 & 0 & 1 \\ 0 & 0 & 0 & 0 \\ 0 & 0 & 0 & 0 \end{pmatrix}, \quad P_2^{-} = \begin{pmatrix} 0 & 0 & 1 & 0 \\ 0 & 0 & 0 & 1 \\ 1 & 0 & 0 & 0 \\ 0 & 1 & 0 & 0 \end{pmatrix}, \quad P_2^{U} = \begin{pmatrix} 0 & 1 & 0 & 1 \\ 1 & 0 & 1 & 0 \\ 0 & 1 & 0 & 1 \\ 1 & 0 & 1 & 0 \end{pmatrix}
$$

（3）　通过使用 $P_i^{+,U} = P_i^+ \bigvee P_i^U$，$P_i^{-,=} = E - I - P_i^{+,U}$ 和 $P_i^{-,=,U} = E - I - P_i^+$ $(i = 1, 2)$ 可以得到其他偏好矩阵。

（4）　使用表 5.5 中给出的稳定性矩阵的数学公式，本章计算了这些稳定性矩阵的所有对角元素，并在表 5.6 中给出。

表 5.6　不确定偏好下扩展可持续发展冲突模型的稳定性分析

状态		Nash		GMR		SMR		SEQ	
		1	2	1	2	1	2	1	2
a	1	0	1	0	1	0	1	0	1
	2	0	1	0	1	0	1	0	1
	3	1	1	0	1	0	1	0	1
	4	1	1	1	1	1	1	1	1
b	1	0	0	0	0	0	0	0	0
	2	0	0	0	0	0	0	0	0
	3	1	0	0	0	0	0	0	0
	4	1	0	1	0	1	0	1	0
c	1	0	1	0	0	0	1	0	1
	2	0	1	0	0	0	1	0	1
	3	1	1	0	0	0	0	0	0
	4	1	1	1	0	1	0	1	0
d	1	0	0	0	0	0	0	0	0
	2	0	1	0	0	0	0	0	0
	3	1	0	0	0	0	0	0	0
	4	1	0	1	0	1	0	1	0

注意在表 5.6 的第二列中，$1 \sim 4$ 表示状态编号，第二行 1 和 2 表示 DM_1 和 DM_2。对应于 a 种形式的列向量 $(0, 0, 1, 1)^{\mathrm{T}}$ 和 DM_1 的 Nash_a 稳定是 DM_1 的 Nash_a 稳定性矩阵 $M_1^{\mathrm{Nash}_a}$ 的对角向量，即 $\mathrm{diag}(M_1^{\mathrm{Nash}_a}) = (0, 0, 1, 1)^{\mathrm{T}}$。基于定理 5.4，因为 $M_1^{\mathrm{Nash}_a}(s_1, s_1) = M_1^{\mathrm{Nash}_a}(s_2, s_2) = 0$，所以 s_1 和 s_2 对 DM_1 是 Nash_a 稳定的。对应于 c 种形式的列向量 $(1, 1, 0, 0)^{\mathrm{T}}$ 和 DM_2 的 SMR_c 稳定是 DM_2 的 Nash_a 稳定性矩阵 $M_2^{\mathrm{SMR}_c}$ 的对角向量，即 $\mathrm{diag}(M_2^{\mathrm{SMR}_c}) = (1, 1, 0, 0)^{\mathrm{T}}$。因此，$M_1^{\mathrm{SMR}_c}(s_3, s_3) = M_2^{\mathrm{SMR}_c}(s_4, s_4) = 0$，这表明根据定理 5.14 可知，$s_3$ 和 s_4 对于 DM_2 来说是 SMR_c 稳定的。用相同的方法可以推出其他的稳定性。很容易看出稳定性的结果与表 5.3 中使用逻辑方法获得的结果完全相同。

定理 5.4 $\sim$ 定理 5.19 证明了所提出的 MRSC 等同于 5.2.1 节中两个决策者冲突的定义的解决方案概念。矩阵表达方法可以扩展到超过 2 个决策者模型中，这是 5.3.3 节即将讨论的内容。

5.3.3　一个结盟的可达矩阵

将 $H \subseteq N$ 设定为 $|H| \geqslant 2$, 并且令 $s \in S$。现在演示如何找到相应的矩阵, 即从初始状态 s 出发的单边移动的合法序列形成 H 的可达集合 $R_H(s)$, 从初始状态 s 出发的单边改良的合法序列形成 H 的可达集合 $R_H^+(s)$, 从初始状态 s 出发的单边改良或不确定移动的合法序列形成 H 的可达集合 $R_H^{+,U}$。

定义 5.37: 对于 $i \in H$, $H \subseteq N$, $t = 1, 2, 3, \cdots$, 定义 $m \times m$ 维的矩阵 $M_i^{(t)}$、$M_i^{(t,+)}$ 和 $M_i^{(t,+,U)}$, 其中元素 (s, q) 值为

$$M_i^{(t)}(s,q) = \begin{cases} 1, & \text{如果状态 } q \in S \text{ 可以从状态 } s \in S \text{ 准确地由最后一个} \\ & \text{决策者 } i \text{ 通过 } t \text{ 条合法的单边移动到达} \\ 0, & \text{其他} \end{cases}$$

$$M_i^{(t,+)}(s,q) = \begin{cases} 1, & \text{如果状态 } q \in S \text{ 可以从状态 } s \in S \text{ 准确地由最后一个} \\ & \text{决策者 } i \text{ 通过 } t \text{ 条合法的单边改良到达} \\ 0, & \text{其他} \end{cases}$$

$$M_i^{(t,+,U)}(s,q) = \begin{cases} 1, & \text{如果状态 } q \in S \text{ 可以从状态 } s \in S \text{ 准确地由最后一个决策} \\ & \text{者 } i \text{ 通过 } t \text{ 条合法的单边改良或不确定移动到达} \\ 0, & \text{其他} \end{cases}$$

基于定义 5.37, 可得

引理 5.1: 对于 $i \in N$ 和 $H \subseteq N$, 三个矩阵 $M_i^{(t)}$、$M_i^{(t,+)}$、$M_i^{(t,+,U)}$ 满足如下情况。

$M_i^{(1)}(s,q) = J_i(s,q)$, 对于 $t = 2, 3, \cdots$,

$$M_i^{(t)} = \text{sign} \left[\left(\bigvee_{j \in H-\{i\}} M_j^{(t-1)} \right) \cdot J_i \right] \tag{5.8}$$

$M_i^{(1,+)}(s,q) = J_i^+(s,q)$, 对于 $t = 2, 3, \cdots$,

$$M_i^{(t,+)} = \text{sign} \left[\left(\bigvee_{j \in H-\{i\}} M_j^{(t-1,+)} \right) \cdot J_i^+ \right] \tag{5.9}$$

$M_i^{(1,+,U)}(s,q) = J_i^{+,U}(s,q)$, 对于 $t = 2, 3, \cdots$,

$$M_i^{(t,+,U)} = \text{sign} \left[\left(\bigvee_{j \in H-\{i\}} M_j^{(t-1,+,U)} \right) \cdot J_i^{+,U} \right] \tag{5.10}$$

证明: 式 (5.8) 和式 (5.9) 的证明与式 (5.10) 类似。先验证式 (5.10)。因为 $t = 2$，矩阵乘法的定义表明：当且仅当 H 从状态 S 出发恰好经过两步单边改良或不确定移动可以到达状态 q，且最后一步移动是决策者 i，则矩阵 $G = \left(\bigvee_{j \in H-\{i\}} J_j^{+,U} \right) \cdot J_i^{+,U}$ 中的 (s,q) 位置对应的元素值 $G(s,q)$ 是非零的。条件 $j \in H - \{i\}$ 表明决策者 i 不能连续做多次移动。因此，$G(s,q) \neq 0$ 当且仅当状态 q 可以从状态 s 出发，通过两次合法的单边改良或单边移动到达。那么

$$\text{sign}\left[\left(\bigvee_{j \in H-\{i\}} J_j^{+,U} \right) \cdot J_i^{+,U} \right] = \text{sign}\left[\left(\bigvee_{j \in H-\{i\}} M_j^{(1,+,U)} \right) \cdot J_i^{+,U} \right] = M_i^{(2,+,U)}$$

现在假设 $t > 2$，因为

$$M_j^{(t-1,+,U)}(s,q) = \begin{cases} 1, & \text{如果状态 } q \in S \text{ 可以从 } s \in S \text{ 出发，由最后一个} \\ & \text{决策者 } j \text{ 准确地通过 } t-1 \text{ 条合法的单边改良或} \\ & \text{单边移动到达} \\ 0, & \text{其他} \end{cases}$$

使用矩阵的乘法公式，矩阵 $B = \text{sign}\left[\left(\bigvee_{j \in H-\{i\}} M_j^{(t-1,+,U)} \right) \cdot J_i^{+,U} \right]$ 的 (s,q) 元素值为

$$B(s,q) = \begin{cases} 1, & \text{如果状态 } q \in S \text{ 可以从 } s \in S \text{ 出发，由最后一个决策者 } i \\ & \text{准确地通过 } t \text{ 条合法的单边改良或单边移动 (UIUMs) 到达} \\ 0, & \text{其他} \end{cases}$$

这也证实了式 (5.10)。

定义 4.19 描述了单边移动和单边改良的可达矩阵。这两个矩阵被扩展到不确定偏好下的图模型中。

定义 5.38: 在图模型 G 中，H 的单边改良或单边移动 $m \times m$ 维的可达矩阵为 $M_H^{+,U}$，其中 (s,q) 元素值为

$$M_H^{+,U}(s,q) = \begin{cases} 1, & \text{如果 } q \in R_H^{+,U}(s) \\ 0, & \text{其他} \end{cases}$$

显然，$R_H^{+,U}(s) = \{q : M_H^{+,U}(s,q) = 1\}$。如果 $R_H^{+,U}(s)$ 写成 0-1 行向量，那么

$$R_H^{+,U}(s) = e_s^{\text{T}} \cdot M_H^{+,U}$$

其中，e_s^T 表示 m 维欧几里得空间的标准基矢量 s^{th} 的转置。因此，结盟 H 的单边改良或单边移动 (UIUM) 的可达矩阵 M_H 可以用来构建从初始状态 s 出发的单边改良或单边移动的合法序列形成 H 的可达集合 $R_H^{+,U}(s)$。

回想一下，A_i 是决策者 i 在图模型中的弧集。令 A_i^+ 和 $A_i^{+,U}$ 分别表示决策者 i 的单边改良 (UI) 弧集和单边改良或单边移动 (UIUM) 弧集。对于 $s \in S$，令 $A_i(s)$、$A_i^+(s)$ 和 $A_i^{+,U}(s)$ 分别表示带有初始状态 s 的三个子集。因此，这些弧集可以被 $A_i = \bigcup\limits_{s \in S} A_i(s)$、$A_i^+ = \bigcup\limits_{s \in S} A_i^+(s)$ 和 $A_i^{+,U} = \bigcup\limits_{s \in S} A_i^{+,U}(s)$ 联系起来。

很明显，当相同的弧出现两次时，路径分支上的单边移动将结束。通常来说，如果没有新的合适的弧出现，则相应的移动将停止。因此，引理 5.1 可以在下面的案例中进一步扩展。在下面的引理中令 $l_3 = |A_H^{+,U}|$。

引理 5.2： 在图模型 G 中，令 $H \subseteq N$。$R_H^{+,U}(s)$ 是从初始状态 s 出发的单边改良或单边移动的合法序列形成 H 的可达集合。δ_3 是找到 $R_H^{+,U}(s)$ 所需的迭代步骤数，那么 $\delta_3 \leqslant l_3$。

可以通过引理 5.1 和引理 5.2 推导以下定理。

定理 5.20： 令 $s \in S$, $H \subseteq N$, 和 $H \neq \varnothing$。H 的可达矩阵 M_H、M_H^+ 和 $M_H^{+,U}$ 可以分别表示为

$$M_H = \bigvee_{t=1}^{l_1} \bigvee_{i \in H} M_i^{(t)} \tag{5.11}$$

$$M_H^+ = \bigvee_{t=1}^{l_2} \bigvee_{i \in H} M_i^{(t,+)} \tag{5.12}$$

$$M_H^{+,U} = \bigvee_{t=1}^{l_3} \bigvee_{i \in H} M_i^{(t,+,U)} \tag{5.13}$$

证明： 式 (5.11) 和式 (5.12) 的证明留作练习。因此，仅需证明式 (5.13)。假设 $C = \bigvee\limits_{t=1}^{l_3} \bigvee\limits_{i \in H} M_i^{(t,+,U)}$。使用矩阵 $M_H^{+,U}$ 的定义，如果 $q \in R_H^{+,U}(s)$，那么 $M_H^{+,U}(s,q) = 1$。因为 $l_3 = |\bigcup\limits_{i \in N} A_i^{+,U}|$，那么通过引理 5.2 可得 $l_3 \geqslant \delta_3$。因此，通过定义 5.37，$q \in R_H^{+,U}(s)$ 表明存在 $1 \leqslant t_0 \leqslant \delta_3$ 和 $i_0 \in H$ 使 $M_{i_0}^{(t_0,+,U)}(s,q) = 1$。这表示矩阵 C 的 (s,q) 元素值为 1。因此, 当且仅当 $C(s,q) = 1$ 时, $M_H^{+,U}(s,q) = 1$。因为 $M_H^{+,U}$ 和 C 是 0-1 矩阵，所以 $M_H^{+,U} = C$。

与基于关联矩阵的定理 4.9 中提出的方法相比，以邻接矩阵为基础发展的代数方法更易于计算。基于关联矩阵的方法可以追踪多个边缘。

5.3.4　多个决策者的情况

5.2.3 节介绍了不确定偏好下多个决策者冲突图模型的 Nash、GMR、SMR 和 SEQ 稳定性的逻辑定义。它们保留了两个决策者情况下稳定性定义的大部分特征，需要注意的是，决策者 i 的对手是集合 N 的一个子集，记为 $N\backslash\{i\}$，而不是一个单一的对手 j。很明显，在多个决策者情况下，稳定性的代数特征与 5.3.2 节中的表达相似。因此，两个决策者情况下具有偏好不确定性的 MRSC 可以很容易地扩展到多个决策者的情况中。在下面的定理中，令 $i \in N$ 和 $|N| = n$。

1. a 种形式下的稳定性矩阵表达

在 a 种形式的定义中，决策者 i 有移动到相对于现状偏好不确定状态的动机，但是，在评估可能的制裁时，将不会考虑不确定偏好状态 (Li et al., 2004)。

定理 5.21：当且仅当 $(e_s)^{\mathrm{T}} \cdot J_i^{+,U} \cdot e = 0$ 时，状态 s 对于决策者 i 来说是 Nash_a 稳定的。

定理 5.21 表明在不确定偏好下两个或者多决策者模型中，Nash 稳定性的定义是相同，因为 Nash 稳定不考虑对手的回应。

对于 GMR 稳定，决策者 i 考虑对手的回应，这些回应是通过合法的单边移动形成的结盟的可到达状态 $R_{N\backslash\{i\}}$。对于 $H = N\backslash\{i\}$，通过定理 5.20 可以构建矩阵 $M_{N\backslash\{i\}}$。将 $m \times m$ 维的 GMR_a 稳定性矩阵定义为

$$M_i^{\mathrm{GMR}_a} = J_i^{+,U} \cdot \left\{ E - \text{sign}\left[M_{N\backslash\{i\}} \cdot (P_i^{-,=})^{\mathrm{T}} \right] \right\}$$

定理 5.22 提供了一个矩阵表达方法来评估 GMR_a 稳定性。

定理 5.22：当且仅当 $M_i^{\mathrm{GMR}_a}(s,s) = 0$ 时，状态 s 对于决策者 i 来说是 GMR_a 稳定的。

证明：因为矩阵 $M_i^{\mathrm{GMR}_a}$ 的对角元素为

$$M_i^{\mathrm{GMR}_a}(s,s) = (e_s^{\mathrm{T}} \cdot J_i^{+,U}) \cdot \left\{ \left\{ E - \text{sign}\left[M_{N\backslash\{i\}} \cdot (P_i^{-,=})^{\mathrm{T}} \right] \right\} \cdot e_s \right\}$$

$$= \sum_{s_1=1}^{m} J_i^{+,U}(s,s_1) \left\{ 1 - \text{sign}\left[(e_{s_1}^{\mathrm{T}} \cdot M_{N\backslash\{i\}}) \cdot (e_s^{\mathrm{T}} \cdot P_i^{-,=})^{\mathrm{T}} \right] \right\}$$

那么 $M_i^{\mathrm{GMR}_a}(s,s) = 0$，当且仅当 $J_i^{+,U}(s,s_1)\{1 - \text{sign}[(e_{s_1}^{\mathrm{T}} \cdot M_{N\backslash\{i\}}) \cdot (e_s^{\mathrm{T}} \cdot P_i^{-,=})^{\mathrm{T}}]\} = 0$ 时，对于任何 $s_1 \in S$ 都成立。这表明 $M_i^{\mathrm{GMR}_a}(s,s) = 0$ 成立，当且仅当

$$\text{对于任意 } s_1 \in R_i^{+,U}, \ (s)(e_{s_1}^{\mathrm{T}} \cdot M_{N\backslash\{i\}}) \cdot (e_s^{\mathrm{T}} \cdot P_i^{-,=})^{\mathrm{T}} \neq 0 \tag{5.14}$$

式 (5.14) 表明, 对于任何 $s_1 \in R_i^{+,U}(s)$, 都存在 $s_2 \in S$, 使 m 维行向量 $e_{s_1}^{\mathrm{T}} \cdot M_{N \setminus \{i\}}$ 和 m 维列向量 $(P_i^{-,=})^{\mathrm{T}} \cdot e_s$ 的第 s_2 个元素均为 1。

如果对于任何 $s_1 \in R_i^{+,U}(s)$, 都存在至少一个 $s_2 \in R_{N \setminus \{i\}}(s_1)$ 使得 $s \succeq_i s_2$ 成立, 那么 $M_i^{\mathrm{GMR}_a}(s,s) = 0$。

多决策者模型中的对称元性与两个决策者模型中的相似。唯一修正的是来自决策者 i 对手的回应而不是单个决策者。令 $D = (P_i^{-,=})^{\mathrm{T}} \circ \{E - \mathrm{sign}[J_i \cdot (P_i^{+,U})^{\mathrm{T}}]\}$, 将 $m \times m$ 维的 SMR_a 稳定性矩阵定义为

$$M_i^{\mathrm{SMR}_a} = J_i^{+,U} \cdot [E - \mathrm{sign}(M_{N \setminus \{i\}} \cdot D)]$$

因此, 定理 5.23 提供了一个矩阵方法来评估 SMR_a 稳定性。

定理 5.23: 当且仅当 $M_i^{\mathrm{SMR}_a}(s,s) = 0$ 时, 状态 s 对于决策者 i 来说是 SMR_a 稳定的, 记作 $s \in S_i^{\mathrm{SMR}_a}$。

证明: 令 $G = M_{N \setminus \{i\}} \cdot D$。因为矩阵的对角元素为

$$M_i^{\mathrm{SMR}_a}(s,s) = (e_s^{\mathrm{T}} \cdot J_i^{+,U}) \cdot \{[E - \mathrm{sign}(G)] \cdot e_s\}$$
$$= \sum_{s_1=1}^{m} J_i^{+,U}(s,s_1)\{1 - \mathrm{sign}[G(s_1,s)]\}$$

其中,

$$G(s_1,s) = \sum_{s_2=1}^{m} M_{N \setminus \{i\}}(s_1,s_2) \cdot P_i^{-,=}(s,s_2) \left\{ 1 - \mathrm{sign} \left\{ \sum_{s_3=1}^{m} \left[J_i(s_2,s_3) P_i^{+,U}(s,s_3) \right] \right\} \right\}$$

因此, $M_i^{\mathrm{SMR}_a}(s,s) = 0$ 成立。如果对于任何 $s_1 \in R_i^{+,U}(s)$ 都有 $G(s_1,s) \neq 0$, 说明对于任何 $s_1 \in R_i^{+,U}(s)$, 都存在至少一个 $s_2 \in R_{N \setminus \{i\}}(s_1)$ 使得

$$P_i^{-,=}(s,s_2) \neq 0, \quad \sum_{s_3=1}^{m} \left[J_i(s_2,s_3) P_i^{+,U}(s,s_3) \right] = 0 \tag{5.15}$$

显然, 对于任意一个 $s_1 \in R_i^{+,U}(s)$, 都存在 $s_2 \in R_{N \setminus \{i\}}(s_1)$, 那么式 (5.15) 成立。如果对于任意一个 $s_1 \in R_i^{+,U}(s)$ 都存在 $s_2 \in R_{N \setminus \{i\}}(s_1)$, 使得 $s \succeq_i s_2$ 成立, 那么对于所有 $s_3 \in R_i(s_2)$ 都有 $s \succeq_i s_3$ 成立。

SEQ 与 GMR 类似, 但是只包括那些 "可信"(单边改良) 或不确定移动的制裁。也就是说, SEQ 检测决策者 i 对手制裁的可信性和不确定性。首先, 使用定理 5.20 构建矩阵 $M_{N \setminus \{i\}}^{+,U}$。定义 $m \times m$ 维的 SEQ_a 稳定性矩阵为

$$M_i^{\mathrm{SEQ}_a} = J_i^{+,U} \cdot \left\{ E - \mathrm{sign} \left[M_{N \setminus \{i\}}^{+,U} \cdot (P_i^{-,=})^{\mathrm{T}} \right] \right\}$$

定理 5.24 提供了一个矩阵方法来评估 SEQ$_a$ 稳定性。

定理 5.24： 当且仅当 $M_i^{\text{SEQ}_a}(s,s)=0$ 时，状态 s 对于决策者 i 来说是 SEQ$_a$ 稳定的，记作 $s \in S_i^{\text{SEQ}_a}$。

证明： 矩阵 $M_i^{\text{SEQ}_a}$ 的对角元素为

$$M_i^{\text{SEQ}_a}(s,s) = (e_s^{\text{T}} \cdot J_i^{+,U}) \cdot \left\{ \left\{ E - \text{sign}\left[M_{N\backslash\{i\}}^{+,U} \cdot (P_i^{-,=})^{\text{T}} \right] \right\} \cdot e_s \right\}$$

$$= \sum_{s_1=1}^m J_i^{+,U}(s,s_1) \left\{ 1 - \text{sign}\left[(e_{s_1}^{\text{T}} \cdot M_{N\backslash\{i\}}^{+,U}) \cdot (e_s^{\text{T}} \cdot P_i^{-,=})^{\text{T}} \right] \right\}$$

那么 $M_i^{\text{SEQ}_a}(s,s)=0$，当且仅当 $J_i^{+,U}(s,s_1)[1 - \text{sign}((e_{s_1}^{\text{T}} \cdot M_{N\backslash\{i\}}^{+,U}) \cdot (e_s^{\text{T}} \cdot P_i^{-,=})^{\text{T}})]=0$ 对任何 $s_1 \in S$ 都成立时。这意味着 $M_i^{\text{SEQ}_a}(s,s)=0$ 成立，当且仅当对于任意 $s_1 \in R_i^{+,U}(s)$，有

$$(e_{s_1}^{\text{T}} \cdot M_{N\backslash\{i\}}^{+,U}) \cdot (e_s^{\text{T}} \cdot P_i^{-,=})^{\text{T}} \neq 0 \tag{5.16}$$

式 (5.16) 表明，对任何 $s_1 \in R_i^{+,U}(s)$，都存在 $s_2 \in S$ 使得 m 维列向量 $e_{s_1}^{\text{T}} \cdot M_{N\backslash\{i\}}^{+,U}$ 和 m 维行向量 $(P_i^{-,=})^{\text{T}} \cdot e_s$ 的第 s_2 个元素均为 1。

如果对于任何 $s_1 \in R_i^{+,U}(s)$，都存在至少一个 $s_2 \in R_{N\backslash\{i\}}^{+,U}(s_1)$ 满足 $s \succeq_i s_2$，那么 $M_i^{\text{SEQ}_a}(s,s)=0$。

Nash$_a$ 稳定意味着决策者没有单边改良或不确定移动 (UIUMs)。GMR$_a$ 稳定性表明决策者的单边改良或单边移动 (UIUM) 被对手接下来的单边移动制裁。SMR$_a$ 稳定性与 GMR$_a$ 稳定性类似，但是决策者不仅考虑来自对手的回应，也考虑自己的对抗反应。SEQ$_a$ 稳定性表明决策者的单边改良或单边移动会被对手下一步的单边改良或不确定移动制裁。

对于 b 种形式的稳定性定义，决策者 i 考虑离开一个状态或者评估制裁时，排除不确定偏好 (Li et al., 2004)。然而，这个定义与仅包括简单偏好的定义不同 (Fang et al., 1993)，因为当前被用来分析冲突模型的定义包括不确定偏好。定理 5.25 与定理 5.26 的证明过程与定理 5.24 类似，不再一一列出。

2. b 种形式下的稳定性矩阵表达

定理 5.25： 当且仅当 $(e_s)^{\text{T}} \cdot J_i^+ \cdot e = 0$ 时，状态 s 对于决策者 i 来说是 Nash$_b$ 稳定的。

定义 $m \times m$ 维稳定性矩阵 $M_i^{\text{GMR}_b}$ 为

$$M_i^{\text{GMR}_b} = J_i^+ \cdot \left\{ E - \text{sign}\left[M_{N\backslash\{i\}} \cdot (P_i^{-,=})^{\text{T}} \right] \right\}$$

定理 5.26：当且仅当 $M_i^{\mathrm{GMR}_b}(s,s) = 0$ 时，状态 s 对于决策者 i 来说是 GMR_b 稳定的。

定义 $m \times m$ 维的稳定性矩阵为 $M_i^{\mathrm{SMR}_b} = J_i^+ \cdot [E - \mathrm{sign}(G)]$，其中，

$$G = M_{N\setminus\{i\}} \cdot \left\{ (P_i^{-,=})^{\mathrm{T}} \circ \left\{ E - \mathrm{sign}\left[J_i \cdot (P_i^{+,U})^{\mathrm{T}} \right] \right\} \right\}$$

定理 5.27：当且仅当 $M_i^{\mathrm{SMR}_b}(s,s) = 0$ 时，状态 s 对于决策者 i 来说是 SMR_b 稳定的。

定义 $m \times m$ 维的稳定性矩阵 $M_i^{\mathrm{SEQ}_b}$ 为

$$M_i^{\mathrm{SEQ}_b} = J_i^+ \cdot \left\{ E - \mathrm{sign}\left[M_{N\setminus\{i\}}^{+,U} \cdot (P_i^{-,=})^{\mathrm{T}} \right] \right\}$$

定理 5.28：当且仅当 $M_i^{\mathrm{SEQ}_b}(s,s) = 0$ 时，状态 s 对于决策者 i 来说是 SEQ_b 稳定的。

3. 不确定偏好 c 种形式下的稳定性矩阵表达

对于 c 种形式下的扩展定义，决策者 i 考虑从现状移动或评估制裁时，包括不确定偏好。

定理 5.29：当且仅当 $(e_s)^{\mathrm{T}} \cdot J_i^{+,U} \cdot e = 0$ 时，状态 s 对于决策者 i 来说是 Nash_c 稳定的。

定义 $m \times m$ 维的稳定性矩阵 $M_i^{\mathrm{GMR}_c}$ 为

$$M_i^{\mathrm{GMR}_c} = J_i^{+,U} \cdot \left\{ E - \mathrm{sign}\left[M_{N\setminus\{i\}} \cdot (P_i^{-,=,U})^{\mathrm{T}} \right] \right\}$$

定理 5.30：当且仅当 $M_i^{\mathrm{GMR}_c}(s,s) = 0$ 时，状态 s 对于决策者 i 来说是 GMR_c 稳定的。

定义 $m \times m$ 维的稳定性矩阵 $M_i^{\mathrm{SMR}_c}$ 为

$$M_i^{\mathrm{SMR}_c} = J_i^{+,U} \cdot \left[E - \mathrm{sign}(M_{N\setminus\{i\}} \cdot D) \right]$$

其中，

$$D = (P_i^{-,=,U})^{\mathrm{T}} \circ \left\{ E - \mathrm{sign}\left[J_i \cdot (P_i^+)^{\mathrm{T}} \right] \right\}$$

定理 5.31：当且仅当 $M_i^{\mathrm{SMR}_c}(s,s) = 0$ 时，状态 s 对于决策者 i 来说是 SMR_c 稳定的。

定义 $m \times m$ 维的稳定性矩阵 $M_i^{\mathrm{SEQ}_c}$ 为

$$M_i^{\mathrm{SEQ}_c} = J_i^{+,U} \cdot \left\{ E - \mathrm{sign}\left[M_{N\setminus\{i\}}^{+,U} \cdot (P_i^{-,=,U})^{\mathrm{T}} \right] \right\}$$

定理 5.32：当且仅当 $M_i^{\mathrm{SEQ}_c}(s,s) = 0$ 时，状态 s 对于决策者 i 来说是 SEQ_c 稳定的。

4. d 种形式下的稳定性矩阵表达

对于 d 种形式的定义，决策者没有动机离开现状到偏好不确定状态，但是会考虑移动到偏好不确定状态所形成的制裁。

定理 5.33： 当且仅当 $(e_s)^{\mathrm{T}} \cdot J_i^+ \cdot e = 0$ 时，状态 s 对于决策者 i 来说是 Nash_d 稳定的。

定义 $m \times m$ 维的 GMR 稳定性矩阵为

$$M_i^{\mathrm{GMR}_d} = J_i^+ \cdot \left\{ E - \mathrm{sign}\left[M_{N \setminus \{i\}} \cdot (P_i^{-,=,U})^{\mathrm{T}} \right] \right\}$$

定理 5.34： 当且仅当 $M_i^{\mathrm{GMR}_d}(s,s) = 0$ 时，状态 s 对于决策者 i 来说是 GMR_d 稳定的。

定义 $m \times m$ 维的 SMR 稳定性矩阵为 $M_i^{\mathrm{SMR}_d} = J_i^+ \cdot [E - \mathrm{sign}(M_{N \setminus \{i\}} \cdot D)]$，其中，$D = (P_i^{-,=,U})^{\mathrm{T}} \circ [E - \mathrm{sign}\left(J_i \cdot (P_i^+)^{\mathrm{T}} \right)]$。

定理 5.35： 当且仅当 $M_i^{\mathrm{SMR}_d}(s,s) = 0$ 时，状态 s 对于决策者 i 来说是 SMR_d 稳定的。

定义 $m \times m$ 维的 SEQ 稳定性矩阵为 $M_i^{\mathrm{SEQ}_d} = J_i^+ \cdot [E - \mathrm{sign}(M_{N \setminus \{i\}}^{+,U} \cdot (P_i^{-,=,U})^{\mathrm{T}})]$。

定理 5.36： 当且仅当 $M_i^{\mathrm{SEQ}_d}(s,s) = 0$ 时，状态 s 对于决策者 i 来说是 SEQ_d 稳定的。

当 $n = 2$ 时，决策者集合 N 变为 $\{i, j\}$，定理 5.21 ～ 定理 5.36 简化成定理 5.4 ～ 定理 5.19。

5.3.5　计算复杂性

一个图模型结构可以解决任意有限个数状态和有限决策者的问题，其中每一个决策者都控制着有限个数的选择。正如 Fang 等 (2003a, 2003b) 提到的，一种可用的 DSS 应用在简单偏好下图模型的稳定性分析中效果很好。在 4.4 节，以 GMR 稳定性为例，对比了用矩阵方法的计算复杂性和两个决策者图模型的稳定性定义计算复杂性。两种方法都有 $O(m^2)$ 的复杂性，其中 m 表示状态的个数。现在在简单偏好下和不确定偏好下两个决策者图模型中，对比 GMR 稳定性矩阵 $J_i^+ \cdot [E - \mathrm{sign}\left(J_j \cdot (P_i^{-,=})^{\mathrm{T}} \right)]$ 和 GMR_a 稳定性矩阵 $J_i^{+,U} \cdot [E - \mathrm{sign}\left(J_j \cdot (P_i^{-,=})^{\mathrm{T}} \right)]$。因为 $J_i^{+,U} = J_i^+ \bigvee J_i^U$，那么在两个决策者冲突中，MRSC 和 MRSCU 有相同水平的计算复杂性。

在多个决策者模型中，以 GMR 稳定性为例来分析 MRSC 的计算复杂性 (见 4.4 节)。在多个决策者模型中，状态 s 的 GMR 稳定性的计算复杂性小于 $l \cdot (n-1) \cdot O(m^3) + O(m^2) = l \cdot (n-1) \cdot O(m^3)$，其中 $l = |\bigcup_{i \in N} A_i|$。这个观察

说明 MRSC 方法是多项式时间有效算法。通过对比简单偏好下的 GMR 稳定性矩阵 $J_i^+ \cdot [E - \text{sign}\,(M_{N\backslash\{i\}} \cdot (P_i^{-,=})^{\mathrm{T}})]$ 和不确定偏好下的 GMR_a 稳定性矩阵 $J_i^{+,U} \cdot [E - \text{sign}\,(M_{N\backslash\{i\}} \cdot (P_i^{-,=})^{\mathrm{T}})]$，我们很容易发现 MRSCU 方法具有相似的特征。

5.4　应用：吉斯本湖冲突

本节用一个实际案例来说明矩阵方法。吉斯本湖位于加拿大大西洋纽芬兰岛和拉布拉多南部海岸附近。1995 年 6 月，加拿大 Wet 公司在纽芬兰的子公司的一个部门提出了一项将吉斯本湖的散装水出口到国外市场的项目。1996 年 12 月 5 日，由于其潜在的经济效益，纽芬兰和拉布拉多省政府批准了该项目。然而，因为该项提议存在对当地环境产生有害影响的风险，各种游说团体反对该提议。加拿大联邦政府支持反对者，并制定了一项禁止加拿大主要排水盆地散装水出口的政策。为了应对这种压力，纽芬兰和拉布拉多省政府出台了一项禁止该省散装水出口的新法案，迫使加拿大 Wet 公司放弃吉斯本湖水出口项目 (Fang et al., 2002; Li et al., 2004)。

因为有几个团体支持该项目，而且在迫切需要资金的情况下，一个以经济为导向的省政府也许会接受这个项目。然而，因为可能给环境造成破坏性的后果，一个以环境为导向的省政府也许会反对这项提议。1999 年，由于不清楚省政府到底秉持两种态度中的哪一种，吉斯本湖冲突存在偏好不确定性。Li 等 (2004) 介绍了冲突的细节。该不确定偏好下的冲突模型包含三个决策者：DM_1，联邦政府 (Fe)；DM_2，省政府 (Pr)；DM_3，支持者 (Su)。三个决策者一共有三种选择，见表 5.7。下面是对三个决策者及其选择的总结 (Li et al., 2004)。

表 5.7　吉斯本湖冲突中可行状态及选择

联邦政府: 继续	N	Y	N	Y	N	Y	N	Y
省政府: 解除	N	N	Y	Y	N	N	Y	Y
支持者: 上诉	N	N	N	N	Y	Y	Y	Y
状态	s_1	s_2	s_3	s_4	s_5	s_6	s_7	s_8

（1）　联邦政府：它唯一的选择是继续禁止加拿大散装水出口，或者不禁止。

（2）　省政府：它唯一的选择是解除关于散装水出口的法令，或者不解除。

（3）　支持者：它唯一的选择是上诉以继续吉斯本湖项目，或者不同意。

在吉斯本湖冲突中，这 3 种选择构成了 8 个可行状态，见表 5.7，其中"Y"表示决策者选择该策略，"N"表示决策者未选择该策略。图 5.7 是吉斯本湖冲突的图模型。图弧线上的标记表示进行移动的决策者。表 5.8 给出了决策者对状态的偏好信息，其中 $\succ$ 表示严格的偏好并且有可传递性。因此，联邦政府和支持者的偏好信息是确定的，但是对省政府的偏好，我们只知道状态 s_3 优于状态 s_7，状态 s_4 优于状态 s_8，状态 s_1 优于状态 s_5，状态 s_2 优于状态 s_6。省政府对于其他状态间的偏好是不确定的，如状态 s_3 和状态 s_6。很明显，省政府的偏好信息是不确定的。

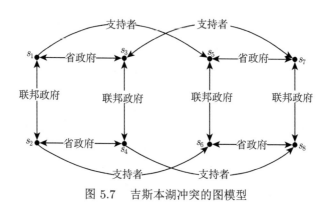

图 5.7　吉斯本湖冲突的图模型

表 5.8　吉斯本湖冲突模型中决策者的部分偏好信息

决策者	部分偏好信息
联邦政府	$s_2 \succ s_6 \succ s_4 \succ s_8 \succ s_1 \succ s_5 \succ s_3 \succ s_7$
省政府	$s_3 \succ s_7, s_4 \succ s_8, s_1 \succ s_5, s_2 \succ s_6$
支持者	$s_3 \succ s_4 \succ s_7 \succ s_8 \succ s_5 \succ s_6 \succ s_1 \succ s_2$

5.4.1　计算未知偏好下稳定性的过程

根据 3.3 节介绍的优先权准则，图 5.3(b) 描绘了吉斯本湖模型的图模型。以吉斯本湖冲突为例说明如何用矩阵表达不确定偏好下四种基本解决方案概念，具体可见以下步骤。

（1）　使用图 5.7 和表 5.8 提供的信息来构建矩阵 J_i、J_i^+、$J_i^{+,U}$、P_i^+ 和 $P_i^{-,=}$，$i = 1, 2, 3$。

（2）　通过定理 5.20 的等式关系，计算 $H = N - \{i\}$，$i = 1, 2, 3$ 的单边移动可达矩阵、单边改良移动可达矩阵和单边改良或单边移动可达矩阵。

（3）　通过定理 5.21 ～ 定理 5.36 来分析模型稳定性。

在上述步骤 (1) 中，构建决策者 i 的单边移动矩阵 J_i、单边改良矩阵 J_i^+、单边改良或单边移动矩阵 $J_i^{+,U}$ 和偏好矩阵 $[P_i^+、P_i^{-,=}, i = 1,2,3]$(Xu et al., 2007a, 2007b)。本章和之前的章节给出了如何构建这些矩阵的详细内容。

5.4.2　吉斯本湖冲突模型中结盟的可达矩阵

在多个决策者模型中，结盟的单边移动可达矩阵、单边改良移动可达矩阵和单边改良或单边移动可达矩阵都是 MRSCU 方法非常重要的组成部分。以吉斯本湖冲突模型为例，列出了可达矩阵结构，并分析了结果。

令 $N = \{1,2,3\}$，$H = N - \{i\}$，$i = 1,2,3$，$L_1 = \left| \bigcup_{i \in N} A_i \right| = 24$，$L_2 = \left| \bigcup_{i \in N} A_i^+ \right| = 8$，$L_3 = \left| \bigcup_{i \in N} A_i^{+,U} \right| = 16$，则 $N - \{i\}$ 的可达集合 $M_{N-\{i\}}$、$M_{N-\{i\}}^+$ 和 $M_{N-\{i\}}^{+,U}$ 可以通过下面的引导信息计算得出：

$$M_i^{(1)} = J_i, \ M_i^{(1,+)} = J_i^+, \ M_i^{(1,+,U)} = J_i^{+,U} \text{ for } i \in N$$

$$M_j^{(t)} = \text{sign}\left[\left(\bigvee_{p \in N-\{i,j\}} M_p^{(t-1)}\right) \cdot J_j\right]$$

$$M_j^{(t,+)} = \text{sign}\left[\left(\bigvee_{p \in N-\{i,j\}} M_p^{(t-1,+)}\right) \cdot J_j^+\right]$$

$$M_j^{(t,+,U)} = \text{sign}\left[\left(\bigvee_{p \in N-\{i,j\}} M_p^{(t-1,+,U)}\right) \cdot J_j^{+,U}\right], j \in N-\{i\}$$

最后，

$$M_{N-\{i\}} = \bigvee_{t=1}^{L_1} \bigvee_{j \in N-\{i\}} M_j^{(t)}$$

$$M_{N-\{i\}}^+ = \bigvee_{t=1}^{L_2} \bigvee_{j \in N-\{i\}} M_j^{(t,+)}$$

$$M_{N-\{i\}}^{+,U} = \bigvee_{t=1}^{L_3} \bigvee_{j \in N-\{i\}} M_j^{(t,+,U)}$$

令状态集合 $S = \{s_1, s_2, s_3, s_4, s_5, s_6, s_7, s_8\}$。表 5.9 ～ 表 5.11 列出了可达矩阵结构的结果。可以很清楚地看出，如果 $R_H(s)$、$R_H^+(s)$、$R_H^{+,U}(s)$ 为 0-1 行向量，那么对于任意 $s \in S$，有

$$R_H(s) = e_s^{\mathrm{T}} \cdot M_H, \quad R_H^+(s) = e_s^{\mathrm{T}} \cdot M_H^+, \quad R_H^{+,U}(s) = e_s^{\mathrm{T}} \cdot M_H^{+,U}$$

表 5.9　　吉斯本湖冲突模型的单边移动可达矩阵

矩阵	$M_{N-\{1\}}$								$M_{N-\{2\}}$								$M_{N-\{3\}}$							
状态	s_1	s_2	s_3	s_4	s_5	s_6	s_7	s_8	s_1	s_2	s_3	s_4	s_5	s_6	s_7	s_8	s_1	s_2	s_3	s_4	s_5	s_6	s_7	s_8
s_1	0	0	1	0	1	0	1	0	0	1	0	0	1	1	0	0	0	1	1	1	0	0	0	0
s_2	0	0	0	1	0	1	0	1	1	0	0	0	1	1	0	0	1	0	1	1	0	0	0	0
s_3	1	0	0	0	1	0	1	0	0	0	0	1	0	0	1	1	1	1	0	1	0	0	0	0
s_4	0	1	0	0	0	1	0	1	0	0	1	0	0	0	1	1	1	1	1	0	0	0	0	0
s_5	1	0	1	0	0	0	1	0	1	1	0	0	0	1	0	0	0	0	0	0	0	1	1	1
s_6	0	1	0	1	0	0	0	1	1	1	0	0	1	0	0	0	0	0	0	0	1	0	1	1
s_7	1	0	1	0	1	0	0	0	0	0	1	1	0	0	0	1	0	0	0	0	1	1	0	1
s_8	0	1	0	1	0	1	0	0	0	0	1	1	0	0	1	0	0	0	0	0	1	1	1	0

表 5.10　　吉斯本湖冲突模型的单边改良移动可达矩阵

矩阵	$M_{N-\{1\}}^+$								$M_{N-\{2\}}^+$								$M_{N-\{3\}}^+$							
状态	s_1	s_2	s_3	s_4	s_5	s_6	s_7	s_8	s_1	s_2	s_3	s_4	s_5	s_6	s_7	s_8	s_1	s_2	s_3	s_4	s_5	s_6	s_7	s_8
s_1	0	0	0	0	1	0	0	0	0	1	0	0	1	1	0	0	0	1	0	0	0	0	0	0
s_2	0	0	0	0	0	1	0	0	0	0	0	0	0	1	0	0	0	0	0	0	0	0	0	0
s_3	0	0	0	0	0	0	0	0	0	0	0	1	0	0	0	0	0	0	1	0	0	0	0	0
s_4	0	0	0	0	0	0	0	0	0	0	0	0	0	0	0	0	0	0	0	0	0	0	0	0
s_5	0	0	0	0	0	0	0	0	0	0	0	0	0	0	1	0	0	0	0	0	0	1	0	0
s_6	0	0	0	0	0	0	0	0	0	0	0	0	0	0	0	0	0	0	0	0	0	0	0	0
s_7	0	0	1	0	0	0	0	0	0	0	1	1	0	0	0	1	0	0	0	0	0	0	0	1
s_8	0	0	0	1	0	0	0	0	0	0	0	1	0	0	0	0	0	0	0	0	0	0	0	0

表 5.11　　吉斯本湖冲突模型的单边改良或单边移动可达矩阵

矩阵	$M_{N-\{1\}}^{+,U}$								$M_{N-\{2\}}^{+,U}$								$M_{N-\{3\}}^{+,U}$							
状态	s_1	s_2	s_3	s_4	s_5	s_6	s_7	s_8	s_1	s_2	s_3	s_4	s_5	s_6	s_7	s_8	s_1	s_2	s_3	s_4	s_5	s_6	s_7	s_8
s_1	0	0	1	0	1	0	1	0	0	1	0	0	1	1	0	0	0	1	1	1	0	0	0	0
s_2	0	0	0	1	0	1	0	1	0	0	0	0	0	1	0	0	0	0	0	1	0	0	0	0
s_3	1	0	0	0	1	0	1	0	0	0	0	1	0	0	0	0	1	1	0	1	0	0	0	0
s_4	0	1	0	0	0	1	0	1	0	0	0	0	0	0	0	0	0	1	0	0	0	0	0	0
s_5	1	0	1	0	0	0	1	0	0	0	0	0	0	1	0	0	0	0	0	0	0	1	1	1
s_6	0	1	0	1	0	0	0	1	0	0	0	0	0	0	0	0	0	0	0	0	0	0	0	1
s_7	1	0	1	0	1	0	0	0	0	0	1	1	0	0	0	1	0	0	0	0	1	1	0	1
s_8	0	1	0	1	0	1	0	0	0	0	0	1	0	0	0	0	0	0	0	0	0	1	0	0

例如，根据表 5.11，可得

$$e_2^{\mathrm{T}} \cdot M_{N-\{1\}}^{+,U} = (0,0,0,1,0,1,0,1)$$

这表明了从状态 s_2 出发通过合法的单边改良或单边移动形成 $N-\{1\}$ 的可达集合 $R_{N-\{1\}}^{+,U}(s_2) = \{s_4, s_6, s_8\}$。也就是说，省政府和支持者从现状 $s = s_2$ 出发通过合法的单边改良或单边移动到达状态 s_4、状态 s_6 和状态 s_8。因此，可达矩阵的建立为构造 $R_H(s)$、$R_H^+(s)$ 和 $R_H^{+,U}(s)$ 提供了一种代数方法。

5.4.3　吉斯本湖冲突稳定性结果的分析

为了分析吉斯本湖冲突的稳定性，可以使用逻辑表达或者矩阵方法。令 $N = \{1,2,3\}$ 为决策者集合，其中 1=Fe, 2=Pr，3=Su。

例如，用定义 5.30 中的逻辑表达来分析状态 s_1 对 DM_1 的 SEQ_c 稳定性。过程如下。

（1）　DM_1 从状态 s_1 出发通过单边改良形成的可达集合为 $R_1^+(s_1) = \{s_2\}$。

（2）　从状态 s_2 出发通过单边改良或单边移动形成的结盟 $H = N \setminus \{1\}$ 的可达集合为 $R_H^{+,U}(s_2) = \{s_4, s_6, s_8\}$。

（3）　$s_4 \in R_H^{+,U}(s_2)$ 满足 $s_1 \succ_1 s_4$。

（4）　通过定义 5.30可知，状态 s_1 对 DM_1 是 SEQ_c 稳定的。

其他的情况可用相似的方法分析 (Li et al., 2004)。此外，定理 5.21~ 定理 5.36 中的矩阵表达也可用于计算吉斯本湖冲突的稳定性。

表 5.12 总结了四种形式 (a、b、c、d) 下的稳定性概念 Nash、GMR、SMR 和 SEQ 的稳定结果和均衡情况。其中，"$\sqrt{}$"表示决策者——Fe、Pr 或 Su 是稳定的，"Eq"表示均衡。例如，状态 s_4 和状态 s_6 对于所有 b 和 d 种形式下的解决方案概念都是均衡的。如果省政府以经济为导向，并且有完全偏好信息 ($s_3 \succ s_7 \succ s_4 \succ s_8 \succ s_1 \succ s_5 \succ s_2 \succ s_6$)，那么就会有一个标准的图模型，并且状态 s_4 可能是解决方案，这与使用 DSS GMCR II(Fang et al., 2003a, 2003b) 论证的结果一致。同理，一个以环境为导向的省政府，其偏好信息是 $s_2 \succ s_6 \succ s_1 \succ s_5 \succ s_4 \succ s_8 \succ s_3 \succ s_7$，则状态 s_6 可能是解决方案。根据上述讨论和表 5.7 得知，省政府的态度决定了冲突的最终结果。如果支持者确信省政府急需资金，则状态 s_4 是吉斯本湖冲突的解决方案，这表明以经济为导向的省政府将会解除禁止散装水出口的禁令。另外，对于以环境为导向的省政府，吉斯本湖冲突的解决方案也许是状态 s_6，这表明省政府将不会解除禁令。

表 5.12 吉斯本湖冲突模型的稳定性结果

状态		Nash				GMR				SMR				SEQ			
		Fe	Pr	Su	Eq	Fe	Pr	Su	Eq	Fe	Pr	Su	Eq	Fe	Pr	Su	Eq
s_1	a																
	b		√				√				√				√		
	c						√				√				√		
	d		√				√				√				√		
s_2	a	√				√				√				√			
	b	√	√			√	√			√	√			√	√		
	c	√				√	√			√	√			√			
	d	√	√			√	√			√	√			√	√		
s_3	a			√				√				√				√	
	b		√	√			√	√			√	√			√	√	
	c			√			√	√			√	√			√	√	
	d		√	√			√	√			√	√			√	√	
s_4	a	√		√		√		√		√		√		√		√	
	b	√	√	√	√	√	√	√	√	√	√	√	√	√	√	√	√
	c	√		√		√	√	√		√	√	√		√		√	
	d	√	√	√	√	√	√	√	√	√	√	√	√	√	√	√	√
s_5	a			√				√				√				√	
	b		√	√			√	√			√	√			√	√	
	c			√			√	√			√	√			√	√	
	d		√	√			√	√			√	√			√	√	
s_6	a	√				√		√		√				√			
	b	√	√	√	√	√	√	√	√	√	√	√	√	√	√	√	√
	c	√		√		√	√	√		√	√	√		√		√	
	d	√	√	√	√	√	√	√	√	√	√	√	√	√	√	√	√
s_7	a							√				√				√	
	b		√				√	√			√	√			√	√	
	c						√	√			√	√			√	√	
	d		√				√	√			√	√			√	√	
s_8	a	√				√		√		√				√			
	b	√	√			√	√	√	√	√	√	√	√	√	√	√	√
	c	√				√	√	√		√	√	√		√		√	
	d	√	√			√	√	√	√	√	√	√	√	√	√	√	√

5.5 本章重点

本章将第 4 章的两个或多个决策者在简单偏好冲突下的四种基本解决方案概念的逻辑表达和矩阵表达扩展到不确定偏好情况中。虽然图模型解决方案概念在 5.2 节中被扩展到具有不确定偏好的模型中，但是由于解决方案具有概念逻辑表达的性质，这些基于解决方案概念来识别稳定状态的过程很难进行编程，这可以解释寻找这些解决方案概念的算法尚未开发的原因。5.3节研究了不确定偏好下的图模型中解决方案概念的矩阵表达，这有效地解决了问题，因此，10.2 节解释了改进算法的发展，从而在精心设计的 DSS 内评估状态的稳定性。更具体地说，以 GMR 稳定性为例，表 5.13 显示了矩阵表达如何从两个决策者模型扩展到多个决策者模型的过程，以及矩阵公式如何扩展到处理不确定性情况。因此，这种矩阵方法的一个主要优点是，因为矩阵表达式清晰的特性，它容易作为一个新的解决概念被采用。因此，通过将未知偏好嵌入设计良好的 GMCR 的 DSS 中，可以容易地计算不确定偏好下的稳定性。

表 5.13　矩阵表达方法的特征

偏好	决策者数量	GMR 矩阵或 GMR_a 矩阵	两个决策者模型扩展到 n 个决策者模型	简单偏好扩展到不确定偏好
简单	两个	$J_i^+ \cdot [E - \text{sign}(J_j \cdot (P_i^{-,=})^T)]$	用 $M_{N-\{i\}}$ 替代 J_j	用 $J_i^{+,U}$ 替代 J_i^+
偏好	n 个	$J_i^+ \cdot [E - \text{sign}(M_{N-\{i\}} \cdot (P_i^{-,=})^T)]$		
不确定	两个	$J_i^{+,U} \cdot [E - \text{sign}(J_j \cdot (P_i^{-,=})^T)]$		
偏好	n 个	$J_i^{+,U} \cdot [E - \text{sign}(M_{N-\{i\}} \cdot (P_i^{-,=})^T)]$		

5.6　习　　题

1. 用你自己的语言解释你认为在冲突情况下偏好不确定性可能会出现的三个原因。

2. 基于你感兴趣的真实冲突，解释为什么一个或者多个决策者会产生偏好不确定性。你可以通过查阅报纸、杂志或者期刊了解你介绍的冲突的背景信息。

3. 通过参考 Hipel 等 (2011b)、Bashar 等 (2012) 的文章，概述如何使用模糊方法获取 GMCR 中的偏好不确定性。从定性的角度，将本章不确定偏好方法中所反映的偏好不确定性类型与模糊偏好过程中所反映的偏好不确定性类型进行比较。

4. 简单解释 Kuang 等 (2015) 提出的灰色偏好方法。从定性的角度，比较灰色偏好模型与不确定偏好模型的偏好不确定性。

5. 简述 Rego 和 dos Santos(2015) 的概率偏好方法。解释他们的概率技术如何模仿 Bashar 等 (2012) 在模糊偏好技术应用的关键步骤。

6. 对于第 3 章习题 1 中的囚徒困境博弈，以合理的方式将不确定偏好引入冲突中。使用 5.2 节给出的稳定性定义的逻辑表达，完成两者的纳什稳定性和序列稳定性分析。说出你从观察中获得的看法。

7. 使用第 3 章习题 1 的囚徒困境案例，描述不确定偏好是如何在该争议中产生的。使用不确定偏好的矩阵表达方法，完成一个稳定性分析和均衡结果。要求每个状态的个体都满足纳什稳定，每个决策者都满足序列稳定。如果你已经完成习题 6，你可以采用你在习题 6 中假设的不确定偏好。

8. 关于第 3 章中习题 4 解释的懦夫博弈，对可能出现的未知偏好做出合理的假设。使用 5.2 节的逻辑表达或者 5.3 节的矩阵表达，完成 Nash、GMR、SMR 和 SEQ 稳定性分析。讨论一下你的有趣发现。

9. 表 3.2 显示了可持续发展冲突的标准形式。解释不确定偏好为什么以及怎样发生在该冲突中，完成可持续发展冲突模型的 Nash、GMR、SMR 和 SEQ 稳定性分析。说出你的战略见解。

10. 埃尔迈冲突以选项的形式建模，见 1.2.2 节、表 1.2 和表 1.5。4.5 节呈现了简单偏好下的稳定性分析。解释不确定偏好为什么及怎样呈现在这个冲突中。计算埃尔迈拉冲突中 Nash 稳定性和 SEQ 稳定性，并展示计算过程。指出你的有趣见解。

11. 在 5.4 节中，以关于出口散装水提议的吉斯本湖冲突为例，使用矩阵公式对不确定偏好进行稳定性计算。基于对不确定偏好的逻辑解释，对 Nash 稳定性和序列稳定性进行稳定性分析。

12. 为了满足高品质鱼产品的需求，加拿大不列颠哥伦比亚省 (British Columbia, BC) 的鲑鱼养殖业不断扩大。然而，一些组织，如渔业、第一政府和其他组织为了保护野生鲑鱼，强烈反对增加鲑鱼养殖。1995 年，BC 政府暂时禁止扩大鲑鱼养殖，并要求 BC 环境评估办公室评估鲑鱼养殖对环境的潜在负面影响。1997 年 8 月，与多个利益集团讨论并评估该行业的环境和社会经济影响后，BC 环境评估办公室发布了其鲑鱼水产养殖评论报告。这份报告提出了 49 项改善鲑鱼养殖环境绩效的建议。然而，直到 1999 年 10 月，BC 政府也没有采取任何措施实施这些建议，而且暂停鲑鱼养殖业的指令还在生效。这种情况引起了一个冲突 (Li et al., 2005)。Noakes 等 (2003) 构建了一个图模型表示该冲突 (图 5.8)，包含 5 个决策者和 7 个策略 (表 5.14)。7 个策略组合成 24 个可行状态，见表 5.15。决策者在可行状态上的偏好信息关系见表 5.16，其中 ≻ 代表严格偏好并且有可传递性。决策者联邦政府 (Federal)、原住民 (First)、养殖业反对者 (Opposition)、养殖业支持者 (Support) 的偏好信息是确定的，但是决策者 BC 政府 (BC) 的一部分偏好是确定的，一部分是不确定的。

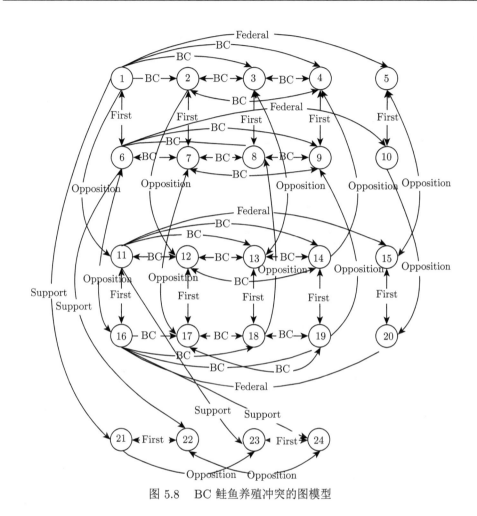

图 5.8　BC 鲑鱼养殖冲突的图模型

表 5.14　BC 鲑鱼养殖冲突中的决策者及其策略

决策者	策略	现状
BC 政府 (BC)	采纳: 采纳评估报告的建议	N
	解除: 解除养殖禁令	N
	部分解除: 部分解除养殖禁令	N
联邦政府 (Federal)	单边行动: 单方面采取联邦管辖权内的建议行动	N
原住民 (First)	法律行动: 依据渔业法和加拿大宪法采取法律行动	N
养殖业反对者 (Opposition)	法律行动: 依据渔业法和政治压力采取法律行动	N
养殖业支持者 (Support)	实施: 主动实施一些报告中的建议	N

表 5.15　　BC 鲑鱼养殖冲突中的可行状态

决策者	策略	1	2	3	4	5	6	7	8	9	10	11	12	13	14	15	16	17	18	19	20	21	22	23	24
BC 政府	采纳	N	Y	Y	Y	N	N	Y	Y	Y	N	N	Y	Y	Y	N	N	Y	Y	Y	N	N	N	N	N
	解除	N	N	Y	N	N	N	N	Y	N	N	N	N	Y	N	N	N	N	Y	N	N	N	N	N	N
	部分解除	N	N	N	Y	N	N	N	N	Y	N	N	N	N	Y	N	N	N	N	Y	N	N	N	N	N
联邦政府	单边行动	N	N	N	N	Y	N	N	N	N	N	N	N	N	N	N	N	N	N	N	N	N	N	N	N
原住民	法律行动	N	N	N	N	N	Y	N	N	N	N	N	N	N	N	N	N	N	N	N	N	Y	N	N	Y
养殖业反对者	法律行动	N	N	N	N	N	N	N	N	N	N	N	N	Y	Y	Y	Y	Y	Y	Y	Y	N	N	Y	Y
养殖业支持者	实施	N	N	N	N	N	N	N	N	N	N	N	N	N	N	N	N	N	N	N	N	Y	Y	Y	Y

表 5.16　　BC 鲑鱼养殖冲突中决策者的相对偏好

决策者	偏好
BC 政府	$[3 \succ 13 \succ 8 \succ 18]$, $[4 \succ 14 \succ 9 \succ 19]$, $[21 \succ 23 \succ 22 \succ 24]$, $[5 \succ 15 \succ 10 \succ 20]$, $[2 \succ 12 \succ 7 \succ 17]$, $[1 \succ 11 \succ 6 \succ 16]$
联邦政府	$21 \succ 23 \succ 22 \succ 24 \succ 20 \succ 10 \succ 15 \succ 5 \succ 16 \succ 6 \succ 11 \succ 1 \succ 18 \succ 8 \succ 13 \succ 3 \succ 19 \succ 9 \succ 14 \succ 4 \succ 17 \succ 7 \succ 12 \succ 2$
原住民	$17 \succ 7 \succ 2 \succ 12 \succ 21 \succ 23 \succ 24 \succ 22 \succ 20 \succ 10 \succ 5 \succ 15 \succ 16 \succ 6 \succ 1 \succ 11 \succ 19 \succ 9 \succ 4 \succ 14 \succ 18 \succ 8 \succ 3 \succ 13$
养殖业反对者	$17 \succ 12 \succ 24 \succ 20 \succ 16 \succ 23 \succ 15 \succ 11 \succ 7 \succ 2 \succ 22 \succ 10 \succ 6 \succ 21 \succ 5 \succ 1 \succ 19 \succ 14 \succ 9 \succ 4 \succ 18 \succ 13 \succ 8 \succ 3$
养殖业支持者	$3 \succ 13 \succ 8 \succ 18 \succ 4 \succ 14 \succ 9 \succ 19 \succ 21 \succ 23 \succ 22 \succ 24 \succ 5 \succ 15 \succ 10 \succ 20 \succ 2 \succ 12 \succ 7 \succ 17 \succ 1 \succ 11 \succ 6 \succ 16$

（1）　根据优先权准则标记图模型。

（2）　使用 MRSCU 方法，估计 BC 鲑鱼养殖冲突在 a、b、c、d 种形式定义下的 Nash、GMR、SMR 和 SEQ 稳定性。

13. 定理 4.9 提供了一个通过 $M_H = \mathrm{sign}[B_{\mathrm{out}} \cdot (\mathrm{LJ}_H + I)^{l-1} \cdot B_{\mathrm{in}}^{\mathrm{T}}]$，$M_H^+ = \mathrm{sign}[B_{\mathrm{out}}^+ \cdot (\mathrm{LJ}_H^+ + I)^{l+-1} \cdot (B_{\mathrm{in}}^+)^{\mathrm{T}}]$ 构建单边移动和单边改良移动可达矩阵的方法。定理 5.20 提供了其他的方法来计算这两个矩阵，方法是

$$M_H = \bigvee_{t=1}^{l_1} \bigvee_{i \in H} M_i^{(t)}, \quad M_H^+ = \bigvee_{t=1}^{l_2} \bigvee_{i \in H} M_i^{(t,+)}$$

（1）　证明这两个方法是相同的。

（2）　比较这两个方法的优缺点。

参 考 文 献

Bashar M., Kilgour D. M., and Hipel K. W. 2012. Fuzzy preferences in the graph model for conflict resolution[J]. IEEE Transactions on Fuzzy Systems, 20(4):760–770.

Bashar M. A., Hipel K. W., Kilgour D. M., and Obeidi A. 2015. Coalition fuzzy stability analysis in the graph model for conflict resolution[J]. Journal of Intelligent and Fuzzy Systems, 29(2):593–607.

Bashar M. A., Hipel K. W., Kilgour D. M., and Obeidi A. 2018. Interval fuzzy preferences in the graph model for conflict resolution[R]. Fuzzy Optimization and Decision Making. Subject to Making Minor Changes Accepted for Publication on March 27, 2017.

Bashar M. A., Kilgour D. M., and Hipel K. W. 2014. Fuzzy option prioritization for the graph model for conflict resolution[J]. Fuzzy Sets and Systems, 26:34–48.

Bashar M. A., Obeidi A., Kilgour D. M., and Hipel K. W. 2016. Modeling fuzzy and interval fuzzy preferences within a graph model framework[J]. IEEE Transactions on Fuzzy Systems, 24(4):765–778.

Fang L., Hipel K. W., and Kilgour D. M. 1993. Interactive Decision Making: The Graph Model for Conflict Resolution[M]. New York: Wiley.

Fang L., Hipel K. W., Kilgour D. M., and Peng X. 2003a. A decision support system for interactive decision making, part 1: model formulation[J]. IEEE Transactions on Systems, Man and Cybernetics Part C: Applications and Reviews, 33(1):42–55.

Fang L., Hipel K. W., Kilgour D. M., and Peng X. 2003b. A decision support system for interactive decision making, part 2: analysis and output interpretation[J]. IEEE Transactions on Systems, Man and Cybernetics Part C: Applications and Reviews, 33(1):56–66.

Fang L., Hipel K. W., and Wang L. 2002. Gisborne water export conflict study[C]. Proceedings of 3rd International Conference on Water Resources Environment Research, 1:432–436.

Fischer G. W., Jia J., and Luce M. F. 2000a. Attribute conflict and preference uncertainty: the RandMAU model[J]. Management Science, 46(5):669–684.

Fischer G. W., Luce M. F., and Jia J. 2000b. Attribute conflict and preference uncertainty: effects on judgment time and error[J]. Management Science, 46(1):88–103.

Hipel K. W., Kilgour D. M., and Bashar M. A. 2011. Fuzzy preferences in multiple participant decision making[J]. Scientia Iranica, Transactions D: Computer Science and Engineering and Electrical Engineering, 18(3):627–638.

Kuang H., Bashar M. A., Hipel K. W., and Kilgour D. M. 2015. Grey-based preference in a graph model for conflict resolution with multiple decision makers[J]. IEEE Transactions on Systems, Man and Cybernetics: Systems, 45(9):1254–1267.

Li K. W., Hipel K. W., Kilgour D. M., and Fang L. 2004. Preference uncertainty in the graph model for conflict resolution[J]. IEEE Transactions on Systems, Man, and Cybernetics Part A, Systems and Humans, 34(4):507–520.

Li K. W., Hipel K. W., Kilgour D. M., and Noakes D. J. 2005. Integrating uncertain preferences into status quo analysis with application to an environmental conflict[J]. Group Decision and Negotiation, 14(6):461–479.

Noakes D. J., Fang L., Hipel K. W., and Kilgour D. M. 2003. An examination of the salmon aquaculture conflict in British Columbia using the graph model for conflict resolution[J]. Fisheries Management and Ecology, 10:123–137.

Rego L. C. and dos Santos A. M. 2015. Probabilistic preferences in the graph model for conflict resolution[J]. IEEE Transactions on Systems, Man, and Cybernetics: Systems, 45(4):595–608.

Xu H., Hipel K. W., and Kilgour D. M. 2007a. Matrix representation of conflicts with two decision makers[C]. Proceedings of IEEE International Conference on Systems, Man, and Cybernetics, 1:1764–1769.

Xu H., Hipel K. W., and Kilgour D. M. 2009a. Matrix representation of solution concepts in multiple decision maker graph models[J]. IEEE Transactions on Systems, Man, and Cybernetics Part A: Systems and Humans, 39(1):96–108.

Xu H., Kilgour D. M., and Hipel K. W. 2007b. Matrix representation of solution concepts in graph models for two decision-makers with preference uncertainty[J]. Dynamics of Continuous, Discrete and Impulsive Systems, 14(S1):703–707.

Xu H., Kilgour D. M., and Hipel K. W. 2011. Matrix representation of conflict resolution in multiple-decision-maker graph models with preference uncertainty[J]. Group Decision and Negotiation, 20(6):755–779.

Xu H., Li K. W., Kilgour D. M., and Hipel K. W. 2009b. A matrix-based approach to searching colored paths in a weighted colored multidigraph[J]. Applied Mathematics and Computation, 215:353–366.

Zhao S. and Xu H. 2017. Grey option prioritization for the graph model for conflict resolution[J]. Journal of Grey System, 29(3):14–25.

第 6 章　稳定性定义：强度偏好

在水质争议中，环保机构可能更倾向工业企业不排放废物污染附近河流。本章的目的是提出一种正式的方法，来处理偏好的"程度"、"强度"和"水平"，这种方法通常在实践中出现，以确定其战略后果。更具体地说，本章基于GMCR 范式，并结合确定每个状态个体稳定性和全局均衡解的相关稳定性定义，提出了一种多级强度偏好结构 (Hamouda et al., 2004, 2006; Xu et al., 2009, 2010, 2011)。在这种偏好结构中，决策者在比较多组状态时可能有多级偏好程度。例如，如果状态 a 优于状态 b，则在 1 级中可能是轻微优先 ($d=1$)，在 2 级中更加强烈优先 ($d=2$)，$\cdots$，在 r 级中是最大程度优于 $r(d=r)$。其中，$r>0$ 是固定参数。在这个系统中，级数 r 是不受限制的，从而扩展了早期具有两种类型偏好的简单偏好结构，包括第 4 章中无差别 (0 级) 和优于 (1 级) 的特殊情况。本章详细讨论三种偏好 (无差别、轻微优先、强烈优先) 的特殊情况。

6.1 节介绍了不同强度偏好结构的主要性质。在冲突情况下，决策者是在彼此互动时进行移动和反移动的，所以 6.2 节中定义了可达集合，以跟踪具有多种偏好类型的某一特定决策者从一个给定的状态出发，通过一步到达的可能单边移动状态。在考虑两个以上决策者的稳定性定义时，由于两个或更多决策者可以参与阻止另一个决策者的单边改良，定义了结盟移动。随后，为具有这种扩展偏好结构的图模型定义了四种稳定性的多级程度版本，即 Nash 稳定、一般超理性稳定、对称超理性稳定和序列稳定组成的多级版本，并研究了它们之间的关系。另外，本章给出了具有 3 级强度偏好结构的图模型的四种稳定性的矩阵表达。

6.1　多级强度偏好

第 3 章和第 4 章讨论的简单偏好结构包含两种类型的偏好：偏好无差别，其中决策者对两种状态无差异，或者同样偏好；严格偏好，其中决策者更偏好一种状态，而不是另一种状态。第三种偏好可以通过允许决策者强烈喜欢一种状态而不是另一种状态来添加。因此，扩展后的偏好结构存在以下三种情况：①决策者对两个状态的偏好相同（偏好等级 $d=0$）；②决策者对一个状态的偏好优于或轻微优于对另一个状态的偏好（偏好等级 $d=1$）；③决策者对一个状态的偏好强烈优于对另一个状态的偏好（偏好等级 $d=2$）。实际上，可以将二级偏好扩展到无限数量级偏好。下面分别在 6.1.1 节和 6.1.2 节讨论二级偏好结构和具有任意数量级别的一般情况。

6.1.1　三种偏好

Hamouda 等（2004，2006）开发了一种关于 S 的三元组关系，这表示无差别偏好、轻微偏好或强烈偏好的偏好强度。对于状态 $s,q \in S$，偏好关系 $s \sim_i q$ 表明决策者 i 在状态 s 和状态 q 之间无差别，关系 $s >_i q$ 表明决策者 i 相对于状态 q，轻微偏好状态 s，$s \gg_i q$ 表明决策者 i 相对于状态 q，强烈偏好状态 s。与 3.2.4 节中给出的简单偏好的性质类似，包含三种偏好 $\{\sim_i, >_i, \gg_i\}$ 的偏好结构特征如下所示。

（1）$\sim_i$ 具有自反性和对称性。

（2）$>_i$ 且 $\gg_i$ 具有不对称性。

（3）$\{\sim_i, >_i, \gg_i\}$ 具有完备性。

注意：$\{\sim_i, >_i, \gg_i\}$ 具有强的完备性。因此，如果 $s,q \in S$，那么以下关系只有一种成立：$s \sim_i q$，$s >_i q$，$s \gg_i q$，$q >_i s$，$q \gg_i s$。此外，对任意 $s,q \in S$，$s >_i q$ 等价于 $q <_i s$。偏好类型"$\gg_i$"与"$>_i$"特征相似。

可行状态集 S，可以根据特定状态 S 的偏好类型进行划分，或划分为一组非重叠或不相交的子集。根据 6.3 节中明确定义的冲突下的各种人类行为，需要对偏好进行分类以进行稳定性分析。例如，决策者可能会单边移动到具有轻微偏好的状态，该状态可以被另一个决策者阻止，其移动到原始决策者强烈不偏好的状态。对这些不同偏好的分类描述详见表 6.1。

表 6.1　决策者 i 的三级强度偏好下 S 的子集

S 子集	解释
$\Phi_i^{++}(s) = \{q : q \gg_i s\}$	相对于状态 s，决策者 i 强烈偏好的状态
$\Phi_i^{+m}(s) = \{q : q >_i s\}$	相对于状态 s，决策者 i 轻微偏好的状态
$\Phi_i^{=}(s) = \{q : q \sim_i s\}$	相对于状态 s，决策者 i 等同偏好的状态
$\Phi_i^{-m}(s) = \{q : s >_i q\}$	相对于状态 s，决策者 i 轻微不偏好的状态
$\Phi_i^{--}(s) = \{q : s \gg_i q\}$	相对于状态 s，决策者 i 强烈不偏好的状态

令 $s \in S$ 且 $i \in N$。根据不同的偏好结构，决策者 i 可以识别 S 的不同子集。对于简单偏好，决策者 i 可以识别状态 s 中 S 的三个子集：相对于状态 s，决策者 i 更偏好的状态集 [记作 $\Phi_i^+(s)$]；相对于状态 s，决策者 i 偏好无差别的状态集 $[\Phi_i^=(s)]$；相对于状态 s，决策者 i 不太偏好的状态集 $[\Phi_i^-(s)]$（详情请参见 4.1 节）。

对于三种偏好类型，决策者 i 可以识别 S：$\Phi_i^{++}(s)$、$\Phi_i^{+m}(s)$、$\Phi_i^{=}(s)$、$\Phi_i^{-m}(s)$ 和 $\Phi_i^{--}(s)$ 五个子集，这在表 6.1 中有所解释。请注意，在 $\Phi_i^{++}(s)$ 不存在的简单偏好结构情况下，表中决策者 i 相对于状态 s 轻微偏好的状态集，表示为 $\Phi_i^{+m}(s)$，有一个上标"m"，这是为了从 $\Phi_i^{+}(s)$ 中区分这个集合。因此，在简单偏好结构中，对于决策 i 而言，所有更加优于状态 s 的都被包含在 $\Phi_i^{+}(s)$ 之中。类似地，表 6.1 中关于集合 $\Phi_i^{-m}(s)$ 的注释同样成立。

在 6.3 节中，如果进行反击的决策者能够将决策者 i 置于相对于状态 s 而言，不太优于或无差别的状态，那么给定的决策者能够进行制裁，以应对决策者 i 从状态 s 出发的单边移动。因此，状态集合 $\Phi_i^{--,-,=}(s) = \Phi_i^{--}(s) \cup \Phi_i^{-m}(s) \cup \Phi_i^{=}(s)$，其中，$\cup$ 表示合并运算，在各种稳定性定义中都很重要。请注意，在具有强度偏好的图模型中，若 $s >_i q$ 或 $s \gg_i q$，则 $s \succ_i q$。因此，三种类型的偏好结构扩展了简单偏好。

具有二元关系（给定为 $\{\sim, \succ\}$）状态集的简单偏好结构指两种类型偏好，具有三元关系（$\{\sim, \succ \gg\}$）状态集的扩展偏好结构指三种类型偏好。图模型中现有的两个偏好结构被扩展到 6.1.2 节中具有任何指定程度的多种类型偏好结构的一般情况 (Xu et al., 2009)。

6.1.2　多级强度偏好

本节介绍了在每一级别 d 中，代表决策者 i 偏好的一组新的、更通用的二元关系 $\overbrace{> \cdots >}^{d}$，其中，$d = 1, 2, \cdots, r$，如表 6.2 所示。随着这些新的二元关系的引入，图模型中决策者 i 关于状态集的偏好结构的三种类型，从三重关系扩展到 $r+1$ 种偏好关系，在 S 中表示为 $\{\sim_i, >_i, \gg_i, \cdots, \succ_i^r\}$，其中 $\succ_i^r$ 表示 $\overbrace{> \cdots >}^{r}_i$，即决策者 i 在比较关于偏好的状态时，在级别 r 有偏好。例如，$s \ggg_i q$ 表示决策者 i 相对于状态 q，非常强烈偏好状态 s。与 3.2.4 节中描述的简单偏好类似，假设每个决策者的偏好关系具有以下特征。

表 6.2　相对偏好的强度

强度	解释	表述
$d = r$	在级别 r	$\overbrace{> \cdots >}^{r}$
$\vdots$	$\vdots$	$\vdots$
$d = 3$	非常强烈优于	$\ggg$
$d = 2$	强烈优于	$\gg$
$d = 1$	中等优于	$>$
$d = 0$	同样优于	$\sim$

（1）　$\sim_i$ 具有自反性和对称性（即 $\forall s, q \in S$，$s \sim_i s$，且如果 $s \sim_i q$，则 $q \sim_i s$）。

（2）　$\overset{d}{\succ}_i$ 对于 $d = 1, 2 \cdots, r$ 具有不对称性（即 $s \overset{r}{\succ}_i q$ 和 $q \overset{r}{\succ}_i s$ 不能同时发生）。

（3）　$\{\sim_i, >_i, \gg_i, \cdots, \overset{r}{\succ}_i\}$ 具有强完备性（即如果 $s, q \in S$，则对于 $d = 1, 2, \cdots, r$，以下关系只有其一成立：$s \sim_i q$，$s \overset{d}{\succ}_i q$，或 $q \overset{d}{\succ}_i s$）。

偏好信息可以是可传递的或不可传递的。对于状态 $k, s, q \in S$，如果 $k \overset{d}{\succ}_i s$ 且 $s \overset{d}{\succ}_i q$，意味着 $k \overset{d}{\succ}_i q$，则偏好 $\overset{d}{\succ}_i$ 是可传递的。否则，偏好是不可传递的。请注意，关于偏好的传递性的假设在以下定义中并不需要，因此本章中的结果适用于可传递的和不可传递的偏好。当给定决策者 i 的所有偏好都是可传递的，我们说偏好是有序的，因此，冲突状态可以从最优于到最不优于进行排序。有时，这种根据偏好的状态排序被称为"偏好排序"。

表 6.3 中列出了多种类型偏好中 S 的子集范围的列表和相关描述。从表底部的级别 0 开始，用来表示决策者 i，相对于状态 s，偏好无差别的状态的符号为 $\Phi_i^{(0)}(s)$ 或 $\Phi_i^{=}(s)$。请注意，对于强度级别 $d = 1, 2, \cdots, r$，每个级别下两个状态的子集分别表示为 $\Phi_i^{+(d)}(s)$ 和 $\Phi_i^{-(d)}(s)$。$\Phi_i^{+(d)}(s)$ 表示决策者 i 在级别 d，比状态 s 更优；$\Phi_i^{-(d)}(s)$ 表示决策者 i 在级别 d，更优于状态 s 的状态子集。因此，在考虑多级偏好时，共有 $2r + 1$ 个 S 的子集。在图 6.1 的左侧给出了决策者 i 的这些偏好级别。

表 6.3　决策者 i 的多级偏好下 S 的子集

强度级别	S 的子集	描述
$d = r$	$\Phi_i^{+(r)}(s) = \{q : q \overbrace{> \cdots >}^{r}_i s\}$	决策者 i 在级别 r，偏好优于 s 的状态
	$\Phi_i^{-(r)}(s) = \{q : s \overbrace{> \cdots >}^{r}_i q\}$	决策者 i 在级别 r，相对于状态 s，偏好优于的状态
$\vdots$	$\vdots$	$\vdots$
$d = 3$	$\Phi_i^{+(3)}(s) = \{q : q \ggg_i s\}$	决策者 i 在 $d = 3$ 时，强烈优于状态 s 的状态
	$\Phi_i^{-(3)}(s) = \{q : s \ggg_i q\}$	决策者 i 在 $d = 3$ 时，相对于状态 s，偏好强烈优先的状态
$d = 2$	$\Phi_i^{+(2)}(s) = \{q : q \gg_i s\}$	决策者 i 在 $d = 2$ 时，强烈优于状态 s 的状态
	$\Phi_i^{-(2)}(s) = \{q : s \gg_i q\}$	决策者 i 在 $d = 2$ 时，相对于状态 s，偏好强烈优先的状态
$d = 1$	$\Phi_i^{+(1)}(s) = \{q : q >_i s\}$	决策者 i 在 $d = 1$ 时，轻微优于状态 s 的状态
	$\Phi_i^{-(1)}(s) = \{q : s >_i q\}$	决策者 i 在 $d = 1$ 时，相对于状态 s，偏好轻微优先的状态
$d = 0$	$\Phi_i^{(0)}(s) = \Phi_i^{=}(s) = \{q : q \sim_i s\}$	决策者 i 在 $d = 0$ 时，相对于状态 s，偏好无差别的状态

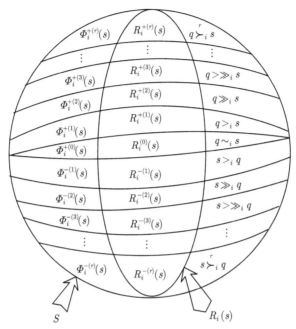

图 6.1 S 的子集和从出发 s 的可达集合间的关系

6.2 决策者的可达集合

除了偏好之外，在确定稳定性时还必须注意决策者控制的移动。因此，在本节，决策者控制的一步单边移动被分别定义为 6.2.1 节中三种偏好的可达集合和 6.2.2 节中多级强度偏好的可达集合。在 4.1.1 中，使用可达集合来定义决策者在简单偏好下的可能移动。在接下来的两节中，令 $i \in N, s \in S, m = |S|$ 是 S 中状态的数量。符号 $\cap$ 表示交集，$\cup$ 表示并集。$A_i \subseteq S \times S$ 的弧表示决策者 i 能够从弧的初始状态单边移动到最终状态 (一步内)。

6.2.1 三级偏好的可达集合

决策者三级偏好下的可达集合定义如下。

（1） $R_i^{++}(s) = \{q \in S : (s, q) \in A_i \text{ 且 } q \gg_i s\}$ 表示决策者 i 从状态 s 出发可以到达的强烈偏好的可达状态集合。这个集合包括决策者 i 偏好强烈优于状态 s 的所有状态 q，且可从 s 出发一步到达。

（2） $R_i^{+m}(s) = \{q \in S : (s, q) \in A_i \text{ 且 } q >_i s\}$ 表示决策者 i 从状态 s 出发可以到达的轻微偏好的可达状态集合。

（3） $R_i^{-m}(s) = \{q \in S : (s, q) \in A_i \text{ 且 } s >_i q\}$ 表示决策者 i 从状态 s 出发可以到达的轻微厌恶的可达状态集合。

（4）　$R_i^{--}(s) = \{q \in S : (s,q) \in A_i \text{ 且 } s \gg_i q\}$ 表示决策者 i 从状态 s 出发可以到达的强烈厌恶的可达状态集合。

（5）　$R_i^{+,++}(s) = R_i^{+m}(s) \cup R_i^{++}(s) = \{q \in S : (s,q) \in A_i \text{ 且 } q >_i s \text{ 或 } q \gg_i s\}$ 表示决策者 i 从状态 s 出发可以到达的轻微偏好或强烈偏好的可达状态集合。

根据以上的定义，这些决策者 i 从状态 s 出发的可达集合可被归纳为表 6.4。如 4.1.1 节所述，决策者 i 从状态 s 出发的可达集合，$R_i(s)$ 代表决策者 i 的单边移动 (UMs)。$R_i(s)$ 可以根据三种类型的偏好结构被划分为 $R_i(s) = R_i^{++}(s) \cup R_i^{+m}(s) \cup R_i^{=}(s) \cup R_i^{-m}(s) \cup R_i^{--}(s)$。

表 6.4　三级强度偏好结构下决策者 i 的可达集合

移动类型	含义
$R_i^{++}(s) = R_i(s) \cap \Phi_i^{++}(s)$	决策者 i 从状态 s 出发的强烈偏好的可达状态集合
$R_i^{+m}(s) = R_i(s) \cap \Phi_i^{+m}(s)$	决策者 i 从状态 s 出发的轻微偏好的可达状态集合
$R_i^{=}(s) = R_i(s) \cap \Phi_i^{=}(s)$	决策者 i 从状态 s 出发偏好无差别的可达状态集合
$R_i^{-m}(s) = R_i(s) \cap \Phi_i^{-m}(s)$	决策者 i 从状态 s 出发的轻微厌恶的可达状态集合
$R_i^{--}(s) = R_i(s) \cap \Phi_i^{--}(s)$	决策者 i 从状态 s 出发的强烈厌恶的可达状态集合

6.2.2　多级强度偏好的可达集合

集合 $R_i(s)$ 表示决策者 i 从 $s \in S$ 出发的单边移动 (UMs)，也被称为从 s 出发的 i 的可达集合。它包含决策者从状态 s 出发一步单边移动到达的所有状态。类似地，集合 $R_i^+(s) = \{q \in S : q \in R_i(s) \quad q \overset{d}{\succ}_i s, d = 1, 2, \cdots, r\}$ 包含决策者 i 在所有级别的偏好下从状态 s 出发的单边改良。请注意，虽然 4.1.1 节中同样使用了符号"$R_i^+(s)$"来表示决策者 i 在级别 1 下从状态 s 出发的单边改良，此处 $R_i^+(s)$ 的意义不同于前文：4.1.1 节中，它表示决策者 i 在级别 1 下从 s 出发的所有单边改良，在此处，它表示无论任何级别下的所有单边改良。决策者 i 在每个级别偏好下从状态 s 出发的可达集合表示如下 $R_i^{+(r)}(s)$, $\cdots$, $R_i^{+(1)}(s)$, $R_i^{(0)}(s)$, $R_i^{-(1)}(s)$, $\cdots$, $R_i^{-(r)}(s)$。令 $R_i(s) = \bigcup\limits_{d=0}^{r} [R_i^{-(d)}(s) \cup R_i^{+(d)}(s)]$ 和 $R_i^+(s) = \bigcup\limits_{d=1}^{r} R_i^{+(d)}(s)$，表 6.5描述了 $R_i^{+(d)}(s)$ 和 $R_i^{-(d)}(s)$，其中 $d = 0, 1, \cdots, r$。此外，图 6.1 描述了 S 的子集之间的关系，即 $\Phi_i^{+(d)}(s)$ 和 $\Phi_i^{-(d)}(s)$，还描述了决策者 i 从状态 s 出发形成的相应可达集合，即 $R_i^{+(d)}(s)$ 和 $R_i^{-(d)}(s)$，其中 $d = 0, 1, \cdots, r$。

表 6.5　在某些强度偏好下决策者 i 的可达集合

移动类型	描述
$R_i^{+(d)}(s) = R_i(s) \cap \Phi_i^{+(d)}(s)$ $(d = 1, 2, \cdots, r)$	强度 d 下决策者 i 从状态 s 出发的所有单边改良的状态集合
$R_i^{(0)}(s) = R_i^=(s) = R_i(s) \cap \Phi_i^=(s)$ $(d = 0)$	决策者 i 从状态 s 出发的所有偏好无差别的状态集合
$R_i^{-(d)}(s) = R_i(s) \cap \Phi_i^{-(d)}(s)$ $(d = 1, 2, \cdots, r)$	强度 d 下决策者 i 从状态 s 出发的所有单边恶化的状态集合

将这些扩展的多级偏好纳入 GMCR 中，可以得到 6.4 节中介绍的四种基本稳定性的多级别版本。在 6.3 节中将介绍三种类型偏好的稳定性定义。

6.3　三种类型偏好的稳定性逻辑表达

为了扩展四个基本稳定性进而明确其战略影响，包括强度偏好在内的三种偏好类型被整合到 GMCR 中。三种类型的偏好分别为偏好无差别 ($\sim$)、轻微偏好 ($>$) 和强烈偏好 ($\gg$)，它们共同构成了偏好结构 $\{\sim, >, \gg\}$。6.3.1 节中将给出的四种稳定性的定义区别了两种情况，其中三种偏好类型下的强度级别被区分开来。一是定义一般稳定性；二是确定两个子类，即强稳定性和弱稳定性。第一类稳定性被称为一般，因为它们本质上与 4.2 节中使用简单偏好的稳定性定义相同。稳定性定义称为强稳定性或弱稳定性，以反映偏好关系强度中包含的其他偏好信息。这些更复杂的定义为处理强度偏好下冲突模型提供了扩展的战略意义见解。6.3.1 节和 6.3.3 节分别为两个决策者和 n 个决策者 ($n \geqslant 2$) 提供了上述稳定性定义。6.3.2 节展示了 n 个决策者稳定性定义中的决策者结盟的可达集合。

6.3.1　两个决策者情况

为了分析一种状态下给定决策者 $i \in N$ 的稳定性，我们有必要研究除 i 以外其他决策者 $j \in N \setminus \{i\}$（对手）的所有可能的反击。在两决策者模型中，决策者 i 唯一的对手就是决策者 j。假设 $N = \{i, j\}$，$s \in S$，有如下定义。

1. 一般稳定性的逻辑表达

下面给出了四个一般稳定性或稳定性，其中在制裁中不考虑偏好强度。但是，一般稳定性不同于 4.2 节中简单偏好下的定义，因为简单偏好下的稳定性定义不直接考虑偏好的级别或强度。

定义 6.1：当且仅当 $R_i^{+,++}(s) = \varnothing$，状态 s 是 Nash 稳定，记为 $s \in S_i^{\text{Nash}}$。

定义 6.2：当且仅当对于任意的 $s_1 \in R_i^{+,++}(s)$，至少存在一个 $s_2 \in R_j(s_1)$，使得 $s_2 \in \Phi_i^{--,-,=}(s)$，则状态 s 对于决策者 i 来说是一般 GMR(general GMR, GGMR) 稳定，记为 $s \in S_i^{\text{GGMR}}$。

定义 6.3：当且仅当对任意的 $s_1 \in R_i^{+,++}(s)$，至少存在一个 $s_2 \in R_j(s_1)$，使得 $s_2 \in \Phi_i^{--,-,=}(s)$，且对于任意的 $s_3 \in R_i(s_2)$，有 $s_3 \in \Phi_i^{--,-,=}(s)$ 成立，则状态 s 对于决策者 i 来说是一般 SMR(general SMR, GSMR) 稳定，记为 $s \in S_i^{\text{GSMR}}$。

定义 6.4：当且仅当对任意 $s_1 \in R_i^{+,++}(s)$，至少存在一个 $s_2 \in R_j^{+,++}(s_1)$ 使得 $s_2 \in \Phi_i^{--,-,=}(s)$，则状态 s 对于决策者 i 来说是一般 SEQ(general SEQ, GSEQ) 稳定，记为 $s \in S_i^{\text{GSEQ}}$。

2. 强稳定和弱稳定的逻辑表达

当在图模型中引入偏好强度时，根据对手反击或制裁的程度，稳定性定义可能是强的也可能是弱的。对于三种偏好，从可能受到的制裁的强度出发，稳定性分为强稳定和弱稳定。因此，如果一个特定状态 s 是一般稳定的，那么状态 s 就是强稳定或者弱稳定。强稳定或弱稳定只包括 GMR、SMR 和 SEQ，因为 Nash 稳定没有涉及对手的制裁。

定义 6.5：当且仅当对任意 $s_1 \in R_i^{+,++}(s)$，至少存在一个 $s_2 \in R_j(s_1)$ 使得 $s_2 \in \Phi_i^{--}(s)$，则状态 s 对于决策者 i 来说是强烈一般超理性 (strongly GMR, SGMR) 稳定，记为 $s \in S_i^{\text{SGMR}}$。

定义 6.6：当且仅当对任意 $s_1 \in R_i^{+,++}(s)$，至少存在一个 $s_2 \in R_j(s_1)$ 使得 $s_2 \in \Phi_i^{--}(s)$，且对任意的 $s_3 \in R_i(s_2)$，有 $s_3 \in \Phi_i^{--}(s)$ 成立，则状态 s 对于决策者 i 来说是强烈对称超理性 (strongly SMR, SSMR) 稳定，记为 $s \in S_i^{\text{SSMR}}$。

定义 6.7：当且仅当对任意 $s_1 \in R_i^{+,++}(s)$，至少存在一个 $s_2 \in R_j^{+,++}(s_1)$ 使得 $s_2 \in \Phi_i^{--}(s)$，则状态 s 对于决策者 i 来说是强烈序列 (strongly SEQ, SSEQ) 稳定，记为 $s \in S_i^{\text{SSEQ}}$。

定义 6.8：令 $s \in S$，$i \in N$。当且仅当状态 s 是一般稳定的，但对某些稳定性定义而言不是强稳定，则 s 对决策者 i 来说是弱稳定。

案例 6.1 (三级偏好下扩展可持续发展冲突的图模型的稳定性)：案例 3.1 中介绍了可持续发展冲突。在这里，将该冲突扩展到包含两个决策者、三级强度偏好的情况。具体而言，冲突由两个决策者组成：环境机构 (决策者 1：E) 和开发商 (决策者 2：D)；两种选择：决策者 1 可选择积极主动 (标记为 P)，决策者 2 可选择实施可持续发展 (标记为 SD) 以正确处理环境问题。这两种选择组合在一起可以组成四种可行状态：s_1、s_2、s_3 和 s_4。这些结果如表 6.6 所示。"Y" 表示决策者选择该策略，"N" 表示决策者未选择该策略。

表 6.6 的底部提供了四种状态中每个决策者的偏好信息。以决策者 1 为例，决策者 1 相对于 s_3 更偏好 s_1，相对于 s_2 强烈偏好 s_3，对 s_2 和 s_4 的偏好无差别。请注意，决策者 2 相对于 s_4 强烈偏好 s_1。扩展可持续发展冲突的图模型如图 6.2 所示。从图 6.2 (a) 可以看出，该决策者控制状态 s_1 和 s_3 以及状态 s_2 和

s_4 之间的移动。

表 6.6　三级偏好下扩展可持续发展冲突的图模型选择

决策者 1: 环境机构 积极主动 (P)	Y	Y	N	N
决策者 2: 开发商 可持续发展 (SD)	Y	N	Y	N
状态	s_1	s_2	s_3	s_4

注：决策者 1 的偏好：$s_1 >_1 s_3 \gg_1 s_2 \sim_1 s_4$；决策者 2 的偏好：$s_3 >_2 s_1 \gg_2 s_4 \sim_2 s_2$

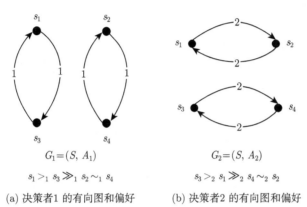

(a) 决策者1 的有向图和偏好　　(b) 决策者2 的有向图和偏好

图 6.2　三级偏好下扩展可持续发展冲突的图模型

三级强度偏好下扩展可持续发展模型是用来说明如何使用定义 6.1~定义 6.8 来确定三级偏好模型下的一般稳定和强稳定。特别地，先考虑分析决策者 1 在状态 s_1 是否为一般 Nash 稳定。从图 6.2 可以看出，决策者 1 从 s_1 到 s_3 进行了单边移动。但是，相比于 s_3，决策者 1 轻微偏好 s_1，因为从 s_1 到 s_3 不属于轻微或强烈单边改良 (mildor, strong unilateral improvement, MSUI)。因此，根据定义 6.1，状态 s_1 是决策者 1 的一般 Nash 稳定。此外，s_1 也是决策者 1 的一般 GMR、一般 SMR 和一般 SEQ 稳定。

接下来，可以评估 s_3 是否是决策者 1 的一般 GMR 稳定。从图 6.2 可以看出，决策者 1 有一个从 s_3 到 s_1 的轻微的单边改良，决策者 2 有一个从 s_1 到 s_2 的单边移动。但是，因为相对于状态 s_2，决策者 1 强烈偏好 s_3，因此根据定义 6.2，状态 s_3 是决策者 1 的一般 GMR 稳定。可以用类似的方式来确定两个决策者的其他三种状态的稳定性。

现在，使用定义 6.3，从决策者 1 的一般 SMR 稳定角度出发，来分析状态 s_3。从图 6.2(a) 中决策者 1 的有向图可以看出，决策者 1 有一个从 s_3 到 s_1 的轻微的单边改良，决策者 2 有一个从 s_1 到 s_2 的单边移动，但决策者 1 从 s_2 到 s_4

仅有一个单边移动。因为决策者 1 对于 s_2 和 s_4 无差别，但状态 s_3 强烈优于 s_2 和 s_4。根据定义 6.3，s_3 是决策者 1 的一般 SMR 稳定。可以用类似的方法确定其他状态的一般对称超理性稳定。

从决策者 1 的角度出发来考虑状态 s_3，以解释一般 SEQ 稳定是如何计算的。因为决策者 2 可能从 s_1 到 s_2 的反向移动，事实上是移动到一个强烈不偏好的状态，这个决策者没有可信的制裁以阻止决策者 1 从 s_3 到 s_1 的单边改良。因此，对于决策者 1，状态 s_3 不是一般 SEQ 稳定。

还可以使用定义 6.5~ 定义 6.8 来为强或弱稳定性的确定提供解释，以解决扩展的可持续发展冲突。这个讨论与一般稳定性十分类似。

表 6.7 中总结了三级偏好下扩展可持续发展冲突的稳定状态和均衡。其中，给定的状态 "$\sqrt{}$" 表示这个状态对于决策者 1 或决策者 2 来说是一般、强或弱稳定。"Eq" 是稳定性的均衡。表 6.7 结果显示，状态 s_1 是四种基本稳定的强均衡。状态 s_3 是所有决策者的强一般超理性稳定和强对称超理性稳定。因此，对决策者而言，s_1 和 s_3 是更好的选择。

表 6.7　三级偏好下扩展可持续发展冲突的稳定性结果

状态	Nash			GGMR			GSMR			GSEQ			SGMR			SSMR			SSEQ			WGMR			WSMR			WSEQ		
	1	2	Eq	1	2	Eq	1	2	Eq	1	2	Eq	1	2	Eq	1	2	Eq	1	2	Eq	1	2	Eq	1	2	Eq	1	2	Eq
s_1	$\sqrt{}$	$\sqrt{}$	$\sqrt{}$	$\sqrt{}$	$\sqrt{}$	$\sqrt{}$	$\sqrt{}$	$\sqrt{}$	$\sqrt{}$	$\sqrt{}$	$\sqrt{}$	$\sqrt{}$	$\sqrt{}$	$\sqrt{}$	$\sqrt{}$	$\sqrt{}$	$\sqrt{}$	$\sqrt{}$	$\sqrt{}$	$\sqrt{}$	$\sqrt{}$									
s_2	$\sqrt{}$			$\sqrt{}$			$\sqrt{}$			$\sqrt{}$			$\sqrt{}$			$\sqrt{}$														
s_3		$\sqrt{}$		$\sqrt{}$	$\sqrt{}$		$\sqrt{}$	$\sqrt{}$		$\sqrt{}$			$\sqrt{}$	$\sqrt{}$	$\sqrt{}$	$\sqrt{}$	$\sqrt{}$		$\sqrt{}$											
s_4	$\sqrt{}$			$\sqrt{}$			$\sqrt{}$			$\sqrt{}$			$\sqrt{}$			$\sqrt{}$														

6.3.2　决策者结盟的可达集合

为了考虑三级偏好 $(\sim, >, \gg)$ 下，扩展结盟的可达集合定义，必须首先确定结盟的轻微或强烈单边改良 (MSUI) 的合法序列。4.2.2 节定义了简单偏好下，结盟 H 从状态 s 出发，通过合法的单边移动和单边改良形成的可达集合。在本节中，结盟 H 的可达集合被扩展为三种偏好。合法的轻微或强烈单边改良顺序是结盟允许的轻微单边改良或强烈单边改良的序列。在同样的限制下，结盟中的任何成员可能会移动多次，但不能连续移动两次。轻微或强烈单边改良的合法序列下，结盟 H 的可达集合的定义如下：

定义 6.9： 令 $s \in S$, $H \subseteq N$, $H \neq \emptyset$。H 的一个轻微或强烈单边改良 (MSUI) 是 $R_H^{+,++}(s) \subseteq S$ 的一个元素，定义归纳如下。

（1）对于所有 $s_1 \in S$，假定 $\Omega_H^{+,++}(s, s_1) = \emptyset$。

（2）如果 $j \in H$ 和 $s_1 \in R_j^{+,++}(s)$，则 $s_1 \in R_H^{+,++}(s)$，且 $\Omega_H^{+,++}(s, s_1) = \Omega_H^{+,++}(s, s_1) \cup \{j\}$。

（3）　如果 $s_1 \in R_H^{+,++}(s)$，$j \in H$，$s_2 \in R_j^{+,++}(s_1)$，且 $\Omega_H^{+,++}(s,s_1) \neq \{j\}$，
则 $s_2 \in R_H^{+,++}(s)$，且 $\Omega_H^{+,++}(s,s_2) = \Omega_H^{+,++}(s,s_2) \cup \{j\}$。

定义 6.9 与 4.2.2 节中简单偏好下的定义 4.7 相似，与 5.2.2 节中不确定偏好
下的定义 5.18 也相似。它也是一个归纳定义。首先，通过定义 6.9 中的 (2)，识
别并添加从 s 出发的可达状态到集合 $R_H^{+,++}(s)$ 中；其次，利用定义 6.9 中的 (3)，
识别并添加从那些状态出发的所有可达状态到集合 $R_H^{+,++}(s)$ 中；最后，重复该
过程，直到没有更多状态可以添加到通过轻微或强烈的单边改良合法序列形成的
结盟的可达集合，即 $R_H^{+,++}(s)$。对于 $\Omega_H^{+,++}(s,s_1)$，如果 $s_1 \in R_H^{+,++}(s)$，那么
$\Omega_H^{+,++}(s,s_1) \subseteq H$ 是所有最后的决策者的集合，决策者通过轻微或强烈单边改良
的合法序列从 s 出发到达 s_1。假设 $\Omega_H^{+,++}(s,s_1)$ 仅包含一个决策者 $j \in N$，然后
从 s_1 到后续状态 s_2 的任何移动必须是除 j 以外的 H 中的决策者，否则决策者
j 将不得不连续移动两次。

6.3.3　n 个决策者情况

在一个三级偏好结构下的 $n(n \geqslant 2)$ 个决策者情况下，决策者 i 的对手 $N \setminus \{i\}$
由一个或多个决策者的组合构成。为了分析决策者 $i \in N$ 一个状态的稳定性，有
必要考虑所有其他决策者 $j \in N \setminus \{i\}$ 的可能回应。6.3.2 节讲述了三级偏好下稳
定性定义的关键部分，是结盟 $N \setminus \{i\}$ 从状态 s 出发的可达集合，即 $R_{N \setminus \{i\}}(s)$ 和
$R_{N \setminus \{i\}}^{+,++}(s)$。下面将把 6.3.1 节中介绍的两个决策者情况下的稳定性定义扩展到 n
个决策者的情况。

1. 一般稳定性的逻辑表达

下面给出了四个标准的稳定性，在评估对手制裁时不考虑强度偏好。但是，一
般稳定性与 4.2.3 节中简单偏好下定义的稳定性不同，因为简单偏好下定义的稳
定性不考虑存在偏好强度的冲突问题。令 $i \in N$，$s \in S$。

定义 6.10：当且仅当 $R_i^{+,++}(s) = \varnothing$ 时，状态 s 对于决策者 i 来说是 Nash
稳定的，记为 $s \in S_i^{\mathrm{Nash}}$。

两个决策者和 n 个决策者的图模型纳什稳定性定义是相同的，因为 Nash 稳
定不考虑对手的反击行为。

定义 6.11：当且仅当对于任意 $s_1 \in R_i^{+,++}(s)$，至少存在一个 $s_2 \in R_{N \setminus \{i\}}(s_1)$，
使得 $s_2 \in \Phi_i^{--,-,=}(s)$，则状态 s 对于决策者 i 来说是 GGMR 稳定，记为 $s \in$
S_i^{GGMR}。

定义 6.12：当且仅当对于任意 $s_1 \in R_i^{+,++}(s)$，至少存在一个 $s_2 \in R_{N \setminus \{i\}}(s_1)$
使得 $s_2 \in \Phi_i^{--,-,=}(s)$，且对于任意 $s_3 \in R_i(s_2)$，有 $s_3 \in \Phi_i^{--,-,=}(s)$ 成立，则状
态 s 对于决策者 i 来说是 GSMR 稳定，记为 $s \in S_i^{\mathrm{GSMR}}$。

定义 6.13：当且仅当对于任意 $s_1 \in R_i^{+,++}(s)$，至少存在一个 $s_2 \in R_{N\backslash\{i\}}^{+,++}(s_1)$，使得 $s_2 \in \Phi_i^{--,-,-=}(s)$，则状态 s 对于决策者 i 来说是 GSEQ 稳定，记为 $s \in S_i^{\mathrm{GSEQ}}$。

与两个决策者情况类似，n 个决策者模型根据制裁的程度可以划分为强稳定或弱稳定。强稳定和弱稳定只包括 GMR、SMR 和 SEQ，因为 Nash 稳定不考虑对手的反击制裁。

2. 强稳定和弱稳定的逻辑表达

定义 6.14：当且仅当对于任意 $s_1 \in R_i^{+,++}(s)$，至少存在一个 $s_2 \in R_{N\backslash\{i\}}(s_1)$，使得 $s_2 \in \Phi_i^{--}(s)$，则状态 s 对于决策者 i 来说是 SGMR 稳定，记为 $s \in S_i^{\mathrm{SGMR}}$。

定义 6.15：当且仅当对于任意 $s_1 \in R_i^{+,++}(s)$，至少存在一个 $s_2 \in R_{N\backslash\{i\}}(s_1)$，使得 $s_2 \in \Phi_i^{--}(s)$，且对于任意 $s_3 \in R_i(s_2)$，有 $s_3 \in \Phi_i^{--}(s)$ 成立，则状态 s 对于决策者 i 来说是 SSMR 稳定，记为 $s \in S_i^{\mathrm{SSMR}}$。

定义 6.16：当且仅当对于任意 $s_1 \in R_i^{+,++}(s)$，至少存在一个 $s_2 \in R_{N\backslash\{i\}}^{+,++}(s_1)$，使得 $s_2 \in \Phi_i^{--}(s)$，则状态 s 对于决策者 i 来说是 SSEQ 稳定，记为 $s \in S_i^{\mathrm{SSEQ}}$。

定义 6.14 ~ 定义 6.16中涉及两个关键的可达集合，即 $R_{N\backslash\{i\}}(s_1)$ 和 $R_{N\backslash\{i\}}^{+,++}(s_1)$ $(H = N\backslash\{i\})$，这两个集合的详细介绍可以分别参考 4.2.2 节和 6.3.2节。接下来介绍弱稳定性的相关概念。

定义 6.17：令 $s \in S$，$i \in N$。对于某些稳定性定义，如果 s 是一般稳定而不是强稳定，则状态 s 对决策者 i 来说是弱稳定。

6.4　多级强度偏好下稳定性的逻辑表达

以下多种偏好下稳定性定义类似于 6.3 节中提出的三种偏好类型的稳定性定义。多级强度偏好被纳入 GMCR 中，从而产生四个基本稳定性的多级版本，即 Nash_k、GMR_k、SMR_k 和 SEQ_k，其中，$k = 0, 1, \cdots, r$。接下来将介绍两个决策者冲突模型的稳定性定义。

6.4.1　两个决策者情况

1. 一般稳定的逻辑表达

定义 6.18：当且仅当 $R_i^+(s) = \varnothing$ 时，状态 s 对于决策者 i 来说是一般 Nash 稳定 (general Nash, GNash)，记为 $s \in S_i^{\mathrm{GNash}}$。

定义 6.19：当且仅当对任意 $s_1 \in R_i^+(s)$，至少存在一个 $s_2 \in R_j(s_1)$，使得 $s_2 \in \bigcup_{d=0}^{r} \Phi_i^{-(d)}(s)$，则状态 s 对于决策者 i 来说是 GGMR 稳定，记为 $s \in S_i^{\mathrm{GGMR}}$。

定义 6.20：当且仅当对任意 $s_1 \in R_i^+(s)$，至少存在一个 $s_2 \in R_j(s_1)$，使得 $s_2 \in \bigcup\limits_{d=0}^{r} \Phi_i^{-(d)}(s)$，且对于任意 $s_3 \in R_i(s_2)$，有 $s_3 \in \bigcup\limits_{d=0}^{r} \Phi_i^{-(d)}(s)$ 成立，则状态 s 对于决策者 i 来说是 GSMR 稳定，记为 $s \in S_i^{\text{GSMR}}$。

定义 6.21：当且仅当对任意 $s_1 \in R_i^+(s)$，至少存在一个 $s_2 \in R_j^+(s_1)$，使得 $s_2 \in \bigcup\limits_{d=0}^{r} \Phi_i^{-(d)}(s)$，则状态 s 对于决策者 i 来说是 GSEQ 稳定，记为 $s \in S_i^{\text{GSEQ}}$。

请注意，本节 $R_i^+(s)$ 的含义不同于 4.1.1 节中的含义，表示简单偏好下决策者 i 从状态 s 出发的单边改良；在 4.1.1 节中，$R_i^+(s)$ 表示决策者 i 从 s 出发的所有一级偏好的单边改良集合，但是在本节中，它包括所有单边改良，不管是多少级的偏好。在 6.3 节所讨论的三级偏好中，根据对手可能的制裁强度，一般稳定被划分为强稳定和弱稳定，即如果一个特定的状态 s 是一般稳定，则 s 是强稳定或弱稳定。在多级偏好下，一般稳定性由每个偏好水平下的稳定性构成。

2. k 级别下稳定性的逻辑表达

首先，给出不同强度下 Nash 稳定的定义。尽管在 Nash 稳定性下不存在单边改良，但仍然可以通过使用决策者单边移动到最优状态的偏好程度来获得稳定强度的概念。初始状态必须优于所有这些状态。对于决策者不存在任何类型移动的情况下，需要特殊定义。特别是，如果决策者 i 在所有偏好级别下没有从状态 s 出发的单边改良，那么状态 s 就是非常稳定的。然后，提出稳定性。

定义 6.22：在任何偏好级别下，当且仅当 $R_i(s) = \emptyset$ 时，状态 s 对于决策者 i 来说是超级稳定，记为 $s \in S_i^{\text{Super}}$。

定义 6.23：在 0 级偏好下，当且仅当 $R_i^+(s) = \emptyset$ 和 $R_i^{(0)}(s) \neq \emptyset$ 时，状态 s 对于决策者 i 来说是 Nash 稳定（Nash$_0$），记为 $s \in S_i^{\text{Nash}_0}$。

注意，在 Nash$_0$ 定义中，不存在决策者 i 从状态 s 出发的单边改良，但必须有一个无差别的状态。

定义 6.24：在 k 级偏好下（$1 \leqslant k \leqslant r$），如果 $R_i^+(s) \cup \left[\bigcup\limits_{d=0}^{k-1} R_i^{-(d)}(s) \right] = \emptyset$ 和 $R_i^{-(k)}(s) \neq \emptyset$，那么状态 s 对于决策者 i 来说是纳什稳定（Nash$_k$），记为 $s \in S_i^{\text{Nash}_k}$。

在 Nash$_k$ 稳定中，决策者 i 从状态 s 出发通过单边移动可以到达的最优状态为 $-k$ 级强度（低于 0 级）。第 k 级强度的 Nash 稳定如图 6.3 所示。超级稳定性指在最高级别上的 Nash 稳定，因为不存在决策者 i 从 s 出发的单边移动。

当多级偏好被纳入图模型时，可以根据制裁的强度区分不同级别的 GMR、SMR 和 SEQ。

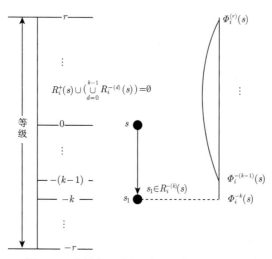

图 6.3　决策者 i 在级别 k 下的 Nash 稳定

定义 6.25：在 0 级偏好下，当且仅当 $R_i^+(s) = \emptyset$、$R_i^{(0)}(s) \neq \emptyset$ 或 $R_i^+(s) \neq \emptyset$ 时，对任意 $s_1 \in R_i^+(s)$ 至少存在一个 $s_2 \in R_j(s_1)$ 使得 $s_2 \in \bigcup\limits_{d=0}^{r} \Phi_i^{-(d)}(s)$，并且至少存在一个 $s_1' \in R_i^+(s)$ 和 $s_2' \in R_j(s_1')$ 使得 $s_2' \in \Phi_i^{(0)}(s)$ 和 $R_j(s_1') \bigcap \left[\bigcup\limits_{d=1}^{r} \Phi_i^{-(d)}(s) \right] = \emptyset$，那么状态 s 对于决策者 i 来说是一般超理性稳定(GMR$_0$)，记为 $s \in S_i^{\text{GMR}_0}$。

　　基于定义 6.25，当决策者 i 没有从状态 s 出发的单边改良，且是 Nash$_0$ 稳定的，如定义 6.24 所述，那么状态 s 也是级别 0 下的一般超理性稳定 (GMR$_0$)。

定义 6.26：在 k 级偏好下 (其中 $1 \leqslant k \leqslant r-1$)，当且仅当 $\bigcup\limits_{d=0}^{k-1} R_i^{-(d)}(s) \cup R_i^+(s) = \emptyset$、$R_i^{-(k)}(s) \neq \emptyset$ 或 $R_i^+(s) \neq \emptyset$ 时，对任意 $s_1 \in R_i^+(s)$ 至少存在一个 $s_2 \in R_j(s_1)$ 使得 $s_2 \in \bigcup\limits_{d=k}^{r} \Phi_i^{-(d)}(s)$，并且至少存在一个 $s_1' \in R_i^+(s)$ 和 $s_2' \in R_j(s_1')$ 使得 $s_2' \in \Phi_i^{-(k)}(s)$ 和 $R_j(s_1') \bigcap \left[\bigcup\limits_{d=k+1}^{r} \Phi_i^{-(d)}(s) \right] = \emptyset$，那么状态 s 对于决策者 i 来说是一般超理性稳定(GMR$_k$)，记为 $s \in S_i^{\text{GMR}_k}$。

　　图 6.4 中有一个特定的例子来解释定义 6.26的含义。注意，决策者 i 有从状态 s 到状态 s_1 和 s_1' 的单边改良，从 1 到 r 的任意级别均成立。决策者 i 的对手，即决策者 j，有一个从状态 s_1 出发到状态 s_2 [称为 $R_j(s_1)$] 的单边移动，在纵轴上显示级别为 $-q$，其中 q(以 s 为参照) 的取值范围是从 k 到 r。从状态 s_1' 出发，决策者 i 可以移动到状态 s_2'（纵轴位于级别 $-k$ 处）。因此，根据定义 6.26，决策者 i 的状态 s 在级别 $k(0 < k < r)$ 上是一般超理性稳定的。

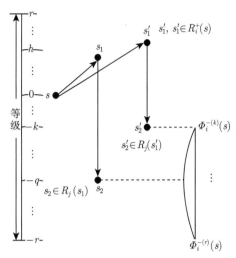

图 6.4　决策者 i 在级别 k 下的一般超理性稳定

如果决策者 i 从一个状态出发的所有单边改良都在最高级别 r(正好低于这个状态 r 个级别) 上被制裁，则这个状态被称为在级别 r 的一般超理性稳定 (GMR)。其正式定义如下。

定义 6.27: 在 r 级偏好下，当且仅当 $\bigcup_{d=0}^{r-1} R_i^{-(d)}(s) \cup R_i^+(s) = \emptyset$、$R_i^{-(r)}(s) \neq \emptyset$ 或 $R_i^+(s) \neq \emptyset$ 时，对任意 $s_1 \in R_i^+(s)$，至少存在一个 $s_2 \in R_j(s_1)$ 和 $s_2 \in \Phi_i^{-(r)}(s)$，则状态 s 对于决策者 i 来说是一般超理性稳定(GMR$_r$)，记为 $s \in S_i^{\mathrm{GMR}_r}$。

对于决策者 i，当且仅当从一个状态出发的单边改良在这个状态下以 k 个级别被制裁时，并且所有其他从一个特定状态出发的单边改良都至少在这个状态下以 k 个级别被制裁，任何反击都无法避免这些相应的制裁，则这个状态被称为在级别 k 的对称超理性稳定 (SMR)。其正式定义如下。

定义 6.28: 在 0 级偏好下，当且仅当 $R_i^+(s) = \emptyset$、$R_i^{(0)}(s) \neq \emptyset$ 或 $R_i^+(s) \neq \emptyset$ 时，对任意 $s_1 \in R_i^+(s)$ 至少存在一个 $s_2 \in R_j(s_1)$ 使得 $s_2 \in \bigcup_{d=0}^{r} \Phi_i^{-(d)}(s)$，并且至少存在一个 $s_1' \in R_i^+(s)$ 和 $s_2' \in R_j(s_1')$ 使得对任意 $s_3 \in R_i(s_2) \cup R_i(s_2')$，$s_2' \in \Phi_i^{(0)}(s)$ 和 $R_j(s_1') \bigcap \left(\bigcup_{d=1}^{r} \Phi_i^{-(d)}(s) \right) = \emptyset$，$s_3 \in \bigcup_{d=0}^{r} \Phi_i^{-(d)}(s)$，那么状态 s 对于决策者 i 来说是对称超理性稳定(SMR$_0$)，记为 $s \in S_i^{\mathrm{SMR}_0}$。

对于决策者 i，级别 $k(0 < k \leqslant r)$ 下的对称超理性稳定由 SMR$_{k+}$ 和 SMR$_{k-}$ 组成，定义如下。

定义 6.29: 在 k 级偏好下 $(1 \leqslant k \leqslant r-1)$，当且仅当 $\bigcup_{d=0}^{k-1} R_i^{-(d)}(s) \cup R_i^+(s) = \emptyset$、

$R_i^{-(k)}(s) \neq \emptyset$ 或 $R_i^+(s) \neq \emptyset$ 时，对任意 $s_1 \in R_i^+(s)$ 至少存在一个 $s_2 \in R_j(s_1)$ 使得 $s_2 \in \bigcup\limits_{d=k}^{r} \Phi_i^{-(d)}(s)$，并且至少存在一个 $s_1' \in R_i^+(s)$ 和 $s_2' \in R_j(s_1')$ 使得 对任意 $s_3 \in R_i(s_2) \cup R_i(s_2')$，$s_2' \in \Phi_i^{-(k)}(s)$ 和 $R_j(s_1') \bigcap \left(\bigcup\limits_{d=k+1}^{r} \Phi_i^{-(d)}(s) \right) = \emptyset$，$s_3 \in \bigcup\limits_{d=k}^{r} \Phi_i^{-(d)}(s)$，那么状态 s 对于决策者 i 来说是对称超理性稳定(SMR$_{k+}$)，记 为 $s \in S_i^{\mathrm{SMR}_{k+}}$。

图 6.5 生动地说明了决策者 i 在 k^+ 的对称超理性稳定。SMR$_{k-}$ 稳定被定义 为 $S_i^{\mathrm{SMR}_{k-}} = S_i^{\mathrm{GSMR}} \cap S_i^{\mathrm{GMR}_k} - S_i^{\mathrm{SMR}_{k+}}$。

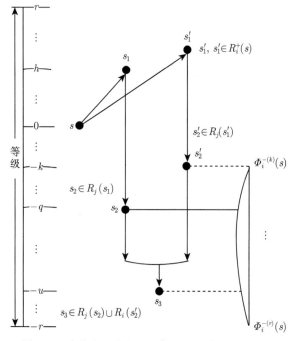

图 6.5　决策者 i 在级别 k^+ 下的对称超理性稳定

定义 6.30： 在 k 级偏好下 $(1 \leqslant k \leqslant r-1)$，当且仅当 $s \in S_i^{\mathrm{GMR}_k}$ 和 $R_i^+(s) \neq \emptyset$ 时，对任意 $s_1 \in R_i^+(s)$ 至少存在一个 $s_2 \in R_j(s_1)$，使得对任意 $s_3 \in R_i(s_2)$，$s_2 \in \bigcup\limits_{d=k}^{r} \Phi_i^{-(d)}(s)$，$s_3 \in \bigcup\limits_{d=0}^{r} \Phi_i^{-(d)}(s)$，以及存在 $s_1' \in R_i^+(s)$，并 且对任意 $s_2' \in R_j(s_1') \cap (\bigcup\limits_{d=k}^{r} \Phi_i^{-(d)}(s))$，$R_i(s_2') \cap \Phi_i^{(-d)}(s) \neq \emptyset$，至少存在一个 $d \in \{0, \cdots, (k-1)\}$，那么状态 s 对于决策者 i 来说是对称超理性稳定(SMR$_{k-}$)，

记为 $s \in S_i^{\mathrm{SMR}_{k-}}$。

定义 6.31： 在 r 级偏好下，当且仅当 $\bigcup\limits_{d=0}^{r-1} R_i^{-(d)}(s) \cup R_i^+(s) = \emptyset$、$R_i^{-(r)}(s) \neq \emptyset$ 或 $R_i^+(s) \neq \emptyset$ 时，对任意 $s_1 \in R_i^+(s)$ 至少存在一个 $s_2 \in R_j(s_1)$ 使得对任意 $s_3 \in R_i(s_2)$，$s_2 \in \Phi_i^{-(r)}(s)$，$s_3 \in \Phi_i^{-(r)}(s)$，那么状态 s 对于决策者 i 来说是对称超理性稳定(SMR_{r+})，记为 $s \in S_i^{\mathrm{SMR}_{r+}}$。

定义 6.32： 在 r 级偏好下，当且仅当 $R_i^+(s) \neq \emptyset$ 时，对任意 $s_1 \in R_i^+(s)$ 至少存在一个 $s_2 \in R_j(s_1)$，使得对任意 $s_3 \in R_i(s_2)$，$s_2 \in \Phi_i^{-(r)}(s)$，$s_3 \in \bigcup\limits_{d=0}^{r} \Phi_i^{-(d)}(s)$，以及存在 $s_1' \in R_i^+(s)$，对每一个 $s_2' \in R_j(s_1) \cap \Phi_i^{-(r)}(s)$，$R_i(s_2') \cap \Phi_i^{(-d)}(s) \neq \emptyset$，至少存在一个 $d \in \{0, \cdots, (r-1)\}$，那么状态 s 对于决策者 i 来说是对称超理性稳定(SMR_{r-})，记为 $s \in S_i^{\mathrm{SMR}_{r-}}$。

在级别 k 的序列稳定与同级别的一般超理性稳定相似。唯一的修改是决策者 i 的所有单边改良都受制于对手的可信制裁。其正式定义如下。

定义 6.33： 在 k 级偏好下 $(1 \leqslant k \leqslant r-1)$，当且仅当 $R_i^+(s) = \emptyset$、$R_i^{(0)}(s) \neq \emptyset$ 或 $R_i^+(s) \neq \emptyset$ 时，对任意 $s_1 \in R_i^+(s)$ 至少存在一个 $s_2 \in R_j^+(s_1)$，同时 $s_2 \in \bigcup\limits_{d=0}^{r} \Phi_i^{-(d)}(s)$，至少存在一个 $s_1' \in R_i^+(s)$ 和 $s_2' \in R_j^+(s_1')$ 使得 $s_2' \in \Phi_j^{(0)}(s)$ 和 $R_j^+(s_1') \cap \left(\bigcup\limits_{d=1}^{r} \Phi_i^{-(d)}(s) \right) = \emptyset$，那么状态 s 对于决策者 i 来说是序列稳定(SEQ_0)，记为 $s \in S_i^{\mathrm{SEQ}_0}$。

定义 6.34： 在 k 级偏好下 $(1 \leqslant k \leqslant r-1)$，当且仅当 $\bigcup\limits_{d=0}^{k-1} R_i^{-(d)}(s) \cup R_i^+(s) = \emptyset$、$R_i^{-(k)}(s) \neq \emptyset$ 或 $R_i^+(s) \neq \emptyset$ 时，对任意 $s_1 \in R_i^+(s)$ 至少存在一个 $s_2 \in R_j^+(s_1)$ 使得 $s_2 \in \bigcup\limits_{d=k}^{r} \Phi_i^{-(d)}(s)$，并且至少存在一个 $s_1' \in R_i^+(s)$ 和 $s_2' \in R_j^+(s_1')$ 使得 $s_2' \in \Phi_i^{-(k)}(s)$ 和 $R_j^+(s_1') \cap \left(\bigcup\limits_{d=k+1}^{r} \Phi_i^{-(d)}(s) \right) = \emptyset$，那么状态 s 对于决策者 i 来说是序列稳定(SEQ_k)，记为 $s \in S_i^{\mathrm{SEQ}_k}$。

图 6.6 可以用来解释定义 6.34 的含义。实际上，定义 6.34 与定义 6.29 相似。唯一的不同点是，从 k 级别到 r 级别上，决策者 i' 的对手，即决策者 j，有一个到达状态 s_2，相对于 s 来说的单边改良。关于状态 s_1'，决策者 j 有一个单边改良 s_2'，它相对于 s，仅存在于级别 $-k$。因此，根据定义 6.34，当 $0 < k < r$ 时，决策者 i 的状态 s 是 k 级别上的序列稳定。

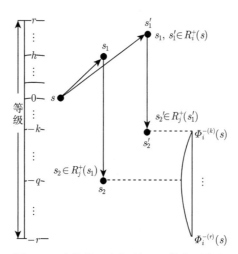

图 6.6　决策者 i 在级别 k 下的序列稳定

定义 6.35： 对于决策者 i，在 r 级偏好下，当且仅当 $\bigcup_{d=0}^{r-1} R_i^{-(d)}(s) \cup R_i^+(s) = \emptyset$、$R_i^{-(r)}(s) \neq \emptyset$ 或 $R_i^+(s) \neq \emptyset$ 时，对任意 $s_1 \in R_i^+(s)$ 至少存在一个 $s_2 \in R_j^+(s_1)$，同时 $s_2 \in \Phi_i^{-(r)}(s)$，那么状态 s 是序列稳定(SEQ$_r$)，记为 $s \in S_i^{\mathrm{SEQ}_r}$。

在 n 个决策者模型中，其中 $n \geqslant 2$，一个决策者的对手可以被认为是一个或多个决策者的结盟。为了将图模型稳定性定义扩展到具有多个级别的 n 个决策者模型中，必须扩展 6.3.2 节中提出的三级偏好下的合法序列移动的定义，以考虑多级强度偏好。

6.4.2　决策者结盟的可达集合

在图模型中，一个多级偏好下单边移动的合法序列是一系列由结盟成员控制的单边移动联系在一起的状态，其中决策者可以不止移动一次，但不能连续移动两次。正如 4.2.2 节中解释的定义 4.6，这种 GMCR 方法除了可传递性移动之外，还允许不可传递性移动。当 $H = \{i\}$，结盟 H 合法序列的单边移动退化为决策者 i 的单边移动。

令结盟 $H \subseteq N$ 满足 $|H| \geqslant 2$，且令 $s \in S$ 为初始状态或现状。在多个偏好级别下的图模型，定义 $R_H(s) \subseteq S$，是由单边移动的合法序列从状态 s 出发形成的结盟 H 的可达列表。以下定义改编自 Fang 等 (1993)、Hamouda 等 (2006)。

定义 6.36： 令 $s \in S$，$H \subseteq N$，$H \neq \emptyset$。这里，对任意的 $j \in H$，$R_j(s) = \bigcup_{d=0}^{r} [R_j^{-(d)}(s) \cup R_j^{+(d)}(s)]$。$H$ 的一个单边移动是 $R_H(s) \subseteq S$ 的一个元素，归纳定义如下。

（1）如果 $j \in H$ 和 $s_1 \in R_j(s)$，则 $s_1 \in R_H(s)$，且 $\Omega_H(s, s_1) = \Omega_H(s, s_1) \cup$

$\{j\}$。

(2) 如果 $s_1 \in R_H(s)$，$j \in H$，且 $s_2 \in R_j(s_1)$，假设 $\Omega_H(s,s_1) \neq \{j\}$，则 $s_2 \in R_H(s)$，且 $\Omega_H(s,s_2) = \Omega_H(s,s_2) \cup \{j\}$。

请注意，定义 6.36 类似于定义 4.6，但是这里单边移动是基于多级偏好 (可能超过三级) 的从状态 s 出发到达的状态，如表 6.5 所示。

在多级偏好下的图模型中，结盟 H 单边改良的合法序列是一系列通过单边改良联系起来的状态，包括由结盟 H 的成员控制的每个级别下的单边改良，通常限制是结盟成员可以不止移动一次，但不能连续两次。其正式定义如下。

定义 6.37：对任意 $j \in H$，令 $R_j^+(s) = \bigcup\limits_{d=1}^{r} R_j^{+(d)}(s)$。$H$ 的一个单边改良是 $R_H^+(s) \subseteq S$ 的元素之一，归纳定义如下。

(1) 如果 $j \in H$，且 $s_1 \in \bigcup\limits_{d=1}^{r} R_j^{+(d)}(s)$，则 $s_1 \in R_H^+(s)$，且 $\Omega_H^+(s)(s,s_1) = \Omega_H^+(s)(s,s_1) \cup \{j\}$。

(2) 如果 $s_1 \in R_H^+(s)$，$j \in H$，且 $s_2 \in \bigcup\limits_{d=1}^{r} R_j^{+(d)}(s_1)$，假设 $\Omega_H^+(s)(s,s_1) \neq \{j\}$，则 $s_2 \in R_H^+(s)$，且 $\Omega_H^+(s,s_2) = \Omega_H^+(s,s_2) \cup \{j\}$。

除了每次都移动到严格优于当前状态的状态外，定义 6.37 与定义 6.36 完全相同，而且移动者对当前状态具有一定程度的偏好。类似地，$\Omega_H^+(s,s_1)$ 包含了所有的移动，即结盟 H 从状态 s 到状态 s_1 通过单边改良的合法序列形成的移动。特别地，定义 6.37 具有归纳性：首先，利用 (1)，识别 H 中的单个决策者在多级偏好下一步移动的单边改良能够到达的状态，并将其添加至 $R_H^+(s)$ 中；其次，利用 (2)，识别从这些状态出发的所有可达状态，并将其添加至 $R_H^+(s)$；最后，重复该过程，直到没有更多的状态可以被添加到 $R_H^+(s)$。因为 $R_H^+(s) \subseteq S$，以及 S 是有限的，一定会在有限多的步骤内达到此限制。

6.4.3　决策者情况

1. 一般稳定性的逻辑表达

对于两个决策者和 n 个决策者模型，超级稳定性和 Nash 稳定的定义是相同的，因为这些稳定都不考虑对手的回应。对于以下定义，令 $i \in N$，$s \in S$。

定义 6.38：当且仅当对任意 $s_1 \in R_i^+(s)$，至少存在一个 $s_2 \in R_{N\setminus\{i\}}(s_1)$，使得 $s_2 \in \bigcup\limits_{d=0}^{r} \Phi_i^{-(d)}(s)$，那么状态 $s \in S$ 对于决策者 i 来说是一般 GMR 稳定，记为 $s \in S_i^{\mathrm{GGMR}}$。

定义 6.39：当且仅当对任意 $s_1 \in R_i^+(s)$，至少存在一个 $s_2 \in R_{N\setminus\{i\}}(s_1)$，使

得 $s_2 \in \bigcup\limits_{d=0}^{r} \varPhi_i^{-(d)}(s)$，且对任意 $s_3 \in R_i(s_2)$，有 $s_3 \in \bigcup\limits_{d=0}^{r} \varPhi_i^{-(d)}(s)$ 成立，那么状态 $s \in S$ 对于决策者 i 来说是一般 SMR 稳定的，记为 $s \in S_i^{\mathrm{GSMR}}$。

定义 6.40：当且仅当对任意 $s_1 \in R_i^+(s)$ 至少存在一个 $s_2 \in R_{N \backslash \{i\}}^+(s_1)$，使得 $s_2 \in \bigcup\limits_{d=0}^{r} \varPhi_i^{-(d)}(s)$，那么状态 $s \in S$ 对于决策者 i 来说是一般 SEQ 稳定的，记为 $s \in S_i^{\mathrm{GSEQ}}$。

2. k 级别下稳定性的逻辑表达

与两个决策者冲突类似，n 个决策者冲突的稳定性可以根据偏好程度定义为不同级别的稳定性。多决策者冲突中的 Nash 稳定性定义与两个决策者情况中一样。因此，这里只定义了扩展的一般超理性稳定、对称超理性稳定和序列稳定定义。对于决策者 i，如果从状态 s 出发的单边改良被决策者 i 的对手的合法序列的单边移动制裁，并且对手恰好在 s 以下 k 个级别，且所有其他从状态 s 出发的单边改良至少在 s 以下 k 个级别会被制裁，那么现状 s 被称为 k 级别的一般超理性稳定。图 6.7中描述了该过程，其正式定义如下。

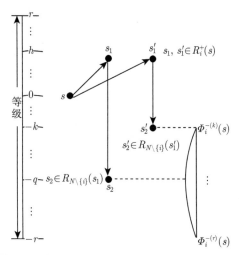

图 6.7　决策者 i 在级别 k 下的一般超理性稳定

定义 6.41：当且仅当 $R_i^+(s) = \emptyset$ 且 $R_i^{(0)}(s) \neq \emptyset$，或 $R_i^+(s) \neq \emptyset$，对任意 $s_1 \in R_i^+(s)$ 至少存在一个 $s_2 \in R_{N \backslash \{i\}}(s_1)$，使得 $s_2 \in \bigcup\limits_{d=0}^{r} \varPhi_i^{-(d)}(s)$，并且至少存在一个 $s_1' \in R_i^+(s)$ 和 $s_2' \in R_{N \backslash \{i\}}(s_1')$，使得 $s_2' \in \varPhi_i^{(0)}(s)$ 和 $R_{N \backslash \{i\}}(s_1') \bigcap \left[\bigcup\limits_{d=1}^{r} \varPhi_i^{-(d)}(s) \right] = \emptyset$，那么状态 s 对于决策者 i 来说是 GMR_0 稳定，记为 $s \in S_i^{\mathrm{GMR}_0}$。

定义 6.42：当且仅当 $\bigcup\limits_{d=0}^{k-1} R_i^{-(d)}(s) \cup R_i^+(s) = \emptyset$、$R_i^{-(k)}(s) \neq \emptyset$ 或 $R_i^+(s) \neq \emptyset$，对任意 $s_1 \in R_i^+(s)$ 至少存在一个 $s_2 \in R_{N\setminus\{i\}}(s_1)$，使得 $s_2 \in \bigcup\limits_{d=k}^{r} \Phi_i^{-(d)}(s)$，并且至少存在一个 $s_1' \in R_i^+(s)$ 和 $s_2' \in R_{N\setminus\{i\}}(s_1')$，使得 $s_2' \in \Phi_i^{-(k)}(s)$ 和 $R_{N\setminus\{i\}}(s_1') \bigcap \left(\bigcup\limits_{d=k+1}^{r} \Phi_i^{-(d)}(s) \right) = \emptyset$，那么状态 s 对于决策者 i 来说是 GMR_k 稳定的，记为 $s \in S_i^{\text{GMR}_k}$，其中，$1 \leqslant k \leqslant r-1$。

如果决策者 i 从一个状态出发的所有单边改良恰好在状态以下 r 个级别被反击，则这个状态被称为在级别 r 的一般超理性稳定 (GMR)。其正式定义如下。

定义 6.43：当且仅当 $\bigcup\limits_{d=0}^{r-1} R_i^{-(d)}(s) \cup R_i^+(s) = \emptyset$、$R_i^{-(r)}(s) \neq \emptyset$ 或 $R_i^+(s) \neq \emptyset$ 时，对任意 $s_1 \in R_i^+(s)$ 至少存在一个 $s_2 \in R_{N\setminus\{i\}}(s_1)$ 时，使得 $s_2 \in \Phi_i^{-(r)}(s)$，那么状态 s 对于决策者 i 来说是 GMR_r 稳定的，记为 $s \in S_i^{\text{GMR}_r}$。

对于决策者 i，如果从状态 s 出发的单边改良被决策者 i 的对手在级别 k 的单边移动的合法序列制裁，且所有其他从状态 s 出发的单边改良会被制裁，至少在级别 k，并且任何反应都无法避免这种相应的制裁，则这个状态叫作在级别 k 的对称超理性稳定 (SMR)。对称超理性稳定 (SMR) 在级别 k 的稳定性如图 6.8

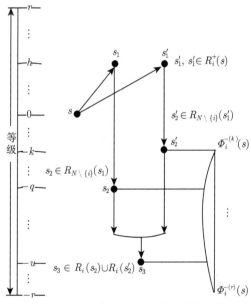

图 6.8　决策者 i 在级别 k 下的对称超理性稳定

所示，其正式定义如下。

定义 6.44：当且仅当 $R_i^+(s) = \emptyset$、$R_i^{(0)}(s) \neq \emptyset$ 或 $R_i^+(s) \neq \emptyset$，对任意 $s_1 \in R_i^+(s)$，至少存在一个 $s_2 \in R_{N\setminus\{i\}}(s_1)$，使得 $s_2 \in \bigcup\limits_{d=0}^{r} \Phi_i^{-(d)}(s)$，并且至少存在一个 $s_1' \in R_i^+(s)$ 和 $s_2' \in R_{N\setminus\{i\}}(s_1')$，使得对任意 $s_3 \in R_i(s_2) \cup R_i(s_2')$，$s_2' \in \Phi_i^{(0)}(s)$ 和 $R_{N\setminus\{i\}}(s_1') \bigcap \left(\bigcup\limits_{d=1}^{r} \Phi_i^{-(d)}(s) \right) = \emptyset$，$s_3 \in \bigcup\limits_{d=0}^{r} \Phi_i^{-(d)}(s)$，那么状态 s 对于决策者 i 来说是 SMR$_0$ 稳定的，记为 $s \in S_i^{\text{SMR}_0}$。

决策者 i 在级别 $k(0 < k \leqslant r)$ 的对称超理性稳定由 SMR$_{k+}$ 和 SMR$_{k-}$ 组成，定义如下。

定义 6.45：当且仅当 $\bigcup\limits_{d=0}^{k-1} R_i^{-(d)}(s) \cup R_i^+(s) = \emptyset$、$R_i^{-(k)}(s) \neq \emptyset$ 或 $R_i^+(s) \neq \emptyset$ 时，对任意 $s_1 \in R_i^+(s)$，至少存在一个 $s_2 \in R_{N\setminus\{i\}}(s_1)$，使得 $s_2 \in \bigcup\limits_{d=k}^{r} \Phi_i^{-(d)}(s)$，并且至少存在一个 $s_1' \in R_i^+(s)$ 和 $s_2' \in R_{N\setminus\{i\}}(s_1')$，使得对任意 $s_3 \in R_i(s_2) \cup R_i(s_2')$，$s_2' \in \Phi_i^{-(k)}(s)$ 和 $R_{N\setminus\{i\}}(s_1') \bigcap \left(\bigcup\limits_{d=k+1}^{r} \Phi_i^{-(d)}(s) \right) = \emptyset$，$s_3 \in \bigcup\limits_{d=k}^{r} \Phi_i^{-(d)}(s)$，那么状态 s 对于决策者 i 来说是 SMR$_{k+}$ 稳定的，记为 $s \in S_i^{\text{SMR}_{k+}}$，其中 $1 \leqslant k \leqslant r-1$。

稳定性 SMR$_{k-}$ 定义为 $S_i^{\text{SMR}_{k-}} = S_i^{\text{GSMR}} \cap S_i^{\text{GMR}_k} - S_i^{\text{SMR}_k}$。同样地有如下定义。

定义 6.46：当且仅当 $s \in S_i^{\text{GMR}_k}$ 和 $R_i^+(s) \neq \emptyset$ 时，对任意 $s_1 \in R_i^+(s)$，至少存在一个 $s_2 \in R_{N\setminus\{i\}}(s_1)$，使得对任意 $s_3 \in R_i(s_2)$，$s_2 \in \bigcup\limits_{d=k}^{r} \Phi_i^{-(d)}(s)$，$s_3 \in \bigcup\limits_{d=0}^{r} \Phi_i^{-(d)}(s)$，以及存在 $s_1' \in R_i^+(s)$，对任意 $s_2' \in R_{N\setminus\{i\}}(s_1') \cap \left(\bigcup\limits_{d=k}^{r} \Phi_i^{-(d)}(s) \right)$，至少存在一个 $d \in \{0, 1, 2, \cdots, (k-1)\}$，$R_i(s_2') \cap \Phi_i^{(-d)}(s) \neq \emptyset$，那么状态 s 对于决策者 i 来说是 SMR$_{k-}$ 稳定的，记为 $s \in S_i^{\text{SMR}_{k-}}$，其中，$1 \leqslant k \leqslant r-1$。

定义 6.47：当且仅当 $\bigcup\limits_{d=0}^{r-1} R_i^{-(d)}(s) \cup R_i^+(s) = \emptyset$、$R_i^{-(r)}(s) \neq \emptyset$ 或 $R_i^+(s) \neq \emptyset$ 时，对任意 $s_1 \in R_i^+(s)$ 至少存在一个 $s_2 \in R_{N\setminus\{i\}}(s_1)$，使得对任意 $s_3 \in R_i(s_2)$，$s_2 \in \Phi_i^{-(r)}(s)$，$s_3 \in \Phi_i^{-(r)}(s)$，那么状态 s 对于决策者 i 来说是 SMR$_{r+}$ 稳定的，记为 $s \in S_i^{\text{SMR}_{r+}}$。

定义 6.48：当且仅当 $R_i^+(s) \neq \emptyset$ 时，对任意 $s_1 \in R_i^+(s)$，至少存在一个 $s_2 \in R_{N\setminus\{i\}}(s_1)$，使得对任意 $s_3 \in R_i(s_2)$，$s_2 \in \Phi_i^{-(r)}(s)$，$s_3 \in \bigcup\limits_{d=0}^{r} \Phi_i^{-(d)}(s)$，

以及存在 $s_1' \in R_i^+(s)$，对任意 $s_2' \in R_{N\setminus\{i\}}(s_1) \cap \Phi_i^{-(r)}(s)$，至少存在一个 $d \in \{0,1,2,\cdots,(r-1)\}$，$R_i(s_2') \cap \Phi_i^{(-d)}(s) \neq \emptyset$，那么状态 s 对于决策者 i 来说是 $\mathrm{SMR}_{r\text{-}}$ 稳定的，记为 $s \in S_i^{\mathrm{SMR}_{r\text{-}}}$。

GMR_k 和 SEQ_k 之间唯一的修改就是决策者 i 的所有单边改良会受到来自决策者 i 对手单边改良的合法序列的可信制裁。图 6.9 描述了 k 级别下的序列稳定。其正式定义如下。

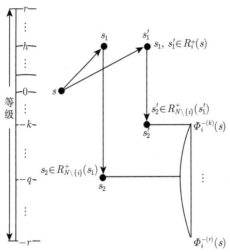

图 6.9 决策者 i 在级别 k 下的序列稳定

定义 6.49： 当且仅当 $R_i^+(s) = \emptyset$、$R_i^{(0)}(s) \neq \emptyset$ 或 $R_i^+(s) \neq \emptyset$ 时，对任意 $s_1 \in R_i^+(s)$，至少存在一个 $s_2 \in R_{N\setminus\{i\}}^+(s_1)$，同时 $s_2 \in \bigcup\limits_{d=0}^{r} \Phi_i^{-(d)}(s)$，并且至少存在一个 $s_1' \in R_i^+(s)$ 和 $s_2' \in R_{N\setminus\{i\}}^+(s_1')$，使得 $s_2' \in \Phi_i^{(0)}(s)$ 和 $R_{N\setminus\{i\}}^+(s_1') \bigcap \left(\bigcup\limits_{d=1}^{r} \Phi_i^{-(d)}(s) \right) = \emptyset$，那么状态 s 对于决策者 i 来说是级别 0 的 (SEQ_0) 稳定，记为 $s \in S_i^{\mathrm{SEQ}_0}$。

定义 6.50： 对于决策者 i，当且仅当以下两个条件满足其一时：① $\bigcup\limits_{d=0}^{k-1} R_i^{-(d)}(s) \cup R_i^+(s) = \emptyset$ 且 $R_i^{-(k)}(s) \neq \emptyset$；② $R_i^+(s) \neq \emptyset$，且对任意 $s_1 \in R_i^+(s)$ 至少存在一个 $s_2 \in R_{N\setminus\{i\}}^+(s_1)$ 使得 $s_2 \in \bigcup\limits_{d=k}^{r} \Phi_i^{-(d)}(s)$，并且至少存在一个 $s_1' \in R_i^+(s)$ 和 $s_2' \in R_{N\setminus\{i\}}^+(s_1')$，使得 $s_2' \in \Phi_i^{-(k)}(s)$ 且 $R_{N\setminus\{i\}}^+(s_1') \bigcap \left(\bigcup\limits_{d=k+1}^{r} \Phi_i^{-(d)}(s) \right) = \emptyset$，那么状态 s 是 k 级别的序列稳定 (SEQ_k)，记为 $s \in S_i^{\mathrm{SEQ}_k}$，其中，$1 \leqslant k \leqslant r-1$。

定义 6.51： 当且仅当 $\bigcup_{d=0}^{r-1} R_i^{-(d)}(s) \cup R_i^+(s) = \emptyset$ 和 $R_i^{-(r)}(s) \neq \emptyset$，或 $R_i^+(s) \neq \emptyset$，并且对任意 $s_1 \in R_i^+(s)$ 至少存在一个 $s_2 \in R_{N\setminus\{i\}}^+(s_1)$ 和 $s_2 \in \Phi_i^{-(r)}(s)$ 时，那么决策者 i 在 r 级别是序列稳定(SEQ$_r$)，记为 $s \in S_i^{\mathrm{SEQ}_r}$。

当 $n = 2$ 时，在定义 6.41～ 定义 6.51中，决策者集合 N 变成 $\{i,j\}$，且通过从 s_1 出发的单边移动和单边改良的合法序列形成的 $H = N \setminus \{i\}$ 的可达集合，$R_{N\setminus\{i\}}(s_1)$ 和 $R_{N\setminus\{i\}}^+(s_1)$ 退化为 $R_j(s_1)$ 和 $R_j^+(s_1)$，即决策者 j 从 s_1 出发形成的相应可达集合。显然，定义 6.25～ 定义 6.35是定义 6.41～ 定义 6.51的特殊情况。所以用相同的方法来表示两个决策者和 n 个决策者的情况。

6.4.4 多级偏好下稳定性定义间的相互关系

4.2.4 节给出了两种偏好类型 (或简单偏好) 下，由 Nash 稳定、一般超理性稳定、对称超理性稳定和序列稳定组成的四种基本稳定性之间的关系。6.3.3 节定义了三种偏好下的稳定性。6.4.1 节正式定义了级别 k 下的四种稳定性定义。定理 6.1～ 定理 6.5 证明了不同级别偏好下的稳定性定义间的理论关系。

定理 6.1： k 级别下的四种稳定性间的关系是

$$S_i^{\mathrm{Nash}_k} \subseteq S_i^{\mathrm{SMR}_{k+}} \subseteq S_i^{\mathrm{GMR}_k}, S_i^{\mathrm{SMR}_{k-}} \subseteq S_i^{\mathrm{GMR}_k}, S_i^{\mathrm{Nash}_k} \subseteq S_i^{\mathrm{SEQ}_k} \subseteq S_i^{\mathrm{GMR}_k}$$

其中，$0 \leqslant k \leqslant r$。

证明： 当 $k = 0$ 时，结果很明显，因为决策者 i 在状态 s 点没有单边改良移动，但是存在偏好无差别的状态。令 $0 < k \leqslant r$，若 $s \in S_i^{\mathrm{Nash}_k}$，则 $\bigcup_{d=0}^{k-1} R_i^{-(d)}(s) \cup R_i^+(s) = \emptyset$ 和 $R_i^{-(k)}(s) \neq \emptyset$。根据定义 6.45 和定义 6.47，可知状态 $s \in S_i^{\mathrm{SMR}_{k+}}$。因此，如果 $s \in S_i^{\mathrm{Nash}_k}$，其中 $0 \leqslant k \leqslant r$，则 $s \in S_i^{\mathrm{SMR}_{k+}}$，这意味着 $S_i^{\mathrm{Nash}_k} \subseteq S_i^{\mathrm{SMR}_{k+}}$。

根据定义 6.41～ 定义 6.47，如果 $s \in S_i^{\mathrm{SMR}_{k+}}$，很显然 $s \in S_i^{\mathrm{GMR}_k}$，其中，$0 \leqslant k \leqslant r$。因此，包容关系 $S_i^{\mathrm{Nash}_k} \subseteq S_i^{\mathrm{SMR}_{k+}} \subseteq S_i^{\mathrm{GMR}_k}$ 如下所示。

基于定义 6.46 和定义 6.48，可以很明显地知道关系 $S_i^{\mathrm{SMR}_{k-}} \subseteq S_i^{\mathrm{GMR}_k}$ 成立。类似地，可以验证关系 $S_i^{\mathrm{Nash}_k} \subseteq S_i^{\mathrm{SEQ}_k} \subseteq S_i^{\mathrm{GMR}_k}$ 成立。

令 $0 \leqslant k \leqslant r$。定理 6.1 表达的包容关系如图 6.10 所示。应该记住，稳定性间的关系对于所有在同级别被比较的稳定性是有效的。例如，从图 6.10 中可以清楚地看出，如果一个状态是 Nash$_k$ 稳定的，那么它也是 GMR$_k$、SMR$_{k+}$ 和 SEQ$_k$ 稳定的，这与图 4.4 中简单偏好情况下得到的结论类似。

定理 6.2 证实了两种不同级别下的特定稳定性定义间的关系。特别是，对于每个稳定性定义，当偏好级别不同时，没有普遍的稳定状态。

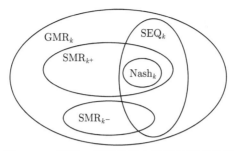

图 6.10 级别 k 下四种稳定性间的相互关系

定理 6.2： 令 $0 \leqslant h, q \leqslant r$。当 $h \neq q$ 时，在 h 级别和 q 级别的稳定性关系是

$$S_i^{\mathrm{Nash}_h} \cap S_i^{\mathrm{Nash}_q} = \emptyset \tag{6.1}$$

$$S_i^{\mathrm{GMR}_h} \cap S_i^{\mathrm{GMR}_q} = \emptyset \tag{6.2}$$

$$S_i^{\mathrm{SMR}_{h+}} \cap S_i^{\mathrm{SMR}_{q+}} = \emptyset \quad S_i^{\mathrm{SMR}_{h-}} \cap S_i^{\mathrm{SMR}_{q-}} = \emptyset \quad S_i^{\mathrm{SMR}_{h+}} \cap S_i^{\mathrm{SMR}_{h-}} = \emptyset \tag{6.3}$$

$$S_i^{\mathrm{SEQ}_h} \cap S_i^{\mathrm{SEQ}_q} = \emptyset \tag{6.4}$$

证明： 首先，验证式 (6.1)。假设 $h > q$。如果存在 $s \in S_i^{\mathrm{Nash}_h} \cap S_i^{\mathrm{Nash}_q}$，则 $s \in S_i^{\mathrm{Nash}_h}$ 和 $s \in S_i^{\mathrm{Nash}_q}$。因此，$R_i^+(s) \cup \left(\bigcup_{d=0}^{h-1} R_i^{-(d)}(s) \right) = \emptyset$ 和 $R_i^{-(h)}(s) \neq \emptyset$ 是 Nash_h 稳定的。因为 $h - 1 \geqslant q$，$R_i^{-(q)}(s) = \emptyset$。这与 s 是 Nash_q 稳定的假设矛盾。因此，式 (6.1) 成立。

其次，验证式 (6.2)。如果 $s \in (S_i^{\mathrm{Nash}_h} \cup S_i^{\mathrm{Nash}_q})$，式 (6.2) 是显然的。假设 $h > q$ 和 $s \notin (S_i^{\mathrm{Nash}_h} \cup S_i^{\mathrm{Nash}_q})$。如果存在 $s \in S_i^{\mathrm{GMR}_h} \cap S_i^{\mathrm{GMR}_q}$，则 $s \in S_i^{\mathrm{GMR}_h}$ 和 $s \in S_i^{\mathrm{GMR}_q}$。因为 s 是 GMR_q 稳定的，$R_i^+(s) \neq \emptyset$，且对任意 $s_1 \in R_i^+(s)$ 至少存在一个 $s_2 \in R_{N \setminus \{i\}}(s_1)$，同时 $s_2 \in \bigcup_{d=q}^{r} \Phi_i^{-(d)}(s)$，并且至少存在一个 $s_1' \in R_i^+(s)$ 和 $s_2' \in R_{N \setminus \{i\}}(s_1')$ 使得 $s_2' \in \Phi_i^{-(q)}(s)$ 和 $R_{N \setminus \{i\}}(s_1') \bigcap \left(\bigcup_{d=q+1}^{r} \Phi_i^{-(d)}(s) \right) = \emptyset$。这意味着对所有的 $s_2' \in R_{N \setminus \{i\}}(s_1')$，$s_2' \in \bigcup_{d=0}^{q} \Phi_i^{-(d)}(s)$，意为 $s_2' \notin \bigcup_{d=h}^{r} \Phi_i^{-(d)}(s)$，$h > q$。这与 s 是 GMR_h 稳定的假设矛盾。因此，式 (6.2) 成立。

最后，式 (6.3) 和式 (6.4) 的验证可用类似的方式，使用矛盾法来验证。

定理 6.3 给出了一般稳定性、超稳定性和各级别下的稳定性之间的相互关系。特别地，对每一个稳定性定义，一般稳定性上的稳定状态集等于所有稳定状态除以所有偏好度加上超稳定状态的并集。

定理 6.3： 每个级别的一般稳定性、超稳定性和稳定性之间的相互关系是

$$S_i^{\text{GNash}} = (S_i^{\text{Super}}) \cup \left(\bigcup_{d=0}^{r} S_i^{\text{Nash}_d} \right) \tag{6.5}$$

$$S_i^{\text{GGMR}} = (S_i^{\text{Super}}) \cup \left(\bigcup_{d=0}^{r} S_i^{\text{GMR}_d} \right) \tag{6.6}$$

$$S_i^{\text{GSMR}} = (S_i^{\text{Super}}) \cup \left(\bigcup_{d=0}^{r} (S_i^{\text{SMR}_{d+}} \cup S_i^{\text{SMR}_{d-}}) \right) \tag{6.7}$$

$$S_i^{\text{GSEQ}} = (S_i^{\text{Super}}) \cup \left(\bigcup_{d=0}^{r} S_i^{\text{SEQ}_d} \right) \tag{6.8}$$

证明： 式 (6.5) 是直接从定义 6.22~ 定义 6.24 得出的。现在思考一下式 (6.6) 的证明。根据定义 6.41~ 定义 6.43 可知，很容易得到包含关系 $S_i^{\text{GGMR}} \supseteq (S_i^{\text{Super}}) \cup$ $\left(\bigcup\limits_{d=0}^{r} S_i^{\text{GMR}_d} \right)$。下面将证明包含关系 $S_i^{\text{GGMR}} \subseteq (S_i^{\text{Super}}) \cup \left(\bigcup\limits_{d=0}^{r} S_i^{\text{GMR}_d} \right)$ 成立。当 $s \in$ $(S_i^{\text{Super}} \cup S_i^{\text{GNash}})$ 和 $s \notin (S_i^{\text{Super}} \cup S_i^{\text{GNash}})$，下面分别证明这两种情况。对任意 $s \in$ S_i^{GGMR}，基于定义 6.38，如果 $s \in (S_i^{\text{Super}} \cup S_i^{\text{GNash}})$，则以上的包含关系一定是对的。

接下来，假设 $s \notin (S_i^{\text{Super}} \cup S_i^{\text{GNash}})$。令 $|R_i^+(s)| = l$ 表示 $R_i^+(s)$ 的基数，则对任意 $s \in S_i^{\text{GGMR}}$，$R_i^+(s) \neq \emptyset$，并且对任意 $s_k \in R_i^+(s)(k = 1, 2, \cdots, l)$，至少存在一个 $s_k' \in R_{N \setminus \{i\}}(s_k)$，使得 $s_k' \in \bigcup\limits_{d=0}^{r} \Phi_i^{-(d)}(s)$。令 $Q_k = \left\{ q : q \in \right.$ $\left. R_{N \setminus \{i\}}(s_k) \cap \bigcup\limits_{d=0}^{r} \Phi_i^{-(d)}(s) \right\}$。很显然 $s_k' \in Q_k$。因此，$Q_k \neq \emptyset$。令 $z \in Q_k$ 且成为决策者 i 在状态集合 Q_k 最不偏好的状态。因此 $z \in R_{N \setminus \{i\}}(s_k) \cap \left[\bigcup\limits_{d=0}^{r} \Phi_i^{-(d)}(s) \right]$，存在 $0 \leqslant r_k \leqslant r$ 使得 $z \in \Phi_i^{-(r_k)}(s)$，其中 $k = 1, 2, \cdots, l$。因此，$r_k = r$ 或 $R_{N \setminus \{i\}}(s_k) \cap \left[\bigcup\limits_{d=r_k+1}^{r} \Phi_i^{-(d)}(s) \right] = \emptyset$。图 6.11 描述了这个过程。

令 $r_m = \min\{r_k : k = 1, 2, \cdots, l\}, 0 \leqslant r_m \leqslant r$。很容易理解，如果 $s \in S_i^{\text{GGMR}}$ 和 $R_i^+(s) \neq \emptyset$，则 $s \in S_i^{\text{GMR}_{r_m}}$。事实上，对每一个 $s_k \in R_i^+(s)$，至少存在一个 $s_k' \in R_{N \setminus \{i\}}(s_k)$ 和 $s_k' \in \Phi_i^{-(r_k)}(s)$。因为 $0 \leqslant r_m \leqslant r_k$，则 $s_k' \in \bigcup\limits_{d=r_m}^{r} \Phi_i^{-(d)}(s)$，并且 $s_m' \in R_{N \setminus \{i\}}(s_m)$，同时 $s_m' \in \Phi_i^{-(r_m)}(s)$。基于选择 r_m 的规则，$r_m = r$ 使得

$s \in S_i^{\mathrm{GMR}_r}$ 或 $R_{N \setminus \{i\}}(s_m) \cap \left[\bigcup_{d=r_m+1}^{r} \Phi_i^{-(d)}(s) \right] = \emptyset$ 以便 $s \in S_i^{\mathrm{GMR}_{r_m}}$。以上的讨论可以证明式 (6.6)。

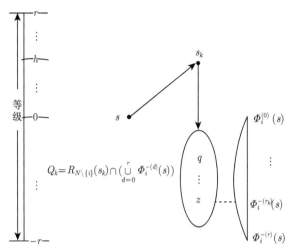

图 6.11　从状态 s_k 出发的单边移动的合法序列

式 (6.7) 和式 (6.8) 可以用类似于式 (6.6) 的方法来证明。

令 S_i^{Nash}、S_i^{GMR}、S_i^{SMR} 和 S_i^{SEQ} 分别表示决策者 i 的稳定状态集，与 4.2.3 节给出的简单偏好模型中的纳什稳定 (Nash)、一般超理性稳定 (GMR)、对称超理性稳定 (SMR) 和序列稳定 (SEQ) 相对应。当 $r=1$ 时，多级偏好下的稳定性解决方案概念为 4.2.3 节中提出的稳定性，这种稳定性包含两种偏好。

定理 6.4：对于多级偏好，当 $r=1$ 时，$S_i^{\mathrm{Super}} \cup S_i^{\mathrm{Nash}_0} \cup S_i^{\mathrm{Nash}_1} = S_i^{\mathrm{Nash}}$，$S_i^{\mathrm{Super}} \cup S_i^{\mathrm{GMR}_0} \cup S_i^{\mathrm{GMR}_1} = S_i^{\mathrm{GMR}}$，$S_i^{\mathrm{Super}} \cup S_i^{\mathrm{SMR}_0} \cup S_i^{\mathrm{SMR}_{1+}} \cup S_i^{\mathrm{SMR}_{1-}} = S_i^{\mathrm{SMR}}$，$S_i^{\mathrm{Super}} \cup S_i^{\mathrm{SEQ}_0} \cup S_i^{\mathrm{SEQ}_1} = S_i^{\mathrm{SEQ}}$。

在多个偏好级别下的图模型中，$r=2$ 的偏好结构的稳定性计算产生了与三种偏好或强度偏好框架相同的稳定性结果。进一步地，在 6.3.3 节中令 S_i^{Nash}、S_i^{SGMR}、S_i^{SSMR} 和 S_i^{SSEQ}，分别表示了强纳什稳定 (Nash)、强一般超理性稳定 (GMR)、强对称超理性稳定 (SMR) 和强序列稳定 (SEQ) 的稳定状态。当级别为 2 时，三种类别偏好情况下除 Nash 稳定之外的其他稳定性将等同于 6.3.3 节中相同类别的强稳定性，因为在 6.3.3 节中，不考虑强一般超理性稳定 (GMR)、强对称超理性稳定 (SMR) 和强序列稳定 (SEQ) 下的 Nash 稳定。其正式表达如定理 6.5 所示。

定理 6.5：对多级别偏好，当 $r=2$ 时，$S_i^{\mathrm{GMR}_2} \setminus S_i^{\mathrm{Nash}_2} = S_i^{\mathrm{SGMR}}$，$S_i^{\mathrm{SMR}_{2+}} \setminus S_i^{\mathrm{Nash}_2} = S_i^{\mathrm{SSMR}}$ 和 $S_i^{\mathrm{SEQ}_2} \setminus S_i^{\mathrm{Nash}_2} = S_i^{\mathrm{SSEQ}}$。

使用适当的稳定性定义可以很容易地证明前两个定理。

6.5　三级偏好下稳定性定义的矩阵表达

　　4.3 节和 5.3 节中分别给出了简单偏好和不确定偏好下的冲突解决的矩阵表达。自然地，我们将 6.3 节提出的三级偏好下的冲突解决的逻辑表达扩展到矩阵表达。根据 6.5.1 节中的偏好矩阵和可达矩阵的定义，将在 6.5.2 节和 6.5.4 节中分别给出三级偏好下两个决策者和 n 个决策者情况中一般稳定和强稳定的各种稳定性定义的矩阵表达。

6.5.1　包含偏好强度的偏好矩阵

　　偏好信息是三级偏好下 GMCR 的重要组成部分。现在构建对应于偏好信息的偏好矩阵。

　　令 $m = |S|$ 表示状态的数量。对于决策者 i，一个轻微或强烈的单边改良矩阵 (MSUI matrix)$J_i^{+,++}$ 是一个 $m \times m$ 矩阵，定义如下：

$$J_i^{+,++}(s,q) = \begin{cases} 1, & \text{如果 } q \in R_i^{+,++}(s) \\ 0, & \text{其他} \end{cases} \tag{6.9}$$

其中，$R_i^{+,++}(s)$ 表示决策者 i 从状态 s 出发通过轻微或强烈单边改良形成的可达集合，如 6.2.1 节开头所述。因为除了连接到状态 s 的元素的值为给定的 1 之外，向量 e_s 的元素被赋值为零，$R_i^{+,++}(s) = e_s^{\mathrm{T}} \cdot J_i^{+,++}$，如果 $R_i^{+,++}(s)$ 被写为 0-1 行向量，其中一个在 j^{th} 的 "1" 的元素表示决策者 i 有一个从 s 到 s_j 的轻微或强烈单边改良。轻微或强烈单边改良矩阵 $J_i^{+,++}$ 描述了决策者 i 在一步之内的轻微或强烈的单边改进。为了进行稳定性分析，接下来构造一组对应于偏好强度的矩阵。特别地，

$$P_i^{++}(s,q) = \begin{cases} 1, & \text{如果 } q \gg_i s \\ 0, & \text{其他} \end{cases}$$

$$P_i^{--}(s,q) = \begin{cases} 1, & \text{如果 } s \gg_i q \\ 0, & \text{其他} \end{cases}$$

因此，$(P_i^{++})^{\mathrm{T}} = P_i^{--}$，其中，T 表示矩阵的转置。

$$P_i^{--,-,=}(s,q) = \begin{cases} 1, & \text{如果 } q \ll_i s, q <_i s, \text{ 或 } (q \sim_i s \text{ 且 } q \neq s) \\ 0, & \text{其他} \end{cases}$$

$$P_i^{+,++}(s,q) = \begin{cases} 1, & \text{如果 } q >_i s \text{ 或 } q \gg_i s \\ 0, & \text{其他} \end{cases}$$

对于三级偏好，$P_i^{--,-,=}(s,q) = 1 - P_i^{+,++}(s,q)$，其中 $s,q \in S$ 和 $s \neq q$。

基于上述定义，对于决策者 i，一组邻接矩阵 J_i 和 $J_i^{+,++}$，以及偏好矩阵 $P_i^{+,++}$ 之间有如下关系：

$$J_i^{+,++} = J_i \circ P_i^{+,++}$$

其中，"∘" 表示定义 3.15 中给出的哈达玛积。

6.5.2　两个决策者情况

1. 一般稳定性的矩阵表示

在两个决策者的图模型中纳什稳定、强一般超理性稳定、一般对称超理性稳定和一般强序列稳定的逻辑定义的等价矩阵表达可以直接确定，即通过使用包含有关可能移动的信息的矩阵来确定。例如，$J_i^{+,++}$ 及记录偏好。

令 $i \in N$, $|N| = 2$, $m = |S|$，E 表示一个所有元素值均为 1 的 $m \times m$ 维矩阵。定义 $m \times m$ 维的纳什矩阵 M_i^{Nash} 为

$$M_i^{\text{Nash}} = J_i^{+,++} \cdot E$$

定理 6.6： 当且仅当 $M_i^{\text{Nash}}(s,s) = 0$ 时，状态 $s \in S$ 对决策者 i 来说是纳什稳定。

请注意，定理 6.6 提供了一种矩阵的方法，通过识别 Nash 矩阵的对角线元素 $M_i^{\text{Nash}}(s,s)$ 来评估状态 s 是否为决策者 i 的 Nash 稳定。

对于一般 GMR 稳定情况，定义 $m \times m$ 维的矩阵 M_i^{GGMR} 为 $M_i^{\text{GGMR}} = J_i^{+,++} \cdot \{E - \text{sign} [J_j \cdot (P_i^{--,-,=})^{\text{T}}]\}$，其中，$E$ 为一个每个元素值均为 1 的 $m \times m$ 维矩阵。

定理 6.7： 当且仅当 $M_i^{\text{GGMR}}(s,s) = 0$ 时，状态 s 对决策者 i 来说是一般 GMR 性稳定 (GGMR)。

证明： 因为

$$M_i^{\text{GGMR}}(s,s) = (e_s^{\text{T}} \cdot J_i^{+,++}) \cdot \{\{E - \text{sign} [J_j \cdot (P_i^{--,-,=})^{\text{T}}]\} \cdot e_s\}$$

$$= \sum_{s_1=1}^{m} J_i^{+,++}(s,s_1) \{1 - \text{sign} [(e_{s_1}^{\text{T}} \cdot J_j) \cdot (e_s^{\text{T}} \cdot P_i^{--,-,=})^{\text{T}}]\}$$

对于 $\forall s_1 \in S$，若 $J_i^{+,++}(s,s_1) \{1 - \text{sign} [(e_{s_1}^{\text{T}} \cdot J_j) \cdot (e_s^{\text{T}} \cdot P_i^{--,-,=})^{\text{T}}]\} = 0$，则 $M_i^{\text{GGMR}}(s,s) = 0$。这表明如果

$$(e_{s_1}^{\text{T}} \cdot J_j) \cdot (e_s^{\text{T}} \cdot P_i^{--,-,=})^{\text{T}} \neq 0, \forall s_1 \in R_i^{+,++}(s) \tag{6.10}$$

则 $M_i^{\mathrm{GGMR}}(s,s)=0$。从式 (6.10) 出发，对任意 $s_1 \in R_i^{+,++}(s)$，存在 $s_2 \in S$，使得 m 维的行向量 $e_{s_1}^{\mathrm{T}} \cdot J_j$ 有一个元素 s_2^{th} 的赋值为 1，且 m 维列向量 $(P_i^{--,-,=})^{\mathrm{T}} \cdot e_s$ 有一个元素 s_2^{th} 的赋值为 1。

如果对任意 $s_1 \in R_i^{+,++}(s)$，至少存在一个 $s_2 \in R_j(s_1)$ 和 $s_2 \in \Phi_i^{--,-,=}(s)$，那么 $M_i^{\mathrm{GGMR}}(s,s)=0$。

为了考虑一般 GMR 稳定的稳定性，定义 $m \times m$ 矩阵 M_i^{GSMR} 为 $M_i^{\mathrm{GSMR}} = J_i^{+,++} \cdot [E - \mathrm{sign}(F)]$，同时

$$F = J_j \cdot \left\{ (P_i^{--,-,=})^{\mathrm{T}} \circ \left\{ E - \mathrm{sign}\left[J_i \cdot (P_i^{+,++})^{\mathrm{T}} \right] \right\} \right\}$$

定理 6.8：当且仅当 $M_i^{\mathrm{GSMR}}(s,s)=0$ 时，状态 s 是决策者 i 的一般 SMR 稳定 (GSMR)。

证明：令 $G = (P_i^{--,-,=})^{\mathrm{T}} \circ \left\{ E - \mathrm{sign}\left[J_i \cdot (P_i^{+,++})^{\mathrm{T}} \right] \right\}$。

因为 $M_i^{\mathrm{GSMR}}(s,s) = (e_s^{\mathrm{T}} \cdot J_i^{+,++}) \cdot \left\{ [E - \mathrm{sign}(F)] \cdot e_s \right\}$

$$= \sum_{s_1=1}^{m} J_i^{+,++}(s,s_1) \{ 1 - \mathrm{sign}\left[F(s_1,s) \right] \}$$

其中，$F(s_1,s) = \sum_{s_2=1}^{m} J_j(s_1,s_2) \cdot G(s_2,s)$；$G(s_2,s) = P_i^{--,-,=}(s,s_2) \left[1 - \mathrm{sign}\left\{ \sum_{s_3=1}^{m} \left[J_i(s_2,s_3) P_i^{+,+}(s,s_3) \right] \right\} \right]$，从而，$M_i^{\mathrm{GSMR}}(s,s)=0$ 成立，如果 $F(s_1,s) \neq 0$，$\forall s_1 \in R_i^{+,++}(s)$，则表明 $\forall s_1 \in R_i^{+,++}(s), \exists s_2 \in R_j(s_1)$ 使得

$$P_i^{--,-,=}(s,s_2) \neq 0 \tag{6.11}$$

$$\sum_{s_3=1}^{m} \left(J_i(s_2,s_3) P_i^{+,++}(s,s_3) \right) = 0 \tag{6.12}$$

显然，对于 $\forall s_1 \in R_i^{+,++}(s), \exists s_2 \in R_j(s_1)$，如果 $s_2 \in \Phi_i^{--,-,=}(s)$，则式 (6.11) 成立。对 $\forall s_1 \in R_i^{+,++}(s), \exists s_2 \in R_j(s_1)$，如果对任意 $s_3 \in R_i(s_2), P_i^{+,++}(s,s_3)=0$，式 (6.12) 成立，这意味着 $s_3 \in \Phi_i^{--,-,=}(s)$。

如果对任意 $s_1 \in R_i^{+,++}(s)$，存在 $s_2 \in R_j(s_1)$ 使得 $s_2 \in \Phi_i^{--,-,=}(s)$，且对所有的 $s_3 \in R_i(s_2)$，有 $s_3 \in \Phi_i^{--,-,=}(s)$ 成立，则 $M_i^{\mathrm{GSMR}}=0$。

为了使用矩阵方法分析一般 SEQ 稳定，定义 $m \times m$ 维的矩阵 M_i^{GSEQ} 为

$$M_i^{\mathrm{GSEQ}} = J_i^{+,++} \cdot \left\{ E - \mathrm{sign}\left[J_j^{+,++} \cdot (P_i^{--,-,=})^{\mathrm{T}} \right] \right\}$$

定理 6.9：当且仅当 $M_i^{\mathrm{GSEQ}}(s,s) = 0$ 时，状态 s 对决策者 i 来说是一般 SEQ 稳定。

证明：因为

$$M_i^{\mathrm{GSEQ}}(s,s) = (e_s^{\mathrm{T}} \cdot J_i^{+,++}) \cdot \left\{ \left\{ E - \mathrm{sign} \left[J_j^{+,++} \cdot (P_i^{--,-,=})^{\mathrm{T}} \right] \right\} \cdot e_s \right\}$$

$$= \sum_{s_1=1}^{m} J_i^{+,++}(s,s_1)[1 - \mathrm{sign}((e_{s_1}^{\mathrm{T}} \cdot J_j^{+,++}) \cdot (e_s^{\mathrm{T}} \cdot P_i^{--,-,=})^{\mathrm{T}})]$$

则 $M_i^{\mathrm{GSEQ}}(s,s) = 0$，当且仅当对任意 $s_1 \in S$，有

$$J_i^{+,++}(s,s_1) \left\{ 1 - \mathrm{sign} \left[(e_{s_1}^{\mathrm{T}} \cdot J_j^{+,++}) \cdot (e_s^{\mathrm{T}} \cdot P_i^{--,-,=})^{\mathrm{T}} \right] \right\} = 0$$

这意味着 $M_i^{\mathrm{GSEQ}}(s,s) = 0$，当且仅当

$$(e_{s_1}^{\mathrm{T}} \cdot J_j^{+,++}) \cdot (e_s^{\mathrm{T}} \cdot P_i^{--,-,=})^{\mathrm{T}} \neq 0, \forall s_1 \in R_i^{+,++}(s) \tag{6.13}$$

根据式 (6.13)，对任意 $s_1 \in R_i^{+,++}(s)$，存在 $s_2 \in S$ 使得 m 维的行向量 $e_{s_1}^{\mathrm{T}} \cdot J_j^{+,++}$ 的第 s_2^{th} 个元素值等于 1，且 m 维列向量 $(P_i^{--,-,=})^{\mathrm{T}} \cdot e_s$ 的第 s_2^{th} 个元素值也等于 1。

$M_i^{\mathrm{GSEQ}}(s,s) = 0$，当且仅当对任意 $s_1 \in R_i^{+,++}(s)$，至少存在一个 $s_2 \in R_j^{+,++}(s_1)$，使得 $s_2 \in \Phi_i^{--,-,=}(s)$。

2. 强稳定性的矩阵表达

对应于三个偏好级别下的强稳定性的逻辑表达，并根据制裁的程度，给出强 GMR 稳定、强 SMR 稳定和强 SEQ 稳定的矩阵表示。对于三种偏好，这些稳定性从可能的制裁强度出发分为强稳定和弱稳定。因此，如果特定状态 s 是一般稳定的，那么 s 要么是强稳定性的，要么是弱稳定性的。强稳定性和弱稳定性仅包括一般超理性稳定、对称超理性稳定和序列稳定，因为纳什稳定性不涉及制裁。

在下面的定理中，令 $i \in N$，$|N| = 2$ 和 $m = |S|$。为了分析强 GMR 稳定，定义 $m \times m$ 维的矩阵 M_i^{SGMR} 为

$$M_i^{\mathrm{SGMR}} = J_i^{+,++} \cdot [E - \mathrm{sign}(J_j \cdot (P_i^{--})^{\mathrm{T}})]$$

定理 6.10：当且仅当 $M_i^{\mathrm{SGMR}}(s,s) = 0$ 时，状态 $s \in S$ 对决策者 i 来说是强一般超理性稳定 (SGMR)。

为了分析强 GMR 稳定，定义 $m \times m$ 维的矩阵 M_i^{SSMR} 为

$$M_i^{\mathrm{SSMR}} = J_i^{+,++} \cdot [E - \mathrm{sign}(J_j \cdot F)]$$

其中，

$$F = (P_i^{++}) \circ \left\{ E - \mathrm{sign} \left[J_i \cdot (E - P_i^{++}) \right] \right\}$$

定理 6.11： 当且仅当 $M_i^{\mathrm{SSMR}}(s,s)=0$ 时，状态 $s \in S$ 对决策者 i 来说是强 SMR 稳定 (SSMR)。

为了分析强 SMR 稳定，定义 $m \times m$ 维的矩阵 M_i^{SSEQ} 为

$$M_i^{\mathrm{SSEQ}} = J_i^{+,++} \cdot \left\{ E - \mathrm{sign}\left[J_j^{+,++} \cdot (P_i^{--})^{\mathrm{T}} \right] \right\}$$

定理 6.12： 当且仅当 $M_i^{\mathrm{SSEQ}}(s,s)=0$ 时，状态 $s \in S$ 对决策者 i 来说是强 SEQ 稳定 (SSEQ) 的。

定理 6.10～ 定理 6.12的证明类似于 6.5.2 节中定理 6.7～ 定理 6.9中提出的三种一般稳定性的证明。

令 GS 表示图模型的一种稳定性，即一般超理性稳定、对称超理性稳定或序列稳定。在三级偏好下，符号 GGS 表示一般稳定性：一般的一般超理性稳定 (GGMR)、一般的对称超理性稳定 (GSMR)、一般的序列稳定 (GSEQ)。符号 SGS 表示强烈的稳定性：强烈的一般超理性稳定 (SGMR)、强烈的对称超理性稳定 (SSMR)、强烈的序列稳定 (SSEQ)。符号 WGS 表示弱稳定性: 弱一般超理性稳定 (WGMR)、弱对称超理性稳定 (WSMR)、弱序列稳定 (WSEQ)。M_i^{GGS} 表示决策者 i 的一般稳定矩阵，即 M_i^{GGMR}、M_i^{GSMR}、M_i^{GSEQ}；M_i^{SGS} 表示决策者 i 的强烈稳定矩阵，即 M_i^{SGMR}、M_i^{SSMR}、M_i^{SSEQ}。基于此符号，存在定理 6.13。

定理 6.13： 当且仅当 $M_i^{\mathrm{GGS}}(s,s)=0$，但 $M_i^{\mathrm{SGS}}(s,s) \neq 0$ 时，则状态 $s \in S$ 对决策者 i 来说是弱稳定 (WGS) 的。

定理 6.13表示，如果 s 是一般稳定，但不是强稳定，则 s 是弱稳定。

案例 6.2 (三级偏好下基于矩阵表达的扩展可持续发展冲突的图模型的稳定性): 案例 3.1 中解释了可持续发展冲突。这里将该冲突用于三级偏好下两个决策者的情况。具体来说，这个冲突包含两个决策者：环境机构 (DM$_1$: E) 和一个开发商 (DM$_2$: D)。且共有两个策略选择：DM$_1$ 可选择积极主动 (标记为 P)，DM$_2$ 可选择可持续发展 (标记为 SD)，以正确处理环境问题 (标记为 SD)。这两种选择组合在一起可以形成四种可行状态：s_1、s_2、s_3、s_4。这些结果如表 6.8所示，其中，"Y" 表示决策者选择该策略，"N" 表示决策者未选择该策略。

表 6.8　扩展可持续发展冲突的图模型的选择

决策者 1: 环境机构 积极主动 (P)	Y	Y	N	N
决策者 2: 开发商 可持续发展 (SD)	Y	N	Y	N
状态	s_1	s_2	s_3	s_4

注：决策者 1 的偏好：$s_1 >_1 s_3 \gg_1 s_2 \sim_1 s_4$；决策者 2 的偏好：$s_3 >_2 s_1 \gg_2 s_4 \sim_2 s_2$。

从表 6.8 可以看出，决策者 1 和决策者 2 包含强度的偏好信息。扩展可持续发展冲突的图模型如图 6.12 所示。

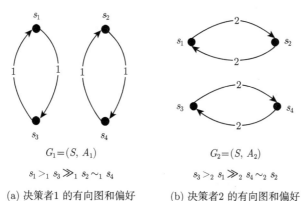

(a) 决策者1 的有向图和偏好　　　(b) 决策者2 的有向图和偏好

图 6.12　三级偏好下扩展可持续发展冲突的图模型

图模型中，两个决策者的单边移动邻接矩阵分别为

$$
J_1 = \begin{pmatrix} 0 & 0 & 1 & 0 \\ 0 & 0 & 0 & 1 \\ 1 & 0 & 0 & 0 \\ 0 & 1 & 0 & 0 \end{pmatrix}, \quad
J_2 = \begin{pmatrix} 0 & 1 & 0 & 0 \\ 1 & 0 & 0 & 0 \\ 0 & 0 & 0 & 1 \\ 0 & 0 & 1 & 0 \end{pmatrix}
$$

两个决策者的偏好矩阵分别为

$$
P_1^{++} = \begin{pmatrix} 0 & 0 & 0 & 0 \\ 1 & 0 & 1 & 0 \\ 0 & 0 & 0 & 0 \\ 1 & 0 & 1 & 0 \end{pmatrix}, \quad
P_1^{+,++} = \begin{pmatrix} 0 & 0 & 0 & 0 \\ 1 & 0 & 1 & 0 \\ 1 & 0 & 0 & 0 \\ 1 & 0 & 1 & 0 \end{pmatrix}
$$

$$
P_2^{++} = \begin{pmatrix} 0 & 0 & 1 & 0 \\ 0 & 0 & 1 & 0 \\ 0 & 0 & 0 & 0 \\ 0 & 0 & 1 & 0 \end{pmatrix}, \quad
P_2^{+,++} = \begin{pmatrix} 0 & 0 & 0 & 0 \\ 1 & 0 & 1 & 1 \\ 0 & 0 & 0 & 0 \\ 1 & 0 & 1 & 0 \end{pmatrix}
$$

因此，$J_i^{+,++} = J_i \circ P_i^{+,++}$，$P_i^{--,-,=} = E - I - P_i^{+,++}$，$P_i^{--} = (P_i^{++})^{\mathrm{T}}$，其中 $i = 1, 2$。

定理 6.6～ 定理 6.13 的稳定性矩阵如表 6.9 所示，这些矩阵表达式可以用来分析两个决策者情况下 Nash、GMR、SMR 和 SEQ 的一般稳定性和相应的强稳定性。

表 6.10 总结了可持续发展冲突的稳定状态和均衡。其中给定状态的 "√" 表示该状态对于决策者 1 或决策者 2 是稳定的，而 "Eq" 是适当的稳定性的均衡。

表 6.9   三级偏好下两个决策者情况的稳定性矩阵

类别	稳定性矩阵
一般稳定性	$M_i^{\text{Nash}} = J_i^{+,++} \cdot E$
	$M_i^{\text{GGMR}} = J_i^{+,++} \cdot [E - \text{sign}\,(J_j \cdot (P_i^{--,-,=})^{\text{T}})]$
	$M_i^{\text{GSMR}} = J_i^{+,++} \cdot [E - \text{sign}(F)]$ 和
	$F = J_j \cdot [(P_i^{--,-,=})^{\text{T}} \circ (E - \text{sign}\,(J_i \cdot (P_i^{+,++})^{\text{T}}))]$
	$M_i^{\text{GSEQ}} = J_i^{+,++} \cdot [E - \text{sign}\,(J_j^{+,++} \cdot (P_i^{--,-,=})^{\text{T}})]$
强稳定性	$M_i^{\text{SGMR}} = J_i^{+,++} \cdot [E - \text{sign}\,(J_j \cdot (P_i^{--})^{\text{T}})]$
	$M_i^{\text{SSMR}} = J_i^{+,++} \cdot [E - \text{sign}(J_j \cdot F)]$ 和
	$F = (P_i^{++}) \circ [E - \text{sign}\,(J_i \cdot (E - P_i^{++}))]$
	$M_i^{\text{SSEQ}} = J_i^{+,++} \cdot [E - \text{sign}\,(J_j^{+,++} \cdot (P_i^{--})^{\text{T}})]$
弱稳定性	$S_i^{\text{WGS}_l} = S_i^{\text{GS}_l} - S_i^{\text{SGS}_l}$

表 6.10   强度偏好下可持续发展冲突的稳定性结果

状态	Nash			GGMR			GSMR			GSEQ			SGMR			SSMR			SSEQ			WGMR			WSMR			WSEQ		
	1	2	Eq	1	2	Eq	1	2	Eq	1	2	Eq	1	2	Eq	1	2	Eq	1	2	Eq	1	2	Eq	1	2	Eq	1	2	Eq
s_1	√	√	√	√	√	√	√	√	√	√	√	√	√	√	√	√	√	√	√	√	√									
s_2	√		√			√			√			√			√			√			√									
s_3		√	√			√			√			√			√			√			√									
s_4	√		√			√			√			√			√			√			√									

表 6.10 的结果表明，状态 s_1 对于四种基本稳定性来说是强均衡。状态 s_3 对一般超理性稳定 (GMR) 和对称超理性稳定 (SMR) 来说是强稳定。因此，对决策者来说，s_1 和 s_3 是更好的选择。

6.5.3 强度偏好下的可达矩阵

现在定义与三级偏好下的可达集合相对应的重要矩阵。固定结盟 $H \subseteq N$ 使得 $|H| \geqslant 2$，并令 $s \in S$。为了构造定义 6.9 中集合 $R_H^{+,++}(s)$ 的可达矩阵，下面定义 H 从 s 出发通过轻微或强烈单边改良的 t 步合法序列的可达矩阵。

定义 6.52: 令 $i \in H, H \subseteq N, t = 1, 2, 3, \cdots$，定义 $m \times m$ 维矩阵 $M_i^{(H,t,+,++)}$ 的 (s,q) 元素为

$$M_i^{(H,t,+,++)}(s,q) = \begin{cases} 1, & \text{如果 } q \in S \text{ 是 } H \text{ 最后一位移动者从 } s \in S \text{ 出发通过} \\ & t \text{ 步合法的轻微或强烈单边改良可以到达的} \\ 0, & \text{其他} \end{cases}$$

与引理 5.1 类似，有

引理 6.1: 令 $i \in H$ 和 $H \subseteq N$，矩阵 $M_i^{(H,t,+,++)}$ 满足

$$t = 2, 3, \cdots, M_i^{(H,t,+,++)} = \text{sign}\left[\left(\bigvee_{j \in H-\{i\}} M_j^{(H,t-1,+,++)}\right) \cdot J_i^{+,++}\right]$$

同时，$M_i^{(H,1,+,++)}(s,q) = J_i^{+,++}(s,q)$。

引理 6.1 的证明与引理 5.1 类似。

第 4 章中的定义 4.19 给出了单边移动和单边改良的可达矩阵。现在在三级偏好下的图模型中类似地定义了轻微或强烈单边改良的可达矩阵。

定义 6.53：对于图模型 G，H 的轻微或强烈单边改良的可达矩阵是一个 $m \times m$ 维的矩阵 $M_H^{+,++}$，其中 (s,q) 元素值为

$$M_H^{+,++}(s,q) = \begin{cases} 1, & \text{如果 } q \in R_H^{+,++}(s) \\ 0, & \text{其他} \end{cases}$$

显然，$R_H^{+,++}(s) = \{q : M_H^{+,++}(s,q) = 1\}$。如果 $R_H^{+,++}(s)$ 被写作 0-1 行向量，则

$$R_H^{+,++}(s) = e_s^{\mathrm{T}} \cdot M_H^{+,++}$$

其中，e_s^{T} 表示 m 维欧几里得空间的 s^{th} 标准向量的转置。因此，结盟 H 的轻微或强烈单边改良的可达矩阵 $M_H^{+,++}$，能够被用来分析从状态 s 出发的通过轻微或强烈单边改良 $R_H^{+,++}(s)$ 的合法序列形成的 H 的可达集合。

令 $L_4 = \left| \bigcup_{i \in H} A_i^{+,++} \right|$，其中，$A_i^{+,++}$ 表示决策者 i 面向轻微或强烈单边改良的弧，表示在结盟 H 中决策者 i 的轻微或强烈的单边改良。然后使用引理 6.1 得到定理 6.14。

定理 6.14：令 $L_4 = \left| \bigcup_{i \in N} A_i^{+,++} \right|$，$s \in S$，$H \subseteq N$，$H \neq \emptyset$。$H$ 的轻微或强烈单边改良的可达矩阵 $M_H^{+,++}$ 可以表达为

$$M_H^{+,++} = \bigvee_{t=1}^{L_4} \bigvee_{i \in H} M_i^{(H,t,+,++)} \tag{6.14}$$

证明：为了证明式 (6.14)，假设 $C = \bigvee_{t=1}^{L_4} \bigvee_{i \in H} M_i^{(H,t,+,++)}$。根据矩阵 $M_H^{+,++}$ 的定义，如果 $q \in R_H^{+,++}(s)$，那么 $M_H^{+,++}(s,q) = 1$。根据定义 6.9，$q \in R_H^{+,++}(s)$ 表示存在 $1 \leqslant t_0 \leqslant L_4$ 和 $i_0 \in H$ 使得 $M_{i_0}^{(H,t_0,+,++)}(s,q) = 1$。这表明矩阵 C 的 (s,q) 元素值为 1。因此，如果 $C(s,q) = 1$，则 $M_H^{+,++}(s,q) = 1$。因为 $M_H^{+,++}$ 和 C 是 0-1 矩阵，它遵循 $M_H^{+,++} = C$。

6.5.4　n 个决策者情况

1. 一般稳定性的矩阵表示

现在考虑 6.5.2 节中三级偏好下两个决策者模型中稳定性的矩阵表达扩展到 n 个决策者的情况。两个决策者和 n 个决策者模型的 Nash 稳定定义相同，因为

Nash 稳定不考虑对手的回应。在本节中，令 $i \in N$ 和 $|N| = n$。

为了分析 n 个决策者的一般超理性稳定，定义 $m \times m$ 维的一般超理性稳定矩阵 M_i^{GGMR} 为

$$M_i^{\mathrm{GGMR}} = J_i^{+,++} \cdot \left\{ E - \mathrm{sign} \left[M_{N \setminus \{i\}} \cdot (P_i^{--,-,=})^{\mathrm{T}} \right] \right\}$$

为了避免运用复杂的表示法，用于 n 个决策者模型的一般 GMR 稳定的矩阵表达的符号与 6.5.2 节中两个决策者模型中使用的相同。使用该定义的背景将清楚地表明它是针对两个决策者的情况，还是针对 n 个决策者的情况。同样的注释适用于本节中给出的其他定义。因为定理 6.15～ 定理 6.17 的证明与 6.5.2 节中两个决策者模型的一般超理性稳定、对称超理性稳定和序列稳定的证明类似，所以未给出 n 个决策者模型下的证明。

定理 6.15：当且仅当 $M_i^{\mathrm{GGMR}}(s,s) = 0$ 时，状态 s 对决策者 i 来说是一般 GMR 稳定。

以上的矩阵方法，叫作一般 GMR 稳定的矩阵表达。与定义 6.11 中给出的一般 GMR 稳定的逻辑表达相同。为了分析决策者 i 在状态 s 的一般 GMR 稳定，只需要检查在一般超理性矩阵中元素 $M_i^{\mathrm{GMR}}(s,s)$ 是否为 0。若是这样，状态 s 是决策者 i 的一般 GMR 稳定；若不是这样，对决策者 i 而言，s 不是一般 GMR 稳定。请注意，所有关于一般 GMR 稳定的信息都被包含在一般 GMR 稳定矩阵的对角线元素中。

为了分析一般 SMR 稳定，定义 $m \times m$ 维的一般 SMR 稳定矩阵 M_i^{GSMR} 为 $M_i^{\mathrm{GSMR}} = J_i^{+,++} \cdot [E - \mathrm{sign}(Q)]$，其中，

$$Q = M_{N \setminus \{i\}} \cdot \left\{ (P_i^{--,-,=})^{\mathrm{T}} \circ \left\{ E - \mathrm{sign} \left[J_i \cdot (P_i^{+,++})^{\mathrm{T}} \right] \right\} \right\}$$

定理 6.16：当且仅当 $M_i^{\mathrm{GSMR}}(s,s) = 0$ 时，状态 s 是决策者 i 的一般 SMR 稳定。

定理 6.16 表明一般 SMR 稳定的矩阵表达等同于定义 6.12 中给出的一般 SMR 稳定的逻辑表达。为了分析决策者 i 在状态 s 的一般 SMR 稳定，只需要分析决策者 i 的一般 SMR 稳定的矩阵的对角线元素是否为 0。若是，则状态 s 是决策者 i 的一般 SMR 稳定，否则，状态 s 不是决策者 i 的一般 SMR 稳定。

一般 SEQ 稳定与一般 SMR 稳定相似，但是仅包含了"可信的"的制裁。定义 $m \times m$ 维的一般 SEQ 稳定矩阵 M_i^{GSEQ} 为

$$M_i^{\mathrm{GSEQ}} = J_i^{+,++} \cdot \left\{ E - \mathrm{sign} \left[M_{N \setminus \{i\}}^{+,++} \cdot (P_i^{--,-,=})^{\mathrm{T}} \right] \right\}$$

定理 6.17：当且仅当 $M_i^{\mathrm{GSEQ}}(s,s) = 0$ 时，状态 s 是决策者 i 的一般 SEQ 稳定。

与前两个定理类似，序列稳定的矩阵表达与定义 6.13 中的逻辑表达相同。当 (s,s) 的对角线元素为 0 时，正在分析的状态 s 是决策者 i 的序列稳定。

2. 强稳定性的矩阵表达

与两个决策者模型类似，n 个决策者在三级偏好下一般稳定的矩阵表达包括强稳定矩阵和弱稳定矩阵。首先，使用定义 4.13 和式 (6.9) 构造矩阵 J_i 和 $J_i^{+,++}$。对于 $H = N\backslash\{i\}$，使用定理 4.9 和式 (6.14) 分析矩阵 M_H 和 $M_H^{+,++}$。方便起见，在 n 个决策者模型中使用了 6.5.2 节中两个决策者模型的方法。

定义决策者 i 的强 GMR 稳定的 $m \times m$ 维矩阵 M_i^{SGMR} 为

$$M_i^{\mathrm{SGMR}} = J_i^{+,++} \cdot \left\{ E - \mathrm{sign}\left[M_{N\backslash\{i\}} \cdot (P_i^{--})^{\mathrm{T}} \right] \right\}$$

定理 6.18： 当且仅当 $M_i^{\mathrm{SGMR}}(s,s) = 0$ 时，状态 $s \in S$ 对决策者 i 来说是强 GMR 稳定的，记为 $s \in S_i^{\mathrm{SGMR}}$。

证明： 因为

$$M_i^{\mathrm{SGMR}}(s,s) = (e_s^{\mathrm{T}} \cdot J_i^{+,++}) \cdot \left\{ \left\{ E - \mathrm{sign}\left[M_{N\backslash\{i\}} \cdot (P_i^{--})^{\mathrm{T}} \right] \right\} \cdot e_s \right\}$$

$$= \sum_{s_1=1}^{m} J_i^{+,++}(s,s_1) \left\{ 1 - \mathrm{sign}\left[(e_{s_1}^{\mathrm{T}} \cdot M_{N\backslash\{i\}}) \cdot (e_s^{\mathrm{T}} \cdot P_i^{--})^{\mathrm{T}} \right] \right\}$$

那么

$$M_i^{\mathrm{SGMR}}(s,s) = 0 \Leftrightarrow J_i^{+,++}(s,s_1) \left\{ 1 - \mathrm{sign}\left[(e_{s_1}^{\mathrm{T}} \cdot M_{N\backslash\{i\}}) \cdot (e_s^{\mathrm{T}} \cdot P_i^{--})^{\mathrm{T}} \right] \right\}$$

$$= 0, \forall s_1 \in S$$

这表明，当且仅当

$$(e_{s_1}^{\mathrm{T}} \cdot M_{N\backslash\{i\}}) \cdot (e_s^{\mathrm{T}} \cdot P_i^{--})^{\mathrm{T}} \neq 0, \forall s_1 \in R_i^{+,++}(s) \tag{6.15}$$

时，$M_i^{\mathrm{SSGM}}(s,s) = 0$。

根据式 (6.15) 可知，对任意状态 $s_1 \in R_i^{+,++}(s)$，存在另一个状态 $s_2 \in S$ 使得 m 维行向量 $e_{s_1}^{\mathrm{T}} \cdot M_{N\backslash\{i\}}$ 的第 s_2^{th} 个元素值等于 1，且使得 m 维列向量 $(P_i^{--})^{\mathrm{T}} \cdot e_s$ 的第 s_2^{th} 个元素值也等于 1。

因此，如果对任意 $s_1 \in R_i^{+,++}(s)$，至少存在一个状态 $s_2 \in R_{N\backslash\{i\}}(s_1)$，使得 $s \gg_i s_2$，则 $M_i^{\mathrm{SGMR}}(s,s) = 0$。

对强 SMR 稳定，n 个决策者模型与两个决策者模型类似，唯一的修改是决策者 i 阻止改良的回应可以来自超过一个的决策者 i，而不是单个决策者。

如果 $F = (P_i^{++}) \circ \left\{ E - \mathrm{sign}\left[J_i \cdot (E - P_i^{++}) \right] \right\}$，则可定义决策者 i 的 $m \times m$ 维强 SMR 稳定矩阵 M_i^{SSMR} 为

$$M_i^{\mathrm{SSMR}} = J_i^{+,++} \cdot [E - \mathrm{sign}(M_{N\backslash\{i\}} \cdot F)]$$

定理 6.19：当且仅当 $M_i^{\text{SSMR}}(s,s)=0$ 时，状态 $s \in S$ 对决策者 i 来说是强 SMR 稳定，记为 $s \in S_i^{\text{SSMR}}$。

证明：令 $Q=M_{N\setminus\{i\}} \cdot F$。因为

$$M_i^{\text{SSMR}}(s,s) = (e_s^{\text{T}} \cdot J_i^{+,++}) \cdot \{[E-\text{sign}(Q)] \cdot e_s\}$$

$$= \sum_{s_1=1}^{m} J_i^{+,++}(s,s_1)\{1-\text{sign}[Q(s_1,s)]\}$$

则 $M_i^{\text{SSMR}}(s,s)=0$，当且仅当对任意 $s_1 \in S$，$J_i^{+,++}(s,s_1)\{1-\text{sign}[Q(s_1,s)]\}=0$。

这意味着 $M_i^{\text{SSMR}}(s,s)=0$，当且仅当

$$(e_{s_1}^{\text{T}} \cdot M_{N\setminus\{i\}}) \cdot (F \cdot e_s) \neq 0, \forall s_1 \in R_i^{+,++}(s) \tag{6.16}$$

因为 $(e_{s_1}^{\text{T}} \cdot M_{N\setminus\{i\}}) \cdot (F \cdot e_s) = \sum_{s_2=1}^{m} M_{N\setminus\{i\}}(s_1,s_2) \cdot F(s_2,s)$，故式 (6.16) 成立。当且仅当对任意 $s_1 \in R_i^{+,++}(s)$，存在 $s_2 \in R_{N\setminus\{i\}}(s_1)$ 使得 $F(s_2,s) \neq 0$。

因为 $F(s_2,s) = P_i^{++}(s_2,s) \cdot \left\{1-\text{sign}\left\{\sum_{s_3=1}^{m} J_i(s_2,s_3)[1-P_i^{++}(s_3,s)]\right\}\right\}$，故 $F(s_2,s) \neq 0$ 表示对于状态 $s_2 \in R_{N\setminus\{i\}}(s_1)$，式 (6.17) 和式 (6.18) 成立。

$$P_i^{++}(s_2,s) \neq 0 \tag{6.17}$$

$$\sum_{s_3=1}^{m} J_i(s_2,s_3)[1-P_i^{++}(s_3,s)] = 0 \tag{6.18}$$

式 (6.17) 等同于 $\forall s_1 \in R_i^{+,++}(s), \exists s_2 \in R_{N\setminus\{i\}}(s_1)$，使得 $s \gg_i s_2$。对于 $\forall s_3 \in R_i(s_2)$，式 (6.18) 等同于 $\forall s_1 \in R_i^{+,++}(s), \exists s_2 \in R_{N\setminus\{i\}}(s_1)$，使得 $P_i^{++}(s_3,s) \neq 0$。基于 $m \times m$ 维偏好矩阵 P_i^{++} 的定义，可以知道 $P_i^{++}(s_3,s) \neq 0 \Leftrightarrow s \gg_i s_3$。

因此，由以上讨论可总结出，如果对任意 $s_1 \in R_i^{+,++}(s)$，至少存在一个 $s_2 \in R_{N\setminus\{i\}}(s_1)$，使得 $s \gg_i s_2$，且对所有的状态 $s_3 \in R_i(s_2)$，有 $s \gg_i s_3$ 成立，则 $M_i^{\text{SMR}}(s,s)=0$。

强 SEQ 稳定考察了决策者 i 对手的制裁的可靠性。从某种意义上来说，对手会转向不太偏好的状态以阻止决策者 i 的改良。

首先，对于 $H=N$，利用定理 6.14 找到矩阵 $M_{N\setminus\{i\}}^{+,++}$。定义决策者 i 的 $m \times m$ 维强 SEQ 稳定矩阵 M_i^{SSEQ} 为

$$M_i^{\text{SSEQ}} = J_i^{+,++} \cdot \left\{E-\text{sign}[M_{N\setminus\{i\}}^{+,++} \cdot (P_i^{--})^{\text{T}}]\right\}$$

定理 6.20：当且仅当 $M_i^{\text{SSEQ}}(s,s)=0$ 时，状态 $s\in S$ 对决策者 i 来说是强 SEQ 稳定的，记为 $s\in S_i^{\text{SSEQ}}$。

证明：因为

$$M_i^{\text{SSEQ}}(s,s)=(e_s^{\text{T}}\cdot J_i^{+,++})\cdot\left\{\left\{E-\text{sign}\left[M_{N\setminus\{i\}}^{+,++}\cdot(P_i^{--})^{\text{T}}\right]\right\}\cdot e_s\right\}$$

$$=\sum_{s_1=1}^{m}J_i^{+,++}(s,s_1)\left\{1-\text{sign}\left[e_{s_1}^{\text{T}}\cdot M_{N\setminus\{i\}}^{+,++}\cdot(e_s^{\text{T}}\cdot P_i^{--})^{\text{T}}\right]\right\}$$

则

$$M_i^{\text{SSEQ}}(s,s)=0\Leftrightarrow J_i^{+,++}(s,s_1)\left\{1-\text{sign}\left[(e_{s_1}^{\text{T}}\cdot M_{N\setminus\{i\}}^{+,++})\cdot(e_s^{\text{T}}\cdot P_i^{--})^{\text{T}}\right]\right\}$$

$$=0,\forall s_1\in S$$

表明 $M_i^{\text{SSEQ}}(s,s)=0$ 成立，当且仅当

$$(e_{s_1}^{\text{T}}\cdot M_{N\setminus\{i\}}^{+,++})\cdot(e_s^{\text{T}}\cdot P_i^{--})^{\text{T}}\neq 0,\forall s_1\in R_i^{+,++}(s)\tag{6.19}$$

根据式 (6.19) 可知，对任意 $s_1\in R_i^{+,++}(s)$，存在 $s_2\in S$，使得 m 维行向量 $e_{s_1}^{\text{T}}\cdot M_{N\setminus\{i\}}^{+,++}$ 的第 s_2^{th} 个元素值等于 1，且 m 维列向量 $(P_i^{--})^{\text{T}}\cdot e_s$ 的第 s_2^{th} 个元素的值等于 1。

因此，如果对任意 $s_1\in R_i^{+,++}(s)$，至少存在一个 $s_2\in R_{N\setminus\{i\}}^{+,++}(s_1)$，使得 $s\gg_i s_2$，则 $M_i^{\text{SSEQ}}(s,s)=0$。

定理 6.18~ 定理 6.20 表明强稳定性的矩阵表达相当于在 6.3.3 节中展示的强稳定定义的逻辑表达。当 $n=2$ 时，定理 6.18~ 定理 6.20 退化为 6.5.2 节中给出的定理。

6.6　应用：驻军转移单位冲突

在本节中，将 6.4 中提出的四级稳定性定义用于驻军转移单位 (garrison diversion unit，GDU) 冲突，以说明该方法的原理。结合对加拿大和美国之间这一国际环境争端的简要概述，在 6.6.1 节中将建立决策者、选择和偏好方面的冲突模型。然后，利用校准模型在四级偏好下进行稳定性分析，讨论关于稳定性的结果。

6.6.1　GDU 冲突模型

GDU 冲突的历史可以追溯到 19 世纪。为了灌溉美国北达科他州东北部地区的土地，美国支持方 (United States support，USS) 提出了一个灌溉项目，建造麦克莱斯基运河，从密苏里河流域转移大量水到哈德逊河盆地，最初由 Fraser 和

Hipel(1984) 研究。从隆特里水库，可以将水输送到计划灌溉区域。最终，灌溉径流将通过红河和苏里斯河流入加拿大的马尼托巴省。这项灌溉计划被称为 GDU 项目。在其他问题当中，生物学家担心来自密苏里河流域的外来生物群会对哈德逊湾流域的生物物种产生不利影响，如消灭温尼伯湖的鱼类，从而破坏渔业。Hipel 和 Fraser 运用冲突分析和图模型分析了该冲突 (Hipel and Fraser, 1980; Fraser and Hipel, 1984)。Fang 等 (1993) 运用两级偏好分析了该冲突。后来，Hamouda 等 (2006) 在三个偏好级别下考察了 GDU 争议的简化版本。在这个更简单的冲突下，加拿大反对派 (Canadian opposition，CDO) 正在考虑是否反对该项目，因为可能会对加拿大的环境造成负面影响。基于美加两国《1909 边境水资源条约》，两国都要求由双方政府代表组成的 IJC 进行无偏见的研究，并就拟议的 GDU 项目提出建议。

简化的 GDU 冲突图模型包括三个决策者（USS、CDO 和 IJC）和五种决策策略：① 推进，不顾加拿大的担忧，继续该项目；② 调整，修改项目以减少对加拿大环境产生的有害影响；③ 法律，CDO 根据"边界水域条约"采取法律措施；④ 完成，IJC 建议按原计划完成项目；⑤ 修改，IJC 修改项目以减少对加拿大的影响。表 6.11 左侧列出了三个决策者，其后是被其选择或控制下的选择。如 3.1.2 节所解释的，当使用选择列表时，一个状态被定义为每个决策者的一种选择。因为在 GDU 冲突中有五种选择，数学上存在 $2^5 = 32$ 种状态。但是，有些状态需要被剔除，因为它们在现实中不太可能实现。例如，因为选择 ④ 和 ⑤ 是互斥的，这两个选项不能被同时选择。同样，选择 ① 和 ② 对于 USS 来说是互斥的。此外，假设 USS 会选择其中一个选项。在所有不可行的状态被剔除之后，只有 9 种可行状态。可行状态在表 6.11 右侧，以 Y 和 N 组合的列形式呈现，其中"Y"表示决策者选择了该行对应的策略，"N"表示未选择。

表 6.11   GDU 模型的可行状态

USS									
推进	Y	Y	N	Y	N	Y	N	Y	N
调整	N	N	Y	N	Y	N	Y	N	Y
CDO									
法律	N	N	N	Y	Y	N	N	Y	Y
IJC									
完成	N	Y	Y	Y	Y	N	N	N	N
修改	N	N	N	N	N	Y	Y	Y	Y
状态点	s_1	s_2	s_3	s_4	s_5	s_6	s_7	s_8	s_9

GDU 冲突图模型的转移图如图 6.13 所示，其中弧上的标签表示控制移动的决策者，如 USS 控制状态 s_2 和 s_3 之间的移动。从表 6.11 中我们可以看到，对于状态 s_2 和状态 s_3，当其他决策者选择时，USS 会更改选择，而 CDO 和 IJC 的

选择保持不变。图模型所需要知道的只是四级偏好下每个决策者对 GDU 冲突可行状态的偏好。这个冲突的可行状态的偏好如表 6.12 所示，其中 >、≫ 和 ⋙ 分别表示更偏好、强烈偏好和非常强烈偏好，在括号中给出了无差别的状态，并使用符号 ～ 连接。从左侧到右侧，按照从最偏好的状态到最不偏好的状态的顺序进行排列 (允许连接)，这表明该偏好对此冲突具有传递性。我们可以看到，对 USS 来说，状态 s_8 是所有状态中最不偏好的，因为在状态 s_8 下，USS 正在着手构建整个项目，而 IJC 建议修改版本，CDO 正在根据"边界水域条约"采取法律行动。决策者CDO 认为状态 s_1、s_2 和 s_6 无差别，且相对于其他状态来说，强烈不偏好。请注意，表 6.12 中展示的偏好信息意味着偏好关系 >、≫ 和 ⋙ 是可传递的。例如，对USS 而言，因为 $s_9 > s_7$ 和 $s_7 ⋙ s_8$，则 $s_9 ⋙ s_8$。但是，一般来说，本书中的偏好结构不要求偏好关系的可传递性，因此也可以处理不可传递的偏好。

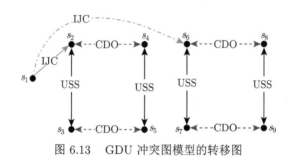

图 6.13　GDU 冲突图模型的转移图

表 6.12　在 GDU 冲突中决策者的四级偏好信息

决策者	偏好
USS	$s_2 > s_4 > s_3 > s_5 > s_1 > s_6 > s_9 > s_7 ⋙ s_8$
CDO	$\{s_3 \sim s_7\} > \{s_5 \sim s_9\} > \{s_4 \sim s_8\} ⋙ \{s_1 \sim s_2 \sim s_6\}$
IJC	$\{s_2 \sim s_3 \sim s_4 \sim s_5 \sim s_6 \sim s_7 \sim s_8 \sim s_9\} ⋙ s_1$

6.6.2　四级偏好下的稳定性分析

正式地，在稳定性分析中，各种稳定性下，每个决策者每种状态下的稳定性被决定着。四级偏好下的超稳定、Nash 稳定 Nash_k、一般超理性稳定 GMR_k、对称超理性稳定 SMR_k 和序列稳定 SEQ_k 五种稳定性定义构成的版本可以获得 GDU 冲突的稳定性结果，其中 $k = 0, 1, 2, 3$。k 级别下特定稳定性的均衡表示冲突的一个可能的解决方案，因为根据所考虑的稳定性定义，它对于每个决策者都是稳定的。请注意，当在多级别偏好下的图模型中确定平衡时，超稳定状态被视为最高水平的 Nash 稳定。

为了解释如何进行稳定性计算，从决策者 2 的角度分析状态 s_5 的 SMR_k 稳定，其中 $k = 0, 1, 2, 3$。根据 6.3.2 节中给出的可达集合定义和表 6.12 可知，对

于任意 $R_2^+(s_5) = \{s_3\}$，存在 $R_{N\setminus 2}(s_3) = \{s_2\}$ 使得 $s_5 \ggg_2 s_2$，且对于任意 $R_2(s_2) = \{s_4\}$，有 $s_5 >_2 s_4$ 成立。因此，根据定义 6.48，状态 s_5 是 SMR_{3-} 稳定状态。其他情况可以使用类似方法分析。GDU 冲突的稳定性结果如表 6.13 所示，其中一个决策者的一个给定状态 "$\sqrt{}$" 意味着这个状态对于一个特定决策者，在一个给定级别上是稳定的。一个决策者的给定状态 "$\sqrt{}^{k+}$" 和 "$\sqrt{}^{k-}$" 分别表示这个状态对于特定决策者是 SMR_{k+} 或 SMR_{k-} 稳定的；且 "Eq" 下的状态表示这个状态在级别 k 是相应的稳定性的均衡。请注意，表 6.13 中的 U、C 和 I 分别表示三个决策者 USS、CDO 和 IJC。

表 6.13　四级偏好下 GDU 冲突图模型的稳定结果

状态	上标				等级 (k)	Nash				GMR				SMR				SEQ			
	U	C	I	Eq		U	C	I	Eq	U	C	I	Eq	U	C	I	Eq	U	C	I	Eq
s_1	√	√			0																
					1																
					2																
					3	√	√			√	√			$\sqrt{}^{3+}$	$\sqrt{}^{3+}$			√	√		
s_2			√		0																
					1	√				√				$\sqrt{}^{1+}$				√			
					2																
					3		√				√					$\sqrt{}^{3+}$				√	
s_3			√		0																
					1		√				√			$\sqrt{}^{1+}$					√		
					2																
					3		√				√					$\sqrt{}^{3+}$				√	
s_4			√		0																
					1	√				√				$\sqrt{}^{1+}$				√			
					2																
					3		√	√			√	√		$\sqrt{}^{3+}$	$\sqrt{}^{3+}$				√	√	
s_5			√		0																
					1																
					2																
					3		√				√	√			$\sqrt{}^{3-}$	$\sqrt{}^{3+}$			√	√	
s_6			√		0																
					1	√				√				$\sqrt{}^{1+}$				√			
					2																
					3		√				√					$\sqrt{}^{3+}$				√	
s_7			√		0																
					1		√				√			$\sqrt{}^{1+}$					√		
					2																
					3		√				√	√				$\sqrt{}^{3+}$			√	√	
s_8			√		0																
					1																
					2																
					3		√	√			√	√		$\sqrt{}^{3+}$	$\sqrt{}^{3+}$				√	√	
s_9			√		0																
					1																
					2																
					3	√		√		√	√	√	$\sqrt{}^{3}$	$\sqrt{}^{3+}$	$\sqrt{}^{3-}$	$\sqrt{}^{3+}$		√	√	√	$\sqrt{}^{3}$

一个不均衡的状态没有长期稳定性，因为至少有一个决策者有动力转向更偏好的状态，从而不能形成均衡。从表 6.14 中可以看到不同级别偏好下的稳定性结果。特别地，当使用 4.2 节中介绍的两级偏好来分析稳定性时，状态 s_4、状态 s_7 和状态 s_9 是均衡的；如果使用三级偏好的信息，那么根据 6.3 节中提出的稳定性定义，状态 s_7 和状态 s_9 是均衡的；四级偏好下只有一个均衡状态 s_9。如果状态 s_4 是 GDU 冲突的解决方案，这表明 IJC 建议不顾加拿大的担忧，推进 GDU 项目，因此 USS 推进该项目。很显然，长期来看，状态 s_4 不能解决该冲突问题。状态 s_7 意味着 USS 听从 IJC 的建议修改项目，但是加拿大并未采取基于边界水域的法律措施。状态 s_9 与状态 s_7 除了加拿大选择法律程序外这点外，其他都相同。当比较状态 s_7 和状态 s_9 时，均衡状态 s_9 是解决这个冲突的更有力的方案。因此，多级版本的稳定性分析为决策者提供了新的见解和宝贵的指导。

表 6.14　三级偏好的稳定性结果比较

偏好版本	均衡	分析方法
二级偏好	s_4, s_7, s_9	详见 4.2 节
三级偏好	s_7, s_9	详见 6.3节
四级偏好	s_9	详见 6.4.3节

虽然表 6.11 和图 6.13 所示的 GDU 冲突的例子是一个只有三个决策者、五种选择和九种可行状态的小的现实冲突模型，图模型结构可以处理含有任何有限数量的状态和决策者的冲突，其中每个人都可以进行有限数量的选择，如 Fang 等 (2003a, 2003b) 所指出的，用于两个偏好级别的图模型的稳定性分析的可用 DSS 进行很好的运作。定理 6.4 揭示了第 4 章中提出的两个偏好级别和多个偏好级别之间的稳定性关系。该定理表明了开发有效算法以在 DSS 中实现四个稳定性的多级版本的可能性，如果提出的稳定性分析被用于更大的现实问题，这将是必不可少的。在第 10 章中将介绍基于矩阵版本的 DSS。

6.7　本　章　重　点

本章为图模型方法开发了一个多级强度偏好框架，以处理多个偏好级别，它在信息内容方面介于相对和基数偏好之间。在图模型中定义了包含 Nash 稳定、一般超理性稳定、对称超理性稳定和序列稳定的四个稳定性的多级版本以用于多级偏好。具体来说，k 级别下的稳定性定义为 Nash_k、GMR_k、SMR_k 和 SEQ_k，$k = 1, 2, \cdots, r$，其中，r 表示两个状态之间的最大偏好级数。基于两级和三级偏好提出的稳定性定义扩展了现有定义，这样可以更深入地分析更实际和复杂的问题。

对于简单偏好和不确定偏好，用来简化第 4 章和第 5 章中提出的逻辑定义的稳定性定义编码的代数系统，在本章中被分别扩展，以类似的方式处理三级别偏好的情况。使用显式矩阵公式而不是图形或逻辑表达，开发代数方法来表示基于偏好强度的一般、强和弱图模型稳定性定义。这些明确的代数公式允许算法快速地评估状态的稳定性，并使用类似于第 10 章设计的高级 DSS，以应用于大型复杂的冲突模型中。由于这些显式表达的灵活性，这里介绍的矩阵表达可以作为一个坚实的框架，可以将反映人类行为的新解决方案概念和处理不同类型冲突情况的新理论结构纳入基本的 GMCR 范式。

6.8 习　　题

1. 偏好程度概念是情感心理现象内化的一个过程。例如，环保主义者强烈希望一个公司不要排放气体、液体和固体废物污染周围环境。请举两个真实世界中存在决策者情绪影响的冲突案例，并简单描述情绪如何影响冲突主体的偏好选择程度的。

2. 在冲突情况下，态度会影响人们的行为。基于 Inohara 等 (2007)、Bernath Walker 等 (2009, 2012a, 2012b) 的研究，概述 GMCR 中态度是如何运作的。定性来看，你认为偏好程度和态度之间有什么联系？你认为它们可以合并吗？

3. GMCR 中的主导态度概念是由 Bernath Walker 等 (2012b) 提出的。简单解释这个方法如何运作并讨论它与偏好级别的联系。

4. 在第 3 章习题 1 中描述的因徒困境冲突中，假设两个决策者都强烈偏好状态 s_1，在此状态中他们合作，而不偏好不相互合作的状态 s_4。使用本章及本书其他章节中使用的四个稳定性，在逻辑解释之后进行完整的稳定性分析。在不存在偏好程度的情况下，使用这种方法，你是否有了其他的战略见解？证明你的回应。

5. 对于习题 4 中涉及的因徒困境问题，使用矩阵或代数公式进行稳定性分析。

6. 在第 3 章习题 4 中的懦夫博弈里，两个司机都朝着对方高速驾驶，这两个驾驶员都非常不希望在所有其他情况下发生正面碰撞，在此情况下进行稳定性分析。使用四个稳定性定义的逻辑形式来分析个体稳定性和相关的均衡。解释为什么你的发现有意义。

7. 在懦夫博弈里，两个司机都在以高速驶向对方，其中一个司机非常偏好他们不会在所有其他状态相撞，在此情况下进行稳定性分析，评论稳定性结果的战略意义。

8. 1.2.2 节对于以策略的形式描述和建立了埃尔迈拉冲突模型，接着在 4.5 节中分析了简单偏好下的情况，请构建一个考虑决策者偏好强度的埃尔迈拉冲突模型，用来刻画 MoE 强烈希望 UR 公司不关闭其化工厂的偏好倾向。假定决策者的行为符合 Nash 稳定或 SEQ 稳定，试进行完全的稳定性分析，并解释你的发现是否具有战略意义。

9. 在实践中经常出现三级偏好，四级偏好可能不会经常发生。解释一种冲突情况，在这种情况下，在冲突调查中四级偏好是有意义的，为你的主张提供证明。

10. 在 5.4 节中，研究了因大量出口淡水而引起的吉斯本湖冲突。为此冲突模型提供了一个版本，在该版本中，考虑至少存在一个决策者的三级偏好是合理的。针对 Nash 稳定和 SEQ 稳定的稳定性分析，对该冲突模型进行稳定性分析。讨论你发现的有趣的稳定性结果。

参 考 文 献

Bernath Walker S., Hipel K. W., and Inohara T.2009. Strategic decision making for improved environmental security: coalitions and attitudes [J]. Journal of Systems Science and Systems Engineering, 18(4):461–476.

Bernath Walker S., Hipel K. W., and Inohara T.2012a. Dominating attitudes in the graph model for conflict resolution[J]. Journal of Systems Science and Systems Engineering, 21(3):316–336.

Bernath Walker S., Hipel K. W., and Inohara T. 2012b. Attitudes and preferences: approaches to representing decision maker desires[J]. Applied Mathematics and Computation, 218(12):6637–6647.

Fang L., Hipel K. W., and Kilgour D. M. 1993. Interactive Decision Making: The Graph Model for Conflict Resolution[M]. New York: Wiley.

Fang L., Hipel K.W., Kilgour D. M., and Peng X. 2003a. A decision support system for interactive decision making-Part I: model formulation[J]. IEEE Transactions on Systems, Man, and Cybernetics Part C: Applications and Reviews, 33(1):42–55.

Fang L., Hipel K.W., Kilgour D. M., and Peng X. 2003b. A decision support system for interactive decision making-Part II: analysis and output interpretation[J]. IEEE Transactions on Systems, Man, and Cybernetics Part C: Applications and Reviews, 33(1):56–66.

Fraser N. M. and Hipel K. W. 1984. Conflict Analysis: Models and Resolutions[M]. New York: North-Holland.

Hamouda L., Kilgour D. M., and Hipel K. W. 2004. Strength of preference in the graph model for conflict resolution[J]. Group Decision and Negotiation, 13(5):449–462.

Hamouda L., Kilgour D. M., and Hipel K. W. 2006. Strength of preference in graph models for multiple decision-maker conflicts[J]. Applied Mathematics and Computation, 179(1):314–327.

Hipel K. W. and Fraser N. M. 1980. Metagame analysis of the Garrison conflict[J]. Water Resources Research, 16(4):629–637.

Inohara T., Hipel K. W., and Bernath Walker S. 2007. Conflict analysis approaches for investigating attitudes and misperceptions in the war of 1812[J]. Journal of Systems Science and Systems Engineering, 16(2):181–201.

Xu H., Hipel K. W., and Kilgour D. M. 2009. Multiple levels of preference in interactive strategic decisions[J]. Discrete Applied Mathematics, 157(15):3300–3313.

Xu H., Kilgour D. M., and Hipel K. W. 2010. An integrated algebraic approach to conflict resolution with three-level preference[J]. Applied Mathematics and Computation, 216(3):693–707.

Xu H., Kilgour D. M., and Hipel K. W. 2011. Matrix representation of conflict resolution in multiple-decision-maker graph models with preference uncertainty[J]. Group Decision and Negotiation, 20(6):755–779.

第 7 章　稳定性定义：混合偏好

第 4~6 章介绍了几种不同类型的偏好结构，包括简单偏好（第 4 章）、未知偏好（第 5 章）和强度偏好（第 6 章），并将它们整合到 GMCR 中。为了用于战略冲突分析，本章提出混合偏好结构，以将未知偏好和三级强度偏好都纳入多个决策者的 GMCR 范式中。这种结构为决策者和分析者提供了一种更灵活的偏好表达机制，其中包括一个状态相对另一个状态具有强烈或轻微的偏好、两种状态偏好无差别，以及两种状态偏好不确定 (Li et al., 2004; Hamouda et al., 2006; Xu et al., 2008, 2010a, 2010b, 2010c, 2011, 2013)。

7.1 节将介绍混合偏好结构的主要特性，以及可用于追踪决策者移动和反击的可达集合。在考虑两个以上决策者的稳定性定义时，由于两个或更多的决策者可以共同阻止另一个决策者的单边改良，故本章定义了结盟移动的概念。随后，在 7.2 节中给出了混合偏好下四种稳定性的逻辑定义，包括 Nash、GMR、SMR 和 SEQ，且在 7.2.4 节探讨了上述四种稳定性之间的逻辑关系。此外，7.3 节和 7.4 节分别给出了混合偏好及其四种稳定性的矩阵表达形式。7.5 节通过一个具体的案例研究，验证了混合稳定性分析方法的有效性。具体而言，5.4 节中讨论的水出口冲突被用于说明该方法如何在具有两个或两个以上决策者的情况下发挥作用。

7.1　混合偏好和可达集合

在决策者 i 的图模型中，利用一个四元关系 $\{\sim_i, \gg_i, >_i, U_i\}$ 来定义混合偏好。混合结构具有完备性，也就是说，如果 $s, q \in S$，那么以下几种偏好关系仅有一种成立：$s \sim_i q$、$s \gg_i q$、$q \gg_i s$、$s >_i q$、$q >_i s$ 和 $s U_i q$。对混合偏好而言，决策者 i 在状态 s 点的可达集合可以分为六种，即 $R_i^{++}(s)$、$R_i^+(s)$、$R_i^U(s)$、$R_i^=(s)$、$R_i^-(s)$ 和 $R_i^{--}(s)$。A_i 为决策者 i 经过一步移动从某个起始状态到另一个状态的所有单边转移有向弧的集合。混合偏好下的决策者 i 的可达集合定义如下所示。

（1）　$R_i^{++}(s) = \{q \in S : (s, q) \in A_i$ 且 $q \gg_i s\}$ 表示决策者 i 从状态 s 出发通过一步强烈单边改良可达的状态集合。这个集合包含决策者 i 相对于状态 s，从状态 s 出发一步到达的所有强烈偏好状态 q。

（2）　$R_i^+(s) = \{q \in S : (s, q) \in A_i$ 且 $q >_i s\}$ 表示决策者 i 从状态 s 出发通过一步轻微单边改良可达的状态集合。

（3）　$R_i^U(s) = \{q \in S : (s, q) \in A_i \text{ 且 } q\ U_i\ s\}$ 表示决策者 i 从状态 s 出发通过一步偏好不确定的单边移动可达的状态集合。

（4）　$R_i^=(s) = \{q \in S : (s, q) \in A_i \text{ 且 } q \sim_i s\}$ 表示决策者 i 从状态 s 出发过一步偏好无差别的单边移动可达的状态集合。

（5）　$R_i^-(s) = \{q \in S : (s, q) \in A_i \text{ 且 } s >_i q\}$ 表示决策者 i 从状态 s 出发过一步轻微劣偏好的单边移动可达的状态集合。

（6）　$R_i^{--}(s) = \{q \in S : (s, q) \in A_i \text{ 且 } s \gg_i q\}$ 表示决策者 i 从状态 s 出发通过一步强烈劣偏好的单边移动可达的状态集合。

决策者 i 从状态 s 出发的可达集合 $R_i(s)$ 表示决策者 i 的单边移动 (UMs)。令 $\cup$ 表示并集运算。因此，根据混合偏好结构，可以将 $R_i(s)$ 划分为

$$R_i(s) = R_i^{++}(s) \cup R_i^+(s) \cup R_i^U(s) \cup R_i^=(s) \cup R_i^-(s) \cup R_i^{--}(s)$$

在混合偏好下的图模型中，S 的子集和决策者 i 在状态 s 的可达集合间的关系如图 7.1 所示。

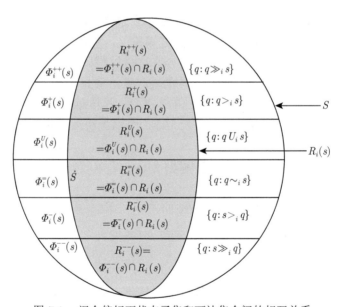

图 7.1　混合偏好下状态子集和可达集合间的相互关系

为了便于使用，混合偏好下单边可达和状态集 S 的子集可以用以下符号进行表示。

（1）　$R_i^{+,++,U}(s) = R_i^+(s) \cup R_i^{++}(s) \cup R_i^U(s)$ 表示决策者 i 从状态 s 出发的轻微单边改良、强烈单边改良或单边不确定移动的集合，或者称为轻微

或强烈单边改良或不确定移动 (mildor，strong unilateral improvement or uncertain move，MSUIUM) 可达集合。

（2）　$\Phi_i^{--,U}(s) = \Phi_i^{--}(s) \cup \Phi_i^{U}(s)$。

（3）　$\Phi_i^{--,-,=,U}(s) = \Phi_i^{--}(s) \cup \Phi_i^{-}(s) \cup \Phi_i^{=}(s) \cup \Phi_i^{U}(s)$。

7.2　混合偏好下稳定性定义的逻辑表达

考虑到混合偏好的强度特征，本节主要从两方面定义四种稳定性。首先定义了一类一般稳定性；其次定义了一类强/弱稳定性。第一类稳定性被称为一般，因为它们实质上与第 4 章中定义的简单偏好下稳定性定义相同，而强/弱稳定性则用于刻画包含偏好关系强弱的偏好信息类型。这些更复杂的稳定性定义为分析存在强度偏好的冲突问题提供了重要的战略决策信息。

为了表示以下稳定性，现定义适当的符号。根据决策者是否愿意转向不确定偏好状态，以及决策者是否会忌惮由于对手的反击制裁而被迫转移到一个偏好不确定的状态 (Li et al.，2004)，提出了四种逻辑形式的稳定性定义，即 a、b、c 和 d。令 l 表示 a、b、c 和 d 四个扩展形式之一，即 $l = a$、b、c、d。在以下定理中，符号 GS 表示图模型的某种稳定性类型（GMR、SMR、SEQ）。GS_l 指的是不确定偏好下图模型中 l 形式的 GS 稳定性类型，包括 GMR、SMR、SEQ。在强度偏好情况下，符号 GGS、SGS 和 WGS 分别表示一般稳定性，包括 GGMR、GSMR 或GSEQ；强稳定性包括 SGMR、SSMR 或 SSEQ；弱稳定性包括 WGMR、WSMR 或 WSEQ。然后，在混合偏好下的图模型中，GGS_l 指 l 形式的一般稳定性，SGS_l 指 l 形式的强稳定性，WGS_l 指 l 形式的弱稳定性 (定义如下)。符号 $s \in S_i^{GGS_l}$ 表示决策者 i 在状态 $s \in S$ 处是 l 形式下的一般稳定（GGS）。同样地，$s \in S_i^{SGS_l}$ 表示决策者 i 在状态 $s \in S$ 处是 l 形式下的强稳定（SGS）。

7.2.1　两个决策者情况

首先给出混合偏好下两个决策者冲突的图模型的稳定性定义。令 $l = \{a, b, c, d\}$。

1. 混合偏好 l 形式下的一般稳定性

1) a 形式下的一般稳定性

在 a 形式下的一般稳定性中，决策者 i 只愿意转移到比初始状态（现状）偏好稍好或偏好强烈或偏好不确定的状态，但是会忌惮由于对手的反击制裁而被迫转移到比初始状态明显更差、稍差或偏好无差别的状态。下面给出的定义假设 $s \in S$ 和 $i \in N$。

定义 7.1：当且仅当 $R_i^{+,++,U}(s) = \emptyset$ 时，状态 s 对于决策者 i 来说是一般 Nash_a 稳定，记为 $s \in S_i^{\text{Nash}_a}$。

Nash 稳定性不考虑对手的反击制裁，因此在混合偏好下仅定义一般 Nash 稳定性。在以下定义中用 Nash 表示 GNash。

定义 7.2：当且仅当对任意 $s_1 \in R_i^{+,++,U}(s)$，至少存在一个 $s_2 \in R_j(s_1)$，使得 $s_2 \in \Phi_i^{--,-,=}(s)$，则状态 s 对于决策者 i 来说是一般 GMR_a 稳定，记为 $s \in S_i^{\text{GGMR}_a}$。

定义 7.3：当且仅当对任意 $s_1 \in R_i^{+,++,U}(s)$，至少存在一个 $s_2 \in R_j(s_1)$，使得 $s_2 \in \Phi_i^{--,-,=}(s)$，且任意的 $s_3 \in R_i(s_2)$ 满足 $s_3 \in \Phi_i^{--,-,=}(s)$，则状态 s 对于决策者 i 来说是一般 SMR_a 稳定，记为 $s \in S_i^{\text{GSMR}_a}$。

定义 7.4：当且仅当对任意 $s_1 \in R_i^{+,++,U}(s)$，至少存在一个 $s_2 \in R_j^{+,++,U}(s_1)$，使得 $s_2 \in \Phi_i^{--,-,=}(s)$，则状态 s 对于决策者 i 来说是一般 SEQ_a 稳定，记为 $s \in S_i^{\text{GSEQ}_a}$。

2) b 形式下的一般稳定性

在 b 形式下的一般稳定性中，决策者 i 只愿意转移到比初始状态偏好稍好或偏好强烈的状态，但是会忌惮由于对手的反击制裁而被迫转移到比初始状态偏好明显更差、稍差或偏好无差别的状态。

定义 7.5：当且仅当 $R_i^{+,++}(s) = \emptyset$ 时，状态 s 对于决策者 i 来说是一般 Nash_b 稳定，记为 $s \in S_i^{\text{Nash}_b}$。

定义 7.6：当且仅当对任意 $s_1 \in R_i^{+,++}(s)$，至少存在一个 $s_2 \in R_j(s_1)$，使得 $s_2 \in \Phi_i^{--,-,=}(s)$，则状态 s 对于决策者 i 来说是一般 GMR_b 稳定，记为 $s \in S_i^{\text{GGMR}_b}$。

定义 7.7：当且仅当对任意 $s_1 \in R_i^{+,++}(s)$，至少存在一个 $s_2 \in R_j(s_1)$，使得 $s_2 \in \Phi_i^{--,-,=}(s)$，且任何 $s_3 \in R_i(s_2)$ 都满足 $s_3 \in \Phi_i^{--,-,=}(s)$，则状态 s 对于决策者 i 来说是一般 SMR_b 稳定，记为 $s \in S_i^{\text{GSMR}_b}$。

定义 7.8：当且仅当对任意 $s_1 \in R_i^{+,++}(s)$，至少存在一个 $s_2 \in R_j^{+,++,U}(s_1)$，使得 $s_2 \in \Phi_i^{--,-,=}(s)$，则状态 s 对于决策者 i 来说是一般 SEQ_b 稳定，记为 $s \in S_i^{\text{GSEQ}_b}$。

上述 b 形式下的稳定性定义排除了偏好中的不确定，这与 6.4.1 节中讨论的不同，因为当前定义主要用于分析存在不确定偏好和强度偏好的冲突问题。

3) c 形式下的一般稳定性

在 c 形式下的一般稳定性中，决策者 i 只愿意转移到比初始状态偏好稍好、偏好强烈或偏好不确定的状态，但是会忌惮由于对手的反击制裁而被迫转移到比初始状态 s 明显更差、稍差或偏好无差别及偏好不确定的状态。

定义 7.9：当且仅当 $R_i^{+,++,U}(s) = \emptyset$ 时，状态 s 对于决策者 i 来说是一般

Nash_c 稳定，记为 $s \in S_i^{\text{Nash}_c}$。

定义 7.10：当且仅当对任意 $s_1 \in R_i^{+,++,U}(s)$，至少存在一个 $s_2 \in R_j(s_1)$，使得 $s_2 \in \Phi_i^{--,-,=,U}(s)$，状态 s 对于决策者 i 来说是一般 GMR_c 稳定，记为 $s \in S_i^{\text{GGMR}_c}$。

定义 7.11：当且仅当对任意 $s_1 \in R_i^{+,++,U}(s)$，至少存在一个 $s_2 \in R_j(s_1)$，使得 $s_2 \in \Phi_i^{--,-,=,U}(s)$，且对任意 $s_3 \in R_i(s_2)$，有 $s_3 \in \Phi_i^{--,-,=,U}(s)$，状态 s 对于决策者 i 来说是一般 SMR_c 稳定，记为 $s \in S_i^{\text{GSMR}_c}$。

定义7.12：当且仅当对任意 $s_1 \in R_i^{+,++,U}(s)$，至少存在一个 $s_2 \in R_j^{+,++,U}(s_1)$，使得 $s_2 \in \Phi_i^{--,-,=,U}(s)$，状态 s 对于决策者 i 来说是一般 SEQ_c 稳定，记为 $s \in S_i^{\text{GSEQ}_c}$。

4) d 形式下的一般稳定性

在 d 形式下的一般稳定性中，决策者不愿意转移到与初始状态相比偏好不确定的状态，但是会忌惮由于对手的反击制裁而被迫转移到偏好不确定的状态。

定义 7.13：当且仅当 $R_i^{+,++}(s) = \emptyset$ 时，状态 s 对于决策者 i 来说是一般 Nash_d 稳定，记为 $s \in S_i^{\text{Nash}_d}$。

定义 7.14：当且仅当对任意 $s_1 \in R_i^{+,++}(s)$，至少存在一个 $s_2 \in R_j(s_1)$，使得 $s_2 \in \Phi_i^{--,-,=,U}(s)$，状态 s 对于决策者 i 来说是一般 GMR_d 稳定，记为 $s \in S_i^{\text{GGMR}_d}$。

定义 7.15：当且仅当对任意 $s_1 \in R_i^{+,++}(s)$，至少存在一个 $s_2 \in R_j(s_1)$，使得 $s_2 \in \Phi_i^{--,-,=,U}(s)$，且对任意 $s_3 \in R_i(s_2)$，有 $s_3 \in \Phi_i^{--,-,=,U}(s)$，状态 s 对于决策者 i 来说是一般 SMR_d 稳定，记为 $s \in S_i^{\text{GSMR}_d}$。

定义 7.16：当且仅当对任意 $s_1 \in R_i^{+,++}(s)$，至少存在一个 $s_2 \in R_j^{+,++,U}(s_1)$，使得 $s_2 \in \Phi_i^{--,-,=,U}(s)$，状态 s 对于决策者 i 来说是一般 SEQ_d 稳定，记为 $s \in S_i^{\text{GSEQ}_d}$。

在本章中，如果二元关系 $\succ$ 表示 $>$ 或 $\gg$，也就是说，$s \succ q$ 为当且仅当 $s > q$ 或 $s \gg q$ 时，那么定义 7.1 ～ 定义 7.16 与第 5 章的定义 5.2 ～ 定义 5.17 相同。另外，当决策者在稳定性分析时不考虑不确定偏好时，则上述稳定性定义退化为第 6 章中的一般稳定性定义（定义 6.1～ 定义 6.4）。

2. 混合偏好 l 形式下的强稳定性

在混合偏好下的图模型中，根据对手可能反击制裁的强度和决策者对不确定偏好风险的四种态度（a、b、c、d），可以将稳定性状态划分为强稳定和弱稳定。由于 Nash 稳定性不涉及对手反击，所以强稳定和弱稳定仅包括 GMR、SMR 和 SEQ。

1) a 形式下的强稳定性

定义 7.17： 当且仅当对任意 $s_1 \in R_i^{+,++,U}(s)$，至少存在一个 $s_2 \in R_j(s_1)$，使得 $s_2 \in \Phi_i^{--}(s)$，那么状态 s 对于决策者 i 来说是强 GMR_a 稳定，记为 $s \in S_i^{\text{SGMR}_a}$。

定义 7.18： 当且仅当对任意 $s_1 \in R_i^{+,++,U}(s)$，至少存在一个 $s_2 \in R_j(s_1)$，使得 $s_2 \in \Phi_i^{--}(s)$，且对任意 $s_3 \in R_i(s_2)$，有 $s_3 \in \Phi_i^{--}(s)$，那么状态 s 对于决策者 i 是强 SMR_a 稳定，记为 $s \in S_i^{\text{SSMR}_a}$。

定义 7.19： 如果对任意 $s_1 \in R_i^{+,++,U}(s)$，至少存在一个 $s_2 \in R_j^{+,++,U}(s)$，使得 $s_2 \in \Phi_i^{--}(s)$，那么状态 s 对于决策者 i 是强 SEQ_a 稳定，记为 $s \in S_i^{\text{SSEQ}_a}$。

在上述稳定性定义中，决策者 i 在考虑是否离开现状时，愿意接受不确定状态带来的相关风险，但是决策者 i 在评估制裁时不愿意考虑偏好不确定的状态。

2) b 形式下的强稳定性

在 b 形式下的强稳定性中，决策者 i 只愿意转移到比初始状态偏好稍好或偏好强烈的状态，但是会忌惮由于对手的反击制裁而被迫转移到比初始状态明显更差的状态。

定义 7.20： 当且仅当对任意 $s_1 \in R_i^{+,++}(s)$，至少存在一个 $s_2 \in R_j(s_1)$，使得 $s_2 \in \Phi_i^{--}(s)$，那么状态 s 对于决策者 i 来说是强 GMR_b 稳定，记为 $s \in S_i^{\text{SGMR}_b}$。

定义 7.21： 当且仅当对任意 $s_1 \in R_i^{+,++}(s)$，至少存在一个 $s_2 \in R_j(s_1)$，使得 $s_2 \in \Phi_i^{--}(s)$，且对任意 $s_3 \in R_i(s_2)$，有 $s_3 \in \Phi_i^{--}(s)$，那么状态 s 对于决策者 i 来说是强 SMR_b 稳定，记为 $s \in S_i^{\text{SSMR}_b}$。

定义 7.22： 当且仅当对任意 $s_1 \in R_i^{+,++}(s)$，至少存在一个 $s_2 \in R_j^{+,++,U}(s_1)$，使得 $s_2 \in \Phi_i^{--}(s)$，那么状态 s 对于决策者 i 来说是强 SEQ_b 稳定，记为 $s \in S_i^{\text{SSEQ}_b}$。

3) c 形式下的强稳定性

c 形式下的稳定性定义指决策者对与不确定偏好有关风险的混合态度。具体而言，决策者 i 在决定是否离开初始状态时是积极的，但在评估可能的移动时是保守的，因为决策者 i 忌惮会因对手的反击制裁而被迫转移到比初始状态 s 偏好稍差或明显更差及偏好不确定的状态。

定义 7.23： 当且仅当对任意 $s_1 \in R_i^{+,++,U}(s)$，至少存在一个 $s_2 \in R_j(s_1)$，使得 $s_2 \in \Phi_i^{--,U}(s)$，那么状态 s 对于决策者 i 来说是强 GMR_c 稳定，记为 $s \in S_i^{\text{SGMR}_c}$。

定义 7.24： 当且仅当对任意 $s_1 \in R_i^{+,++,U}(s)$，至少存在一个 $s_2 \in R_j(s_1)$，使得 $s_2 \in \Phi_i^{-,U}(s)$，且对任意 $s_3 \in R_i(s_2)$，有 $s_3 \in \Phi_i^{-,U}(s)$，那么状态 s 对于决策者 i 来说是强 SMR_c 稳定，记为 $s \in S_i^{\text{SSMR}_c}$。

定义 7.25： 当且仅当对任意 $s_1 \in R_i^{+,++,U}(s)$，至少存在一个 $s_2 \in R_j^{+,++,U}(s_1)$，使得 $s_2 \in \Phi_i^{--,U}(s)$，那么状态 s 对于决策者 i 来说是强 SEQ_c 稳定，记为

$s \in S_i^{\mathrm{SSEQ}_c}$。

4) d 形式下的强稳定性

定义 7.26：如果对任意 $s_1 \in R_i^{+,++}(s)$，至少存在一个 $s_2 \in R_j(s_1)$，使得 $s_2 \in \Phi_i^{--,U}(s)$，那么状态 s 对于决策者 i 来说是强 GMR_d 稳定，记为 $s \in S_i^{\mathrm{SGMR}_d}$。

定义 7.27：如果对任意 $s_1 \in R_i^{+,++}(s)$，至少存在一个 $s_2 \in R_j(s_1)$，使得 $s_2 \in \Phi_i^{--,U}(s)$，且对任意 $s_3 \in R_i(s_2)$，有 $s_3 \in \Phi_i^{--,U}(s)$，那么状态 s 对于决策者 i 来说是强 SMR_d 稳定，记为 $s \in S_i^{\mathrm{SSMR}_d}$。

定义 7.28：如果对任意 $s_1 \in R_i^{+,++}(s)$，至少存在一个 $s_2 \in R_j^{+,++,U}(s_1)$，使得 $s_2 \in \Phi_i^{--,U}(s)$，那么状态 s 对于决策者 i 来说是强 SEQ_d 稳定，记为 $s \in S_i^{\mathrm{SSEQ}_d}$。

上述 d 形式下的稳定性定义表示决策者 i 只愿意移动到比初始状态稍好或偏好强烈的状态，但会忌惮因对手的反击制裁而被迫转移到比初始状态偏好稍差或明显更差以及偏好不确定的状态。因此，d 形式下的强稳定性可以表示最保守的决策者。

3. 混合偏好 l 形式下的弱稳定性

令 $l = \{a, b, c, d\}$。如果一个状态是一般稳定（GMR_l、SMR_l 或 SEQ_l），但不是强稳定的，那么这个状态就是弱稳定的。

定义 7.29：当且仅当 l 形式下的 s 是一般稳定但不是强稳定，那么状态 s 对于决策者 i 来说是 l 形式下的弱稳定，即 WGMR_l、WSMR_l、WSEQ_l，分别记为 $s \in S_i^{\mathrm{WGMR}_l}, s \in S_i^{\mathrm{WSMR}_l}, s \in S_i^{\mathrm{WSEQ}_l}$。

7.2.2　混合偏好下决策者结盟的可达集合

图模型分析涉及图中的路径搜索问题，但是图模型理论的一个重要限制条件是决策者不能沿着任何路径连续移动两次。如 4.2.2 节和 6.4.2 节中所述，这意味着 GMCR 方法考虑不可传递性移动和可传递性移动。决策者的任何非空子集 H，$H \subseteq N$ 和 $H \neq \emptyset$ 称为一个结盟。决策者结盟的单边移动 (UMs) 的合法序列是由结盟成员通过单边移动联系起来的一系列状态，其中决策者可能移动不止一次，但不能连续移动两次。

在一个 n 个决策者模型 $(n \geqslant 2)$ 中，决策者 i 的对手记为 $N \setminus \{i\}$，其中，$\setminus$ 是指差集，由一个或多个决策者的集合组成。为了分析决策者 $i \in N$ 在某个状态的稳定性，有必要考虑所有其他决策者 $j \in N \setminus \{i\}$ 可能的反击行动。对于混合偏好，稳定性分析的基本输入是结盟 $N \setminus \{i\}$ 从状态 s 出发的可达集合，即 $R_{N \setminus \{i\}}(s)$ 和 $R_{N \setminus \{i\}}^{+,++,U}(s)$。令结盟 $H \subseteq N$ 满足 $|H| \geqslant 2$，令状态 $s \in S$。下面定义结盟 H 从状态 s 出发通过一系列单边移动组成的合法序列可以到达的所有状态的集合，即 $R_H(s) \subseteq S$。

定义 7.30： 结盟 H 的一个单边移动是 $R_H(s) \subseteq S(R_H(s) = R_H^{++}(s) \cup R_H^{+}(s) \cup R_H^{U}(s) \cup R_H^{=}(s) \cup R_H^{-}(s) \cup R_H^{--}(s))$ 集合中的一个元素，可以通过归纳法进行定义。

(1) 假设对所有 $s_1 \in S$，都有 $\Omega_H(s, s_1) = \emptyset$。

(2) 如果 $j \in H$ 且 $s_1 \in R_j(s)$，那么 $s_1 \in R_H(s)$ 和 $\Omega_H(s, s_1) = \Omega_H(s, s_1) \cup \{j\}$。

(3) 如果 $s_1 \in R_H(s)$，$j \in H$，$s_2 \in R_j(s_1)$，且 $\Omega_H(s, s_1) \neq \{j\}$，那么 $s_2 \in R_H(s)$，$\Omega_H(s, s_2) = \Omega_H(s, s_2) \cup \{j\}$。

上述定义的归纳过程如下：首先，使用 (2) 可以识别出决策者 i 从状态 s 出发所有可达的状态，并将其添加到集合 $R_H(s)$ 中；其次，使用 (3) 可以识别出决策者 i 从上述可达状态出发可以到达的所有状态，并将其添加到 $R_H(s)$ 中；最后，重复步骤（3），直至没有新的可达状态添加到 $R_H(s)$ 集合中为止。因为 $R_H(s) \subseteq S$ 和 S 是有限的集合，所以上述操作一定会在有限操作内完成。

在结盟可达集合的定义中考虑混合偏好的情况，需对其进行延伸拓展，首先必须定义结盟的偏好轻微或强烈单边改良或不确定移动 (MSUIUM) 的合法序列。轻微或强烈单边改良或不确定移动的合法序列是一个结盟的轻微单边改良、强烈单边改良或不确定移动，也遵循结盟内任何成员可以移动多次，但不能连续移动两次的约束限制。根据轻微或强烈单边改良或不确定移动的合法序列，结盟 H 的可达集合的正式定义如下。

定义 7.31： 令 $s \in S$，$H \subseteq N$，$H \neq \emptyset$。结盟 H 的一个偏好轻微或强烈单边改良或不确定移动 (MSUIUM) 是集合 $R_H^{+,++,U}(s) \subseteq S(R_H^{+,++,U}(s) = R_H^{+}(s) \cup R_H^{++}(s) \cup R_H^{U}(s))$ 中的一个元素，归纳定义如下。

(1) 假定对所有的 $s_1 \in S$，$\Omega_H^{+,++,U}(s, s_1) = \emptyset$。

(2) 如果 $j \in H$，且 $s_1 \in R_j^{+,++,U}(s)$，那么 $s_1 \in R_H^{+,++,U}(s)$，$\Omega_H^{+,++,U}(s, s_1) = \Omega_H^{+,++,U}(s, s_1) \cup \{j\}$。

(3) 如果 $s_1 \in R_H^{+,++,U}(s)$，$j \in H$，$s_2 \in R_j^{+,++,U}(s_1)$，且 $\Omega_H^{+,++,U}(s, s_1) \neq \{j\}$，那么 $s_2 \in R_H^{+,++,U}(s)$，$\Omega_H^{+,++,U}(s, s_2) = \Omega_H^{+,++,U}(s, s_2) \cup \{j\}$。

与定义 7.30 类似，定义 7.31 也是一个归纳定义。$R_H^{+,++,U}(s)$ 和 $\Omega_H^{+,++,U}(s, s_1)$ 的角色和关系是类似的。在理解定义 7.31 时注意，如果 $s_1 \in R_H^{+,++,U}(s)$，那么 $\Omega_H^{+,++,U}(s, s_1) \subseteq H$ 是从 s 出发到达 s_1 的所有合法序列中最后一个决策者的集合 (如果 $s_1 \notin R_H^{+,++,U}(s)$，可以假设 $\Omega_H^{+,++,U}(s, s_1) = \emptyset$)。假设 $\Omega_H^{+,++,U}(s, s_1)$ 仅包含一个决策者，如 $j \in N$。然后从 s_1 到后续状态的任何移动，如 s_1 到 s_2，必须是由 H 中除 j 以外的其他决策者进行，否则 DMj 就必须连续进行两次移动。另外，如果 $|\Omega_H^{+,++,U}(s, s_1)| \geq 2$，那么任何从 s_1 出发到达 s_2 的单边移动的 H 中的一员都可以行使它。

7.2.3　n 个决策者情况

混合偏好下两个决策者冲突图模型的稳定性定义是本节中提供的 $n(n \geqslant 2)$ 个决策者情况下稳定性定义的特殊情况。

1. 混合偏好 l 形式下的一般稳定性

1) a 形式下的一般稳定性

在 a 形式下的一般稳定性中，决策者 i 愿意移动到比初始状态偏好稍好或偏好强烈及偏好不确定的状态，但是会忌惮由于对手的反击而被迫移动到比初始状态偏好稍差或明显更差及偏好无差别的状态。在下面给出的定义，假设 $s \in S$，$i \in N$。

定义 7.32：当且仅当 $R_i^{+,++,U}(s) = \varnothing$ 时，状态 s 对决策者 i 来说是一般 Nash_a 稳定，记为 $s \in S_i^{\mathrm{Nash}_a}$。

Nash 稳定性不考虑对手的反击情况，因此 n 个决策者情况和两个决策者情况相同。

定义 7.33：当且仅当对任意 $s_1 \in R_i^{+,++,U}(s)$，至少存在一个 $s_2 \in R_{N\backslash\{i\}}(s_1)$，使得 $s_2 \in \Phi_i^{--,-,=}(s)$，那么状态 s 对于决策者 i 来说是一般 GMR_a 稳定，记为 $s \in S_i^{\mathrm{GGMR}_a}$。

定义 7.34：当且仅当对任意 $s_1 \in R_i^{+,++,U}(s)$，至少存在一个 $s_2 \in R_{N\backslash\{i\}}(s_1)$，使得 $s_2 \in \Phi_i^{--,-,=}(s)$，且对于所有的状态 $s_3 \in R_i(s_2)$，都有 $s_3 \in \Phi_i^{--,-,=}(s)$，那么状态 s 对决策者 i 来说是一般 SMR_a 稳定，记为 $s \in S_i^{\mathrm{GSMR}_a}$。

定义 7.35：当且仅当对任意 $s_1 \in R_i^{+,++,U}(s)$，至少存在一个 $s_2 \in R_{N\backslash\{i\}}^{+,++,U}(s_1)$，使得 $s_2 \in \Phi_i^{--,-,=}(s)$，那么状态 s 对于决策者 i 来说是一般 SEQ_a 稳定，记为 $s \in S_i^{\mathrm{GSEQ}_a}$。

需要指出的是，上述混合偏好下 a 形式的稳定性定义和 5.2.3 节中不确定偏好下 a 形式的稳定性定义是相同的。但是，由于此处的稳定性定义可以用于分析存在混合偏好的冲突问题，所以和 5.2.3 节中的含义是不同的。以下定义仍然使用与不确定偏好情况下的稳定性定义相同的表述形式。

2) b 形式下的一般稳定性

在 b 形式下的一般稳定性中，决策者 i 只愿意从初始状态转移到偏好稍好或者偏好强烈的状态，但是会忌惮由于对手的反击制裁而被迫移动到比初始状态偏好稍差或者明显更差及偏好无差别的状态。

定义 7.36：当且仅当 $R_i^{+,++}(s) = \varnothing$ 时，状态 s 对决策者 i 来说是一般 Nash_b 稳定，记为 $s \in S_i^{\mathrm{Nash}_b}$。

定义 7.37：当且仅当对任意 $s_1 \in R_i^{+,++}(s)$，至少存在一个 $s_2 \in R_{N\backslash\{i\}}(s_1)$，使得 $s_2 \in \Phi_i^{--,-,=}(s)$，那么状态 s 对于决策者 i 来说是一般 GMR_b 稳定，记为

$s \in S_i^{\mathrm{GGMR}_b}$。

定义 7.38：当且仅当对任意 $s_1 \in R_i^{+,++}(s)$，至少存在一个 $s_2 \in R_{N\setminus\{i\}}(s_1)$，使得 $s_2 \in \Phi_i^{--,-,=}(s)$，且对任意 $s_3 \in R_i(s_2)$，有 $s_3 \in \Phi_i^{--,-,=}(s)$，那么状态 s 对决策者 i 来说是一般 SMR_b 稳定，记为 $s \in S_i^{\mathrm{GSMR}_b}$。

定义 7.39：当且仅当对任意 $s_1 \in R_i^{+,++}(s)$，至少存在一个 $s_2 \in R_{N\setminus\{i\}}^{+,++,U}(s_1)$，使得 $s_2 \in \Phi_i^{--,-,=}(s)$，那么状态 s 对决策者 i 来说是一般 SEQ_b 稳定，记为 $s \in S_i^{\mathrm{GSEQ}_b}$。

上述 b 形式下的稳定性定义排除了偏好中的不确定性，这与 Hamouda 等 (2006) 讨论的不同，因为当前定义是用于分析存在不确定偏好和强度偏好的冲突模型。

3) c 形式下的一般稳定性

在 c 形式下的一般稳定性中，决策者 i 只愿意从初始状态转移到偏好稍好或者偏好强烈及偏好不确定的状态，但是会忌惮由于对手的反击制裁而被迫移动到比初始状态偏好稍差、明显更差或偏好无差别及偏好不确定的状态。

定义 7.40：当且仅当 $R_i^{+,++,U}(s) = \emptyset$ 时，状态 s 对决策者 i 来说是一般 Nash_c 稳定，记 $s \in S_i^{\mathrm{Nash}_c}$。

定义 7.41：当且仅当对任意 $s_1 \in R_i^{+,++,U}(s)$，至少存在一个 $s_2 \in R_{N\setminus\{i\}}(s_1)$，使得 $s_2 \in \Phi_i^{--,-,=,U}(s)$，那么状态 s 对决策者 i 来说是一般 GMR_c 稳定，记为 $s \in S_i^{\mathrm{GGMR}_c}$。

定义 7.42：当且仅当对任意 $s_1 \in R_i^{+,++,U}(s)$，至少存在一个 $s_2 \in R_{N\setminus\{i\}}(s_1)$，使得 $s_2 \in \Phi_i^{--,-,=,U}(s)$，且对任意 $s_3 \in R_i(s_2)$，有 $s_3 \in \Phi_i^{--,-,=,U}(s)$，那么状态 s 对决策者 i 来说是一般 SMR_c 稳定，记为 $s \in S_i^{\mathrm{GSMR}_c}$。

定义 7.43：当且仅当对任意 $s_1 \in R_i^{+,++,U}(s)$，至少存在一个 $s_2 \in R_{N\setminus\{i\}}^{+,++,U}(s_1)$，使得 $s_2 \in \Phi_i^{--,-,=,U}(s)$，那么状态 s 对决策者 i 来说是一般 SEQ_c 稳定，记为 $s \in S_i^{\mathrm{GSEQ}_c}$。

4) d 形式下的一般稳定性

在 d 形式下的一般稳定性中，决策者 i 不愿意转移到与初始状态相比偏好不确定的状态，但是会忌惮由于对手的反击制裁而被迫移动到与初始状态相比偏好不确定的状态。

定义 7.44：当且仅当 $R_i^{+,++}(s) = \emptyset$ 时，状态 s 对决策者 i 来说是一般 Nash_d 稳定，记为 $s \in S_i^{\mathrm{Nash}_d}$。

定义 7.45：当且仅当对任意 $s_1 \in R_i^{+,++}(s)$，至少存在一个 $s_2 \in R_{N\setminus\{i\}}(s_1)$，使得 $s_2 \in \Phi_i^{--,-,=,U}(s)$，那么状态 s 对决策者 i 来说是一般 GMR_d 稳定，记为 $s \in S_i^{\mathrm{GGMR}_d}$。

定义 7.46：当且仅当对任意 $s_1 \in R_i^{+,++}(s)$，至少存在一个 $s_2 \in R_{N\setminus\{i\}}(s_1)$，使得 $s_2 \in \Phi_i^{--,-,=,U}(s)$，且对任意 $s_3 \in R_i(s_2)$，有 $s_3 \in \Phi_i^{--,-,=,U}(s)$，那么状态 s 对决策者 i 来说是一般 SMR_d 稳定，记为 $s \in S_i^{\mathrm{GSMR}_d}$。

定义 7.47：当且仅当对任意 $s_1 \in R_i^{+,++}(s)$，至少存在一个 $s_2 \in R_{N\setminus\{i\}}^{+,++,U}(s_1)$，使得 $s_2 \in \Phi_i^{--,-,=,U}(s)$，那么状态 s 对决策者 i 来说是一般 SEQ_d 稳定，记为 $s \in S_i^{\mathrm{GSEQ}_d}$。

当 $n = 2$ 时，定义 7.32～ 定义 7.47中的决策者集合 N 变成了 $\{i, j\}$，结盟 $H = N \setminus \{i\}$ 从状态 s_1 出发经过单边移动合法序列或者单边改良及不确定移动合法序列的可达集合 $R_{N\setminus\{i\}}(s_1)$ 和 $R_{N\setminus\{i\}}^{+,++,U}(s_1)$ 分别退化为 $R_j(s_1)$ 和 $R_j^{+,++,U}(s_1)$，即决策者 j 从 s_1 出发的可达集合。

在本章中，如果二元关系 $\succ$ 等同于 $>$ 或 $\gg$，也就是说，$s \succ q$，当且仅当 $s > q$ 或 $s \gg q$ 时，定义 7.32～ 定义 7.47与第 5 章 Li 等 (2004) 提出的定义 5.19～ 定义 5.34 相同。另外，当每个决策者在稳定性分析中不考虑不确定偏好时，上述定义就简化为第 6 章 Hamouda 等 (2006) 提出的一般稳定性定义（定义 6.38～ 定义 6.40）。

2. 混合偏好下 l 形式的强稳定性

1) a 形式下的强稳定性

定义 7.48：当且仅当对任意 $s_1 \in R_i^{+,++,U}(s)$，至少存在一个 $s_2 \in R_{N\setminus\{i\}}(s_1)$，使得 $s_2 \in \Phi_i^{--}(s)$，那么状态 s 对决策者 i 来说是强 GMR_a 稳定，记为 $s \in S_i^{\mathrm{SGMR}_a}$。

定义 7.49：当且仅当对任意 $s_1 \in R_i^{+,++,U}(s)$，至少存在一个 $s_2 \in R_{N\setminus\{i\}}(s_1)$，使得 $s_2 \in \Phi_i^{--}(s)$，且对任意 $s_3 \in R_i(s_2)$，有 $s_3 \in \Phi_i^{--}(s)$，那么状态 s 对决策者 i 来说是强 SMR_a 稳定，记为 $s \in S_i^{\mathrm{SSMR}_a}$。

定义7.50：当且仅当对任意 $s_1 \in R_i^{+,++,U}(s)$，至少存在一个 $s_2 \in R_{N\setminus\{i\}}^{+,++,U}(s_1)$，使得 $s_2 \in \Phi_i^{--}(s)$，那么状态 s 对决策者 i 来说是强 SEQ_a 稳定，记为 $s \in S_i^{\mathrm{SSEQ}_a}$。

2) b 形式下的强稳定性

定义 7.51：当且仅当对任意 $s_1 \in R_i^{+,++}(s)$，至少存在一个 $s_2 \in R_{N\setminus\{i\}}(s_1)$，使得 $s_2 \in \Phi_i^{--}(s)$，那么状态 s 对决策者 i 来说是强 GMR_b 稳定，记为 $s \in S_i^{\mathrm{SGMR}_b}$。

定义 7.52：当且仅当对任意 $s_1 \in R_i^{+,++}(s)$，至少存在一个 $s_2 \in R_{N\setminus\{i\}}(s_1)$，使得 $s_2 \in \Phi_i^{--}(s)$，且对任意 $s_3 \in R_i(s_2)$，有 $s_3 \in \Phi_i^{--}(s)$，那么状态 s 对决策者 i 来说是强 SMR_b 稳定，记为 $s \in S_i^{\mathrm{SSMR}_b}$。

定义 7.53：当且仅当对任意 $s_1 \in R_i^{+,++}(s)$，至少存在一个 $s_2 \in R_{N\setminus\{i\}}^{+,++,U}(s_1)$，使得 $s_2 \in \Phi_i^{--}(s)$，那么状态 s 对决策者 i 来说是强 SEQ_b 稳定，记为 $s \in S_i^{\mathrm{SSEQ}_b}$。

3) c 形式下的强稳定性

定义 7.54：当且仅当对任意 $s_1 \in R_i^{+,++,U}(s)$，至少存在一个 $s_2 \in R_{N\setminus\{i\}}(s_1)$，使得 $s_2 \in \Phi_i^{--,U}(s)$，那么状态 s 对决策者 i 来说是强 GMR_c 稳定，记为 $s \in S_i^{\text{SGMR}_c}$。

定义 7.55：当且仅当对任意 $s_1 \in R_i^{+,++,U}(s)$，至少存在一个 $s_2 \in R_{N\setminus\{i\}}(s_1)$，使得 $s_2 \in \Phi_i^{--,U}(s)$，且对任意 $s_3 \in R_i(s_2)$，有 $s_3 \in \Phi_i^{--,U}(s)$，那么状态 s 对决策者 i 来说是强 SMR_c 稳定，记为 $s \in S_i^{\text{SSMR}_c}$。

定义 7.56：当且仅当对任意 $s_1 \in R_i^{+,++,U}(s)$，至少存在一个 $s_2 \in R_{N\setminus\{i\}}^{+,++,U}(s_1)$，使得 $s_2 \in \Phi_i^{--,U}(s)$，那么状态 s 对决策者 i 来说是强 SEQ_c 稳定，记为 $s \in S_i^{\text{SSEQ}_c}$。

4) d 形式下的强稳定性

定义 7.57：当且仅当对任意 $s_1 \in R_i^{+,++}(s)$，至少存在一个 $s_2 \in R_{N\setminus\{i\}}(s_1)$，使得 $s_2 \in \Phi_i^{--,U}(s)$，那么状态 s 对决策者 i 来说是强 GMR_d 稳定，记为 $s \in S_i^{\text{SGMR}_d}$。

定义 7.58：当且仅当对任意 $s_1 \in R_i^{+,++}(s)$，至少存在一个 $s_2 \in R_{N\setminus\{i\}}(s_1)$，使得 $s_2 \in \Phi_i^{--,U}(s)$，且对任意 $s_3 \in R_i(s_2)$，有 $s_3 \in \Phi_i^{--,U}(s)$，那么状态 s 对决策者 i 来说是强 SMR_d 稳定，记为 $s \in S_i^{\text{SSMR}_d}$。

定义 7.59：当且仅当对任意 $s_1 \in R_i^{+,++}(s)$，至少存在一个 $s_2 \in R_{N\setminus\{i\}}^{+,++,U}(s_1)$，使得 $s_2 \in \Phi_i^{--,U}(s)$，那么状态 s 对决策者 i 来说是强 SEQ_d 稳定，记为 $s \in S_i^{\text{SSEQ}_d}$。

注意，当 $n = 2$ 时，定义 7.48～定义 7.59会退化为定义 7.17～定义 7.28。

3. 混合偏好 l 形式下的弱稳定性

定义 7.60：令 $s \in S$，$i \in N$。根据 l 形式的 WGS 稳定性定义，当且仅当 $s \in S_i^{\text{GS}_l}$ 且 $s \notin S_i^{\text{SGS}_l}$ 时，状态 s 对决策者 i 来说是弱稳定的，记为 $s \in S_i^{\text{WGS}_l}$。

7.2.4　混合偏好下稳定性之间的逻辑关系

Fang 等 (1993) 分析了 Nash、GMR、SMR 和 SEQ 稳定性间的一般关系。以下探讨的稳定性之间的逻辑关系类似于 Fang 等 (1993) 提出的简单偏好下稳定性之间的关系。令 $l = \{a, b, c, d\}$。偏好不确定情况下 l 形式的四种稳定性之间的包含关系如图 5.5 所示。在本章新的偏好结构下，一般稳定（基于一般强度和不确定偏好）、强稳定性（基于超强度偏好和不确定偏好）和弱稳定（基于弱强度和不确定偏好）三种类型之间的逻辑关系如下所示：

$$S_i^{\text{GGMR}_l} = S_i^{\text{SGMR}_l} \cup S_i^{\text{WGMR}_l}$$

$$S_i^{\text{GSMR}_l} = S_i^{\text{SSMR}_l} \cup S_i^{\text{WSMR}_l}$$

$$S_i^{\text{GSEQ}_l} = S_i^{\text{SSEQ}_l} \cup S_i^{\text{WSEQ}_l}$$

基于上述定义，新偏好结构下稳定性概念之间的逻辑关系如下所示。

定理 7.1：四种稳定性之间的逻辑关系为

$$S_i^{\text{Nash}_l} \subseteq S_i^{\text{SSMR}_l} \subseteq S_i^{\text{GSMR}_l} \subseteq S_i^{\text{GGMR}_l}$$

$$S_i^{\text{Nash}_l} \subseteq S_i^{\text{SSEQ}_l} \subseteq S_i^{\text{GSEQ}_l} \subseteq S_i^{\text{GGMR}_l}$$

定理 7.2：稳定性之间的逻辑关系为

$$S_i^{\text{Nash}_l} \subseteq S_i^{\text{LSMR}_l} \subseteq S_i^{\text{LGMR}_l}$$

$$S_i^{\text{Nash}_l} \subseteq S_i^{\text{LSEQ}_l} \subseteq S_i^{\text{LGMR}_l}$$

其中，$L=G$ 或 S，分别表示一般强度和超强度两个层次。

定理 7.1 和定理 7.2 的证明可以很容易地从上面的定义中得出。注意，$S_i^{\text{LSMR}_l}$ 和 $S_i^{\text{LSEQ}_l}$ 之间没有必要的包含关系，也就是说，$S_i^{\text{LSMR}_l} \supseteq S_i^{\text{LSEQ}_l}$ 或 $S_i^{\text{LSMR}_l} \subseteq S_i^{\text{LSEQ}_l}$ 可能是对的，也可能是错的。

定理 7.3：一般强度和超强度两种偏好层次下 Nash 稳定之间的逻辑关系为

$$S_i^{\text{Nash}_a} = S_i^{\text{Nash}_c}$$

$$S_i^{\text{Nash}_b} = S_i^{\text{Nash}_d}$$

$$S_i^{\text{Nash}_a} \subseteq S_i^{\text{Nash}_b}$$

定理 7.4：一般强度偏好和不确定偏好情况下稳定性之间的逻辑关系为

$$S_i^{\text{LGMR}_a} \subseteq S_i^{\text{LGMR}_b} \subseteq S_i^{\text{LGMR}_d}$$

$$S_i^{\text{LGMR}_a} \subseteq S_i^{\text{LGMR}_c} \subseteq S_i^{\text{LGMR}_d}$$

$$S_i^{\text{LSMR}_a} \subseteq S_i^{\text{LSMR}_b} \subseteq S_i^{\text{LSMR}_d}$$

$$S_i^{\text{LSMR}_a} \subseteq S_i^{\text{LSMR}_c} \subseteq S_i^{\text{LSMR}_d}$$

$$S_i^{\text{LSEQ}_a} \subseteq S_i^{\text{LSEQ}_b} \subseteq S_i^{\text{LSEQ}_d}$$

$$S_i^{\text{LSEQ}_a} \subseteq S_i^{\text{LSEQ}_c} \subseteq S_i^{\text{LSEQ}_d}$$

该定理的证明与 Li 等 (2004, 2005) 所提出的类似。图 7.2和图 7.3分别描述了 a、b、c 和 d 形式下的强 GMR 稳定性之间的逻辑关系以及一般 GMR 稳定性之间的逻辑关系。

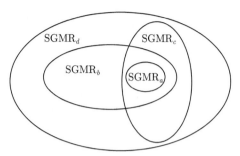

图 7.2　a、b、c 和 d 形式下的强 GMR 稳定性之间的逻辑关系

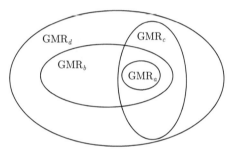

图 7.3　a、b、c 和 d 形式下的一般 GMR 稳定性之间的逻辑关系

7.3　混合偏好下的一些重要矩阵

7.3.1　包括不确定和强度的偏好矩阵

令 m 表示状态的数量。在包括不确定和强度的混合系统中，决策者 i 的偏好矩阵定义如下。

定义 7.61：在混合偏好下的图模型 G 中，决策者 i 的偏好矩阵包括下面几种 $m \times m$ 维的矩阵，其中元素 (s, q) 分别为

$$P_i^U(s, q) = \begin{cases} 1, & \text{如果 } s\, U_i\, q \\ 0, & \text{其他} \end{cases}, \quad P_i^{=}(s, q) = \begin{cases} 1, & \text{如果 } s \sim_i q\ \ s \neq q \\ 0, & \text{其他} \end{cases}$$

$$P_i^{+}(s, q) = \begin{cases} 1, & \text{如果 } q >_i s \\ 0, & \text{其他} \end{cases}, \quad P_i^{-}(s, q) = \begin{cases} 1, & \text{如果 } s >_i q \\ 0, & \text{其他} \end{cases}$$

$$P_i^{++}(s, q) = \begin{cases} 1, & \text{如果 } q \gg_i s \\ 0, & \text{其他} \end{cases}, \quad P_i^{--}(s, q) = \begin{cases} 1, & \text{如果 } s \gg_i q \\ 0, & \text{其他} \end{cases}$$

定义 $W = M \circ G$ 为两个 $m \times m$ 维矩阵 M 和 G 的哈达玛积，也就是说，如果 M 和 G 的元素 (s, q) 分别记为 $M(s, q)$ 和 $G(s, q)$，那么 $m \times m$ 维矩阵 W 的

元素 (s,q) 表示为 $W(s,q) = M(s,q) \cdot G(s,q)$。同样，可以定义上述两个矩阵的析取运算 "$\bigvee$"：$B = M \bigvee G$。$B$ 为一个 $m \times m$ 维的矩阵，其中元素 (s,q) 的运算为

$$B(s,q) = \begin{cases} 1, & \text{如果 } M(s,q) + G(s,q) \neq 0 \\ 0, & \text{其他} \end{cases}$$

下面的 $m \times m$ 维矩阵对定义混合偏好下的稳定性至关重要。令 E 表示一个所有元素均为 1 的 $m \times m$ 维矩阵，I 表示一个 $m \times m$ 维的单位矩阵，则

$$P_i^{--,=} = P_i^{--} \bigvee P_i^{=}, P_i^{--,U} = P_i^{--} \bigvee P_i^{U} \quad P_i^{--,-,=} = P_i^{--,=} \bigvee P_i^{-}$$

$$P_i^{+,++} = P_i^{+} \bigvee P_i^{++} \quad P_i^{+,++,U} = P_i^{+,++} \bigvee P_i^{U} \quad P_i^{--,-,=,U} = E - I - P_i^{+,++}$$

(7.1)

众所周知，矩阵可以有效描述图中顶点间的邻接及顶点和弧线之间的关联性，故而可以用于刻画任意两个顶点之间的路径 (Godsil and Royle, 2001)。矩阵本身具有一些有用的代数性质，可用于开发改进算法以解决图论中的相关问题。例如，已经进行了广泛的研究，来设计使用矩阵和路径之间关系的有效算法和有效搜索程序 (Hoffman and Schieber, 2001)。这里可达矩阵被扩展到混合偏好下的图模型。

定义 7.62：在图模型 G 中，决策者 i 的邻接矩阵是一个 $m \times m$ 维的矩阵 J_i，其中元素 (s,q) 为

$$J_i(s,q) = \begin{cases} 1, & \text{如果}(s,q) \in A_i \\ 0, & \text{其他} \end{cases}$$

在矩阵 J_i 的基础上，可以进一步拓展成几种对混合偏好下稳定性矩阵表示具有重要作用的矩阵。令 $i \in N$，然后

$$J_i^{+,++} = J_i \circ P_i^{+,++} \quad J_i^{+,++,U} = J_i \circ P_i^{+,++,U} \tag{7.2}$$

注意式 (7.2) 中相应的偏好矩阵已在式 (7.1) 中定义。

7.3.2　混合偏好下的可达矩阵

偏好矩阵和可达矩阵是图模型的矩阵表示的两个重要组成元素。混合偏好下的偏好矩阵已在 7.3.1 节中给出，下面定义相应的可达矩阵。

定义 7.63：在图模型 G 中，结盟 H 的单边移动可达矩阵和单边改良或不确定移动的可达矩阵分别是一个 $m \times m$ 维矩阵 M_H 和 $M_H^{+,++,U}$，两者的 (s,q) 元素值分别记为

$$M_H(s,q) = \begin{cases} 1, & \text{如果 } q \in R_H(s) \\ 0, & \text{其他} \end{cases}$$

$$M_H^{+,++,U}(s,q) = \begin{cases} 1, & \text{如果 } q \in R_H^{+,++,U}(s) \\ 0, & \text{其他} \end{cases}$$

显然，$R_H(s) = \{q : M_H(s,q) = 1\}$且$R_H^{+,++,U}(s) = \{q : M_H^{+,++,U}(s,q) = 1\}$。如果将 $R_H(s)$ 和 $R_H^{+,++,U}(s)$ 写为 0-1 行向量的形式，则

$$R_H(s) = e_s^{\mathrm{T}} \cdot M_H, \ R_H^{+,++,U}(s) = e_s^{\mathrm{T}} \cdot M_H^{+,++,U}$$

其中，e_s^{T} 表示 m 维欧几里得空间第 s 个标准基矢量的转置。因此，结盟 H 的可达矩阵 M_H 和 $M_H^{+,++,U}$ 可以被用来构建 H 从状态 s 出发的可达集合，即 $R_H(s)$ 和 $R_H^{+,++,U}(s)$。

固定 $H \subseteq N$，使得 $|H| \geqslant 2$，令 $s \in S$。下面，我们将论证如何计算 $R_H(s)$ 和 $R_H^{+,++,U}(s)$ 所对应的矩阵 M_H 和 $M_H^{+,++,U}$，其中 $R_H(s)$ 和 $R_H^{+,++,U}(s)$ 分别为 H 从状态 s 出发的单边可达集合和轻微单边改良或强烈单边改良及不确定性单边移动的可达集合。

定义 7.64：对于 $i \in N$，$H \subseteq N$ 和 $t = 1, 2, 3, \cdots$，定义两个 $m \times m$ 维矩阵 $M_i^{(t)}$ 和 $M_i^{(t,+,++,U)}$，其中元素 (s,q) 分别为

$$M_i^{(t)}(s,q) = \begin{cases} 1, & \text{如果 } q \in S \text{ 可以由 } H \text{ 里最后一个移动者，即决策者 } i \\ & \text{从 } s \in S \text{ 出发通过 } t \text{ 步合法的单边移动到达} \\ 0, & \text{其他} \end{cases}$$

$$M_i^{(t,+,++,U)}(s,q) = \begin{cases} 1, & \text{如果 } q \in S \text{ 可以由 } H \text{ 里最后一个移动者，即决策} \\ & \text{者 } i \text{ 从 } s \in S \text{ 出发通过 } t \text{ 步合法的轻微或强烈单边} \\ & \text{改良或不确定移动到达} \\ 0, & \text{其他} \end{cases}$$

基于定义 7.64，可得如下引理。

引理 7.1：令 $i \in N$ 和 $H \subseteq N$，两个矩阵 $M_i^{(t)}$ 和 $M_i^{(t,+,++,U)}$ 满足如下情形。

$M_i^{(1)} = J_i$，其中，$t = 2, 3, \cdots$，

$$M_i^{(t)} = \mathrm{sign}\left[\left(\bigvee_{j \in H \setminus \{i\}} M_j^{(t-1)}\right) \cdot J_i\right] \tag{7.3}$$

$M_i^{(1,+,++,U)} = J_i^{+,++,U}$，其中，$t = 2, 3, \cdots$，

$$M_i^{(t,+,++,U)} = \mathrm{sign}\left[\left(\bigvee_{j \in H \setminus \{i\}} M_j^{(t-1,+,++,U)}\right) \cdot J_i^{+,++,U}\right] \tag{7.4}$$

在引理 7.1中，符号函数将 $m \times m$ 维矩阵 $M(s,q)$ 映射到一个 $m \times m$ 维矩阵，映射后的矩阵的 (s,q) 元素记为

$$\text{sign}[M(s,q)] = \begin{cases} 1, & M(s,q) > 0 \\ 0, & M(s,q) = 0 \\ -1, & M(s,q) < 0 \end{cases}$$

通常，如果没有产生新的适当弧，则相应的单边移动将停止。因此，很容易证明引理 7.2。令 $L_1 = \left| \bigcup_{i \in H} A_i \right|$ 表示单边移动弧的数量，在接下来的引理和定理中，$L_2 = \left| \bigcup_{i \in H} A_i^{+,++,U} \right|$ 表示单边改良或不确定移动弧的数量。

引理 7.2： 在图模型 G 中，令 $H \subseteq N$。$R_H(s)$ 和 $R_H^{+,++,U}(s)$ 是从 s 出发的 H 的单边移动或单边改良或不确定移动的合法序列形成的可达集合。δ_1 和 δ_2 分别用来查找 $R_H(s)$ 和 $R_H^{+,++,U}(s)$ 的迭代步骤的数量。然后

$$\delta_1 \leqslant L_1 \quad , \quad \delta_2 \leqslant L_2$$

以下定理可以用引理 7.1和引理 7.2推出。

定理 7.5： 令 $s \in S$，$H \subseteq N$ 和 $H \neq \emptyset$，可达矩阵 M_H 和 $M_H^{+,++,U}$ 可以分别表示为

$$M_H = \bigvee_{t=1}^{L_1} \bigvee_{i \in H} M_i^{(t)} \tag{7.5}$$

$$M_H^{+,++,U} = \bigvee_{t=1}^{L_2} \bigvee_{i \in H} M_i^{(t,+,++,U)} \tag{7.6}$$

证明： 式 (7.5) 和式 (7.6) 的证明是相似的。为了证明式 (7.6)，假设 $Q = \bigvee_{t=1}^{L_2} \bigvee_{i \in H} M_i^{(t,+,++,U)}$。在定义 7.63 的基础上，如果 $q \in R_H^{+,++,U}(s)$，那么 $M_H^{+,++,U}(s, q) = 1$。因为 $L_2 = \left| \bigcup_{i \in N} A_i^{+,++,U} \right|$，然后，利用引理 7.2 可知 $L_2 \geqslant \delta_2$。因此，在定义 7.64 下，$q \in R_H^{+,++,U}(s)$ 意味着存在 $1 \leqslant t_0 \leqslant \delta_2$ 和 $i_0 \in H$，使得 $M_{i_0}^{(t_0,+,++,U)}(s, q) = 1$。这意味着矩阵 Q 的 (s,q) 元素值为 1。因此，如果 $Q(s,q) = 1$，$M_H^{+,++,U}(s,q) = 1$。由于 $M_H^{+,++,U}$ 和 Q 是 0-1 矩阵，所以 $M_H^{+,++,U} = Q = \bigvee_{t=1}^{L_2} \bigvee_{i \in H} M_i^{(t,+,++,U)}$ 成立。

7.4　混合偏好下稳定性的矩阵表达

7.4.1　一般稳定的矩阵表达

令 $m = |S|$ 表示 S 中的状态数，$i \in N$，$s \in S$。混合偏好下一般图模型稳定性 (GGS) 的代数表达被合并到表 7.1中的 $m \times m$ 维矩阵集合中，即 $M_i^{\mathrm{GGS}_l}$，其中 $l \in D = \{a, b, c, d\}$ 刻画了决策者 $i \in N$ 的 GGS_l 稳定性，GGS_l 代表 GGMR_l、GSMR_l、GSEQ_l 的稳定性。这里，决策者的偏好可能是混合的。例如，表 7.1中表示 GGMR_a 稳定性的 $m \times m$ 维矩阵为

$$M_i^{\mathrm{GGMR}_a} = J_i^{+,++,U} \cdot [E - \mathrm{sign}\left(M_{N \backslash \{i\}} \cdot (P_i^{--,-,=})^{\mathrm{T}}\right)]$$

其中，E 表示所有元素均为 1 的 $m \times m$ 维矩阵，并且当 $H = N \backslash \{i\}$ 时，$M_{N \backslash \{i\}}$ 可以用式 (7.5) 计算得到。

表 7.1　混合偏好下的一般稳定性矩阵

偏好	定义集	稳定性矩阵
包括强度和不确定	a	$M_i^{\mathrm{Nash}_a} = J_i^{+,++,U} \cdot E$
		$M_i^{\mathrm{GGMR}_a} = J_i^{+,++,U} \cdot [E - \mathrm{sign}\left(M_{N\backslash\{i\}} \cdot (P_i^{--,-,=})^{\mathrm{T}}\right)]$
		$M_i^{\mathrm{GSMR}_a} = J_i^{+,++,U} \cdot [E - \mathrm{sign}(M_{N\backslash\{i\}} \cdot Q)]$，同时 $Q = (P_i^{--,-,=})^{\mathrm{T}} \circ [E - \mathrm{sign}(J_i \cdot (P_i^{+,++,U})^{\mathrm{T}})]$
		$M_i^{\mathrm{GSEQ}_a} = J_i^{+,++,U} \cdot \left[E - \mathrm{sign}\left(M_{N\backslash\{i\}}^{+,++,U} \cdot (P_i^{--,-,=})^{\mathrm{T}}\right)\right]$
	b	$M_i^{\mathrm{Nash}_b} = J_i^{+,++} \cdot E$
		$M_i^{\mathrm{GGMR}_b} = J_i^{+,++} \cdot [E - \mathrm{sign}\left(M_{N\backslash\{i\}} \cdot (P_i^{--,-,=})^{\mathrm{T}}\right)]$
		$M_i^{\mathrm{GSMR}_b} = J_i^{+,++} \cdot [E - \mathrm{sign}(M_{N\backslash\{i\}} \cdot Q)]$，同时 $Q = (P_i^{--,-,=})^{\mathrm{T}} \circ [E - \mathrm{sign}(J_i \cdot (P_i^{+,++,U})^{\mathrm{T}})]$
		$M_i^{\mathrm{GSEQ}_b} = J_i^{+,++} \cdot \left[E - \mathrm{sign}\left(M_{N\backslash\{i\}}^{+,++,U} \cdot (P_i^{--,-,=})^{\mathrm{T}}\right)\right]$
	c	$M_i^{\mathrm{Nash}_c} = J_i^{+,++,U} \cdot E$
		$M_i^{\mathrm{GGMR}_c} = J_i^{+,++,U} \cdot \left[E - \mathrm{sign}\left(M_{N\backslash\{i\}} \cdot (P_i^{--,-,=,U})^{\mathrm{T}}\right)\right]$
		$M_i^{\mathrm{GSMR}_c} = J_i^{+,++,U} \cdot [E - \mathrm{sign}(M_{N\backslash\{i\}} \cdot Q)]$，同时 $Q = (P_i^{--,-,=,U})^{\mathrm{T}} \circ [E - \mathrm{sign}(J_i \cdot (P_i^{+,++})^{\mathrm{T}})]$
		$M_i^{\mathrm{GSEQ}_c} = J_i^{+,++,U} \cdot \left[E - \mathrm{sign}\left(M_{N\backslash\{i\}}^{+,++,U} \cdot (P_i^{--,-,=,U})^{\mathrm{T}}\right)\right]$
	d	$M_i^{\mathrm{Nash}_d} = J_i^{+,++} \cdot E$
		$M_i^{\mathrm{GGMR}_d} = J_i^{+,++} \cdot \left[E - \mathrm{sign}\left(M_{N\backslash\{i\}} \cdot (P_i^{--,-,=,U})^{\mathrm{T}}\right)\right]$
		$M_i^{\mathrm{GSMR}_d} = J_i^{+,++} \cdot [E - \mathrm{sign}(M_{N\backslash\{i\}} \cdot Q)]$，同时 $Q = (P_i^{--,-,=,U})^{\mathrm{T}} \circ [E - \mathrm{sign}(J_i \cdot (P_i^{+,++})^{\mathrm{T}})]$
		$M_i^{\mathrm{GSEQ}_d} = J_i^{+,++} \cdot \left[E - \mathrm{sign}\left(M_{N\backslash\{i\}}^{+,++,U} \cdot (P_i^{--,-,=,U})^{\mathrm{T}}\right)\right]$

定义决策者 i 的 $m \times m$ 维的 Nash_a 和 Nash_c 稳定性矩阵为

$$M_i^{\mathrm{Nash}_a} = M_i^{\mathrm{Nash}_c} = J_i^{+,++,U} \cdot E$$

以下定理给出了评估状态 s 对决策者是否是 Nash_a 或 Nash_c 稳定的代数方法。

定理 7.6：当且仅当 $M_i^{\text{Nash}_a}(s,s) = 0$ 时，状态 $s \in S$ 对决策者 i 来说是 Nash_a 或 Nash_c 稳定。

注意 Nash_a 和 Nash_c 是相等的，Xu 等 (2010a) 证明过该结论。相似地，定义决策者 i 的 $m \times m$ 维的 Nash_b 和 Nash_d 稳定性矩阵为

$$M_i^{\text{Nash}_b} = M_i^{\text{Nash}_d} = J_i^{+,++} \cdot E$$

然后，以下定理成立。

定理 7.7：当且仅当 $M_i^{\text{Nash}_b}(s,s) = 0$ 时，状态 $s \in S$ 对决策者 i 来说是 Nash_b 或 Nash_d 稳定。

定理 7.8：当且仅当 $M_i^{\text{GGS}_{lb}}(s,s) = 0$ 时，状态 $s \in S$ 对决策者 i 来说是 GGS_l 稳定。

定理 7.8 包含 12 个一般稳定性的矩阵表达，其中一般稳定性是 a、b、c 和 d 形式下的 GGMR、GSMR 和 GSEQ。这些结果的证明是相似的，因此矩阵表达中的一个证明如下。请注意，以下证明适用于 GGS=GSEQ 和 $l = a$ 的情况。在所有其他情况下，证明是类似的。定义决策者 i 的 $m \times m$ 维的 GSEQ_a 稳定性矩阵为

$$M_i^{\text{GSEQ}_a} = J_i^{+,++,U} \cdot \left[E - \text{sign}\left(M_{N\backslash\{i\}}^{+,++,U} \cdot (P_i^{--,-,=})^{\text{T}} \right) \right]$$

推论 7.1：状态 $s \in S$ 对决策者 i 来说是 GSEQ_a 稳定，当且仅当

$$M_i^{\text{GSEQ}_a}(s,s) = 0 \tag{7.7}$$

证明：式 (7.7) 等于

$$(e_s^{\text{T}} \cdot J_i^{+,++,U}) \cdot \left[\left\{ E - \text{sign}\left[M_{N\backslash\{i\}}^{+,++,U} \cdot (P_i^{--,-,=})^{\text{T}} \right] \right\} \cdot e_s \right] = 0$$

因为 $(e_s^{\text{T}} \cdot J_i^{+,++,U}) \cdot \left[\left\{ E - \text{sign}\left[M_{N\backslash\{i\}}^{+,++,U} \cdot (P_i^{--,-,=})^{\text{T}} \right] \right\} \cdot e_s \right]$

$$= \sum_{s_1=1}^{m} J_i^{+,++,U}(s,s_1) \left\{ 1 - \text{sign}\left[(e_{s_1}^{\text{T}} \cdot M_{N\backslash\{i\}}^{+,++,U}) \cdot (e_s^{\text{T}} \cdot P_i^{--,-,=})^{\text{T}} \right] \right\}$$

那么式 (7.7) 成立，当且仅当

$$J_i^{+,++,U}(s,s_1) \left\{ 1 - \text{sign}\left[(e_{s_1}^{\text{T}} \cdot M_{N\backslash\{i\}}^{+,++,U}) \cdot (e_s^{\text{T}} \cdot P_i^{--,-,=})^{\text{T}} \right] \right\} = 0, \forall s_1 \in S \tag{7.8}$$

显然，式 (7.8) 等价于

$$(e_{s_1}^{\mathrm{T}} \cdot M_{N\backslash\{i\}}^{+,++,U}) \cdot (e_s^{\mathrm{T}} \cdot P_i^{--,-,=})^{\mathrm{T}} \neq 0, \forall s_1 \in R_i^{+,++,U}(s) \qquad (7.9)$$

在定义 7.61 和定义 7.63 的基础上，式 (7.9) 意味着对任意 $s_1 \in R_i^{+,++,U}(s)$，当 $s_2 \ll_i s, s_2 <_i s$，或 $s_2 \sim_i s$ 时，至少存在一个 $s_2 \in R_{N\backslash\{i\}}^{+,++,U}(s_1)$，这就是由 Xu 等 (2010a) 提出的并且在定义 7.35中给出的 a 形式下的一般序列稳定的逻辑定义。

因此，对决策者 i，如果 $M_i^{\mathrm{GSEQ}_a}(s,s) = 0$，那么状态 s 是 GSEQ_a 稳定的。

如果在本章中二元关系 $\succ$ 表示 $>$ 或 $\gg$，也就是说，$s \succ q$ 当且仅当 $s > q$ 或 $s \gg q$ 时，定理 7.6$\sim$ 定理 7.8与未知偏好 (Xu et al., 2010a) 稳定性的矩阵表达相同，并且与未知偏好 (Li et al., 2004) 下使用逻辑表达的结果相同。另外，当每个决策者不考虑在稳定性分析中包含未知偏好时，定理 7.6$\sim$ 定理 7.8简化为强度偏好下使用矩阵表达 (Xu et al., 2010a) 和逻辑表达 (Hamouda et al., 2006) 所描述的一般稳定性。如果图模型既不包含强度也不包含偏好的未知性，定理 7.6$\sim$ 定理 7.8简化为简单偏好下矩阵形式 (Xu et al., 2010a) 和逻辑形式 (Fang et al., 1993) 的稳定性。

随着混合偏好结构被引入图模型中，根据可能的制裁强度和决策者对不确定偏好相关风险的四种态度类型（a、b、c 和 d），可以将一般稳定状态划分为强稳定或弱稳定。由于 Nash 稳定不涉及对手的反击制裁，强稳定性和弱稳定性仅包括一般超理性稳定、对称超理性稳定和序列稳定。

7.4.2 强稳定和弱稳定的矩阵表达

如果一个特定状态 s 是一般稳定的，那么 s 要么是强稳定，要么是弱稳定。用于表示混合偏好下的强图模型解 (SGS) 稳定性定义的矩阵表示的代数系统被纳入表 7.2 中所示的 $m \times m$ 维矩阵的集合中。

$l \in D = \{a,b,c,d\}$ 下的一组集合矩阵 $M_i^{\mathrm{SGS}_l}$ 描述了决策者 $i \in N$ 的 SGS_l 稳定性，其中 SGS_l 代表 SGMR_l、SSMR_l 或 SSEQ_l 稳定性，并且决策者的偏好包括混合偏好。

令 $l \in D = \{a,b,c,d\}$，基于稳定性矩阵 $M_i^{\mathrm{SGS}_l}$ 可以得到定理 7.9。

定理 7.9：当且仅当 $M_i^{\mathrm{SGS}_l}(s,s) = 0$ 时，状态 $s \in S$ 对决策者 i 来说是 SGS_l 稳定。

定理 7.9 包含 12 个强稳定性的矩阵表达，其中强稳定性是 a、b、c 和 d 形式下的 SGMR、SSMR 和 SSEQ。这些结果的证明是相似的。请注意，以下推论适用于 SGS=SSMR 和 $l = c$ 的情况。在所有其他情况下，表达和相应的证据是类似的。定义决策者 i 的 $m \times m$ 维的 SSMR_c 稳定性矩阵为

$$M_i^{\mathrm{SSMR}_c} = J_i^{+,++,U} \cdot [E - \mathrm{sign}(M_{N\backslash\{i\}} \cdot Q)]$$

表 7.2　混合偏好下强稳定性的矩阵表达式

偏好	定义集	稳定性矩阵
包括强度和不确定	a	$M_i^{\text{Nash}_a} = J_i^{+,++,U} \cdot E$
		$M_i^{\text{SGMR}_a} = J_i^{+,++,U} \cdot \left[E - \text{sign}\left(M_{N\setminus\{i\}} \cdot (P_i^{--})^{\text{T}}\right)\right]$
		$M_i^{\text{SSMR}_a} = J_i^{+,++,U} \cdot \left[E - \text{sign}(M_{N\setminus\{i\}} \cdot Q)\right]$，同时 $Q = (P_i^{--})^{\text{T}} \circ \left[E - \text{sign}(J_i \cdot (E - P_i^{++}))\right]$
		$M_i^{\text{SSEQ}_a} = J_i^{+,++,U} \cdot \left[E - \text{sign}\left(M_{N\setminus\{i\}}^{+,++,U} \cdot (P_i^{--})^{\text{T}}\right)\right]$
	b	$M_i^{\text{Nash}_b} = J_i^{+,++} \cdot E$
		$M_i^{\text{SGMR}_b} = J_i^{+,++} \cdot \left[E - \text{sign}\left(M_{N\setminus\{i\}} \cdot (P_i^{--})^{\text{T}}\right)\right]$
		$M_i^{\text{SSMR}_b} = J_i^{+,++} \cdot \left[E - \text{sign}(M_{N\setminus\{i\}} \cdot Q)\right]$，同时 $Q = (P_i^{--})^{\text{T}} \circ \left[E - \text{sign}(J_i \cdot (E - P_i^{++}))\right]$
		$M_i^{\text{SSEQ}_b} = J_i^{+,++} \cdot \left[E - \text{sign}\left(M_{N\setminus\{i\}}^{+,++,U} \cdot (P_i^{--})^{\text{T}}\right)\right]$
	c	$M_i^{\text{Nash}_c} = J_i^{+,++,U} \cdot E$
		$M_i^{\text{SGMR}_c} = J_i^{+,++,U} \cdot \left[E - \text{sign}\left(M_{N\setminus\{i\}} \cdot (P_i^{--,U})^{\text{T}}\right)\right]$
		$M_i^{\text{SSMR}_c} = J_i^{+,++,U} \cdot \left[E - \text{sign}(M_{N\setminus\{i\}} \cdot Q)\right]$，同时 $Q = (P_i^{--,U})^{\text{T}} \circ \left[E - \text{sign}\left(J_i \cdot (E - P_i^{++,U})\right)\right]$
		$M_i^{\text{SSEQ}_c} = J_i^{+,++,U} \cdot \left[E - \text{sign}\left(M_{N\setminus\{i\}}^{+,++,U} \cdot (P_i^{--,U})^{\text{T}}\right)\right]$
	d	$M_i^{\text{Nash}_d} = J_i^{+,++} \cdot E$
		$M_i^{\text{SGMR}_d} = J_i^{+,++} \cdot \left[E - \text{sign}\left(M_{N\setminus\{i\}} \cdot (P_i^{--,U})^{\text{T}}\right)\right]$
		$M_i^{\text{SSMR}_d} = J_i^{+,++} \cdot \left[E - \text{sign}(M_{N\setminus\{i\}} \cdot Q)\right]$，同时 $Q = (P_i^{--,U})^{\text{T}} \circ \left[E - \text{sign}\left(J_i \cdot (E - P_i^{++,U})\right)\right]$
		$M_i^{\text{SSEQ}_d} = J_i^{+,++} \cdot \left[E - \text{sign}\left(M_{N\setminus\{i\}}^{+,++,U} \cdot (P_i^{--,U})^{\text{T}}\right)\right]$

其中，

$$Q = (P_i^{--,U})^{\text{T}} \circ \left[E - \text{sign}\left(J_i \cdot (E - P_i^{++,U})\right)\right]$$

推论 7.2：当且仅当 $M_i^{\text{SSMR}_c}(s,s) = 0$ 时，状态 $s \in S$ 对决策者 i 来说是 SSMR_c 稳定的。

证明：由于矩阵 $M_i^{\text{SSMR}_c}$ 的对角元素

$$M_i^{\text{SSMR}_c}(s,s) = (e_s^{\text{T}} \cdot J_i^{+,++,U}) \cdot \left\{[E - \text{sign}(M_{N\setminus\{i\}} \cdot Q)] \cdot e_s\right\}$$

$$= \sum_{s_1=1}^{m} J_i^{+,++,U}(s,s_1)\left\{1 - \text{sign}\left[(M_{N\setminus\{i\}} \cdot Q)(s_1,s)\right]\right\}$$

其中，

$(M_{N\setminus\{i\}} \cdot Q)(s_1,s)$

$$= \sum_{s_2=1}^{m} M_{N\setminus\{i\}}(s_1,s_2) \cdot P_i^{--,U}(s,s_2)\left[1 - \text{sign}\left(\sum_{s_3=1}^{m}\left\{J_i(s_2,s_3)[1 - P_i^{++,U}(s_3,s)]\right\}\right)\right]$$

然后，对于任意 $s_1 \in R_i^{+,++,U}(s)$，当且仅当 $(M_{N\setminus\{i\}} \cdot Q)(s_1,s) \neq 0$ 时，$M_i^{\text{SSMR}_c}(s,s) = 0$，这表明，对任意的 $s_1 \in R_i^{+,++,U}(s)$，存在 $s_2 \in R_{N\setminus\{i\}}(s_1)$，使

得

$$P_i^{--,U}(s,s_2) \neq 0, \quad \sum_{s_3=1}^{m} \Big(J_i(s_2,s_3) \cdot (1 - P_i^{++,U}(s_3,s)) \Big) = 0 \qquad (7.10)$$

很明显，对任意的 $s_1 \in R_i^{+,++,U}(s)$，存在 $s_2 \in R_{N\setminus\{i\}}(s_1)$，使得式 (7.10) 成立，如果对任意 $s_1 \in R_i^{+,++,U}(s)$，存在 $s_2 \in R_{N\setminus\{i\}}(s_1)$，使得 $s\, U_i\, s_2$，且对任意 $s_3 \in R_i(s_2)$，$s \gg_i s_2$，有 $s \gg_i s_3$ 或 $s\, U_i\, s_3$，则与 Xu 等 (2010a) 提出的 c 形式下的对称超理性稳定的逻辑定义相一致。

因此，当且仅当 $M_i^{\mathrm{SSMR}_c}(s,s)=0$ 时，状态 s 对决策者 i 来说是 SSMR_c 稳定的。

在混合偏好下，一般稳定性 (GS)、强稳定性 (SGS) 和弱稳定性 (WGS) 的相互关系如定理 7.10所示。

定理 7.10：令 $l=a,b,c,d$，$i \in N$。对决策者 i 而言，l 形式的稳定性 GS、强稳定性 SGS 和弱稳定性 WGS 之间的逻辑关系如下：

$$S_i^{\mathrm{WGS}_l} = S_i^{\mathrm{GS}_l} - S_i^{\mathrm{SGS}_l}$$

当 $n=2$ 时，上述定理退化为 Xu 等 (2011) 文中介绍的那些定理。

从上面提出的 a、b、c 和 d 四种形式下的一般稳定、强稳定和弱稳定的矩阵表达可以看出，a 形式下的强弱稳定性适合刻画最具侵略性的决策者行为。首先，决策者在决定是否离开现状方面具有积极性，因为他愿意接受与不确定偏好状态相关的风险。其次，在评估可能采取的行动时，决策者只会被确定不如现状的状态实施的制裁阻止，不会考虑 (相对于现状) 不确定偏好的状态的制裁。对 b 形式下的定义，决策者不考虑不确定偏好。c 形式下的定义对与不确定偏好状态相关的风险持有混合态度。具体而言，决策者在决定是否离开现状时是积极的，但在评估可能的行动时是保守的，会被次优于或相对于现状具有不确定偏好的状态的制裁来阻止。最后，d 形式下的定义代表最保守的决策者的稳定性，他们只会从现状转向确定的优先状态，但会被导致不确定偏好状态的制裁阻止。

7.5　应　用

在本节中，本章开发的代数方法适用于实际问题——吉斯本湖冲突。正如 5.4 节中所述，1995 年，加拿大 Wet 公司在纽芬兰的子公司提出了一项从吉斯本湖出口大量散装水的项目。纽芬兰和拉布拉多的省政府批准了这个项目，因为它具有潜在的经济效益。尽管如此，由于存在对当地环境造成有害影响的风险，各种游说团体都反对这一提议。加拿大联邦政府支持反对团体并禁止出口水。然而，鉴于国家的贫困，一些小组支持该项目，主张执行该项目。因此，吉斯本湖冲突出现在加拿大联邦政府、纽芬兰和拉布拉多地方政府及支持小组之间 (Fang et al., 2002; Li et al., 2004)。

该冲突中涉及三个决策者和三个策略选择，如下所示。

（1）加拿大联邦政府 (Federal)：它的选择是继续禁止加拿大散装水出口，或者不禁止。

（2）纽芬兰和拉布拉多省政府 (Provincial)：它的选择是解除关于散装水出口的法令，或者不解除。

（3）支持者 (Support)：它的选择是上诉以继续吉斯本湖项目，或者不上诉。

在吉斯本湖冲突中，因为每个选择可以是被选 (Y 代表是) 或不被选 (N 代表否)，总共有 2^3 个可能状态，即 s_1, s_2, $\cdots$, s_8。结果显示在表 7.3中。图模型的一个优点在于系统地追踪状态转移的能力。状态转移是冲突从一个状态转移到另一个状态的过程。如果决策者可以自己引起状态转换，则该转换被称为该决策者的单边移动 (UM)。因此，基于图 7.4中的 8 个可行状态描绘了该冲突的图模型，其中弧上的标签表示哪个决策者控制着弧连接的状态间的移动。

表 7.3　吉斯本湖冲突模型的可行状态

联邦政府							
继续	N	Y	N	Y	N	Y	N	Y
省地方							
解除	N	N	Y	Y	N	N	Y	Y
支持者							
上诉	N	N	N	N	Y	Y	Y	Y
状态编号	s_1	s_2	s_3	s_4	s_5	s_6	s_7	s_8

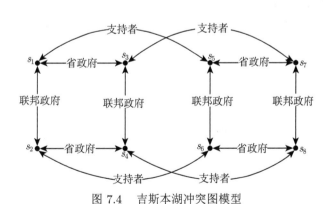

图 7.4　吉斯本湖冲突图模型

由于几个小组支持该项目及迫切需要现金，以经济为导向的地方政府可能会考虑支持该项目。但是，以环境为导向的地方政府可能会反对它，因为该项目可能会造成毁灭性的环境后果。1999 年，由于不清楚地方政府到底秉持两种态度中的哪一种，吉斯本湖冲突存在偏好不确定性。详细信息可以在 Li 等 (2004) 的研究中找到。由 Li 等 (2004) 引入的图模型，在吉斯本湖冲突中扩展到包括不确定和强度的混合偏好的情况。表 7.4中给出了可行状态下此冲突的偏好信息。假设对于联邦政府，状态 s_7 是强烈次优于所有其他状态的，支持者认为状态 s_2 是强烈次优于所有其他状态的，省政府强烈偏好状态 s_2 而不是状态 s_6。注意，决策者（省政府）只知道相对于状态 s_7，其轻微偏好状态 s_3；相对于状态 s_8，其轻微偏好状态 s_4；相对于状态 s_5，其轻微偏好状态 s_1；相对于状态 s_6，其强烈偏好状态 s_2。很明显，决策者（省政府）的偏好信息包括不确定和强度信息。此外，表 7.4 中显示的偏好信息的表达说明偏好关系 $>$ 和 $\gg$ 是可传递的。例如，对于决策者（联邦政府），因为 $s_5 > s_3$ 和 $s_3 \gg s_7$，那么 $s_5 \gg s_7$。但是，一般而言，本书中提出的偏好结构不需要偏好关系的可传递性，因此，所开发的结果可用于处理不可传递性的偏好。

表 7.4　吉斯本冲突模型的某些确定偏好信息

决策者	确定偏好
联邦政府	$s_2 > s_6 > s_4 > s_8 > s_1 > s_5 > s_3 \gg s_7$
省政府	仅知道 $s_3 > s_7,\ s_4 > s_8,\ s_1 > s_5,\ s_2 \gg s_6$
支持者	$s_3 > s_4 > s_7 > s_8 > s_5 > s_6 > s_1 \gg s_2$

在多个决策者图模型中，可达矩阵 M_H 和 $M_H^{+,++,U}$ 是混合偏好下提出稳定性分析矩阵方法的基本组成部分。这里，以吉斯本湖冲突事件为例，接下来给出构造可达矩阵的过程。

令 $N = \{1,2,3\}$ 和 $H = N \setminus \{i\}, i = 1,2,3$。

（1）根据表 7.4提供的信息，构造偏好矩阵，即 $P_i^{+,++}$、$P_i^{++,U}$、$P_i^{+,++,U}$、P_i^{--}、$P_i^{--,U}$，以及 $P^{--,-,=} = E-I-P_i^{+,++,U}$ 和 $P^{--,-,=,U} = E-I-P_i^{+,++}$，其中 $i = 1,2,3$。

（2）构造决策者 i 的邻接矩阵 J_i 和计算矩阵 $J_i^{+,++}$ 和 $J_i^{+,++,U}$，其中 $i = 1,2,3$。

（3）根据引理 7.1，计算矩阵 $M_i^{(t)}$ 和 $M_i^{(t,+,++,U)}$。

（4）计算 H 的单边移动可达矩阵和单边改良或不确定移动可达矩阵

$$M_H = \bigvee_{t=1}^{L_1} \bigvee_{i \in H} M_i^{(t)}$$

$$M_H^{+,++,U} = \bigvee_{t=1}^{L_2} \bigvee_{i \in H} M_i^{(t,+,++,U)}$$

其中，$L_1 = \left|\bigcup_{i \in N} A_i\right| = 24$ 和 $L_2 = \left|\bigcup_{i \in N} A_i^{+,++,U}\right| = 16$。

（5）　根据表 7.1和表 7.2，构造一般稳定性矩阵和强稳定性矩阵。

（6）　根据定理 7.6~ 定理 7.8，分析一般稳定性 Nash_l、GGMR_l、GSMR_l 和 GSEQ_l，使用定理 7.9 来计算强稳定性 SGMR_l、SSMR_l 和 SSEQ_l，以及使用定理 7.10 来计算弱稳定性。

（7）　得到吉斯本潮冲突的稳定性结果，如表 7.5 所示。

表 7.5　混合偏好下吉斯本湖冲突的稳定性结果

状态		Nash				GGMR				GSMR				GSEQ				SGMR				SSMR				SSEQ				WGMR				WSMR				WSEQ			
		1	2	3	E	1	2	3	E	1	2	3	E	1	2	3	E	1	2	3	E	1	2	3	E	1	2	3	E	1	2	3	E	1	2	3	E	1	2	3	E
s_1	a																																								
	b		√				√				√				√				√				√				√															
	c						√				√				√				√				√				√															
	d		√				√				√				√				√				√				√															
s_2	a	√				√				√				√				√				√				√																
	b	√	√			√	√			√	√			√	√			√	√			√	√			√	√															
	c	√	√			√	√			√	√			√	√			√	√			√	√			√	√															
	d	√	√			√	√			√	√			√	√			√	√			√	√			√	√															
s_3	a		√				√				√				√				√				√				√															
	b	√	√			√	√			√	√			√	√			√	√			√	√			√	√															
	c		√				√				√				√				√				√				√															
	d	√	√			√	√			√	√			√	√			√	√			√	√			√	√															
s_4	a	√				√				√				√				√				√				√																
	b	√	√	√	√	√	√	√	√	√	√	√	√	√	√	√	√	√	√	√	√	√	√	√	√	√	√	√	√												
	c	√	√	√	√	√	√	√	√	√	√	√	√	√	√	√	√	√	√	√	√	√	√	√	√	√	√	√	√												
	d	√	√	√	√	√	√	√	√	√	√	√	√	√	√	√	√	√	√	√	√	√	√	√	√	√	√	√	√												
s_5	a		√				√				√				√				√				√				√															
	b	√	√			√	√			√	√			√	√			√	√			√	√			√	√															
	c	√	√			√	√			√	√			√	√			√	√			√	√			√	√															
	d	√	√			√	√			√	√			√	√			√	√			√	√			√	√															
s_6	a	√				√				√				√				√				√				√																
	b	√	√	√	√	√	√	√	√	√	√	√	√	√	√	√	√	√	√	√	√	√	√	√	√	√	√	√	√												
	c	√	√	√	√	√	√	√	√	√	√	√	√	√	√	√	√	√	√	√	√	√	√	√	√	√	√	√	√												
	d	√	√	√	√	√	√	√	√	√	√	√	√	√	√	√	√	√	√	√	√	√	√	√	√	√	√	√	√												
s_7	a											√				√				√								√				√									
	b		√				√	√			√	√			√	√			√	√			√	√			√	√			√										
	c						√	√			√	√			√	√			√	√			√	√			√	√			√										
	d		√				√	√			√	√			√	√			√	√			√	√			√	√			√										
s_8	a	√																																							√
	b	√	√			√	√			√	√			√	√			√	√			√	√			√	√														√
	c					√	√			√	√			√	√			√	√			√	√			√	√													√	√
	d	√	√			√	√			√	√			√	√			√	√			√	√			√	√														√

7.6　本 章 重 点

GMCR 的基本设计允许该方法处理可传递的和不可传递的偏好结构。在本书中，未知偏好 (第 5 章) 和 3 级强度偏好 (第 6 章) 被纳入图模型范例中的混合偏好类型。通过这种方式，GMCR 可以同时考虑不确定偏好和强度偏好。更具体地说，7.1 节介绍了偏好结构和可达集合的主要属性。因为决策者在冲突下彼此互动时进行移动和反移动，所以可达集合被用来跟踪混合偏好下的特定决策者从一个给定状态出发可能的一步单边移动。在考虑两个以上决策者的稳定性定义时，定义了结盟移动，因为两个或更多决策者可以参与阻止另一个决策者的单边改良。随后，为具有这种扩展偏好结构的图模型定义了四个稳定性定义，即 Nash 稳定、一般超理性稳定 (GMR)、对称超理性稳定 (SMR) 和序列稳定 (SEQ)，并研究了它们之间的关系。另外，在本章中，针对具有三级强度的偏好结构的图模型提出了四个稳定性的矩阵表达。

7.7　习　　题

1. 描述一个实际案例，在这个案例中，你认为应该同时考虑不确定偏好和强度偏好。

2. 有许多不同但互补的方法可以在 GMCR 中对不确定偏好进行建模，如未知偏好 (第 5 章)、模糊偏好 (Hipel et al., 2011; Bashar et al., 2012, 2015, 2016, 2018)、灰偏好 (Kuang et al., 2015a, 2015b; Zhao and Xu, 2017)，以及概率偏好 (Rego and dos Santos, 2015)。定性地描述这四种不确定偏好中每一种不确定类型。在此基础上，建议用有意义的不确定方法的组合，以更全面地模拟 GMCR 的不确定偏好。讨论在考虑其他类型的混合偏好时可能出现的困难。你认为哪些不确定偏好的组合可以与强度偏好有意义地结合在一起？

3. 第 3 章中习题 1 给出了囚徒困境的标准形式。请在囚徒困境的基础上，构建一个存在不确定偏好和 3 级强度偏好的冲突模型。在逻辑解释后的 Nash 稳定和序列稳定的稳定性定义的基础上，使用该混合偏好进行稳定性分析。讨论在稳定性结果中的发现。

4. 使用混合偏好下的矩阵解释来分析习题 3 中指定的囚徒困境问题。

5. 在第 3 章习题 4 中，懦夫博弈以标准形式呈现。创建该博弈的一个版本，其中包含不确定偏好和 3 级强度偏好。使用本章中提供的使用 Nash 稳定和序列稳定的稳定性逻辑定义的混合偏好方法，对此冲突进行建模和分析。

6. 运用本章介绍的图模型矩阵表示方法，重新建模并分析上面问题 5 中混合偏好的懦夫博弈。

7. 埃尔迈拉冲突在 1.2.2 节和 3.2 节及本书其他地方有所描述。设计出一个你认为是这种冲突的最合理版本，其中包含由不确定偏好和 3 级强度偏好组成的混合偏好。使用本章的逻辑或矩阵方法进行完整的建模和稳定性分析。在使用混合偏好时，讨论对此冲突的战略了解。

8. 6.6 节描述了一个由 GDU 的拟议灌溉计划引起的潜在污染的大规模环境问题。提出一个针对此冲突的合理的混合偏好的版本，其中存在不确定偏好和 3 级强度偏好。使用第 7 章中的适当方法，针对 Nash 稳定和序列稳定的情况，对此争议进行完整的冲突建模和分析。讨论有关战略调查结果的有趣事实。

9. 找出一个你感兴趣的当前冲突，并且可以使用第 7 章中给出的建模和分析的混合偏好思想对其进行实际建模与分析。在总结此冲突的背景后，使用第 7 章中的方法对争议进行完整的建模和分析。讨论战略调查结果，特别是有趣的战略见解。

参 考 文 献

Bashar M. A., Kilgour D. M., and Hipel K. W. 2012. Fuzzy preferences in the graph model for conflict resolution[J]. IEEE Transactions on Fuzzy Systems, 20(4):760–770.

Bashar M. A., Hipel K. W., Kilgour D. M., and Obeidi A. 2015. Coalition fuzzy stability analysis in the graph model for conflict resolution[J]. Journal of Intelligent and Fuzzy Systems, 29(2):593–607.

Bashar M. A., Hipel K. W., Kilgour D. M., and Obeidi A. 2018. Interval fuzzy preferences in the graph model for conflict resolution[J]. Fuzzy Optimization and Decision Making, 17(3): 287–315.

Bashar M. A., Obeidi A., Kilgour D. M., and Hipel K. W. 2016. Modeling fuzzy and interval fuzzy preferences within a graph model framework[J]. IEEE Transactions on Fuzzy Systems, 24(4):765–778.

Fang L., Hipel K. W., and Kilgour D. M. 1993. Interactive Decision Making: the Graph Model for Conflict Resolution[M]. New York: Wiley.

Fang L., Hipel K. W., and Wang L. 2002. Gisborne water export conflict study[C]. Proceedings of 3rd International Conference on Water Resources Environment Research, 1:432–436.

Godsil C. and Royle G. 2001. Algebraic Graph Theory[M]. New York: Springer.

Hamouda L., Kilgour D. M., and Hipel K. W. 2006. Strength of preference in graph models for multiple-decision-maker conflicts[J]. Applied Mathematics and Computation, 179(1):314–327.

Hipel K. W., Kilgour D. M., and Bashar M. A. 2011. Fuzzy preferences in multiple participant decision making[J]. Scientia Iranica, Transactions D: Computer Science and Engineering and Electrical Engineering, 18(3):627–638.

Hoffman A. J. and Schieber B. 2001. The edge versus path incidence matrix of series-parallel graphs and greedy packing[J]. Discrete Applied Mathematics, 113:275–284.

Kuang H., Bashar M. A., Hipel K. W., and Kilgour D. M. 2015a. Grey-based preference in a graph model for conflict resolution with multiple decision makers[J]. IEEE Transactions on Systems, Man and Cybernetics: Systems, 45(9):1254–1267.

Kuang H., Bashar M. A., Kilgour D. M., and Hipel K. W. 2015b. Strategic analysis of a brownfield revitalization conflict using the grey-based graph model for conflict resolution[J]. EURO Journal on Decision Processes, 3(3):219–248.

Li K. W., Hipel K. W., Kilgour D. M., and Fang L. 2004. Preference uncertainty in the graph model for conflict resolution[J]. IEEE Transactions on Systems, Man, and Cybernetics Part A: Systems and Humans, 34(4):507–520.

Li K. W., Kilgour D. M., and Hipel K. W. 2005. Status quo analysis in the graph model for conflict resolution[J]. Journal of the Operational Research Society, 56:699–707.

Rego L. C. and dos Santos A. M. 2015. Probabilistic preferences in the graph model for conflict resolution[J]. IEEE Transactions on Systems, Man, and Cybernetics: Systems, 45(4):595–608.

Xu H., Hipel K. W., and Kilgour D. M. 2008. Preference strength and uncertainty in the graph model for conflict resolution for two decision-makers[C]. Proceedings of IEEE International Conference on Systems, Man, and Cybernetics, 1:2907–2912.

Xu H., Hipel K. W., Kilgour D. M., and Chen Y. 2010a. Combining strength and uncertainty for preferences in the graph model for conflict resolution with multiple decision makers[J]. Theory and Decision,, 69(4):497–521.

Xu H., Kilgour D. M., and Hipel K. W. 2010b. An integrated algebraic approach to conflict resolution with three-level preference[J]. Applied Mathematics and Computation, 216(3):693–707.

Xu H., Kilgour D. M., and Hipel K. W. 2010c. Matrix representation and extension of coalition analysis in group decision support[J]. Computers and Mathematics with Applications, 60(5):1164–1176.

Xu H., Kilgour D. M., and Hipel K. W. 2011. Matrix representation of conflict resolution in multiple-decision-maker graph models with preference uncertainty[J]. Group Decision and Negotiation, 20(6):755–779.

Xu H., Kilgour D. M., Hipel K. W., and McBean E. A. 2013. Theory and application of conflict resolution with hybrid preference in colored graphs[J]. Applied Mathematical Modelling, 37(3):989–1003.

Zhao S. and Xu H. 2017. Grey option prioritization for the graph model for conflict resolution[J]. Journal of Grey System, 29(3):14–25.

第 8 章　结盟稳定性

第 4~7 章分别给出了简单偏好、不确定偏好、强度偏好和混合偏好（不确定偏好和强度偏好的结合）的均衡定义。这些稳定性定义均基于非合作框架，即假定每一个决策者在计算自己的行动和对手的行动后，根据自己的利益单独做出决策。结盟稳定性在合作分析的框架下，评估每个决策者是否会通过结盟来改善自己的处境 (Kilgour et al., 2001; Inohara and Hipel, 2008a, 2008b; Xu et al., 2010, 2011, 2014)。实际上，正如本书所强调的，当一个决策者通过个体稳定性分析来改善自己处境后，如果能通过与别的决策者结盟来令自己的处境变得更好，这就是结盟稳定分析，即本章的分析重点。除本章外，1.2.3 节也论述了结盟分析的重要性，参见图 1.4。此外，结盟建模和分析是 GMCR 的 DSS 的重要功能模块，参见图 10.2 和图 10.4。

结盟形成和稳定分析成为博弈论的研究热点历史已久 (Aumann and Hart, 1994; van Deeman, 1997)。本书中的结盟分析是在 GMCR 框架下，评估一组出于利己主义的相互独立的决策者是否可以通过结盟和协调他们的选择获利。不稳定状态不可能持久是因为至少有一个决策者会出于自身利益的考虑而选择离开这个状态。一个均衡状态能够持久稳定是因为没有决策者会离开这个状态。但是，如果部分决策者选择结盟，结盟的一系列联合动作可能令一个均衡状态变得不稳定。在这种情况下，目标状态必须也是均衡状态，因为任何一个非均衡状态都只是暂时稳定的。在 Kilgour 等 (2001) 的研究中，这个过程被称为"均衡跳跃"。可以理解为，一个均衡跳跃的目标状态应该使得结盟中的所有成员都变得更好，并且单个成员不可能自己达到目标状态。因而，结盟分析的目的是提醒分析者可能有这样一个结盟存在，同时，如果存在结盟的话，哪些均衡会被均衡跳跃所打破，以及结盟如何通过联合行动达成均衡跳跃。

8.1 节介绍了不同偏好结构下的结盟移动。8.2 节中给出了四种结盟稳定在简单偏好、不确定偏好、三级强度偏好及混合偏好下的定义，包括结盟 Nash 稳定、结盟一般超理性稳定、结盟对称超理性稳定和结盟序列稳定。8.6 节至第 8.9 节给出了四种偏好结构下的结盟稳定的矩阵表达。

8.1　结盟移动定义

为了定义结盟稳定，必须引入不同偏好下的结盟改良。

定义 8.1：对于一个状态 s 和一个非空结盟 $H \subseteq N$，一个状态 $s_1 \in R_H(s)$ 称为 H 从 s 出发的简单偏好下的结盟改良，记为 $s_1 \in \mathrm{CR}_H^+(s)$，当且仅当对于每一个 $i \in H$，$s_1 \succ_i s$ 都成立。

需要指出的是，$\mathrm{CR}_H^+(s) \neq R_H^+(s)$，因为 $R_H^+(s)$ 表示结盟 H 从 s 开始经过合法的单边改良序列所能达到的所有状态（参见定义 4.7）。虽然每次个体移动对于移动者来说是一个单边改进，但无法保证 H 中的任何决策者都喜欢最终状态超过 s。相反，结盟中的所有决策者相对于 s 来说喜欢 $\mathrm{CR}_H^+(s)$ 中的状态，虽然序列中的个体移动可能不是移动着的单边改良。

Xu 等 (2010) 通过把不确定偏好包括在定义中，将结盟改良的定义扩展到了弱结盟改良。一个弱结盟改良，是一个结盟中的决策者从现状出发的一系列移动，这里的每个移动是一个结盟改良或不确定移动 (CIUM)，定义如下。

定义 8.2：对于一个现状 s 和一个非空结盟 $H \subseteq N$，一个状态 $s_1 \in R_H(s)$ 是 H 从 s 出发的结盟改良或不确定行动，记为 $s_1 \in \mathrm{CR}_H^{+,U}(s)$，当且仅当 $s_1 \succ_i s$ 或 $s_1 U_i s$ 对于每一个 $i \in H$ 都成立。

注意 $\mathrm{CR}_H^{+,U}(s)$ 不同于定义 5.18 中的 $R_H^{+,U}(s)$，因为 $R_H^{+,U}(s)$ 只反映了不考虑最终结果的过程的步骤，而 $\mathrm{CR}_H^{+,U}(s)$ 是最终结果，不是过程。换句话说，$R_H^{+,U}(s)$ 要求一个合理序列中的每个行动都是行动者的一个 UIUM，却不关心最终状态和现状的相对优劣。相反地，$\mathrm{CR}_H^{+,U}(s)$ 保证所有结盟成员都喜欢最终状态超过现状，或不确定喜欢哪一个状态，而不用考虑合理序列上的个体移动的相对偏好。

同理，可将结盟改良可达集合拓展到包括强度偏好的情况。

定义 8.3：对于一个现状 s 和一个非空结盟 $H \subseteq N$，一个状态 $s_1 \in R_H(s)$ 是 H 从 s 出发的在三级偏好下的轻微或强烈结盟改良，记为 $s_1 \in \mathrm{CR}_H^{+,++}(s)$，当且仅当 $s_1 >_i s$ 或 $s_1 \gg_i s$ 对于每个 $i \in H$ 都成立。

这意味着，在一个三级偏好下的图模型中，H 中任意决策者都轻微偏好或强烈偏好结盟改良状态多于 s，且结盟改良对结盟 H 来说是可达的。如前所述，注意 $\mathrm{CR}_H^{+,++}(s) \neq R_H^{+,++}(s)$，因为 $R_H^{+,++}(s)$（定义 6.9）表示结盟 H 通过从 s 开始的合法轻微或强烈的单边改良（MSUIs）序列可达的状态，但不能保证 H 中的每个决策者都偏好最终状态多于 s。另一方面，$\mathrm{CR}_H^{+,++}(s)$ 能确保最终状态对 H 中的所有决策者来说都轻微或强烈优于初始状态 s，尽管可能存在某些序列中的移动对当局来说不是一个轻微或强烈的单边改良转移。下面的结盟移动定义是对三级偏好下不确定偏好的组合来说的。

定义 8.4：对于一个现状 s 和一个非空结盟 $H \subseteq N$，一个状态 $s_1 \in R_H(s)$ 是 H 从 s 出发的在混合偏好下的轻微或强烈或不确定结盟改良，记为 $s_1 \in \mathrm{CR}_H^{+,++,U}(s)$，当且仅当 $s_1 >_i s$，$s_1 \gg_i s$，或 $s_1 U_i s$ 对每个 $i \in H$ 都成立。

现在，已经定义了不同偏好结构下的结盟移动或结盟不确定性，下面将给出结盟稳定的逻辑和矩阵表达。

8.2　简单偏好下结盟稳定的逻辑表达

在 4.2 节、5.2 节、6.3 节和 7.2 节中，分别给出了简单偏好、不确定偏好、三级偏好和混合偏好下图模型的个体稳定的逻辑表达。本节定义了四种偏好结构下结盟稳定的逻辑表达。

首先，给出简单偏好下的 Nash 稳定、一般超理性稳定、对称超理性稳定和序列结盟稳定的定义。

定义 8.5：令 $H \subseteq N$ 是一个非空结盟，状态 $s \in S$ 对 H 是结盟 Nash 稳定的，记为 $s \in S_H^{\mathrm{CNash}}$，当且仅当 $\mathrm{CR}_H^+(s) = \emptyset$。

从定义 8.1 可知，$\mathrm{CR}_H^+(s)$ 遵从同一个决策者不能连续移动的原则，因而，这个定义可用于具有传递性和不具有传递性的图模型。如同前面所提及的，一个空的结盟是没有意义的，因此，假定之后的 $|H| > 0$。如果 $|H| = 1$，则 $H = \{i\}$ 和 $\mathrm{CR}_H^+(s) = R_i^+(s)$，此时，定义 8.5 就简化为了第 4 章中所定义的个体纳什均衡，但对于一个非零结盟 $H \subseteq N, |H| \geqslant 2$，结盟 Nash 稳定依赖于结盟改良集合 $\mathrm{CR}_H^+(s)$，而不是结盟中成员 $i \in H$ 的个体单边改良集合，$R_i^+(s)$。如果状态 $s \in S$ 对每个非空结盟 $H \subseteq N$ 都是 Nash 稳定，则这个状态是全局结盟 Nash 稳定。正式的定义如下所示。

定义 8.6：状态 $s \in S$ 是全局结盟 Nash 稳定，记为 $s \in S^{\mathrm{UCNash}}$，当且仅当 s 对于每个非空结盟 $H \subseteq N$ 都是结盟稳定。

注意定义 8.5 中的 S_H^{CNash} 不同于 S^{UCNash}。S_H^{CNash} 是结盟 H 的结盟纳什稳定状态集，而 S^{UCNash} 包含所有的结盟 Nash 稳定集。为了表示方便，与结盟 H 相关的偏好关系的符号定义如下。

定义 8.7：对于图模型 G，令 $H \subseteq N$ 是一个结盟，$\Phi_H^{\prec}(s) = \{t \in S : s \succeq_i t$ 对于至少一个 $i \in H\}$，注意 $s \succeq_i t$ 表示 $s \succ_i t$ 或 $s \sim_i t$。

显然，$\Phi_H^{\prec}(s)$ 只考虑了与状态 s 的相对偏好，而没考虑从状态 s 出发的可达性。

定义 8.8：令 $H \subseteq N$ 是一个非空结盟，状态 $s \in S$ 对 H 来说是结盟一般超理性稳定，记为 $s \in S_H^{\mathrm{CGMR}}$，当且仅当对于每个 $s_1 \in \mathrm{CR}_H^+(s)$，都有 $s_2 \in R_{N-H}(s_1)$ 使得 $s_2 \in \Phi_H^{\prec}(s)$。

当 $H = \{i\}$ 时，上述定义就简化为 4.2.3 节中定义的个体一般超理性稳定。如果一个状态对于每个结盟都是结盟一般超理性稳定，则这个状态被称为全局结盟一般超理性稳定，正式的定义如下。

定义 8.9：状态 $s \in S$ 是全局结盟一般超理性稳定，记为 $s \in S^{\mathrm{UCGMR}}$，当且

仅当 s 对每个非常结盟 $H \subseteq N$ 都是结盟一般超理性稳定。

定义 8.10：令 $H \subseteq N$ 是一个非空结盟，状态 $s \in S$ 对 H 来说是结盟对称超理性稳定，记为 $s \in S_H^{\mathrm{CSMR}}$，当且仅当对于每一个 $s_1 \in \mathrm{CR}_H^+(s)$，都有 $s_2 \in R_{N-H}(s_1)$ 使得 $s_2 \in \Phi_H^{\prec}(s)$，且对于所有 $s_3 \in R_H(s_2)$ 都有 $s_3 \in \Phi_H^{\prec}(s)$。

通常来说，如果 $H = \{i\}$，定义 8.10 就简化为 4.2.3 节中的个体对称超理性稳定。如果一个状态对于每个结盟都是结盟对称超理性稳定，那么这个状态是全局结盟对称超理性稳定，定义如下。

定义 8.11：状态 $s \in S$ 是全局结盟对称超理性稳定，记为 $s \in S^{\mathrm{UCSMR}}$，当且仅当 s 对于每个非空 $H \subseteq N$ 都是结盟对称超理性稳定。

通常情况下，结盟 H 的对手 $N - H$ 可能被看作定义 8.12 和定义 8.13 中的一个结盟或个体决策者。

定义 8.12：令 $H \subseteq N$ 是一个非空结盟，状态 $s \in S$ 对于 H 是结盟 SEQ_1 稳定的，记为 $s \in S_H^{\mathrm{CSEQ}_1}$，当且仅当对于每个 $s_1 \in \mathrm{CR}_H^+(s)$，都存在 $s_2 \in \mathrm{CR}_{N-H}^+(s_1)$ 使得 $s_2 \in \Phi_H^{\prec}(s)$。

定义 8.13：令 $H \subseteq N$ 是一个非空结盟，状态 $s \in S$ 对于 H 来说是结盟 SEQ_2 稳定，记为 $s \in S_H^{\mathrm{CSEQ}_2}$，当且仅当对于每个 $s_1 \in \mathrm{CR}_H^+(s)$，都有 $s_2 \in R_{N-H}^+(s_1)$ 使得 $s_2 \in \Phi_H^{\prec}(s)$

通过采用子类改良集概念，考虑了对手可能形成子结盟来反制的情况，引入了结盟 H 的序列稳定定义 (Inohara and Hipel, 2008a, 2008b)。但是，他们的结果假设同一个决策者的连续动作已经被可跟踪性所消除，隐含着定义仅适用于可传递性的图模型，所以在本书中，保留了对于结盟稳定的限制。因为随着对手决策者数量的增加，子结盟的数量将呈现指数方式增长，使得子类的计算过程异常困难，所以，H 的对手 $N - H$，被看作一个结盟或个体决策者，分别应用于定义 8.12 和定义 8.13 中。

一般来说，当 $H = \{i\}$ 时，结盟序列稳定就简化为个体序列稳定。同样地，如果一个状态对于每个结盟都是结盟序列稳定，则这个状态被称为全局结盟序列稳定，相应地，有下述两种定义。

定义 8.14：状态 $s \in S$ 是全局 CSEQ_1 稳定，记为 $s \in S^{\mathrm{UCSEQ}_1}$，当且仅当 s 对于每个结盟 $H \subseteq N$ 都是 CSEQ_1 稳定。

定义 8.15：状态 $s \in S$ 是全局 CSEQ_2 稳定，记为 $s \in S^{\mathrm{UCSEQ}_2}$，当且仅当 s 对于每个结盟 $H \subseteq N$ 都是 CSEQ_2 稳定。

从上述讨论可知，结盟稳定分析是简单偏好下个体稳定分析的一个延伸。下面将结盟稳定性拓展到不确定偏好的情形。

8.3　不确定偏好下结盟稳定的逻辑表达

决策者在做选择时，对不确定偏好可能表现出不同的态度。例如，一个乐观的决策者倾向把不确定视为一个潜在的机会，而悲观的决策者可能将不确定的结果看作风险。此外，一个决策者对于不确定性的态度可能随着现状改变：一个没有什么可以失去的决策者面对不确定时可能采取激进的态度，并视之为潜在的机会。相反地，一个没有什么可以得到的决策者，很可能把不确定结果看作风险，并采取保守的态度。为了适应对于偏好不确定性的不同态度，Li 等 (2004) 定义了四种形式（a、b、c 和 d）下的偏好不确定下的个体 Nsah 稳定、一般超理性稳定、对称超理性稳定和序列稳定（见第 5 章）。这四种拓展的目的是描绘一个焦点决策者，他对偏好不确定性持有不同态度，从激进型到混合型再到保守型。当如 8.2 节中所述的简单偏好下的图模型，被拓展到不确定偏好下的结盟一般超理性稳定、对称超理性稳定和序列稳定定义时，这四种拓展的适用范围取决于焦点结盟对于不确定偏好的态度。

首先，8.3.1 节将介绍 a、b、c 和 d 四种不确定偏好类型下结盟 Nash 稳定、结盟一般超理性稳定、结盟对称超理性稳定和结盟序列稳定。令 $l=\{a,b,c,d\}$。

1. a 类型下结盟稳定的逻辑表达

定义 8.16：当且仅当 $\mathrm{CR}_H^{+,U}(s)=\emptyset$ 时，状态 $s\in S$ 对于 $H\subseteq N$ 来说是 a 类型下的结盟纳什稳定，记为 $s\in S_H^{\mathrm{CNash}_a}$。

定义 8.17：当且仅当对于每个 $s_1\in \mathrm{CR}_H^{+,U}(s)$，存在 $s_2\in R_{N-H}(s_1)$ 使得 $s_2\in \Phi_H^{\prec}(s)$，状态 $s\in S$ 对于 $H\subseteq N$ 来说是 a 类型下的结盟一般超理性稳定，记为 $s\in S_H^{\mathrm{CGMR}_a}$。

定义 8.18：当且仅当对于每个 $s_1\in \mathrm{CR}_H^{+,U}(s)$，都存在 $s_2\in R_{N-H}(s_1)$ 使得 $s_2\in \Phi_H^{\prec}(s)$，且对于所有 $s_3\in R_H(s_2)$，都有 $s_3\in \Phi_H^{\prec}(s)$ 时，状态 $s\in S$ 对于 $H\subseteq N$ 来说是 a 类型下的结盟对称超理性稳定，记为 $s\in S_H^{\mathrm{CSMR}_a}$。

定义 8.19：当且仅当对于每个 $s_1\in \mathrm{CR}_H^{+,U}(s)$，都存在 $s_2\in R_{N-H}^{+,U}(s_1)$，使得 $s_2\in \Phi_H^{\prec}(s)$ 时，状态 $s\in S$ 对于 $H\subseteq N$ 来说是 a 类型下的结盟序列稳定，记为 $s\in S_H^{\mathrm{CSEQ}_a}$。

在 a 类型的稳定性拓展定义中，假定焦点结盟成员是激进的，愿意从初始状态转移到不确定的状态，在激励端允许有不确定性。因此，$s\in S_H^{\mathrm{CNash}_a}$ 表明状态 s 对 H 中的激进型决策者来说是 Nash 稳定的。当评估对手的反击时，至少有一个结盟成员必须最终停在一个不会变好的状态，以成功阻止焦点结盟的改良移动。因此，焦点结盟是不允许出现不确定性的。

2. b 类型下结盟稳定的逻辑表达

定义 8.20：当且仅当 $\mathrm{CR}_H^+(s) = \emptyset$ 时，状态 $s \in S$ 对于 $H \subseteq N$ 来说是 b 类型下的结盟纳什稳定，记为 $s \in S_H^{\mathrm{CNash}_b}$。

定义 8.21：状态 $s \in S$ 对于 $H \subseteq N$ 来说是 b 类型下的结盟一般超理性稳定，记为 $s \in S_H^{\mathrm{CGMR}_b}$，当且仅当对于每个 $s_1 \in \mathrm{CR}_H^+(s)$，存在 $s_2 \in R_{N-H}(s_1)$，使得 $s_2 \in \Phi_H^{\prec}(s)$。

定义 8.22：状态 $s \in S$ 对于 $H \subseteq N$ 来说是 b 类型下的结盟对称超理性稳定，记为 $s \in S_H^{\mathrm{CSMR}_b}$，当且仅当对于每个 $s_1 \in \mathrm{CR}_H^+(s)$，都存在 $s_2 \in R_{N-H}(s_1)$，使得 $s_2 \in \Phi_H^{\prec}(s)$，且对于所有 $s_3 \in R_H(s_2)$，都有 $s_3 \in \Phi_H^{\prec}(s)$。

定义 8.23：状态 $s \in S$ 对于 $H \subseteq N$ 来说是 b 类型下的结盟序列稳定，记为 $s \in S_H^{\mathrm{CSEQ}_b}$，当且仅当对于每个 $s_1 \in \mathrm{CR}_H^+(s)$，都存在 $s_2 \in R_{N-H}^{+,U}(s_1)$ 使得 $s_2 \in \Phi_H^{\prec}(s)$。

与拓展 a 中的结盟稳定定义相比，拓展 b 不涉及不确定行动，因为焦点结盟有充足的激励偏离现状。在这种拓展中的焦点结盟对偏好不确定性可能表现出一种混合态度，在激励末端是保守的，在反击一侧则是激进的 (Li et al., 2004)。尽管定义 8.20、定义 8.21、定义 8.22 和定义 8.23，看起来分别与定义 8.5、定义 8.8、定义 8.10 和定义 8.13 相似，但实际上是不同的，因为定义 8.20、定义 8.21、定义 8.22 和定义 8.23 虽假定偏好不确定性，但这些不确定的行动，既没有足够强以使得焦点结盟偏离现状，也不允许有效反击来遏制焦点结盟。另外，定义 8.5、定义 8.8、定义 8.10 和定义 8.13 假定图模型基于简单偏好。

3. c 类型下结盟稳定的逻辑表达

为了方便，令 $\Phi_{\succeq_i}^{\prec,U}(s) = \{t \in S : 对至少一个 i \in H, s \succeq_i t 或 s U_i t\}$。

因为纳什稳定不考虑对手的反击行动，所以其定义与第 5 章中的个体稳定相似，$S_H^{\mathrm{CNash}_c} = S_H^{\mathrm{CNash}_a}$。

定义 8.24：状态 $s \in S$ 对 $H \subseteq N$ 来说是 c 类型下的结盟一般超理性稳定，记为 $s \in S_H^{\mathrm{CGMR}_c}$，当且仅当对于每个 $s_1 \in \mathrm{CR}_H^{+,U}(s)$，存在 $s_2 \in R_{N-H}(s_1)$，使得 $s_2 \in \Phi_H^{\prec,U}(s)$。

定义 8.25：状态 $s \in S$ 对于 $H \subseteq N$ 来说是 c 类型下的结盟对称超理性稳定，记为 $s \in S_H^{\mathrm{CSMR}_c}$，当且仅当对于每个 $s_1 \in \mathrm{CR}_H^{+,U}(s)$，存在 $s_2 \in R_{N-H}(s_1)$，使得 $s_2 \in \Phi_H^{\prec,U}(s)$ 且对于所有 $s_3 \in R_H(s_2)$，都有 $s_3 \in \Phi_H^{\prec,U}(s)$。

定义 8.26：状态 $s \in S$ 对于 $H \subseteq N$ 来说是 c 类型下的结盟序列稳定，记为 $s \in S_H^{\mathrm{CSEQ}_c}$，当且仅当对每个 $s_1 \in \mathrm{CR}_H^{+,U}(s)$，存在 $s_2 \in R_{N-H}^{+,U}(s_1)$，使得 $s_2 \in \Phi_H^{\prec,U}(s)$。

拓展 c 假定当焦点结盟有足够的激励和反击时，允许不确定的移动，拓展 c

被设计用来描述对偏好不确定性具有混合态度的焦点结盟成员：在激励端是激进的，但在反击端是保守的。

4. d 类型下结盟稳定的逻辑表达

类似于个体稳定情形，$S_H^{\text{CNash}_d} = S_H^{\text{CNash}_b}$。

定义 8.27：状态 $s \in S$ 对于 $H \subseteq N$ 来说是 d 类型下的结盟一般超理性稳定，记为 $s \in S_H^{\text{CGMR}_d}$，当且仅当对于每个 $s_1 \in \text{CR}_H^+(s)$，存在 $s_2 \in R_{N-H}(s_1)$，使得 $s_2 \in \Phi_H^{\prec,U}(s)$。

定义 8.28：状态 $s \in S$ 对于 $H \subseteq N$ 来说是 d 类型下的结盟对称超理性稳定，当且仅当对于每个 $s_1 \in \text{CR}_H^+(s)$，存在 $s_2 \in R_{N-H}(s_1)$，使得 $s_2 \in \Phi_H^{\prec,U}(s)$，且对于所有的 $s_3 \in R_H(s_2)$，都有 $s_3 \in \Phi_H^{\prec,U}(s)$。

定义 8.29：状态 $s \in S$ 对于 $H \subseteq N$ 来说是 d 类型下的结盟序列稳定，当且仅当对于每个 $s_1 \in \text{CR}_H^+(s)$，存在 $s_2 \in R_{N-H}^{+,U}(s_1)$，使得 $s_2 \in \Phi_H^{\prec,U}(s)$。

拓展 d 中的结盟稳定定义认为焦点结盟是保守的：当考虑激励时，他们不把不确定行动看成机会（偏好不确定不能认为是激励）；当评估反击时，这些决策者们将不确定行动视作潜在的风险（偏好不确定被认为是有效的反制）。

令 $l = \{a, b, c, d\}$。同往常一样，如果在一个特定的拓展 l 中，状态 $s \in S$ 对于每个 $H \subseteq N$ 是结盟 Nash 稳定、一般超理性稳定、对称超理性稳定或序列稳定，则称其为 l 类型下的全局结盟 Nash 稳定、一般超理性稳定、对称超理性稳定或序列稳定，并分别记为 $s \in S^{\text{UCNash}_l}$、$s \in S^{\text{UCGMR}_l}$、$s \in S^{\text{UCSMR}_l}$ 或 $s \in S^{\text{UCSEQ}_l}$。显然，$S^{\text{UCGMR}_l} = \cap_{H \subseteq N} S_H^{\text{CGMR}_l}$，$S^{\text{UCSMR}_l} = \cap_{H \subseteq N} S_H^{\text{CSMR}_l}$，$S^{\text{UCSEQ}_l} = \cap_{H \subseteq N} S_H^{\text{CSEQ}_l}$。

简单偏好和不确定偏好下结盟稳定的逻辑表达已经在 8.2 节和 8.3 节中刻画。8.4 节将给出三级偏好下的结盟稳定的逻辑表达。

8.4 三级偏好下结盟稳定的逻辑表达

对于实际生活中发生的复杂策略矛盾，两级偏好（简单偏好）通常不能满足建模要求，因此，很自然地，需要将 8.2 节给出的两级简单偏好下的结盟稳定拓展为三级偏好。下面给出的三级偏好下的结盟稳定定义分为三类：一般结盟稳定、强结盟稳定和弱结盟稳定。强或弱结盟稳定可以反映偏好关系中存在强度信息的情况。下面先定义一般结盟稳定。

8.4.1 一般结盟稳定

为了分析一个状态对于一个结盟 $H \in N$ 是不是结盟稳定，必须要考虑 H 的对手 $j \in N - H$ 的可能反应。在 4.2.2 节和 6.3.2 节中定义的 H 的可达集 $R_H(s)$ 和 $R_H^{+,++}(s)$，可以用来定义三级偏好下的结盟稳定。定义 8.3 描述了结盟 H 从

s 出发的轻微或强烈结盟改良状态集合，记为 $\mathrm{CR}_H^{+,++}(s)$。一般结盟稳定的定义如下。

定义 8.30：对于 $H \subseteq N$，状态 $s \in S$ 对于结盟 H 来说是一般结盟 Nash 稳定，记为 $s \in S_H^{\mathrm{GCNash}}$，当且仅当 $\mathrm{CR}_H^{+,++}(s) = \emptyset$。

状态 s 对于结盟 H 来说是一般结盟 Nash 均衡，当且仅当从状态 s 出发没有结盟改进。对于任何 Nash 稳定不考虑 H 的对手从 s 出发的各种移动。

为了建立一般超理性稳定、对称超理性稳定和序列稳定的结盟博弈版本，有必要定义结盟 H 的从状态 s 开始的单边移动 UM、结盟的可达集合 $R_H(s)$、MSUI、$R_H^{+,++}(s)$ 和结盟改良 $\mathrm{CR}_H^{+,++}(s)$。

定义 8.31：对于 $H \subseteq N$，状态 s 是结盟 H 的一般结盟超理性稳定 (GCGMR)，表示为 $s \in S_H^{\mathrm{GCGMR}}$，当且仅当对于每个 $s_1 \in \mathrm{CR}_H^{+,++}(s)$ 至少存在一个 $s_2 \in R_{N-H}(s_1)$ 使得对某些决策者 $i \in H$ 来说，$s \gg_i s_2$，$s >_i s_2$，或 $s \sim_i s_2$。

定义 8.32：对结盟 H 来说，状态 s 是一般结盟对称超理性稳定 (GCSMR)，表示为 $s \in S_H^{\mathrm{GCSMR}}$，当且仅当对于每个 $s_1 \in \mathrm{CR}_H^{+,++}(s)$，都存在 $s_2 \in R_{N\backslash\{H\}}(s_1)$，使得对于至少一个 $i \in H$ 都有 $s \gg_i s_2$，$s >_i s_2$，或者 $s \sim_i s_2$，并且对所有 $s_3 \in R_H(s_2)$ 来说，都有 $s \gg_i s_3$，$s >_i s_3$，或 $s \sim_i s_3$

状态 s 是一般结盟对称超理性稳定（GCSMR），当且仅当，对于从 s 出发的 H 可到达的每个 s_1，H 中的每个决策者轻微或强烈喜欢 s_1 超过 s，都存在从 s_1 出发，$N-H$ 可到达的 s_2，且 H 中的某些决策者发现喜欢 s 超过 s_1，此外，从 s_2 出发的 H 可到达的每个 s_3 来说，H 中的某些决策者喜欢 s_3 超过 s。如果对手对 H 的改良施加限制，H 不能通过自己的反击改善处境，则结盟 H 留在初始状态是最好的选择。结盟对称超理性稳定的预见能力比一般超理性稳定多一步。

结盟序列稳定假设结盟 H 的对手反击是可信的（改良移动）。$N-H$ 的子结盟改良序列的合法性是另外一个话题。与 8.2 节相似，在定义 8.33 和定义 8.34 中，H 的对手 $N-H$ 可被视为一个结盟或者个体决策者。

定义 8.33：对于 $H \subseteq N$，状态 s 对结盟 H 来说，是一般结盟 SEQ_1 稳定，表示为 $s \in S_H^{\mathrm{GCSEQ}_1}$，当且仅当对于每个 $s_1 \in \mathrm{CR}_H^{+,++}(s)$，都存在至少一个 $s_2 \in \mathrm{CR}_{N-H}^{+,++}(s_1)$，使得对于某些决策者 $i \in H$ 来说，有 $s \gg_i s_2$，$s >_i s_2$，或者 $s \sim_i s_2$ 成立。

状态 $s \in S$ 对 H 来说是一般结盟 SEQ_1 稳定，当且仅当对于 H 从 s 出发的每个可达状态 s_1（H 中的每个决策者都轻微或强烈喜欢 s_1 超过 s），$N-H$ 都存在从 s_1 出发的可达状态 s_2，使得 $N-H$ 中的每个决策者轻微或强烈喜欢 s_2 超过 s_1，并且 H 中的某些决策者对 s 的偏好优于 s_2（注意：s_2 可能是 $N-H$ 从 s_1 出发经过单边移动而不是单边改良到达的状态点）。

也可以说，对于从 s 出发的 H 的每个结盟单边改良，都有一个来自 $N-H$

的反击，使得 H 中至少有一名决策者发现其结盟改良被限制了。在这种情况下，H 中至少有一位决策者宁愿停留在 s，而不愿意到达 s_2，则该决策者拒绝从 s 移动到 s_1。当然，如果该决策者不是从 s 到 s_1 移动的关键人物，则他可能被从结盟中移出。

或者，H 的对手被视为个体决策者，这将产生一般结盟 SEQ_2 稳定，定义如下。

定义 8.34：对于 $H \subseteq N$，状态 s 对结盟 H 来说，是一般结盟 SEQ_2 稳定，表示为 $s \in S_H^{\mathrm{GCSEQ_2}}$，当且仅当对于每个 $s_1 \in \mathrm{CR}_H^{+,++}(s)$，都存着至少一个 $s_2 \in R_{N-H}^{+,++}(s_1)$，使得对于某些决策者 $i \in H$ 来说，有 $s \gg_i s_2$、$s >_i s_2$，或 $s \sim_i s_2$ 成立。

8.4.2　强或弱结盟稳定

当把偏好度引入图模型中，根据反击的程度，一般结盟稳定定义可以是强或弱。对于一个风险厌恶的结盟 H，如果从一个特定状态出发的 H 的所有改良都被强烈反击，那么当前状态就有额外的稳定度，称为强稳定。如果反击导致 H 处于比现状更不利的状态，且不能通过合适对策避免这种反击的话，一个焦点 H 的结盟稳定就会被强烈反击。

定义 8.35：对于 $H \subseteq N$，状态 s 对于结盟 H 来说是强结盟一般超理性稳定 (SCGMR)，表示为 $s \in S_H^{\mathrm{SCGMR}}$，当且仅当对于每个 $s_1 \in \mathrm{CR}_H^{+,++}(s)$，都存在至少一个 $s_2 \in R_{N-H}(s_1)$，使得对于某些决策者 $i \in H$，$s \gg_i s_2$ 成立。

在强结盟一般超理性稳定下，所有 H 的结盟改良都可以被对手强烈反制。

定义 8.36：状态 s 对于结盟 H 来说是强结盟对称超理性稳定 (SCSMR)，表示为 $s \in S_H^{\mathrm{SCSMR}}$，当且仅当对于每个 $s_1 \in \mathrm{CR}_H^{+,++}(s)$，都存在 $s_2 \in R_{N-H}(s_1)$，使得 $s \gg_i s_2$ 对于至少一个 $i \in H$，且对于所有 $s_3 \in R_H(s_2)$，都有 $s \gg_i s_3$ 成立。

如果 H 的改良被对手施加强烈反击，且 H 不能通过其合理策略缓解反制，那么 H 中的至少一个决策者最好留在原状态。接下来的两个定义类似于定义 8.33 和定义 8.34。

定义 8.37：对于 $H \subseteq N$，状态 s 对于结盟 H 来说是强结盟 SEQ_1 稳定，表示为 $s \in S_H^{\mathrm{SCSEQ_1}}$，当且仅当对于每个 $s_1 \in \mathrm{CR}_H^{+,++}(s)$，都存在至少一个 $s_2 \in \mathrm{CR}_{N-H}^{+,++}(s_1)$，使得对于至少一个 $i \in H$，都有 $s \gg_i s_2$ 成立。

定义 8.38：对于 $H \subseteq N$，状态 s 对于结盟 H 来说是强结盟 SEQ_2 稳定，表示为 $s \in S_H^{\mathrm{SCSEQ_2}}$，当且仅当对于每个 $s_1 \in \mathrm{CR}_H^{+,++}(s)$，都存在至少一个 $s_2 \in R_{N-H}^{+,++}(s_1)$，使得对于至少一个 $i \in H$，都有 $s \gg_i s_2$ 成立。

对于三级偏好，根据可能的反击力量的强弱，一般结盟稳定被分类为强和弱。令 GCGS 和 SCGS 分别表示一般结盟图模型稳定：GCNash、GCGMR、GCSMR、

$GCSEQ_1$ 或 $GCSEQ_2$。令 GCGS 和 SCGS 分别表示强结盟图模型稳定：SCGMR、SCSMR、$SCSEQ_1$ 或 $SCSEQ_2$。强结盟 Nash 稳定不包括在内，因为 Nash 稳定不涉及反制。用符号 WCGS 表示三级偏好下的弱结盟图模型稳定：WCGMR、WCSMR 和 WCSEQ。弱结盟稳定定义如下。

定义 8.39：对于 $H \subseteq N$，状态 s 对结盟 H 来说是弱结盟稳定，表示为 $s \in S_H^{\text{WCGS}}$，当且仅当 $s \in S_H^{\text{GCGS}}$，但 $s \notin S_H^{\text{SCGS}}$。

一个弱结盟稳定状态意味着它对于一些稳定类型来说，是一般结盟稳定，但不是相应稳定类型的强结盟稳定。因此，如果一个特定状态 s 是一般结盟稳定，那么 s 可以是强结盟稳定或弱结盟稳定。

8.5　混合偏好下结盟稳定的逻辑表达

8.3 节和 8.4 节分别定义了不确定偏好和三级偏好下的结盟稳定的逻辑表达。这两种类型的偏好与混合偏好结构相结合。本节将讨论混合偏好下的结盟稳定。

8.5.1　混合偏好下的一般结盟稳定

混合偏好是将三级偏好和不确定偏好结合在一起。因此，基于混合偏好的一般结盟稳定拓展为简单偏好、不确定偏好和三级偏好下的一般结盟稳定。令 $l = \{a, b, c, d\}$。

1. a 类型下的一般结盟稳定

对于 a 类型下的一般结盟稳定，相对于现状来说，结盟 H 愿意移动到轻微偏好或强烈偏好的状态，也愿意移动到不确定偏好的状态，但不愿意移动到被强烈、轻微和相同偏好反制的状态。下面给出的定义假定 $s \in S$ 和 $i \in N$。

定义 8.40：对于图模型 G，令 $H \subseteq N$ 是一个结盟。定义 $\Phi_H^{\ll, <, \sim}(s) = \{t \in S : s \gg_i t, s >_i t$，或对于至少一个 $i \in H$ 有 $s \sim_i t\}$，以及 $\Phi_H^{\ll, <, \sim, U}(s) = \{t \in S : s \gg_i t, s >_i t, s \sim_i t$，或对于至少一个 $i \in H$ 有 $s\, U_i\, t\}$。

注意 $\Phi_H^{\ll, <, \sim}(s)$ 和 $\Phi_H^{\ll, <, \sim, U}(s)$ 不需要考虑从 s 出发的可达性。

定义 8.41：当且仅当 $\text{CR}_H^{+, ++, U}(s) = \emptyset$ 时，状态 $s \in S$ 对于结盟 $H \subseteq N$ 来说是 a 类型下的一般结盟稳定，记为 $s \in S_H^{\text{GCNash}_a}$。

定义 8.42：状态 $s \in S$ 对于结盟 $H \subseteq N$ 是 a 类型下的一般结盟超理性稳定，记为 $s \in S_H^{\text{GCGMR}_a}$，当且仅当对于每个 $s_1 \in \text{CR}_H^{+, ++, U}(s)$，都存在 $s_2 \in R_{N-H}(s_1)$，使得 $s_2 \in \Phi_H^{\ll, <, \sim}(s)$。

定义 8.43：状态 $s \in S$ 对于结盟 $H \subseteq N$ 是 a 类型下的一般结盟对称超理性稳定，记为 $s \in S_H^{\text{GCSMR}_a}$，当且仅当对于每个 $s_1 \in \text{CR}_H^{+, ++, U}(s)$，存在

$s_2 \in R_{N-H}(s_1)$，使得 $s_2 \in \Phi_H^{\ll,<,\sim}(s)$，且对于所有的 $s_3 \in R_H(s_2)$，都有 $s_3 \in \Phi_H^{\ll,<,\sim}(s)$。

定义 8.44：状态 $s \in S$ 对于结盟 $H \subseteq N$ 是 a 类型下的一般结盟序列稳定，记为 $s \in S_H^{\mathrm{GCSEQ}_a}$，当且仅当对于每个 $s_1 \in \mathrm{CR}_H^{+,++,U}(s)$，都存在 $s_2 \in R_{N-H}^{+,++,U}(s_1)$，使得 $s_2 \in \Phi_H^{\ll,<,\sim}(s)$。

2. b 类型下的一般结盟稳定

定义 8.45：状态 $s \in S$ 对于结盟 $H \subseteq N$ 来说是 b 类型下的一般结盟 Nash 稳定，记为 $s \in S_H^{\mathrm{GCNash}_b}$，当且仅当 $\mathrm{CR}_H^{+,++}(s) = \emptyset$。

定义 8.46：状态 $s \in S$ 对于结盟 $H \subseteq N$ 来说是 b 类型下的一般结盟超理性，记为 $s \in S_H^{\mathrm{GCGMR}_b}$，当且仅当对于每个 $s_1 \in \mathrm{CR}_H^{+,++}(s)$，都存在 $s_2 \in R_{N-H}(s_1)$，使得 $s_2 \in \Phi_H^{\ll,<,\sim}(s)$。

定义 8.47：状态 $s \in S$ 对于结盟 $H \subseteq N$ 是一般结盟对称超理性稳定，记为 $s \in S_H^{\mathrm{GCSMR}_b}$，当且仅当对于每个 $s_1 \in \mathrm{CR}_H^{+,++}(s)$，都存在 $s_2 \in R_{N-H}(s_1)$，使得 $s_2 \in \Phi_H^{\ll,<,\sim}(s)$，且对于所有的 $s_3 \in R_H(s_2)$，都满足 $s_3 \in \Phi_H^{\ll,<,\sim}(s)$。

定义 8.48：状态 $s \in S$ 对于结盟 $H \subseteq N$ 来说是 b 类型下的一般结盟序列稳定，记为 $s \in S_H^{\mathrm{GCSEQ}_b}$，当且仅当对于每个 $s_1 \in \mathrm{CR}_H^{+,++}(s)$，都存在 $s_2 \in R_{N-H}^{+,++,U}(s_1)$，使得 $s_2 \in \Phi_H^{\ll,<,\sim}(s)$。

3. c 类型下的一般结盟稳定

定义 8.49：状态 $s \in S$ 对于结盟 $H \subseteq N$ 来说是 c 类型下的一般结盟 Nash 稳定，记为 $s \in S_H^{\mathrm{GCNash}_c}$，当且仅当 $\mathrm{CR}_H^{+,++,U}(s) = \emptyset$。

定义 8.50：状态 $s \in S$ 对于结盟 $H \subseteq N$ 是一般结盟超理性稳定，记为 $s \in S_H^{\mathrm{GCGMR}_c}$，当且仅当对于每个 $s_1 \in \mathrm{CR}_H^{+,++,U}(s)$，使得 $s_2 \in \Phi_H^{\ll,<,\sim,U}(s)$。

定义 8.51：状态 $s \in S$ 对于结盟 $H \subseteq N$ 是一般结盟对称超理性稳定，记为 $s \in S_H^{\mathrm{GCSMR}_c}$，当且仅当对于每个 $s_1 \in \mathrm{CR}_H^{+,++,U}(s)$，都存在 $s_2 \in R_{N-H}(s_1)$，使得 $s_2 \in \Phi_H^{\ll,<,\sim,U}(s)$，且对于所有的 $s_3 \in R_H(s_2)$ 都有 $s_3 \in \Phi_H^{\ll,<,\sim,U}(s)$。

定义 8.52：状态 $s \in S$ 对于结盟 $H \subseteq N$ 来说是 c 类型下的一般结盟序列稳定，记为 $s \in S_H^{\mathrm{GCSEQ}_c}$，当且仅当对于每个 $s_1 \in \mathrm{CR}_H^{+,++,U}(s)$，都存在 $s_2 \in R_{N-H}^{+,++,U}(s_1)$，使得 $s_2 \in \Phi_H^{\ll,<,\sim,U}(s)$。

4. d 类型下的一般结盟稳定

定义 8.53：状态 $s \in S$ 对于结盟 $H \subseteq N$ 来说是 d 类型下的一般结盟 Nash 稳定，记为 $s \in S_H^{\mathrm{GCNash}_d}$，当且仅当 $\mathrm{CR}_H^{+,++}(s) = \emptyset$。

定义 8.54：状态 $s \in S$ 对于结盟 $H \subseteq N$ 来说是 d 类型下的一般结盟超理性稳，记为 $s \in S_H^{\text{GCGMR}_d}$，当且仅当对于每个 $s_1 \in \text{CR}_H^{+,++}(s)$，都有 $s_2 \in R_{N-H}(s_1)$，使得 $s_2 \in \Phi_H^{\ll,<,\sim,U}(s)$。

定义 8.55：状态 $s \in S$ 对于结盟 $H \subseteq N$ 来说是 d 类型下的一般结盟对称超理性稳，记为 $s \in S_H^{\text{GCSMR}_d}$，当且仅当对于每个 $s_1 \in \text{CR}_H^{+,++}(s)$，都存在 $s_2 \in R_{N-H}(s_1)$，使得 $s_2 \in \Phi_H^{\ll,<,\sim,U}(s)$，且对于所有 $s_3 \in R_H(s_2)$，都满足 $s_3 \in \Phi_H^{\ll,<,\sim,U}(s)$。

定义 8.56：状态 $s \in S$ 对于结盟 $H \subseteq N$ 来说是 d 类型下的一般序列稳定，记为 $s \in S_H^{\text{GCSEQ}_d}$，当且仅当对于每个 $s_1 \in \text{CR}_H^{+,++}(s)$，都存在 $s_2 \in R_{N-H}^{+,++,U}(s_1)$，使得 $s_2 \in \Phi_H^{\ll,<,\sim,U}(s)$。

8.5.2 混合偏好下的强结盟稳定

在混合偏好的框架下，定义与强偏好相关的符号。

定义 8.57：对于图模型 G，令 $H \subseteq N$ 成为一个结盟。$\Phi_H^{\ll}(s) = \{t \in S :$ 对于至少一个 $i \in H$，有 $s \gg_i t$ 成立$\}$。

定义 8.58：令 $l = \{a, b, c, d\}$，结盟 $H \subseteq N$ 的强结盟 Nash 稳定与一般结盟 Nash 稳定相同。换句话说，$S_H^{\text{SCNash}_l} = S_H^{\text{GCNash}_l}$。

例如，当 $l = a$ 时，则 $S_H^{\text{SCNash}_a} = S_H^{\text{GCNash}_a}$。

1. a 类型下的强结盟稳定

定义 8.59：状态 $s \in S$ 对于结盟 $H \subseteq N$ 来说是 a 类型下的强结盟一般超理性稳定，记为 $s \in S_H^{\text{SCGMR}_a}$，当且仅当对于每个 $s_1 \in \text{CR}_H^{+,++,U}(s)$，都存在 $s_2 \in R_{N-H}(s_1)$，使得 $s_2 \in \Phi_H^{\ll}(s)$。

定义 8.60：状态 $s \in S$ 对于结盟 $H \subseteq N$ 来说是 a 类型下的强结盟对称超理性稳定，记为 $s \in S_H^{\text{SCSMR}_a}$，当且仅当对于每个 $s_1 \in \text{CR}_H^{+,++,U}(s)$，都存在 $s_2 \in R_{N-H}(s_1)$，使得 $s_2 \in \Phi_H^{\ll}(s)$，且对于所有的 $s_3 \in R_H(s_2)$，都满足 $s_3 \in \Phi_H^{\ll}(s)$。

定义 8.61：状态 $s \in S$ 对于结盟 $H \subseteq N$ 来说是 a 类型下的强结盟序列稳定，记为 $s \in S_H^{\text{SCSEQ}_a}$，当且仅当对于每个 $s_1 \in \text{CR}_H^{+,++,U}(s)$，都存在 $s_2 \in R_{N-H}^{+,++,U}(s_1)$，使得 $s_2 \in \Phi_H^{\ll}(s)$。

2. b 类型下的强结盟稳定

定义 8.62：状态 $s \in S$ 对于结盟 $H \subseteq N$ 来说是 b 类型下的强结盟一般超理性稳定，记为 $s \in S_H^{\text{SCGMR}_b}$，当且仅当对于每个 $s_1 \in \text{CR}_H^{+,++}(s)$，都存在 $s_2 \in R_{N-H}(s_1)$，使得 $s_2 \in \Phi_H^{\ll}(s)$。

定义 8.63：状态 $s \in S$ 对于结盟 $H \subseteq N$ 来说是 b 类型下的强结盟序列稳定，记为 $s \in S_H^{\text{SCSMR}_b}$，当且仅当对于每个 $s_1 \in \text{CR}_H^{+,++}(s)$，都存在 $s_2 \in R_{N-H}(s_1)$，

使得 $s_2 \in \Phi_H^{\ll}(s)$, 且所有的 $s_3 \in R_H(s_2)$ 都满足 $s_3 \in \Phi_H^{\ll}(s)$.

定义 8.64: 状态 $s \in S$ 对于结盟 $H \subseteq N$ 来说是 b 类型下的强结盟序列稳定, 记为 $s \in S_H^{\mathrm{SCSEQ}_b}$, 当且仅当对于每个 $s_1 \in \mathrm{CR}_H^{+,++}(s)$, 都存在 $s_2 \in R_{N-H}^{+,++,U}(s_1)$, 使得 $s_2 \in \Phi_H^{\ll}(s)$.

3. c 类型下的强结盟稳定

定义 8.65: 状态 $s \in S$ 对于结盟 $H \subseteq N$ 来说是 c 类型下的强结盟一般超理性稳定, 记为 $s \in S_H^{\mathrm{SCGMR}_c}$, 当且仅当对于每个 $s_1 \in \mathrm{CR}_H^{+,++,U}(s)$, 都存在 $s_2 \in R_{N-H}(s_1)$, 使得 $s_2 \in \Phi_H^{\ll,U}(s)$.

定义 8.66: 状态 $s \in S$ 对于结盟 $H \subseteq N$ 是强结盟对称超理性稳定, 记为 $s \in S_H^{\mathrm{SCSMR}_c}$, 当且仅当对于每个 $s_1 \in \mathrm{CR}_H^{+,++,U}(s)$, 都存在 $s_2 \in R_{N-H}(s_1)$, 使得 $s_2 \in \Phi_H^{\ll,U}(s)$, 且所有的 $s_3 \in R_H(s_2)$ 都满足 $s_3 \in \Phi_H^{\ll,U}(s)$.

定义 8.67: 状态 $s \in S$ 对于结盟 $H \subseteq N$ 来说是 c 类型下的强结盟序列稳定, 记为 $s \in S_H^{\mathrm{SCSEQ}_c}$, 当且仅当对于每个 $s_1 \in \mathrm{CR}_H^{+,++,U}(s)$, 都存在 $s_2 \in R_{N-H}^{+,++,U}(s_1)$, 使得 $s_2 \in \Phi_H^{\ll,U}(s)$.

4. d 类型下的强结盟稳定

定义 8.68: 状态 $s \in S$ 对于结盟 $H \subseteq N$ 来说是 d 类型下的强结盟一般超理性稳定, 记为 $s \in S_H^{\mathrm{SCGMR}_d}$, 当且仅当对于每个 $s_1 \in \mathrm{CR}_H^{+,++}(s)$, 都存在 $s_2 \in R_{N-H}(s_1)$, 使得 $s_2 \in \Phi_H^{\ll,U}(s)$.

定义 8.69: 状态 $s \in S$ 对于结盟 $H \subseteq N$ 来说是 d 类型下的强结盟对称超理性稳定, 记为 $s \in S_H^{\mathrm{SCSMR}_d}$, 当且仅当对于每个 $s_1 \in \mathrm{CR}_H^{+,++}(s)$, 都存在 $s_2 \in R_{N-H}(s_1)$, 使得 $s_2 \in \Phi_H^{\ll,U}(s)$, 或对于所有的 $s_3 \in R_H(s_2)$, 都有 $s_3 \in \Phi_H^{\ll,U}(s)$.

定义 8.70: 状态 $s \in S$ 对于结盟 $H \subseteq N$ 来说是 d 类型下的强结盟序列稳定, 记为 $s \in S_H^{\mathrm{SCSEQ}_d}$, 当且仅当对于每个 $s_1 \in \mathrm{CR}_H^{+,++}(s)$, 都存在 $s_2 \in R_{N-H}^{+,++,U}(s_1)$, 使得 $s_2 \in \Phi_H^{\ll,U}(s)$.

8.6　简单偏好下结盟均衡的矩阵表达

尽管 8.2 节定义了简单偏好下的四种结盟稳定, 8.3 节定义了不确定偏好下的四种结盟稳定, 8.4 节定义了三级偏好下的四种结盟稳定, 8.5 节定义了混合偏好下的四种结盟稳定, 但这些定义都是以逻辑形式表达的, 难以编程。为了推导执行这些结盟稳定的更容易的算法, 在下面几节中将引入不同偏好结构下结盟稳定的矩阵表达。首先是简单偏好下的结盟稳定的矩阵形式 (Xu et al., 2014)。

8.6.1　结盟改良矩阵

用 $m = |S|$ 表示状态的数量，E 表示每个元素都等于 1 的 $m \times m$ 维矩阵，e_s 表示 m 维欧几里得空间 $\mathbb{R}^S$ 的第 s 个标准基向量。回想在第 4 章和第 5 章分别基于关联矩阵 B 和邻接矩阵 J 两种方法构建的单边移动可达矩阵。

定义 8.1 给出了结盟改良集合 $\mathrm{CR}_H^+(s)$ 的逻辑形式，本节将构建该集合对应的矩阵表达式。

定义 8.71： 对于图模型 G，令 $H \subseteq N$ 是一个非空结盟。H 结盟改良矩阵被定义为一个 $m \times m$ 维的矩阵 CM_H^+，其中元素 (s,q) 的值记为

$$\mathrm{CM}_H^+(s,q) = \begin{cases} 1, & \text{如果 } q \in \mathrm{CR}_H^+(s) \\ 0, & \text{其他} \end{cases}$$

显然，$\mathrm{CR}_H^+(s) = \{q : \mathrm{CM}_H^+(s,q) = 1\}$。那么

$$\mathrm{CR}_H^+(s) = e_s^{\mathrm{T}} \cdot \mathrm{CM}_H^+$$

如果 $\mathrm{CR}_H^+(s)$ 被写成 0-1 行向量，第 j 个元素值为 1 时表示结盟 H 存在一个从 s 至 s_j 的结盟改良移动。注意 e_s^{T} 表示 m 维欧几里得空间的第 s 个标准基向量 e_s 的转置。这样，结盟 H 的结盟改良矩阵 CM_H^+ 可用来构建从状态 s 出发的 H 的结盟改良，即 $\mathrm{CR}_H^+(s)$。

使用定义 8.1，可用下列定理构建 H 的结盟改良矩阵。回想 $P_H^{-,=} = \bigvee_{i \in H} P_i^{-,=}$（"$\vee$" 指定义 3.16 中的析取运算符）。

定理 8.1： 对于图模型，令 $H \subseteq N$ 是一个空结盟。H 的结盟改良矩阵表示为

$$\mathrm{CM}_H^+ = M_H \circ (E - P_H^{-,=}) \tag{8.1}$$

证明： 证明式 (8.1)，假设 $C = M_H \circ (E - P_H^{-,=})$。使用第 4 章和第 5 章中给出的矩阵 M_H 的定义，$C(s,q) = 1$ 当且仅当 $M_H(s,q) = 1$ 且 $P_H^{-,=}(s,q) = 0$，合起来表示有 $q \in R_H(s)$ 使得 $P_i^{-,=}(s,q) = 0$ 对每个决策者 $i \in H$。因此，$C(s,q) = 1$ 当且仅当 $q \in R_H(s)$ 且对每个 $i \in H$ 都满足 $q \succ_i s$，于是 $q \in \mathrm{CR}_H^+(s)$。根据定义 8.71 可知 $\mathrm{CM}_H^+(s,q) = 1$。所以，$\mathrm{CM}_H^+(s,q) = 1$ 当且仅当 $C(s,q) = 1$。由于 CM_H^+ 和 C 是 0-1 矩阵，故 $\mathrm{CM}_H^+ = M_H \circ (E - P_H^{-,=})$ 成立。

8.6.2　结盟稳定的矩阵表示

对于一个固定状态 $s \in S$，令 e_s 是第 s 个元素都是 1，其他位置都是 0 的 m 维向量，e 是一个所有元素都是 1 的 m 维向量。令 $(\vec{0})^{\mathrm{T}}$ 表示 $\vec{0}$ 的转置。

定理 8.2：对于图模型 G，令 $H \subseteq N$ 是一个非空结盟。状态 $s \in S$ 对 H 是结盟纳什稳定，表示为 $s \in S_H^{\text{CNash}}$，当且仅当 $e_s^{\text{T}} \cdot \text{CM}_H^+ \cdot e = 0$。

证明：由于 $e_s^{\text{T}} \cdot \text{CM}_H^+ \cdot e = 0$ 当且仅当 $e_s^{\text{T}} \cdot \text{CM}_H^+ = (\overrightarrow{0})^{\text{T}}$，则根据定义 8.71，$\text{CR}_H^+(s) = \varnothing$ 成立。所以，这个定义的证明见定义 8.5。

结盟纳什稳定包括个体纳什稳定。例如，如果 $|H| = 1$，定理 8.2 就简化为定理 4.3 中的个体 Nash 稳定的矩阵表达。特别的，

推论 8.1：对于图模型 G，令 $i \in N$。如果 $e_s^{\text{T}} \cdot \text{CM}_{\{i\}}^+ \cdot e = 0$，则 s 对决策者 i 是 Nash 稳定。

从 8.1 可知，结盟 Nash 均衡是个体 Nash 均衡的推广。

定理 8.3：对于图模型 G，状态 $s \in S$ 对于每个 $H \subseteq N$ 是全局结盟 Nash 均衡，表示为 $s \in S^{\text{UCNash}}$，当且仅当 $\sum\limits_{\forall H \subseteq N} e_s^{\text{T}} \cdot \text{CM}_H^+ \cdot e = 0$。

证明：由于 $\sum\limits_{\forall H \subseteq N} e_s^{\text{T}} \cdot \text{CM}_H^+ \cdot e = 0$ 当且仅当对于任一 $H \subseteq N$，$e_s^{\text{T}} \cdot \text{CM}_H^+ \cdot e = 0$。由定理 8.2 可知，$e_s^{\text{T}} \cdot \text{CM}_H^+ \cdot e = 0$ 当且仅当 $s \in S$ 对 H 是结盟纳什稳定。所以，$\sum\limits_{H \subseteq N} e_s^{\text{T}} \cdot \text{CM}_H^+ \cdot e = 0$ 当且仅当 $s \in S$ 对每个结盟 $H \subseteq N$ 都是结盟纳什稳定。证明在定义 8.6 中完成。

定理 8.3 表明全局结盟纳什均衡的矩阵表达等同于定义 8.6 中的逻辑表达。与个体一般超理性稳定相类似，定义结盟一般超理性矩阵为

$$M_H^{\text{CGMR}} = \text{CM}_H^+ \cdot \left\{ E - \text{sign} \left[M_{N-H} \cdot (P_H^{-,=})^{\text{T}} \right] \right\} \tag{8.2}$$

其中，$H \subseteq N$。下列定理给出评估状态 s 对于 H 是否满足结盟一般超理性稳定的办法。

定理 8.4：对于图模型 G，令 $H \subseteq N$ 是一个非空结盟。状态 $s \in S$ 对于 H 是结盟一般超理性稳定，记为 $s \in S_H^{\text{CGMR}}$，当且仅当 $M_H^{\text{CGMR}}(s,s) = 0$。

证明：因为

$$M_H^{\text{CGMR}}(s,s) = (e_s^{\text{T}} \cdot \text{CM}_H^+) \cdot \left\{ \left\{ E - \text{sign} \left[M_{N-H} \cdot (P_H^{-,=})^{\text{T}} \right] \right\} \cdot e_s \right\}$$

$$= \sum_{s_1=1}^{m} \text{CM}_H^+(s,s_1) \cdot \left\{ 1 - \text{sign} \left[(e_{s_1}^{\text{T}} \cdot M_{N-H}) \cdot (e_s^{\text{T}} \cdot P_H^{-,=})^{\text{T}} \right] \right\}$$

则 $M_H^{\text{CGMR}}(s,s) = 0$ 成立，当且仅当

$$\text{CM}_H^+(s,s_1) \cdot \left\{ 1 - \text{sign} \left[(e_{s_1}^{\text{T}} \cdot M_{N-H}) \cdot (e_s^{\text{T}} \cdot P_H^{-,=})^{\text{T}} \right] \right\} = 0 \tag{8.3}$$

对于每个 $s_1 \in S - s$。显然，式 (8.3) 等同于

$$(e_{s_1}^{\text{T}} \cdot M_{N-H}) \cdot (e_s^{\text{T}} \cdot P_H^{-,=})^{\text{T}} \neq 0$$

对于每个 $s_1 \in \mathrm{CR}_H^+(s)$。所以，对于一个从 s 出发的结盟改良，$s_1 \in \mathrm{CR}_H^+(s)$，存在至少一个 $s_2 \in R_{N-H}(s_1)$ 且 $P_H^{-,=}(s, s_2) = 1$ 等同于对于某些决策者 $i \in H$ 存在 $s \succeq_i s_2$。根据定义 8.8，$M_H^{\mathrm{CGMR}}(s, s) = 0$ 意味着 s 对 H 是结盟一般超理性稳定。

定理 8.4 表示的这种矩阵方法，称为结盟一般超理性稳定的矩阵表达，等同于定义 8.8 给出的相同稳定的逻辑表达。为了分析 s 对于结盟 H 的一般超理性稳定，需要检查结盟一般超理性矩阵的对角线元素是否等于 0。如果等于 0，则 s 对于 H 来说是结盟一般超理性稳定；如果不等于 0，则 s 对于 H 来说不是结盟一般超理性稳定。与个体一般超理性稳定类似，结盟一般超理性稳定的所有信息都包含在结盟一般超理性稳定矩阵的对角线元素中。

如果 $|H| = 1$，则定理 8.4 简化为个体一般超理性稳定的矩阵表达，在定理 4.10 已经给出。

推论 8.2： 对于图模型 G，令 $i \in N$。如果 $M_{\{i\}}^{\mathrm{CGMR}}(s, s) = 0$，则 s 对于决策者 i 是一般超理性稳定。

结盟对称超理性稳定与结盟一般超理性稳定类似，但考虑到三步移动，在遭到对手 $(N - H)$ 的反击制裁之后，结盟 H 仍有进一步移动的动机。定义结盟对称超理性稳定矩阵如下：

$$M_H^{\mathrm{CSMR}} = \mathrm{CM}_H^+ \cdot [E - \mathrm{sign}(F)]$$

其中，

$$F = M_{N-H} \cdot \left\{ (P_H^{-,=})^{\mathrm{T}} \circ \left\{ E - \mathrm{sign}\left[M_H \cdot (E - P_H^{-,=})^{\mathrm{T}} \right] \right\} \right\}$$

对于 $H \subseteq N$。以下定理通过矩阵方法来判断状态 s 是否对 H 是结盟对称超理性稳定。

定理 8.5： 对于图模型 G，令 $H \subseteq N$ 成为一个结盟。状态 $s \in S$ 对 H 是结盟对称超理性稳定，表示为 $s \in S_H^{\mathrm{CSMR}}$，当且仅当 $M_H^{\mathrm{CSMR}}(s, s) = 0$。

证明： 由于

$$M_H^{\mathrm{CSMR}}(s, s) = (e_s^{\mathrm{T}} \cdot \mathrm{CM}_H^+) \cdot \{ [E - \mathrm{sign}(F)] \cdot e_s \}$$

$$= \sum_{s_1=1}^m \mathrm{CM}_H^+(s, s_1) \left[1 - \mathrm{sign}\left(F(s_1, s) \right) \right]$$

其中，

$$F(s_1, s) = \sum_{s_2=1}^m M_{N-H}(s_1, s_2) \cdot W(s_2, s)$$

$$W(s_2, s) = P_H^{-,=}(s, s_2) \cdot \left[1 - \text{sign} \left\{ \sum_{s_3=1}^{m} \left\{ M_H(s_2, s_3) \cdot [1 - P_H^{-,=}(s, s_3)] \right\} \right\} \right]$$

则 $M_H^{\text{CSMR}}(s, s) = 0$ 成立，当且仅当 $F(s_1, s) \neq 0$ 对于每个 $s_1 \in \text{CR}_H^+(s)$，这等同于对于每个 $s_1 \in \text{CR}_H^+(s)$，存在 $s_2 \in R_{N-H}(s_1)$，使得

$$P_H^{-,=}(s, s_2) \neq 0 \tag{8.4}$$

$$\sum_{s_3=1}^{m} M_H(s_2, s_3) \cdot [1 - P_H^{-,=}(s, s_3)] = 0 \tag{8.5}$$

式 (8.4) 意味着 $s \succeq_i s_2$ 对于至少一个决策者 $i \in H$ 成立，即定义 8.7 中给出的 $s_2 \in \Phi_H^{\prec}(s)$。式 (8.5) 等同于

$$P_H^{-,=}(s, s_3) = 1 \text{ 对于任意 } s_3 \in R_H(s_2) \text{成立} \tag{8.6}$$

显然，对于每个 $s_1 \in \text{CR}_H^+(s)$，存在 $s_2 \in R_{N-H}(s_1)$，使得式 (8.4) 和式 (8.5) 成立，当且仅当对于每个 $s_1 \in \text{CR}_H^+(s)$，存在 $s_2 \in R_{N-H}(s_1)$，使得 $s_2 \in \Phi_H^{\prec}(s)$，且对于所有的 $s_3 \in R_H(s_2)$ 都满足 $s_3 \in \Phi_H^{\prec}(s)$。因此，根据定义 8.10，定理 8.5 成立。

定理 8.5 表示的这种矩阵方法，称为结盟对称超理性稳定的矩阵表达，等同于定义 8.10 给出的逻辑表达。为了计算 s 对于 H 是否为结盟对称超理性稳定，只需评估结盟对称超理性稳定矩阵的对角线元素 $M_H^{\text{CSMR}}(s, s)$ 是否等于 0 即可。如果是，则 s 对于 H 是结盟对称超理性稳定；如果不是，则 s 对于 H 不是结盟对称超理性稳定。

推论 8.3： 对于图模型 G，令 $i \in N$。如果 $M_{\{i\}}^{\text{CSMR}}(s, s) = 0$，则 s 对于决策者 i 是对称超理性稳定。

结盟序列稳定与结盟一般超理性稳定相似，但仅包括那些可信的或理性反击。如果 H 的对手被看作一个结盟，则结盟 SEQ_1 稳定矩阵 $M_H^{\text{CSEQ}_1}$ 被定义为

$$M_H^{\text{CSEQ}_1} = \text{CM}_H^+ \cdot \left\{ E - \text{sign} \left[\text{CM}_{N-H}^+ \cdot (P_H^{-,=})^{\text{T}} \right] \right\}$$

定理 8.6 提供了一个矩阵方法来分析当 H 的对手 $N - H$ 被看作一个结盟时，状态 s 是否为结盟 SEQ_1 稳定。

定理 8.6： 对于图模型 G，令 $H \subseteq N$ 是一个结盟。状态 $s \in S$ 对于 H 来说是结盟 SEQ_1 稳定，记为 $s \in S_H^{\text{CSEQ}_1}$，当且仅当 $M_H^{\text{CSEQ}_1}(s, s) = 0$ 成立。

证明： 由于

$$M_H^{\text{CSEQ}_1}(s, s) = (e_s^{\text{T}} \text{CM}_H^+) \cdot \left\{ \left\{ E - \text{sign}[\text{CM}_{N-H}^+ \cdot (P_H^{-,=})^{\text{T}}] \right\} e_s \right\}$$

$$= \sum_{s_1=1}^{|S|} \mathrm{CM}_H^+(s, s_1) \left\{ 1 - \mathrm{sign}\left[(e_{s_1}^{\mathrm{T}} \mathrm{CM}_{N-H}^+) \cdot (e_s^{\mathrm{T}} P_H^{-,=})^{\mathrm{T}}\right] \right\}$$

则 $M_H^{\mathrm{CSEQ}_1}(s, s) = 0$ 成立，当且仅当

$$\mathrm{CM}_H^+(s, s_1) \left\{ 1 - \mathrm{sign}\left[(e_{s_1}^{\mathrm{T}} \mathrm{CM}_{N-H}^+) \cdot (e_s^{\mathrm{T}} P_H^{-,=})^{\mathrm{T}}\right] \right\} = 0, \forall s_1 \in S \tag{8.7}$$

显然，式 (8.7) 等同于

$$(e_{s_1}^{\mathrm{T}} \mathrm{CM}_{N-H}^+) \cdot (e_s^{\mathrm{T}} P_H^{-,=})^{\mathrm{T}} \neq 0 \text{ 对于任意 } s_1 \in \mathrm{CR}_H^+(s)$$

这意味着对于任意 $s_1 \in \mathrm{CR}_H^+(s)$，存在至少一个 $s_2 \in \mathrm{CR}_{N-H}^+(s_1)$，使得 $s_2 \in \Phi_H^{\preceq}(s)$，且对于某些决策者 $i \in H$ 满足 $s \succeq_i s_2$。这个定理的证明使用了定义 8.12。

注意结盟 SEQ_1 稳定矩阵与结盟一般超理性稳定矩阵相似，除了 H 的对手 M_{N-H} 的单边移动可达矩阵被替换为结盟改良矩阵 M_{N-H} 外。与前面的两个定理相似，结盟序列稳定的矩阵表达等同于定义 8.12 给出的逻辑表达。一旦位于 (s, s) 的对角线元素等于 0，则可考虑状态 s 对于 H 是结盟 SEQ_1 稳定。定理 8.7 与定义 8.13 给出的结盟 SEQ_2 稳定相似。定义结盟 SEQ_2 稳定矩阵为

$$M_H^{\mathrm{CSEQ}_2} = \mathrm{CM}_H^+ \cdot \left\{ E - \mathrm{sign}\left[M_{N-H}^+ \cdot (P_H^{-,=})^{\mathrm{T}} \right] \right\}$$

定理 8.7：对于图模型 G，令 $H \subseteq N$ 是一个结盟。状态 $s \in S$ 对于 H 来说是结盟 SEQ_2 稳定，表示为 $s \in S_H^{\mathrm{CSEQ}_2}$，当且仅当 $M_H^{\mathrm{CSEQ}_2}(s, s) = 0$。

推论 8.4：对于图模型 G，令 $i \in N$，则：① $M_{\{i\}}^{\mathrm{CSEQ}_1} = M_{\{i\}}^{\mathrm{CSEQ}_2}$；②如果 $M_{\{i\}}^{\mathrm{CSEQ}_1}(s, s) = 0$ 或 $M_{\{i\}}^{\mathrm{CSEQ}_2}(s, s) = 0$，那么 s 对于决策者 i 来说是序列稳定。

8.7 不确定偏好下结盟稳定的矩阵表达

8.7.1 结盟改良或不确定移动的矩阵表达

令 $m = |S|$ 表示状态的数量，E 表示每个元素等于 1 的 $m \times m$ 维矩阵，e_s 表示 m 维欧几里得空间 $\mathbb{R}^S$ 的第 s 个标准基向量。应用定理 4.9 可以构建单边移动可达矩阵 M_H。

定义 8.1 和定义 8.2 分别给出了结盟改良集合和结盟改良或不确定移动集合的逻辑形式，即 $\mathrm{CR}_H^+(s)$ 和 $\mathrm{CR}_H^{+,U}(s)$，本节将构造两个集合对应的矩阵表达式。

定义 8.72：对于图模型 G，令 $H \subseteq N$ 是一个非空结盟。H 的结盟改良矩阵定义为一个 $m \times m$ 维的矩阵 CM_H^+，其中元素 (s, q) 记为

$$\mathrm{CM}_H^+(s, q) = \begin{cases} 1, & \text{如果 } q \in \mathrm{CR}_H^+(s) \\ 0, & \text{其他} \end{cases}$$

此外，H 的结盟改良矩阵或不确定移动矩阵，定义为一个 $m \times m$ 维的矩阵 $\mathrm{CM}_H^{+,U}$，其中元素 (s, q) 记为

$$\mathrm{CM}_H^{+,U}(s, q) = \begin{cases} 1, & \text{如果 } q \in \mathrm{CR}_H^{+,U}(s) \\ 0, & \text{其他} \end{cases}$$

显然，$\mathrm{CR}_H^+(s) = \{q : \mathrm{CM}_H^+(s, q) = 1\}$，且 $\mathrm{CR}_H^{+,U}(s) = \{q : \mathrm{CM}_H^{+,U}(s, q) = 1\}$。此时，

$$\mathrm{CR}_H^+(s) = e_s^{\mathrm{T}} \cdot \mathrm{CM}_H^+; \ \mathrm{CR}_H^{+,U}(s) = e_s^{\mathrm{T}} \cdot \mathrm{CM}_H^{+,U}$$

如果将 $\mathrm{CR}_H^+(s)$ 和 $\mathrm{CR}_H^{+,U}(s)$ 都写成 0-1 行向量的形式，二者的第 j 个元素为 1 分别表示结盟 H 存在一个从 s 到 s_j 的结盟改良移动和结盟 H 存在一个从 s 到 s_j 的结盟改良或不确定移动。所以，结盟 H 的结盟改良或不确定移动矩阵，可分别用从状态 s 出发的 H 的结盟改良或不确定移动来构建。

定理 8.8：对于图模型 G，令 $H \subseteq N$ 是一个非空结盟。H 的结盟改良矩阵可表示为

$$\mathrm{CM}_H^+ = M_H \circ (E - P_H^{-,=,U}) \tag{8.8}$$

证明：假设 $C = M_H \circ P_H^{-,=,U}$，根据第 4 章中矩阵 M_H 的定义可知，当且仅当 $M_H(s, q) = 1$ 且 $P_H^{-,=,U}(s, q) = 0$，$C(s, q) = 1$ 成立。这表明存在 $q \in R_H(s)$，使得对于每个决策者 $i \in H$ 都有 $P_i^{-,=,U}(s, q) = 0$。所以，根据定义 8.1 可知，$C(s, q) = 1$ 意味着对于每个 $i \in H$，都存在 $q \in R_H(s)$ 且 $q \succ_i s$，故而 $q \in \mathrm{CR}_H^{+,U}(s)$ 成立。根据定义 8.72 可知，$\mathrm{CM}_H^+(s, q) = 1$ 成立。因此，当且仅当 $C(s, q) = 1$，$\mathrm{CM}_H^+(s, q) = 1$ 成立。由于 CM_H^+ 和 C 是 0-1 矩阵，故 $\mathrm{CM}_H^+ = M_H \circ (E - P_H^{-,=,U})$ 成立。

注意 $\mathrm{CM}_H^+ \neq M_H \circ P_H^+$。矩阵 $P_H^+ = \bigvee_{i \in H} P_i^+$（"$\vee$" 表示定义 3.16 中描述的析取运算符）。当且仅当 $M_H(s, q) = 1$ 且 $P_H^+(s, q) = 1$，$(M_H \circ P_H^+)(s, q) = 1$ 成立。这意味着存在 $q \in R_H(s)$，使得对某些决策者 $i \in H$，$P_i^+(s, q) = 1$ 成立。这不符合 CM_H^+ 的定义。

需要指出的是，定理 8.8 中矩阵 CM_H^+ 不同于定理 8.1 给出的矩阵（不能分析不确定偏好的冲突）。定理 8.8 给出的矩阵包含不确定偏好的信息。根据定

义 8.2，H 的结盟改良或不确定移动矩阵的构建可参考定理 8.9。如前所述，设 $P_H^{-,=} = \bigvee_{i \in H} P_i^{-,=}$。

定理 8.9：对于图模型 G，令 $H \subseteq N$ 是一个非空结盟。H 的结盟改良或不确定移动矩阵可表示为

$$\mathrm{CM}_H^{+,U} = M_H \circ (E - P_H^{-,=}) \tag{8.9}$$

证明：假设 $C = M_H \circ (E - P_H^{-,=})$。根据第 4 章中矩阵 M_H 的定义可知，当且仅当 $M_H(s,q) = 1$ 且 $P_H^{-,=}(s,q) = 0$，$C(s,q) = 1$ 成立。这表明存在 $q \in R_H(s)$，使得对于每个决策者 $i \in H$，都有 $P_i^{-,=}(s,q) = 0$ 成立。所以，$C(s,q) = 1$ 成立，当且仅当存在 $q \in R_H(s)$，使得对于每个 $i \in H$ 都满足 $q \succ_i s$ 或 $q\, U_i\, s$。因此，根据定义 8.2 可知，$q \in \mathrm{CR}_H^{+,U}(s)$。进而，根据定义 8.72，有 $\mathrm{CM}_H^{+,U}(s,q) = 1$。所以，当且仅当 $C(s,q) = 1$ 时，$\mathrm{CM}_H^{+,U}(s,q) = 1$ 成立。由于 $\mathrm{CM}_H^{+,U}$ 且 C 是 0-1 矩阵，故 $\mathrm{CM}_H^{+,U} = M_H \circ (E - P_H^{-,=})$ 成立。

定理 8.8 和定理 8.9 提供了一种矩阵方法，用于构建从状态 s 开始的 H 的结盟改良移动集合 $\mathrm{CR}_H^+(s)$ 和结盟改良或不确定移动集合 $\mathrm{CR}_H^{+,U}(s)$。在获得不确定偏好下结盟稳定定义的两个重要元素的基础上，可以进一步构建结盟稳定的矩阵表达。令 $l = \{a, b, c, d\}$。

8.7.2 l 类型下结盟稳定的矩阵表达

1. a 类型下结盟稳定的矩阵表达

假设状态 $s \in S$，e_s 为一个 m 维向量，其第 s 个元素值为 1，其他位置元素值都是 0，e 为一个所有元素值均为 1 的 m 维向量，$(\vec{0})^{\mathrm{T}}$ 表示 $\vec{0}$ 的转置。

定理 8.10：对于图模型 G，令 $H \subseteq N$ 是一个非空结盟。当且仅当 $e_s^{\mathrm{T}} \cdot \mathrm{CM}_H^{+,U} \cdot e = 0$ 时，状态 $s \in S$ 对结盟 H 来说是 a 类型下的结盟 Nash 稳定，记为 $s \in S_H^{\mathrm{CNash}_a}$。

证明：由于当且仅当 $e_s^{\mathrm{T}} \cdot \mathrm{CM}_H^{+,U} = (\vec{0})^{\mathrm{T}}$ 时，$e_s^{\mathrm{T}} \cdot \mathrm{CM}_H^{+,U} \cdot e = 0$ 成立，故参考定义 8.72 可知，$\mathrm{CR}_H^{+,U}(s) = \varnothing$。所以，根据定义 8.16 可得证。

定义结盟 H 的 CGMR_a 稳定矩阵

$$M_H^{\mathrm{CGMR}_a} = \mathrm{CM}_H^{+,U} \cdot \left\{ E - \mathrm{sign}\left[M_{N-H} \cdot (P_H^{-,=})^{\mathrm{T}} \right] \right\} \tag{8.10}$$

其中，$H \subseteq N$。定理 8.11 给出了一种矩阵分析方法，用于判断状态 s 对于 H 来说是否是 CGMR_a 稳定。

定理 8.11：对于图模型 G，令 $H \subseteq N$ 是一个非空结盟。当且仅当 $M_H^{\mathrm{CGMR}_a}(s, s) = 0$ 时，状态 $s \in S$ 对 H 结盟来说是 CGMR_a，记为 $s \in S_H^{\mathrm{CGMR}_a}$。

证明：由于

$$M_H^{\mathrm{CGMR}_a}(s,s) = (e_s^{\mathrm{T}} \cdot \mathrm{CM}_H^{+,U}) \cdot \left\{ \left\{ E - \mathrm{sign}\left[M_{N-H} \cdot (P_H^{-,=})^{\mathrm{T}} \right] \right\} \cdot e_s \right\}$$

$$= \sum_{s_1=1}^{m} \mathrm{CM}_H^{+,U}(s,s_1) \cdot \left\{ 1 - \mathrm{sign}\left[(e_{s_1}^{\mathrm{T}} \cdot M_{N-H}) \cdot (e_s^{\mathrm{T}} \cdot P_H^{-,=})^{\mathrm{T}} \right] \right\}$$

则 $M_H^{\mathrm{CGMR}_a}(s,s) = 0$ 成立，当且仅当对于每个 $s_1 \in S - \{s\}$，都有

$$\mathrm{CM}_H^{+,U}(s,s_1) \cdot \left\{ 1 - \mathrm{sign}\left[(e_{s_1}^{\mathrm{T}} \cdot M_{N-H}) \cdot (e_s^{\mathrm{T}} \cdot P_H^{-,=})^{\mathrm{T}} \right] \right\} = 0 \tag{8.11}$$

显然，式 (8.11) 等同于对每个 $s_1 \in \mathrm{CR}_H^{+,U}(s)$，有

$$(e_{s_1}^{\mathrm{T}} \cdot M_{N-H}) \cdot (e_s^{\mathrm{T}} \cdot P_H^{-,=})^{\mathrm{T}} \neq 0$$

对于一个从 s 出发的结盟改良或不确定移动，$s_1 \in \mathrm{CR}_H^{+,U}(s)$，存在至少一个 $s_2 \in R_{N-H}(s_1)$，使得 $P_H^{-,=}(s,s_2) = 1$，即对于某些决策者 $i \in H$，有 $s \succeq_i s_2$ 成立。根据定义 8.17 可知，$M_H^{\mathrm{CGMR}_a}(s,s) = 0$ 意味着 s 对于 H 来说是 CGMR_a 稳定的。

定理 8.11 表明，CGMR_a 矩阵计算方法和定义 8.17 中的逻辑表达方法是等价的。

CSMR_a 稳定与 CGMR_a 相似，只是进一步考虑到结盟 H 的二次单边移动。定义 CSMR_a 矩阵为

$$M_H^{\mathrm{CSMR}_a} = \mathrm{CM}_H^{+,U} \cdot [E - \mathrm{sign}(F)]$$

其中，

$$F = M_{N-H} \cdot \left\{ (P_H^{-,=})^{\mathrm{T}} \circ \left\{ E - \mathrm{sign}\left[M_H \cdot (E - P_H^{-,=})^{\mathrm{T}} \right] \right\} \right\}, \quad H \subseteq N$$

定理 8.12 将给出一种判定状态 s 对 H 来说是否是 CSMR_a 稳定的矩阵分析方法。

定理 8.12：对于图模型 G，令 $H \subseteq N$ 是一个结盟。当且仅当 $M_H^{\mathrm{CSMR}_a}(s,s) = 0$ 时，状态 $s \in S$ 对于 H 来说是 CSMR_a 稳定的，记为 $s \in S_H^{\mathrm{CSMR}_a}$。

证明：由于

$$M_H^{\mathrm{CSMR}_a}(s,s) = (e_s^{\mathrm{T}} \cdot \mathrm{CM}_H^{+,U}) \cdot \left\{ [E - \mathrm{sign}(F)] \cdot e_s \right\}$$

$$= \sum_{s_1=1}^{m} \mathrm{CM}_H^{+,U}(s,s_1) \left\{ 1 - \mathrm{sign}\left[F(s_1,s) \right] \right\}$$

其中，

$$F(s_1, s) = \sum_{s_2=1}^{m} M_{N-H}(s_1, s_2) \cdot W(s_2, s)$$

$$W(s_2, s) = P_H^{-,=}(s, s_2) \cdot \left[1 - \text{sign} \left\{ \sum_{s_3=1}^{m} \left\{ M_H(s_2, s_3) \cdot [1 - P_H^{-,=}(s, s_3)] \right\} \right\} \right]$$

那么，$M_H^{\text{CSMR}_a}(s, s) = 0$ 成立，当且仅当对于任意 $s_1 \in \text{CR}_H^{+,U}(s)$ 都满足 $F(s_1, s) \neq 0$。这等价于，对于每个 $s_1 \in \text{CR}_H^{+,U}(s)$，存在 $s_2 \in R_{N-H}(s_1)$ 使得

$$P_H^{-,=}(s, s_2) \neq 0 \tag{8.12}$$

且

$$\sum_{s_3=1}^{m} M_H(s_2, s_3) \cdot (1 - P_H^{-,=})(s, s_3) = 0 \tag{8.13}$$

式 (8.12) 表示 $s \succeq_i s_2$ 对至少一个决策者 $i \in H$ 成立，而式 (8.13) 等价于

$$P_H^{-,=}(s, s_3) \neq 0 \text{ 多余任意 } s_3 \in R_H(s_2) \tag{8.14}$$

很明显，当且仅当对于每个 $s_1 \in \text{CR}_H^{+,U}(s)$ 都存在 $s_2 \in R_{N-H}(s_1)$，使得 $s_2 \in \Phi_H^{\prec}(s)$，且所有的 $s_3 \in R_H(s_2)$ 均满足 $s_3 \in \Phi_H^{\prec}(s)$，则对于每个 $s_1 \in \text{CR}_H^{+,U}(s)$，存在 $s_2 \in R_{N-H}(s_1)$，使得 $s \succeq_i s_2$，且式 (8.13) 成立。因此，根据定义 8.18 可以得证。

定理 8.12 表示的这种矩阵方法，称为结盟对称超理性稳定的矩阵表达，等价于定义 8.18 给出的逻辑表达。为了计算 H 在状态 s 处的 CSMR_a 稳定，需要判断 CSMR_a 稳定矩阵的对角线元素 $M_H^{\text{CSMR}_a}(s, s)$ 的值是否为 0。如果为 0，则 s 对于 H 来说是 CSMR_a 稳定；否则，s 对于 H 来说不是 CSMR_a 稳定。

结盟序列稳定与结盟一般超理性稳定相似，但只考虑对手理性的反击。定义 CSEQ_a 稳定矩阵为

$$M_H^{\text{CSEQ}_a} = \text{CM}_H^{+,U} \cdot \left\{ E - \text{sign} \left[M_{N-H}^{+,U} \cdot (P_H^{-,=})^{\text{T}} \right] \right\}$$

定理 8.13 将提供一种矩阵方法，用来分析当 H 的对手 $N - H$ 组成一个结盟时，状态 s 对于 H 来说是不是 CSEQ_a 稳定的。

定理 8.13：对于图模型 G，令 $H \subseteq N$ 是一个结盟。当且仅当 $M_H^{\text{CSEQ}_a}(s, s) = 0$ 时，状态 $s \in S$ 对于 H 来说是 CSEQ_a 稳定的，记为 $s \in S_H^{\text{CSEQ}_a}$。

证明: 由于

$$M_H^{\mathrm{CSEQ}_a}(s,s) = (e_s^{\mathrm{T}}\mathrm{CM}_H^{+,U}) \cdot \left\{ \left\{ E - \mathrm{sign}[M_{N-H}^{+,U} \cdot (P_H^{-,=})^{\mathrm{T}}] \right\} e_s \right\}$$

$$= \sum_{s_1=1}^{|S|} \mathrm{CM}_H^{+,U}(s,s_1) \left\{ 1 - \mathrm{sign}\left[(e_{s_1}^{\mathrm{T}} M_{N-H}^{+,U}) \cdot (e_s^{\mathrm{T}} P_H^{-,=})^{\mathrm{T}} \right] \right\}$$

则 $M_H^{\mathrm{SEQ}_a}(s,s) = 0$ 成立,当且仅当

$$\mathrm{CM}_H^{+,U}(s,s_1) \left\{ 1 - \mathrm{sign}\left[(e_{s_1}^{\mathrm{T}} M_{N-H}^{+,U}) \cdot (e_s^{\mathrm{T}} P_H^{-,=})^{\mathrm{T}} \right] \right\} = 0 \forall s_1 \in S \tag{8.15}$$

显然,式 (8.15) 等价于

$$(e_{s_1}^{\mathrm{T}} M_{N-H}^{+,U}) \cdot (e_s^{\mathrm{T}} P_H^{-,=})^{\mathrm{T}} \neq 0 \text{ 对于任意 } s_1 \in \mathrm{CR}_H^{+,U}(s)$$

这意味着对于任何 $s_1 \in \mathrm{CR}_H^{+,U}(s)$,存在至少一个 $s_2 \in R_{N-H}^{+,U}(s_1)$,满足 $s_2 \in \varPhi_H^{\preceq}(s)$,且对于某些决策者 $i \in H$,满足 $s \succeq_i s_2$。因此,根据定义 8.19 可得证。

注意 CSEQ_a 稳定矩阵与 CGMR_a 矩阵相似,只是前者 H 的对手 M_{N-H} 的单边移动可达矩阵被替换成了结盟改良或不确定矩阵 $\mathrm{CM}_{N-H}^{+,U}$。

2. b 类型下结盟稳定的矩阵表达

下列定理探讨不确定偏好 b 形式的结盟稳定的逻辑与矩阵表达之间的关系。当焦点结盟 H 考虑离开一个状态并评估其对手的反击时,b 类型的稳定性不包括偏好的不确定性。但是,下面的结盟稳定定义与 8.6 节里不考虑偏好不确定的结盟稳定有所不同,因为之前的定义不能用于分析不确定偏好的结盟稳定。

定理 8.14: 对于图模型 G,令 $H \subseteq N$ 是一个非空结盟。当且仅当 $e_s^{\mathrm{T}} \cdot \mathrm{CM}_H^+ \cdot e = 0$ 时,状态 $s \in S$ 对 H 来说是 b 类型下的结盟 Nash 稳定,记为 $s \in S_H^{\mathrm{CNash}_b}$。

定义结盟 H 在 b 类型下的结盟一般超理性稳定矩阵为

$$M_H^{\mathrm{CGMR}_b} = \mathrm{CM}_H^+ \cdot \left\{ E - \mathrm{sign}\left[M_{N-H} \cdot (P_H^{-,=})^{\mathrm{T}} \right] \right\} \tag{8.16}$$

其中,$H \subseteq N$。下列定理提供一种矩阵发现方法,来判定状态 s 对 H 是否是 CGMR_b 稳定。

定理 8.15: 对于图模型 G,令 $H \subseteq N$ 是一个非空结盟。当且仅当 $M_H^{\mathrm{CGMR}_b}(s, s) = 0$ 时,状态 $s \in S$ 对 H 是 CGMR_b 稳定,记为 $s \in S_H^{\mathrm{CGMR}_b}$。

定理 8.15 中的 CGMR_b 稳定发现矩阵等价于定义 8.21 给出的 CGMR_b 的逻辑表达形式。

定义 CSMR_b 稳定矩阵为

$$M_H^{\mathrm{CSMR}_b} = \mathrm{CM}_H^+ \cdot [E - \mathrm{sign}(Q)]$$

其中，

$$Q = M_{N-H} \cdot \left\{ (P_H^{-,=})^{\mathrm{T}} \circ \left\{ E - \mathrm{sign}\left[M_H \cdot (E - P_H^{-,=})^{\mathrm{T}} \right] \right\} \right\}$$

其中，$H \subseteq N$。下列定理提供一种矩阵方法，来判定状态 s 对于 H 是否是 CSMR_b 稳定。

定理 8.16：对于图模型 G，令结盟 $H \subseteq N$。状态 $s \in S$ 对于 H 来说是 CSMR_b 稳定，记为 $s \in S_H^{\mathrm{CSMR}_b}$，当且仅当 $M_H^{\mathrm{CSMR}_b}(s,s) = 0$。

CSEQ_b 稳定矩阵定义为

$$M_H^{\mathrm{CSEQ}_b} = \mathrm{CM}_H^+ \cdot \left\{ E - \mathrm{sign}\left[M_{N-H}^{+,U} \cdot (P_H^{-,=})^{\mathrm{T}} \right] \right\}$$

定理 8.20 提供了矩阵方法，来判断当 H 的对手 $N-H$ 处于结盟状态时，状态 $s \in S$ 对于 H 是否是 CSEQ_b 稳定。

定理 8.17：对于图模型 G，令结盟 $H \subseteq N$。当且仅当 $M_H^{\mathrm{CSEQ}_b}(s,s) = 0$ 时，状态 $s \in S$ 对于 H 来说是 CSEQ_b 稳定的，记为 $s \in S_H^{\mathrm{CSEQ}_b}$。

b 类型下结盟稳定定理的证明，类似于 a 类型下结盟稳定定理的证明，因此，这些证明留作练习用。

3. c 类型下结盟稳定的矩阵表达

结盟 Nash 稳定类似于第 5 章中的个体稳定情况，不需要检查对手的反击移动，于是，$S_H^{\mathrm{Nash}_c} = S_H^{\mathrm{Nash}_a}$。

将结盟 H 的 CGMR_c 稳定矩阵定义为

$$M_H^{\mathrm{CGMR}_c} = CM_H^{+,U} \cdot \left\{ E - \mathrm{sign}\left[M_{N-H} \cdot (P_H^{-,=,U})^{\mathrm{T}} \right] \right\} \tag{8.17}$$

其中，$H \subseteq N$。下列定理提供一种矩阵方法，来判定状态 s 对于 H 是否为 CGMR_c 稳定。

定理 8.18：对于图模型 G，令结盟 $H \subseteq N$。当且仅当 $M_H^{\mathrm{CGMR}_c}(s,s) = 0$ 时，状态 $s \in S$ 对于 H 是 CGMR_c 稳定的，记为 $s \in S_H^{\mathrm{CGMR}_c}$。

定理 8.18 中的 CGMR_c 稳定分析矩阵方法等价于定义 8.24 中的 CGMR_c 稳定的逻辑表达形式。

CSMR_c 稳定矩阵定义为

$$M_H^{\mathrm{CSMR}_c} = \mathrm{CM}_H^{+,U} \cdot [E - \mathrm{sign}(Q)]$$

其中，

$$Q = M_{N-H} \cdot \left\{ (P_H^{-,=,U})^{\mathrm{T}} \circ \left\{ E - \mathrm{sign}\left[M_H \cdot (E - P_H^{-,=,U})^{\mathrm{T}} \right] \right\} \right\}$$

其中，$H \subseteq N$。下列定理提供一种矩阵方法，来判定状态 $s \in S$ 对于 H 是否是 CSMR_c 稳定。

定理 8.19： 对于图模型 G，令结盟 $H \subseteq N$。当且仅当 $M_H^{\mathrm{CSMR}_c}(s,s) = 0$ 时，状态 $s \in S$ 对于 H 来说是 CSMR_c 稳定的，记为 $s \in S_H^{\mathrm{CSMR}_c}$。

结盟序列稳定 CSEQ_c 对应的矩阵定义为

$$M_H^{\mathrm{CSEQ}_c} = \mathrm{CM}_H^{+,U} \cdot \left\{ E - \mathrm{sign}\left[M_{N-H}^{+,U} \cdot (P_H^{-,=,U})^{\mathrm{T}} \right] \right\}$$

下列定理提供一种矩阵方法，来判断当 H 的对手 $N-H$ 处于结盟状态时，状态 $s \in S$ 对于 H 是否是 CSEQ_c 稳定。

定理 8.20： 对于图模型 G，令结盟 $H \subseteq N$。当且仅当 $M_H^{\mathrm{CSEQ}_c}(s,s) = 0$ 时，状态 $s \in S$ 对于 H 来说是 CSEQ_c 稳定的，记为 $s \in S_H^{\mathrm{CSEQ}_c}$。

上述 c 类型下结盟稳定定理的证明，留作练习。

4. d 类型下结盟稳定的矩阵表达

如同前面所提及的，结盟 Nash 稳定和第 5 章中个体稳定情况类似，不考虑对手的反制行动，所以，$S_H^{\mathrm{Nash}_d} = S_H^{\mathrm{Nash}_b}$。

定义结盟 H 的 CGMR_d 稳定矩阵为

$$M_H^{\mathrm{CGMR}_d} = \mathrm{CM}_H^+ \cdot \left\{ E - \mathrm{sign}\left[M_{N-H} \cdot (P_H^{-,=,U})^{\mathrm{T}} \right] \right\} \tag{8.18}$$

其中，$H \subseteq N$。下面的定理提供一种矩阵方法，来判定状态 $s \in S$ 对于 H 是否为 CGMR_d 稳定。

定理 8.21： 对于图模型 G，令结盟 $H \subseteq N$。当且仅当 $M_H^{\mathrm{CGMR}_d}(s,s) = 0$ 时，状态 $s \in S$ 对于 H 来说是 CGMR_d 稳定的，记为 $s \in S_H^{\mathrm{CGMR}_d}$。

证明： 由于

$$M_H^{\mathrm{CGMR}_d}(s,s) = (e_s^{\mathrm{T}} \cdot \mathrm{CM}_H^+) \cdot \left\{ \left\{ E - \mathrm{sign}\left[M_{N-H} \cdot (P_H^{-,=,U})^{\mathrm{T}} \right] \right\} \cdot e_s \right\}$$

$$= \sum_{s_1=1}^{m} \mathrm{CM}_H^+(s,s_1) \cdot \left\{ 1 - \mathrm{sign}\left[(e_{s_1}^{\mathrm{T}} \cdot M_{N-H}) \cdot (e_s^{\mathrm{T}} \cdot P_H^{-,=,U})^{\mathrm{T}} \right] \right\}$$

则 $M_H^{\mathrm{CGMR}_d}(s,s) = 0$ 成立，当且仅当对于每个 $s_1 \in S - \{s\}$，存在

$$\mathrm{CM}_H^+(s,s_1) \cdot \left[1 - \mathrm{sign}\left((e_{s_1}^{\mathrm{T}} \cdot M_{N-H}) \cdot (e_s^{\mathrm{T}} \cdot P_H^{-,=,U})^{\mathrm{T}} \right) \right] = 0 \tag{8.19}$$

显然，式 (8.19) 等价于，对于每个 $s_1 \in \mathrm{CR}_H^+(s)$，存在

$$(e_{s_1}^{\mathrm{T}} \cdot M_{N-H}) \cdot (e_s^{\mathrm{T}} \cdot P_H^{-,=,U})^{\mathrm{T}} \neq 0$$

所以，对于任意一个从 s 出发的结盟改良移动 $s_1 \in \mathrm{CR}_H^+(s)$，存在至少一个状态 $s_2 \in R_{N-H}(s_1)$ 成立，使得 $P_H^{-,=,U}(s, s_2) = 1$（对某些决策者 $i \in H$，$s \succeq_i s_2$ 或 $s\ U_i\ s_2$）。根据定义 8.27 可知，$M_H^{\mathrm{CGMR}_d}(s, s) = 0$ 意味着 s 对于 H 来说是 CGMR_d 稳定的。

定理 8.21 中的 CGMR_d 稳定矩阵方法等价于定义 8.27 中 CGMR_d 稳定的逻辑表达形式。

CSMR_d 结盟稳定矩阵定义为

$$M_H^{\mathrm{CSMR}_d} = \mathrm{CM}_H^+ \cdot [E - \mathrm{sign}(F)]$$

其中，$H \subseteq N$，且

$$F = M_{N-H} \cdot \left\{ (P_H^{-,=,U})^{\mathrm{T}} \circ \left\{ E - \mathrm{sign}\left[M_H \cdot (E - P_H^{-,=,U})^{\mathrm{T}} \right] \right\} \right\}$$

下列定理提供一种矩阵来判定状态 $s \in S$ 对于 H 是否为 CSMR_d 稳定。

定理 8.22： 对于图模型 G，令结盟 $H \subseteq N$。当且仅当 $M_H^{\mathrm{CSMR}_d}(s, s) = 0$ 时，状态 $s \in S$ 对于 H 来说是 CSMR_d 稳定的，记为 $s \in S_H^{\mathrm{CSMR}_d}$。

证明： 由于

$$M_H^{\mathrm{CSMR}_d}(s, s) = (e_s^{\mathrm{T}} \cdot \mathrm{CM}_H^+) \cdot \{[E - \mathrm{sign}(F)] \cdot e_s\}$$

$$= \sum_{s_1=1}^{m} \mathrm{CM}_H^+(s, s_1) \{1 - \mathrm{sign}[F(s_1, s)]\}$$

其中，

$$F(s_1, s) = \sum_{s_2=1}^{m} M_{N-H}(s_1, s_2) \cdot W(s_2, s)$$

且

$$W(s_2, s) = P_H^{-,=,U}(s, s_2) \cdot \left[1 - \mathrm{sign}\left\{ \sum_{s_3=1}^{m} \left\{ M_H(s_2, s_3) \cdot [1 - P_H^{-,=,U}(s, s_3)] \right\} \right\} \right]$$

则 $M_H^{\mathrm{CSMR}_d}(s, s) = 0$ 成立，当且仅当对于每个 $s_1 \in \mathrm{CR}_H^+(s)$，$F(s_1, s) \neq 0$ 成立，等同于对于每个 $s_1 \in \mathrm{CR}_H^+(s)$，存在 $s_2 \in R_{N-H}(s_1)$ 使得

$$P_H^{-,=,U}(s, s_2) \neq 0 \tag{8.20}$$

且

$$\sum_{s_3=1}^{m} M_H(s_2, s_3) \cdot (1 - P_H^{-,=,U})(s, s_3) = 0 \tag{8.21}$$

式 (8.20) 表明：存在至少一个决策者 $i \in H$，满足 $s \succeq_i s_2$ 或 $s \, U_i \, s_2$。式 (8.21) 等价于，对于任意 $s_3 \in R_H(s_2)$，有

$$P_H^{-,=,U}(s, s_3) \neq 0 \tag{8.22}$$

很明显，对于任意一个 $s_1 \in \mathrm{CR}_H^+(s)$，存在 $s_2 \in R_{N-H}(s_1)$，使得 $s \succeq_i s_2$ 或 $s \, U_i \, s_2$。此外，式 (8.22) 成立，当且仅当对于每个 $s_1 \in \mathrm{CR}_H^+(s)$，存在 $s_2 \in R_{N-H}(s_1)$ 使得 $s_2 \in \Phi_H^{\prec,U}(s)$，且对于所有 $s_3 \in R_H(s_2)$ 均满足 $s_3 \in \Phi_H^{\prec,U}(s)$。所以，定义 8.28 得证。

CSEQ_d 结盟稳定矩阵定义为

$$M_H^{\mathrm{CSEQ}_d} = \mathrm{CM}_H^+ \cdot \left\{ E - \mathrm{sign}\left[M_{N-H}^{+,U} \cdot (P_H^{-,=,U})^{\mathrm{T}} \right] \right\}$$

下面的定理提供一种矩阵方法来分析状态 s 对 H 来说是否是 CSEQ_d 稳定。

定理 8.23： 对于图模型 G，令结盟 $H \subseteq N$。当且仅当 $M_H^{\mathrm{CSEQ}_d}(s, s) = 0$ 时，状态 $s \in S$ 对于 H 来说是 CSEQ_d 稳定的，记为 $s \in S_H^{\mathrm{CSEQ}_d}$。

证明： 由于

$$M_H^{\mathrm{CSEQ}_d}(s, s) = (e_s^{\mathrm{T}} \mathrm{CM}_H^+) \cdot \left\{ \left\{ E - \mathrm{sign}[M_{N-H}^{+,U} \cdot (P_H^{-,=,U})^{\mathrm{T}}] \right\} e_s \right\}$$

$$= \sum_{s_1=1}^{|S|} \mathrm{CM}_H^+(s, s_1) \left\{ 1 - \mathrm{sign}\left[(e_{s_1}^{\mathrm{T}} M_{N-H}^{+,U}) \cdot (e_s^{\mathrm{T}} P_H^{-,=,U})^{\mathrm{T}} \right] \right\}$$

则 $M_H^{\mathrm{CSEQ}_d}(s, s) = 0$ 成立，当且仅当

$$\mathrm{CM}_H^+(s, s_1) \left\{ 1 - \mathrm{sign}\left[(e_{s_1}^{\mathrm{T}} M_{N-H}^{+,U}) \cdot (e_s^{\mathrm{T}} P_H^{-,=,U})^{\mathrm{T}} \right] \right\} = 0, \quad \forall s_1 \in S \tag{8.23}$$

显然，式 (8.23) 等价于

$$(e_{s_1}^{\mathrm{T}} M_{N-H}^{+,U}) \cdot (e_s^{\mathrm{T}} P_H^{-,=,U})^{\mathrm{T}} \neq 0 \text{ 对于任意 } s_1 \in \mathrm{CR}_H^+(s)$$

这意味着对于任何 $s_1 \in \mathrm{CR}_H^+(s)$，存在至少一个状态 $s_2 \in R_{N-H}^{+,U}(s_1)$，使得对于某些决策者 $i \in H$，满足 $s \succeq_i s_2$ 或 $s \, U_i \, s_2$，即 $s_2 \in \Phi_H^{\prec,U}(s)$。根据定义 8.29 得证。

8.8　三级偏好下结盟稳定的矩阵表达

在第 8.4 节中讨论了三级偏好下结盟稳定的逻辑表达。下面将介绍这些结盟稳定的矩阵形式。

8.8.1　轻微或强烈结盟改良的矩阵表达

定义 8.73：对于图模型 G，H 的轻微或强烈结盟改良矩阵是一个 $m \times m$ 维的矩阵，其中元素 (s,q) 为

$$\mathrm{CM}_H^{+,++}(s,q) = \begin{cases} 1, & \text{如果 } q \in \mathrm{CR}_H^{+,++}(s) \\ 0, & \text{其他} \end{cases}$$

轻微或强烈结盟改良矩阵等价于在 8.1 节中定义的结盟可达集合 $\mathrm{CR}_H^{+,++}(s)$。矩阵 $\mathrm{CM}_H^{+,++}$ 的构建过程如下。

为了进行结盟稳定分析，回想第 6 章中定义的一系列与三级偏好相关的矩阵。

$$P_i^{++}(s,q) = \begin{cases} 1, & \text{如果 } q \gg_i s \\ 0, & \text{其他} \end{cases}$$

$$P_i^{--}(s,q) = \begin{cases} 1, & \text{如果 } s \gg_i q \\ 0, & \text{其他} \end{cases}$$

$$P_i^{+,++}(s,q) = \begin{cases} 1, & \text{如果 } q >_i s \text{ 或 } q \gg_i s \\ 0, & \text{其他} \end{cases}$$

$$P_i^{--,-,=}(s,q) = \begin{cases} 1, & \text{如果 } s >_i q, s \gg_i q, \text{ 或 } s \sim_i q \text{ 且 } s \neq q \\ 0, & \text{其他} \end{cases}$$

基于以上定义，决策者 i 的单边移动邻接矩阵 J_i、弱改良邻接矩阵 $J_i^{+,++}$ 和偏好矩阵 $P_i^{+,++}$ 之间存在下列关系：

$$J_i^{+,++} = J_i \circ P_i^{+,++}$$

定理 8.24：对于图模型 G，令结盟 $H \subseteq N$。H 的轻微或强烈结盟改良矩阵表示为

$$\mathrm{CM}_H^{+,++} = M_H \circ (E - P_H^{-,--,=}) \tag{8.24}$$

证明：假设 $C = M_H \circ (E - P_H^{-,--,=})$。根据第 4 章中矩阵 M_H 的定义，当且仅当 $M_H(s,q) = 1$ 且 $P_H^{-,--,=}(s,q) = 0$ 时，$C(s,q) = 1$ 成立。这表明存在 $q \in R_H(s)$ 使得对于每个决策者 $i \in H$，$P_i^{-,--,=}(s,q) = 0$ 成立。因此，$C(s,q) = 1$ 成立，当且仅当存在 $q \in R_H(s)$，使得对于每个 $i \in H$，都满足 $q >_i s$ 或 $q \gg_i s$。根据定义 8.3 可知，$q \in \mathrm{CR}_H^{+,++}(s)$。所以当且仅当 $C(s,q) = 1$ 时，$\mathrm{CM}_H^{+,++}(s,q) = 1$ 成立。由于 CM_H^+ 和 C 都是 0-1 矩阵，故 $\mathrm{CM}_H^{+,++} = M_H \circ (E - P_H^{-,--,=})$ 成立。

注意 $\mathrm{CM}_H^{+,++} \neq M_H \circ P_H^{+,++}$。前面提到矩阵 $P_H^{+,++} = \underset{i \in H}{\vee} P_i^{+,++}$（"$\vee$" 表示定义 3.16 中描述的析取运算）。当且仅当 $M_H(s,q) = 1$ 且 $P_H^{+,++}(s,q) = 1$ 时，$(M_H \circ P_H^{+,++})(s,q) = 1$ 成立。这意味着存在 $q \in R_H(s)$ 使得对于某些决策者 $i \in H$，$P_i^{+,++}(s,q) = 1$ 成立。这与 $\mathrm{CM}_H^{+,++}$ 的定义不符。

8.8.2 一般结盟稳定的矩阵表达

令 $m = |S|$ 表示状态的数量，E 为每个元素都等于 1 的 $m \times m$ 维矩阵。对于一个固定的状态 $s \in S$，令 e_s 为一个第 s^{th} 个元素为 1、其他位置都为 0 的 m 维向量，e 为一个所有元素都是 1 的 m 维向量。令 $(\vec{0})^{\mathrm{T}}$ 表示 $\vec{0}$ 的转置。运用定理 4.9 可以构造单边移动可达矩阵 M_H。下面用矩阵方法表示一般结盟稳定。

定理 8.25：对于图模型 G，令结盟 $H \subseteq N$。当且仅当 $e_s^{\mathrm{T}} \cdot \mathrm{CM}_H^{+,++} \cdot e = 0$ 时，状态 $s \in S$ 对 H 是一般结盟 Nash 稳定，记为 $s \in S_H^{\mathrm{GCNash}}$。

证明：由于当且仅当 $e_s^{\mathrm{T}} \cdot \mathrm{CM}_H^{+,++} = (\vec{0})^{\mathrm{T}}$ 时，$e_s^{\mathrm{T}} \cdot \mathrm{CM}_H^{+,++} \cdot e = 0$ 成立，所以 $\mathrm{CR}_H^{+,++}(s) = \varnothing$。因此，定义 8.30 可得证。

与三级偏好下的个体一般超理性稳定类似，定义一般结盟一般超理性稳定矩阵为

$$M_H^{\mathrm{GCGMR}} = \mathrm{CM}_H^{+,++} \cdot \left\{ E - \mathrm{sign}\left[M_{N-H} \cdot (P_H^{-,--,=})^{\mathrm{T}} \right] \right\} \tag{8.25}$$

其中，$H \subseteq N$。下面定理使用矩阵方法来判断状态 s 对 H 是否是一般结盟一般超理性稳定。

定理 8.26：对于图模型 G，令结盟 $H \subseteq N$。当且仅当 $M_H^{\mathrm{GCGMR}}(s,s) = 0$ 时，状态 $s \in S$ 对于 H 来说是一般结盟一般超理性稳定，记为 $s \in S_H^{\mathrm{GCGMR}}$。

证明：由于

$$M_H^{\mathrm{GCGMR}}(s,s) = (e_s^{\mathrm{T}} \cdot \mathrm{CM}_H^{+,++}) \cdot \left\{ \left\{ E - \mathrm{sign}\left[M_{N-H} \cdot (P_H^{-,--,=})^{\mathrm{T}} \right] \right\} \cdot e_s \right\}$$

$$= \sum_{s_1=1}^{m} \mathrm{CM}_H^{+,++}(s,s_1) \cdot \left\{ 1 - \mathrm{sign}\left[(e_{s_1}^{\mathrm{T}} \cdot M_{N-H}) \cdot (e_s^{\mathrm{T}} \cdot P_H^{-,--,=})^{\mathrm{T}} \right] \right\}$$

则 $M_H^{\mathrm{GCGMR}}(s,s) = 0$ 成立，当且仅当对于每个状态 $s_1 \in S - s$，存在

$$\mathrm{CM}_H^{+,++}(s,s_1) \cdot \left\{ 1 - \mathrm{sign}\left[(e_{s_1}^{\mathrm{T}} \cdot M_{N-H}) \cdot (e_s^{\mathrm{T}} \cdot P_H^{-,--,=})^{\mathrm{T}} \right] \right\} = 0 \tag{8.26}$$

显然，式 (8.26) 等价于对于每个状态 $s_1 \in \mathrm{CR}_H^{+,++}(s)$，满足

$$(e_{s_1}^{\mathrm{T}} \cdot M_{N-H}) \cdot (e_s^{\mathrm{T}} \cdot P_H^{-,--,=})^{\mathrm{T}} \neq 0$$

因此，对于一个从 s 出发的结盟轻微或强烈改良移动 $s_1 \in \mathrm{CR}_H^{+,++}(s)$，存在至少一个 $s_2 \in R_{N-H}(s_1)$，使得 $P_H^{-,--,=}(s,s_2) = 1$ 成立，等价于对于某些决策者 $i \in H$，$s >_i s_2$，$s \gg_i s_2$ 或 $s \sim_i s_2$ 成立。根据定义 8.31 可知，$M_H^{\mathrm{GCGMR}}(s,s) = 0$ 意味着 s 对于 H 来说是一般结盟一般超理性稳定。

定理 8.26 表示的这种矩阵方法，称为一般结盟一般超理性稳定的矩阵表达，等价于定义 8.31 中的相同稳定的逻辑表达。为了分析 s 对于 H 的一般结盟一般超理性稳定，需要判别 $M_H^{\mathrm{GCGMR}}(s,s)$ 的对角线元素是否等于 0。如果等于 0，则 s 对于 H 来说是一般结盟一般超理性稳定；否则，s 对于 H 来说不是一般结盟一般超理性稳定。

一般结盟对称超理性稳定类似于一般结盟一般超理性稳定，只是考虑到三步博弈，分析结盟 H 在受到对手的反击之后是否还要有进一步改良移动的动机。令 $H \subseteq N$，定义一般结盟对称超理性稳定矩阵为

$$M_H^{\mathrm{GCSMR}} = \mathrm{CM}_H^{+,++} \cdot [E - \mathrm{sign}(F)]$$

其中，

$$F = M_{N-H} \cdot \left\{ (P_H^{-,--,=})^{\mathrm{T}} \circ \left\{ E - \mathrm{sign}\left[M_H \cdot (E - P_H^{-,--,=})^{\mathrm{T}} \right] \right\} \right\}$$

下面的定理提供一种矩阵方法来判定状态 s 对于 H 是否是一般结盟对称超理性稳定。

定理 8.27：对于图模型 G，令结盟 $H \subseteq N$。当且仅当 $M_H^{\mathrm{GCSMR}}(s,s) = 0$ 时，状态 $s \in S$ 对于 H 来说是一般结盟对称超理性稳定，记为 $s \in S_H^{\mathrm{GCSMR}}$。

证明：由于

$$M_H^{\mathrm{GCSMR}}(s,s) = (e_s^{\mathrm{T}} \cdot \mathrm{CM}_H^{+,++}) \cdot \{[E - \mathrm{sign}(F)] \cdot e_s\}$$

$$= \sum_{s_1=1}^{m} \mathrm{CM}_H^{+,++}(s,s_1) \{1 - \mathrm{sign}[F(s_1,s)]\}$$

其中，

$$F(s_1,s) = \sum_{s_2=1}^{m} M_{N-H}(s_1,s_2) \cdot W(s_2,s)$$

$$W(s_2,s) = P_H^{-,--,=}(s,s_2) \cdot \left[1 - \mathrm{sign}\left\{ \sum_{s_3=1}^{m} \left\{ M_H(s_2,s_3) \cdot [1 - P_H^{+,++}(s,s_3)] \right\} \right\} \right]$$

则 $M_H^{\mathrm{GCSMR}}(s,s) = 0$ 成立, 当且仅当对于每个 $s_1 \in \mathrm{CR}_H^{+,++}(s)$, $F(s_1,s) \neq 0$ 成立, 这意味着对于每个 $s_1 \in \mathrm{CR}_H^{+,++}(s)$, 存在 $s_2 \in R_{N-H}(s_1)$, 使得

$$P_H^{-,--,=}(s,s_2) \neq 0 \tag{8.27}$$

$$\sum_{s_3=1}^{m} M_H(s_2,s_3) \cdot (1 - P_H^{-,--,=}(s,s_3)) = 0 \tag{8.28}$$

式 (8.27) 意味着: 对于至少一个决策者 $i \in H$, 有 $s >_i s_2$, $s \gg_i s_2$, 或 $s \sim_i s_2$ 成立。式 (8.28) 等价于, 对于任意的 $s_3 \in R_H(s_2)$, 有

$$P_H^{-,--,=}(s,s_3) = 1 \tag{8.29}$$

显然, 对于每个 $s_1 \in \mathrm{CR}_H^{+,++}(s)$, 存在 $s_2 \in R_{N-H}(s_1)$, 使得式 (8.27) 和式 (8.28) 都成立, 当且仅当对于每个 $s_1 \in \mathrm{CR}_H^{+,++}(s)$, 存在 $s_2 \in R_{N-H}(s_1)$ 使得 $s >_i s_2$, $s \gg_i s_2$, 或 $s \sim_i s_2$, 且对于某些 i 来说, 所有 $s_3 \in R_H(s_2)$ 满足 $s >_i s_3$, $s \gg_i s_3$ 或 $s \sim_i s_3$。因此, 根据定义 8.32 可以得证定理 8.27。

定理 8.27 中的一般结盟对称超理性稳定的矩阵表达等价于定义 8.32 中的逻辑表达形式。为了计算 s 对于 H 的一般结盟一般超理性稳定, 需要判别 $M_H^{\mathrm{GCSMR}}(s,s)$ 的对角线元素是否等于 0。如果等于 0, 则 s 对于 H 来说是一般结盟对称超理性稳定; 否则, s 对于 H 来说不是一般结盟对称超理性稳定。

一般结盟序列稳定类似于一般结盟对称超理性稳定, 只是对手的反击都是可信的或理性的。如果将 H 的对手看作一个结盟, 则一般结盟序列稳定 GCSEQ_1 对应的矩阵可以定义为

$$M_H^{\mathrm{GCSEQ}_1} = \mathrm{CM}_H^{+,++} \cdot \left\{ E - \mathrm{sign}\left[\mathrm{CM}_{N-H}^{+,++} \cdot (P_H^{-,--,=})^{\mathrm{T}}\right] \right\}$$

下列定理提供一种矩阵方法, 用来分析当 H 的对手 $N-H$ 被看作一个结盟时, 状态 s 对于 H 来说是否为 GCSEQ_1 稳定。

定理 8.28: 对于图模型 G, 令结盟 $H \subseteq N$。当且仅当 $M_H^{\mathrm{GCSEQ}_1}(s,s) = 0$ 时, 状态 $s \in S$ 对于 H 来说是 GCSEQ_1 稳定, 记为 $s \in S_H^{\mathrm{GCSEQ}_1}$。

证明: 由于

$$M_H^{\mathrm{GCSEQ}_1}(s,s) = (e_s^{\mathrm{T}} \cdot \mathrm{CM}_H^{+,++}) \cdot \left\{ \left\{ E - \mathrm{sign}[\mathrm{CM}_{N-H}^{+,++} \cdot (P_H^{-,--,=})^{\mathrm{T}}] \right\} e_s \right\}$$

$$= \sum_{s_1=1}^{|S|} \mathrm{CM}_H^{+,++}(s,s_1) \left\{ 1 - \mathrm{sign}\left[(e_{s_1}^{\mathrm{T}} \mathrm{CM}_{N-H}^{+,++}) \cdot (e_s^{\mathrm{T}} P_H^{-,--,=})^{\mathrm{T}}\right] \right\}$$

则 $M_H^{\mathrm{GCSEQ}_1}(s,s)=0$，当且仅当

$$\mathrm{CM}_H^{+,++}(s,s_1)\left\{1-\mathrm{sign}\left[(e_{s_1}^{\mathrm{T}}\cdot\mathrm{CM}_{N-H}^{+,++})\cdot(e_s^{\mathrm{T}}\cdot P_H^{-,--,=})^{\mathrm{T}}\right]\right\}=0,\forall s_1\in S \tag{8.30}$$

显然，式 (8.30) 等价于

$$(e_{s_1}^{\mathrm{T}}\cdot\mathrm{CM}_{N-H}^{+,++})\cdot(e_s^{\mathrm{T}}\cdot P_H^{-,--,=})^{\mathrm{T}}\neq 0 \text{ 对于任意 } s_1\in\mathrm{CR}_H^{+,++}(s)$$

这意味着对于任意 $s_1\in\mathrm{CR}_H^{+,++}(s)$，存在至少一个 $s_2\in\mathrm{CR}_{N-H}^{+,++}(s_1)$，使得对于某些决策者 $i\in H$，$s>_i s_2$，$s\gg_i s_2$ 或 $s\sim_i s_2$ 成立。根据定义 8.33 可以得证定理 8.28。

定理 8.33 的证明过程与定理 8.28 类似。

注意一般结盟序列稳定矩阵 GCSEQ_1 与一般结盟一般超理性稳定矩阵相似，只是将 H 的对手单边移动可达矩阵 M_{N-H} 替换成了轻微或强结盟改良矩阵 $\mathrm{CM}_{N-H}^{+,++}$。与定理 8.26 和定理 8.27 相似，GCSEQ_1 稳定矩阵表达等价于定义 8.33 中的逻辑表达形式。当对角线上元素 (s,s) 的值为 0 时，状态 s 对于 H 来说是 GCSEQ_1 稳定的。下列定理等价于定义 8.34 中的一般结盟序列稳定 GCSEQ_2。定义 GCSEQ_2 稳定矩阵为

$$M_H^{\mathrm{GCSEQ}_2}=\mathrm{CM}_H^{+,++}\cdot\left\{E-\mathrm{sign}\left[M_{N-H}^{+,++}\cdot(P_H^{-,--,=})^{\mathrm{T}}\right]\right\}$$

定理 8.29：对于图模型 G，令结盟 $H\subseteq N$。当且仅当 $M_H^{\mathrm{GCSEQ}_2}(s,s)=0$ 时，状态 $s\in S$ 对于 H 来说是 GCSEQ_2 稳定的，记为 $s\in S_H^{\mathrm{GCSEQ}_2}$。

8.8.3　强结盟稳定的矩阵表达

在三级偏好下的图模型中，根据反击的强度，一般结盟稳定定义可能是强或弱。下面的强或弱结盟稳定的矩阵表达等价于 8.4.2 节中的稳定性逻辑表达形式。

定义强结盟一般超理性稳定矩阵为

$$M_H^{\mathrm{SCGMR}}=\mathrm{CM}_H^{+,++}\cdot\left\{E-\mathrm{sign}\left[M_{N-H}\cdot(P_H^{--})^{\mathrm{T}}\right]\right\} \tag{8.31}$$

其中，$H\subseteq N$。下面的定理提供一种矩阵方法，来判定状态 s 对于 H 来说是否为强结盟一般超理性稳定。

定理 8.30：对于图模型 G，令结盟 $H\subseteq N$。当且仅当 $M_H^{\mathrm{SCGMR}}(s,s)=0$ 时，状态 $s\in S$ 对于 H 来说是强结盟一般超理性稳定，记为 $s\in S_H^{\mathrm{SCGMR}}$。

证明：由于

$$M_H^{\mathrm{SCGMR}}(s,s)=(e_s^{\mathrm{T}}\cdot\mathrm{CM}_H^{+,++})\cdot\left\{\left\{E-\mathrm{sign}\left[M_{N-H}\cdot(P_H^{--})^{\mathrm{T}}\right]\right\}\cdot e_s\right\}$$

$$= \sum_{s_1=1}^{m} \mathrm{CM}_H^{+,++}(s,s_1) \cdot \left\{ 1 - \mathrm{sign}\left[(e_{s_1}^{\mathrm{T}} \cdot M_{N-H}) \cdot (e_s^{\mathrm{T}} \cdot P_H^{--})^{\mathrm{T}} \right] \right\}$$

则 $M_H^{\mathrm{SCGMR}}(s,s) = 0$ 成立，当且仅当对于每个 $s_1 \in S - s$，存在

$$\mathrm{CM}_H^{+,++}(s,s_1) \cdot \left\{ 1 - \mathrm{sign}\left[(e_{s_1}^{\mathrm{T}} \cdot M_{N-H}) \cdot (e_s^{\mathrm{T}} \cdot P_H^{--})^{\mathrm{T}} \right] \right\} = 0 \qquad (8.32)$$

显然，式 (8.32) 等价于对于每个 $s_1 \in \mathrm{CR}_H^{+,++}(s)$，存在

$$(e_{s_1}^{\mathrm{T}} \cdot M_{N-H}) \cdot (e_s^{\mathrm{T}} \cdot P_H^{--})^{\mathrm{T}} \neq 0$$

因此，对于一个从 s 出发的轻微或强结盟改良移动，$s_1 \in \mathrm{CR}_H^{+,++}(s)$，至少存在一个 $s_2 \in R_{N-H}(s_1)$，使得 $P_H^{--}(s,s_2) = 1$，即对于某些决策者 $i \in H$，$s \gg_i s_2$ 成立。根据定义 8.35，$M_H^{\mathrm{SCGMR}}(s,s) = 0$ 意味着状态 s 对于 H 来说是强结盟一般超理性稳定。

定理 8.30 中的强结盟一般超理性稳定矩阵表达等价于定义 8.35 中的结盟稳定逻辑表达形式。为了分析 s 对于 H 的强结盟一般超理性稳定，需要判别矩阵 M_H^{SCGMR} 的对角线元素 (s,s) 是否等于 0。如果元素 (s,s) 的值等于 0，则 s 对于 H 来说是强结盟一般超理性稳定。

令 $H \subseteq N$，定义强结盟对称超理性稳定矩阵为

$$M_H^{\mathrm{SCSMR}} = \mathrm{CM}_H^{+,++} \cdot [E - \mathrm{sign}(F)]$$

其中，

$$F = M_{N-H} \cdot \left\{ (P_H^{--})^{\mathrm{T}} \circ \left\{ E - \mathrm{sign}\left[M_H \cdot (E - P_H^{--})^{\mathrm{T}} \right] \right\} \right\}$$

下面的定理提供一种矩阵方法来判定状态 s 对于 H 是否为强结盟对称超理性稳定。

定理 8.31：对于图模型 G，令结盟 $H \subseteq N$。当且仅当 $M_H^{\mathrm{SCSMR}}(s,s) = 0$ 时，状态 $s \in S$ 对于 H 来说是强结盟对称超理性稳定，记为 $s \in S_H^{\mathrm{SCSMR}}$。

证明：由于

$$M_H^{\mathrm{SCSMR}}(s,s) = (e_s^{\mathrm{T}} \cdot \mathrm{CM}_H^{+,++}) \cdot \{ [E - \mathrm{sign}(F)] \cdot e_s \}$$

$$= \sum_{s_1=1}^{m} \mathrm{CM}_H^{+,++}(s,s_1) \{ 1 - \mathrm{sign}[F(s_1,s)] \}$$

其中，

$$F(s_1,s) = \sum_{s_2=1}^{m} M_{N-H}(s_1,s_2) \cdot W(s_2,s)$$

$$W(s_2, s) = P_H^{--}(s, s_2) \cdot \left[1 - \text{sign} \left\{ \sum_{s_3=1}^{m} \left\{ M_H(s_2, s_3) \cdot [1 - P_H^{--}(s, s_3)] \right\} \right\} \right]$$

则 $M_H^{\text{SCSMR}}(s, s) = 0$ 成立，当且仅当对于每个 $s_1 \in \text{CR}_H^{+,++}(s)$, $F(s_1, s) \neq 0$ 成立。这等价于对于每个 $s_1 \in \text{CR}_H^{+,++}(s)$, 存在 $s_2 \in R_{N-H}(s_1)$ 使得

$$P_H^{--}(s, s_2) \neq 0 \tag{8.33}$$

$$\sum_{s_3=1}^{m} M_H(s_2, s_3) \cdot (1 - P_H^{--}(s, s_3)) = 0 \tag{8.34}$$

式 (8.33) 意味着：对于至少一个决策者 $i \in H$, $s \gg_i s_2$ 成立。式 (8.34) 等价于，对于任意的 $s_3 \in R_H(s_2)$, 有

$$P_H^{--}(s, s_3) = 1 \tag{8.35}$$

显然，对于每个 $s_1 \in \text{CR}_H^{+,++}(s)$, 存在 $s_2 \in R_{N-H}(s_1)$, 使式 (8.33) 和式 (8.34) 成立，当且仅当对于每个 $s_1 \in \text{CR}_H^{+,++}(s)$, 存在 $s_2 \in R_{N-H}(s_1)$ 使得 $s \gg_i s_2$, 且对于某些决策者 i 和所有的 $s_3 \in R_H(s_2)$, 有 $s \gg_i s_3$ 成立。因此，根据定义 8.36，定理 8.31 可得证。

定理 8.31 中的强结盟对称超理性稳定的矩阵表达等价于定义 8.36 中的逻辑表达形式。下列定理给出一种矩阵方法，用以判别当 H 的对手 $N-H$ 为一个结盟时，状态 s 对于 H 是否为强结盟序列稳定 SCSEQ_1。定义 SCSEQ_1 稳定矩阵为

$$M_H^{\text{SCSEQ}_1} = \text{CM}_H^{+,++} \cdot \left\{ E - \text{sign} \left[\text{CM}_{N-H}^{+,++} \cdot (P_H^{--})^{\text{T}} \right] \right\}$$

定理 8.32：对于图模型 G, 令结盟 $H \subseteq N$。当且仅当 $M_H^{\text{SCSEQ}_1}(s, s) = 0$ 时，状态 $s \in S$ 对于 H 来说是 SCSEQ_1 稳定的，记为 $s \in S_H^{\text{SCSEQ}_1}$。

证明：由于

$$M_H^{\text{SCSEQ}_1}(s, s) = (e_s^{\text{T}} \cdot \text{CM}_H^{+,++}) \cdot \left\{ \left\{ E - \text{sign}[\text{CM}_{N-H}^{+,++} \cdot (P_H^{--})^{\text{T}}] \right\} e_s \right\}$$

$$= \sum_{s_1=1}^{|S|} \text{CM}_H^{+,++}(s, s_1) \left\{ 1 - \text{sign} \left[(e_{s_1}^{\text{T}} \text{CM}_{N-H}^{+,++}) \cdot (e_s^{\text{T}} P_H^{--})^{\text{T}} \right] \right\}$$

则 $M_H^{\text{SCSEQ}_1}(s, s) = 0$ 成立，当且仅当

$$\text{CM}_H^{+,++}(s, s_1) \left\{ 1 - \text{sign} \left[(e_{s_1}^{\text{T}} \cdot \text{CM}_{N-H}^{+,++}) \cdot (e_s^{\text{T}} \cdot P_H^{--})^{\text{T}} \right] \right\} = 0, \quad \forall s_1 \in S \tag{8.36}$$

显然，式 (8.36) 等价于，对于任意的 $s_1 \in \mathrm{CR}_H^{+,++}(s)$，有

$$(e_{s_1}^{\mathrm{T}} \cdot \mathrm{CM}_{N-H}^{+,++}) \cdot (e_s^{\mathrm{T}} \cdot P_H^{--})^{\mathrm{T}} \neq 0$$

这表明：对于任意 $s_1 \in \mathrm{CR}_H^{+,++}(s)$，存在至少一个 $s_2 \in \mathrm{CR}_{N-H}^{+,++}(s_1)$，使得对于某些决策者 $i \in H$，$s \gg_i s_2$ 成立。根据定义 8.37 可以得证。

下列定理等价于定义 8.38 中的强结盟序列稳定 SCSEQ_2。定义强结盟序列稳定 SCSEQ_2 矩阵为

$$M_H^{\mathrm{SCSEQ}_2} = \mathrm{CM}_H^{+,++} \cdot \left\{ E - \mathrm{sign}\left[M_{N-H}^{+,++} \cdot (P_H^{--})^{\mathrm{T}} \right] \right\}$$

定理 8.33：对于图模型 G，令结盟 $H \subseteq N$。当且仅当 $M_H^{\mathrm{SCSEQ}_2}(s,s) = 0$ 时，状态 $s \in S$ 对于 H 是 SCSEQ_2 稳定的，记为 $s \in S_H^{\mathrm{SCSEQ}_2}$。

定理 8.33 的证明过程留作练习。

8.9 混合偏好下结盟稳定的矩阵表达

在不确定偏好和三级偏好下结盟稳定矩阵表达的基础上，可以进一步构造出混合偏好下结盟稳定的矩阵表达。

8.9.1 混合偏好下的结盟改良的矩阵表达

定义 8.74：对于图模型 G，结盟 H 的轻微或强烈或不确定结盟改良矩阵是一个 $m \times m$ 维的矩阵，记为 $\mathrm{CM}_H^{+,++,U}$，其中元素 (s,q) 的值为

$$\mathrm{CM}_H^{+,++,U}(s,q) = \begin{cases} 1, & \text{如果 } q \in \mathrm{CR}_H^{+,++,U}(s) \\ 0, & \text{其他} \end{cases}$$

轻微或强烈或不确定结盟改良矩阵等价于定义 8.4 中的结盟可达集合 $\mathrm{CR}_H^{+,++,U}(s)$。为了进行结盟稳定分析，回想第 7 章中定义的一系列与混合偏好相关的矩阵。

下面的 $m \times m$ 维矩阵对于混合偏好下的稳定性定义非常重要。令 E 为每个元素都是 1 的 $m \times m$ 维的矩阵。那么，$m \times m$ 维的偏好矩阵可以定义为

$$P_i^{+,++,U}(s,q) = \begin{cases} 1, & \text{如果 } q >_i s \text{ 或 } q \gg_i s \text{ 或 } q\, U_i\, s \\ 0, & \text{其他} \end{cases}$$

对于混合偏好，$P_i^{--,-,=} = E - I - P_i^{+,++,U}$。

定理 8.34：对于图模型 G，令结盟 $H \subseteq N$。H 的轻微或强烈结盟改良矩阵和轻微或强烈或不确定结盟改良矩阵分别表示为

$$\mathrm{CM}_H^{+,++} = M_H \circ (E - P_H^{-,--,=,U}) \tag{8.37}$$

$$\mathrm{CM}_H^{+,++,U} = M_H \circ (E - P_H^{-,--,=}) \tag{8.38}$$

证明：式 (8.37) 的证明留作练习用。现在证明式 (8.38)。假设 $C = M_H \circ (E - P_H^{-,--,=})$。根据第 4 章中的矩阵 M_H 定义，当且仅当 $M_H(s,q) = 1$ 且 $P_H^{-,--,=}(s, q) = 0$ 时，$C(s,q) = 1$ 成立。这意味着存在 $q \in R_H(s)$ 使得对于每个决策者 $i \in H$，$P_i^{+,++,U}(s,q) = 1$ 成立。因此，根据定义 8.74，$C(s,q) = 1$ 成立，当且仅当存在 $q \in R_H(s)$，且对于每个 $i \in H$，满足 $q >_i s$，$q \gg_i s$ 或 $q\, U_i\, s$，使得 $q \in \mathrm{CR}_H^{+,++,U}(s)$ 成立。所以，当且仅当 $C(s,q) = 1$ 时，$\mathrm{CM}_H^{+,++,U}(s,q) = 1$ 成立。由于 $\mathrm{CM}_H^{+,++,U}$ 且 C 是 0-1 矩阵，故有 $\mathrm{CM}_H^{+,++,U} = M_H \circ (E - P_H^{-,--,=})$。

注意 $\mathrm{CM}_H^{+,++}$ 不同于定理 8.24 中的矩阵（不能用于分析不确定偏好）。而且，$\mathrm{CM}_H^{+,++,U} \neq M_H \circ P_H^{+,++,U}$。回想矩阵 $P_H^{+,++,U} = \bigvee_{i \in H} P_i^{+,++,U}$（"$\vee$" 表示定义 3.16 中描述的析取运算）。当且仅当 $M_H(s,q) = 1$ 且 $P_H^{+,++,U}(s,q) = 1$ 时，$(M_H \circ P_H^{+,++,U})(s,q) = 1$ 成立，这意味着存在 $q \in R_H(s)$ 使得对于某些决策者 $i \in H$，$P_i^{+,++,U}(s,q) = 1$ 成立。这与定义 $\mathrm{CM}_H^{+,++,U}$ 不符。

8.9.2　混合偏好下一般结盟稳定的矩阵表达

1. a 类型下一般结盟稳定的矩阵表达

令 $m = |S|$ 表示状态的数量，E 表示元素值都是 1 的 $m \times m$ 维矩阵。对于一个固定状态 $s \in S$，令 e_s 为一个第 s 个元素为 1、其他位置都为 0 的 m 维向量，e 为一个所有元素都是 1 的 m 维向量。令 $(\vec{0})^{\mathrm{T}}$ 表示 $\vec{0}$ 的转置。回想定理 4.9 中构建的单边移动可达矩阵 M_H。下面将给出 a 类型下一般结盟稳定的矩阵表达。

定理 8.35：对于图模型 G，令结盟 $H \subseteq N$。当且仅当 $e_s^{\mathrm{T}} \cdot \mathrm{CM}_H^{+,++,U} \cdot e = 0$ 时，状态 $s \in S$ 对于 H 来说是 GCNash_a 稳定的，记为 $s \in S_H^{\mathrm{GCNash}_a}$。

证明：由于当且仅当 $e_s^{\mathrm{T}} \cdot \mathrm{CM}_H^{+,++,U} = (\vec{0})^{\mathrm{T}}$ 时，$e_s^{\mathrm{T}} \cdot \mathrm{CM}_H^{+,++,U} \cdot e = 0$，则根据定义 8.74 可知，$\mathrm{CR}_H^{+,++,U}(s) = \varnothing$ 成立。因此，根据定义 8.41 可证定理 8.35。

与混合偏好下个体一般超理性稳定 GCGMR_a 类似，定义 a 类型下一般结盟一般超理性稳定矩阵为

$$M_H^{\mathrm{GCGMR}_a} = \mathrm{CM}_H^{+,++,U} \cdot \left\{ E - \mathrm{sign} \left[M_{N-H} \cdot (P_H^{-,--,=})^{\mathrm{T}} \right] \right\} \tag{8.39}$$

其中，$H \subseteq N$。下列定理提供一种矩阵方法来评估状态 s 对于 H 是否为 GCGMR_a 结盟稳定。

定理 8.36： 对于图模型 G, 令结盟 $H \subseteq N$。当且仅当 $M_H^{\text{GCGMR}_a}(s,s) = 0$ 时, 状态 $s \in S$ 对于 H 来说是 GCGMR_a 结盟稳定的, 记为 $s \in S_H^{\text{GCGMR}_a}$。

证明： 由于

$$M_H^{\text{GCGMR}_a}(s,s)$$
$$= (e_s^{\text{T}} \cdot \text{CM}_H^{+,++,U}) \cdot \left\{ \left\{ E - \text{sign} \left[M_{N-H} \cdot (P_H^{-,--,=})^{\text{T}} \right] \right\} \cdot e_s \right\}$$
$$= \sum_{s_1=1}^{m} \text{CM}_H^{+,++,U}(s,s_1) \cdot \left\{ 1 - \text{sign} \left[(e_{s_1}^{\text{T}} \cdot M_{N-H}) \cdot (e_s^{\text{T}} \cdot P_H^{-,--,=})^{\text{T}} \right] \right\}$$

则 $M_H^{\text{GCGMR}_a}(s,s) = 0$ 成立, 当且仅当对于每个 $s_1 \in S - s$, 满足

$$\text{CM}_H^{+,++,U}(s,s_1) \cdot \left[1 - \text{sign} \left((e_{s_1}^{\text{T}} \cdot M_{N-H}) \cdot (e_s^{\text{T}} \cdot P_H^{-,--,=})^{\text{T}} \right) \right] = 0 \qquad (8.40)$$

显然, 式 (8.40) 等价于, 对于每个 $s_1 \in \text{CR}_H^{+,++,U}(s)$, 有

$$(e_{s_1}^{\text{T}} \cdot M_{N-H}) \cdot (e_s^{\text{T}} \cdot P_H^{-,--,=})^{\text{T}} \neq 0$$

所以, 对于一个从 s 出发的轻微、强烈或不确定结盟改良移动 $s_1 \in \text{CR}_H^{+,++,U}(s)$, 存在至少一个 $s_2 \in R_{N-H}(s_1)$, 使得 $P_H^{-,--,=}(s,s_2) = 1$ 或者 $s_2 \in \Phi_H^{\ll,<,\sim}(s)$, 即对于某些决策者 $i \in H$, $s >_i s_2$, $s \gg_i s_2$ 或 $s \sim_i s_2$ 成立。根据定义 8.42 可知, $M_H^{\text{GCGMR}_a}(s,s) = 0$ 意味着 s 对于 H 来说是 GCGMR_a 结盟稳定的。

定理 8.36 表明 GCGMR_a 结盟稳定的矩阵表达等价于定义 8.42 中相应稳定性的逻辑表达形式。为了分析 s 对于 H 在 a 情况下的一般结盟一般超理性稳定, 需要判定矩阵 $M_H^{\text{GCGMR}_a}(s,s)$ 对角线上的元素是否等于 0。

a 类型下的一般结盟对称超理性稳定 GCSMR_a 与一般结盟一般超理性稳定 GCGMR_a 类似, 不过前者考虑到当局者在遭到对手的反击之后是否有二次移动的动机, 即三步博弈。令 $H \subseteq N$, 定义 GCSMR_a 结盟稳定的矩阵为

$$M_H^{\text{GCSMR}_a} = \text{CM}_H^{+,++,U} \cdot [E - \text{sign}(F)]$$

其中,

$$F = M_{N-H} \cdot \left\{ (P_H^{-,--,=})^{\text{T}} \circ \left\{ E - \text{sign} \left[M_H \cdot (E - P_H^{-,--,=})^{\text{T}} \right] \right\} \right\}$$

下列定理提供一种矩阵方法, 用来判定状态 s 对于 H 是否为 GCSMR_a 结盟稳定。

定理 8.37： 对于图模型 G, 令非空结盟 $H \subseteq N$。当且仅当 $M_H^{\text{GCSMR}_a}(s,s) = 0$ 时, 状态 $s \in S$ 对于 H 来说是 GCSMR_a 结盟稳定的, 记为 $s \in S_H^{\text{GCSMR}_a}$。

证明：由于

$$M_H^{\text{GCSMR}_a}(s,s) = (e_s^{\text{T}} \cdot \text{CM}_H^{+,++,U}) \cdot \{[E - \text{sign}(F)] \cdot e_s\}$$

$$= \sum_{s_1=1}^{m} \text{CM}_H^{+,++,U}(s,s_1)\left\{1 - \text{sign}\left[F(s_1,s)\right]\right\}$$

其中，

$$F(s_1,s) = \sum_{s_2=1}^{m} M_{N-H}(s_1,s_2) \cdot W(s_2,s)$$

$$W(s_2,s) = P_H^{-,--,=}(s,s_2) \cdot \left[1 - \text{sign}\left\{\sum_{s_3=1}^{m}\left\{M_H(s_2,s_3) \cdot [1 - P_H^{-,--,=}(s,s_3)]\right\}\right\}\right]$$

则 $M_H^{\text{GCSMR}_a}(s,s) = 0$ 成立，当且仅当对于每个 $s_1 \in \text{CR}_H^{+,++,U}(s)$，$F(s_1,s) \neq 0$ 成立，这等价于对于每个 $s_1 \in \text{CR}_H^{+,++,U}(s)$，存在 $s_2 \in R_{N-H}(s_1)$ 使得

$$P_H^{-,--,=}(s,s_2) \neq 0 \tag{8.41}$$

$$\sum_{s_3=1}^{m} M_H(s_2,s_3) \cdot (1 - P_H^{-,--,=}(s,s_3)) = 0 \tag{8.42}$$

式 (8.41) 意味着：对于至少一个决策者 $i \in H$，$s >_i s_2$，$s \gg_i s_2$ 或 $s \sim_i s_2$ 成立。式 (8.42) 等价于，对于任意的 $s_3 \in R_H(s_2)$，有

$$P_H^{-,--,=}(s,s_3) = 1 \tag{8.43}$$

很明显，对于任意 $s_1 \in \text{CR}_H^{+,++,U}(s)$，存在 $s_2 \in R_{N-H}(s_1)$，使得式 (8.41) 和式 (8.42) 成立，当且仅当对于每个 $s_1 \in \text{CR}_H^{+,++,U}(s)$，存在 $s_2 \in R_{N-H}(s_1)$ 使得 $s_2 \in \Phi_H^{\ll,<,\sim}(s)$，且对所有 $s_3 \in R_H(s_2)$ 满足 $s_3 \in \Phi_H^{\ll,<,\sim}(s)$。所以，根据定义 8.43 可知定理 8.37 成立。

定理 8.37 中的 GCSMR_a 结盟稳定矩阵表达等价于定义 8.43 中对应稳定性的逻辑表达形式。为了计算 H 在状态 $s \in S$ 时的 GCSMR_a 结盟稳定性，需要判定矩阵 $M_H^{\text{GCSMR}_a}(s,s)$ 对角线上的元素是否等于 0。

a 类型下的一般结盟序列稳定与一般结盟一般超理性稳定类似，但前者只考虑对手的理性或者可信的反击。在混合偏好下两种结盟序列稳定的逻辑表达中已经讨论过这个问题，这里只给出 CSEQ_2 稳定的矩阵表达形式。如果 H 的对手被看作一个结盟，则可将 CSEQ_2 结盟稳定的矩阵表达定义为

$$M_H^{\text{GCSEQ}_a} = \text{CM}_H^{+,++,U} \cdot \left\{E - \text{sign}\left[M_{N-H}^{+,++,U} \cdot (P_H^{-,--,=})^{\text{T}}\right]\right\}$$

定理 8.38 提供一种矩阵方法，用来判断当 H 的对手 $N-H$ 被看作一个结盟时，状态 s 对于 H 是否为 CSEQ_2 结盟稳定。

定理 8.38： 对于图模型 G，令非空结盟 $H \subseteq N$。当且仅当 $M_H^{\text{GCSEQ}_a}(s,s) = 0$ 时，状态 $s \in S$ 对于 H 来说是 CSEQ_2 结盟稳定的，记为 $s \in S_H^{\text{GCSEQ}_a}$。

证明： 由于

$$M_H^{\text{GCSEQ}_a}(s,s) = (e_s^{\text{T}} \cdot \text{CM}_H^{+,++,U}) \cdot \left\{ \left\{ E - \text{sign}[M_{N-H}^{+,++,U} \cdot (P_H^{-,--,=})^{\text{T}}] \right\} e_s \right\}$$

$$= \sum_{s_1=1}^{|S|} \text{CM}_H^{+,++,U}(s,s_1) \left\{ 1 - \text{sign}\left[(e_{s_1}^{\text{T}} M_{N-H}^{+,++,U}) \cdot (e_s^{\text{T}} P_H^{-,--,=})^{\text{T}} \right] \right\}$$

则 $M_H^{\text{GCSEQ}_a}(s,s) = 0$ 成立，当且仅当

$$\text{CM}_H^{+,++,U}(s,s_1) \left\{ 1 - \text{sign}\left[(e_{s_1}^{\text{T}} \cdot M_{N-H}^{+,++,U}) \cdot (e_s^{\text{T}} \cdot P_H^{-,--,=})^{\text{T}} \right] \right\} = 0, \forall s_1 \in S \tag{8.44}$$

很明显，式 (8.44) 等价于，对于任意的 $s_1 \in \text{CR}_H^{+,++,U}(s)$，有

$$(e_{s_1}^{\text{T}} \cdot M_{N-H}^{+,++,U}) \cdot (e_s^{\text{T}} \cdot P_H^{-,--,=})^{\text{T}} \neq 0$$

这意味着对于任意 $s_1 \in \text{CR}_H^{+,++,U}(s)$，存在至少一个 $s_2 \in R_{N-H}^{+,++,U}(s_1)$，使得 $s_2 \in \Phi_H^{\ll,<,\sim}(s)$。根据定义 8.44 可知定理 8.38 成立。

注意 GCSEQ_a 结盟稳定矩阵与 GCGMR_a 结盟稳定矩阵相似，只是前者中 H 的对手的单边移动可达矩阵 M_{N-H} 替换成了轻微、强烈或不确定改良矩阵 $M_{N-H}^{+,++,U}$。

2. b 类型下一般结盟稳定的矩阵表达

定理 8.39： 对于图模型 G，令非空结盟 $H \subseteq N$。当且仅当 $e_s^{\text{T}} \cdot \text{CM}_H^{+,++} \cdot e = 0$ 时，状态 $s \in S$ 对于 H 来说是 b 类型下的一般结盟 Nash 稳定，即 GCNash_b，记为 $s \in S_H^{\text{GCNash}_b}$。

虽然定理 8.39 和定理 8.25 的表达方式是相同的，但二者有所不同，定理 8.39 可以分析不确定偏好下的 Nash 稳定。

令 $H \subseteq N$，定义 b 类型下一般结盟一般超理性稳定 GCGMR_b 的矩阵为

$$M_H^{\text{GCGMR}_b} = \text{CM}_H^{+,++} \cdot \left\{ E - \text{sign}\left[M_{N-H} \cdot (P_H^{-,--,=})^{\text{T}} \right] \right\} \tag{8.45}$$

定理 8.40 提供了一种矩阵方法，用来判定状态 s 对于 H 是否为 GCGMR_b 结盟稳定。

定理 8.40： 对于图模型 G，令非空结盟 $H \subseteq N$。当且仅当 $M_H^{\mathrm{GCGMR}_b}(s,s) = 0$ 时，状态 $s \in S$ 对于 H 来说是 GCGMR_b 结盟稳定的，记为 $s \in S_H^{\mathrm{GCGMR}_b}$。

b 类型下一般结盟对称超理性稳定 GCSMR_b 与一般结盟一般超理性稳定 GCGMR_b 相似，只是前者考虑到三步博弈，分析结盟 H 在遭到对手 $N - H$ 的反击之后是否还有二次移动的动机。令 $H \subseteq N$，定义 GCSMR_b 结盟稳定矩阵为

$$M_H^{\mathrm{GCSMR}_b} = \mathrm{CM}_H^{+,++} \cdot [E - \mathrm{sign}(Q)]$$

其中，

$$Q = M_{N-H} \cdot \left\{ (P_H^{-,--,=})^{\mathrm{T}} \circ \left\{ E - \mathrm{sign}\left[M_H \cdot (E - P_H^{-,--,=})^{\mathrm{T}} \right] \right\} \right\}$$

定理 8.41 提供了一种矩阵方法，来判定状态 s 对于 H 是否为 GCSMR_b 结盟稳定。

定理 8.41： 对于图模型 G，令非空结盟 $H \subseteq N$。当且仅当 $M_H^{\mathrm{GCSMR}_b}(s,s) = 0$ 时，状态 $s \in S$ 对于 H 来说是 GCSMR_b 结盟稳定的，记为 $s \in S_H^{\mathrm{GCSMR}_b}$。

虽然 GCNash_b、GCGMR_b 和 GCSMR_b 的矩阵表达不包括不确定偏好，但它们可以被用来分析存在不确定偏好的情形。如果将 H 的对手看作一个结盟，则 GCSEQ_b 稳定矩阵可以定义为

$$M_H^{\mathrm{GCSEQ}_b} = \mathrm{CM}_H^{+,++} \cdot \left\{ E - \mathrm{sign}\left[M_{N-H}^{+,++,U} \cdot (P_H^{-,--,=})^{\mathrm{T}} \right] \right\}$$

下列定理提供一种矩阵方法，来分析当 H 的对手 $N - H$ 形成一个结盟时，状态 s 对 H 是否为一般结盟序列稳定 GCSEQ_b。

定理 8.42： 对于图模型 G，令非空结盟 $H \subseteq N$。当且仅当 $M_H^{\mathrm{GCSEQ}_b}(s,s) = 0$ 时，状态 $s \in S$ 对于 H 来说是 GCSEQ_b 结盟稳定的，记为 $s \in S_H^{\mathrm{GCSEQ}_b}$。

b 类型下一般结盟稳定的证明类似于 a 类型下的一般结盟稳定，其证明过程留作练习。

3. c 类型下一般结盟稳定的矩阵表达

定理 8.43： 对于图模型 G，令非空结盟 $H \subseteq N$。$S_H^{\mathrm{GCNash}_c} = S_H^{\mathrm{GCNash}_a}$。

令 $H \subseteq N$，定义一般结盟一般超理性稳定 GCGMR_c 矩阵为

$$M_H^{\mathrm{GCGMR}_c} = \mathrm{CM}_H^{+,++,U} \cdot \left\{ E - \mathrm{sign}\left[M_{N-H} \cdot (P_H^{-,--,=,U})^{\mathrm{T}} \right] \right\} \tag{8.46}$$

定理 8.44 提供一种矩阵方法，来评估状态 s 对于 H 是否为 GCGMR_c 结盟稳定。

定理8.44: 对于图模型 G,令非空结盟 $H \subseteq N$。当且仅当 $M_H^{\mathrm{GCGMR}_c}(s, s) = 0$ 时, 状态 $s \in S$ 对于 H 来说是 GCGMR_c 结盟稳定的, 记为 $s \in S_H^{\mathrm{GCGMR}_c}$。

证明: 由于

$$M_H^{\mathrm{GCGMR}_c}(s, s)$$

$$= (e_s^{\mathrm{T}} \cdot \mathrm{CM}_H^{+, ++, U}) \cdot \left\{ \left\{ E - \mathrm{sign}\left[M_{N-H} \cdot (P_H^{-, --, =, U})^{\mathrm{T}} \right] \right\} \cdot e_s \right\}$$

$$= \sum_{s_1=1}^{m} \mathrm{CM}_H^{+, ++, U}(s, s_1) \cdot \left\{ 1 - \mathrm{sign}\left[(e_{s_1}^{\mathrm{T}} \cdot M_{N-H}) \cdot (e_s^{\mathrm{T}} \cdot P_H^{-, --, =, U})^{\mathrm{T}} \right] \right\}$$

则 $M_H^{\mathrm{GCGMR}_c}(s, s) = 0$ 成立, 当且仅当对于每个 $s_1 \in S - s$, 满足

$$\mathrm{CM}_H^{+, ++, U}(s, s_1) \cdot \left\{ 1 - \mathrm{sign}\left[(e_{s_1}^{\mathrm{T}} \cdot M_{N-H}) \cdot (e_s^{\mathrm{T}} \cdot P_H^{-, --, =, U})^{\mathrm{T}} \right] \right\} = 0 \quad (8.47)$$

显然, 式 (8.47) 等价于对于每个 $s_1 \in \mathrm{CR}_H^{+, ++, U}(s)$, 有

$$(e_{s_1}^{\mathrm{T}} \cdot M_{N-H}) \cdot (e_s^{\mathrm{T}} \cdot P_H^{-, --, =, U})^{\mathrm{T}} \neq 0$$

所以, 对于一个从 s 出发的结盟轻微、强烈或不确定改良移动 $s_1 \in \mathrm{CR}_H^{+, ++, U}(s)$, 存在至少一个 $s_2 \in R_{N-H}(s_1)$ 使得 $P_H^{-, --, =, U}(s, s_2) = 1$ 或 $s_2 \in \Phi_H^{\ll, <, \sim, U}(s)$, 即对于某些决策者 $i \in H$, 有 $s >_i s_2, s \gg_i s_2$, $s \sim_i s_2$ 或 $s \, U_i \, s_2$ 成立。根据定义 8.50, $M_H^{\mathrm{GCGMR}_c}(s, s) = 0$ 意味着 s 对于 H 来说是 GCGMR_c 结盟稳定的。

GCSMR_c 结盟稳定与 GCGMR_c 结盟稳定相似, 只是结盟 H 在遭到对手的反击制裁之后会进一步考虑二次移动的机会。令 $H \subseteq N$, 定义 GCSMR_c 结盟稳定矩阵为

$$M_H^{\mathrm{GCSMR}_c} = \mathrm{CM}_H^{+, ++, U} \cdot [E - \mathrm{sign}(F)]$$

其中,

$$F = M_{N-H} \cdot \left\{ (P_H^{-, --, =, U})^{\mathrm{T}} \circ \left\{ E - \mathrm{sign}\left[M_H \cdot (E - P_H^{-, --, =, U})^{\mathrm{T}} \right] \right\} \right\}$$

定理 8.45 给出了矩阵方法来判定状态 s 对于 H 是否为 GCSMR_c 结盟稳定。

定理8.45: 对于图模型 G,令非空结盟 $H \subseteq N$。当且仅当 $M_H^{\mathrm{GCSMR}_c}(s, s) = 0$ 时, 状态 $s \in S$ 对于 H 来说是 GCSMR_c 结盟稳定的, 记为 $s \in S_H^{\mathrm{GCSMR}_c}$。

证明: 由于

$$M_H^{\mathrm{GCSMR}_c}(s, s) = (e_s^{\mathrm{T}} \cdot \mathrm{CM}_H^{+, ++, U}) \cdot \{ [E - \mathrm{sign}(F)] \cdot e_s \}$$

$$= \sum_{s_1=1}^{m} \mathrm{CM}_H^{+, ++, U}(s, s_1) \{ 1 - \mathrm{sign}[F(s_1, s)] \}$$

其中，

$$F(s_1, s) = \sum_{s_2=1}^{m} M_{N-H}(s_1, s_2) \cdot W(s_2, s)$$

$$W(s_2, s)$$

$$= P_H^{-,--,=,U}(s, s_2) \cdot \left[1 - \text{sign} \left\{ \sum_{s_3=1}^{m} \left\{ M_H(s_2, s_3) \cdot [1 - P_H^{-,--,=,U}(s, s_3)] \right\} \right\} \right]$$

则 $M_H^{\text{GCSMR}_c}(s, s) = 0$ 成立，当且仅当对于每个 $s_1 \in \text{CR}_H^{+,++,U}(s)$，$F(s_1, s) \neq 0$，这等价于对于每个 $s_1 \in \text{CR}_H^{+,++,U}(s)$，存在 $s_2 \in R_{N-H}(s_1)$ 使得

$$P_H^{-,--,=,U}(s, s_2) \neq 0 \tag{8.48}$$

$$\sum_{s_3=1}^{m} M_H(s_2, s_3) \cdot [1 - P_H^{-,--,=,U}(s, s_3)] = 0 \tag{8.49}$$

式 (8.48) 意味着：对于至少一个决策者 $i \in H$，有 $s >_i s_2$、$s \gg_i s_2$、$s \sim_i s_2$ 或 $s\, U_i\, s_2$ 成立。式 (8.49) 等价于，对于任意的 $s_3 \in R_H(s_2)$，有

$$P_H^{-,--,=,U}(s, s_3) = 1 \tag{8.50}$$

显然，对于每个 $s_1 \in \text{CR}_H^{+,++,U}(s)$，存在 $s_2 \in R_{N-H}(s_1)$ 使得式 (8.48) 和式 (8.49) 成立，对于每个 $s_1 \in \text{CR}_H^{+,++,U}(s)$，存在 $s_2 \in R_{N-H}(s_1)$ 使得 $s_2 \in \Phi_H^{\ll,<,\sim,U}(s)$ 且所有 $s_3 \in R_H(s_2)$ 满足 $s_3 \in \Phi_H^{\ll,<,\sim,U}(s)$。因此，根据定义 8.51，定理 8.45 得证。

一般结盟序列稳定 GCSEQ$_c$ 矩阵，$M_H^{\text{GCSEQ}_c}$，定义为

$$M_H^{\text{GCSEQ}_c} = \text{CM}_H^{+,++,U} \cdot \left\{ E - \text{sign} \left[M_{N-H}^{+,++,U} \cdot (P_H^{-,--,=,U})^{\text{T}} \right] \right\}$$

定理 8.46 提供了矩阵方法来分析当 H 的对手 $N-H$ 是一个结盟时，状态 s 对于 H 来说是否为 GCSEQ$_c$ 结盟稳定。

定理 8.46： 对于图模型 G，令非空结盟 $H \subseteq N$。当且仅当 $M_H^{\text{GCSEQ}_c}(s, s) = 0$ 时，状态 $s \in S$ 对于 H 来说是 GCSEQ$_c$ 结盟稳定的，记为 $s \in S_H^{\text{GCSEQ}_c}$。

证明： 由于

$$M_H^{\text{GCSEQ}_c}(s, s)$$

$$= (e_s^{\text{T}} \cdot \text{CM}_H^{+,++,U}) \cdot \left\{ \left\{ E - \text{sign}[M_{N-H}^{+,++,U} \cdot (P_H^{-,--,=,U})^{\text{T}}] \right\} e_s \right\}$$

$$= \sum_{s_1=1}^{|S|} \mathrm{CM}_H^{+,++,U}(s,s_1) \left\{ 1 - \mathrm{sign}\left[(e_{s_1}^{\mathrm{T}} M_{N-H}^{+,++,U}) \cdot (e_s^{\mathrm{T}} P_H^{-,--,=,U})^{\mathrm{T}} \right] \right\}$$

则 $M_H^{\mathrm{GCSEQ}_c}(s,s) = 0$ 成立，当且仅当

$$\mathrm{CM}_H^{+,++,U}(s,s_1) \left\{ 1 - \mathrm{sign}\left[(e_{s_1}^{\mathrm{T}} \cdot M_{N-H}^{+,++,U}) \cdot (e_s^{\mathrm{T}} \cdot P_H^{-,--,=,U})^{\mathrm{T}} \right] \right\} = 0, \quad \forall s_1 \in S \tag{8.51}$$

显然，式 (8.51) 等价于，对于任意的 $s_1 \in \mathrm{CR}_H^{+,++,U}(s)$，有

$$(e_{s_1}^{\mathrm{T}} \cdot M_{N-H}^{+,++,U}) \cdot (e_s^{\mathrm{T}} \cdot P_H^{-,--,=,U})^{\mathrm{T}} \neq 0$$

这意味着对于任意 $s_1 \in \mathrm{CR}_H^{+,++,U}(s)$，存在至少一个 $s_2 \in R_{N-H}^{+,++,U}(s_1)$，使得 $s_2 \in \Phi_H^{\ll,<,\sim,U}(s)$。根据定义 8.52，定理 8.46 得证。

4. d 类型下一般结盟稳定的矩阵表达

定理 8.47：对于图模型 G，令非空结盟 $H \subseteq N$，$S_H^{\mathrm{GCNash}_d} = S_H^{\mathrm{GCNash}_b}$。

令 $H \subseteq N$，定义 d 类型下的一般结盟一般超理性稳定 GCGMR_d 矩阵为

$$M_H^{\mathrm{GCGMR}_c} = \mathrm{CM}_H^{+,++,U} \cdot \left\{ E - \mathrm{sign}\left[M_{N-H} \cdot (P_H^{-,--,=,U})^{\mathrm{T}} \right] \right\} \tag{8.52}$$

定理 8.48 提供了一种矩阵方法来判断状态 s 对于 H 来说是否为 GCGMR_d 结盟稳定。

定理 8.48：对于图模型 G，令非空结盟 $H \subseteq N$。当且仅当 $M_H^{\mathrm{GCGMR}_d}(s,s) = 0$ 时，状态 $s \in S$ 对于 H 来说是 GCGMR_d 结盟稳定的，记为 $s \in S_H^{\mathrm{GCGMR}_d}$。

一般结盟对称超理性稳定 GCSMR_d 与一般结盟一般超理性稳定 GCGMR_d 相似，只是结盟 H 在遭到对手 $(N-H)$ 的反击制裁之后还会考虑进一步地改良移动机会。令 $H \subseteq N$，定义 GCSMR_d 结盟稳定矩阵为

$$M_H^{\mathrm{GCSMR}_d} = \mathrm{CM}_H^{+,++} \cdot [E - \mathrm{sign}(Q)]$$

其中，

$$Q = M_{N-H} \cdot \left\{ (P_H^{-,--,=,U})^{\mathrm{T}} \circ \left\{ E - \mathrm{sign}\left[M_H \cdot (E - P_H^{-,--,=,U})^{\mathrm{T}} \right] \right\} \right\}$$

定理 8.49 提供了一种矩阵方法来判定状态 s 对于 H 来说是否为 GCSMR_d 结盟稳定。

定理 8.49：对于图模型 G，令非空结盟 $H \subseteq N$。当且仅当 $M_H^{\mathrm{GCSMR}_d}(s,s) = 0$ 时，状态 $s \in S$ 对于 H 来说是 GCSMR_d 结盟稳定的，记为 $s \in S_H^{\mathrm{GCSMR}_d}$。

定义 d 类型下的一般结盟序列稳定 GCSEQ_d 矩阵为

$$M_H^{\text{GCSEQ}_d} = \text{CM}_H^{+,++} \cdot \left\{ E - \text{sign}\left[M_{N-H}^{+,++,U} \cdot (P_H^{-,--,=,U})^{\text{T}} \right] \right\}$$

定理 8.50 提供了矩阵方法来分析当 H 的对手 $(N-H)$ 组成一个结盟时，状态 s 对于 H 来说是否为 GCSEQ_d 结盟稳定。

定理 8.50： 对于图模型 G，令非空结盟 $H \subseteq N$。当且仅当 $M_H^{\text{GCSEQ}_d}(s,s) = 0$ 时，状态 $s \in S$ 对于 H 来说是 GCSEQ_d 结盟稳定的，记为 $s \in S_H^{\text{GCSEQ}_d}$。

d 类型下一般结盟稳定的证明类似于 a 类型下的一般结盟稳定。证明过程留给读者练习。

8.9.3　混合偏好下强结盟稳定的矩阵表达

在基于混合偏好的图模型中，根据反击的强度，a、b、c 或 d 类型下的一般结盟稳定可以是强或弱结盟稳定。下面的基于混合偏好的强结盟稳定矩阵表达等价于 8.5.2 节中的稳定性逻辑形式。

定理 8.51： 对于图模型 G，令非空结盟 $H \subseteq N$，且 $l = \{a,b,c,d\}$。状态 $s \in S$ 对于 H 来说是一般或强结盟 Nash 稳定，分别记为 $s \in S_H^{\text{GNash}_l}$ 或 $s \in S_H^{\text{SNash}_l}$，且 $S_H^{\text{SNash}_l} = S_H^{\text{GNash}_l}$。

1. a 类型下强结盟稳定的矩阵表达

令 $H \subseteq N$，定义 a 类型下强结盟一般超理性稳定 SCGMR_a 的矩阵为

$$M_H^{\text{SCGMR}_a} = \text{CM}_H^{+,++,U} \cdot \left\{ E - \text{sign}\left[M_{N-H} \cdot (P_H^{--})^{\text{T}} \right] \right\} \tag{8.53}$$

定理 8.52 运用矩阵来判定状态 s 对于 H 来说是否为 SCGMR_a 稳定。

定理 8.52： 对于图模型 G，令非空结盟 $H \subseteq N$。当且仅当 $M_H^{\text{SCGMR}_a}(s,s) = 0$ 时，状态 $s \in S$ 对于 H 来说是 SCGMR_a 稳定的，记为 $s \in S_H^{\text{SCGMR}_a}$。

定理 8.52 表明强结盟一般超理性稳定 SCGMR_a 的矩阵表达等价于定义 8.59 中相应稳定性的逻辑形式。检查矩阵 $M_H^{\text{SCGMR}_a}$ 对角线上元素 (s,s) 的值是否等于 0。如果等于 0，则 s 对于 H 来说是 SCGMR_a 稳定。

令 $H \subseteq N$，定义强结盟对称超理性稳定 SCSMR_a 矩阵为

$$M_H^{\text{SCSMR}_a} = \text{CM}_H^{+,++,U} \cdot [E - \text{sign}(Q)]$$

其中，

$$Q = M_{N-H} \cdot \left\{ (P_H^{--})^{\text{T}} \circ \left\{ E - \text{sign}\left[M_H \cdot (E - P_H^{--})^{\text{T}} \right] \right\} \right\}$$

定理 8.53 运用矩阵方法来判定状态 s 对于 H 来说是否为 SCSMR_a 稳定。

定理 8.53: 对于图模型 G, 令非空结盟 $H \subseteq N$。当且仅当 $M_H^{\mathrm{SCSMR}_a}(s,s) = 0$ 时, 状态 $s \in S$ 对于 H 来说是 a 类型下的 SCSMR$_a$ 稳定, 记为 $s \in S_H^{\mathrm{SCSMR}_a}$。

定理 8.53 提供的稳定性矩阵判别方法等价于定义 8.60 中相应的稳定性逻辑形式。定理 8.54 运用矩阵方法来判定状态 s 对于 H 来说是否为 SCSEQ$_a$ 稳定。定义 SCSEQ$_a$ 稳定矩阵为

$$M_H^{\mathrm{SCSEQ}_a} = \mathrm{CM}_H^{+,++,U} \cdot \left\{ E - \mathrm{sign}\left[M_{N-H}^{+,++,U} \cdot (P_H^{--})^{\mathrm{T}} \right] \right\}$$

定理 8.54: 对于图模型 G, 令非空结盟 $H \subseteq N$。当且仅当 $M_H^{\mathrm{SCSEQ}_a}(s,s) = 0$ 时, 状态 $s \in S$ 对于 H 来说是 SCSEQ$_a$ 稳定, 记为 $s \in S_H^{\mathrm{SCSEQ}_a}$。

2. b 类型下强结盟稳定的矩阵表达

令 $H \subseteq N$, 定义强结盟一般超理性稳定 SCGMR$_b$ 矩阵为

$$M_H^{\mathrm{SCGMR}_b} = \mathrm{CM}_H^{+,++} \cdot \left\{ E - \mathrm{sign}\left[M_{N-H} \cdot (P_H^{--})^{\mathrm{T}} \right] \right\} \tag{8.54}$$

定理 8.55 运用矩阵方法来判定状态 s 对于 H 来说是否为 SCGMR$_b$ 稳定。

定理8.55: 对于图模型 G, 令 $H \subseteq N$ 为一个非空结盟。当且仅当 $M_H^{\mathrm{SCGMR}_b}(s,s) = 0$ 时, 状态 $s \in S$ 对于 H 是 SCGMR$_b$ 稳定, 记为 $s \in S_H^{\mathrm{SCGMR}_b}$。

令 $H \subseteq N$, 定义强结盟一般超理性稳定 SCSMR$_b$ 矩阵为

$$M_H^{\mathrm{SCSMR}_b} = \mathrm{CM}_H^{+,++} \cdot [E - \mathrm{sign}(Q)]$$

其中,

$$Q = M_{N-H} \cdot \left\{ (P_H^{--})^{\mathrm{T}} \circ \left\{ E - \mathrm{sign}\left[M_H \cdot (E - P_H^{--})^{\mathrm{T}} \right] \right\} \right\}$$

定理 8.56 运用矩阵方法来判定状态 s 对于 H 来说是否为 SCSMR$_b$ 稳定。

定理8.56: 对于图模型 G, 令非空结盟 $H \subseteq N$。当且仅当 $M_H^{\mathrm{SCSMR}_b}(s,s) = 0$ 时, 状态 $s \in S$ 对于 H 来说是 SCSMR$_b$ 稳定, 记为 $s \in S_H^{\mathrm{SCSMR}_b}$。

定理 8.57 给出矩阵方法来判定状态 s 对于 H 来说是否为 SCSEQ$_b$ 稳定。定义 SCSEQ$_b$ 稳定矩阵为

$$M_H^{\mathrm{SCSEQ}_b} = \mathrm{CM}_H^{+,++} \cdot \left\{ E - \mathrm{sign}\left[M_{N-H}^{+,++,U} \cdot (P_H^{--})^{\mathrm{T}} \right] \right\}$$

定理8.57: 对于图模型 G, 令非空结盟 $H \subseteq N$。当且仅当 $M_H^{\mathrm{SCSEQ}_b}(s,s) = 0$ 时, 状态 $s \in S$ 对于 H 来说是 b 类型下的 SCSEQ$_b$ 稳定, 记为 $s \in S_H^{\mathrm{SCSEQ}_b}$。

3. c 类型下强结盟稳定的矩阵表达

令 $H \subseteq N$，定义强结盟一般超理性稳定 SCGMR$_c$ 矩阵为

$$M_H^{\text{SCGMR}_c} = \text{CM}_H^{+,++,U} \cdot \left\{ E - \text{sign} \left[M_{N-H} \cdot (P_H^{--,U})^{\text{T}} \right] \right\} \tag{8.55}$$

定理 8.58 运用矩阵方法来判定状态 s 对于 H 来说是否为 SCGMR$_c$ 稳定。

定理8.58： 对于图模型 G，令非空结盟 $H \subseteq N$。当且仅当 $M_H^{\text{SCGMR}_c}(s,s) = 0$ 时，状态 $s \in S$ 对于 H 来说是 SCGMR$_c$ 稳定的，记为 $s \in S_H^{\text{SCGMR}_c}$。

定理 8.58 表明 SCGMR$_c$ 稳定的矩阵表达等价于定义 8.65 中对应稳定性定义的逻辑形式。检查矩阵 $M_H^{\text{SCGMR}_c}$ 对角线上元素 (s,s) 的值是否等于 0。如果等于 0，则 s 对于 H 来说是 SCGMR$_c$ 稳定的。

令 $H \subseteq N$，定义强结盟对称超理性稳定 SCSMR$_c$ 的矩阵为

$$M_H^{\text{SCSMR}_c} = \text{CM}_H^{+,++,U} \cdot [E - \text{sign}(Q)]$$

其中，

$$Q = M_{N-H} \cdot \left[(P_H^{--,U})^{\text{T}} \circ \left\{ E - \text{sign} \left[M_H \cdot (E - P_H^{--,U})^{\text{T}} \right] \right\} \right]$$

定理 8.59 运用矩阵方法来判定状态 s 对于 H 来说是否为 SCSMR$_c$ 稳定。

定理8.59： 对于图模型 G，令非空结盟 $H \subseteq N$。当且仅当 $M_H^{\text{SCSMR}_c}(s,s) = 0$ 时，状态 $s \in S$ 对于 H 来说是 SCSMR$_c$ 稳定，记为 $s \in S_H^{\text{SCSMR}_c}$。

定理 8.59 中的稳定性矩阵判别方法等价于定义 8.66 中相应稳定性的逻辑形式。定理 8.60 运用矩阵来判定状态 s 对于 H 来说是否为 SCSEQ$_c$ 稳定。定义 SCSEQ$_c$ 稳定矩阵为

$$M_H^{\text{SCSEQ}_c} = \text{CM}_H^{+,++,U} \cdot \left\{ E - \text{sign} \left[M_{N-H}^{+,++,U} \cdot (P_H^{--,U})^{\text{T}} \right] \right\}$$

定理8.60： 对于图模型 G，令非空结盟 $H \subseteq N$。当且仅当 $M_H^{\text{SCSEQ}_c}(s,s) = 0$ 时，状态 $s \in S$ 对于 H 来说是 SCSEQ$_c$ 稳定的，记为 $s \in S^{\text{SCSEQ}_c}$。

4. d 类型下强结盟稳定的矩阵表达

令 $H \subseteq N$，定义强结盟一般超理性稳定 SCGMR$_d$ 矩阵为

$$M_H^{\text{SCGMR}_d} = \text{CM}_H^{+,++} \cdot \left\{ E - \text{sign} \left[M_{N-H} \cdot (P_H^{--,U})^{\text{T}} \right] \right\} \tag{8.56}$$

定理 8.61 运用矩阵方法来判定状态 s 对于 H 来说是否为 SCGMR$_d$ 稳定。

定理8.61： 对于图模型 G，令非空结盟 $H \subseteq N$。当且仅当 $M_H^{\mathrm{SCGMR}_d}(s,s) = 0$ 时，状态 $s \in S$ 对于 H 是 SCGMR_d 稳定的，记为 $s \in S_H^{\mathrm{SCGMR}_d}$。

定理 8.61 表明 SCGMR_d 稳定的矩阵表达等价于定义 8.68 中相应稳定性的逻辑形式。检查矩阵 $M_H^{\mathrm{SCGMR}_d}$ 对角线元素 (s,s) 的值是否等于 0。如果等于 0，则 s 对于 H 来说是 SCGMR_d 稳定。

令 $H \subseteq N$，定义强结盟一般超理性稳定 SCSMR_d 矩阵为

$$M_H^{\mathrm{SCSMR}_d} = \mathrm{CM}_H^{+,++} \cdot [E - \mathrm{sign}(Q)]$$

其中，

$$Q = M_{N-H} \cdot \left\{ (P_H^{--,U})^{\mathrm{T}} \circ \left\{ E - \mathrm{sign}\left[M_H \cdot (E - P_H^{--,U})^{\mathrm{T}} \right] \right\} \right\}$$

定理 8.62 提供矩阵方法来判定状态 s 对于 H 来说是否为 SCSMR_d 稳定。

定理8.62： 对于图模型 G，令非空结盟 $H \subseteq N$。当且仅当 $M_H^{\mathrm{SCSMR}_d}(s,s) = 0$，状态 $s \in S$ 对于 H 来说是 SCSMR_d 稳定，记为 $s \in S_H^{\mathrm{SCSMR}_d}$。

定理 8.62 中的稳定性矩阵判别方法等价于定义 8.69 中对应稳定性的逻辑形式。定理 8.63 给出矩阵方法来判别状态 $s \in S$ 对于 H 来说是否为 SCSEQ_d 稳定。定义 SCSEQ_d 稳定矩阵为

$$M_H^{\mathrm{SCSEQ}_d} = \mathrm{CM}_H^{+,++} \cdot \left\{ E - \mathrm{sign}\left[M_{N-H}^{+,++,U} \cdot (P_H^{--,U})^{\mathrm{T}} \right] \right\}$$

定理8.63： 对于图模型 G，令非空结盟 $H \subseteq N$。当且仅当 $M_H^{\mathrm{SCSEQ}_d}(s,s) = 0$ 时，状态 $s \in S$ 对于 H 来说是 SCSEQ_d 稳定的，记为 $s \in S^{\mathrm{SCSEQ}_d}$。

本节中论述的混合偏好下结盟稳定的矩阵表达等价于 8.5 节中稳定性的逻辑形式。但是在计算结盟稳定时，矩阵形式比逻辑形式更高效。

8.10　应用：简单偏好下吉斯本湖冲突的结盟分析

本节使用矩阵方法来分析简单偏好下吉斯本湖冲突的结盟稳定。回想在 5.4 节和 7.5 节中，吉斯本湖冲突图模型包含以下决策者和策略。

（1）　加拿大联邦政府 (联邦政府)：继续全国范围的大规模水出口 (继续) 或终止。

（2）　纽芬兰和拉布拉多省政府 (省政府)：取消大规模水出口禁令 (取消) 或不取消。

（3）　支持者 (上诉)：上诉请求继续吉斯本湖项目 (上诉) 或不上诉。

在表 8.1 的左侧，列出了三个决策者和他们可以控制的策略。这三个策略一共可产生八种可能的状态，在表 8.1 的右侧列出。其中，"Y"表示所在行的策略被其决策者选择，"N"表示不选择。在表 8.1 中，每种状态都显示为 Y 和 N 的一列，表示可能发生的情况。例如，s_4 表示联邦政府愿意继续禁止大规模水出口，省政府愿意取消大规模水出口禁令，而支持者不愿意为执行这个项目请愿。图 8.1 中的图模型刻画了吉斯本湖冲突中三个决策者的可能移动情况，每条弧上的标签表示控制相应行动的决策者。

表 8.1   吉斯本湖冲突中的策略和可行状态

联邦政府：继续	N	Y	N	Y	N	Y	N	Y
省政府：取消	N	N	Y	Y	N	N	Y	Y
支持者：上诉	N	N	N	N	Y	Y	Y	Y
状态	s_1	s_2	s_3	s_4	s_5	s_6	s_7	s_8

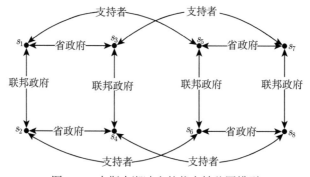

图 8.1   吉斯本湖冲突的状态转移图模型

除了决策者、状态和状态移动之外，图模型的另外一个重要元素是每个决策者的相对偏好。表 8.2 和表 8.3 分别给出了低水价和高水价情形下的偏好。注意：只有省政府的偏好在这两个冲突中是不同的。在这些表中，$\succ$ 表示更偏爱。当降低水价时，省政府更偏爱表 8.2 中的状态 s_2。状态 s_2 意味着省政府选择保护环境，与联邦政府的立场一致。当升高水价时，表 8.3 中表明省政府更偏爱状态 s_3。这意味着以经济为导向的省政府将取消大规模水出口禁令。省政府的两种态度将导致不同的结盟和不同结盟的稳定结果。由于吉斯本湖冲突中两个模型所用的分析方法相似，下面的讨论将基于第二种情形展开，其中省政府选择与支持者的立场一致。

表 8.2   低水价情形下吉斯本湖冲突模型中决策者的偏好信息

决策者	偏好
联邦政府	$s_2 \succ s_6 \succ s_4 \succ s_8 \succ s_1 \succ s_5 \succ s_3 \succ s_7$
省政府	$s_2 \succ s_6 \succ s_1 \succ s_5 \succ s_4 \succ s_8 \succ s_3 \succ s_7$
支持者	$s_3 \succ s_4 \succ s_7 \succ s_8 \succ s_5 \succ s_6 \succ s_1 \succ s_2$

表 8.3 高水价情形下吉斯本湖冲突模型中决策者的偏好信息

决策者	偏好
联邦政府	$s_2 \succ s_6 \succ s_4 \succ s_8 \succ s_1 \succ s_5 \succ s_3 \succ s_7$
省政府	$s_3 \succ s_7 \succ s_4 \succ s_8 \succ s_1 \succ s_5 \succ s_2 \succ s_6$
支持者	$s_3 \succ s_4 \succ s_7 \succ s_8 \succ s_5 \succ s_6 \succ s_1 \succ s_2$

接下来，将使用代数方法建立吉斯本湖冲突模型的可达矩阵。

8.10.1 吉斯本湖冲突模型中的可达矩阵

令三个决策者的集合 $N = \{1, 2, 3\}$={联邦政府, 省政府, 支持者}。下面以吉斯本湖冲突模型为例来展示如何使用代数方法构建单边移动、单边改良移动和结盟改良移动的可达矩阵 (Xu et al., 2014)。可达矩阵的构建遵循以下步骤。

(1) 运用图 8.1 和表 8.3 中提供的信息，构建可达矩阵 J_i 和 J_i^+ 以及偏好矩阵 P_i^+ 和 $P_i^{-,=}$，其中 $i = 1, 2, 3$。

(2) 分别计算当 $i = 1, 2, 3$ 时，$H = N - \{i\}$ 的单边移动、单边改良移动和结盟改良移动的可达矩阵，即 M_H、M_H^+ 和 CM_H^+。

(3) 三个可达矩阵分别见表 8.4、表 8.5 和表 8.6。

表 8.4 高水价情形下吉斯本湖图模型中 $H = N - \{i\}$ 的单边移动可达矩阵 ($i = 1, 2, 3$)

状态	$M_{N-\{1\}}$								$M_{N-\{2\}}$								$M_{N-\{3\}}$							
	s_1	s_2	s_3	s_4	s_5	s_6	s_7	s_8	s_1	s_2	s_3	s_4	s_5	s_6	s_7	s_8	s_1	s_2	s_3	s_4	s_5	s_6	s_7	s_8
s_1	0	0	1	0	1	0	1	0	0	1	0	0	1	1	0	0	0	1	1	1	0	0	0	0
s_2	0	0	0	1	0	1	0	1	1	0	0	0	1	1	0	0	1	0	1	1	0	0	0	0
s_3	1	0	0	0	1	0	1	0	0	0	0	1	0	0	1	1	1	1	0	1	0	0	0	0
s_4	0	1	0	0	0	1	0	1	0	0	1	0	0	0	1	1	1	1	1	0	0	0	0	0
s_5	1	0	1	0	0	0	1	0	1	1	0	0	0	1	0	0	0	0	0	0	0	1	1	1
s_6	0	1	0	1	0	0	0	1	1	1	0	0	1	0	0	0	0	0	0	0	1	0	1	1
s_7	1	0	1	0	1	0	0	0	0	0	1	1	0	0	0	1	0	0	0	0	1	1	0	1
s_8	0	1	0	1	0	1	0	0	0	0	1	1	0	0	1	0	0	0	0	0	1	1	1	0

表 8.5 高水价情形下吉斯本湖图模型中 $H = N - \{i\}$ 的单边改良移动可达矩阵 ($i = 1, 2, 3$)

状态	$M_{N-\{1\}}^+$								$M_{N-\{2\}}^+$								$M_{N-\{3\}}^+$							
	s_1	s_2	s_3	s_4	s_5	s_6	s_7	s_8	s_1	s_2	s_3	s_4	s_5	s_6	s_7	s_8	s_1	s_2	s_3	s_4	s_5	s_6	s_7	s_8
s_1	0	0	1	0	0	0	1	0	0	1	0	0	1	1	0	0	0	1	1	1	0	0	0	0
s_2	0	0	0	1	0	1	0	1	0	0	0	0	0	1	0	0	0	0	1	1	0	0	0	0
s_3	0	0	0	0	0	0	0	0	0	0	0	1	0	0	0	0	0	0	0	1	0	0	0	0
s_4	0	0	0	0	0	0	0	0	0	0	1	0	0	0	0	0	0	0	1	0	0	0	0	0
s_5	0	0	1	0	0	0	1	0	0	0	0	0	0	1	0	0	0	0	0	0	0	1	1	1
s_6	0	0	0	1	0	0	0	1	0	0	0	0	0	0	0	0	0	0	0	0	0	0	1	1
s_7	0	0	0	0	0	0	0	0	0	0	1	1	0	0	0	1	0	0	0	0	0	0	0	1
s_8	0	0	0	0	0	0	0	0	0	0	1	1	0	0	0	0	0	0	0	0	0	0	0	0

表 8.6　高水价情形下吉斯本湖图模型中 $H = N - \{i\}$ 的结盟改良移动可达矩阵
$(i = 1, 2, 3)$

状态	$\text{CM}_{N-\{1\}}^{+}$								$\text{CM}_{N-\{2\}}^{+}$								$\text{CM}_{N-\{3\}}^{+}$							
	s_1	s_2	s_3	s_4	s_5	s_6	s_7	s_8	s_1	s_2	s_3	s_4	s_5	s_6	s_7	s_8	s_1	s_2	s_3	s_4	s_5	s_6	s_7	s_8
s_1	0	0	1	0	0	0	1	0	0	0	0	0	0	1	0	0	0	0	0	1	0	0	0	0
s_2	0	0	0	1	0	0	0	1	0	0	0	0	0	0	0	0	0	0	0	0	0	0	0	0
s_3	1	0	0	0	0	0	0	0	0	0	0	0	0	0	0	0	0	0	0	0	0	0	0	0
s_4	0	0	0	0	0	0	0	0	0	0	0	0	0	0	0	0	0	0	0	0	0	0	0	0
s_5	0	0	1	0	0	0	1	0	0	0	0	0	0	0	0	0	0	0	0	0	0	0	0	1
s_6	0	0	0	1	0	0	0	1	0	0	0	0	0	0	0	0	0	0	0	0	0	0	0	0
s_7	0	0	1	0	0	0	0	0	0	0	1	1	0	0	0	0	0	0	0	0	0	0	0	0
s_8	0	0	0	1	0	0	0	0	0	0	0	1	0	0	0	0	0	0	0	0	0	0	0	0

例如，根据表 8.5 可知：

$$e_2^{\mathrm{T}} \cdot M_{N-\{1\}}^{+} = (0, 0, 0, 1, 0, 1, 0, 1)$$

这意味着 $H = N - \{1\}$ 从状态 s_2 出发，通过一系列合法的单边改良移动的可达集合为 $R_H^{+}(s_2) = \{s_4, s_6, s_8\}$，也就是说结盟 $H = \{2, 3\}$ 从初始状态 $s = s_2$ 出发，通过合法的单边改良可以到达的状态为 s_4、s_6 和 s_8。根据表 8.6 可得

$$e_2^{\mathrm{T}} \cdot \text{CM}_{N-\{1\}}^{+} = (0, 0, 0, 1, 0, 0, 0, 1)$$

这意味着结盟 $H = \{2, 3\}$ 从状态 s_2 出发的结盟改良可达状态集为 $\text{CR}_H^{+} = (0, 0, 0, 1, 0, 0, 0, 1)$。正如在定义 8.1 之后提及的，通常来说 $R_H^{+}(s) \neq \text{CR}_H^{+}(s)$。显然，在这个例子中，对于 $H = \{2, 3\}$，$R_H^{+}(s_2) \neq \text{CR}_H^{+}(s_2)$ 成立。实际上，虽然 $s_6 \in R_H^{+}(s_2)$，但由于 $s_2 \succ_2 s_6$，对于 $H = \{2, 3\}$ 来说，$s_6 \notin \text{CR}_H^{+}(s_2)$。

8.10.2　吉斯本湖冲突图模型中的结盟稳定结果

在获取单边移动、单边改良移动和结盟改良移动三个重要的可达矩阵 (分别为 M_H、M_H^{+} 和 CM_H^{+}) 之后，可运用定理 8.2、定理 8.4 ~ 定理 8.7 计算 CNash 稳定、CGMR 稳定、CSMR 稳定、CSEQ_1 稳定和 CSEQ_2 稳定，如表 8.7 所示。

表 8.7　高水价情形下吉斯本湖冲突图模型不同结盟情况下的结盟稳定
分析结果

状态	稳定	$\{1\}$	$\{2\}$	$\{3\}$	$\{1, 2\}$	$\{1, 3\}$	$\{2, 3\}$
s_1	CNash						
	CGMR						
	CSMR						
	CSEQ_1						
	CSEQ_2						

续表

状态	稳定	{1}	{2}	{3}	{1, 2}	{1, 3}	{2, 3}
s_2	CNash	√			√	√	
	CGMR	√			√	√	
	CSMR	√			√	√	
	CSEQ_1	√			√	√	
	CSEQ_2	√					
s_3	CNash		√	√	√	√	√
	CGMR		√	√	√	√	√
	CSMR		√	√	√	√	√
	CSEQ_1		√	√	√	√	√
	CSEQ_2		√	√	√	√	√
s_4	CNash	√	√	√	√	√	√
	CGMR	√	√	√	√	√	√
	CSMR	√	√	√	√	√	√
	CSEQ_1	√	√	√	√	√	√
	CSEQ_2	√	√	√	√	√	√
s_5	CNash		√			√	
	CGMR		√			√	
	CSMR		√			√	
	CSEQ_1		√			√	
	CSEQ_2		√			√	
s_6	CNash	√		√	√	√	
	CGMR	√		√	√	√	
	CSMR	√		√	√	√	
	CSEQ_1	√		√	√	√	
	CSEQ_2	√		√	√	√	
s_7	CNash		√		√		
	CGMR		√	√	√	√	√
	CSMR		√	√	√	√	√
	CSEQ_1		√		√		√
	CSEQ_2		√		√		√
s_8	CNash	√	√				
	CGMR	√	√	√	√	√	
	CSMR	√	√	√	√	√	
	CSEQ_1	√	√		√		
	CSEQ_2	√	√		√		

运用本章中的结盟稳定代数分析方法可以系统分析前面提到的两个水出口冲突模型。在第一个低水价的冲突模型中，根据非合作稳定计算和当联邦与结盟稳定分析 ($H = \{1, 2\}$) 可知，唯一的一个均衡解是状态 s_6。从表 8.1 可得，状态 s_6 表示联邦政府选择继续禁止水出口，省政府不取消禁令，而支持者进行请愿。在这个例子中，省政府的决策行为是环境发展导向的。

第二个高水价冲突的非合作稳定结果见表 8.7 里第 3～5 列。显然，状态 s_4

对于所有的个体非合作稳定（Nash、GMR、SMR 和 SEQ）来说都是均衡；状态 s_8 对于 GMR 和 SMR 个体稳定性来说也是一个均衡。但是，从表 8.7 中可以看出，当省政府和支持者团体形成一个结盟 ($H = \{2,3\}$) 时，s_8 不是 CGMR 和 CSMR 结盟稳定。从表 8.1 可以得出，在 s_8 处，支持者的请愿将没有必要，因为省政府和支持者进行了合作。因此，状态 s_8 不是长期稳定的。对于非零结盟，合作稳定结果见表 8.7 右侧的第 3 列。注意状态 s_4 是全局的 CNash、CGMR、CSMR、$CSEQ_1$ 和 $CSEQ_2$ 稳定，这意味着在状态 s_4 处，联邦政府继续选择禁止水资源出口，省政府选择解除禁令，同时支持者不再请愿。当高水价时，状态 s_4 是一个冲突的解决方案。在这个例子中，水出口项目将继续推进。

8.11　本章重点

结盟分析应该是每个正式冲突解决分析的关键组成部分。在弄清一个决策者通过自己和基于自身利益能够达成的目标后，应该进行分析如何通过与别人合作来变得更好。本章中论述的结盟思想为结盟建模和分析提供了坚实的数学基础，可被编程进入 GMCR 的 DSS 中，这在 10.2 节将具体论述。因此，在正规的冲突研究中，研究者、老师和学生在许多领域都需要熟悉结盟方法。针对第 4 章和第 7 章中给出的四种偏好结构，在本章中对四种关键均衡解给出了结盟分析的逻辑表达。此外，在第 8 章后面给出的一系列偏好结构的结盟分析的矩阵表达，可以被纳入 GMCR 的 DSS 的引擎中，关于这一点将在第 10.2 节中进行论述。所以，结盟分析当前是 GMCR 范畴中完全成熟的决策技术，这在 8.10 节中的水出口冲突应用中也得到了验证。

8.12　习　　题

1. 选择一个你感兴趣的当前冲突，如贸易争端或气候变化协议谈判，解释你认为结盟建模和分析是否能作为更好地解决冲突的重要工具。

2. 在定义 8.1 中给出的结盟改良中，一个状态是一个结盟中的所有成员对于另外一个状态的结盟改良，当且仅当决策者共同移动到这个状态时，才会被结盟中的所有成员喜欢。解释如何通过结盟成员之间的合理沟通，在现实中执行这个移动。

3. 第 3 章中的习题 1 介绍了囚徒困境的博弈。如果两个决策者在这场冲突中，从状态 s_4 一起转移到状态 s_1，则这是一个结盟改良的例子。写一个短评，解释囚徒困境是一些特定的或一般的现实世界中的争端，如贸易或环境争议。解释如何在现实中采取合理的步骤，来保证两个决策者同时从状态 s_4 移到 s_1，即在这个过程中没有决策者背叛结盟。为什么说从状态 s_4 移到 s_1 可称为一个均衡跳跃？

4. 在第 3 章习题 4 的懦夫博弈中，两个决策者或司机同时从状态 s_1 移到 s_4 是定义 8.1 论述的结盟改良的例子。提供一个现实世界中的懦夫博弈的例子。解释为什么可能通过采取合适措施使两个决策者同时从状态 s_1 移到状态 s_4。

5. 在一个包括两个决策者的冲突中，这两个决策者参加了一个定义 8.1 提及的结盟改良。但是当一个冲突中只有两个决策者时，冲突中没有其他的决策者来反制结盟改良。解释 8.2 节中给出的结盟稳定的定义，在只有两个决策者时可用于单个偏好。为什么这些结盟稳定定义与第 4 章中简单偏好下不存在两个或多个决策者的结盟时的稳定定义相似？

6. 在 8.10 节中给出的关于水出口的吉斯本湖冲突中，运用 8.2 节中给出的结盟稳定的逻辑形式，通过手工计算吉斯本湖冲突中不同的结盟稳定，确保给出每一种稳定定义的不存在结盟的特殊情形。

7. 对于本书中 1.2.2 节首次给出的埃尔迈拉冲突，采用 8.6 节中给出的矩阵形式，通过手工计算简单偏好下的结盟稳定，确保包括不存在结盟的特殊情形的算例和稳定结果。

8. 在本章的结盟调查方法中，假定冲突中的决策者在利益驱使下会形成结盟体，正如定义 8.1 中描述的结盟改良一样。此外，还存在其他研究结盟的方法，如战争中各个国家之间可能会形成军事联盟，而且这个军事联盟在整个军事争端中可能会一直存在。所以，研究者给出了一种对结盟偏好排序的方法，这种方法基于个体结盟成员的偏好 (Kuhn et al., 1983; Hipel and Fraser, 1991; Meister et al., 1992; Hipel and Meister, 1994)。通过参考这些作者的研究，列出如何确定结盟的偏好。解释这些作者如何识别可能的结盟，即如何执行结盟稳定分析。描述一个存在结盟情况的实际冲突问题，并运用上述结盟分析方法探究冲突中的结盟对策。

9. 8.3 节中给出了不确定偏好下结盟稳定的逻辑表达。通过采用你选择的现实世界的实际应用，解释你认为这种结盟分析方法可提供有用策略信息。

10. 对于三级偏好下的情形，根据 8.4 节中给出的结盟稳定的逻辑定义，解释你认为这种结盟分析方法可提供有用策略信息。

11. 在 8.5 节中给出的混合结盟稳定定义中，同时考虑了不确定偏好和三级偏好。基于一个你感兴趣的实际争端，描述为什么这种结盟分析方法可以提供有用策略信息。

12. 在 8.6 节至 8.9 节中，分别给出了简单、不确定、三级和混合偏好下的结盟稳定的矩阵表达。如 10.2 节中所述，在设计和编程灵活的 DSS，特别是分析引擎时，需要这些矩阵表达。用图来表示你如何设计一个可处理结盟分析的 DSS。

参 考 文 献

Aumann R. J. and Hart S. 1994. Handbook of Game Theory with Economic Applications[M]. Amsterdam: Elsevier.

Hipel K. W. and Fraser N. M. 1991. Cooperation in conflict analysis[J]. Applied Mathematics and Computation, 43(2):181–206.

Hipel K. W. and Meister D. B. G. 1994. Conflict analysis methodology for modelling coalition in multilateral negotiations[J]. Information and Decision Technologies, 19(2):85–103.

Inohara T. and Hipel K. W. 2008a. Coalition analysis in the graph model for conflict resolution[J]. Systems Engineering, 11(4):343–359.

Inohara T. and Hipel K. W. 2008b. Interrelationships among noncooperative and coalition stability concepts[J]. Journal of Systems Science and Systems Engineering, 17(1):1–29.

Kilgour D. M., Hipel K. W., Fang L., and Peng X. 2001. Coalition analysis in group decision support[J]. Group Decision and Negotiation, 10(2):159–175.

Kuhn J. R. D., Hipel K. W., and Fraser N. M. 1983. A coalition analysis algorithm with application to the Zimbabwe conflict[J]. IEEE Transactions on Systems, Man and Cybernetics, 13(3):338–352.

Li K. W., Hipel K. W., Kilgour D. M., and Fang L. 2004. Preference uncertainty in the graph model for conflict resolution[J]. IEEE Transactions on Systems, Man, and Cybernetics Part A: Systems and Humans, 34(4):507–520.

Meister D. B. G., Hipel K. W., and De M. 1992. Coalition formation[J]. Journal of Scientific and Industrial Research, 51(8/9):612–625.

van Deeman M. A. 1997. Coalition Formation and Social Choice[M]. Dordrecht: Kluwer Academic.

Xu H., Kilgour D. M., and Hipel K. W. 2010. Matrix representation and extension of coalition analysis in group decision support[J]. Computers and Mathematics with Applications, 60(5):1164–1176.

Xu H., Kilgour D. M., and Hipel K. W. 2011. Matrix representation of conflict resolution in multiple-decision-maker graph models with preference uncertainty[J]. Group Decision and Negotiation, 20(6):755–779.

Xu H., Kilgour D. M., Hipel K. W., and McBean E. A. 2014. Theory and implementation of coalition analysis in cooperative decision making[J]. Theory and Decision, 76(2):147–171.

第 9 章　稳定后分析：冲突演变

当对一个复杂冲突进行调查研究时，应首先探究决策者如何运用第 3 章中的模型概念和第 4 ~ 7 章中基于简单、未知、强度和混合偏好的稳定性定义实现自己利益的改善。正如本书 1.2.1 节图 1.1 和 10.2 节 DSS 中所强调的，应该考虑一个或更多的决策者通过形成结盟来变得更好的情况，这也是第 8 章的核心内容。GMCR 的分析系统由稳定分析和稳定后分析组成，稳定后分析包括第 8 章中给出的结盟分析和图模型的现状分析。

本章的目的是给出正式的算法，用于追踪从指定选择的初始状态开始的冲突可能性演变，通常是从现状到最终想得到的状态，如具有吸引力的双赢均衡。在最初的图模型中，使用第 4 ~ 8 章中容易理解的逻辑结构来分析个体或结盟稳定分析。同样地，当发现冲突的可能性演变路径的算法时，逻辑结构被保存并且在伪码中呈现，此算法最初被称为现状分析，由 Li 等 (2004a, 2005a, 2005b) 提出。虽然使用逻辑方法来追踪两个选定状态之间的特定类型的路径容易理解，但是，如在 10.2 节中所解释的，该算法难以融入已有的或新的 DSS。所以，为了克服这个困难，本章给出一种创新的矩阵方法，用来确定图模型中两个状态之间的路径 (Xu et al., 2009a, 2009b, 2010a, 2010b)。

图模型中的合法路径满足通常的限制，即没有决策者可以连续移动两次。发现路径的基本问题等价于在边缘彩色的多有向图中搜索从给定的初始状态到所希望状态的所有彩色路径。

9.1 节使用逻辑表达形式，基于简单、不确定、三级和混合偏好，给出追踪两个状态之间可能的冲突演变的关键概念。接着，9.2 节和 9.3 节分别给出了基于上述偏好的邻接矩阵和关联矩阵的现状分析的两个代数方法。使用埃尔迈拉冲突、吉斯本湖水出口和 Garrison 分流单元灌溉冲突，来表达这些算法在实践中的应用。

9.1　冲突演变的逻辑表达

当使用图模型对一个冲突建模时，需要先界定冲突的起始时间点，一般将当前（最初）的冲突局势作为冲突分析的初始状态。分析图模型时涉及两个基础步骤：稳定性分析和稳定后分析 (Kilgour and Hipel, 2010)。在第一阶段评估一个状态的稳定性时，不用考虑从初始状态到这个状态的可达性。在稳定分析中，现状分析的目标是判别从初始状态是否能到达一个特定的均衡，如果能到达，如何计算到达的具体路径。所以，稳定分析是判别一个可达状态是否稳定，而现状分析提供一个动态和前瞻的视角，来判断状态是否可达，以及怎样到达。简单偏好下的现状分析的伪码将在下面叙述 (Li et al., 2004a, 2005a, 2005b)。作为后续分析，现状分析用来追踪从现状到任何想要的结果的冲突演变。

9.1.1　简单偏好

令 $i \in N$，$H \subseteq N$，$k \geqslant 1$ 为一个整数。本章需要用到的新符号及其含义如下。

(1)　SQ 表示现状所处的状态。

(2)　状态集合 $S_i^{(k)}(s)$ 和 $S_i^{(k,+)}(s)$ 分别表示从 SQ $= s$ 开始，经过确切的 k 步单边移动和单边改良的合法序列上的可达状态集合，且最后一个移动者是 i。

(3)　状态集合 $V_i^{(k)}(s)$ 和 $V_i^{(k,+)}(s)$ 分别表示从 SQ $= s$ 开始，经过至多 k 步单边移动和单边改良的合法序列的可达状态集合，且最后一个移动者是 i。

(4)　状态集合 $V_H^{(k)}(s)$ 和 $V_H^{(k,+)}(s)$ 分别表示 H 从 SQ $= s$ 开始，经过至多 k 步单边移动和单边改良的合法序列上的可达状态集合。如果 $H = N$，那么 $V_H^{(k)}(s) = V^{(k)}(s)$ 且 $V_H^{(k,+)}(s) = V^{(k,+)}(s)$。

(5)　弧集 $A_i^{(k)}(s)$ 和 $A_i^{(k,+)}(s)$ 受决策者 i 控制，包括从 SQ $= s$ 开始，经过至多 k 步单边移动和单边改良的合法序列上的最终弧。

回想 A_i 是图模型中的决策者 i 的弧集。令 A_i^+ 表示 i 的单边改良弧集。对于 $s \in S$，令 $A_i(s)$ 和 $A_i^+(s)$ 分别表示从最初状态 s 出发的弧集的子集。因此，这些弧集可以表示为 $A_i = \bigcup_{s \in S} A_i(s)$ 和 $A_i^+ = \bigcup_{s \in S} A_i^+(s)$。注意，对于所有 $i \in N$，$s \in S$ 和所有的正整数 k，有 $A_i^{(k)}(s) \subseteq A_i$ 和 $A_i^{(k,+)}(s) \subseteq A_i^+$。同样地，有 $S_i^{(k,+)}(s) \subseteq S_i^{(k)}(s) \subseteq S$ 和 $V_i^{(k,+)}(s) \subseteq V_i^{(k)}(s) \subseteq S$ 成立。

简单偏好下稳定分析的两个重要因素包括结盟 H 从现状 s 出发的单边移动可达集合 $R_H(s)$ 和结盟 H 从现状 s 出发的单边改良可达集合 $R_H^+(s)$，可分别用如下伪代码进行计算分析。

从现状 s 出发的单边移动可达集合计算的伪码为

初始化　　//初始化基本参数

H: 决策者的非空子集；

n: H 中决策者的数量；

m: 状态的数量；

s: 初始状态；

δ_1: 重复循环的最大次数;

$R_i(s)$: 决策者 i 从状态 s 出发的可达集合, 其中, $i = 1, 2, \cdots, n$;

$k = 1$

$S_i^{(k)}(s) = R_i(s), i = 1, 2, \cdots, n$

$V_i^{(k)}(s) = S_i^{(k)}(s), i = 1, 2, \cdots, n$

$A_i^{(k)}(s) = \bigcup\limits_{q \in R_i(s)} (s, q),\, i = 1, 2, \cdots, n$

循环 1

$k = k + 1$

循环 2 i 从 1 到 n // 最后一个移动者是 i

$S' = \bigcup\limits_{j \in H \backslash \{i\}} S_j^{(k-1)}(s)$

$S_i^{(k)}(s) = \bigcup\limits_{s' \in S'} R_i(s')$

$V_i^{(k)}(s) = V_i^{(k-1)}(s) \bigcup S_i^{(k)}(s)$

$A_i^{(k)}(s) = A_i^{(k-1)}(s) \bigcup \{(s_1, s_2) : s_1 \in \bigcup\limits_{j \in H \backslash \{i\}} S_j^{(k-1)}(s), \text{且 } s_2 \in R_i(s_1)\}$

返回循环 2

$V_H^{(k)}(s) = \bigcup\limits_{i \in H} V_i^{(k)}(s)$

如果 $\bigcup\limits_{i \in H} A_i^{(k)}(s) \neq \bigcup\limits_{i \in H} A_i^{(k-1)}(s)$, 返回循环 1

$\delta_1 = k$

$R_H(s) = V_H^{(\delta_1)}(s)$。

从现状 s 出发的单边移动可达集合算法允许在简单偏好下使用单边移动来反制单边改良。如果这个算法停在第 k 步, 则由 $[V_H^{(k)}(SQ), \bigcup\limits_{i \in H} A_i^{(k)}(SQ)]$ 定义的图被称作可允许单边移动的现状图。

从现状 s 出发的单边改良可达集合计算的伪码为

初始化   //初始化基本参数

H: 决策者的非空子集;

n: H 中决策者的数量;

m: 状态的数量;

s: 初始状态;

δ_2: 重复循环的最大次数;

$R_i^+(s)$: 决策者 i 从状态 s 出发的改良可达集合, 其中, $i = 1, 2, \cdots, n$;

$k = 1$

$$S_i^{(k,+)}(s) = R_i^+(s), i = 1, 2, \cdots, n$$
$$V_i^{(k,+)}(s) = S_i^{(k,+)}(s), i = 1, 2, \cdots, n$$
$$A_i^{(k,+)}(s) = \bigcup_{q \in R_i^+(s)} (s, q), i = 1, 2, \cdots, n$$

循环 1

$$k = k + 1$$

循环 2 i 从 1 到 n // 最后一个移动者是 i

$$S' = \bigcup_{j \in H \setminus \{i\}} S_j^{(k-1,+)}(s)$$

$$S_i^{(k,+)}(s) = \bigcup_{s' \in S'} R_i^+(s')$$

$$V_i^{(k,+)}(s) = V_i^{(k-1,+)}(s) \bigcup S_i^{(k,+)}(s)$$

$$A_i^{(k,+)}(s) = A_i^{(k-1,+)}(s) \bigcup \{(s_1, s_2) : s_1 \in \bigcup_{j \in H \setminus \{i\}} S_j^{(k-1,+)}(s), \text{ and } s_2 \in R_i^+(s_1)\}$$

返回循环 2

$$V_H^{(k,+)}(s) = \bigcup_{i \in H} V_i^{(k,+)}(s)$$

如果 $\bigcup_{i \in H} A_i^{(k,+)}(s) \neq \bigcup_{i \in H} A_i^{(k-1,+)}(s)$, 返回循环 1

$$\delta_2 = k$$
$$R_H^+(s) = V_H^{(\delta_2,+)}(s).$$

该算法能搜寻从现状 s 出发的单边改良可达状态，与单边改良现状图类似。

通过冲突演变现状图，可以得到正在研究的冲突信息。特别地，如果一个图中存在一个均衡，则存在至少一条从现状到均衡的路径。通过追踪现状图中的路径，可确定一个从现状到均衡解的可行路径。另外，如果现状图中没有预计的均衡，那么这个冲突不可能在这个均衡状态上得到解决。因为不能从现状到达这个均衡 (Li et al., 2005b)。

简单偏好下图模型的现状分析算法可以拓展到不确定偏好下的图模型。

9.1.2 不确定偏好

首先，定义将会用到的几个不确定偏好的符号。

（1） 集合 $S_i^{(k,+U)}(s) \subseteq S$，包括从 $\mathrm{SQ} = s$ 开始的经过确切的 k 步单边改良或不确定移动 (UIUM) 的合法序列上的所有可达状态，且最后一个移动者是 i。

（2） 集合 $V_H^{(k,+U)}(s) \subseteq S$，包括从 $\mathrm{SQ} = s$ 开始的经过至多 k 步单边改良或不确定移动的合法序列上的可达状态，且最后一个移动者是 i。

（3）　集合 $V_H^{(k)}(s)$ 和 $V_H^{(k,+)}(s)$，包括 H 从 SQ $=s$ 开始的经过至多 k 步单边移动或单边改良的合法序列上的可达状态。如果 $H=N$，那么 $V_H^{(k,+U)}(s)=V^{(k,+U)}(s)$。

（4）　弧集 $A_i^{(k,+U)}(s)$ 受决策者 i 控制，包括从 SQ $=s$ 开始的经过至多 k 步单边移动或单边改良的合法序列上的最终弧。

回想 $R_i^{+,U}(s)$ 表示图模型中的决策者 i 从 s 出发，经过单边改良或不确定移动 (UIUMs) 的可达集合，包括所有决策者 i 从 s 出发经过一步可到达的状态。下面给出的伪代码算法只允许不确定偏好下的单边移动或单边改良。同样，图 $[V_H^{(k,+U)}(\text{SQ}), \bigcup\limits_{i\in H} A_i^{(k,+U)}(\text{SQ})]$ 表示现状图，如果只允许单边移动或单边改良，上述算法在步骤 k 处停止。

从现状 s 出发的单边移动或单边改良可达集合计算的伪代码为

初始化　//初始化基本参数

H: 决策者的非空子集；

n: H 中决策者的数量；

m: 状态的数量；

s: 初始状态；

δ_3: 重复循环的最大次数；

$R_i^{+,U}(s)$: 决策者 i 从状态 s 出发经过单边改良或不确定移动的可达集合，其中，$i=1,2,\cdots,n$；

$k=1$

$S_i^{(k,+U)}(s)=R_i^{+,U}(s), i=1,2,\cdots,n$

$V_i^{(k,+U)}(s)=S_i^{(k,+U)}(s), i=1,2,\cdots,n$

$A_i^{(k,+U)}(s)=\bigcup\limits_{q\in R_i^{+,U}(s)}(s,q), i=1,2,\cdots,n$

循环 1

$k=k+1$

循环 2　i 从 1 到 n　// 最后一个移动者是 i

$S'=\bigcup\limits_{j\in H\setminus\{i\}} S_j^{(k-1,+U)}(s)$

$S_i^{(k,+U)}(s)=\bigcup\limits_{s'\in S'} R_i^{+,U}(s')$

$V_i^{(k,+U)}(s)=V_i^{(k-1,+U)}(s)\bigcup S_i^{(k,+U)}(s)$

$$A_i^{(k,+U)}(s) = A_i^{(k-1,+U)}(s) \bigcup \{(s_1,s_2): s_1 \in \bigcup_{j\in H\backslash\{i\}} S_j^{(k-1,+U)}(s), \text{且 } s_2 \in$$
$$R_i^{+,U}(s_1)\}$$

返回循环 2
$$V_H^{(k,+U)}(s) = \bigcup_{i\in H} V_i^{(k,+U)}(s)$$

如果 $\bigcup_{i\in H} A_i^{(k,+U)}(s) \neq \bigcup_{i\in H} A_i^{(k-1,+U)}(s)$, 返回循环 1

$$\delta_3 = k$$
$$R_H^{+,U}(s) = V_H^{(\delta_3,+U)}(s)。$$

上面的伪代码算法中给出具有不确定偏好图模型的现状分析算法。结盟 H 从现状 s 出发的单边移动或单边改良的可达集合 $R_H^{+,U}(s)$ 是不确定偏好下的稳态分析的重要元素，可运用上面的算法得到。在第 6 章中已经讨论过带有强度的偏好（三级偏好）。下面 9.1.3 节将介绍这类偏好结构下冲突图模型的现状分析方法。

9.1.3 三级偏好

首先，介绍几个关于三级偏好（无差别 "~"、轻微偏好 ">" 和强偏好 "≫"）的符号。

（1）$S_i^{(k,+,++)}(s)$ 表示从 SQ $= s$ 开始恰好经过 k 步轻微或强烈单边改良 (MSUI) 的合法序列上的所有可达状态，且最后一个移动者是 i。

（2）$V_i^{(k,+,++)}(s)$ 表示从 SQ $= s$ 开始的经过至多 k 步轻微或强烈单边改良 (MSUI) 的合法序列上的可达状态，且最后一个移动者是 i。

（3）$V_H^{(k,+,++)}(s)$ 表示 H 从 SQ $= s$ 开始的经过至多 k 步轻微或强烈单边改良 (MSUI) 的合法序列上的可达状态。如果 $H = N$，那么 $V_H^{(k,+,++)}(s) = V^{(k,+,++)}(s)$。

（4）$A_i^{(k,+,++)}(s)$ 受决策者 i 控制，包括从 SQ $= s$ 开始的经过至多 k 步轻微或强烈单边改良 (MSUI) 的合法序列上的最终弧。

回想 $R_i^{+,++}(s)$ 是指决策者 i 从 s 出发经过轻微或强烈单边改良，一步可到达的所有状态。下面给出的可达集合的伪代码算法只允许三级偏好下的轻微或强烈单边改良。同样地，图 $[V_H^{(k,+,++)}(\text{SQ}), \bigcup_{i\in H} A_i^{(k,+,++)}(\text{SQ})]$ 表示现状图，如果只允许轻微或强烈单边改良，算法在第 k 步停止迭代。三级偏好下的稳态分析的重要元素是结盟 H 从现状 s 出发的轻微或强烈单边改良的可达集合，即 $R_H^{+,U}(s)$，该集合可用下面给出的算法计算得到。现状分析方法可以求出在某种偏好下从初始状态到均衡状态的演化路径，故而能为决策者和冲突分析专家提供战略指导。

从现状 s 出发的强烈单边改良可达集合计算的伪码为

初始化　//初始化基本参数

H: 决策者的非空子集;

n: H 中决策者的数量;

m: 状态的数量;

s: 初始状态;

δ_4: 重复循环的最大次数;

$R_i^{+,++}(s)$: 决策者 i 从状态 s 出发的单边改良或强烈改良可达集合，其中，$i = 1, 2, \cdots, n$;

$k = 1$

$S_i^{(k,+,++)}(s) = R_i^{+,++}(s), i = 1, 2, \cdots, n$

$V_i^{(k,+,++)}(s) = S_i^{(k,+,++)}(s), i = 1, 2, \cdots, n$

$A_i^{(k,+,++)}(s) = \bigcup\limits_{q \in R_i^{+,++}(s)} (s, q), i = 1, 2, \cdots, n$

循环 1

$k = k + 1$

循环 2　i 从 1 到 n　// 最后一个移动者是 i

$S' = \bigcup\limits_{j \in H \setminus \{i\}} S_j^{(k-1,+,++)}(s)$

$S_i^{(k,+,++)}(s) = \bigcup\limits_{s' \in S'} R_i^{+,++}(s')$

$V_i^{(k,+,++)}(s) = V_i^{(k-1,+,++)}(s) \bigcup S_i^{(k,+,++)}(s)$

$A_i^{(k,+,++)}(s) = A_i^{(k-1,+,++)}(s) \bigcup \{(s_1, s_2) : s_1 \in \bigcup\limits_{j \in H \setminus \{i\}} S_j^{(k-1,+,++)}(s), \text{ and }$

$s_2 \in R_i^{+,++}(s_1)\}$

返回循环 2

$V_H^{(k,+,++)}(s) = \bigcup\limits_{i \in H} V_i^{(k,+,++)}(s)$

如果 $\bigcup\limits_{i \in H} A_i^{(k,+,++)}(s) \neq \bigcup\limits_{i \in H} A_i^{(k-1,+,++)}(s)$，返回循环 1

$\delta_4 = k$

$R_H^{+,++}(s) = V_H^{(\delta_4,+,++)}(s)$

9.1.4　混合偏好

混合偏好结构把不确定偏好和三级偏好融合进 GMCR 的范畴中。第 7 章已经讨论了混合偏好下的偏好结构和稳定分析。本部分将讨论混合偏好下的现状分析。

下面介绍几个与混合偏好相关的符号。

(1)　$S_i^{(k,+,++,U)}(s) \subseteq S$ 表示从 SQ $= s$ 开始的经过确切的 k 步轻微或强烈单边改良或不确定移动 (MSUIUM) 的合法序列上的所有可达状态，且最后一个移动者是 i。

(2)　$V_i^{(k,+,++,U)}(s) \subseteq S$ 表示从 SQ $= s$ 开始的经过至多 k 步轻微或强烈单边改良或不确定移动 (MSUIUM) 的合法序列上的可达状态，且最后一个移动者是 i。

(3)　$V_H^{(k,+,++,U)}(s) \subseteq S$ 表示 H 从 SQ $= s$ 开始的经过至多 k 步轻微或强烈单边改良或不确定移动 (MSUIUM) 的合法序列上的可达状态。

(4)　$A_i^{(k,+,++,U)}(s)$ 受决策者 i 控制，包括从 SQ $= s$ 开始的经过至多 k 步轻微或强烈单边改良或不确定移动 (MSUIUM) 的合法序列上的最终弧。

注意 A_i、$A_i^{+,++}$ 和 $A_i^{+,++,U} \subseteq S \times S$ 是三个有向弧集，分别表示决策者 i 从弧的初始状态通过一步单边移动 (UM)、轻微或强烈单边改良 (MSUI) 和轻微或强烈单边改良或不确定移动 (MSUIUM) 到达终点状态。令 $A_i(s)$、$A_i^{+,++}(s)$ 和 $A_i^{+,++,U}(s)$ 分别表示决策者 i 从状态 s 经过一步单边移动 (UM)、轻微或强烈单边改良 (MSUI) 和轻微或强烈单边改良或不确定移动 (MSUIUM) 可以到达的状态弧集。因此，有 $A_i = \bigcup_{s \in S} A_i(s)$、$A_i^{+,++} = \bigcup_{s \in S} A_i^{+,++}(s)$ 和 $A_i^{+,++,U} = \bigcup_{s \in S} A_i^{+,++,U}(s)$ 成立。

下面给出的伪码算法只允许混合偏好下的轻微或强烈单边改良或不确定移动。同样地，当算法在第 k 步停止迭代时，图 $[V_H^{(k,+,++,U)}(\text{SQ}), \bigcup_{i \in H} A_i^{(k,+,++,U)}(\text{SQ})]$ 表示只允许轻微或强烈单边改良或不确定移动 (MSUIUM) 的现状图。混合偏好下的稳定分析的重要元素，即 $R_H^{+,++,U}(s)$，可使用下面的伪码算法来构建。

从现状 s 出发的强烈单边改良或不确定移动的伪码为

初始化　//初始化基本参数

H: 决策者的非空子集;

n: H 中决策者的数量;

m: 状态的数量;

s: 初始状态;

δ_5: 重复循环的最大次数;

$R_i^{+,++,U}(s)$: 决策者 i 从状态 s 出发的单边改良、强烈改良或不确定可达集合, 其中, $i = 1, 2, \cdots, n$;

$k = 1$

$S_i^{(k,+,++,U)}(s) = R_i^{+,++,U}(s), i = 1, 2, \cdots, n$

$V_i^{(k,+,++,U)}(s) = S_i^{(k,+,++,U)}(s), i = 1, 2, \cdots, n$

$A_i^{(k,+,++,U)}(s) = \bigcup\limits_{q \in R_i^{+,++,U}(s)} (s, q)$, (s, q) 是一个从状态 s 到状态 q 单边改良

或强烈改良的有向弧, $i = 1, 2, \cdots, n$

循环 1

$k = k + 1$

循环 2　　i 从 1 到 n　// 最后一个移动者是 i

$S' = \bigcup\limits_{j \in H \setminus \{i\}} S_j^{(k-1,+,++,U)}(s)$

$S_i^{(k,+,++,U)}(s) = \bigcup\limits_{s' \in S'} R_i^{+,++,U}(s')$

$V_i^{(k,+,++,U)}(s) = V_i^{(k-1,+,++,U)}(s) \bigcup S_i^{(k,+,++,U)}(s)$

$A_i^{(k,+,++,U)}(s) = A_i^{(k-1,+,++,U)}(s) \bigcup (s_1, s_2)$

$(s_1, s_2) : s_1 \in \bigcup\limits_{j \in H \setminus \{i\}} S_j^{(k-1,+,++,U)}(s)$, and $s_2 \in R_i^{+,++,U}(s_1)$

返回循环 2

$V_H^{(k,+,++,U)}(s) = \bigcup\limits_{i \in H} V_i^{(k,+,++,U)}(s)$

如果 $\bigcup\limits_{i \in H} A_i^{(k,+,++,U)}(s) \neq \bigcup\limits_{i \in H} A_i^{(k-1,+,++,U)}(s)$, 返回循环 1

$\delta_5 = k$

$R_H^{+,++,U}(s) = V_H^{(\delta_3,+,++,U)}(s)$

虽然简单偏好、不确定偏好、三级偏好和混合偏好下现状分析的伪码都已经给出, 但除了简单偏好之外, 在实际算例中其他的伪码还没有融入一个用户友好的 DSS。为了得到更多的理解, 需要依靠冗长的手工计算。9.2 节中的基于矩阵形式的方法提供了灵活且便于执行的程序来进行现状分析。具有基本矩阵运算知识的分析者, 可利用程序进行现状分析。第 3 ~ 7 章提出了一种新的矩阵系统, 用于表示各种偏好结构并计算图模型中相应的稳定性。矩阵表达能有效地把稳定分析从逻辑结构转变到代数结构。由于难以将现状分析融入 DSS 的 GMCR II (Fang et al., 2003a, 2003b) 中，而稳定分析的矩阵表达又易于执行，故需要运用矩阵方法来执行现状分析。

9.2　基于邻接矩阵的冲突演变的矩阵表达

矩阵能有效描述图中顶点的邻接、弧和顶点的关联，因此可用来追踪两个顶点之间的路径 (Godsil and Royle, 2001)。矩阵具有代数的特性，可用来产生改进的算法来解决图问题。例如，有很多研究应用矩阵和路径的关系，设计有效的算法和高效的搜索程序 (Gondran and Minoux, 1979; Shiny and Pujari, 1998; Hoffman and Schiebe, 2001)。

在冲突的图模型中，现状分析是一种稳定后分析，用来追踪从现状到任何稳定状态的冲突演变。图模型中的合法路径通常允许决策者移动超过一次，但不能连续移动两次。因此，现状分析的基本问题等价于在一个边缘彩色图中搜索从给定初始状态到给定状态的彩色路径。使用邻接矩阵来追踪冲突演进的新方法在下面给出 (Xu et al., 2009a)。

9.2.1　不同偏好结构下的 t-合法单边移动矩阵

现在给出构建可追踪冲突演变矩阵的思路：在简单偏好、不确定偏好、三级偏好和混合偏好下，从现状 s 开始，分别通过一系列单边移动、单边改良、单边改良或不确定移动、轻微或强烈单边改良、轻微或强烈单边改良或不确定移动可以到达的且最后一个移动者是 i 的合法路径。首先，回想四种偏好下的 t-合法单边移动矩阵，分别是第 $5 \sim 7$ 章中介绍的 $m \times m$ 维矩阵 $M_i^{(t)}$、$M_i^{(t,+)}$、$M_i^{(t,+,U)}$、$M_i^{(t,+,++)}$ 和 $M_i^{(t,+,++,U)}$。这些矩阵的 (s,q) 元素如下所示。

定义 9.1：在图模型 $G = (S,A)$ 中，令 $H \subseteq N$，$H \neq \emptyset$。对于 $i \in H$ 和 $t = 1,2,3,\cdots$，有

$$
M_i^{(t)}(s,q) = \begin{cases} 1, & H \text{ 中的决策者从状态 } s \in S \text{ 出发，恰好经过 } t \text{ 步合法序列的} \\ & \text{单边移动能够到达状态 } q \in S, \text{且最后一个移动者是 } i \\ 0, & \text{其他} \end{cases}
$$

$$
M_i^{(t,+)}(s,q) = \begin{cases} 1, & H \text{ 中的决策者从状态 } s \in S \text{ 出发，恰好经过 } t \text{ 步合法序列} \\ & \text{的单边改良能够到达状态 } q \in S, \text{且最后一个移动者是 } i \\ 0, & \text{其他} \end{cases}
$$

$$
M_i^{(t,+,U)}(s,q) = \begin{cases} 1, & H \text{ 中的决策者从状态 } s \in S \text{ 出发，恰好经过 } t \\ & \text{步合法序列的单边改良或不确定移动能够到达状态} \\ & q \in S, \text{且最后一个移动者是 } i \\ 0, & \text{其他} \end{cases}
$$

$$
M_i^{(t,+,++)}(s,q) = \begin{cases} 1, & H \text{ 中的决策者从状态 } s \in S \text{ 出发,恰好经过 } t \\ & \text{步合法序列的轻微或强烈单边改良移动能够} \\ & \text{到达状态 } q \in S, \text{且最后一个移动者是 } i \\ 0, & \text{其他} \end{cases}
$$

$$
M_i^{(t,+,++,U)}(s,q) = \begin{cases} 1, & H \text{ 中的决策者从状态 } s \in S \text{ 出发,恰好经过 } t \\ & \text{步合法序列的单边轻微改良、强烈改良或不确定移动} \\ & \text{能够到达状态 } q \in S, \text{且最后一个移动者是 } i \\ 0, & \text{其他} \end{cases}
$$

实际上,定义 9.1 中的所有矩阵都已经在第 5 ~ 7 章给出。这里只需按四种偏好形式将其进行总结。在定义 3.10 中,G 被认为是集成图 IG,这里简化为图模型 G。

引理 9.1: 在图模型 $G = (S, A)$ 中,令 $H \subseteq N$, $H \neq \emptyset$,则相应偏好结构下的几类 $m \times m$ 维矩阵可以表示为

$$
M_i^{(1)}(s,q) = J_i(s,q) \text{ , 且对于 } t = 2,3,\cdots,
$$

$$
M_i^{(t)} = \text{sign} \left[\left(\bigvee_{j \in H \setminus \{i\}} M_j^{(t-1)} \right) \cdot J_i \right] \tag{9.1}
$$

$$
M_i^{(1,+)}(s,q) = J_i^+(s,q) \text{ , 且对于 } t = 2,3,\cdots,
$$

$$
M_i^{(t,+)} = \text{sign} \left[\left(\bigvee_{j \in H \setminus \{i\}} M_j^{(t-1,+)} \right) \cdot J_i^+ \right] \tag{9.2}
$$

$$
M_i^{(1,+,U)}(s,q) = J_i^{+,U}(s,q) \text{ , 且对于 } t = 2,3,\cdots,
$$

$$
M_i^{(t,+,U)} = \text{sign} \left[\left(\bigvee_{j \in H \setminus \{i\}} M_j^{(t-1,+,U)} \right) \cdot J_i^{+,U} \right] \tag{9.3}
$$

$$
M_i^{(1,+,++)}(s,q) = J_i^{+,++}(s,q) \text{ , 且对于 } t = 2,3,\cdots,
$$

$$
M_i^{(t,+,++)} = \text{sign} \left[\left(\bigvee_{j \in H \setminus \{i\}} M_j^{(t-1,+,++)} \right) \cdot J_i^{+,++} \right] \tag{9.4}
$$

$$
M_i^{(1,+,++,U)}(s,q) = J_i^{+,++,U}(s,q) \text{ , 且对于 } t = 2,3,\cdots,
$$

$$M_i^{(t,+,++,U)} = \text{sign}\left[\left(\bigvee_{j \in H \setminus \{i\}} M_j^{(t-1,+,++,U)}\right) \cdot J_i^{+,++,U}\right] \tag{9.5}$$

证明：式 (9.1) ~ 式 (9.5) 的证明是相似的。现在证明式 (9.2)。对于 $t = 2$，矩阵乘法的定义表明：当仅且当 H 从状态 S 出发恰好经过两步单边改良可以到达状态 q，且最后一步移动是决策者 i，则矩阵 $G = \left(\bigvee_{j \in H \setminus \{i\}} J_j^+\right) \cdot J_i^+$ 中的 (s,q) 位置对应的元素的值 $G(s,q)$ 是非零的，当且仅当状态 s 经过确切的两步单边改良，到达可到达状态 q，且最后一个移动者是 i。条件 $j \in H \setminus \{i\}$ 表示决策者 i 不会连续移动两次。所以，$G(s,q) \neq 0$ 成立，当且仅当 H 经过确切的两步单边改良，可从状态 s 到达状态 q，则

$$\text{sign}\left[\left(\bigvee_{j \in H \setminus \{i\}} J_j^+\right) \cdot J_i^+\right] = \text{sign}\left[\left(\bigvee_{j \in H \setminus \{i\}} M_j^{(1,+)}\right) \cdot J_i^+\right] = M_i^{(2,+)}$$

现在假设 $t > 2$。由于

$$M_j^{(t-1,+)}(s,q) = \begin{cases} 1, & \text{如果 } q \in S \text{ 是可达的，通过 } H \text{ 从 } s \in S \text{ 经过确切的 } t-1 \\ & \text{步合法的单边改良，且最后一个移动者是 } j \\ 0, & \text{其他} \end{cases}$$

矩阵乘法的定义表明下列矩阵的 (s,q) 元素满足

$$B = \text{sign}\left[\left(\bigvee_{j \in H \setminus \{i\}} M_j^{(t-1,+)}\right) \cdot J_i^+\right]$$

这意味着

$$B(s,q) = \begin{cases} 1, & \text{如果 } q \in S \text{ 是可达的，通过 } H \text{ 从 } s \in S \text{ 经过确切的 } t \text{ 步合法的} \\ & \text{单边改良，且最后一个移动者是 } i \\ 0, & \text{其他} \end{cases}$$

式 (9.2) 得证。

基于引理 9.1，可建立矩阵来追踪不同偏好结构下的冲突演变路径。

9.2.2　不同偏好结构下的现状矩阵

现状矩阵 $M_i^{\mathrm{SQ}^{(t)}}$、$M_i^{\mathrm{SQ}^{(t,+)}}$、$M_i^{\mathrm{SQ}^{(t,+,U)}}$、$M_i^{\mathrm{SQ}^{(t,+,++)}}$ 和 $M_i^{\mathrm{SQ}^{(t,+,++,U)}}$ 被用于相应的偏好结构的定义，用来追踪从现状到任何均衡的冲突演变，分别通过合法的单边移动、单边改良、单边改良或不确定移动、轻微或强烈单边改良、轻微或强烈单边改良或不确定移动来完成。

定义 9.2： 在图模型 $G = (S, A)$ 中，令 $H \subseteq N$。对于 $i \in H$ 和 $t = 1, 2, 3, \cdots$，t 步单边移动、单边改良、单边改良或不确定移动、轻微或强烈单边改良、轻微或强烈单边改良或不确定移动的现状矩阵是一个 $m \times m$ 维的矩阵，其中 (s, q) 元素的值为

$$
M_i^{\mathrm{SQ}^{(t)}}(s, q) = \begin{cases} 1, & H \text{ 中的决策者从状态 } s \in S \text{ 出发，至多经过 } t \text{ 步合法序列} \\ & \text{的单边移动能够到达状态 } q \in S，\text{且最后一个移动者是 } i \\ 0, & \text{其他} \end{cases}
$$

$$
M_i^{\mathrm{SQ}^{(t,+)}}(s, q) = \begin{cases} 1, & H \text{ 中的决策者从状态 } s \in S \text{ 出发，至多经过 } t \\ & \text{步合法序列的单边改良移动能够到达状态 } q \in S， \\ & \text{且最后一个移动者是 } i \\ 0, & \text{其他} \end{cases}
$$

$$
M_i^{\mathrm{SQ}^{(t,+,U)}}(s, q) = \begin{cases} 1, & H \text{ 中的决策者从状态 } s \in S \text{ 出发，至多经过 } t \text{ 步合法} \\ & \text{序列的单边改良或不确定移动能够到达状态 } q \in S， \\ & \text{且最后一个移动者是 } i \\ 0, & \text{其他} \end{cases}
$$

$$
M_i^{\mathrm{SQ}^{(t,+,++)}}(s, q) = \begin{cases} 1, & H \text{ 中的决策者从状态 } s \in S \text{ 出发，至多经过 } t \text{ 步合法} \\ & \text{序列的轻微或强烈单边改良移动能够到达状态 } q \in S， \\ & \text{且最后一个移动者是 } i \\ 0, & \text{其他} \end{cases}
$$

$$
M_i^{\mathrm{SQ}^{(t,+,++,U)}}(s, q) = \begin{cases} 1, & H \text{ 中的决策者从状态 } s \in S \text{ 出发，至多经过 } t \text{ 步合法} \\ & \text{序列的单边轻微改良、强烈改良或不确定移动能够到} \\ & \text{达状态 } q \in S，\text{且最后一个移动者是 } i \\ 0, & \text{其他} \end{cases}
$$

例如，$M_i^{\mathrm{SQ}^{(t)}}(s,q)=1$ 和 $M_i^{\mathrm{SQ}^{(t,+)}}(s,q)=1$ 分别表示 H 从现状 s 开始，经过至多 t 步合法单边移动和单边改良，可到达状态 q，且最后一个移动者是 i。基于定义 9.1 和定义 9.2，可得到定理 9.1。

定理 9.1：在图模型 $G=(S,A)$，令 $H\subseteq N$，$i\in H$ 且 $k\geqslant 1$ 是一个整数，则四种偏好下的现状矩阵满足以下条件：

$$M_i^{\mathrm{SQ}^{(k)}}=\bigvee_{t=1}^{k}M_i^{(t)}\tag{9.6}$$

$$M_i^{\mathrm{SQ}^{(k,+)}}=\bigvee_{t=1}^{k}M_i^{(t,+)}\tag{9.7}$$

$$M_i^{\mathrm{SQ}^{(k,+,U)}}=\bigvee_{t=1}^{k}M_i^{(t,+,U)}\tag{9.8}$$

$$M_i^{\mathrm{SQ}^{(k,+,++)}}=\bigvee_{t=1}^{k}M_i^{(t,+,++)}\tag{9.9}$$

$$M_i^{\mathrm{SQ}^{(k,+,++,U)}}=\bigvee_{t=1}^{k}M_i^{(t,+,++,U)}\tag{9.10}$$

证明：式 (9.6)～式 (9.10) 的证明是相似的。这里证明式 (9.10)。令 $M_i^{\mathrm{SQ}^{(k,+,++,U)}}(s,q)$ 表示矩阵 $M_i^{\mathrm{SQ}^{(k,+,++,U)}}$ 的 (s,q) 元素。基于定义 9.2，$M_i^{\mathrm{SQ}^{(k,+,++,U)}}(s,q)=1$ 成立，当且仅当 H 从 $\mathrm{SQ}=s$ 时出发，经过至多 k 步轻微改良、强烈改良或不确定移动的合法序列，能到达 q，且最后一个移动者是 $i\in H$。

令 $\left(\bigvee_{t=1}^{k}M_i^{(t,+,++,U)}\right)(s,q)$ 表示矩阵 $\bigvee_{t=1}^{k}M_i^{(t,+,++,U)}$ 的 (s,q) 元素。根据定义 9.1，$\left(\bigvee_{t=1}^{k}M_i^{(t,+,++,U)}\right)(s,q)=1$，当且仅当存在 $1\leqslant t\leqslant k$，使得 $M_i^{(t,+,++,U)}(s,q)=1$。所以，H 从 $\mathrm{SQ}=s$ 出发，经过确切的 t 步轻微或强烈单边改良或不确定性移动能到达 q，且最后一个移动者是 i。所以，$\left(\bigvee_{t=1}^{k}M_i^{(t,+,++,U)}\right)(s,q)=1$，当且仅当 $M_i^{\mathrm{SQ}^{(k,+,++,U)}}(s,q)=1$。由于 $M_i^{\mathrm{SQ}^{(k,+,++,U)}}$ 和 $\bigvee_{t=1}^{k}M_i^{(t,+,++,U)}$ 是 $m\times m$ 维的 0-1 矩阵，所以 $M_i^{\mathrm{SQ}^{(k,+,++,U)}}=\bigvee_{t=1}^{k}M_i^{(t,+,++,U)}$ 成立。

任何具有非零元素 (s,q) 现状矩阵表明，从 $\text{SQ} = s$ 开始，分别经过至多 t 步合法的单边移动、单边改良、单边改良或不确定移动、轻微或强烈单边改良、轻微或强烈单边改良或不确定移动能到达状态 q，且最后一个移动者是 i。

9.2.3 应用：具有简单偏好的埃尔迈拉冲突现状分析

本部分把现状分析的矩阵方法应用到埃尔迈拉冲突中，用来阐明这些程序如何使用。在 4.5 节给出的埃尔迈拉冲突模型中，有 3 个决策者（MoE、UR 和 LG）和 9 个可行状态。

令 $N = \{1, 2, 3\}$ 是 3 个决策者的集合 (1=MoE, 2=UR, 3=LG)。为了运用矩阵方法进行埃尔迈拉冲突的现状分析，需要遵循下列步骤。

（1）基于图 4.8 中提供的信息，构建矩阵 J_i 和 P_i^+，$i = 1, 2, 3$。

（2）当 $i = 1, 2, 3$ 时计算单向改进邻接矩阵 $J_i^+ = J_i \circ P_i^+$。

（3）根据引理 9.1 给出的归纳公式，确定当 $i = 1, 2, 3$ 时的矩阵 $M_i^{(t)}$ 和 $M_i^{(t,+)}$。

（4）根据定理 9.1 计算当 $i = 1, 2, 3$ 时的现状分析矩阵 $M_i^{\text{SQ}^{(k)}}$ 和 $M_i^{\text{SQ}^{(k,+)}}$。

现状分析与预期均衡的可达性关系密切。所以，通常先进行用于判别均衡的现状分析，一般来说使用 DSS 的 GMCR II。为了演示矩阵方法的有效性，使用第 4 章中建立的矩阵方法，对简单偏好下的四种基本均衡（Nash 稳定、一般超理性稳定、对称超理性稳定和序列稳定）进行稳定分析。分析结果见表 9.1，其中，对于给定状态，"√" 代表该状态对于该决策者稳定；在 Eq 下的 "√" 表示根据相应的均衡定义该状态处于均衡。容易看出，四种均衡的稳定结果与 GMCR II 中给出的结果一样。表 9.1 的 3 个状态（s_5、s_8 和 s_9）是主要均衡，因为它们对所有决策者和所有四种均衡概念都稳定。

表 9.1　埃尔迈拉冲突的稳定分析结果

状态	Nash				GMR				SMR				SEQ			
	MoE	UR	LG	Eq	MoE	UR	LG	Eq	MoE	UR	LG	Eq	MoE	UR	LG	Eq
s_1	√	√			√	√	√	√	√	√	√	√	√	√		
s_2	√				√		√		√		√		√		√	
s_3	√				√		√		√		√		√		√	
s_4	√	√			√	√	√		√	√	√		√	√		
s_5	√	√	√	√	√	√	√	√	√	√	√	√	√	√	√	√
s_6	√		√		√		√		√		√		√		√	
s_7	√		√		√		√		√		√		√		√	
s_8	√	√	√	√	√	√	√	√	√	√	√	√	√	√	√	√
s_9	√	√	√	√	√	√	√	√	√	√	√	√	√	√	√	√

通过矩阵运算产生一些现状分析矩阵，参见表 9.2（所有单边移动）和表 9.3（仅单边改良）。因为现状是状态 s_1，可通过检查每个决策者的第一行相应的元素，

当值等于 1 时，表示相应状态是可达的；当值等于 0 时，表示相应状态是不可达的，用此评估从现状到任意状态的可达性。根据表 9.2 给出的 3 个矩阵，显然 3 种主要均衡 s_5、s_8 和 s_9 都是可达的。例如，$M_{\text{MoE}}^{\text{SQ}^{(3)}}(s_1,s_8)=1$、$M_{\text{UR}}^{\text{SQ}^{(3)}}(s_1,s_8)=1$ 和 $M_{\text{LG}}^{\text{SQ}^{(3)}}(s_1,s_8)=1$ 表示从 s_1 开始至多 3 次单边移动，可以到达主要均衡状态 s_8，且最后一个移动者是 3 个决策者中的任意一个。在这 3 个矩阵中，只有 $M_{\text{LG}}^{\text{SQ}^{(3)}}(s_1,s_5)$ 存在 1 个非零元素 (1,5)。所以，如果 LG 是最后一个移动者，可从现状开始经过至少 3 次单边移动到达均衡 s_5。同样地，可从 s_1 开始经过至多 3 次单边移动到达均衡 s_9，但最后一个移动者必须是 UR。

表 9.2　埃尔迈拉冲突的单边移动现状矩阵

状态	$M_{\text{MoE}}^{\text{SQ}^{(3)}}$									$M_{\text{UR}}^{\text{SQ}^{(3)}}$									$M_{\text{LG}}^{\text{SQ}^{(3)}}$								
	s_1	s_2	s_3	s_4	s_5	s_6	s_7	s_8	s_9	s_1	s_2	s_3	s_4	s_5	s_6	s_7	s_8	s_9	s_1	s_2	s_3	s_4	s_5	s_6	s_7	s_8	s_9
s_1	0	1	0	1	0	1	0	1	0	0	0	1	1	0	0	1	1	1	0	1	1	0	1	1	1	1	0
s_2	0	0	0	0	0	0	0	0	0	0	0	0	1	0	0	0	1	1	0	0	0	1	0	1	0	1	0
s_3	0	0	0	1	0	0	0	1	0	0	0	0	0	0	0	0	0	1	0	0	0	1	0	0	1	1	0
s_4	0	0	0	0	0	0	0	0	0	0	0	0	0	0	0	0	0	1	0	0	0	0	0	0	0	1	0
s_5	0	1	0	1	0	1	0	1	0	0	0	1	1	0	0	1	1	1	1	1	1	1	0	1	1	0	0
s_6	0	0	0	0	0	0	0	0	0	0	0	0	1	0	0	0	1	1	0	0	0	1	0	0	0	1	0
s_7	0	0	0	1	0	0	0	1	0	0	0	0	0	0	0	0	0	1	0	0	1	1	0	0	0	1	0
s_8	0	0	0	0	0	0	0	0	0	0	0	0	0	0	0	0	0	1	0	0	0	0	0	0	0	0	0
s_9	0	0	0	0	0	0	0	0	0	0	0	0	0	0	0	0	0	0	0	0	0	0	0	0	0	0	0

表 9.3　埃尔迈拉冲突的单边改良现状矩阵

状态	$M_{\text{MoE}}^{\text{SQ}^{(3,+)}}$									$M_{\text{UR}}^{\text{SQ}^{(3,+)}}$									$M_{\text{LG}}^{\text{SQ}^{(3,+)}}$								
	s_1	s_2	s_3	s_4	s_5	s_6	s_7	s_8	s_9	s_1	s_2	s_3	s_4	s_5	s_6	s_7	s_8	s_9	s_1	s_2	s_3	s_4	s_5	s_6	s_7	s_8	s_9
s_1	0	0	0	0	0	0	0	0	0	0	0	0	0	0	0	0	0	0	0	0	0	0	1	0	0	0	0
s_2	0	0	0	0	0	0	0	0	0	0	0	0	1	0	0	0	1	1	0	0	0	0	0	1	0	1	0
s_3	0	0	0	0	0	0	0	0	0	0	0	0	0	0	0	0	0	1	0	0	0	0	0	1	0	0	0
s_4	0	0	0	0	0	0	0	0	0	0	0	0	0	0	0	0	0	0	0	0	0	0	0	0	0	1	0
s_5	0	0	0	0	0	0	0	0	0	0	0	0	0	0	0	0	0	0	0	0	0	0	0	0	0	0	0
s_6	0	0	0	0	0	0	0	0	0	0	0	0	0	0	0	0	0	0	0	0	0	0	0	0	0	0	0
s_7	0	0	0	0	0	0	0	0	0	0	0	0	0	0	0	0	0	1	0	0	0	0	0	0	0	0	0
s_8	0	0	0	0	0	0	0	0	0	0	0	0	0	0	0	0	0	0	0	0	0	0	0	0	0	0	0
s_9	0	0	0	0	0	0	0	0	0	0	0	0	0	0	0	0	0	0	0	0	0	0	0	0	0	0	0

当只允许单边移动时，如表 9.3 所示，从 s_1 出发，经过至多 3 次单边改良，只能达到主要均衡 s_5。最后的移动者必须是 LG，因为 3 个矩阵中第一行有非零元素的唯一一个矩阵是 $M_{\text{LG}}^{\text{SQ}^{(3,+)}}(s_1,s_5)$。

如果除了 s_1 之外的状态被选为现状，可使用相似的过程。相关现状分析的相应行中的元素，可用来评估从新的现状到任意感兴趣的状态的可达性。

根据定理 9.1 中的归纳公式，现状分析结果以表格形式给出，参见表 9.4。其中，1、2 和 3 分别表示决策者 1、决策者 2 和决策者 3。同时，$\Omega^{(k)}$ 和 $\Omega^{(k,+)}$ 分别表示从现状经过至多 k 步单边移动和单边改良的合法序列的所有最后决策者集合。注意在表 9.4 中，状态 $s_1(\sqrt{})$ 和状态 $s_2(\sqrt{})$ 被分别选为单边移动和单边改良合法序列的现状。容易看出，这些结构除了记录最后移动者的方法不同之外，等价于 Li 等 (2005b) 给出的结果。表 9.4 提供了丰富的信息，如特定的决策者是最后移动者，且是到达一个状态的最短路径。例如，从 s_1 到达主要均衡 s_8 的最短路径需要 3 次合法单边移动，且任意 3 个决策者都可能是最后移动者。

表 9.4　埃尔迈拉冲突的现状分析结果

状态	$\Omega^{(0)}$	$\Omega^{(1)}$	$\Omega^{(2)}$	$\Omega^{(3)}$	$\Omega^{(4)}$	状态	$\Omega^{(0,+)}$	$\Omega^{(1,+)}$	$\Omega^{(2,+)}$	$\Omega^{(3,+)}$	$\Omega^{(4,+)}$
s_1	$\sqrt{}$					s_2	$\sqrt{}$				
s_2		1	1	1,3	1,3	s_4			2	2	2
s_3		2	2	2,3	2,3	s_6			3	3	3
s_5		3	3	3	3	s_9			2	2,3	2,3
s_9		2	2	2	2	s_8			2	2	2
s_4			1,2	1,2	1,2	s_1					
s_6			1,3	1,3	1,3	s_3					
s_7			2,3	2,3	2,3	s_5					
s_8				1,2,3	1,2,3	s_7					

通过执行现状分析，可以发现一个潜在均衡可达性的额外信息，而且如果这个状态是可达的，可提供从现状开始的演化的动力学。表 9.4 中提供的结果与从逻辑表达得到的结果是相同的（留作练习用）。

上面讨论用于现状分析的新矩阵方法，便于在计算机上运用和计算，这已经被现实世界中的应用——埃尔迈拉冲突证实，但是，该方法是运用邻接矩阵来搜索从一个状态到另一个状态的实现路径。如果一个图模型在两个相同的状态之间包括被不同的决策者控制的不同弧，则状态之间的路径将不能追踪从现状开始的冲突演变的所有方面，此时需要一个拓展的模型来分析弧之间的路径。下一节的主题是这个拓展模型。

9.3　基于边连矩阵的冲突演变的矩阵表达

图模型分析涉及在图中搜索路径，但图模型的一个限制是没有决策者可沿着任何路径连续移动两次。所以，一个图模型必须被看作边加权彩色多重有向图，图中的每条弧代表一个合法单边移动，不同的颜色表示不同的决策者。弧的权重代表偏好的属性。现状分析中的追踪冲突演变，被转换成在一个边加权彩色的多重有向图中，搜索从现状到特定结果的所有彩色复合有向图路径。

从上述讨论中可知，邻接矩阵能决定一个简单有向图和任何两个顶点之间的所有状态间的路径。但是，如果一个图模型在两个相同的状态之间存在被不同的决策者控制的不同弧，则邻接矩阵将不能追踪从现状开始的冲突演变的所有方面。为了弥补这个缺口，设计了一种使用矩阵表达的转换函数，将搜索彩色复合有向图中的边加权彩色路径的原问题转换为在一个没有颜色限制的简单有向图中发现路径的标准问题。同时，使用转换函数也意外发现了现状分析、稳定分析和结盟分析之间的有用的联系。

9.3.1　发现彩色路径的加权转换函数

1. 加权彩色复合有向图

在 3.3.1 节中给出了彩色多重边有向图和边连续矩阵的定义。在本节中将拓展加权彩色复合有向图的定义。

定义 9.3：对于一个彩色复合有向图 $G = (V, A, N, \psi, c)$，G 的简化线有向图 $L_r(G) = (A, \mathrm{LA}_r)$ 是一个简单顶点彩色复合有向图，其中顶点集合为 A 和边的集合 $\mathrm{LA}_r = \{d = (a, b) \in A \times A : a$ 和 b 是连续的 (按照 ab 的次序)，且 $c(a) \neq c(b)\}$。

回想如果 $a \in A$ 使得对于 $i \in N$，有 $\psi(a) = (u, v)$ 和 $c(a) = i$，则 a 可被写成 $a = d_i(u, v)$。$G = (V, A, N, \psi, c)$，$L(G)$ 的线有向图是一个简单有向图，$L(G)$ 中的每个顶点都对应着多重有向图 G 的一条边。所以，G 中的彩色边等价于 $L(G)$ 中的指定颜色的顶点。

定义 9.4：加权彩色多重边有向图 (V, A, N, ψ, c, w) 是一个具有映射 $w : A \to \mathbb{R}_0^+$（非负实数集）的彩色多重边有向图 (V, A, N, ψ, c)。

一条弧 $a \in A$，$a = d_i(u, v)$ 可以用来刻画权重 $w(a)$，表示沿着弧 a 从节点 u 到节点 v 移动的某些属性，被赋予颜色 i。例如，一种网络是带有加权边的复合有向图。在下面的定义中，令 $H \subseteq N$ 是颜色集 N 的子集。定义加权边彩色路径如下。

定义 9.5：令 $H \subseteq N$。对于一个加权彩色多重边有向图 (V, A, N, ψ, c, w)，一个 H 的从顶点 $u \in V$ 到顶点 $v \in V$ 的加权边彩色路径 $\mathrm{PA}_H^{(W)}(u, v)$，是复合有向图 (V, A, ψ) 中从 u 到 v 的一条路径，其中，任意两个连续的边具有不同颜色，路径上的每条边 a 具有一个权重 $w(a) \geqslant 0$ 且 $c(a) = i \in H$。

定义 9.6：对于一个加权彩色多重边有向图 (V, A, N, ψ, c, w)，两个顶点之间的最短彩色路径是加权边和最小的彩色路径。

定义 9.7：令 $H \subseteq N$。对于一个加权彩色复合有向图 (V, A, N, ψ, c, w)，H 的加权弧集表示为 $A_H^{(W)} = \{a \in A : w(a) > 0$ 且 $c(a) = i \in H\}$。

注意一个彩色复合有向图 (V, A, N, ψ, c) 是一个单元加权彩色复合有向图，如果对于任意 $a \in A$，有 $w(u, v) = 1$，使得 $\psi(a) = (u, v)$ 成立。

令 $l = |A|$ 表示 G 中 A 的势。一个加权彩色复合有向图 (V, A, N, ψ, c, w) 的权重矩阵的定义如下。

定义 9.8：对于一个加权彩色复合有向图 (V, A, N, ψ, c, w)，令 $H \subseteq N$，w_k 表示弧 $a_k \in A$ 的权重。H 的权重矩阵 W_H 是一个 $l \times l$ 维的对角矩阵，其中 (k, k) 元素为

$$W_H(k, k) = \begin{cases} w_k, & \text{如果 } c(a_k) = i \in H \\ 0, & \text{其他} \end{cases}$$

需要指出的是，如果 $H = N$，则 W_N 变为 W；如果 $H = \{i\}$，则 $W_H = W_i$。一个加权线有向图 $L^{(W)}(G) = (A, \mathrm{LA}, w)$ 是一组顶点 A、一组定向边连 LA 和一个映射 $w : A \to \mathbb{R}_0^+$ 的集合。在传统的图着色问题中，如顶点着色和边着色，颜色被赋予顶点或边，使得相邻顶点或连续边具有不同的颜色，且颜色的数量需要最小化 (Dieste, 1997)。在本章中，边加权的彩色图问题不涉及彩色边，而其目标是在给定的加权彩色复合有向图中搜索边加权的彩色路径。

与有向图相关的主要矩阵包括邻接矩阵 J 和关联矩阵 B (Godsil and Royle, 2001)。J 和 B 可拓展为加权的邻接和关联矩阵。令 $m = |V|$ 表示 G 中 V 的势。

定义 9.9：令 $H \subseteq N$。对于一个加权彩色复合有向图 (V, A, N, ψ, c, w)，H 的加权邻接矩阵是一个 $m \times m$ 维的矩阵，其中 (s, q) 元素为

$$J_H^{(W)}(s, q) = \begin{cases} 1, & \text{如果存在 } a \in A_H^{(W)}，\text{使得 } \psi(a) = (s, q) \text{ 成立}，s, q \in V \\ 0, & \text{其他} \end{cases}$$

定义 9.10：对于一个加权彩色多重边有向图 (V, A, N, ψ, c, w)，令 $v \in V$，w_a 表示弧 $a \in A$ 的权重。H 的加权关联矩阵 $B^{(W_H)}$ 是一个 $m \times l$ 维的矩阵，其中 (v, a) 元素为

$$B^{(W_H)}(v, a) = \begin{cases} -w_a, & \text{如果对于 } x \in V \text{ 和 } c(a) = i \in H, \text{有 } a = (v, x) \text{ 成立} \\ w_a, & \text{如果对于 } x \in V \text{ 和 } c(a) = i \in H, \text{有 } a = (x, v) \text{ 成立} \\ 0, & \text{其他} \end{cases}$$

根据带符号的元素，加权关联矩阵可被分解为加权内关联矩阵和加权外关联矩阵。

定义 9.11：对于一个加权彩色多重边有向图 (V, A, N, ψ, c, w)，令 $v \in V$，$H \subseteq N$，w_a 表示弧 $a \in A$ 的权重。H 的加权内关联矩阵和 H 的加权外关联矩阵是两个 $m \times l$ 维的矩阵 $B_{\mathrm{in}}^{(W_H)}$ 和 $B_{\mathrm{out}}^{(W_H)}$，其中 (v, a) 元素为

$$B_{\mathrm{in}}^{(W_H)}(v, a) = \begin{cases} w_a, & \text{如果对于 } x \in V \text{ 且 } c(a) = i \in H, \text{有 } a = (x, v) \text{ 成立} \\ 0, & \text{其他} \end{cases}$$

$$B_{\text{out}}^{(W_H)}(v, a) = \begin{cases} w_a, & \text{如果对于 } x \in V \text{ 且 } c(a) = i \in H, \text{ 有 } a = (v, x) \text{ 成立} \\ 0, & \text{其他} \end{cases}$$

显然，

$$B_{\text{in}}^{(W_H)} = (B^{(W_H)} + abs(B^{(W_H)}))/2$$
$$B_{\text{out}}^{(W_H)} = (abs(B^{(W_H)}) - B^{(W_H)})/2$$

其中，$abs(B^{(W_H)})$ 表示一个矩阵，其每个元素等于 $B^{(W_H)}$ 相应元素的绝对值。令 I 表示单位矩阵。若 $W_H = I$，则 $B^{(W_H)} = B$、$B_{\text{in}}^{(W_H)} = B_{\text{in}}$ 和 $B_{\text{out}}^{(W_H)} = B_{\text{out}}$。

H 的加权可达矩阵用于刻画 H 的边加权彩色路径的可达性，其正式定义在下面给出。

定义 9.12： 令 $H \subseteq N$，对于一个加权彩色复合有向图 (V, A, N, ψ, c, w)，H 的加权可达矩阵是一个 $m \times m$ 维的矩阵 $M_H^{(W)}$，其中 (s, q) 元素为

$$M_H^{(W)}(s, q) = \begin{cases} 1, & \text{如果对于 } s, q \in V, \text{ 从顶点 } s \text{ 通过一个加权} \\ & \text{彩色路径 } \text{PA}_H^{(W)}(s, q) \text{ 可以到达 } q \\ 0, & \text{其他} \end{cases}$$

令 $l_H^{(W)} = |A_H^{(W)}|$ 表示 $A_H^{(W)}$ 中弧的数量。由于一个路径中所有弧都是不同的，所以 $\text{PA}_H^{(W)}$ 中任何路径的长度小于 $l_H^{(W)}$。

对于一个加权彩色多重边有向图 $G = (V, A, N, \psi, c, w)$，回想 G 的线图的邻接矩阵 LJ 是具有 (a, b) 元素的 $l \times l$ 维矩阵，其中元素

$$\text{LJ}(a, b) = \begin{cases} 1, & \text{如果边 } a \text{ 和 } b \text{ 在图 } G \text{ 中以 } ab \text{ 的次序连续} \\ 0, & \text{其他} \end{cases}$$

在本节中，LJ 矩阵被称为边连矩阵。

定义 9.13： 对于一个加权彩色多重边有向图 $G = (V, A, N, \psi, c, w)$，令 $H \subseteq N$，w_a 和 w_b 表示弧 $a, b \in A$ 的权重。H 的加权边连矩阵是一个 $l \times l$ 维的矩阵，其中 (a, b) 元素为

$$\text{LJ}^{(W_H)}(a, b) = \begin{cases} w_a \cdot w_b, & \text{如果边 } a \text{ 和 } b \text{ 在图 } G \text{ 中以 } ab \text{ 的次序连续} \\ & \text{且对于 } i, j \in H, \text{ 有 } c(a) = i \text{ 和 } c(b) = j \\ 0, & \text{其他} \end{cases}$$

定义 9.14： 对于一个加权彩色多重边有向图 $G = (V, A, N, \psi, c, w)$，$H$ 的简化加权边连矩阵是一个 $l \times l$ 维的矩阵 $\text{LJ}_r^{(W_H)}$，其中 (a, b) 元素为

$$\text{LJ}_r^{(W_H)}(a, b) = \begin{cases} w_a \cdot w_b, & \text{如果边 } a \text{ 和 } b \text{ 以 } ab \text{ 的次序连续，且 } c(a) = i \text{ 和} \\ & c(b) = j \text{ 使得 } i, j \in H, i \neq j \\ 0, & \text{其他} \end{cases}$$

令 c_i 颜色是 i 的弧集的势。I_{c_i} 定义为一个 $c_i \times c_i$ 维的单位矩阵，其每个对角线元素都被设定为 1，$i = 1, 2, \cdots, n$。令 I_i 为一个 $l \times l$ 维的对角矩阵，如下所示：

$$I_i = \begin{pmatrix} 0 & & \cdots & & 0 \\ \vdots & \ddots & & & \vdots \\ 0 & \cdots & I_{c_i} & \cdots & 0 \\ \vdots & & & \ddots & \vdots \\ 0 & & \cdots & & 0 \end{pmatrix}$$

对于 $H \subseteq N$，$H \neq \emptyset$ 和 $I_H = \bigvee_{i \in H} I_i$，有 $W_H = W \circ I_H$（"$\circ$"表示哈达马积）。

2. 加权转换函数

引理 9.2：对于一个加权彩色复合有向图 (V, A, N, ψ, c, w)，H 的加权关联矩阵和关联矩阵 B 具有以下关系：

$$B^{(W_H)} = B \cdot W_H = B \cdot (W \circ I_H)$$

引理 9.2 表明这个转换函数可将原始颜色集 N 中的彩色复合有向图转换为颜色集 $H \subseteq N$ 中的简化加权彩色复合有向图。

现在，令 W 是一个权重矩阵，$L^{(W)}(G)$ 表示 G 的加权线有向图。基于定义 9.11、加权内关联矩阵和外关联矩阵 $B_{\text{in}}^{(W)}$ 和 $B_{\text{out}}^{(W)}$，以及有向图 $L^{(W)}(G)$ 的加权边连矩阵 $\text{LJ}^{(W)}$，可得到下列定理。

定理 9.2：对于一个加权彩色复合有向图 $G = (V, A, N, \psi, c, w)$，$W$ 为权重矩阵，$B_{\text{in}}^{(W)}$ 为图 G 的加权内关联矩阵，$B_{\text{out}}^{(W)}$ 为图 G 的加权外关联矩阵，则加权连边矩阵 $\text{LJ}^{(W)}$ 满足 $\text{LJ}^{(W)} = (B_{\text{in}}^{(W)})^{\text{T}} \cdot (B_{\text{out}}^{(W)})$。

显然，当 W 被简化为 W_H 时，$\text{LJ}^{(W_H)} = (B_{\text{in}}^{(W_H)})^{\text{T}} \cdot (B_{\text{out}}^{(W_H)})$。

令 $T_1(B^{(W)}) = (B_{\text{in}}^{(W)})^{\text{T}} \cdot (B_{\text{out}}^{(W)}) = \text{LJ}^{(W)}$ 表示一个转换函数。转换函数 $T_1(B^{(W)})$，是映射加权关联矩阵 $B^{(W)}$ 到图 G 的加权边连续矩阵 $\text{LJ}^{(W)}$。这表明这个转换函数将原始的边加权彩色有向图 G 转换成一个简单顶点加权彩色线有向图 $L(G)$。当 $W = I$ 时，$\text{LJ} = (B_{\text{in}})^{\text{T}} \cdot (B_{\text{out}})$。这个矩阵包含了一对连续边的邻接关系，而没有考虑连续边的颜色。因此，另外一个转换函数将搜索彩色复合有向图中的边着色路径的原始问题转换为在一个没有颜色限制的简单有向图中发现路径的标准问题。

回想 c_i 表示颜色为 i 的弧集的势，令 E_{c_i} 表示一个 $c_i \times c_i$ 维的矩阵，其每个元素都被设定为 1，$i = 1, 2, \cdots, n$。那么在第 3 章中定义的 D 作为分块对角矩阵：

$$D = \begin{pmatrix} E_{c_1} & 0 & \cdots & 0 \\ 0 & E_{c_2} & \cdots & 0 \\ \vdots & \vdots & & \vdots \\ 0 & 0 & \cdots & E_{c_n} \end{pmatrix} \tag{9.11}$$

显然，矩阵 D 可以反映图 G 中的彩色路径情况，其中每个对角分块 E_{c_i} 的维度取决于颜色为 i 的边的数量。更具体来说，回想 $\varepsilon_i = \sum_{j=1}^{i} c_j$，其中，$1 \leqslant i \leqslant n$。根据标记边的优先权准则，对于任何 $a_k \in A$ 和 $\varepsilon_{i-1} < k \leqslant \varepsilon_i$，边 a_k 具有颜色 i。所以，对于任何 $a_k, a_h \in A$，如果存在 $1 \leqslant i \leqslant n$ 使得 $k, h \in (\varepsilon_{i-1}, \varepsilon_i]$ 成立，那么边 a_k 和 a_h 具有同样的颜色 i，且 $D(k, h) = 1$。同样地，当且仅当边 a_k 和边 a_h 具有不同颜色时，$D(k, h) = 0$。

矩阵形式的转换方程可通过定理 9.3 获得。

定理 9.3：对于加权彩色复合有向图 $G = (V, A, N, \psi, c, w)$，令 E_l 是每个元素都等于 1 的 $l \times l$ 维矩阵，则简化矩阵 $\mathrm{LJ}_r^{(W)}$ 满足 $\mathrm{LJ}_r^{(W)} = \mathrm{LJ}^{(W)} \circ (E_l - D)$，其中，"$\circ$" 表示哈达马积。

显然，当 W 被简化为 W_H 时，$\mathrm{LJ}_r^{(W_H)} = \mathrm{LJ}^{(W_H)} \circ (E_l - D)$ 满足如下条件：

$$\mathrm{LJ}_r^{(W_H)}(a, b) = \begin{cases} w_a \cdot w_b, & \text{如果边 } a \text{ 和 } b \text{ 以 } ab \text{ 的次序连续，且 } c(a) = i \text{ 和} \\ & c(b) = j \text{ 使得 } i, j \in H, \ i \neq j \\ 0, & \text{其他} \end{cases} \tag{9.12}$$

从定理 9.3 可得，$T_2(\mathrm{LJ}^{(W)}) = \mathrm{LJ}^{(W)} \circ (E_l - D) = \mathrm{LJ}_r^{(W)}$。转换函数 $T_2(\mathrm{LJ}^{(W)})$，映射加权线有向图 $L^{(W)}(G)$ 的加权边连续矩阵到其简化矩阵 $\mathrm{LJ}_r^{(W)}$。这表明，转换函数 T_2，将简单顶点加权彩色线有向图 $L^{(W)}(G)$ 转换为它的简化子图 $L_r^{(W)}(G)$，该图称为简化加权线有向图，这是一个没有颜色限制的简单有向图。

将定理 9.2 和定理 9.3 结合起来，提供一个转换函数 $F(B^{(W)})$，使得

$$F(B^{(W)}) = [(B_{\mathrm{in}}^{(W)})^{\mathrm{T}} \cdot B_{\mathrm{out}}^{(W)}] \circ (E_l - D) \tag{9.13}$$

其中，$B_{\mathrm{in}}^{(W)} = [B^{(W)} + abs(B^{(W)})]/2$，$B_{\mathrm{out}}^{(W)} = [abs(B^{(W)}) - B^{(W)}]/2$。所以，$F(B^{(W)})$ 将在一个边加权彩色复合有向图中搜索加权彩色路径的问题，转换为在一个没有颜色限制的简单有向图中寻找路径的标准问题。注意，一个图的顶点和边的关联关系可唯一地刻画这个图。因此，关联矩阵被看作原始图，并用于计算机运算中。

案例 9.1：图 9.1 给出一个彩色复合有向图 $G = (V, A, N, \psi, c)$。如果 G 联系到一个映射 $w : A \to \mathbb{R}_0^+$，则 $G = (V, A, N, \psi, c, w)$ 是一个加权彩色复合有向

图。建立转换矩阵，得到顶点标有加权的线有向图 $L^{(W)}(G)$ 及其简化加权线有向图 $L_r^{(W)}(G)$。

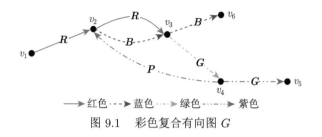

图 9.1 彩色复合有向图 G

使用 3.3.2 节中优先权准则标注彩色复合有向图。显然，图 9.1 中的彩色复合有向图被图 9.2(a) 标注。通过图很容易得到图的顶点和边之间的关联关系。所以，根据定义 9.11 构建矩阵 $B_{\text{in}}^{(W)}$ 和 $B_{\text{out}}^{(W)}$ 如下：

$$
B_{\text{in}}^{(W)} = \begin{pmatrix}
0 & 0 & 0 & 0 & 0 & 0 & 0 \\
w_1 & 0 & 0 & 0 & 0 & 0 & w_7 \\
0 & w_2 & w_3 & 0 & 0 & 0 & 0 \\
0 & 0 & 0 & 0 & w_5 & 0 & 0 \\
0 & 0 & 0 & 0 & 0 & w_6 & 0 \\
0 & 0 & 0 & w_4 & 0 & 0 & 0
\end{pmatrix}
$$

$$
B_{\text{out}}^{(W)} = \begin{pmatrix}
w_1 & 0 & 0 & 0 & 0 & 0 & 0 \\
0 & w_2 & w_3 & 0 & 0 & 0 & 0 \\
0 & 0 & 0 & w_4 & w_5 & 0 & 0 \\
0 & 0 & 0 & 0 & 0 & w_6 & w_7 \\
0 & 0 & 0 & 0 & 0 & 0 & 0 \\
0 & 0 & 0 & 0 & 0 & 0 & 0
\end{pmatrix}
$$

根据定理 9.2 和定理 9.3，可得

$$
T_1(B^{(W)}) = \begin{pmatrix}
0 & w_1w_2 & w_1w_3 & 0 & 0 & 0 & 0 \\
0 & 0 & 0 & w_2w_4 & w_2w_5 & 0 & 0 \\
0 & 0 & 0 & w_3w_4 & w_3w_5 & 0 & 0 \\
0 & 0 & 0 & 0 & 0 & 0 & 0 \\
0 & 0 & 0 & 0 & 0 & w_5w_6 & w_5w_7 \\
0 & 0 & 0 & 0 & 0 & 0 & 0 \\
0 & w_7w_2 & w_7w_3 & 0 & 0 & 0 & 0
\end{pmatrix}
$$

$$T_2(\mathrm{LJ}^{(W)}) = \begin{pmatrix} 0 & 0 & w_1 w_3 & 0 & 0 & 0 & 0 \\ 0 & 0 & 0 & w_2 w_4 & w_2 w_5 & 0 & 0 \\ 0 & 0 & 0 & 0 & w_3 w_5 & 0 & 0 \\ 0 & 0 & 0 & 0 & 0 & 0 & 0 \\ 0 & 0 & 0 & 0 & 0 & 0 & w_5 w_7 \\ 0 & 0 & 0 & 0 & 0 & 0 & 0 \\ 0 & w_7 w_2 & w_7 w_3 & 0 & 0 & 0 & 0 \end{pmatrix}.$$

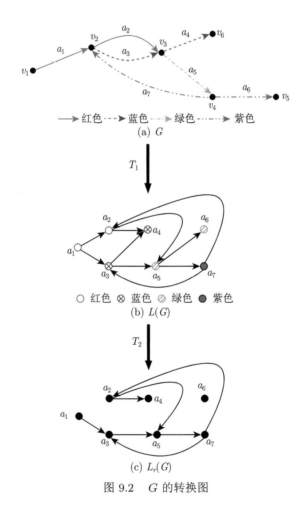

图 9.2 G 的转换图

由于边加权 (0 或 1) 可被灵活地用于控制 G 中任意两个顶点之间的任何移动，所以这里设计的权重矩阵便于使用。例如，如果 $w_4 = 0$，则原始图被简化为一个没有边 a_4 的新图。如果 $W = I$，则转换函数 T_1 将图 9.2(a) 中描述的边标号复合

有向图 G，转换为图 9.2(b) 中所示的顶点标号线有向图 $L(G)$。接下来，通过转换函数 T_2 得到用于寻找彩色路径的简化线有向图 $L_r(G)$ [图 9.2(c)]。整个转换过程见图 9.2。

9.3.2　计算机执行

很多知名的算法已经被开发出来用来求解有向图中的最短路径，也有一些算法可用来搜索无向图中的所有路径 (Migliore et al., 1990)。虽然已经对通用图类中的路径搜索问题做了大量研究，但加权彩色复合有向图中的彩色路径搜索依旧是一个新主题。

对于 $s, q \in V$，令 $A_S = \{a \in A : B_{\text{out}}^{(W)}(s,a) \neq 0\}$ 和 $A_E = \{b \in A : B_{\text{in}}^{(W)}(q,b) \neq 0\}$。这里，矩阵 W、$B_{\text{out}}^{(W)}$ 和 $B_{\text{in}}^{(W)}$ 已经在定义 9.8 和定义 9.11 中介绍过。A_S 是一个从顶点 s 开始的弧集，A_E 是一个结束在顶点 q 的弧集。定理 9.3 中给出的矩阵 $\text{LJ}_r^{(W)}$ 可用来在加权彩色复合有向图中搜索任意两个弧之间的边加权彩色路径。对于 $a, b \in A$，令 $\text{PA}^{(W)}(a,b)$ 表示两条边 a 和 b 中的加权彩色路径。对于 $s, q \in V$，两个顶点 s 和 q 之间的加权彩色路径表示为 $\text{PA}^{(W)}(s,q)$。图 G 中任意两个顶点之间的路径，可通过在线图 $L(G)$ 中追踪任意两个合适弧之间的弧到弧的路径来得到。特别地，s 和 q 之间的路径可表示为 $\text{PA}^{(W)}(s,q) = \{\text{PA}^{(W)}(a,b) : a \in A_S,\ b \in A_E\}$。

基于边连矩阵构建彩色路径的伪码设计如下所示。

步骤 0：输入开始弧集 A_S、结束弧集 A_E 和带权重的边连矩阵 $\text{LJ}_{(W)r}$。

步骤 1：对于每条弧线 $a_s \in A_S$ 和 $a_e \in A_E$，令 a_s 为开始的弧线，a_e 为结束的弧线。对于每对 a_s 和 a_e，重复操作步骤 2 至步骤 5。

步骤 2：将 a_s 放入路径记录函数中，作为第一条路径的最后一条弧 $a_l(1)$。

步骤 3：在路径记录函数里，检索每一条路径 i 的最后一条弧 $a_l(i)$，记为 $\text{PA}_{(W)}(i)$。

基于矩阵 $\text{LJ}_{(W)}$, r 获取所有从 $a_l(i)$ 可以到达的新弧线。

情况 1：如果从 $a_l(i)$ 出发没有弧线，则路径 $\text{PA}_{(W)}(i)$ 结束，从路径记录函数里清除 $\text{PA}_{(W)}(i)$。

情况 2：如果路径中出现一条新弧，则意味着这条路径形成了一条环。不要记录该条路径。如果所有的新弧都出现了，则从路径记录函数里清除 $\text{PA}_{(W)}(i)$。

情况 3：如果这条新弧是结束弧 a_e，则将 a_e 添加到路径 $\text{PA}_{(W)}(i)$ 中，以形成一条新的路径。将其保存到路径记录函数里，并在这条路径的结尾设置结束标记；否则，分别将每一条新的弧线增加到路径 $\text{PA}_{(W)}(i)$ 里，以形成几条新的路径。将这些保存到路径记录函数里并从中删除最初的路径 $\text{PA}_{(W)}(i)$。

步骤 4：重复执行步骤 3，直到路径记录函数里的所有路径都以结束符号标记。

步骤 5：输出路径记录函数，该函数记录了从初始弧 a_s 到结束弧 a_e 的所有路径。

由于已经明确地给出代数表达，已开发的方法便于开发搜索彩色路径的改进算法，同时容易适应新的路径搜索问题。例如，一个具有特定约束的运输网络求解最短线路问题，可使用转换函数 $F(B^{(W)}) = [(B_{\mathrm{in}}^{(W)})^{\mathrm{T}} \cdot B_{\mathrm{out}}^{(W)}] \circ M$ 来求解，其中，$B^{(W)}$ 表示原始网络，矩阵 M 用来捕获特殊要求，求解可将原始问题转换为无限制条件下的一般最短路搜索问题。

1. 简单偏好下 GMCR 的权重矩阵

在原始信息中，决策者 i 的偏好用 S 上的一对关系 $\{\succ_i, \sim_i\}$ 来编码。这种偏好结构被称为简单偏好。

定义 9.8 给出一个加权彩色复合有向图 $G = (V, A, N, \psi, c, w)$ 的权重矩阵 W_H。在图模型 $G = (S, A)$ 中，使 $H \subseteq N$。根据优先权准则，依据决策者的顺序对图模型中的有向弧进行标记；在每个决策者中，依据初始状态的顺序进行编号；在每个决策者和初始状态中，根据最终状态的次序进行编号。当一个边 $a_k = d_i(u, v)$ 对于 $u, v \in S$ 和 $i \in H \subseteq N$ 时，其权重 w_k 可定义为

$$w_k = \begin{cases} P_w, & \text{如果 } v \succ_i u \text{ 且 } i \in H \\ E_w, & \text{如果 } u \sim_i v \text{ 且 } i \in H \\ N_w, & \text{如果 } u \succ_i v \text{ 且 } i \in H \\ 0, & \text{其他} \end{cases} \tag{9.14}$$

权重矩阵 W_H 表示具有简单偏好的 GMCR 中每条边的偏好信息。回想符号 UM 和 UI 分别表示单边移动和单边改良。基于式 (9.14)，H 的单边可达权重矩阵和单边改良可达权重矩阵定义如下。

定义 9.15：对于图模型 $G = (S, A)$，令 $H \subseteq N$。

(1) 当 $P_w = E_w = N_w = 1$ 时，权重矩阵 W_H 被称为 H 的单边移动权重矩阵，记为 $W_H^{(\mathrm{UM})}$。

(2) 当 $P_w = 1$ 且 $E_w = N_w = 0$ 时，权重矩阵 W_H 被称为 H 的单边改良权重矩阵，记为 $W_H^{(\mathrm{UI})}$ 或 W_H^+。

回想每个弧 A_i 和 A_i^+ 分别表示决策者 i 从初始状态到最终状态做单边移动和单边改良（一步）。因此，$A_H = \bigcup_{i \in H} A_i$ 和 $A_H^+ = \bigcup_{i \in H} A_i^+$ 表示与 H 中任何决策者相关的单边移动和单边改良。基于定义 9.7，对于具有简单偏好的图模型，在 H 的加权弧集上，单边移动弧集和单边改良弧集之间具有下列关系。

推论 9.1：对于图模型 $G = (S, A)$，令 $H \subseteq N$。

(1) 如果 $W_H = W_H^{(\mathrm{UM})}$，则弧集 $A_H^{(W)} = A_H$。

（2） 如果 $W_H = W_H^+$，则弧集 $A_H^{(W)} = A_H^+$。

注意当 $H = N$ 时，A_H 和 A_H^+ 分别表示 A 和 A^+。

定义 9.5 中描述了在一个加权彩色复合有向图中，顶点 u 和 v 之间的边加权彩色路径，可用来表示在简单偏好的图模型中通过合法单边移动和合法单边改良的冲突演变。

推论 9.2：对于图模型 $G = (S, A)$，令 $u, v \in S$，$H \subseteq N$。

（1） 如果 $W_H = W_H^{(\mathrm{UM})}$，状态 u 和 v 之间的边加权彩色路径，给出所有的从 u 到 v 的路径，记为 $\mathrm{PA}_H^{(W)}(u, v)$，这里允许所有的合法单边移动，则 $\mathrm{PA}_H^{(W)}(u, v)$ 被称为结盟 H 的从 u 到 v 的合法单边移动路径，记为 $\mathrm{PA}_H(u, v)$。

（2） 如果 $W_H = W_H^+$，状态 u 和 v 之间的边加权彩色路径，给出所有的从 u 到 v 的路径，记为 $\mathrm{PA}_H^{(W)}(u, v)$，这里允许所有的合法单边改良，则 $\mathrm{PA}_H^{(W)}(u, v)$ 被称为结盟 H 的从 u 到 v 的合法单边改良路径，记为 $\mathrm{PA}_H^+(u, v)$。

边加权彩色路径 $\mathrm{PA}_H^{(W)}$ 可用来追踪简单偏好下的现状分析冲突演变。当选择 u 为现状，v 为图模型中某些稳定的均衡时，$\mathrm{PA}_H(u, v)$ 和 $\mathrm{PA}_H^+(u, v)$ 可以刻画冲突局势的演变情况，并能明确从初始现状能否到达均衡状态及如何到达的演化路径。

定义 9.16：在图模型 $G = (S, A)$ 中，合法单边移动和合法单边改良边连续矩阵分别是矩阵 $\mathrm{LJ}_r^{(\mathrm{UM})}$ 和 LJ_r^+，其中 (a, b) 元素分别为

$$\mathrm{LJ}_r^{(\mathrm{UM})}(a, b) = \begin{cases} 1, & \text{如果受控于不同决策者的边 } a \text{ 和 } b \text{ 以 } ab \text{ 的次序连续,} \\ & \quad \text{其中 } a, b \in A \\ 0, & \text{其他} \end{cases}$$

$$\mathrm{LJ}_r^+(a, b) = \begin{cases} 1, & \text{如果受控于不同决策者的边 } a \text{ 和 } b \text{ 以 } ab \text{ 的次序连续,} \\ & \quad \text{其中 } a, b \in A^+ \\ 0, & \text{其他} \end{cases}$$

令 LJ_{H_r} 和 $\mathrm{LJ}_{H_r}^+$ 表示图模型 (S, A_H) 中的合法单边移动和合法单边改良边连矩阵。基于定义 9.14、H 的简化加权边连续矩阵和定义 9.16，下列结果显而易见。

推论 9.3：对于图模型 $G = (S, A)$，令 $W^{(\mathrm{UM})}$ 和 W^+ 表示单边移动和单边改良权重矩阵，$W_H^{(\mathrm{UM})}$ 和 W_H^+ 表示 H 的单边移动和单边改良权重矩阵，则

$$\mathrm{LJ}_r^{(W^{(\mathrm{UM})})} = \mathrm{LJ}_r^{(\mathrm{UM})} = \mathrm{LJ}_r, \ \mathrm{LJ}_r^{(W^+)} = \mathrm{LJ}_r^+$$

$$\mathrm{LJ}_r^{(W_H^{(\mathrm{UM})})} = \mathrm{LJ}_{H_r}, \ \mathrm{LJ}_r^{(W_H^+)} = \mathrm{LJ}_{H_r}^+$$

基于边连矩阵构建彩色路径的伪码用于搜索一个加权彩色复合有向图中的加权彩色路径，合法单边移动和单边改良边连续矩阵 LJ_{H_r} 和 $\mathrm{LJ}_{H_r}^+$ 被用来发现图模型中现状分析的任意两个状态之间的路径 PA_H 和 PA_H^+。

对于简单偏好，稳定分析的关键输入为 $R_H(s)$ 和 $R_H^+(s)$，它们分别是结盟 H 从状态 $s \in S$ 开始经过合法单边移动和合法单边改良的可达状态集合。本节提供一种代数方法，通过使用定义 9.12 给出的加权可达矩阵 $M_H^{(W)}$ 来构建 $R_H(s)$ 和 $R_H^+(s)$。

2. 不确定偏好下 GMCR 的权重矩阵

偏好信息在决策分析中起重要作用。为了将不确定偏好融入图模型方法中，Li 等 (2004b) 提出了一种新偏好结果，把决策者 i 的偏好表示成一个 S 上的关系三元组 $\{\succ_i, \sim_i, U_i\}$，其中，$s \succ_i q$ 表示严格偏好，$s \sim_i q$ 表示无差异，$s\, U_i\, q$ 表示决策者 i 可能喜欢状态 s 多于状态 q，也可能喜欢 q 多于 s，或可能认为 s 和 q 的偏好无差异。

权重矩阵 W_H 可用来表示不确定偏好。对于 $u, v \in S$，$i \in H \subseteq N$，存在一条边 $a_k = d_i(u,v)$，则其权重 w_k 可定义为

$$w_k = \begin{cases} P_w, & \text{如果 } v \succ_i u \text{ 且 } i \in H \\ N_w, & \text{如果 } u \succ_i v \text{ 且 } i \in H \\ E_w, & \text{如果 } u \sim_i v \text{ 且 } i \in H \\ U_w, & \text{如果 } u\, U_i\, v \text{ 且 } i \in H \\ 0, & \text{其他} \end{cases} \quad (9.15)$$

回想符号单边改良或不确定移动表示单边改良或不确定移动。基于式 (9.15)，H 的单边改良或不确定移动权重矩阵定义如下。

定义 9.17：对于图模型 $G = (S, A)$，令 $H \subseteq N$。当 $P_w = U_w = 1$ 且 $E_w = N_w = 0$，权重矩阵 W_H 被称为 H 的单边改良或不确定移动权重矩阵，表示为 $W_H^{(\mathrm{UIUM})}$ 或 $W_H^{+,U}$。

弧集 $A_i^{+,U}$ 中每条弧表示决策者 i 从弧的初始状态到终态做一个单边改良或不确定移动。因此，$A_H^{+,U} = \bigcup_{i \in H} A_i^{+,U}$ 表示与 H 中任何决策者相联系的单边改良或不确定移动弧。由定义 9.7 中的加权弧集 $A_H^{(W)}$，可通过下列引理得到具有不确定偏好的图模型的 UIUM 弧集。

推论 9.4：对于图模型 $G = (S, A)$，令 $H \subseteq N$。如果 $W_H = W_H^{+,U}$，则弧集 $A_H^{(W)} = A_H^{+,U}$。

注意：当 $H = N$ 时，$A_H^{+,U}$ 被表示为 $A^{+,U}$。

加权彩色路径 $\mathrm{PA}_H^{(W)}$ 可用来追踪具有不确定偏好的图模型经由合法 UIUM 的冲突演变。

推论 9.5：对于图模型 $G = (S, A)$，令 $u, v \in S$，$H \subseteq N$。如果 $W_H = W_H^{+,U}$，状态 u 和 v 之间的加权彩色路径 $\mathrm{PA}_H^{(W)}(u, v)$ 给出从 u 和 v 的所有路径，这里只允许合法的单边改良或不确定移动，则 $\mathrm{PA}_H^{(W)}(u, v)$ 被称为 H 从 u 和 v 的合法 UIUM 路径，记为 $\mathrm{PA}_H^{(+,U)}(u, v)$。

使用简化加权边连边矩阵可追踪合法单边改良或不确定移动的冲突演变路径。先定义合法单边改良或不确定移动的连边矩阵。

定义 9.18：在图模型 $G = (S, A)$ 中，合法单边改良或不确定移动的连边矩阵是一个 $l \times l$ 维的矩阵，其中 (a, b) 元素为

$$\mathrm{LJ}_r^{+,U}(a, b) = \begin{cases} 1, & \text{如果受控于不同决策者的边 } a \text{ 和 } b \text{ 以 } ab \text{ 的次序连续,} \\ & \text{其中 } a, b \in A^{+,U} \\ 0, & \text{其他} \end{cases}$$

令 $\mathrm{LJ}_{H_r}^{+,U}$ 表示图模型 (V, A_H) 的合法单边改良或不确定移动连边矩阵。基于定义 9.14 和定义 9.18，可得下列结果。

推论 9.6：对于图模型 $G = (S, A)$，令 $W^{+,U}$ 表示单边改良或不确定移动权重矩阵，$W_H^{+,U}$ 表示 H 的单边改良或不确定移动权重矩阵，则：

$$\mathrm{LJ}_r^{(W^{+,U})} = \mathrm{LJ}_r^{+,U}$$

$$\mathrm{LJ}_r^{(W_H^{+,U})} = \mathrm{LJ}_{H_r}^{+,U}$$

不确定偏好下图模型稳定性分析的关键输入信息是 $R_H^{+,U}(s)$，即结盟 H 从状态 $s \in S$ 出发经过合法单边改良或不确定移动可以到达的状态集合。搜索加权彩色路径的代数方法也能用于计算集合 $R_H^{+,U}(s)$。

3. 三级偏好下 GMCR 的权重矩阵

第 6 章中给出了表示偏好强度（强烈或轻微偏好）的另外一个关于 S 的关系三元组 $\{\gg_i, >_i, \sim_i\}$。对于 $s, q \in S$，$s \gg_i q$ 表示决策者 i 强烈偏好状态 s 多于 q；$s >_i q$ 表示决策者 i 轻微偏好状态 s 多于 q；$s \sim_i q$ 表示决策者 i 认为状态 s 和 q 的偏好无差别。权重矩阵 W_H 能表示偏好强度。令 $u, v \in S$，$i \in H \subseteq N$，当边 $a_k = d_i(u, v)$ 时，其权重 w_k 定义为

$$w_k = \begin{cases} P_s, & \text{如果 } v \gg_i u \text{ 且 } i \in H \\ P_m, & \text{如果 } v >_i u \text{ 且 } i \in H \\ E_w, & \text{如果 } u \sim_i v \text{ 且 } i \in H \\ N_w, & \text{如果 } u \gg_i v \text{ 或 } u >_i v \text{ 且 } i \in H \\ 0, & \text{其他} \end{cases} \tag{9.16}$$

回想 MSUI 表示轻微或强烈单边改良。基于式 (9.16)，H 的轻微或强烈单边改良权重矩阵定义如下。

定义 9.19：对于图模型 $G = (S, A)$，令 $H \subseteq N$。当 $P_s = P_m = 1$ 且 $E_w = N_w = 0$ 时，权重矩阵 W_H 被称为 H 的轻微或强烈单边改良权重矩阵，记为 $W_H^{(\text{MSUI})}$ 或 $W_H^{+,++}$。

弧集 $A_i^{+,++}$ 中的每条弧表示决策者 i 从弧的初始状态到最终状态的一个轻微或强烈单边改良移动。所以，$A_H^{+,++} = \bigcup_{i \in H} A_i^{+,++}$ 表示 H 中任何决策者相关的轻微或强烈单边改良弧。通过加权弧集 $A_H^{(W)}$ 的定义 9.7，可由下列推论得到具有偏好强度的图模型的轻微或强烈单边改良弧集。

推论 9.7：对于图模型 $G = (S, A)$，令 $H \subseteq N$。若 $W_H = W_H^{+,++}$，则弧集 $A_H^{(W)} = A_H^{+,++}$。

注意：当 $H = N$ 时，$A_H^{+,++}$ 表示为 $A^{+,++}$。

加权彩色路径 $\text{PA}_H^{(W)}$ 能用来追踪偏好强度下图模型中经由合法轻微或强烈单边改良的冲突演变路径。

推论 9.8：对于图模型 $G = (S, A)$，令 $u, v \in S$，$H \subseteq N$。如果 $W_H = W_H^{+,++}$，状态 u 和 v 之间的加权彩色路径 $\text{PA}_H^{(W)}(u, v)$ 给出从 u 到 v 的所有路径，这里只允许合法的轻微或强烈单边改良，则 $\text{PA}_H^{(W)}(u, v)$ 被称为结盟 H 的从 u 到 v 的合法轻微或强烈单边改良路径，记为 $\text{PA}_H^{+,++}(u, v)$。

定义 9.20：在图模型 $G = (S, A)$ 中，合法轻微或强烈单边改良的边连续矩阵是一个 $l \times l$ 维的矩阵 $\text{LJ}_r^{+,++}$，其中 (a, b) 元素为

$$\text{LJ}_r^{+,++}(a, b) = \begin{cases} 1, & \text{如果受控于不同决策者的边 } a \text{ 和 } b \text{ 以 } ab \text{ 的次序连续,} \\ & \text{其中 } a, b \in A^{+,++} \\ 0, & \text{其他} \end{cases}$$

令 $\text{LJ}_{H_r}^{+,++}$ 表示图模型 (V, A_H) 的合法轻微或强烈单边改良边连续矩阵。基于定义 9.14、H 的简化加权边连续矩阵和定义 9.20，可得到下列结果。

推论 9.9：对于图模型 $G = (S, A)$，令 $W^{+,++}$ 表示轻微或强烈单边改良权重矩阵，$W_H^{+,++}$ 表示 H 的轻微或强烈单边改良权重矩阵，则：

$$\text{LJ}_r^{(W^{+,++})} = \text{LJ}_r^{+,++}$$
$$\text{LJ}_r^{(W_H^{+,++})} = \text{LJ}_{H_r}^{+,++}$$

三级偏好下图模型稳定性分析的关键输入是，结盟 $H \subseteq N$ 从状态 $s \in S$ 出发经过合法轻微或强烈单边改良到达的状态集合 $R_H^{+,++}(s)$。代数方法提供了构建 $R_H^{+,++}(s)$ 的新方法。

4. 混合偏好下 GMCR 的权重矩阵

第 7 章提出了一个混合偏好框架，把不确定偏好和偏好强度用决策者 i 图模型中的四元关系组 $\{\gg_i, >_i, \sim_i, U_i\}$ 结合起来。权重矩阵 W_H 也表示了偏好不确定和偏好强度的结合。令 $u, v \in S$，$i \in H \subseteq N$，一条边 $a_k = d_i(u, v)$，则其权重 w_k 定义为

$$
w_{a_k} = \begin{cases}
P_s, & \text{如果 } v \gg_i u \text{ 且 } i \in H \\
P_m, & \text{如果 } v >_i u \text{ 且 } i \in H \\
E_w, & \text{如果 } u \sim_i v \text{ 且 } i \in H \\
U_w, & \text{如果 } u \, U_i \, v \text{ 且 } i \in H \\
N_w, & \text{如果 } u \gg_i v \text{ 或 } u >_i v \text{ 且 } i \in H \\
0, & \text{其他}
\end{cases}
\tag{9.17}
$$

回想轻微或强烈单边改良或不确定移动表示轻微或强烈单边改良或不确定移动。通过式 (9.17)，H 的轻微或强烈单边改良或不确定移动权重矩阵定义如下。

定义 9.21：对于图模型 $G = (S, A)$，令 $H \subseteq N$。当 $P_s = P_m = U_w = 1$ 且 $E_w = N_w = 0$，权重矩阵 W_H 被称为 H 的轻微或强烈单边改良或不确定移动权重矩阵，记为 $W_H^{(\text{MSUIUM})}$ 或 $W_H^{+,++,U}$。

弧集 $A_i^{+,++,U}$ 中的每条弧表示决策者 i 从弧的初始状态到最终状态的一个轻微或强烈单边改良或不确定移动移动。所以，$A_H^{+,++,U} = \bigcup_{i \in H} A_i^{+,++,U}$ 表示与 H 中任何决策者相关的轻微或强烈单边改良弧。通过加权弧集 $A_H^{(W)}$ 的定义 9.7，可由推论 9.10 得到具有混合强度图模型的轻微或强烈单边改良或不确定移动弧集。

推论 9.10：对于图模型 $G = (S, A)$，令 $H \subseteq N$。若 $W_H = W_H^{+,++,U}$，则弧集 $A_H^{(W)} = A_H^{+,++,U}$。

注意：当 $H = N$ 时，$A_H^{+,++,U}$ 表示为 $A^{+,++,U}$。

加权彩色路径 $\text{PA}_H^{(W)}$ 能用来追踪具有混合偏好强度的图模型中通过合法轻微或强烈单边改良或不确定移动的冲突演变。

推论 9.11：对于图模型 $G = (S, A)$，使 $u, v \in S$，$H \subseteq N$。如果 $W_H = W_H^{+,++,U}$，状态 u 和 v 之间的加权彩色路径 $\text{PA}_H^{(W)}(u, v)$ 给出从 u 到 v 的所有路径，这里只允许合法的轻微或强烈单边改良或不确定移动，则 $\text{PA}_H^{(W)}(u, v)$ 被称为结盟 H 从 u 到 v 合法轻微或强烈单边改良或不确定移动路径的集合，记为 $\text{PA}_H^{+,++,U}(u, v)$。

定义 9.22：在图模型 $G = (S, A)$ 中，合法轻微或强烈单边改良或不确定移动的边连续矩阵是一个 $l \times l$ 维的矩阵 $\text{LJ}_r^{+,++,U}$，其中 (a, b) 元素为

$$
\mathrm{LJ}_r^{+,++,U}(a,b) = \begin{cases} 1, & \text{如果受控于不同决策者的边 } a \text{ 和 } b \text{ 以 } ab \text{ 的次序连续,} \\ & \text{其中 } a,b \in A^{+,++,U} \\ 0, & \text{其他} \end{cases}
$$

令 $\mathrm{LJ}_{H_r}^{+,++,U}$ 表示图模型 (V, A_H) 的合法轻微或强烈单边改良或不确定移动的边连续矩阵。基于定义 9.14、H 的简化加权边连续矩阵和定义 9.22，可得到下列结果。

推论 9.12： 对于图模型 $G = (S, A)$，令 $W^{+,++,U}$ 表示轻微或强烈单边改良或不确定移动权重矩阵，$W_H^{+,++,U}$ 表示 H 的轻微或强烈单边改良或不确定移动权重矩阵，则

$$
\mathrm{LJ}_r^{(W^{+,++,U})} = \mathrm{LJ}_r^{+,++,U}
$$

$$
\mathrm{LJ}_r^{(W_H^{+,++,U})} = \mathrm{LJ}_{H_r}^{+,++,U}
$$

9.3.3　基于连边矩阵的代数方法的程序

代数方法使用图模型的结果来分析图模型，并理解冲突的演变，通过执行下列步骤来完成。

（1）如果状态集合 S 被视为一个顶点集合 V，且决策者 i 的有向弧 $A_i \subseteq A$ 被编码为颜色 $i \in N$，则一个冲突的图模型 (S, A) 等价于一个具有关于 V 的简化偏好关系的彩色复合有向图 (V, A, N, ψ, c)，其中 ψ 的函数 $\psi : A \to V \times V$ 使得对于 $a \in A$ 和 $u, v \in V$，满足 $\psi(a) = (u, v)$，且 c 的函数 $c : A \to N$ 使得 $c(a) \in N$ 为颜色 $a \in A$。

（2）根据推荐的优先权准则，可根据颜色顺序标记彩色多重边有向图中的有向弧；如果是同种颜色，则根据初始节点顺序排序；如果颜色和初始节点相同，则根据最终节点的顺序排序。

（3）关联矩阵 B 表示所有边被标记的彩色多重边有向图。

（4）基于偏好结构，如简单偏好、不确定偏好、三度偏好和混合偏好，设计一个权重矩阵 W 来表示某些偏好结构。

（5）这样，一个图模型可方便地被看作边加权彩色多重边有向图 (V, A, N, ψ, c, w)，其中的每条边代表一个合法移动，不同的颜色代表不同的决策者，每条弧上的权重表示某些偏好属性。

（6）现状分析中追踪冲突演变，被转化为在某种偏好结构下搜索现状与可能均衡之间的所有加权彩色路径。

（7）令加权关联矩阵 $B^{(W)}$ 表示原始边加权彩色多重边有向图 (V, A, N, ψ, c, w)，则转换函数

$$
F(B^{(W)}) = [(B_{\mathrm{in}}^{(W)})^{\mathrm{T}} \cdot B_{\mathrm{out}}^{(W)}] \circ (E_l - D)
$$

可将一个加权彩色复合有向图中搜索边加权的彩色路径问题，转化为在一个没有颜色限制的简单有向图中的搜索路径的标准问题。

（8） 使用已有算法或基于边连矩阵构建彩色路径的伪码，可发现简单有向图中任意两条边之间的路径。

（9） 如果 A_S 和 A_E 是从顶点 s 开始，在顶点 q 结束的两个弧集，且

$$A_S = \{a \in A : B_{\text{out}}^{(W)}(s,a) \neq 0\}; A_E = \{b \in A : B_{\text{in}}^{(W)}(q,b) \neq 0\}$$

则任意两个顶点之间的路径 $\text{PA}^{(W)}(s,q)$ 对于 $s,q \in V$，可由两条合适弧之间的路径得到，通过

$$\text{PA}^{(W)}(s,q) = \{\text{PA}^{(W)}(a,b) : a \in A_S, \ b \in A_E\}$$

根据这些程序，基于边连续矩阵的推荐的代数方法可应用于实践中。

9.3.4 应用：基于连边矩阵的冲突演变分析

1. 基于简单偏好的埃尔迈拉冲突分析

在 1.2.2 节中介绍了埃尔迈拉冲突的背景，在 4.5 节中分析了其模型。如果状态集合 $S = \{s_1, s_2, \cdots, s_9\}$ 被看作顶点集合 $V = \{v_1, v_2, \cdots, v_9\}$，决策者 i 的有向弧被编码为蓝色、红色和黑色 [彩色原图见 Xu 等 (2007b) 的研究]，分别对应 $i = 1, 2, 3$，则埃尔迈拉冲突的图模型见图 3.7 和图 4.8，其偏好信息等价于图 9.3 给出的加权彩色多重边有向图，其中 $w_k(u,v)$ 表示弧 $a_k = (u,v)$ 的权重。虽然决策者不在具有编号的图中明确给出，但根据优先权准则对所有弧编号之后，每条弧的索引编号可唯一决定一个控制该弧的决策者。回想 c_i 表示指定颜色为 i 的弧集的势，也就是说 $c_i = |A_i|$，这里，$A_i = \{x \in A : c(x) = i\}$，对于每个 $i \in N$。特别地，对于 $i = 1, 2, 3$，基于 i 的图 G_i 的弧编号和埃尔迈拉冲突的图模型中图 3.7 和图 4.8 中提供的 $c_1 = |A_1| = 4, c_2 = |A_2| = 12$，以及 $c_3 = |A_3| = 8$，弧 a_1 至弧 a_4 受控于决策者 1 (或 MoE)，弧 a_5 至弧 a_{16} 受控于决策者 2 (或 UR)，弧 a_{17} 至弧 a_{24} 受控于决策者 3 (或 LG)。基于偏好信息给出每条弧的权重，具体如下：

$$s_7 \succ_1 s_3 \succ_1 s_4 \succ_1 s_8 \succ_1 s_5 \succ_1 s_1 \succ_1 s_2 \succ_1 s_6 \succ_1 s_9$$

$$s_1 \succ_2 s_4 \succ_2 s_8 \succ_2 s_5 \succ_2 s_9 \succ_2 s_3 \succ_2 s_7 \succ_2 s_2 \succ_2 s_6$$

$$s_7 \succ_3 s_3 \succ_3 s_5 \succ_3 s_1 \succ_3 s_8 \succ_3 s_6 \succ_3 s_4 \succ_3 s_2 \succ_3 s_9$$

可以构建埃尔迈拉冲突的对角权重矩阵、对角单边移动权重矩阵和对角单边改良权重矩阵，见表 9.5。

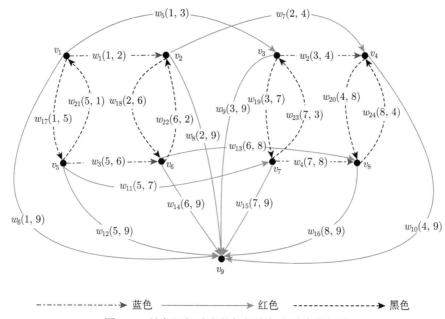

图 9.3　埃尔迈拉冲突的加权彩色多重边有向图

表 9.5　埃尔迈拉冲突的对角权重矩阵、对角单边移动权重矩阵和对角单边改良权重矩阵

弧线	a_1	a_2	a_3	a_4	a_5	a_6	a_7	a_8	a_9	a_{10}	a_{11}	a_{12}	a_{13}	a_{14}	a_{15}	a_{16}	a_{17}	a_{18}	a_{19}	a_{20}	a_{21}	a_{22}	a_{23}	a_{24}
W	N_w	N_w	N_w	N_w	N_w	N_w	P_w	P_w	P_w	N_w	N_w	N_w	P_w	P_w	P_w	N_w	P_w	P_w	P_w	P_w	N_w	N_w	N_w	N_w
$W^{(\mathrm{UM})}$	1	1	1	1	1	1	1	1	1	1	1	1	1	1	1	1	1	1	1	1	1	1	1	1
W^+	0	0	0	0	0	0	1	1	1	0	0	0	1	1	1	0	1	1	1	1	0	0	0	0

令一个转化矩阵为

$$F(B^{(W^{(\mathrm{UM})})}) = [(B_{\mathrm{in}}^{(W^{(\mathrm{UM})})})^{\mathrm{T}} \cdot (B_{\mathrm{out}}^{(W^{(\mathrm{UM})})})] \circ (E_l - D)$$

该矩阵转换标号的逐点复合有向图转变为弧之间的简化加权线有向图，是一个没有颜色限制的简单有向图，可允许所有决策者发现埃尔迈拉冲突的演变。变换过程见图 9.4，其中，每个六边形表示一条弧。现状分析主要关注预期均衡的可达性。所以，首先执行稳定分析。如表 9.1 所示，状态 s_5、状态 s_8 和状态 s_9 可能是埃尔迈拉冲突的解。对于 $s = s_5, s_8$ 和 s_9 来说，从现状 $s = s_1$ 出发，经过合法单边移动路径 $\mathrm{PA}(s_1, s)$，可达到三个主要均衡。

令 $B \Longrightarrow B^{(W^+)}$，则标号的图被转变为简化彩色复合有向图，如图 9.5(a) 所示，这里仅包括单边改良弧，使

$$F(B^{(W^+)}) = [(B_{\mathrm{in}}^{(W^+)})^{\mathrm{T}} \cdot (B_{\mathrm{out}}^{(W^+)})] \circ (E_l - D)$$

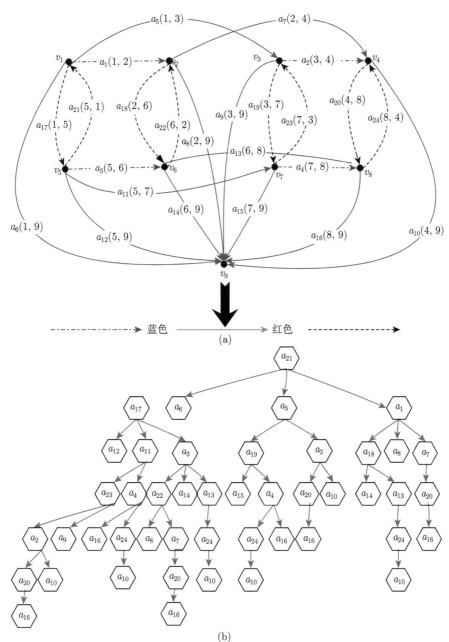

(a)

(b)

图 9.4　埃尔迈拉冲突寻找单边移动演变路径的图转换

转换方程将在一个没有重复颜色的边着色图中搜索合法单边改良路径的原始问题，转变为在一个没有颜色限制的图中搜索单边改良路径 [图 9.5(b)]。例如，如果选 s_2 为现状，则图 9.6(a) 表示埃尔迈拉冲突中从 s_2 开始的弧之间的单边改良

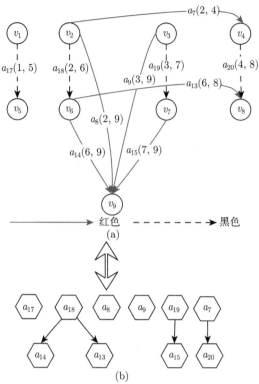

图 9.5 埃尔迈拉冲突寻找单边改良演变路径的图转换

冲突演变。注意，在图 9.6(a) 中并不显示单个弧 a_8，虽然它是一个单边改良，且状态被标记得很清晰。图 9.6(b) 表示从状态 s_2 出发，弧之间的所有可能的单边改良路径。显然，从现状 s_2 出发，不能通过单边改良到达主要均衡 s_5。

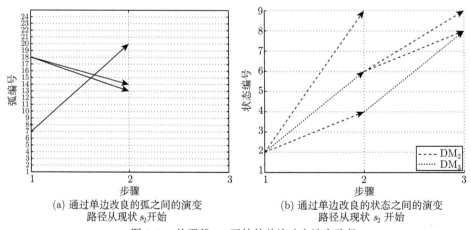

(a) 通过单边改良的弧之间的演变
路径从现状 s_2 开始

(b) 通过单边改良的状态之间的演变
路径从现状 s_2 开始

图 9.6 从现状 s_2 开始的单边改良演变路径

2. 基于不确定偏好的吉斯本湖冲突演变分析

本节提出的矩阵方法应用于分析一个实际案例——不确定偏好下吉斯本湖冲突的现状分析 (Xu et al., 2010b)。吉斯本湖冲突的背景、建模和分析见 5.4 节。在图 9.7(a) 中描绘的边标记有向图中的标号边，等价于图 8.1 中的图模型。基于下列偏好信息，给图 9.7(a) 中的每条弧赋予权重，具体如下：

$$s_2 \succ_1 s_6 \succ_1 s_4 \succ_1 s_8 \succ_1 s_1 \succ_1 s_5 \succ_1 s_3 \succ_1 s_7$$

$$s_3 \succ_2 s_7, s_4 \succ_2 s_8, s_1 \succ_2 s_5, s_2 \succ_2 s_6$$

$$s_3 \succ_3 s_4 \succ_3 s_7 \succ_3 s_8 \succ_3 s_5 \succ_3 s_6 \succ_3 s_1 \succ_3 s_2$$

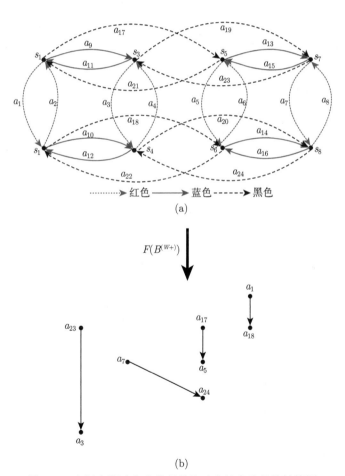

图 9.7　吉斯本湖冲突中发现单边改良演变路径的转换图

吉斯本湖冲突的对角权重矩阵、对角单边移动权重矩阵、对角单边改良权重矩阵和对角单边改良或不确定移动矩阵见表 9.6。

表 9.6　吉斯本湖冲突的对角权重矩阵、对角单边移动权重矩阵、对角单边改良权重矩阵和对角单边改良或不确定移动矩阵

弧编号	a_1	a_2	a_3	a_4	a_5	a_6	a_7	a_8	a_9	a_{10}	a_{11}	a_{12}	a_{13}	a_{14}	a_{15}	a_{16}	a_{17}	a_{18}	a_{19}	a_{20}	a_{21}	a_{22}	a_{23}	a_{24}
W	P_w	N_w	P_w	N_w	P_w	N_w	P_w	N_w	U_w	U_w	U_w	U_w	U_w	U_w	U_w	U_w	U_w	P_w	P_w	N_w	N_w	N_w	P_w	P_w
$W^{(\mathrm{UM})}$	1	1	1	1	1	1	1	1	1	1	1	1	1	1	1	1	1	1	1	1	1	1	1	1
W^+	1	0	1	0	1	0	1	0	0	0	0	0	0	0	0	0	1	1	0	0	0	0	1	1
$W^{+,U}$	1	0	1	0	1	0	1	0	1	1	1	1	1	1	1	1	1	0	0	0	0	0	1	1

　　基于不确定的拓展偏好结构，Li 等 (2004b) 重新定义了具有不确定偏好的图模型的 Nash 稳定、一般超理性稳定、对称超理性稳定和序列稳定。根据不确定偏好是否被看作促进焦点决策者离开当前状态的充分激励和阻止焦点决策者离开当前状态的可靠反制，上述四种稳定类型被按照不同的方式重新定义，并标号为 a、b、c 和 d。这四种拓展被设计用来当面临不确定性时描述决策者的不同风险形象。Li 等 (2004b) 运用逻辑表达定义，判定吉斯本湖冲突中的 s_4、s_6 和 s_8 是拓展类型 b 和 d 的均衡，在 5.4 节中，使用稳定的矩阵表达得到同样的结果。注意在拓展类型 b 和 d 下的稳定性定义，焦点决策者在决定是否从当前状态离开时是保守的，因为它只愿意移动到更喜欢的状态（UI）。更多细节请参考 5.2.1 节。与拓展 b 和 d 预测三个均衡 s_4、s_6 和 s_8 一样，可检查从现状到三个均衡的演变路径 PA$^+$（只允许单边改良）。基于表 9.6 中构建的单边改良权重矩阵，使一个转换函数表示为

$$F(B^{(W^+)}) = [(B_{\mathrm{in}}^{(W^+)})^{\mathrm{T}} \cdot (B_{\mathrm{out}}^{(W^+)})] \circ (E_l - D)$$

　　可将图 9.7(a) 的边标记有向图转换为图 9.7(b) 的简化线有向图，它是没有颜色限制的简单有向图，只包括单边改良弧。所以，图 9.7(a) 的彩色单边改良路径等价于搜索没有限制的图 9.7(b) 中的路径。若现状是 s_1，则显然不能通过合法单边改良到达均衡 s_4 和 s_8，均衡 s_6 是唯一一个从现状可到达的均衡。特别地，演变路径 PA$^+(s_1, s_6)$ 如下所示：

$$a_1 \longrightarrow a_{18} \Longleftrightarrow s_1 \longrightarrow s_2 \longrightarrow s_6$$

$$a_{17} \longrightarrow a_5 \Longleftrightarrow s_1 \longrightarrow s_5 \longrightarrow s_6$$

　　如果允许单边改良或不确定移动，可从现状 s_1 到达均衡 s_8。表 9.6 中定义了单边改良或不确定移动矩阵。使用转换矩阵 $B^{(W^{+,U})}$，图 9.7 中的边标记有向图被简化为图 9.8(a)，其给出了只允许单边改良或不确定移动时的吉斯本湖冲突的演变情况。通过转换函数 $F(\cdot)$，图 9.8(a) 的彩色复合有向图被转换为图 9.8(b) 的简化有向图。图 9.8(a) 中的彩色路径 PA$^{+,U}(s_1, s_8)$ 等价于图 9.8(b) 中的搜索路径

$\mathrm{PA}^{+,U}(a_1, a_{14})$、$\mathrm{PA}^{+,U}(a_1, a_7)$、$\mathrm{PA}^{+,U}(a_9, a_{14})$、$\mathrm{PA}^{+,U}(a_9, a_7)$、$\mathrm{PA}^{+,U}(a_{17}, a_{14})$ 和 $\mathrm{PA}^{+,U}(a_{17}, a_7)$。所以，吉斯本湖冲突中经过合法单边改良或不确定移动，从现状 s_1 到均衡 s_8 的演变如下所示：

$$a_1 \longrightarrow a_{18} \longrightarrow a_{14}$$

$$a_9 \longrightarrow a_3 \longrightarrow a_{12} \longrightarrow a_{18} \longrightarrow a_{14}$$

$$a_{17} \longrightarrow a_5 \longrightarrow a_{14}$$

$$a_{17} \longrightarrow a_{13} \longrightarrow a_{23} \longrightarrow a_3 \longrightarrow a_{12} \longrightarrow a_{18} \longrightarrow a_{14}$$

$$a_{17} \longrightarrow a_{13} \longrightarrow a_{23} \longrightarrow a_{11} \longrightarrow a_1 \longrightarrow a_{18} \longrightarrow a_{14}$$

$$a_{17} \longrightarrow a_{13} \longrightarrow a_7$$

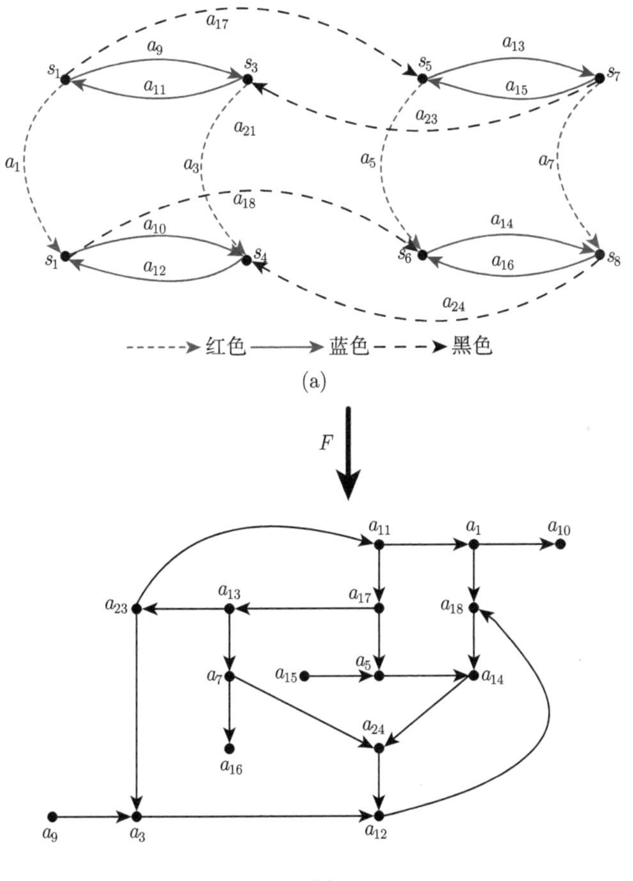

图 9.8　吉斯本湖冲突中发现合法单边改良或不确定移动演变路径的转换图

当使用转换函数将彩色复合有向图转变为简单有向图后，可使用已有的算法（Migliore et al., 1990；Xia and Wang, 2000）来发现所有路径或搜索最短路径。

3. 基于三级偏好的 GDU 冲突演变分析

与稳定性分析一样，现状分析的目标是评估从现状或任意初始状态开始，是否可以到达预期的均衡。GDU 冲突的背景见 6.6 节。图 6.13 中的 GDU 冲突的图模型等价于图 9.9(a) 给出的边标记有向图。

$$s_2 >_1 s_4 >_1 s_3 >_1 s_5 >_1 s_1 >_1 s_6 >_1 s_9 >_1 s_7 \gg_1 s_8$$

$$\{s_3 \sim_2 s_7\} >_2 \{s_5 \sim_2 s_9\} >_2 \{s_4 \sim_2 s_8\} \gg_2 \{s_1 \sim_2 s_2 \sim_2 s_6\}$$

$$\{s_2 \sim_3 s_3 \sim_3 s_4 \sim_3 s_5 \sim_3 s_6 \sim_3 s_7 \sim_3 s_8 \sim_3 s_9\} \gg_3 s_1$$

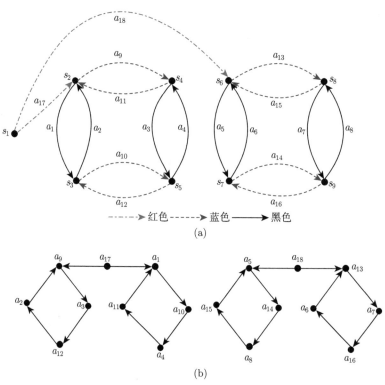

图 9.9　GDU 冲突的图模型的转换

基于上述 GDU 冲突的偏好信息, 构建 $l \times l$ 维的对角权重矩阵、单边移动权重矩阵和轻微或强烈单边改良权重矩阵，见表 9.7。

表 9.7　GDU 冲突的权重、单边移动、轻微或强烈单边改良权重矩阵

弧编号	a_1	a_2	a_3	a_4	a_5	a_6	a_7	a_8	a_9	a_{10}	a_{11}	a_{12}	a_{13}	a_{14}	a_{15}	a_{16}	a_{17}	a_{18}
权重矩阵 W	N_w	P_m	N_w	P_m	N_w	P_m	P_s	N_w	P_m	N_w	N_w	P_m	P_s	N_w	N_w	P_m	P_s	P_s
单边移动权重矩阵 $W^{(\mathrm{UM})}$	1	1	1	1	1	1	1	1	1	1	1	1	1	1	1	1	1	1
轻微或强烈单边改良权重矩阵 $W^{+,++}$	0	1	0	1	0	1	1	0	1	0	0	1	1	0	0	1	1	1

通过现状分析，可发现任何可能解的可达性的其他信息。给定状态 s_4 是一个 Nash 稳定、一般超理性稳定、对称超理性稳定和序列稳定的强均衡。当选择状态 s_1 作为初始状态时，使用下列步骤可得到 GDU 冲突中从 s_1 到均衡 s_4 的所有可能单边移动演变路径。

（1）　使用表 9.7 中给出的单边移动权重矩阵，构建转换方程如下：

$$F(B^{(W^{(\mathrm{UM})})}) = [(B_{\mathrm{in}}^{(W^{(\mathrm{UM})})})^{\mathrm{T}} \cdot (B_{\mathrm{out}}^{(W^{(\mathrm{UM})})})] \circ (E_l - D)$$

（2）　上面的转换方程将图 9.9(a) 的边标记有向图转换为图 9.9(b) 中简化线有向图，它包括所有单边移动弧，是一个没有颜色限制的简单有向图。

（3）　在图 9.9(a) 中搜索两个顶点 s_1 和 s_4 之间的彩色路径 $\mathrm{PA}(s_1,s_4)$，等价于图 9.9(b) 中对于 $a \in A_S$ 和 $b \in A_E$ 搜索所有路径，其中，A_S 和 A_E 是始于顶点 s_1 和结束于顶点 s_4 的两个弧集。

（4）　$A_S = \{a_{17}, a_{18}\}$ 且 $A_E = \{a_4, a_9\}$。

（5）　在图 9.9(b) 给出的简单有向图中，寻找合法单边移动路径 $\mathrm{PA}(a_{17},a_4)$、$\mathrm{PA}(a_{17},a_9)$、$\mathrm{PA}(a_{18},a_4)$ 和 $\mathrm{PA}(a_{18},a_9)$。

（6）　$\mathrm{PA}(a_{17},a_4)$：$a_{17} \to a_1 \to a_{10} \to a_4$；$\mathrm{PA}(a_{17},a_9)$：$a_{17} \to a_9$。

（7）　寻找两个顶点 s_1 和 s_4 之间的路径，使用相应的两个弧之间的路径：

$$a_{17} \to a_1 \to a_{10} \to a_4 \Leftrightarrow s_1 \to s_2 \to s_3 \to s_5 \to s_4$$

$$a_{17} \to a_9 \Leftrightarrow s_1 \to s_2 \to s_4$$

如果把一个转换函数设计为 $F(B) = B \cdot W^{+,++}$，则图 9.9(a) 的原始图被简化为图 9.10 的只包括轻微或强烈单边改良的图。给定状态 s_9 是一般超理性稳定和序列稳定的强均衡。在 GDU 冲突演变的动态过程中，通过合法轻微或强烈单边改良从现状 s_1 到希望的均衡状态 s_9 的演变见表 9.8。特别地，GDU 冲突从状态 s_1 到状态 s_9 的演变路径 $\mathrm{PA}^{+,++}(s_1,s_9)$ 为

$$s_1 \to s_6 \to s_8 \to s_9$$

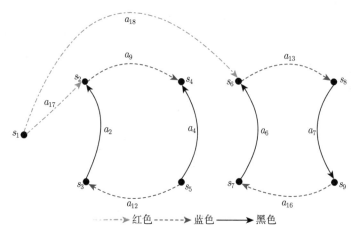

图 9.10　　GDU 冲突中只允许合法轻微或强烈单边改良的简化图

表 9.8　从现状 s_1 到状态 s_9 的 GDU 冲突演变

项目		现状	暂时状态			均衡
USS	继续	Y	Y	Y	$\longrightarrow$	N
	修改	N	N	N	$\longrightarrow$	Y
CDO	合法	N	N	$\longrightarrow$	Y	Y
IJC	完成	N	N	N		N
	修改	N	$\longrightarrow$	Y	Y	Y
状态		s_1	s_6	s_8		s_9

9.4　本章重点

　　在执行个体和结盟稳定性分析之后，一个有价值的稳定后分析是确定可能的路径，可从特定的初始或当前状态到达一个感兴趣的最终状态。例如，某人希望检查是否可在一个国家的联邦政府和省之间达成一个有利的气候变化均衡，从一个没有法律约束规定的现状到达合理削减温室气体排放的均衡。因为在两个状态之间追踪路径，可在四种偏好结构（简单、不确定、分级和混合）下执行，所以这个方法实际上是很灵活的。此外，路径追踪的逻辑表达的运行方式易于理解。但一个矩阵程序可有效地将发现路径从逻辑结构转换为灵活的代数系统，用来发现没有颜色限制的简单有向图中的路径。因此，代数结构构成了一个通用的包罗万象的框架，用以在现实中追踪路径，适用于小的图模型到非常大且复杂的图模型。

　　在 1.2.4 节和图 1.1 中，提及两种重要的稳定后分析，即冲突的演变和敏感性分析。

　　在敏感性分析中，分析者希望求出影响冲突稳定性的输入参数（如决策者的偏好信息）最小且有意义的数据变化量。正如在 10.2.4 节和图 10.5 中所描述的，应基于一个矩阵稳定分析引擎，把灵活的敏感性分析程序融入 GMCR-DSS 的输出子系统中。DSS 的输出子系统除了具有追踪可能演变的能力之外，还应能够根据共同特征分类均衡。例如，在气候变化谈判中，关于削减二氧化碳排放的百分比，可将均衡分成两类：一类是在 20 年内削减二氧化碳排放量超过 80%；另一类是温室气体排放不足以支撑可持续的气候。

9.5　习　　题

1. 定性地解释稳定性分析的意义，以及当追踪一个冲突的可能演变时会发生什么？并讨论稳定性分析和冲突演化分析两种方法的主要区别。

2. 本章以 1.2.2 节首次提及的埃尔迈拉地下水污染为例，解释了如何运用矩阵表达方法来计算从一个状态到另一个状态的演化路径。此外，假定简单偏好的情形，试运用策略形式从逻辑上解释如何从最初状态演化到最终双方合作的均衡状态。并在冲突演化图中指出状态之间转移背后的假设条件。

3. 第 9 章使用的吉斯本湖冲突给出了当使用矩阵表达时，如何确定两个状态之间的路径。假定这个路径发现使用逻辑表达，且是简单偏好，画出策略形式图来描绘怎样达到最后的均衡。解释支撑允许的移动的假设。

4. GDU 冲突是一个大规模灌溉冲突，用于图解策略形式的路径追踪。在简单偏好假设和逻辑表达中，基于策略形式画图，来表示从现状到最终均衡的冲突演变。关于状态之间的移动，你做了什么假设？

5. 在第 9 章的路径发现程序中，使用了四种偏好：简单、不确定、分级和混合。除了简单偏好外，当追踪埃尔迈拉冲突中从现状到最终均衡的路径时，还有什么样的偏好可以使用？给出矩阵表达和判定这条路径的计算过程。当你使用策略形式来图示这些移动时，解释图中所发生的事情。

6. 选择一个你感兴趣的冲突。在建立冲突模型之后执行稳定性分析。画一张图，采用策略形式给出从现状到你发现的最想要的均衡的演变过程。解释图中发生的事情，并给出使用矩阵形式的计算结果。

7. 允许不同种类的偏好可以解释成一个敏感性分析。对于埃尔迈拉冲突的例子，解释哪里是你认为的偏好可能对其中一个决策者是不可知的。判别这如何影响你的稳定结果，以及从现状到最终均衡的演变。

8. 对于吉斯本湖冲突，假定部分偏好对于其中一个决策者是不同的。这些偏好如果真的发生，会如何影响稳定结果？绘图说明这些不同的偏好是如何影响冲突的演变的。

9. 给出一个你选择的冲突，因为冲突的基本特性，你认为三级偏好可能是重要的。在三级偏好下和不在三级偏好下分别执行稳定性分析，并评论策略结果的差异。用图来表明三级偏好是否影响从现状到最终状态的冲突演变。

10. 定性地解释敏感性分析的含义。给出你认为对于 GMCR 最重要的几种敏感性分析。

11. 在 10.2.4 节的 GMCR 的输出子系统的更多细节中，解释你如何把稳定后分析结合到 GMCR-DSS 的理论设计中。运用实际的冲突实例来验证你的设计。

12. 提供一个通过关于稳定后分析的讨论，且解释为什么你认为是重要的。除了追踪路径之外，根据常识有不同种类的敏感性分析和分类均衡，描述你认为重要的其他种类的稳定后分析。你认为应如何将设计创新性的更好地解决冲突的解融入稳定后分析之中？

参 考 文 献

Dieste R. 1997. Graph Theory[M]. New York: Springer.

Fang L., Hipel K. W., Kilgour D. M., and Peng X. 2003a. A decision support system for interactive decision making, part 1: model formulation[J]. IEEE Transactions on Systems, Man and Cybernetics Part C: Applications and Reviews, 33(1):42–55.

Fang L., Hipel K. W., Kilgour D. M., and Peng X. 2003b. A decision support system for interactive decision making, part 2: analysis and output interpretation[J]. IEEE Transactions on Systems, Man and Cybernetics Part C: Applications and Reviews, 33(1):56–66.

Godsil C. and Royle G. 2001. Algebraic Graph Theory[M]. New York: Springer.

Gondran M. and Minoux M. 1979. Graphs and Algorithms[M]. New York: Wiley.

Hoffman A. J. and Schiebe B. 2001. The edge versus path incidence matrix of series-parallel graphs and greedy packing[J]. Discrete Applied Mathematics, 113:275–284.

Kilgour D. M. and Hipel K. W. 2010. Handbook of Group Decision and Negotiation[M]. Dordrecht: Springer.

Li K. W., Hipel K. W., Kilgour D. M., and Fang L. 2004b. Preference uncertainty in the graph model for conflict resolution[J]. IEEE Transactions on Systems, Man, and Cybernetics Part A: Systems and Humans, 34(4):507–520.

Li K. W., Hipel K. W., Kilgour D. M., and Noakes D. J. 2005a. Integrating uncertain preferences into status quo analysis with application to an environmental conflict[J]. Group Decision and Negotiation, 14(6):461–479.

Li K. W., Kilgour D. M., and Hipel K. W. 2004a. Status quo analysis of the Flathead River conflict[J]. Water Resources Research, 40(5):W05–S03.

Li K. W., Kilgour D. M., and Hipel K. W. 2005b. Status quo analysis in the graph model for conflict resolution[J]. Journal of the Operational Research Society, 56:699–707.

Migliore M., Martorana V., and Sciortino F. 1990. An algorithm to find all paths between two nodes in a graph[J]. Journal of Computational Physics, 87:231–236.

Shiny A. K. and Pujari A. K. 1998. Computation of prime implicants using matrix and paths[J]. Journal of Logic and Computation, 8(2):135–145.

Xia Y. and Wang J. 2000. A discrete-time recurrent neural network for shortest-path routing[J]. IEEE Transactions on Automatic Control, 45(11):2129–2134.

Xu H., Hipel K. W., Kilgour D. M., and Chen Y. 2010a. Combining strength and uncertainty for preferences in the graph model for conflict resolution with multiple decision makers[J]. Theory and Decision, 69(4):497–521.

Xu H., Kilgour D. M., Hipel K. W., and Kemkes G. 2010b. Using matrices to link conflict evolution and resolution within the graph model[J]. European Journal of Operational Research, 207:318–329.

Xu H., Li K. W., Hipel K. W., and Kilgour D. M. 2009a. A matrix approach to status quo analysis in the graph model for conflict resolution[J]. Applied Mathematics and Computation, 212(2):470–480.

Xu H., Li K. W., Kilgour D. M., and Hipel K. W. 2009b. A matrix-based approach to searching colored paths in a weighted colored multidigraph[J]. Applied Mathematics and Computation, 215:353–366.

第 10 章 冲突分析 DSS

第 3 ~ 9 章介绍了一系列冲突分析方法的基本概念，这些概念都是基于数学方法提出的，用于反映现实生活中不同类型的冲突状况。分析者可以利用这些基本数学设计及其相应的反映真实冲突关键特征的能力，以最优的方式找出解决冲突的重要战略建议。同时，分析者还可以通过合理地把冲突中各决策者的价值观纳入考量来研究冲突可能的解决方案，决策者既可以以自身利益为考量采取排他式或非合作式的行动，也可以选择和其他人合作以获得更好的战略收益，如结成联盟从而实现双赢结局。

表 10.1 根据偏好类型分别汇总了本书前面章节的关键内容。在这些章节中，Nash 稳定 (Nash)、一般超理性稳定 (GMR)、对称超理性稳定 (SMR)、序列稳定 (SEQ) 等稳定性概念被用来定义决策者的非合作及合作行为，也介绍了不同偏好情形下的冲突演化过程。为了让学者、从业者、教师和学生能够使用这些方法解决实际冲突问题，需要有一个灵活的 DSS 来帮助人们快速地进行大量分析。

表 10.1　不同偏好结构下的稳定性分析和冲突演化

偏好类型	分析类型	所在章节
简单偏好的图模型	个体稳定性	第 4 章
	结盟稳定性	第 8 章
	冲突演化	第 9 章
未知偏好的图模型	个体稳定性	第 5 章
	结盟稳定性	第 8 章
	冲突演化	第 9 章
强度偏好的图模型	个体稳定性	第 6 章
	结盟稳定性	第 8 章
	冲突演化	第 9 章
混合偏好的图模型	个体稳定性	第 7 章
	结盟稳定性	第 8 章
	冲突演化	第 9 章

本章的目标为介绍 GMCR 的 DSS 的通用设计，既能把现有的研究成果集成到这个系统中来，也可以把未来研究的理论和实践成果增加进来。正如表 10.1 总结的主要成果所示，现在已经有一系列强有力的工具来协助解决从简单到复杂的各种冲突问题。举例来说，图模型的矩阵设计使得强大的分析引擎能更高效地计算出结果，包括表 10.1 中列举的各种情形及未来更多可能的情况 (参考 10.3.1 节

和 10.3.2 节)。这个设计就好比是丹麦著名玩具生产商乐高的积木创意，通过把不同的小部件组装在一起形成一个更大的物体，如一条船或者一座堡垒。同时，还可以方便地新增很多新的部件以实现更多的功能。类似地，一个设计良好的 DSS 也应该可以很容易地新增额外的功能，如态度分析、情绪、误解，以及 10.3 节提到的各种情形。

GMCR 及其拓展理论基于严密坚实的数学设计原理，再加上不断发展的 DSS，给用户解决各类复杂冲突问题提供了科学有效的分析范式。10.1 节将介绍 DSS 的一般发展历程及现有的冲突分析 DSS。10.2 节将详细介绍包括输入、引擎和输出在内的一整套 DSS 通用设计，其中涵盖了本书前面章节所介绍的成果及 10.3 节提到的其他新的研究成果。10.3 节介绍了正在进行的和未来可能的图模型扩展研究，以及如何把最新的研究成果集成到这套 DSS 通用设计中。

10.1　DSS

10.1.1　简介

Sage (1991) 在其经典著作中指出："通俗地说，DSS 就是一套可以帮助用户理解各种结构不完善或半结构化的问题，从而为用户提供技术和管理决策的系统。"具体来讲，DSS 通常包含如图 10.1 所示的四个主要组成部分：用户界面系统、DGMS、MBMS 及 DBMS。以上四个部分基本构成了大多数 DSS 的主要框架，而且每个部分都起着举足轻重的作用。如图 10.1 所示，DGMS 与 DSS 的用户界面系统进行交互，而 DGMS 会从 MBMS 中调用合适的模型，以及从 DBMS 中获取需要的数据对研究的问题进行分析。

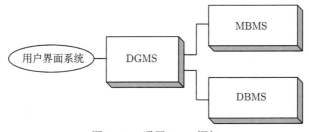

图 10.1　通用 DSS 框架

在 2.3.3 节提到，大多数研究领域经过几十年的发展已有各种各样的模型工具来解决各式难题，尤其是水资源领域。从综合性和自适应性的系统视角，专门考虑到参与者的价值体系，设计了各种物理和社会系统模型，以解决水资源管理中的复杂问题 [参考 2.4 节和 Hipel 等 (2008)]。以埃尔迈拉冲突 (参考 1.2 节) 为例，基于随机偏微分方程的物理系统模型被用来分析污染物质在地下水的扩散情况，而诸如经济学和冲突分析方法等社会系统模型可以用来分析这起事件的社会方面的问题。实际上，本书中很多地方都使用 GMCR 方法对埃尔迈拉冲突进行了分析 (参考 4.5 节和 9.2 节)。Hipel 等 (2008) 追踪了水资源领域的系统模型及相关 DSS 的研究进展。

当 DSS 是特意为协商而设计时，它也被称为协商支持系统。Jelassi 和 Foroughi (1989)、Thiessen 和 Loucks (1992)、Kilgour 等 (1995) 对现有的协商支持系统进行过综述及比较过各自的功能和有效性。亚对策分析 (Howard, 1989)、冲突分析 (Meister and Fraser, 1994; Decision Maker, 1996) 及 DSS (Langlois, 1994) 等领域也针对交互决策的建模分析开发过各种软件工具包。

10.1.2　现有的图模型 DSS

冲突分析方法需要有实现算法才能更好地应用到实践中去。为了让从业者更方便快捷地使用一套方法理论，就应该将该方法理论计算机化，形成一整套由相关算法组成的 DSS，这样该方法理论就转化成为一套可实现的决策技术。由于决策和协商过程中通常都涉及人类行为，很有必要设计一套灵活有效的 DSS，以便于系统研究现实世界中的一系列战略冲突问题。过去几十年间，学者们已经开发过好几套基于 GMCR 及其扩展研究的 DSS，本节将简单介绍其中四款系统及各自的基本功能，10.2 节将阐述构建一套新的 DSS 或扩展现有 DSS 的通用设计。

Fang 等 (1993) 在其 1993 年出版的著作中设计了一款用来计算稳定性的简单分析引擎，称为 GMCR I。具体来说，这款分析引擎可以计算包含两个或多个决策者的冲突中的 Nash 稳定 (Nash)、一般超理性稳定 (GMR)、对称超理性稳定 (SMR)、序列稳定 (SEQ)、有限移动稳定 (limited-move)($h \geqslant 2$ 步的情形) (Zagare, 1984; Kilgour, 1985; Kilgour et al., 1987)、非短视稳定 (non-myopic) (Brams and Wittman, 1981; Kilgour, 1984, 1985; Kilgour et al., 1987) 等稳定解。此外，对于只有两个决策者的冲突情形，还可以计算斯塔克伯格均衡 (Stackelberg equilibrium)。von Stackelberg (1934) 附录 B 中有 GMCR I 的用户手册，还有一个装载该程序的光盘。

GMCR II 是下一代图模型的 DSS，是在 Windows 环境下开发的。该系统的简单功能介绍可参考 Hipel 等 (1997, 2001) 的研究，而详细设计和实现算法介绍可参考 Fang 等 (2003a, 2003b) 的研究。除了继承 GMCR I 的分析引擎外，GMCR II 还设计了一套对用户友好的输入和输出子系统。通过多边的用户界面工具，用户可以很方便地实现与输入和输出子系统的交互。更具体来讲，用户可以通过输入子系统构建一个基于策略形式 (参考 3.1.2 节) 的冲突模型。给定决策者和各自的策略选择，GMCR II 可以自动生成数学意义上的可能状态集合。此外，GMCR

Ⅱ 还允许用户剔除一些实际上不可能发生的冲突状态（不可行状态），也可以将本质上相同的多个状态合并成一个状态。最后，假定决策者的偏好是简单类型和可传递的，该系统还可以利用策略优先权排序法 (参考 1.2.2 节) 获取每个决策者的偏好排序信息。

GMCR Ⅱ 的引擎根据前文提到的稳定性概念对每个决策者在各个状态点的稳定性进行计算分析。GMCR Ⅰ 和 GMCR Ⅱ 引擎在计算分析时都使用了稳定性的逻辑定义。输出子系统负责将计算出来的个体稳定性和均衡解以多种方式呈现给用户。例如，均衡解可以根据任何指定的决策者的偏好排序信息进行呈现。此外，如果存在结盟的可能，输出界面还会指出哪些决策者可以通过结盟实现对双方都更优的结果。

Kinsara 等 (2015a, 2018) 开发了一套新的 DSS，叫作 GMCR+。该系统可以计算两个或多个决策者的冲突中基于 Nash、GMR、SMR 和 SEQ 等稳定解概念的个体稳定性和结盟稳定性。这里的稳定性计算既可以用稳定性概念的逻辑定义，也可以使用相应的矩阵表达形式。GMCR+ 还能通过穷举搜索算法计算出为使得冲突中某个状态成为某个稳定解概念下的均衡所需的偏好信息，这个过程也叫作 GMCR 的反问题 (见图 10.6，在 10.3.2 节会介绍)。该系统的输入和输出子系统有着和 GMCR Ⅱ 类似的功能，同时还实现了状态间移动的图形化展示，如图 3.2 和图 3.5 所示。

Jiang 等 (2015) 设计了一套基于矩阵表达的图模型 DSS。这套系统的分析引擎采用了稳定性概念的矩阵表达来计算基于 Nash、GMR、SMR 和 SEQ 的个体稳定性和结盟稳定性。该系统的一个特殊之处在于其不仅可以处理简单类型的偏好信息，还可以计算其他类型的偏好结构，如三级强度的偏好信息。

10.2　图模型 DSS 的通用设计

10.2.1　整体设计

10.1.2 节介绍了四款 GMCR 的 DSS 功能，以方便将 GMCR 方法运用于解决实际冲突问题，将来可能会有学者在此基础上开发出其他的 DSS。因此，本节介绍基于 GMCR 的 DSS 的通用设计。通过巧妙有效的设计，GMCR 的 DSS 可以快捷地系统研究 1.2.5 节中提到的各种冲突情形，还可以很方便地新增不同的功能以应对更多样化的冲突问题。如图 10.2 所示，基于 GMCR 的 DSS 包含三个部分：输入子系统、分析引擎和输出子系统，并分别在 10.2.2 节 ~ 10.2.4 节中进行介绍。用户可以通过用户界面和 DSS 进行交互，从而对各种从简单到复杂的冲突进行研究分析。

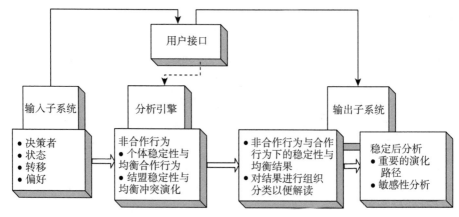

图 10.2　图模型 DSS 的整体框架

10.2.2　输入子系统

如图 10.2 所示，冲突模型的输入子系统包括决策者、状态集合、每个决策者在各状态间一步以内的移动，以及决策者对可行状态的相对偏好信息。策略形式是使用最广的一种构建冲突模型的方式，关于策略形式的详情可参考 3.1.2 节的介绍，以及 1.2 节和 4.5 节中的地下水污染冲突案例分析。

图 10.3 偏左的部分描绘了使用策略形式进行模型输入的步骤，而偏右的部分反映了采用诸如图形化等其他方式进行输入的情况。图 1.1 展示了 GMCR 的主要步骤。注意：图 10.3 中从上往下数第三个框中，用户需要将每个决策者所控制的策略选择输入 DSS 中。1.2.2 节的埃尔迈拉冲突的案例分析中演示了 GMCR 的各个建模步骤。

某些状态在实际生活中是不可能发生的，因此需要采取相应措施把这些状态移除。输入子系统可以为用户提供工具寻找不可能的状态。例如，10.1.2 节介绍的现有的几款 DSS 都可以实现移除以下的不可能情形。

（1）互相排斥的策略选择 (如在 1.2.2 节的埃尔迈拉冲突中，UR 只能从它控制的三个策略选项中最多选择其中一个)。

（2）势必发生的策略选择 (如在埃尔迈拉冲突中，UR 不能不采取任何行动，势必要在三个策略选项中选择至少其中一个)。

（3）互相依赖的策略选择 (某个情形的发生要以另一情形的发生为前提，如飞机制造公司只有在收到订单的前提下才会销售其生产的飞机)。

（4）任何其他不可能的策略选择组合。

在无数的实践应用中，学者们发现上述情形中的前两者是最常见的。除了上述的移除不可能的情形之外，还有一种是需要合并本质上属于同一个情形的多个

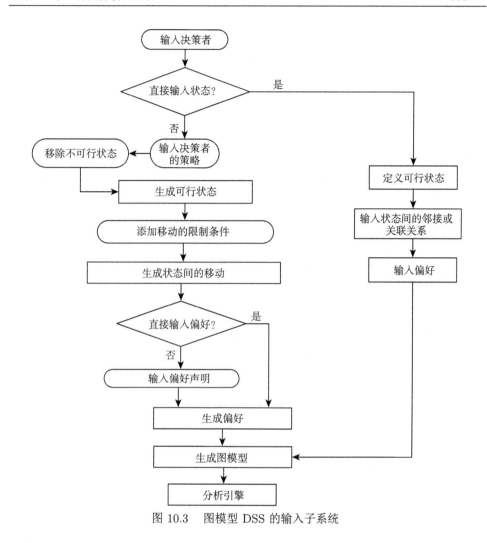

图 10.3　图模型 DSS 的输入子系统

状态以简化模型，如表 1.2 中埃尔迈拉冲突中的状态 s_9 其实包含了 16 种可能的情形，因为当 UR 选择关闭其工厂时，其他决策者无论做什么策略选择本质上都是一样的。

基于上述方法和未来可能提出的新方法，输入子系统可以生成冲突模型的可行状态集合。实践发现，通过以上方法可以大量减少一个冲突模型中数学意义上的可行状态集合，尤其是针对大型冲突。例如，在埃尔迈拉冲突中，状态的数量从 32 个减少到 9 个可行状态，如表 1.2 和表 1.3 中所示。需要谨记的是，输入子系统只需要用户提供最小数量的信息，包括决策者、策略选择、冲突状态及偏好信息，且输入子系统就可以自动生成可行状态集合。

另外一个可以通过 DSS 自动完成的部分是每个决策者在一步以内可以实现的单边移动。这些移动既可以用策略形式来表示 (参考表 1.7 的埃尔迈拉冲突)，也可以用图形化来表示 (参考图 3.7 的埃尔迈拉冲突)。用户可以查看每个决策者单独的移动有向图，也可以查看如图 3.7 所示的综合了所有决策者的集成图。实际上，输入和输出系统就应该充分利用 GMCR 底层的图论知识从而更灵活地将各种情形直观地呈现给用户。

输入子系统中默认移动都是双向的，当然用户可以指定某些移动是不可逆的。例如，在图 3.7 所示的埃尔迈拉冲突中，UR 选择关闭其工厂可以认为是一个不可逆的过程。1962 年 10 月发生古巴导弹危机 (Fraser and Hipel, 1984; Hipel, 2011)，美国威胁说要轰炸苏联在古巴建立的导弹基地，这种还未采取行动的威胁是可以取消的，但是如果轰炸已经被执行了，那么这个行为就是不可逆的。用户可以通过尝试不同的不可逆移动来分析其对最终结果的影响。

建模的最后一步是确定每个决策者对所有可行状态集合的相对偏好信息，如图 1.1 顶部、图 10.2 左半部分和图 10.3 中间部分所示。基于策略形式已有三种可行的偏好排序方法 (当然未来可能会有更多方法)：① 策略优先权排序法；② 策略加权平均法；③ 直接排序法。

上述偏好排序方法都假定偏好是可传递的，而大多数冲突都属于这种情形。但是，1.2.2 节、2.2.2 节和 3.2.4 节都提到，GMCR 既可以处理可传递的偏好信息，也可以处理不可传递的偏好信息。尽管偏好可传递的情况是最普遍的，但是在设计冲突分析 DSS 时要兼顾偏好传递与不可传递两种情况。上面提到的三种偏好排序方法中，策略优先权排序法是对用户极度友好的一种获取偏好的方法，曾有人形容其是 "切片面包出现以来最杰出的发明"。该方法是由 Hipel 等 (1997)、Fang 等 (2003a) 基于 Fraser 和 Hipel (1988) 研究中的偏好树方法 (preference tree approach) 而提出的。该方法采用偏好声明的形式将某个决策者认为的策略选择的重要性从大到小按层级排列 (参考表 1.4 埃尔迈拉冲突中 MoE 的偏好声明)，然后假定偏好是可传递的，就能够用一个简单的算法将所有状态按优先级从大到小排列出来，而且允许同等优先的情况 (参考表 1.3 和表 1.5 的 MoE 的状态偏好排序)。

一个 "偷懒但有效" 的偏好排序方法是给每个策略指定一个权重，其中权重大的表示优先级高。先计算每个状态的综合权重，然后按综合权重从大到小进行排序。Hipel 等 (2008) 发现，大多数用户更喜欢用策略优先权排序法。策略优先权排序法是以一阶逻辑规则为基础的。尽管策略加权平均法不具有类似策略优先权排序法的理论基础，但这种简单而直接的方法还是得到了某些用户的关注。

第三种偏好排序方法是通过直接在电脑屏幕上进行拖拽操作来对所有可行状态按优先级从大到小排列，其中偏好相同的状态用相同的颜色表示。对于像 3.1

节和 3.2 节展示的可持续发展冲突这种只有 4 个可行状态的小规模冲突,这种方法是很方便的。此外,在使用了策略优先权排序法或策略加权平均法获得偏好排序之后,用户还可以使用直接排序法对偏好排序进行微调,如进一步对偏好相同的几个状态进行优劣排序。

图 10.3 中右半部分也指出了可以用其他的方法来定义可行状态集合。例如,一个公司可以使用头脑风暴法来确定怎样应对竞争对手以获得更大的市场份额,高层可以直接用圆圈来表示可能的状态,其中每个圆圈中间写着这个圈代表什么意思。然后用箭头表示公司在不同圆圈之间的移动,以及将圆圈排序以反映公司的偏好信息。最后将这些图形化信息输入 DSS 中,这些都是值得研究的。

此外,案例推理专家系统可以帮助人们更容易获取图模型的策略形式输入信息,该系统属于人工或机器智能信息技术领域的一种基于知识的专家系统。实际上,某个特定领域的各种冲突基本上都会涉及类似的决策者、策略选项、可行状态集合及相对偏好。例如,在某工业区域发生的地下水污染事件中,典型的决策者如下: 负责污染控制的政府管理部门、污染肇事方、代表当地居民和环保组织的当地政府。1.2.2 节介绍的埃尔迈拉冲突中就涉及上述三个决策者,而且决策者的某些策略选项也相当程度上具有代表性。每个决策者的偏好信息基本上可以代表大多数水污染事件中各方的相对偏好。因此,可以将案例推理专家系统集成到输入子系统中,基于已有的类似冲突案例,为新用户生成一个初始的通用模型,然后用户可以在此基础上进行修改完善以反映该用户研究的冲突问题,最后利用分析引擎进行稳定性计算后将结果输出呈现给用户。Ross 等 (2002) 在多年 GMCR 应用研究的基础上,提出了一套通用的系统设计框架。

10.2.3　分析引擎

在确定了冲突模型的决策者、可行状态集合、移动及相对偏好之后,我们就可以使用 DSS 进行详尽的稳定性计算,如图 1.1 底部、图 10.2 中间部分和图 10.4 所示。有了 GMCR 方法及相应结构完好的 DSS,人们就可以方便快速地获得其研究的冲突问题的战略结论和启示。如果是一个正在发生的冲突,人们能够利用该模型提前了解某个行动的可能影响。如果分析结果不符合预期,还可以使用其他方法或者进行更多的稳定性分析,在做最终决定之前看是否能够实现一个更好的结果。这样,人们可以试验各种冲突模型来解答 "what-if" 之类的问题,从而更好地进行决策。这就好比在工程和物理领域,如要建一架飞机,人们会首先使用各种合适的物理学、热力学、流体力学等学科的知识构建模型,其次利用风洞试验对模型机进行测试,测试成功后再开始建造飞机。GMCR 也是遵循这样的建模和分析流程,人们可以在做最后决定之前了解某些决定的战略后果,以避免对冲突一方或多方造成不可挽回的损失。同时,如 2.4 节指出的,这个流程还应该要基于 SoS 的视角，考虑到参与者或利益相关者的价值观，以实现综合化和适应化。

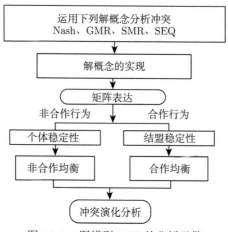

图 10.4　图模型 DSS 的分析引擎

用下象棋来比喻，棋手通常会以移动-反制的方式来思考某一步或几步走棋的可能结果。如果某一步或几步走棋可能导致比当前的布局更差的结果，那棋手就不会去这么走棋。类似地，GMCR 中的稳定性分析阶段就是通过一系列稳定解定义来分析各种不同的移动-反制会导致的结果，而且 DSS 还能够精确地解释为什么某一个状态对于某一个决策者是稳定的。

1.2.5 节和 2.4 节中强调过，人们想知道他在冲突中单独行动可以获得多好的收益，还想了解能否通过结盟实现更好的收益，因为结盟在现实中是经常见到的，如在埃尔迈拉冲突中 MoE 和 UR 就结成了联盟，实现了对双方都更好的结果 (参考 1.2.3 节和表 1.7)。需要注意的是，在冲突分析中，个体稳定和结盟稳定都是需要分析的，如图 1.1 中部、图 10.2 中部分析引擎之下和图 10.4 中下部所示。

人们在冲突中采取的行为是不一样的，因此学者们提出了一系列稳定性概念，其中 Nash、GMR、SMR 和 SEQ 这四个概念是最有用的，表 1.6 中第 3～6 列中列举了这四个概念的关键特征。本书第 4～7 章描述了在不同的偏好结构下这些稳定解概念在个体稳定性分析时的精确数学定义，而第 8 章介绍了这些概念在结盟稳定分析时的精确数学定义。在图 10.4 的顶部列出了这四个重要概念，但是分析引擎中还可以有其他的解概念，如有限移动稳定、斯塔克伯格稳定等。需要谨记的是，Nash、GMR、SMR 和 SEQ 这四个概念既可以处理可传递的偏好，也可以处理不可传递的偏好，因为它们都是基于成对比较方法计算出的偏好排序信息，但是有效移动稳定是通过逆向归纳法计算稳定性的，因此只能处理可传递的偏好类型。

在对某一状态进行稳定性分析时，DSS 会计算在每个稳定解概念下该状态对于每个决策者的个体稳定性及结盟稳定性。如果一个状态对于所有决策者在某个稳定解概念下都是个体或结盟稳定的，那么这个状态就形成了一个全局均衡或者称之为冲突解决方案。

GMCR 方法发展历程中的一大突破是 Xu 等 (2007a, 2007b) 提出来的图模型矩阵表达。在本书第 3 章以后的章节中，每个决策者的状态转移或偏好等关键信息都用矩阵来表示，以及个体和结盟稳定分析中的四个主要稳定解概念也是以矩阵或代数方式来定义的。输入子系统确定各决策者的移动和偏好信息，然后提供给分析引擎进行分析，如图 10.2 中左下部分的输入子系统和分析引擎的那个箭头所示的。图 10.4 中间部分描绘了所有的稳定性计算都是使用矩阵表达来进行的，因此矩阵表达是整个分析引擎的核心部分，也是连接引擎和输入、输出子系统的重要桥梁，而且它还使得 DSS 的通用设计可以像 "乐高积木" 一样不停地增加不同功能。

基于个体稳定和结盟稳定的计算结果，人们可以解释不同决定的战略影响，还可以追踪冲突从某一状态到另一状态的演化过程。例如，可以确定某一个期望状态是否可以实现，以及从当前状态到期望状态的可能实现路径等 (Li et al., 2005a, 2005b) (参考本书第 9 章)。用户可以给分析引擎编程实现不同情形下的冲突演化分析，如可以设定决策者只会采取单边改良行动，或者结盟分析中的联合单边改良行动。

矩阵表达设计还使得分析引擎可以很方便地进行扩展以处理各种不同的偏好类型。本书提供了以下偏好类型的理论矩阵表达：简单偏好 (第 4 章)、未知偏好 (第 5 章)、强度偏好 (第 6 章)、混合偏好 (未知和强度偏好结合，第 7 章)。其他不确定偏好类型还包括模糊 (Hipel et al., 2011; Bashar et al., 2012, 2016)、灰色 (Kuang et al., 2015a; Zhao and Xu, 2017)、概率 (Rego and dos Santos, 2015) 等偏好信息。前文提到的其他关于不确定性的建模方法也可以集成到 DSS 设计中，而现实中存在的各种不确定性也给各种不确定性的建模分析方法的提出及 DSS 的扩展提供了前进动力。无论如何，基于矩阵表达的稳定解的求解效率要高于基于逻辑定义的稳定解，因为矩阵计算已经是高度发达的，而且比使用冗长的逻辑循环方式高效得多，尽管逻辑表达对于解释计算结果在现实中的含义提供了更多信息。所有现有的研究成果及 10.3 节提到的可能的新成果都可以使用矩阵表达集成到 GMCR 的通用 DSS 中去。

输出子系统的主要目标是把分析得到的战略建议以对用户友好的方式呈现给用户以帮助其进行决策。输出子系统将分析引擎计算出的结果转化成表格、图表或文字解释的形式呈现给用户，帮助用户充分理解其当前所研究问题的战略结果。如图 10.5 所示，输出子系统既提供非合作行为的结果也提供合作行为的结果，这样用户就能充分意识到合作的优越性或者用来促进参与方之间的顺畅沟通以实现合作。

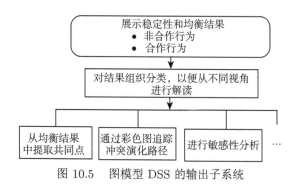

图 10.5　　图模型 DSS 的输出子系统

10.2.4　输出子系统

分析引擎负责计算各种个体或者结盟下的稳定性结果，而输出子系统负责给用户以书面化或者图形化的方式呈现这些计算结果。举例来说，用户可以通过一个列表决定如何呈现个体稳定性和均衡结果。如图 10.5 左下角框中所示，用户也许想了解某个特定策略选项被执行了的均衡结果。对于大规模冲突可能存在非常多的均衡解，因此用户可以根据某些共同特性对均衡解进行归纳分类。例如，当涉及两国之间的战争冲突时，把均衡解按照和平或开战进行分类就很有意义。冲突的均衡解也可以按照某个决策者的偏好排序进行呈现。总之，非常重要的一点是，输出子系统应该具有多种灵活的呈现方式。

在输出子系统中，以图形化方式呈现决策者的移动和反制，用户可以了解为什么某个状态对于某个决策者是稳定的。这种"下棋"式的思维方式是一种很直观地解释战略冲突中稳定解的方式。在图 10.5 中间部分的框中，以及图 10.2 右下角的框中，用户可以要求输出子系统描绘出冲突从当前状态到某个期望状态的演化过程，来了解这个期望状态是否可以实现，以及如何实现。演化图中不同决策者的移动可以用不同颜色来表示。

用户还可以按照自己的理解对冲突进行合理的敏感性分析，如图 10.2 及图 10.5 中右下角的框中所示。1.2.4 节介绍了在敏感性分析中，一些微小但必要的改变可能会导致不同的结果。例如，改变一个决策者的偏好信息有可能会导致一个对所有人都更好的多赢结局，或者一个对某个联盟中成员都更好的结果。如果某个均衡没有受到这个偏好改变的影响，那么可以认为这个均衡对于这个偏好的改变是"稳健的"。输出子系统中的敏感性分析请求会自动发送到分析引擎进行计算，然后将结果快速反馈到输出子系统并呈现给用户。

10.3 图模型方法当前的研究进展及未来的发展

正如本章开头所述及表 10.1 所总结的, GMCR 方法在过去几十年间得到了巨大的发展, 并且在实践中得到广泛应用。10.3.1 节对本书介绍内容之外的图模型当前的研究进展进行了综述, 而当 DSS 采用 10.2 节中描述的通用设计准则时, 这些新的拓展研究可以像堆 "乐高积木" 一样更新到现有的 DSS 中。10.3.2 节介绍了基于系统视角的图模型方法的未来发展方向, 通过系统思维可以发现, 图模型在未来还有非常广阔的发展空间, 可以有效地解决多种多样的系统问题。

10.3.1 图模型理论当前的拓展研究

为了有效解决现实世界中各类复杂冲突, 学者们研究了众多图模型, 其中相当一部分已经取得很大的进展。本节讨论四种扩展图模型的研究前沿: 处理不确定性的不同方法、心理因素、权利和人类行为。本书第 5、8、9 章已经介绍了一种独特的处理未知偏好的方法, 可参考表 10.1。对于未知偏好, 我们假定只知道极少量的偏好信息, 本书把这种偏好结构巧妙地融入第 5 章介绍的个体稳定性概念中, 以及第 8 章的结盟稳定性概念中, 而第 9 章甚至将其嵌入冲突的演化过程中。本书第 6 章正式定义了强度偏好下的各种稳定性概念。举一个三级强度偏好的例子, 即政府机关可能极其偏好工厂对其产生的污水进行处理后再排放, 而当环保局对其他状态之间的偏好进行两两比较时, 它对某个状态的偏好可能优于、等价于或者劣于另一个状态。

表 10.2 列举了三种处理偏好不确定性的方法, 根据校正模型所需信息量从少到多依次如下: 灰色、模糊和概率偏好。实际上, 本书第 5 章介绍的未知偏好比上述三种方法所需的信息量都要少。表 10.2 底部还列出了综合上述偏好不确定性的情形。例如, 表 10.1 最后一行描述了混合偏好的情况, 将未知偏好和强度偏好相结合, 并对个体稳定性 (第 7 章) 和结盟稳定性 (第 8 章) 都进行了分析。在现

表 10.2 图模型中的偏好不确定性研究

类型	解释
未知偏好	参考本书第 5 章
模糊偏好	模糊偏好是研究不确定性的其中一种方法。决策者对一个状态的偏好可能优于或者劣于另一个状态, 模糊偏好可以用来确定非合作行为及合作行为下的模糊稳定性 (Al-Mutairi et al., 2008a, 2008b; Hipel et al., 2011; Bashar et al., 2012, 2014, 2015, 2016, 2018)
灰色偏好	灰色偏好包含了离散的实数、实数区间或者两者结合的情形, 基于灰色偏好定义了灰色稳定性 (Kuang et al., 2015a, 2015b, 2015c; Zhao and Xu, 2017)
概率偏好	以概率的形式表示偏好的不确定性, 将风险因素考虑进来 (Rego and dos Santos, 2015; Silva et al., 2017)
组合偏好	由上述偏好类型任意组合形成的, 或者第 7 章介绍的混合偏好 (未知偏好和强度偏好相结合)

实中，任何合理地将未知、灰色、模糊、概率偏好和强度偏好相结合的情形都可能存在。此外，还可以对上述可能组合的逻辑定义和矩阵定义进行进一步研究。

　　表 10.1 汇总了本书介绍的一些关键概念，前面章节还提到了一些本书没有详细介绍的其他概念，如态度分析 (Inohara et al., 2007; Bernath Walker et al., 2012a) 及偏好误解 (Wang et al., 1989)。表 10.3 解释了三种图模型中关于心理因素的重要研究，即态度、情绪、超对策。积极、中立或消极的态度会影响到冲突的演化吗？答案是肯定的，并且已经在图模型中得到验证。根据冲突中决策者的不同态度，可以定义不同的稳定性概念，然后计算可能的均衡解。当所有的决策者都持有积极的态度时，往往更容易达成双赢的结果。定义情绪的一种方式是强度偏好，如表 10.3 中右列所述。当然，其他定义情绪的方式也值得研究。例如，当一个人处于极度愤怒的情绪时，他很可能无法有创造性的思考，也无法预见一些显而易见的解决冲突的方法。这些关于情绪的研究被统称为感知图模型 (Obeidi et al., 2009a, 2009b)。

表 10.3　　图模型中的心理因素研究

类型	解释
态度	在冲突中，某个决策者可能对其自身或其他决策者拥有积极、中立或消极的态度。可以预见，当所有的决策者对其自身及他人都抱有积极的态度时，更容易达到一个对所有人都更好的结果。在实践中，双赢结果也是很常见的 (Inohara et al., 2007; Yousefi et al., 2010a, 2010b, 2010c; Bernath Walker et al., 2012b, 2012a, 2013)
情绪	冲突中的决策者经常会有情绪，而情绪的不同组合能够促使冲突产生更多元的结果 (Obeidi and Hipel, 2005; Obeidi et al., 2009a, 2009b)。一些情绪可以用强度偏好来表示
超对策	超对策是研究误解及其可能的战略结果的一种正式方法。现实中对冲突存在多种不同的错误理解，因此超对策可以有多个层级的认知 (Takahashi et al., 1984; Hipel et al., 1988; Wang et al., 1988, 1989; Wang and Hipel, 2009; Aljefri et al., 2014, 2016, 2018)。上面提到的感知图模型也可以解释误解 (Obeidi et al., 2009a, 2009b)

　　在表 10.3 最后一行提到的超对策中，一个或多个决策者对正在发生的冲突情况存在误解，如在军事冲突中很可能会高估对手的实力。实际上，决策者可能会对多种情形存在误解，如偏好信息、策略选择、状态集合，甚至参与冲突的决策者或者上述皆有的情形。冲突分析 (Fraser and Hipel, 1979, 1984) 中的超对策建模和分析已有很多的研究，也在大量不同的冲突情形中得到广泛应用。但是，这部分研究仍在继续 (Aljefri et al., 2018)，同时超对策的矩阵表达也需要进一步研究，以便将其嵌入 DSS 系统中。

　　当一个决策者拥有相对强势的地位时，他会试图引导冲突朝着有利于自己的方向发展。因此图模型还可以将现实中的权力因素考虑进来，强势的决策者可能有更强大的策略选项。

　　表 10.4 描绘了两种将权力因素集成到图模型中的方法：层次结构及权力不对

称。像中国、法国、俄罗斯等中央政府掌握主要权力的国家，它们可以更有效地应对各自国内的冲突问题，包括很多外部冲突，如涉及减少温室气体排放的协商。表 10.4 最后一行的权力不对称是另一种对权力因素建模的正式方法。

表 10.4　图模型中的权力因素研究

类型	解释
层次结构	在一个层次冲突中，一个共同的决策者可能同时参与两个或多个冲突中，如联邦政府和各个省政府之间关于环保问题的冲突 (He et al., 2013, 2014, 2017a, 2017b, 2018)
权力不对称	冲突中的某个决策者拥有更强大的权力，因此可以影响到其他决策者的偏好 (Yu et al., 2015)

在本章开头及表 10.1 中提到，本书重点介绍了四种描绘冲突中的非合作行为与合作行为的稳定性概念：Nash 稳定、一般超理性稳定、对称超理性稳定及序列稳定。表 10.5 总结了一些其他的描述冲突中人类交互的稳定性概念。随着更多人类行为特征的发现，更多稳定性概念的数学定义可以被提出，相应的逻辑或矩阵的算法可以被开发并集成到 DSS 中。

表 10.5　图模型中解概念的扩展研究

类型	解释
有限移动稳定	在有 h 步的有限移动中，某个决策者能够考虑到 h 步移动和反制，从而确定稳定性。如果初始状态比走了 h 步之后的状态更优，那么这个初始状态就是 h 步稳定 (Zagare, 1984; Kilgour, 1985; Kilgour et al., 1987)
非短视稳定	非短视稳定是有限移动稳定的一种极限情况，其中 h 可以无限增加 (Brams and Wittman, 1981; Kilgour, 1984, 1985; Kilgour et al., 1987)
斯塔克伯格均衡	在斯塔克伯格均衡中，拥有强势地位的决策者称为领导者，而其他的叫作跟随者 (von Stackelberg, 1934)
政策稳定	政策是指一组描述决策者在每个可能的状态意图采取的行动计划 (Zeng et al., 2005, 2007)
广义超理性稳定	在 GMCR 中定义了超理性树，描绘了一个在任意步数内决策者均采取理性行动的通用框架 (Zeng et al., 2006, 2007)

有限移动稳定 (Zagare, 1984; Kilgour, 1985; Kilgour et al., 1987)、非短视稳定 (Brams and Wittman, 1981; Kilgour, 1984, 1985; Kilgour et al., 1987) 和斯塔克伯格均衡 (von Stackelberg, 1934) 均假定决策者的偏好是有序的或可传递的，而 Nash、GMR、SMR、SEQ 及表 10.5 底部的两个稳定性概念只需要两两之间的相对偏好信息，既可以是可传递的也可以是不可传递的。

10.3.2　冲突分析的系统视角研究

本书 2.4.1 节介绍了能够巧妙地解决复杂问题的 SoS 方法。总体来说，解决复杂 SoS 问题的方法大致可分为三类：正向研究 (正向 GMCR)、逆向工程 (逆向 GMCR) 及 "黑箱" 测定 (行为 GMCR)。图 10.6 展示了 GMCR 方法中的上述三种基本情形。

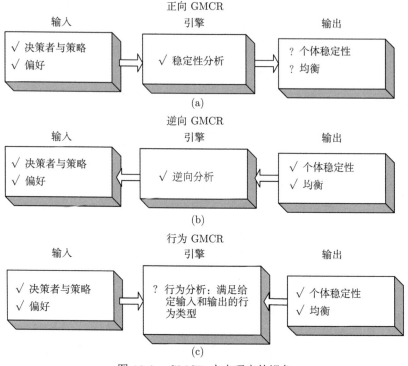

图 10.6　GMCR 未来研究的视角

　　图 10.6 中顶部描绘的是正向研究的流程。给定图模型的输入信息，包括决策者、策略选项、偏好和其他有关信息，GMCR 分析引擎进行稳定性计算，得到不同稳定性概念下的个体稳定性、全局均衡等结果。本书前面章节介绍的内容及 10.1.2 节提到的现有 DSS 都采用的是正向研究的流程。但是，图 10.6 中的逆向 GMCR 和行为 GMCR 两个方法也值得进一步研究。

　　在 GMCR 的反问题研究中，分析者也许希望了解为了实现某个期望的双赢结果需要各决策者有什么样的偏好信息。例如，在一个涉及三个决策者的冲突中，分析者想要确定三个决策者拥有什么样的偏好结构才能产生某个在特定稳定性概念下的期望均衡。在现实中，分析者也许不会想着改变其中两个"理智"决策者的偏好，而是更希望知道第三个"非理智"决策者需要怎样改变偏好才能产生一个更好的结局，而且对于这个决策者，分析者可以先固定其一部分的偏好，再去分析确定如何改变剩余的偏好才能实现更优的结果。10.1.2 节介绍的 GMCR+DSS 中采用了穷举搜索算法进行部分的逆向 GMCR 研究。这类逆向研究方法对于第三方调解类的问题非常有用，其中的协调者试图影响协商中的各方，改变他们的偏好信息，从而带来双赢的结果 (Hipel et al., 2016)。此外，还需要进一步研究一套逆向问题的解析方法，以及设计一款高效的分析引擎来对 GMCR 的反问题进行分析，其中 Garcia 和 Hipel (2017) 提出了一套基于观察决策者的行为来确定决策者偏好的算法。

在图 10.6 底部的第三类情形中，输入和输出信息都是已知的，分析者希望测定什么样的行为 ("黑箱") 才会导致这样的结局。Wang 等 (2019) 设计了一套给定输入和输出信息前提下确定决策者行为的解析方法，并用本书 3.3 节介绍的 GMCR 矩阵来表示。一个类似于行为 GMCR 的物理系统模型可以用来探测地底的陆地穿透雷达，技术人员使用雷达朝地底发射雷达波，并接收返回的雷达波，然后根据发出的和收回的雷达波来确定地底存在什么东西，如古代文明遗迹。这个过程中，地底的部分其实是一个 "黑箱"，如图 10.7 所示。

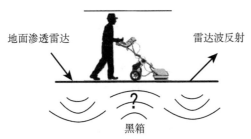

图 10.7　陆地穿透雷达的 "黑箱" 系统

通过围绕图 10.6 的讨论可以发现，这三个方面都有着广阔的研究空间，其中 10.3.1 节展示了 GMCR 的正问题研究方面正在进行的以及未来可能的研究，而在 GMCR 的反问题研究方面，除了早期的 Sakakibara 等 (2002)、Kinsara 等 (2015b) 的研究外，并没有太多的研究成果。因此，现有的 GMCR 的正问题研究成果都需要重新设计和完善，以应对图 10.6 中部和底部所示的逆向研究及 "黑箱" 研究，而现实中各种需要解决的迫切的冲突问题势必会激发出更多的 GMCR 研究成果。

10.4　习　　题

1. 请阅读三个关于 DSS 构成的文献，总结涉及的相关定义，并解释你觉得哪个定义最贴切。

2. 从以下水资源领域的期刊 *Water Resources Research*、*Journal of Water Resources Planning and Management*、*Journal of Hydrology*、*Journal of the American Water Resources Association* 中找一篇最新的关于 DSS 的文献，概括文献中介绍的 DSS 的功能，详细介绍你感兴趣的功能 (不超过两页纸)。描述该 DSS 的缺陷，并解释你认为应该如何改进。

3. 10.1.2 节简单介绍了基于 GMCR 方法的 DSS 的 GMCR Ⅱ，阅读 Fang 等 (2003a, 2003b)、Hipel 等 (1997) 的研究，然后详细解释 GMCR Ⅱ 的主要功能。你认为 GMCR Ⅱ 在哪些方面值得改进？

4. 本书的表 1.8 中列出了 GMCR 方法的应用领域，其中有些案例用到了 DSS 的 GMCR Ⅱ。从中选择一个你感兴趣的案例，然后详细解释作者使用 GMCR Ⅱ 对案例进行分析后得出的战略结论（不超过一页纸）。

5. 10.1.2 节简单介绍了 DSS 的 GMCR+。请阅读 Kinsara 等 (2015a, 2018) 的研究，然后解释 GMCR+ 的主要功能，你认为 GMCR+ 还可以如何改进和完善？

6. 10.2 节介绍了基于 GMCR 方法的 DSS 的通用设计，你最喜欢其中哪些功能，你认为还可以如何改进和完善？你认为应该使用哪种或哪套编程语言来实现这套通用设计？

7. 10.2.4 节介绍了 GMCR 通用 DSS 的输出子系统部分，为了更好地获得冲突分析的战略建议，你认为输出子系统的哪些功能是最重要的？

8. 10.3.1 节介绍了 GMCR 方法正在进行的研究，需要把提到的这些新的研究成果集成到 DSS 中，请按先后顺序列出你认为应该优先考虑的成果，并解释为什么这些成果应该优先考虑？

9. 表 10.2 及 10.3.2 节的第一部分介绍了从系统思维视角如何扩展 GMCR 研究，请参考 Wang 等 (2019) 的研究，解释行为 GMCR 的基本研究思路，以及它在实践应用中的重要性。

10. 用物理系统方式来解释图 10.6 中的正向 GMCR、逆向 GMCR 及行为 GMCR 研究的基本思路，推荐使用具体的物理系统例子。

11. 表 10.5 介绍了一些 GMCR 稳定性概念的扩展研究及它们在 DSS 中的实现，你认为哪一种类型是最重要的，并解释你的理由。

12. 除了 10.3 节提到的发展机遇外，你认为 GMCR 方法还可以如何改进和完善，并解释你的理由。

参 考 文 献

Al-Mutairi M. S., Hipel K. W., and Kamel M. S. 2008a. Fuzzy preferences in conflicts[J]. Journal of Systems Science and Systems Engineering, 17(3):257–276.

Al-Mutairi M. S., Hipel K. W., and Kamel M. S. 2008b. Trust and cooperation from a fuzzy perspective[J]. Mathematics and Computers in Simulation, 6:430–446.

Aljefri Y. M., Bashar M. A., Fang L., and Hipel K. W. 2018. First-level hypergame for investigating misperception in conflicts[J]. IEEE Transactions on Systems, Man, and Cybernetics: Systems, (99):1–18.

Aljefri Y. M., Fang L., and Hipel K. W. 2014. Modeling misperception of options and preferences in the graph model for conflict resolution[C]. 2014 IEEE International Conference on Systems, Man and Cybernetics (SMC): 1573–1578.

Aljefri Y. M., Hipel K. W., Fang L., and Bashar M. A. 2016. Misperception in nationalization of the Suez Canal[C]. 2016 IEEE International Conference on Systems, Man, and Cybernetics (SMC): 355–360.

Bashar M., Kilgour D. M., and Hipel K. W. 2012. Fuzzy preferences in the graph model for conflict resolution[J]. IEEE Transactions on Fuzzy Systems, 20(4):760–770.

Bashar M. A., Hipel K. W., Kilgour D. M., and Obeidi A. 2015. Coalition fuzzy stability analysis in the graph model for conflict resolution[J]. Journal of Intelligent and Fuzzy Systems, 29(2):593–607.

Bashar M. A., Hipel K. W., Kilgour D. M., and Obeidi A. 2018. Interval fuzzy preferences in the graph model for conflict resolution[J]. Fuzzy Optimization and Decision Making, 17:287-315.

Bashar M. A., Kilgour D. M., and Hipel K. W. 2014. Fuzzy option prioritization for the graph model for conflict resolution[J]. Fuzzy Sets and Systems, 26:34–48.

Bashar M. A., Obeidi A., Kilgour D. M., and Hipel K. W. 2016. Modeling fuzzy and interval fuzzy preferences within a graph model framework[J]. IEEE Transactions on Fuzzy Systems, 24(4):765–778.

Bernath Walker S., Hipel K. W., and Inohara T. 2012a. Attitudes and preferences: approaches to representing decision maker desires[J]. Applied Mathematics and Computation, 218(12):6637–6647.

Bernath Walker S., Hipel K. W., and Inohara T. 2012b. Dominating attitudes in the graph model for conflict resolution[J]. Journal of Systems Science and Systems Engineering, 21(3):316–336.

Bernath Walker S., Hipel K. W., and Xu H. 2013. A matrix representation of attitudes in conflicts[J]. IEEE Transactions on Systems, Man, and Cybernetics: Systems, 43(6):1328–1342.

Brams S. J. and Wittman D. 1981. Nonmyopic equilibria in 2 × 2 games[J]. Conflict Management and Peace Science, 6(1):39–62.

Decision Maker. 1996. Decision Maker: The Conflict Analysis Program[M]. Waterloo: Open Options.

Fang L., Hipel K. W., and Kilgour D. M. 1993. Interactive Decision Making: The Graph Model for Conflict Resolution[M]. New York: Wiley.

Fang L., Hipel K. W., Kilgour D. M., and Peng X. 2003a. A decision support system for interactive decision making, part 1: model formulation[J]. IEEE Transactions on Systems, Man and Cybernetics Part C: Applications and Reviews, 33(1):42–55.

Fang L., Hipel K. W., Kilgour D. M., and Peng X. 2003b. A decision support system for interactive decision making, part 2: analysis and output interpretation[J]. IEEE Transactions on Systems, Man and Cybernetics Part C: Applications and Reviews, 33(1):56–66.

Fraser N. M. and Hipel K. W. 1979. Solving complex conflicts[J]. IEEE Transactions on

Systems, Man, and Cybernetics, 9(12):805–816.

Fraser N. M. and Hipel K. W. 1984. Conflict Analysis: Models and Resolutions[M]. New York: North-Holland.

Fraser N. M. and Hipel K. W. 1988. Decision support systems for conflict analysis[C]. Proceedings of the IMACS/IFOR First International Colloquium on Managerial Decision Support Systems and Knowledge-Based Systems, 1:13–21.

Garcia A. and Hipel K. 2017. Inverse engineering preferences in simple games[J]. Applied Mathematics and Computation, 311:184–194.

He S., Hipel K. W., and Kilgour D. M. 2014. Water diversion conflicts in China: a hierarchical perspective[J]. Water Resources Management, 28(7):1823–1837.

He S., Hipel K. W., and Kilgour D. M. 2017a. Analyzing market competition between airbus and boeing using a duo hierarchical graph model for conflict resolution[J]. Journal of Systems Science and Systems Engineering, 26:683–710.

He S., Kilgour D. M., and Hipel K. W. 2018. A basic hierarchical graph model for conflict resolution with weighted preference[J]. Journal of Environmental Informatics, 31(1):15-29.

He S., Kilgour D. M., and Hipel K. W. 2017b. A general hierarchical graph model for conflict resolution with application to greenhouse gas emission disputes between USA and China[J]. European Journal of Operational Research, 257(3):919–932.

He S., Kilgour D. M., Hipel K. W., and Bashar M. A. 2013. A basic hierarchical graph model for conflict resolution with application to water diversion conflicts in China[J]. Infor Information Systems and Operational Research, 51(51):103–119.

Hipel K. W. 2011. A systems engineering approach to conflict resolution in command and control[J]. The International C2 Journal, 5(1):1–56.

Hipel K. W., Dagnino A., and Fraser N. M. 1988. A hypergame algorithm for modelling misperceptions in bargaining[J]. Journal of Environmental Management, 27:131–152.

Hipel K. W., Fang L., and Kilgour D. M. 2008. Decision support systems in water resources and environmental management[J]. Journal of Hydrologic Engineering, 13(9):761–770.

Hipel K. W., Kilgour D. M., and Bashar M. A. 2011. Fuzzy preferences in multiple participant decision making[J]. Scientia Iranica, Transactions D: Computer Science and Engineering and Electrical Engineering, 18(3):627–638.

Hipel K. W., Kilgour D. M., Fang L., and Peng X. 1997. The decision dupport dystem GMCR in environmental conflict management[J]. Applied Mathematics and Computation, 83(2/3):117–152.

Hipel K. W., Kilgour D. M., Fang L., and Peng X. 2001. Strategic decision support for the services industry[J]. IEEE Transactions on Engineering Management, 48(3):358–369.

Hipel K. W., Sakamoto M., and Hagihara Y. 2016. Coping with Regional Vulberability: Preventing and Mitigating Damages from Environmental Disasters[M]. Tokyo: Springer.

Howard N. 1989. CONAN 3.0[Z]. Nigel Howard Systems.

Inohara T., Hipel K. W., and Bernath Walker S. 2007. Conflict analysis approaches for investigating attitudes and misperceptions in the war of 1812[J]. Journal of Systems Science and Systems Engineering, 16(2):181–201.

Jelassi M. T. and Foroughi A. 1989. Negotiation support systems: an overview of design issues and existing software[J]. Decision Support System, 5:167–181.

Jiang J., Xu H., and Jiang Y. 2015. Conflict Resolution in Water Resources and Environmental Management[M]. New York: Springer.

Kilgour D. M. 1984. Equilibria for far-sighted players[J]. Theory and Decision, 16(2):135–157.

Kilgour D. M. 1985. Dynamic Model of International Conflict[M]. Boulder: Lynne Rienner Press.

Kilgour D. M., Fang L., and Hipel K. W. 1995. GMCR in negotiations[J]. Negotiation Journal, 11(2):151–156.

Kilgour D. M., Hipel K. W., and Fang L. 1987. The graph model for conflicts[J]. Automatica, 23:41–55.

Kinsara R. A., Kilgour D. M., and Hipel K. W. 2018. Communication features in a DSS for conflict resolution based on the graph model[J]. International Journal of Information and Decision Sciences, 10(1):39–56.

Kinsara R. A., Kilgour D. M., and Hipel K. W. 2015b. Inverse approach to the graph model for conflict resolution[J]. IEEE Transactions on Systems, Man, and Cybernetics: Systems, 45(5):734–742.

Kinsara R. A., Petersons O., Hipel K. W., and Kilgour D. M. 2015a. Advanced decision support for the graph model for conflict resolution[J]. Journal of Decision Systems, 24(2):117–145.

Kuang H., Bashar M. A., Hipel K. W., and Kilgour D. M. 2015a. Grey-based preference in a graph model for conflict resolution with multiple decision makers[J]. IEEE Transactions on Systems, Man and Cybernetics: Systems, 45(9):1254–1267.

Kuang H., Bashar M. A., Kilgour D. M., and Hipel K. W. 2015b. Strategic analysis of a brownfield revitalization conflict using the grey-based graph model for conflict resolution[J]. EURO Journal on Decision Processes, 3(3):219–248.

Kuang H., Kilgour D. M., and Hipel K. W. 2015c. Grey-based PROMETHEE II with application to evaluation of source water protection strategies[J]. Information Sciences, 294:376–389.

Langlois J. 1994. Decision Systems Analysis[M]. 3rd ed. San Francisco: San Francisco State University.

Li K. W., Hipel K. W., Kilgour D. M., and Noakes D. J. 2005a. Integrating uncertain preferences into status quo analysis with application to an environmental conflict[J]. Group Decision and Negotiation, 14(6):461–479.

Li K. W., Kilgour D. M., and Hipel K. W. 2005b. Status quo analysis in the graph model for conflict resolution[J]. Journal of the Operational Research Society, 56:699–707.

Meister D. B. and Fraser N. M. 1994. Conflict analysis technologies for negotiation support[J]. Group Decision and Negotiation, 3(3):333–345.

Obeidi A. and Hipel K. W. 2005. Strategic and dilemma analyses of a water export conflict[J]. INFOR, 43(3):247–270.

Obeidi A., Kilgour D. M., and Hipel K. W. 2009a. Perceptual graph model systems[J]. Group Decision and Negotiation, 18(3):261–277.

Obeidi A., Kilgour D. M., and Hipel K. W. 2009b. Perceptual stability analysis of a graph model system[J]. IEEE Transactions on Systems, Man, and Cybernetics Part A: Systems and Humans, 39(5):993–1006.

Rego L. C. and dos Santos A. M. 2015. Probabilistic preferences in the graph model for conflict resolution[J]. IEEE Transactions on Systems, Man, and Cybernetics: Systems, 45(4):595–608.

Ross S., Fang L., and Hipel K. W. 2002. Case-based reasoning system for conflict resolution: design and implementation[J]. Engineering Applications of Artificial Intelligence, 15(3/4):369–383.

Sage A. P. 1991. Decision Support Systems Engineering[M]. New York: Wiley.

Sakakibara H., Okada N., and Nakase D. 2002. The application of robustness analysis to the conflict with incomplete information[J]. IEEE Transactions on Systems, Man, and Cybernetics Part C: Applications and Reviews, 32(1):14–23.

Silva M. M., Kilgour D. M., Hipel K. W., and Costa A. P. C. S. 2017. Probabilistic composition of preferences in the graph model with application to the New Recife project[J]. Journal of Legal Affairs and Dispute Resolution in Engineering and Construction, 9(3): 1–13.

Takahashi M. A., Fraser N. M., and Hipel K. W. 1984. A procedure for analyzing hypergames[J]. European Journal of Operational Research, 18(1):111–122.

Thiessen E. M. and Loucks D. P. 1992. Computer-assisted negotiation of multiobjective water resources conflicts[J]. Water Resources Bulletin, 28(1):163–177.

von Stackelberg H. 1934. Marktform und Gleichgewicht[M]. Vienna: Springer.

Wang J., Hipel K. W., Fang L., Xu H., and Kilgour D. M. 2019. Behavioral analysis in the graph model for conflict resolution[J]. IEEE Transactions on Systems Man & Cybernetics Systems, 49(5):904–916.

Wang M. and Hipel K. W. 2009. Misperceptions and Hypergame Models of Conflict[M]. Oxford: Eolss Publishers.

Wang M., Hipel K. W., and Fraser N. M. 1988. Modelling misperceptions in games[J]. Behavioural Science, 33(3):207–223.

Wang M., Hipel K. W., and Fraser N. M. 1989. Solution concepts in hypergames[J]. Applied Mathematics and Computation, 34(3):147–171.

Xu H., Hipel K. W., and Kilgour D. M. 2007a. Matrix representation of conflicts with two decision makers[C]. Proceedings of IEEE International Conference on Systems, Man, and Cybernetics, 1:1764–1769.

Xu H., Kilgour D. M., and Hipel K. W. 2007b. Matrix representation of solution concepts in graph models for two decision-makers with preference uncertainty[J]. Dynamics of Continuous, Discrete and Impulsive Systems, 14(S1):703–707.

Yousefi S., Hipel K. W., and Hegazy T. 2010a. Attitude-based negotiation methodology for the management of construction disputes[J]. Journal of Management in Engineering, 26:114–122.

Yousefi S., Hipel K. W., and Hegazy T. 2010b. Attitude-based strategic negotiation for conflict management in construction projects[J]. Project Management Journal, 41(4):99–107.

Yousefi S., Hipel K. W., and Hegazy T. 2010c. Considering attitudes in strategic negotiation over brownfield disputes[J]. Journal of Legal Affairs and Dispute Resolution in Engineering and Construction, 2(4):1–10.

Yu J., Kilgour D. M., Hipel K. W., and Zhao M. 2015. Power asymmetry in conflict resolution with application to a water pollution dispute in China[J]. Water Resources Research, 51(10):8627–8645.

Zagare F. C. 1984. Limited-move equilibria in games 2 × 2 games[J]. Theory and Decision, 16:1–19.

Zeng D-Z., Fang L., Hipel K. W., and Kilgour D. M. 2005. Policy stable states in the graph model for conflict resolution[J]. Theory and Decision, 57:345–365.

Zeng D-Z., Fang L., Hipel K. W., and Kilgour D. M. 2006. Generalized metarationalities in the graph model for conflict resolution[J]. Discrete Applied Mathematics, 154(16):2430–2443.

Zeng D-Z., Fang L., Hipel K. W., and Kilgour D. M. 2007. Policy equilibrium and generalized metarationalities for multiple decision-maker conflicts[J]. IEEE Transactions on Systems, Man, and Cybernetics Part A: Systems and Humans, 37(4):456–463.

Zhao S. and Xu H. 2017. Grey option prioritization for the graph model for conflict resolution[J]. Journal of Grey System, 29(3):14–25.